高等学校专业教材

中国轻工业“十四五”规划教材

食品工程原理

赵黎明　汪立君　主编

U0953186

中国轻工业出版社

图书在版编目（CIP）数据

食品工程原理 / 赵黎明，汪立君主编. --北京：中国轻工业出版社，2024. 11. -- ISBN 978-7-5184-4825-8

Ⅰ. TS201. 1

中国国家版本馆 CIP 数据核字第 2024AS0618 号

责任编辑：罗晓航

策划编辑：罗晓航　　责任终审：劳国强　　封面设计：锋尚设计

版式设计：砚祥志远　　责任校对：吴大朋　　责任监印：张　可

出版发行：中国轻工业出版社（北京鲁谷东街 5 号，邮编：100040）

印　　刷：三河市万龙印装有限公司

经　　销：各地新华书店

版　　次：2024 年 11 月第 1 版第 1 次印刷

开　　本：787×1092　1/16　印张：33. 75

字　　数：860 千字

书　　号：ISBN 978-7-5184-4825-8　定价：79. 00 元

邮购电话：010-85119873

发行电话：010-85119832　010-85119912

网　　址：http: //www. chlip. com. cn

Email: club@ chlip. com. cn

220731J1X101ZBW

本书编写人员名单

主　　编　赵黎明（华东理工大学）

汪立君（中国农业大学）

副 主 编　涂国云（江南大学）

金佳杨（华东理工大学）

参　　编　（按姓氏拼音排序）

冯思敏（浙江工业大学）

侯　虎（中国海洋大学）

刘鲁杰（华东理工大学）

彭　菁（南京农业大学）

韦真博（浙江大学）

张春月（华东理工大学）

朱瀚昆（西南大学）

前言 | Preface

“食品工程原理”是食品科学与工程专业本科阶段的经典核心课程，也是一门主干基础专业课程。它在基础课和专业课之间起着承前启后、由理及工的桥梁作用，是将食品科学理论和工艺通过工程化过程转变为食品产品的技术方法和理论依据，是支撑食品工业智能化、绿色化发展的科学基础，对推动食品产业助力实现“碳达峰，碳中和”目标具有重要意义，在食品学科发展中具有不可替代的重要作用。

学过食品工程原理的学生大多会抱怨这门课程枯燥、难学，主要是由于食品工程原理本身的难度和抽象性造成的。食品工程原理以公式推导和应用为基础，基于化工单元操作理论，综合利用数学、物理学、化学及物理化学等多学科的知识去解决食品加工过程中所遇到的工程问题，具有很强的工程特点，对学生的数学基础有较高要求。

本教材弱化了公式的推导，从而弱化了数学基础对学习本课程的影响，以提高学生的学习兴趣和掌握核心知识的水平。书中突出基本原理的应用和案例分析，以动量传递、能量传递和质量传递“三传理论”为主线，简明而扼要地介绍包括能量和质量衡算、热力学、传质和传热、动量传递在内的工程原理的核心概念及其在食品加工中的应用，旨在使那些希望成为食品领域卓越工程师及专家的学生掌握充足的工程原理概念和应用能力，塑造精益求精的工匠精神和科学家精神，以胜任食品加工实践的需要。

本教材强化了大量数学模型和经验公式的应用，增加了每章案例分析和思政元素，突出了能量衡算、物料平衡部分，单元操作的选择更具时代感，侧重基本单元操作的应用。在把握“三传理论”的基础上，重点将“过程速度”和“过程极限”作为基础理论框架体系，统一为“过程速度=推动力/阻力=系数×推动力”通式，而“系数”又由理论分析和实验研究得到，从而化“三传”为“一传”，使食品工程原理整合为一。在各单元操作过程速率公式的基础上，重点讨论消长因素及调控措施，提高应用能力，在传统研究型教材基础上提炼，以适应多数院校少学时的要求。

全书共分十三章，分别由华东理工大学（第一章：赵黎明、张春月；第二章：赵黎明、金佳杨；第十三章：赵黎明、刘鲁杰；附录：赵黎明、金佳杨）、中国农业大学（第三章、第九章：汪立君）、江南大学（第八章、第十一章、第十二章：涂国云）、浙江大学（第十章：韦真博）、中国海洋大学（第五章：侯虎）、西南大学（第四章：朱瀚昆）、南京农业大学（第六章：彭菁）、浙江工业大学（第七章：冯思敏）编写，最后由赵黎明统稿。

本书编写过程中参阅了国内外有关专家的论著、教材及资料，得到了国内相关兄弟院校领导和老师的大力支持与协助，在此一并表示感谢！由于编者水平和能力有限，书中难免存在不足之处，敬请读者批评指正，以便进一步修改完善。

赵黎明

2024 年 5 月 16 日

目录 Contents

CHAPTER 1

第一章 绪论

本章学习重点

1. 了解课程背景、目标和内容；系统、单元操作及课程中反复出现的“三传理论”等重要基本概念；量纲和单位的规定及换算。

2. 要求学生初步理解工程过程中所涉及的三传过程，为后续章节进行系统衡算、正确使用国际单位制并进行单位换算打下基础。

课程思政点

第一节 概述

民以食为天，食品工业不仅是“为耕者谋利、为食者造福”的传统民生产业，更是我国国民经济的支柱产业，在实施制造强国战略和推进健康中国建设中具有重要地位。为了获得更好的营养、风味、消化吸收率，且实现长期储运，人们需要对天然食品进行一系列的加工以实现转化和保鲜的目标。这些加工所涉及的热力学、流体力学、传热和传质等都是食品工程的重要内容，食品工程也与物理化学、生物过程和材料科学密切相关。了解并掌握食品加工过程中存在的各类工程原理和方法，对于专业学习和实际工程问题的解决都是极其重要的。食品工程原理是一门以力学、热力学、动力学、传热和传质为理论基础的课程，该课程主要阐述食品加工过程中各加工单元系统的相互关系，如质量平衡和能量平衡，以及影响这些相互关系的因素。

食品工程原理是化工单元操作和化工原理在食品工业的具体应用。但与生产化学品或纺织品相比，食品加工有着如下显著特征：首先，食品对安全和卫生的特殊要求构成了食品工程需要熟悉从产品开发到工厂设计、从生产到分销所有阶段的基本问题，另外引入了制冷低温、真空技术、粉碎筛分等化学工程中鲜有用到的技术原理；其次，食品材料组成复杂且其加工储运过程中伴随着动态的化学和生物反应的发生，因此食品工程原理一方面需要实现食品的“转化”目标，另一方面还需关注食品材料加工过程中的品质保护问题，为此，在食品工程原理课程将始终贯穿着各种技术原理与食品色、香、味的关系问题；此外，包装在食品加工中的重要性也是食品工程与化学工程的重要区别，包装的研发也是当今食品科学与技术最具创新性的领域之一。

食品工程原理涵盖了食品机械设计、制造、选型配套及维修操作等基础，这是确保食品工艺准确实施的必备理论，也是食品科学与工程专业的核心课程之一。将先进的工业技术应用于食品加工业，使食品工业从以手工操作为主发展到以机械操作为主，各道工艺从零散发展到连续化、半自动或自动化。随着生物技术与电子信息技术的发展，一些生物技术和光电技术在食品工程中的应用不断出现。食品工程原理强调工程观点、定量运算、实验技能和设计能力的训练，要求做到理论与实际结合，以提高分析、解决工程实际问题的能力。

第二节　食品工程原理基本概念及理论

一、系统

系统是指任何可以用真实或假想的边界包围起来的规定的空间和物质。边界不仅可以是固定的，还可以是移动的。如图 1-1 所示即为由水桶、输送管道和阀门组成的系统。假如我们仅分析阀门，那么在分析系统边界的时候仅划环绕阀门的部分即可。

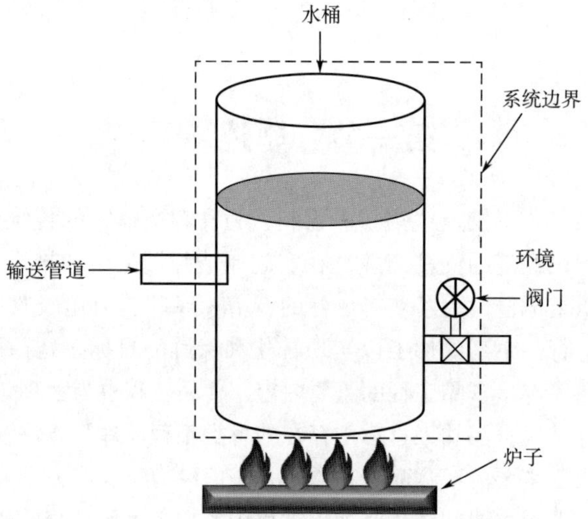

图 1-1　包含输送管道和阀门的系统示意图

系统是由系统边界以内的组件组成的。一旦划定了系统边界，那么所有边界以外的都称为环境。因此合理选择系统和边界非常重要，可以简化问题的分析。

系统既可以是开放的，也可以是封闭的。对于封闭系统，系统边界对于流动性物质是不可透过的。换言之，封闭系统不允许系统内的物质与环境进行物质交换。但封闭系统可以与环境进行热和功的交换，从而导致系统内的能量、体积或系统的其他性能发生改变，但是质量守恒。例如，一个边界包围着部分罐壁的系统，物质流是不能透过的，在这种情况下我们可以将其视为封闭系统来处理。而在开放系统中，热和物质都可以穿过边界进出系统。如图 1-1 所示，热和液体会沿着系统边界流动。

二、稳态与非稳态

当所有物理变量在系统的任何点上随时间保持不变时，就称系统处于稳定状态；但是，这个变量从一个点到另一个点可能是不同的。当操作的特征物理变量在给定时间段在系统中变化时，并且每个系统点对应的变量随时间变化时，该状态称为非稳态。这里所指的物理变量可以是机械变量，如体积、速度等，或热力学变量，如黏度、浓度、温度、压力等。

三、批处理、半连续和连续操作

食品的加工过程可以以分批、连续和混合方式进行。

分批操作，又称不连续操作或间歇操作，是指原材料被装载到设备中，完成所需的加工后，将获得的产品卸载。批处理中温度、压力等操作条件通常在加工过程中发生变化。分批操作有一个确定的持续时间，完成后，一个新的循环开始，使用新的材料。分批操作的一个典型例子是在碗式搅拌机中混合面粉、水、酵母和其他成分来制作面包面团，另一个典型例子是压碎含油种子以获得食用油。

在连续操作中，物料连续通过系统，装载、转换和卸载阶段同时进行，而不会像批处理那样将部分物料分离。系统在启动和停止过程中，连续运行是在非稳态下进行的，但一旦充分运行，理想情况下就可以认为是在稳态下工作。连续过程更难控制，需要更高的资本投资，但可以以更低的运营成本更好地利用生产能力。它们特别适用于在较长时间内大量生产一种产品的生产线。连续过程的一个典型例子是牛乳的连续巴氏杀菌，另一个典型例子是酒精-水混合物的精馏。

混合操作，又称半连续操作，是由一系列连续操作和分批操作组成。例如，在婴儿食品的生产中，原材料首先经过一个连续处理阶段，包括洗涤、分类、连续热烫或蒸煮、捣碎和精加工，然后将捣碎的成分分批收集在配方罐中，并根据配方进行混合。通常，在这个阶段，样品会被送到质量检验实验室进行评估。部分物料需要以不连续的方式在设备中装载一段时间。经批准后，这些物料会被分批泵送至连续的均质化、热处理和包装线。因此，这个混合过程由两个连续操作和之间的一个间歇操作组成。为了平稳运行，混合过程需要在分批处理和连续处理之间提供缓冲存储容量。

在选择一种操作方式时，应考虑每种方式的优缺点。通常情况下，当需要低产量时，建议在不连续的条件下工作；而当需要高产量时，则以连续方式运营更为经济。

四、单元操作

近年来，“食品加工”的概念已经扩展到制造工厂之外，也包括与食品最终消费相关的操作。“从农场到餐桌”，食品不仅要经历农场及加工流程，还要经过包装、储运及配送。从原材料开始，到消费者消费为止，食品的加工和制造包含了众多工艺过程。为了单独研究和描述这些过程，可根据操作原理将每一个过程拆分成一组有特定顺序、特定目的的基本操作，如流体输送、搅拌、沉降、过滤、热交换、制冷、蒸发、结晶、吸收、蒸馏、粉碎、乳化萃取、吸附、干燥等，这些基本过程称为单元操作，食品加工的部分单元操作及其应用举例列于表 1-1。

表 1-1 按主要类型划分的食品加工单元操作及应用举例

类型	单元操作	应用举例
清洁	清洗	果蔬
	去皮	果蔬
	除杂	谷物
	原位清洗（CIP）	各种食品加工设备
物理分离	过滤	糖精制
	筛选	谷物
	分拣	咖啡豆
	膜过滤	去除乳清
	离心	分离乳脂
	挤压	油料生产
基于分子扩散的分离	吸附	食用油脱色
	蒸馏	酒生产
	萃取	植物油
机械改造	减小尺寸	巧克力精炼
	混合	饮料、面团
	乳化	蛋黄酱
	均质	牛乳、奶油
	塑形	饼干、意大利面
	涂层，胶囊化	糖果
化学转化	烹饪	肉
	烘烤	饼干、蛋糕
	油炸	薯条
	发酵	酒生产
	陈酿、固化	干酪
	挤压蒸煮	麦片
保藏	热处理（热烫、巴氏杀菌、灭菌）	巴氏杀菌牛乳、蔬菜罐头
	冷藏	鲜肉、鱼
	冷冻	冷冻蔬菜、冰淇淋
	浓缩	浓缩番茄、浓缩果汁
	化学保藏	泡菜、腌鱼、熏鱼
	脱水	脱水蔬菜、乳粉、速溶咖啡
	冻干	果蔬、速溶咖啡
包装	灌装、封口、包裹	瓶装饮料、罐头食品、新鲜沙拉

同一单元操作在不同的生产过程中应用时受相同的基本原理支配，并用于基本相似的目的，相关设备也可以通用。虽然单元操作的类型及其顺序因工艺过程而异，但某些原理对所有食品加工过程来说是共通的，即：

· 物质和能量基于物质和能量守恒的普遍原理。

· 每个单元操作都涉及系统不同部分之间的物质、动量和/或热量交换。这些交换受规则和机制支配，统称为传递现象。

五、"三传理论"

所有的单元操作按其基本原理可以分为三大类：①流体流动过程：以动量传递为基础，包括流体输送、搅拌、沉降、过滤等；②传热过程：包括热交换、蒸发等；③传质过程：包括吸收、蒸馏、萃取、吸附、干燥等。以上三个过程对应了三种理论——动量传递、热量传递和质量传递，统称为"三传理论"。

"三传理论"是单元操作的理论基础，单元操作是"三传理论"的具体应用。同时，"三传理论"和单元操作也是食品工程技术的理论和实践基础。食品工程原理课程的核心就是掌握"三传理论"，并使用其解决食品加工过程问题、设计食品加工生产线等。下面将介绍"三传理论"的基本概念。

（一）动量传递

流体流动时，其内部发生动量传递，故流体流动过程也称为动量传递过程。凡是遵循流体流动基本规律的单元操作，都可以用动量传递的理论去研究。动量传递发生在不同速度的两相接触的过程，本书中介绍的动量传递操作通常分为三种：

（1）流体的内部循环　研究流体通过管道内部的运动；还包括用于推动流体的设备（泵、压缩机、鼓风机和风扇）以及测量流体特性的机制（文丘里流量计、转子流量计等）。

（2）流体的外部循环　流体通过固体的外部循环，这种循环包括流体通过多孔固定床、流化床（流化）和气动输送的流动。

（3）流体中的固体运动　流体中固体分离的基础，这种类型的分离包括沉降、过滤和超滤等。

（二）热量传递

物体被加热或冷却的过程也称为物体的传热过程。凡是遵循传热基本规律的单元操作均适用于热量传递的理论。传热单元操作由温度梯度控制，它们取决于热量传递的方式，包括：

（1）传导　在连续的材料介质中，热量沿温度降低的方向流动，没有物质的宏观运动。

（2）对流　与运动流体相关的焓流称为热对流。对流可以是自然的，也可以是强制的。

（3）辐射　通过电磁波传输能量。它的传输不需要任何物质介质。

基于这些传热机制，热量传递发生在灭菌、巴氏杀菌、蒸发等过程及烤箱、太阳能板等热交换器中。

（三）质量传递

两相间物质的传递过程即为质量传递。传质单元操作由混合物中组分的扩散控制，典型的质量传递操作包括：

（1）蒸馏　利用蒸气压差分离一种或多种组分。

（2）吸收　气体混合物的一种成分被液体吸收。吸收可能发生或不发生化学反应，相反的过程称为解吸。

(3) 萃取　利用系统中组分在溶剂中有不同的溶解度来分离混合物的单元操作。按参与萃取的组分状态，萃取可分为液-液萃取和固-液萃取。

(4) 吸附　通过附着在固体表面上来消除流体（液体或气体）中的一种或多种成分。

(5) 离子交换　溶液中的一种或多种离子被另一种交换剂取代。

在有些单元操作中，浓度和温度梯度同时存在，即同时发生传质及传热，如加湿除湿、脱水、冷冻干燥等。

第三节　量纲和单位

一、量纲或因次

可以被观察或测量的物理实体可以被量纲或因次定性表征。例如，时间、长度、面积、体积、质量、力、温度和能量，都是不同的量纲。量纲定量尺度用单位表示，如长度可以用测量单位米、厘米、毫米表示。

基本量纲，像长度 $[L]$、时间 $[t]$ 和质量 $[m]$，表示一个物理实体。导出量纲是基本量纲组合导出的（例如，体积是长度的立方，速度是距离除以时间）。

$$[Q] = [L]^x [m]^y [t]^z \cdots\cdots \tag{1-1}$$

式中　Q——物理量；

$[Q]$——物理量 Q 的量纲；

$x, y, z\cdots$——任意的有理数。

方程式中量纲必须一致，即物理方程因次一致原则。也就是说，如果方程式中左侧的量纲是长度，那么右侧量纲也必须是长度；否则，方程式就是错误的。这是一个很好的检测方程式是否正确的方法。在解决数值问题时，把方程式中的每个单位都写准确也是非常有用的，这个方法可以有效地避免计算错误。

二、单位

量纲的定量尺度称为单位，单位系统根据其常用用途和可用于测量的仪器而发展。不同的国家、地区在不同时期采用不同的单位系统。单位系统由基本单位和导出单位组成，基本量纲的单位称为基本单位，通过基本单位而导出的单位称为导出单位。不同单位系统的区别在于其对于基本单位的划定。一般来说，时间和长度是公认的基本量纲，以质量为第三基本量纲的单位系统称为绝对单位系统，而以力为第三基本量级的单位系统称为技术单位系统。绝对单位系统包括英制系统（FPS 制）；厘米-克-秒单位制（CGS 制）和米-千克-秒单位制（MKS 制）。

为了避免不同的单位导致混淆，规范单位系统的符号和数量，1960 年的国际计量大会建立了国际单位制（Système International d' Unités，SI）。SI 单位制由七个基本单位、两个辅助单位和一系列的导出单位组成。

（一）国际单位制

SI 单位制是建立在 MKS 制基础上的，即以时间［t］、长度［L］和质量［m］为基本量纲，以七个独立量纲的基本单位为基础。这七个单位是：长度单位（米）、质量单位（千克）、时间单位（秒）、电流单位（安培）、热力学单位（开尔文）、物质的量（摩尔）和发光强度单位（坎德拉）。

导出单位是基本单位经过了乘法或者除法运算后的代数集合。简言之，导出单位通常采用特殊的名字和符号，并用来获得其他导出单位。一些常用的导出单位如：牛顿（N）、焦耳（J）、瓦特（W）、伏特（V）、欧姆（Ω）、库伦（C）、法拉（F）、亨利（H）、韦伯（Wb）、流明（lm）等。基本单位和指定名称的导出单位如表 1-2 所示。

表 1-2　SI 的基本单位和具有指定名称和符号的导出单位

物理量	单位	符号①	SI 导出单位
长度	米（Meter）	m	—
质量	千克（Kilogram）	kg	—
电流	安培（Ampere）	A	—
热力学温度	开尔文（Kelvin）	K	—
物质的量	摩尔（Mole）	mol	—
发光强度	坎德拉（Candela）	cd	—
时间	秒（Second）	s	—
频率	赫兹（Hertz）	Hz	s^{-1}
力	牛顿（Newton）	N	$kg \cdot m/s^2$
压力，压强，应力	帕斯卡（Pascal）	Pa	N/m^2
能量，功，热量	焦耳（Joule）	J	N · m
功率，辐射能通量	瓦特（Watt）	W	J/s
电荷量	库仑（Coulomb）	C	A · s
电压，电动势，电位，电势	伏特（Volt）	V	W/A
电容	法拉（Farad）	F	C/V
电阻	欧姆（Ohm）	Ω	V/A
电导	西门子（Siemens）	S	Ω^{-1}
磁通量	韦伯（Weber）	Wb	V · s
磁通量密度，磁感应强度	特斯拉（Tesla）	T	Wb/m^2
电感	亨利（Henry）	H	Wb/A
光通量	流明（Lumen）	lm	cd · sr
光照度	勒克斯（Lux）	lx	lm/m^2
放射性活度	贝可勒尔（Becquerel）	Bq	s^{-1}

续表

物理量	单位	符号[①]	SI 导出单位
吸收剂量，比授予能，比释动能	戈瑞（Gray）	Gy	J/kg
平面角	弧度（Radian）	rad	—
立体角	球面角（Steradian）	sr	—
摄氏温度	摄氏度（Degree Celsius）	℃	—
剂量当量	希沃特（Sievert）	Sv	J/kg

注：①来自人名的符号用大写字母，其余用小写字母书写。

有时所选单位的大小太大或太小，需要用前缀表示基本单位的倍数和约数。通常，建议使用 10^3 作为倍数和约数。表 1-3 展示了常用倍数和约数的名称和符号。

表 1-3 推荐用于 SI 的前缀

前缀	英文 SI 词头	倍增系数	IS 符号
太	tera	10^{12}	T
吉	giga	10^{9}	G
兆	mega	10^{6}	M
千	kilo	10^{3}	k
百	hecto	10^{2}	h
十	deca	10^{1}	da
分	deci	10^{-1}	d
厘	centi	10^{-2}	c
毫	milli	10^{-3}	m
微	micro	10^{-6}	μ
纳	nano	10^{-9}	n
皮	pico	10^{-12}	p
飞	femto	10^{-15}	f
阿	atto	10^{-18}	a

注意，当倍增系数为 10^6 或更大时，前缀符号用大写字母书写。当倍增系数小于 10^6 时，前缀用小写字母书写。以数字量和单位表示的维度，数字须介于 0.1~1000。前缀只能用于基本单位或具有指定名称和符号的派生单位，不应使用双前缀，例如：

· 0.000001m 应表示为 1μm。

· 20000mm 应表示为 20m，而非 20kmm。

· 3000m^2 不应表示为 3km^2。

· 4000W/A 应表示为 4kV，而非 4kW/A。

（二）辅助单位

辅助单位包含两种纯几何单位：平面角单位和立体角单位既可视为基本单位又可作为导出单位。

（1）平面角单位（弧度，rad） 两条半径所夹圆弧的长度与半径长度相等时所夹的角的弧度为1弧度。

（2）立体角单位（球面度，sr） 以球心为顶点在球的表面切割等于球半径平方的面积所对应的立体角为1球面弧度。

（三）单位换算

在食品工程原理学科范围内，主要涉及力学、热学领域，故常用的单位是长度（m）、质量（kg）、时间（s）和热力学温度（K）。目前国际上各科学领域采用的单位制虽向SI过渡，但要全面实施尚需经历一定时间，而且文献资料中的数据又是多种单位制并存，使用时要进行换算，所以掌握物理量在不同单位制中的换算方法，是学好食品工程原理的基础。

只有加上单位的数字才能够表示物理量的大小。包含数字及其单位的方程称为维度方程。维度方程中对数字进行的所有数学运算也必须在其对应的单位上进行，单位可视为代数项，数字可视为是由单位表示的代数符号的系数，例如：

$$(5\text{m})^2=(5)^2(\text{m})^2=25\text{m}^2;$$

$$\left[10\frac{\text{J}}{\text{kg}\cdot\text{K}}\right]\times(5\text{kg})\times(298\text{K})=10\times5\times298\left[\frac{\text{J}\cdot\text{kg}\cdot\text{K}}{\text{kg}\cdot\text{K}}\right]=14.9\text{kJ}$$

数字及其单位的加减法也遵循代数规则，也就是说，只能添加或减去相同的项。例如，8m-3m=5m，但8m-3cm不能简化，除非统一它们的单位。维度方程可用于以下几类情况。

1. 单位转换

同一物理量，若单位不同其数值就不同，例如重力加速度在SI中的单位为m/s^2，其值为9.81；在CGS制中的单位为cm/s^2，其值为981，即：重力加速度$g=9.81\text{m/s}^2=981\text{cm/s}^2$。上式为重力加速度在SI与CGS制中的换算关系。其他常见的物理量的单位换算如表1-4所示。

表1-4 常见物理量的单位换算

物理量	单位名称	单位符号	单位换算
长度	英尺	Foot（ft）	1ft=0.3048m=12in
	英寸	Inch（in）	1in=0.0254m
质量	磅	Pound（lb）	1lb=0.4536kg
	盎司	Ounce	1Ounce=0.0254kg
面积	平方英尺	ft^2	$1\text{ft}^2=0.0929\text{m}^2$
	平方英寸	in^2	$1\text{in}^2=0.645\times10^{-3}\text{m}^2$
体积	立方英尺	ft^3	$1\text{ft}^3=0.0283\text{m}^3$
	立方英寸	in^3	$1\text{in}^3=16.39\times10^{-6}\text{m}^3$
压力	标准大气压	atm	$1\text{atm}=1.013\times10^5\text{Pa}$
	毫米汞柱	mmHg（torr）	1mmHg=133.32Pa
	磅力每平方英寸	lbf/in^2（psi）	$1\text{psi}=6.895\times10^3\text{Pa}$

续表

物理量	单位名称	单位符号	单位换算
力	磅力	lbf	1lbf = 4.448N
	达因	dyn	$1dyn = 1.000\times10^{-5}N$
功	英尺磅	ftlbf	1ftlbf = 1.3558J
	尔格	erg	$1erg = 1.000\times10^{-7}J$
功率	英尺磅每秒	$ftlbfs^{-1}$	$1ftlbfs^{-1} = 1.3558W$
	英马力	horsepower（hp）	1hp = 745.7W
能量	千卡	Kcal	1Kcal = 4186.8J
	英热单位	Btu	$1Btu = 1.055\times10^{3}J$
黏度	泊	Poise（P）	$1P = 1g\cdot s^{-1}\cdot cm^{-1} = 0.100Pa\cdot s$
	厘泊	Centipoise（cP）	$1cP = 1.000\times10^{-3}Pa\cdot s$
电离辐射剂量	拉德	rad	1rad = 0.01Gy
温度	摄氏度	℃	表示温度差和温度间隔时：1℃ = 1K t（℃）= T(K) − 273.15
	华氏度	℉	表示温度数值时：1℉ = 1.8 t(℉) = 1.8×[T(K) − 273] + 32

【例 1-1】 从已有资料中查出常温下铝的导热系数 λ 为 136Btu/（ft · h · °F）（Btu 为英制单位中热量单位的代号），试从基本单位换算开始，将铝的导热系数单位换算为 W/（m · s · ℃）。

解题思路： 单位换算时，一般应首先写出原单位与要换算的新单位之间的关系，然后采用单位间的换算因数与各基本单位相乘或相除的方法，以消去原单位而引入新单位。

解： 长度 1m = 3.2808ft，热量 $1J = 9.486\times10^{-4}Btu$，温度差 1℃ = 1.8°F，时间 1h = 3600s。

铝的导热系数为：

$$\lambda = 136\text{Btu}/(\text{ft}\cdot\text{h}\cdot{}^\circ\text{F}) = \left(\frac{136\text{Btu}}{\text{ft}\cdot\text{h}\cdot{}^\circ\text{F}}\right)\left(\frac{1\text{h}}{3600\text{s}}\right)\left(\frac{1\text{J}}{9.486\times10^{-4}\text{Btu}}\right)\left(\frac{3.2808\text{ft}}{\text{m}}\right)\left(\frac{1.8{}^\circ\text{F}}{1^\circ\text{C}}\right)$$

$$= 0.159[\text{J}/(\text{m}\cdot\text{s}\cdot{}^\circ\text{C})] = 235.2[\text{W}/(\text{m}\cdot\text{s}\cdot{}^\circ\text{C})]$$

2. 经验公式（或数学公式）的换算

工程中遇到的公式有两大类。一类是反映物理量之间关系的物理方程，是根据物理规律建立起来的，要求公式中各物理量的单位可以任选一种单位制，但同一式中绝不允许同时采用两种单位制，因此物理方程又称单位一致性或因次一致性方程。

另一类是根据实验数据整理而成的经验公式，式中各符号只代表物理量数字部分，而它们的单位必须采用指定的单位，故经验公式又称数字公式。若已知物理量的单位与公式中规定的不相符，则应先将已知数据换算成经验公式中指定的单位后才能进行运算。若经验公式要经常使用，则应将公式加以变换，使式中各符号都采用计算者所希望的单位。这就是经验公式的换算，换算方法见例 1-2。

【例 1-2】 经验公式 $S = 295.7u\cdot t$，其中 S：ft；u：in/s；t：h。请将经验公式中各符号用

SI 制单位表示（即 S'：m；u'：m/s；t'：s）。

解：将各参数用单位为 SI 制单位取代后的关系列出。

$$S'(\mathrm{m}) = S'(\mathrm{m}) \times \left(\frac{3.2808\mathrm{ft}}{1\mathrm{m}}\right) = 3.2808S'(\mathrm{ft})$$

$$u'(\mathrm{m/s}) = u'(\mathrm{m/s}) \times \left(\frac{39.37\mathrm{in}}{1\mathrm{m}}\right) = 39.37u'(\mathrm{in/s})$$

$$t'(\mathrm{s}) = t'(\mathrm{s}) \times \left(\frac{1\mathrm{h}}{3600\mathrm{s}}\right) = \frac{1}{3600t'}(\mathrm{h})$$

分别将 S'、u'、t' 表示的 S、u、t 代入原经验公式得：

$$3.2808S' = 295.7 \times 39.37u' \times \frac{1}{3600}t'$$

$$S' = 0.9857u' \cdot t'$$

去除上标得经验公式为：$S=u \cdot t$，式中 S：m；u：m/s；t：s。

思考题

1. 食品工业有哪些有别于化学工业的特点？食品在加工、储运过程中需考虑哪些因素的影响？

2. 什么是单元操作？单元操作与工艺及设备的关系如何？

3. 什么是“三传理论”？请分别列举食品加工中运用“三传理论”的实例各一个。

4. 请结合对本章的学习，查阅相关资料，设计一款苹果汁产品的生产流程，并且阐述每个工艺环节所对应的单元操作，并用“三传理论”解释对应的单元操作。

参考文献

[1] Berk, Z. Food process engineering and technology [M]. San Diego: Academic Press, 2018.

[2] Ibarz A, Barbosa－Cánovas G V. Unit operations in food engineering [M]. Boca Raton: CRC Press, 2002.

[3] Singh R P, Heldman D R. Introduction to food engineering [M]. 4th ed. San Diego: Academic Press, 2001.

[4] Toledo R T, Singh R K, Kong F. Fundamentals of food process engineering [M]. New York: Springer, 2007.

[5] 赵黎明，黄阿根. 食品工程原理 [M]. 北京：中国纺织出版社，2013.

第二章 物料衡算和能量衡算

CHAPTER 2

本章学习重点

1. 掌握物料衡算的方法、能量平衡的原则和方法，食品体系的比热容估算方法和数学模型、焓的通用计算方法以及冷冻过程焓变的计算方法。

2. 要求学生了解通过数学模型解决工程问题的思路。

课程思政点

第一节 概述

食品工程原理最重要的目标是服务食品生产系统设计。在食品工程中，为了弄清生产过程中原料、成品以及损失的物料数量，必须基于一个系统内的质量守恒进行物料衡算（Material Balance），确定加工过程中物料的进料和出料流向，从而精准计算整个工艺所需的物料量或单个组分用量。若已知原料组分则可推算经过工艺生产加工后的产品组成、回收率以及评价机械设备的生产效率。因此，对各单元操作或整个生产工艺流程的物料衡算是工艺流程设计、设备选型、成本核算的基础。

另一方面，食品加工过程中普遍存在热传递过程。能量衡算（Energy Balance）是设计包括加热或冷却过程的处理系统的非常重要的手段，以确保用于热交换的流体量和设备尺寸满足实现加工目标的要求。在蒸发、冷凝等热质同传过程中，能量衡算可用于加工后的标准化过程，使产品具有固定的成分。能源消耗即能耗，在生产成本组成中举足轻重，因此必须进行有效核算。能耗问题是关系食品加工过程设备选型和生产成本控制的关键要素，比如一个单元操作所需的热和功，泵的功率要求，冷冻、加热过程的能耗和平衡，加热蒸汽估算，设备的能量需求量等。能量衡算可用来计算加工过程中系统所涉及的不同形式的能量，以此判断节能效率或确定节能区域。

我国向世界庄严承诺了2030年实现碳达峰、2060年实现碳中和的“双碳目标”。碳排放造成了地球持续变暖，形成了生态和环境的危机，因此实现碳中和是实现人与自然和谐共生的必由之路。作为国民生产总值一直领跑各行业的食品工业，一直是能耗较高的行业。比如，水果、蔬菜、粮食都是通过规模化生产，远距离运输、贮藏、保鲜，工业化产品需要加工、保藏、储运等，以上过程均需要能源作为动力来完成，节能降耗减排是不可回避的任务。因此，掌握能量平衡的知识、进行科学准确的能量衡算意义深远。

第二节　质量平衡和物料衡算

一、物料衡算的基本方法

（一）质量守恒定律

给定系统内的质量守恒是物料衡算的基础。质量守恒定律（Law of Conservation of Mass）指出：物质的质量既不能被创造也不能被消灭，而只是从一种物质转移到另一种物质，或从一种形态转变为另一种形态，质量总量是不变的。在物理学中，质量守恒主要用于解决热力学问题和功-能转换等；在化学方面，可用于化学反应方程式的配平、化学元素的质量推算等。在一个封闭系统中即便发生化学反应，反应前后物料的组成可以从一种形式变为另一种形式，但是系统内物质的总质量不变。对于一个开放系统，根据质量守恒定律，系统质量的变化量等于系统流入和输出质量的差值。在食品加工过程中，由于实际加工过程多涉及管道运输的流量问题，因此可表示为：流入系统的质量流量与流出系统的质量流量之差等于系统质量流量的累积量，即：

$$\dot{m}_{\text{inlet}} - \dot{m}_{\text{exit}} = \dot{m}_{\text{accumulation}} \tag{2-1}$$

式中　$\dot{m}_{\text{inlet}}$——流入系统的质量流量，kg/s；

$\dot{m}_{\text{exit}}$——流出系统的质量流量，kg/s；

$\dot{m}_{\text{accumulation}}$——系统质量流量的累积量，kg/s。

其中流入项可包括通过化学反应或微生物生长过程生成的物质，而流出相可包括化学或生物反应造成的物质消耗。

若物质在系统中的累积量为0，即过程中没有物质质量的积累，则说明过程处于稳定操作状态（稳态），根据式（2-1）则物质流入流出系统的质量流量相等，物料衡算式可简化为：

$$\dot{m}_{\text{inlet}} = \dot{m}_{\text{exit}} \tag{2-2}$$

图2-1呈现了一个稳态下有物质进出的定容系统，可以有一个流入口和一个流出口，也可以有更多的流入口和流出口。无论有几个流入、流出口，流入口的质量流量之和等于流出口的质量流量之和。例如，在小规模的巧克力调温工艺中，为保持系统温度恒定，可通过夹层烧杯对系统进行水浴。夹层内流动水的流速为0.5kg/s流入，若保持夹层中的水质量（体积）恒定，则水流出的速度也必须是0.5kg/s。

若物质在系统中累积量不为0，则说明体系中组分的质量或浓度随时间变化，该过程处于非稳态。该情况下我们将流入系统的总质量流量表示为：

$$\dot{m}_{\text{inlet}} = \sum_{i=1}^{n} \dot{m}_i \tag{2-3}$$

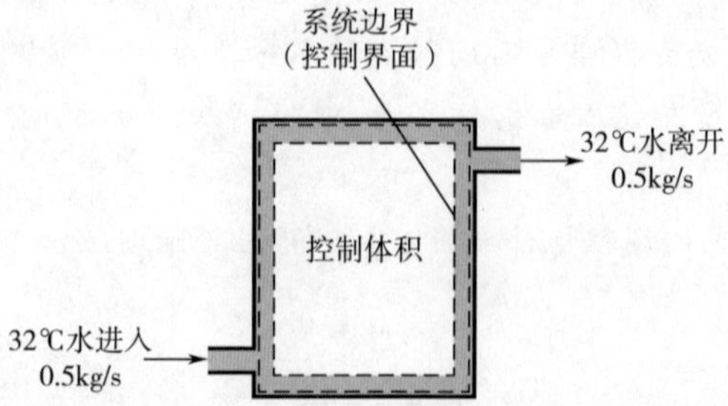

图 2-1　定容系统示意图（稳态）

式中　i——单个流入口；

n——流入口的数量。

同理，流出系统的总质量流量可表示为：

$$\dot{m}_{\text{exit}} = \sum_{e=1}^{p} \dot{m}_e \tag{2-4}$$

式中　e——单个流出口；

p——系统中流出口的数量。

由于系统的质量流量积累量 $\dot{m}_{\text{accumulation}}$ 为系统质量 m_{system} 随时间 t 的变化量，即：

$$\dot{m}_{\text{accumulation}} = \frac{\mathrm{d}m_{\text{system}}}{\mathrm{d}t} \tag{2-5}$$

代入式（2-1），得到：

$$\dot{m}_{\text{inlet}} - \dot{m}_{\text{exit}} = \frac{\mathrm{d}m_{\text{system}}}{\mathrm{d}t} \tag{2-6}$$

通常，质量流量要比流速等其他流动特性更容易测量。因此，可通过流入流出系统的质量流量判断系统物质质量随时间的变化情况。当流体的速度和流体的密度可以测量时，即可通过流速来代替质量流量进行物料衡算，具体数学分析涉及积分表达式见本节“三、开放系统的质量守恒”。

（二）过程流程图

物料衡算可用于评估均质机、分离器等单个设备，乃至由多操作单元组成的整个生产线运行情况。在列物料平衡方程前，可通过过程流程图界定目标系统的边界（Boundary），并将工艺过程可视化。图 2-2 所示是一个单个单元操作过程流程示意图，通过虚线框出系统边界，并将实际情境中的各参数适当标出，这些信息可作为简化工艺设计计算或评估影响工艺效率参数的基础。

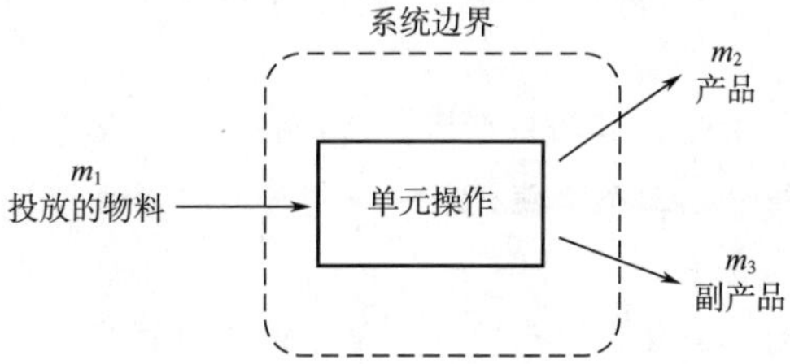

图 2-2　单个单元操作过程流程示意图

【例 2-1】 通过蒸发器将固形物含量 10% 的蔓越莓果汁原液蒸发浓缩为固形物含量 65% 的浓缩果汁，蒸发器蒸发能力（单位时间蒸发的水分质量）为 W，物料进料流量为 F，浓缩果汁出料流量为 P。假定蒸发过程为稳态，试绘制整个工艺系统的过程流程图并列出质量平衡方程。

解： 根据题意，绘制浓缩过程物料平衡图，如例 2-1 附图所示。

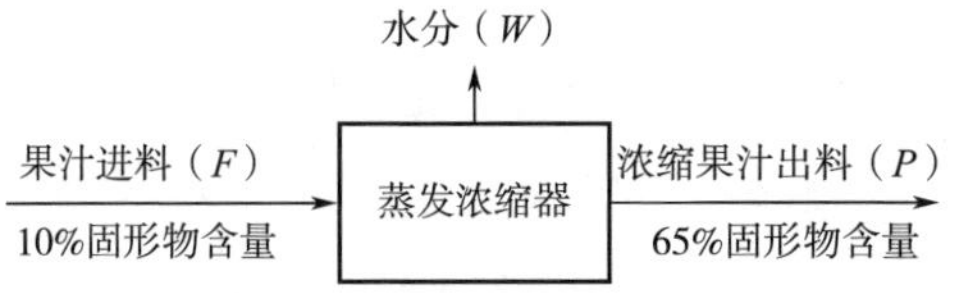

例 2-1 附图　蔓越莓果汁浓缩过程流程图

根据式（2-1），流入流量 = 流出流量 + 系统累积流量，而稳态系统累积流量 $C=0$。

因此，根据质量守恒定律：$F=W+P$。

【例 2-2】 乳脂是由不同熔点甘油三酯组成的复杂混合物，熔点在 -40~40℃。由于熔点的多样性，无水乳脂被广泛运用于糖果、烘焙食品、冰淇淋等食品中，不同熔点的乳脂的作用也不尽相同，例如硬脂可用于糕点、饼干、面包、奶油蛋卷中，可作为涂抹型黄油的替代物，也可作为印度酥油的基料。基于熔点的巨大区别，可通过控制分馏温度结晶抽滤进行多级分馏，从而获得不同熔点的乳脂。在多级分流中，先将 100kg 无水乳脂（AMF）加热熔化，于 29℃ 搅拌结晶 6h，高熔点乳脂（HMF）充分结晶，通过减压抽滤将其与中熔点乳脂（MMF）、低熔点乳脂（LMF）分离。后于 18℃ 搅拌结晶 6h，使所有中熔点乳脂充分结晶，并通过减压抽滤使其与低熔点乳脂分离。由此，可获得 HMF 35kg，MMF 15kg，LMF 40kg。试绘制过程流程图，并计算残留在分馏系统的物料损失（L）。

解： 过程流程图如例 2-2 附图 1 所示：

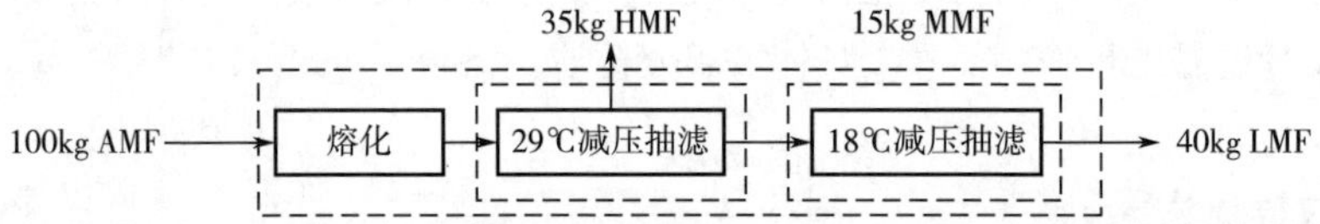

例 2-2 附图 1　乳脂多级分馏物料衡算流程图（包含各系统边界和进出系统物料流）

将系统边界的基准设定于整个分馏过程，根据质量守恒定律：

$$m_{AMF} = m_{HMF} + m_{MMF} + m_{LMF} + m_{L}$$

代入各熔点乳脂质量可得：

$$100\text{kg} = 35\text{kg} + 15\text{kg} + 40\text{kg} + m_{L}$$

故：$m_L = 10\text{kg}$。

从例 2-2 附图 1 可知，对系统做物料平衡，可以将每个分馏单元设备作为一个系统；也可以将熔化、初级分馏、二级分馏三个阶段视作一个整体，整个生产工艺作为一个系统。系统界定不同，进入系统的物料流也不一样。

此外，为方便单个物料的衡算，对于同一个单元设备中的不同物料，也可分别作为一个单独的系统。例如，在热风干燥过程中，可通过鼓风机引入湿度低的绝干空气，通过热质同传

(Heat and Mass Transfer) 过程将湿物料中的水分带走。例 2-2 附图 2 展示了干燥过程中的物料流动及各系统边界。从图中不难看出，干燥器中物质传递包括了两个过程：一个是以空气的加湿过程作为一个体系，因此是一个二进（干空气、水）一出（湿空气）的系统；另一个是以物料的去湿过程作为一个体系，因此是一个一进（湿物料）二出（干物料、水）的系统。若将整个干燥过程视为一个整体，则为二进（干空气、湿物料）二出（湿物料、干空气）的系统。水分仅在系统内部转移，不出现在物料流中。

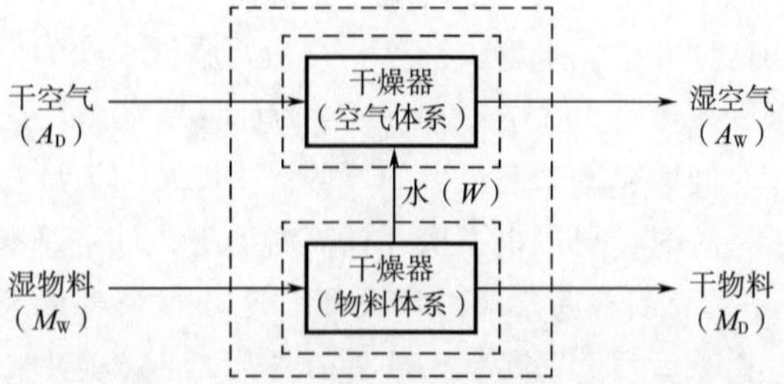

例 2-2 附图 2　干燥过程中的物料流动及各系统边界

注：W：水分的质量或质量流量；A_D：干空气的质量或质量流量；A_W：湿空气的质量或质量流量；M_D：干物料的质量或质量流量；M_W：湿物料的质量或质量流量。

（三）总质量平衡

若不考虑单个组分的质量情况，根据质量守恒定律：每个进入系统的物料流总质量等于流出系统的物料流总质量加上系统质量累积量，即为总质量平衡。基于界定了系统边界的过程流程图，可为系统和子系统制定总质量平衡方程。图 2-3 展示的是一条 2t/批的海南诺丽果酵素生产线，通过物料衡算，可以评估设计原料流、产品生产路线和副产品生产路线。

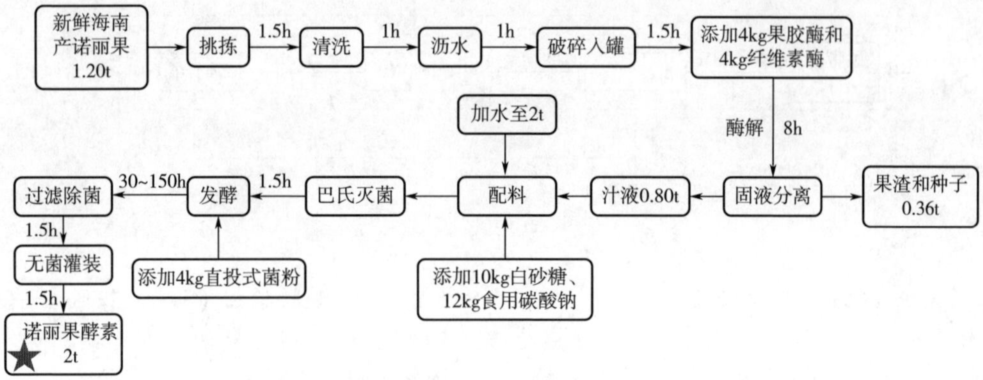

图 2-3　每批 2t 海南诺丽果酵素生产工艺流程及过程物料衡算图

注：★表示目标产物。

物料衡算的基本步骤包括：

(1) 收集所有关于物料流入和流出的质量和组分。

(2) 确定衡算问题的类型（如浓缩、混合、循环、非稳态等），并根据已知参数确定需要获得的数据以及与其相关的物料流或单元操作。

（3）绘制过程流程图，标明每个物料的流入口和流出口；通过虚线界定系统，将所有可用参数标注在示意图上。

（4）在没有给定起始质量或统计时间的情况下，为了计算便捷，通常可以选择一个合适的计算基准（Basis），一般为质量或时间。

（5）对于稳态过程，可通过式（2-2）根据设定的基准建立物料平衡方程并计算未知量；对于非稳态过程，需要确定系统质量（流量）的累积量，并根据式（2-1）、式（2-6）进行物料衡算。

物料衡算可以在任何假定的计算基准上解决。在确定了所有工艺流的参数之后，问题中所要求的具体参数可以使用比率和比例来解决。若要在初始质量未知的情况下计算物料比率或百分比，一般可假设一个起始质量（如 1kg 或 100kg）为计算基准。在连续流动系统中，物料衡算可通过假设固定的操作时间为基础来完成，如可假设 1h 或 1s 为计算基准。当考虑整个系统内定义的边界内的每个子系统时，可以根据实际计算对象更改计算基准。

【例 2-3】 超滤乳近年来受到乳品行业广泛关注。通过膜分离技术对牛乳组分重组，从而可实现标准化生产低脂、高蛋白质、高钙、无乳糖的牛乳产品。其中，组分重组的相关单元操作可以简化为以下步骤：①通过脱脂离心分离机将原料乳中的乳脂去除，从而得到脱脂乳；②通过超滤（UF）技术将蛋白质截留，乳糖和矿物质透过超滤膜，从而得到高蛋白质、无乳糖的浓缩乳；③超滤膜透过液富含乳糖和矿物质，通过纳滤（NF）膜截留乳糖，分离溶液中的乳糖（纳滤截留液）和矿物质（纳滤透过液）；④将矿物质（纳滤透过液中）处理后返加回浓缩牛乳中（超滤截留液）中，增加矿物质（高钙）含量，从而实现高蛋白质、高钙、无乳糖、低脂乳的组分重组优化。若系统为稳态操作且不计工艺处理过程中的物料损耗，请根据以上步骤绘制整个工艺系统的物料平衡图，并设置尽可能多的子系统。

解： 根据题意，绘制过程流程图，如例 2-3 附图所示。

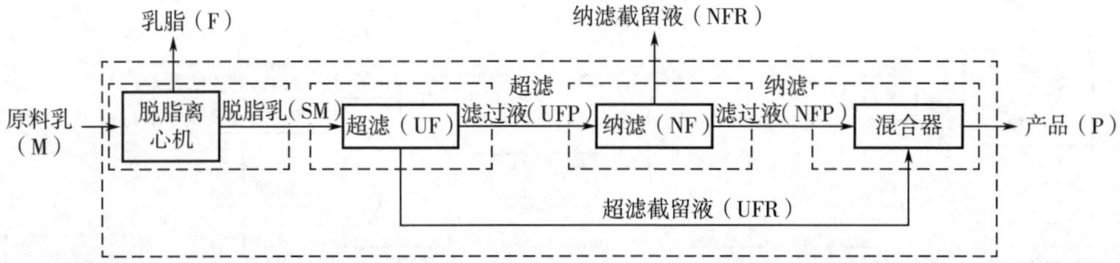

例 2-3 附图　超滤乳工艺过程流程图

首先经过脱脂离心机将进料原料乳（M）分为乳脂（F）和脱脂乳（SM），在通过超滤膜将 SM 分为超滤截留液（UFR）和超滤滤过液（UFP），UFP 通过纳滤膜分为纳滤截留液（NFR）和纳滤滤过液（NFP），NFP 和 UFP 汇合处理形成重组后的超滤乳产品（P）。

对于整个系统和各单元操作分系统的物料平衡方程如下：

总系统：$m_M = m_F + m_{NFR} + m_P$

脱脂离心机：$m_M = m_F + m_{SM}$

超滤系统：$m_{SM} = m_{UFR} + m_{UFP}$

纳滤系统：$m_{UFP} = m_{NFR} + m_{NFP}$

混合器：$m_{NFP} + m_{UFR} = m_P$

（四）组分质量平衡

物料衡算的目的不仅仅是确定进出系统流的总质量，更在于确定物料各组分的流向，因此需要建立几个独立的组分质量平衡式进行计算。总质量平衡的计算原理同样适用于系统中的各个组分，但每个组分需要单独列平衡方程，联立方程组求解未知量。若系统存在 n 个组分，则可建立 n 个独立的平衡方程——1 个总质量平衡式和 n-1 个组分平衡方程。根据物料衡算的步骤，在流程图中标注已知总质量的工艺流和组分浓度可帮助计算可能存在该组分的所有物料流。在物料平衡中，通常以质量作为单位表示物料流的量，以质量分数或质量百分比的浓度表示组分含量。如果物料流的量以体积单位表示，则可利用密度将其转换为质量单位。在涉及浓缩或稀释的过程中，由于某组分的绝对质量通常保持不变，可将其作为联系物（Tie Material）关联物料流的总质量与该组分在不同物料流中的质量分数，即：

$$\text{组分 A 的质量分数} = \frac{m_A}{m_t} \tag{2-7}$$

式中　m_t——含组分 A 的混合物总质量，kg；

m_A——组分 A 的质量，kg。

变换式（2-7）可得：

$$m_t = \frac{m_A}{\text{组分 A 的质量分数}} \tag{2-8}$$

因此，若知道组分 A 的质量和其在某物料流中的质量分数，就可以算出该物料流的质量。反之，若已知组分 A 的质量和某物料流的总质量，即可求得组分 A 在目标物料流中的浓度或质量分数。

【例 2-4】 巧克力加工工艺可简化概括为以下几个步骤：投料混合→精磨→精炼→调温→浇模成型。为生产一批巧克力产品，产品总配方如下：可可脂 40.0%、可可粉 22.0%、蔗糖 37.5%、大豆磷脂 0.5%。其中，可可脂、可可粉及蔗糖在精磨工艺前的投料混合时加入；同时为了控制精炼时巧克力的流动性，大豆磷脂和小部分可可脂的混合物（占总配方质量的 4.0%）在精炼前加入。不考虑系统损失，试绘制过程流程图，并计算精磨工艺前的投料混合时加入的可可脂占总可可脂质量的比例。

解：设需混合添加可可脂总质量为 CB，可可粉质量为 CP，糖粉质量为 S，大豆磷脂质量为 L，巧克力总质量为 C；精磨工艺前加入的可可脂质量为 CB_1，精炼阶段前添加可可脂质量为 CB_2。

根据题意，绘制过程流程图，如例 2-4 附图所示。

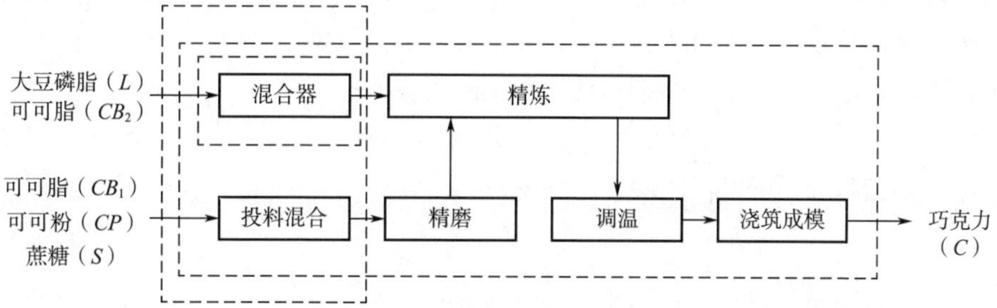

例 2-4 附图　巧克力加工过程流程图（包含各系统边界和进出系统物料流）

将整个巧克力工艺体系作为一个系统，以生产 100kg 巧克力（C=100kg）作为基准，根据式（2-7）分别计算各原料质量：

基于可可脂组分的质量平衡：$CB=100\times40.0\%=40.0$（kg）

基于大豆磷脂组分的质量平衡：$L=100\times0.5\%=0.5$（kg）

将精炼工艺作为一个系统，基于总质量平衡：

$L+CB_2=4$（kg），则 $CB_2=4.0\text{kg}-0.5\text{kg}=3.5$（kg）

将可可脂添加的两个步骤作为一个系统，根据可可脂组分质量平衡：

$CB_1+CB_2=CB=40.0\text{kg}$

$CB_2=40.0\text{kg}-3.5\text{kg}=36.5$（kg）

因此，$CB_2\%=CB_2/CB\times100\%=91.25\%$。

【例 2-5】 某厂生产雪利酒，产品成分包括 16.0%酒精和 3.0%糖，使用 A、B、C 三种原料酒进行配制，A 原料酒含有 14.6%酒精和 0.2%糖，B 原料酒含有 16.7%酒精和 1.0%糖，C 原料酒含有 17.0%酒精和 12.0%糖，对雪利酒配制过程进行物料衡算，试求三种酒的原用比例。

解：设雪利酒质量 m=100kg，A、B、C 三种原料酒的使用量分别为 m_A、m_B、m_C。

总物料衡算：
$$m_A+m_B+m_C=100 \tag{1}$$

酒精的物料衡算：
$$0.146m_A+0.167m_B+0.170m_C=0.160\times100 \tag{2}$$

糖的物料衡算：
$$0.002m_A+0.010m_B+0.120m_C=0.030\times100 \tag{3}$$

将方程式（1）、（2）、（3）联立可解得：

$m_A = 36.8(\text{kg})$，$m_B = 42.4(\text{kg})$，$m_C = 20.8(\text{kg})$。

二、封闭系统的质量守恒

封闭系统（Closed System）的物质不能穿过系统边界。因此，系统质量不随时间而变化，即：

$$\frac{\mathrm{d}m_{\text{system}}}{\mathrm{d}t} = 0 \tag{2-9}$$

或

$$m_{\text{system}} = \text{常数} \tag{2-10}$$

三、开放系统的质量守恒

对于流体输送管道等体积恒定的开放系统（Open System），流体以流速 u 通过微分面积 dA 进入系统。由于速度是一个矢量，拥有大小和方向，只有垂直于面积 dA 的流速矢量分量会穿过系统边界。因此，若穿过入口边界的流体垂直于横截面方向流速为 u_n（注：n 表示径向方向），流体密度为 ρ，则进入系统的质量流量可表示为：

$$\mathrm{d}m = \rho u_n \mathrm{d}A \tag{2-11}$$

对整个横截面积分，可得：

$$m = \int_A \rho u_n \mathrm{d}A \tag{2-12}$$

系统的总质量可表示为密度 ρ 和体积 V 的乘积，同时运用式（2-12）并代入式（2-6），可得：

$$\int_{A_{\text{inlet}}} \rho u_{\text{n}} \mathrm{d}A - \int_{A_{\text{exit}}} \rho u_{\text{n}} \mathrm{d}A = \frac{\mathrm{d}}{\mathrm{d}t}\int_V \rho \mathrm{d}V \tag{2-13}$$

根据实际工程运用过程中遇到的常见情况，可对式（2-13）进行简化。首先，如果流动是均匀的，那么流体的所有可测量特性在整个横截面积上都是均匀的。密度、压力或温度等流体特性可能因一个横截面面积而异，但在同一横截面中，它们在径向方向上是相同的。对于均匀流，可以用简单的求和符号代替积分符号，即：

$$\sum_{\text{inlet}} \rho u_{\text{n}} \mathrm{d}A - \sum_{\text{exit}} \rho u_{\text{n}} \mathrm{d}A = \frac{\mathrm{d}}{\mathrm{d}t}\int_V \rho \mathrm{d}V \tag{2-14}$$

接着，进一步假设系统处于稳态，即流量不随时间变化，则式（2-14）等号右边为0，因此可得：

$$\sum_{\text{inlet}} \rho u_{\text{n}} \mathrm{d}A = \sum_{\text{exit}} \rho u_{\text{n}} \mathrm{d}A \tag{2-15}$$

由于大部分的液体都是不可压缩的，那么第三个假定条件为系统流体是不可压缩的，则在管道各处密度为常数，进一步简化式（2-15）可得：

$$\sum_{\text{inlet}} u_{\text{n}} \mathrm{d}A = \sum_{\text{exit}} u_{\text{n}} \mathrm{d}A \tag{2-16}$$

由于流速和面积的乘积就是体积流量，因此根据质量守恒定律和以上三个假定条件，对于稳定、均匀、不可压缩的流体流动情况，体积流量保持不变。对于稳态情况下蒸汽和气体等可压缩流体，入口质量流量将与出口质量流量相同。

四、多单元操作系统的物料衡算

在实际食品生产过程中，通常为多个单元操作通过串联、并联或组合的方式完成一套完整的工艺流程。例如，例2-2附图1展示的就是以串联方式连接的多级分馏的工艺过程。又例如在膜分离过程中，要圆满完成一个分离任务，常常需要联合使用多个膜组件，这个时候我们需要考虑设计单级或多级膜装置。膜的排列组合方式是膜工艺设计的重要内容，串联和并联是两种基本的连接方式，图2-4展示了膜分离过程常见的串联和并联式的单元操作过程流程图。可以按照过程流程图判断复杂管路关系，并通过物料衡算确定各组件间的流量。

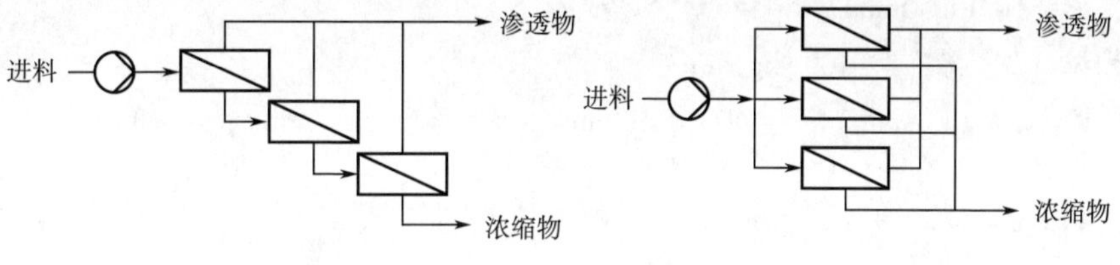

（1）串联连接　（2）并联连接

图2-4　膜分离过程中的串联连接和并联连接的过程流程图

对于多单元操作系统的物料衡算，可通过绘制过程流程图，并根据需要将系统边界移动到待测参数相关的物料衡算所在的单元操作部分。对于多单元系统，不仅要做总系统的物料平衡方程，也需要对每一个相关的子系统进行物料衡算。为了计算方便，尽可能地定义每个计算阶段使用的计算基准。同时，当计算从一个子系统的分析进行到下一个子系统的分析时，可以根据实际情况改变计算基础。此外，可通过在整个过程中不发生变化的联系物将一个单元操作和另一个单元操作的物料部分联系起来。联系物是指在多个过程中能够联系不同物质流关系的组分，例如，在蒸发浓缩过程中，通常溶液的固形物质量就是一个联系物。

【例 2-6】 将原料锦橙、先锋橙、晚生橙等清洗后进行分级，经过压榨过滤后得到水果原汁——总固形物含量（TS）为 10%的橙汁，经过进一步加工后将其浓缩为 60% TS 的橙汁，然后再用水果原汁作为稀释液将其稀释至 40% TS。整个过程以 100kg/min 的流量产生 40% TS 稀释橙汁。计算橙汁生产中水果原汁总进料质量流量（F）、蒸发器进料质量流量（S）、蒸发器生产能力（单位时间内水蒸发的质量，W）、稀释液质量流量（A）以及 60%TS 浓缩果汁的质量流量（C_{60}）。

解： 根据题意，绘制过程流程图，如例 2-6 附图所示。

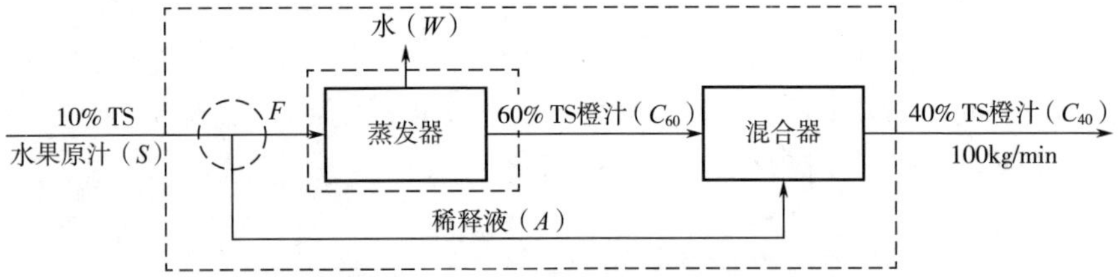

例 2-6 附图　橙汁生产过程流程图

根据题意，令 x 为固形物含量。已知水果原汁、蒸发器进料和稀释液的固形物含量 $x_S = x_F = x_A = 10\%$，浓缩橙汁 $x_{C60} = 60\%$，稀释后橙汁 $x_{C40} = 40\%$，成品质量流量 $C_{40} = 100$kg/min。

取 1min 作为计算基准，对于总系统：$S = C_{40} + W$，即 $S = 100 + W$ (1)

将固形物质量作为联系物，则：$S \cdot x_S = C_{40} \cdot x_{C_{40}}$，其中 x 为固形物质量分数。

即：$S \times 0.1 = 100 \times 0.4$

因此，$S = 400$（kg/min）

代入方程（1）得：$W = 300$（kg/min）

对于分配器：$S = F + A = 400$（kg/min） (2)

对于蒸发器：$F = W + C_{60}$，$F \cdot x_F = C_{60} \cdot x_{C_{60}}$；即：$F = 300 + C_{60}$，$0.1F = 0.6C_{60}$

因此，$F = 360$（kg/min），$C_{60} = 60$（kg/min）

代入方程（2）得：$A = 40$（kg/min）

因此，$W = 300$（kg/min），$S = 400$（kg/min），$F = 360$（kg/min），$A = 40$（kg/min），$C_{60} = 60$（kg/min）。

【例 2-7】 猪肉是重要的优质蛋白质来源，为提取猪肉中的蛋白质固形物，可通过脂溶性溶剂（可与水以任何比例混溶）提取，通常溶剂质量是猪肉质量的 5 倍。已知：猪肉中含 64% 水、20%脂肪、14%蛋白质和 2%不溶性灰分。假设溶剂可使得所有脂肪溶解，加入溶剂并达到平衡时，猪肉脂肪溶解在溶剂与水的混合物中，同时蛋白质和灰分不溶。为获得高蛋白质含量的固形物粉末，加入脂溶性溶剂充分混合可通过过滤器将固液相分离，固相（滤饼）经过干燥器将所有挥发性物质（水和脂溶性溶剂）除去。干燥后的固形物质量为滤饼质量的 50%。假设干燥过程中脂肪、蛋白质和灰分没有损失，试计算干燥固形物中的脂肪含量。

解： 根据题意，绘制过程流程图，如例 2-7 附图所示。

取 100kg 作为计算基准，根据题意，脂溶性溶剂质量为 500kg。

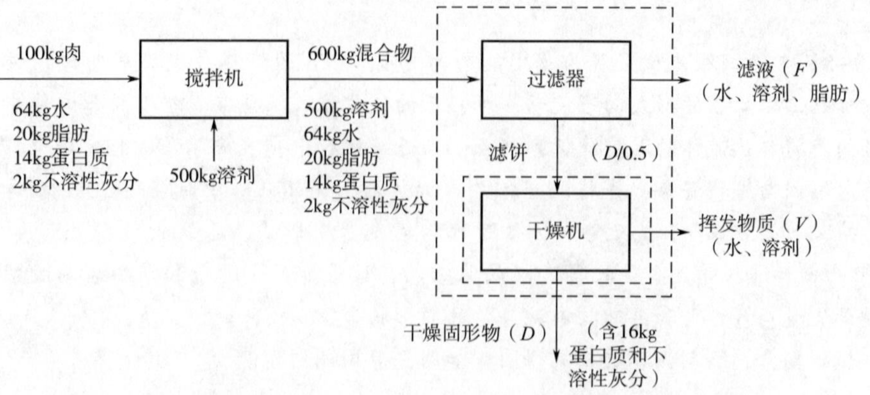

例 2-7 附图 猪肉蛋白提取工艺过程流程图

若将搅拌机作为一个二进一出的系统，可得进入过滤器的混合物质量为600kg，其中含500kg 溶剂、64kg 水、20kg 脂肪、14kg 蛋白质和 2kg 不溶性灰分。

将干燥器作为一个系统，由于干燥固形物的质量为滤饼的一半，则滤饼质量为 $D/0.5$。

对干燥器进行物料衡算：$D/0.5=D+V$，则 $D=V$

将蒸发器作为一个系统，由于溶剂可以使脂肪完全溶解，而蛋白质和灰分（共 16kg）不溶于溶剂，则滤饼中含 16kg 蛋白质和灰分，以及组分质量分数与滤液完全一致的脂肪、溶剂、水的混合溶液。因此，可将脂肪在溶液中的质量分数作为联系物。

根据式（2-7），脂肪在过滤液中的质量分数=脂肪在滤饼中的残余液中的质量分数=脂肪在进入过滤器前的溶液的质量分数=20/（20+64+500）= 0.03425。

则水和溶剂混合物在溶液中的质量分数为 1-0.03425=0.96575。

设干燥后的固形物中脂肪含量为 x，对整个系统列物料平衡方程。

脂肪平衡：$F\times0.03425+Dx=20$ (1)

水和溶剂平衡：$F\times0.96575+V=500+64$ (2)

蛋白质和灰分平衡：$D(1-x)=16$ (3)

前面已经解得：$D=V$ (4)

则将方程式（1）、（2）、（3）联立可解得：$x=0.0355$

故：干燥固形物中的脂肪含量为 3.55%。

五、循环系统的物料衡算

为提高生产效率、降低损耗或减少设备占地，在食品生产中可将物料流出部分重新引入前置单元操作的物料给料部分。例如，在蒸发操作中，循环型蒸发器可通过自然循环和强制循环两种方式使溶液在蒸发器内作连续的循环运动。其中，中央循环管式蒸发器可利用料液受热程度不同产生的密度差使加热管中的料液上升，而在降液管中下降并从出液管中排出，其中一部分则与入料混合，再由加热管上升而形成循环流动，以提高传热效果、缓和溶液结垢情况。

对于循环系统的物料衡算方式与第一节中介绍的步骤和方法类似，但是要注意需要将循环系统定义为一个总的系统，将系统边界移动到循环系统的外部周围，以整体衡算循环系统的物料总流入、流出情况。这样，循环系统物料衡算问题可简化为一个简单的单个单元操作的物料衡算问题。

【例 2-8】某小规模中试装置为蒸发能力为 10kg 水/h 的降膜式循环蒸发器。该系统中流体通过该加热器以薄膜的形式向下流动，加热后的流体流入保持在真空下的贮液罐中，在该容器中通过闪蒸将加热流体的温度降低到沸点。在连续运行中，再循环泵从贮液罐中抽取部分浓缩液，将浓缩液与进料混合，并将混合物泵入加热器。循环泵每小时输送 20kg 流体。贮液罐中的液体应处于生产所需的浓度，以便随时从蒸发器中取出，系统处于稳态。如果进料以 5.5%固形物含量进入并且需要收集 25%的浓缩物，试计算：①进料和产品质量流量；②再循环液的质量流量；③进料和再回收液混合物的固形物含量。

解：根据题意，绘制循环过程流程图，如例 2-8 附图所示。

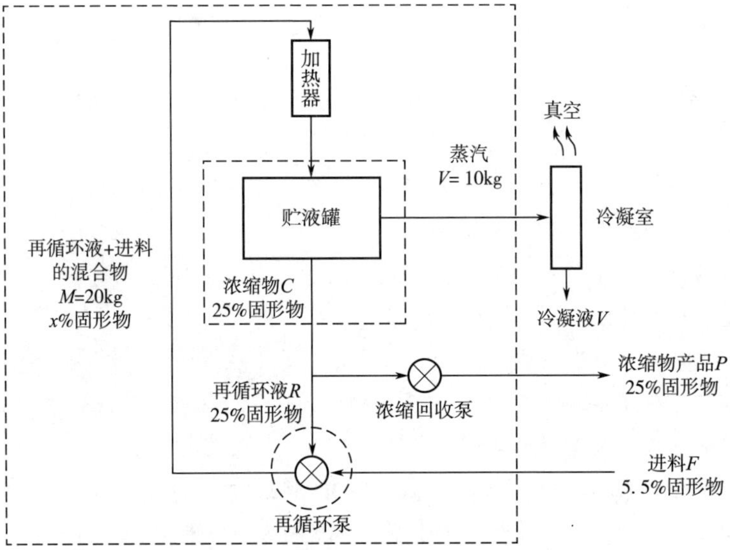

例 2-8 附图 降膜式循环蒸发器物料循环图

取 1h 作为计算基准。根据题意，再循环液和进料的混合物质量 $M=20$kg；浓缩物产品质量为 P，固形物含量 25%；再循环液质量为 R，固形物含量 25%；进料质量为 F，固形物含量 5.5%，蒸汽及冷凝液的质量 V 都为 10kg，设进料和再回收液混合物的固形物含量为 x%。

①将整个循环过程视作一个系统，对系统做总质量平衡方程：$F=V+P=10+P$

系统进出的固形物守恒：$5.5F=25P$

$$F=12.82\ (\text{kg}),\ P=2.82\ (\text{kg})$$

故：进料流量为 12.82kg/h，产品质量流量为 2.82kg/h。

②将再循环泵作为一个系统，对系统做总质量平衡方程：$M=F+R$

即：$20=12.82+R$

$$R=7.18\ (\text{kg})$$

故：再循环液质量流量为 7.18kg/h。

③将贮液罐作为一个系统，由于贮液罐流出的液体通过泵分流，但是固形物含量不发生变化。因此贮液罐流出的浓缩物质量为 C，固形物含量为 25%；再循环液质量为 R，固形物含量 25%。

对系统做总质量平衡方程：$M=V+C$，即：$20=10+C$

$$C=10\ (\mathrm{kg})$$

由于系统处于稳态，贮液罐进出的固形物守恒：$20x\%=25C$

$$x=12.5$$

故：进料和再回收液混合物的固形物含量为 12.5%。

六、非稳态系统的物料衡算

根据式（2-1）、式（2-5），非稳态质量平衡方程中包含一个累积项。累积项表示为变量相对于时间的变化率的微分项。加入累积量后物料衡算以与稳态问题相同的方式进行。因为涉及微分项，所以必须对微分方程进行积分以获得因变量值随时间变化的方程，最后再通过边界条件确定变量参数。

【例 2-9】 一容积为 10L 的搅拌罐中装有浓度为 100g/L 的食盐溶液。如果纯水以 12L/h 的质量流量连续加入该罐，并通过不断溢出多余的液体以保持体积恒定，90min 后食盐的浓度是多少？

解：根据题意画出系统过程流程图，如例 2-9 附图所示。

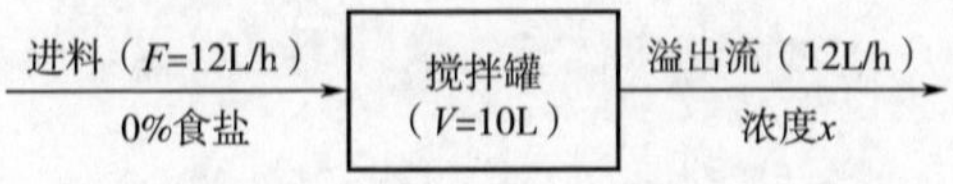

例 2-9 附图　食盐溶液稀释过程流程图（非稳态）

令 x 为任何时刻容器中的食盐浓度，t 为时间，浓度累积项为 $\mathrm{d}x/\mathrm{d}t$。进样流量 $F=12\mathrm{L/h}$，因为系统体积不发生变化，溢出流流量为 12L/h。

为方便计算，将所有时间单位转换为 min，以将单位保持一致。

即：$F=0.2\mathrm{L/min}$

纯水不含盐，因此系统流入项为零。溢出流中的浓度与容器内的浓度 x 相同，因此流出项为进料速率乘以容器内的浓度。质量平衡方程为：

$$0 = Fx + V\left(\frac{\mathrm{d}x}{\mathrm{d}t}\right)$$

$$\frac{\mathrm{d}x}{\mathrm{d}t} = -\frac{Fx}{V}$$

其中负号表示 x 随时间增加而减小，分离积分变量：

$$\frac{\mathrm{d}x}{x} = -\frac{F}{V}\mathrm{d}t$$

两边积分得：

$$\ln x = -\frac{F}{V}t + C$$

根据题意，已知当 $t=0$ 时，$x=100$，其中 $F=0.2$，$V=10$，则常数 $C=\ln 100$。

因此，浓度与时间的关系式为：$\ln x=-0.02t+\ln 100$

令 $t=90$，$x=16.53\ (\mathrm{g/L})$

故：90min 后食盐的浓度为 16.53g/L。

【例 2-10】 将水与蔗糖分别加入一搅拌槽内进行混合。水的进料流量为 120kg/h，糖的进料流量为 80kg/h。制成溶液以 160kg/h 的流量离开搅拌槽。由于搅拌充分，槽内浓度各处均匀。开始时槽内有水 80kg。试计算 1h 后槽中流出的溶液溶质质量分数。

解：根据题意画出系统过程流程图，如例 2-10 附图所示。

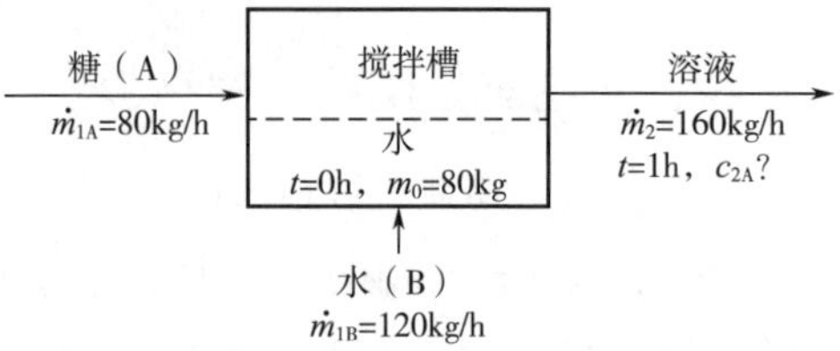

例 2-10 附图 蔗糖溶液稀释过程流程图（非稳态）

注：？表示本题需要求解的未知量——流出溶液的溶质质量分数。

以糖为组分 A，糖的进料流量 $\dot{m}_{1A}=80\text{kg/h}$，以水为组分 B，水的进料流量 $\dot{m}_{1B}=120\text{kg/h}$，混合溶液离开流量 $\dot{m}_2=160\text{kg/h}$，进料总流量 $\dot{m}_3=120\text{kg/h}+80\text{kg/h}=200\text{kg/h}$。当时间 $t=0$ 时，搅拌槽内水的质量 $m_0=80\text{kg}$。

为方便计算，设时间为 t，糖的流出流量为 $\dot{m}_{2A}$，1h 后搅拌槽中流出的溶液质量分数为 c_{2A}，t 时搅拌槽内糖和溶液质量分别为 m_A 和 m，糖和溶液的质量累积项分别为 $\frac{\mathrm{d}m_A}{\mathrm{d}t}$ 和 $\frac{\mathrm{d}m}{\mathrm{d}t}$。

对糖进行质量衡算，得：

$$\dot{m}_{2A}-\dot{m}_{1A}+\frac{\mathrm{d}m_A}{\mathrm{d}t}=0$$

因为 $\dot{m}_{2A}=\dot{m}_2c_{2A}=160c_{2A}$，$\dot{m}_{1A}=80\text{kg/h}$，且：

$$\frac{\mathrm{d}m_A}{\mathrm{d}t}=m\frac{\mathrm{d}c_{2A}}{\mathrm{d}t}+c_{2A}\frac{\mathrm{d}m}{\mathrm{d}t}$$

将微分项展开：

$$160c_{2A}-80+m\frac{\mathrm{d}c_{2A}}{\mathrm{d}t}+c_{2A}\frac{\mathrm{d}m}{\mathrm{d}t}=0$$

总质量衡算式：

$$160-200+\frac{\mathrm{d}m}{\mathrm{d}t}=0$$

将总质量衡算式积分：$m=40t+m_0=40t+80$

因此：

$$160c_{2A}-80+(40t+80)\frac{\mathrm{d}c_{2A}}{\mathrm{d}t}+40c_{2A}=0$$

分离变量并积分：

$$c_{2A}=0.4\left[1-\left(\frac{2}{t+2}\right)^5\right]$$

代入 $t=1\text{h}$，$c_{2A}=0.347$

当时间为 1h 时，出口糖的质量分数为 0.347（即 34.7%）。

第三节 能量衡算

一、热力学概述

热力学（Thermodynamics）是研究食品加工过程中各种热现象的基础。热力学定义为涉及系统组分之间或系统与其周围环境之间能量交换的科学领域。研究任何食品过程的典型方法是首先观察现象，进行实验测量以确认观察的有效性，建立数学模型，然后将获得的知识应用于解决实际的工程过程问题。

系统之间会发生一系列能量交换，从而产生热效应，这是在食品加工或日常生活中经常出现的情况。这些能量交换往往会改变所涉及的组分，导致其被冷却或加热，或产生或停止特定反应。这些转化或变化可以通过热力学的基本概念以宏观形式描述。

在食品工程中，则更关注热力学在食品加工过程中的应用。例如，我们需要计算影响加工过程的热量和功率等。热力学可帮助了解传热、制冷、水分活度和传质，以及确定系统处于平衡状态时各种变量之间的相互关系。食品生产加工、储运过程中发生的物理、化学变化或生化反应的速率是动力学和流体动力学所涉及的领域，但其极限和最终平衡状态则通常由热力学决定。例如，在热交换中，无论目标是加热还是冷却，交换能量的相间必须存在温度差异，即驱动力，交换速率就取决于驱动力的大小（以及其他因素），同时热量传递的方向也十分重要。因此，了解热力学相关知识和定律对于解决食品工程问题至关重要。

（一）能量守恒

能（Energy），是指质量的时空分布可能变化程度的度量，是一个间接测量的物理量。能量可以有不同的形式，例如势能、动能、化学能、磁能、电能以及热力学范畴的内能等。能量可以分为储存能和传递能两类。其中系统储存能分为两部分：一部分取决于系统本身（内部）的状态，它与系统内物质的分子结构及微观运动形式有关，统称为内能（或内储存能）；另一部分取决于系统物质与外力场的相互作用（如重力位能）及以外界为参考坐标的系统宏观运动所具有的能量（宏观动能），这两种能量统称为外储存能。系统的传递能简称为传能，是一种分子通过碰撞进行的能量传递、转移或交换的现象。这个过程传递的能量称为传递能，包括热量（Heat Content，Q）和功（Work，W）。

能量守恒定律是能量衡算的基础，具体可阐述为：能量既不会凭空产生，也不会凭空消失，它只会从一种形式转化为另一种形式，或者从一个物体转移到其他物体，而能量的总量保持不变。热力学第一定律是能量守恒定律的一种表达形式，定律指出：孤立系统的能量保持不变。热力学第一定律适用于热力学过程，区分了三种能量传递，即热、热力学功和与物质传递相关的能量，并将它们与内能的函数相关联。没有物质转移的热力学过程的第一定律可用公式表示为：

$$\Delta E_i = Q - W \tag{2-17}$$

式中 ΔE_i——封闭系统内能 E_i 的变化，J；

Q——以热量形式提供给系统的能量，J；

W——系统对其周围环境所做的热力学功，J。

对于能量守恒定律中的“能量的转移或转换”，可通过热力学第二定律进行具体阐述，有多种表达形式。它的第一个公式主要基于热量理论，是由法国科学家萨迪·卡诺（Sadi Carnot）制定的卡诺定理（1824 年），该定理表明热机中热量转换为功的效率具有上限限制。基于“焓”的概念，德国科学家鲁道夫·克劳修斯（Rudolf Clausius）将热力学第二定律表述为：热量永远不会在没有其他变化的情况下从较冷的物体传递到较热的物体（如果要使热量传递方向调转过来，只有通过消耗功来实现）。英国科学家开尔文勋爵（Lord Kelvin）指出：不可能制成一种循环热机，从单一热源取热，使之完全变为功而不引起其他变化。这两种对于热力学第二定律的阐述实质上是等效的。根据热力学第二定律，孤立系统中的熵（Entropy，S）总是增加的。因此，任何孤立的系统都会自发地向热平衡演化。

（二）系统总能量

根据能量守恒定律，流入系统的总能量等于流出系统的总能量加上系统总能量的变化量。其中，系统总能量 E_{total} 为系统中所有形式能（如动能 E_k、势能 E_p、电能 $E_{electrical}$、磁能 $E_{magnetic}$、化学能 $E_{chemical}$、内能 E_i 等）的加和，即：

$$E_{total} = E_k + E_p + E_{electrical} + E_{magnetic} + E_{chemical} + \cdots + E_i \tag{2-18}$$

若动能、势能和内能远大于其他形式能，则有：

$$E_{total} = E_k + E_p + E_i \tag{2-19}$$

对于大多数食品加工设备，热流量、温度变化（即焓变）最为重要，而轴功 W_s、动能变化 ΔE_k、势能变化 ΔE_p 可以忽略不计，那么根据热力学第一定律可得：

$$\Delta H = Q \tag{2-20}$$

即系统的焓变 ΔH 等于添加到系统的热量 Q，我们称之为热平衡方程。

热平衡方程可以写成：

$$\Delta H = H_e - H_i = Q \tag{2-21}$$

或

$$H_i + Q = H_e \tag{2-22}$$

式中 H_e、H_i——输出（出口）和输入流的焓，J。

即：输入流的焓+所提供的热量=出口流的焓。

（三）热量和焓

热量和功是系统状态变化中伴随发生的两种不同的能量传递形式，是不同形式能量传递的量度，它们都与状态变化的中间过程有关，因而不是系统状态的函数。其中，系统与其周围环境之间的热传递是食品工程体系中最普遍的能量形式。热量在食品加工、储存和产品创制方面发挥着重要作用。

热量可用符号 Q 表示，单位为焦耳（J）。系统与其周围环境之间的热交换是温度差驱动的。由于温差，热量从热物体传递到冷物体。通过热量 Q 数值的正负可判断跨系统边界的热量传递方向。若热量传递是从系统到其周围环境，则 Q 为负；若热量是从周围环境传递到系统中，则 Q 为正。单位时间内的热量转移用传热速率 q 来表达，单位为 J/s 或瓦特（W）。

焓（Enthalpy，H）是物质的内在属性，表示为压力和体积的乘积与内能之和，其绝对值不可以直接测量，单位为焦耳（J）或千焦耳（kJ）；焓有时也以单位质量来计量（Enthalpy per Unit Mass），单位为 J/kg 或 kJ/kg。焓值总是根据参考状态得出的，如果选定一个参考状态设定其焓值为 0，则该组分由参考状态到当前状态的焓变即是该条件下该组分的绝对焓值。例如，附录“2. 饱和水蒸气（温度基准）”中的焓值是以 0℃ 的纯水的焓值作为参考基线（焓值为0）。

$$H = c_p(T - T_{ref}) \tag{2-23}$$

式中 c_p——物质恒压下的比热容，kJ/(kg·℃)；

H——单位质量物质的焓，kJ/kg；

T——物质温度,℃；

T_{ref}——参考状态温度,℃；常定义为0℃。

根据热平衡方程，物体在不发生相变的情况下从 T_1 变为 T_2 所吸收或放出的热量 Q 就是焓变。

$$Q = mc_p(T_2 - T_1) \tag{2-24}$$

（四）显热与潜热

显热（Sensible Heat，$Q_{Sensible}$）是在不发生相变的情况下，温度升高或降低过程中所需要吸收或放出的热量，在恒压下可以根据质量 m 与恒压比热容 c_p 和温度变化 ΔT 的乘积来计算，即：

$$Q_{Sensible} = c_p m \Delta T \tag{2-25}$$

式中 $Q_{Sensible}$——仅存在温度变化而导致增加/减少的热量，kJ；

m——物质质量，kg；

c_p——恒压比热容，kJ/（kg·K）或kJ/（kg·℃）；

ΔT——温度变化，即终温减起始温度，K或℃。

潜热（Latent Heat，Q_{Latent}），与显热相对应，当物质发生相变时，需要吸收或放出的热量即为潜热。如从固态转为液态时的融解（融化）热，以及从液态转为蒸汽时的汽化热。

对于质量为 m 的物质，潜热可通过下式计算：

$$Q_{Latent} = mL \tag{2-26}$$

式中 Q_{Latent}——物质相变过程中释放或吸收的热量，kJ；

m——物质的质量，kg；

L——特定物质的比潜热，kJ/kg；通常用 L_f 表示熔融比潜热，L_v 表示汽化比潜热；对于水，$L_f = 334.86$kJ/kg，$L_v = 2260$kJ/kg。

（五）比热容

比热容（Specific Heat Capacity，c）简称比热（Specific Heat），表示单位质量物质单位温度变化时吸收或释放出的热量，单位 J/（kg·K）或 J/（kg·℃）。恒压下的比热容由 c_p 表示，恒容下的比热容由 c_V 表示。由于很多食品加工过程为恒压过程，因此在计算热量时常用恒压比热容 c_p 代替比热容 c。式（2-24）展示的比热容与焓变的关系式，假定比热容不随温度的变化而变化。大多数固体和液体在相当宽的温度范围内有恒定的比热容，然而相比液体或固体，气体比热容则随温度的变化而变化。质量为 m 的物质的焓变可表示为：

$$Q = m\int_{T_1}^{T_2} c_p \mathrm{d}T \tag{2-27}$$

在实际工程计算中，可通过查阅相关表格获得一定温度范围下的平均比热容 c_{avg}，则式（2-27）可简化为：

$$Q = mc_{avg}(T_2 - T_1) \tag{2-28}$$

二、比热容模型

由于大多数固体和液体在一定温度范围内的比热容是常数，因此，式（2-24）和式（2-28）在一般食品加工体系所涉及的温度范围内有效。然而在实际食品生产过程中，物料通常是多种组分混合而成，通常无法从手册表中获得平均比热容，可以通过建立以物料的基本组分比热容以及混合比例的加权平均为基础的平均比热容数学模型。

（一）Siebel's 方程

西贝尔（Siebel）（1918 年）发现：不含脂肪的水果和蔬菜、蔬果泥和植物源浓缩物等的平均比热与水分含量有关，可以通过水的比热和固形物比热的加权平均值获得比热值。若无脂植物源物料的水分质量分数为 M_c，非脂固形物的质量分数为（$1-M_c$）。由于液态水的比热为 4186.8J/（kg·℃），非脂固形物的比热取 837.36J/（kg·℃），因此通过加权平均，无脂植物源物料在冰点以上的平均比热容 c_{avg}［J/（kg·℃）］为：

$$c_{avg} = 4186.8M_c + 837.36(1 - M_c) \quad (2-29)$$

式（2-29）即为 Siebel's 方程。

Siebel's 方程可以进一步扩展到有脂肪存在的物料。若水分的质量分数为 M_c，脂肪质量分数为 F［比热取 1674.72J/（kg·℃）］，非脂固形物的质量分数为 SNF，则混合物在冰点以上的平均比热容 c'_{avg}［J/（kg·℃）］可类似地通过加权平均方式写成：

$$c'_{avg} = 4186.8M_c + 837.36SNF + 1674.72F \quad (2-30)$$

Siebel's 方程仅是用于计算冰点以上的混合物平均比热容。在冰点以下时，因为温度变化会影响系统冻结水和非冻结水的量，对于系统热量的计算需要考虑冰的融化潜热以及液态水、固形物和冰的显热。在本节第三部分（食物冻结过程中的焓变）会涉及相关内容。

【例 2-11】 布丁含 57.1%水分、32.0%碳水化合物、5.7%脂肪、3.4%蛋白质、1.3%纤维、0.5%灰分。①请通过 Siebel's 方程计算该布丁的比热容值。②冷藏可以使布丁保持弹性，试计算 100g 布丁从室温（22℃）放入冰箱后降至 4℃的过程所放出的热量。

解：①由题意得：$SNF=32.0\%+3.4\%+1.3\%+0.5\%=37.2\%$

由式（2-30）得：

$$c'_{avg}=0.571\times4186.8+0.372\times837.36+0.057\times1674.72=2797.6 \ [\mathrm{J/(kg\cdot ℃)}]$$

②$m=100\mathrm{g}=0.1\mathrm{kg}$

$$Q=mc'_{avg}(T_2-T_1)=0.1\times2797.6\times(22-4)=5035\ (\mathrm{J})=5.035\ (\mathrm{kJ})$$

（二）Choi & Okos 方程

Siebel's 方程在计算食品体系比热时还是过于简单，因为这个方程假设各种类型的非脂固体的比热容是相同的，且未考虑温度对比热值的影响。此外，Siebel's 方程假定冰点以下的食品中的水都冻结成冰，这与实际是不符的，因此不适合计算冰点以下时的食品比热容。为此，Choi & Okos（1988 年）提出对于固体和液体的比热容可采用校正式来估算。Choi & Okos 方程中，平均比热容 c_{avg}［J/（kg·℃）］为各组分（蛋白质、脂肪、纤维素、灰分、碳水化合物和冰点以上的水分）比热容的加权平均数，即混合物在冰点以上时的比热容为：

$$c_{avg} = P\cdot c_{pp} + F\cdot c_{pf} + C\cdot c_{pc} + Fi\cdot c_{pfi} + A\cdot c_{pa} + M_c\cdot c_{waf} \quad (2-31)$$

式中，P、F、Fi、A、C 和 M_c 分别代表蛋白质、脂肪、纤维素、灰分、碳水化合物和冰点以上水分的质量分数；c_{pp}、c_{pf}、c_{pc}、c_{pfi}、c_{pa} 和 c_{waf} 分别代表蛋白质、脂肪、纤维素、灰分、碳水化合物和冰点以上的水分的比热容。

其中食品各组分的比热容值［单位 J/（kg·℃）］为温度 T（单位℃）的函数：

蛋白质：$$c_{pp}=2008.2+1208.9\times10^{-3}T-1312.9\times10^{-6}T^2 \tag{2-32a}$$

脂肪：$$c_{pf}=1984.2+1473.3\times10^{-3}T-4800.8\times10^{-6}T^2 \tag{2-32b}$$

碳水化合物：$$c_{pc}=1548.8+1962.5\times10^{-3}T-5939.9\times10^{-6}T^2 \tag{2-32c}$$

纤维素：$$c_{pfi}=1845.9+1930.6\times10^{-3}T-4650.9\times10^{-6}T^2 \tag{2-32d}$$

灰分：$$c_{pa}=1092.6+1889.6\times10^{-3}T-3681.7\times10^{-6}T^2 \tag{2-32e}$$

冰点以上的水分：$$c_{waf}=4176.2-9.0864\times10^{-5}T+5473.1\times10^{-6}T^2 \tag{2-32f}$$

【例 2-12】 一种运动饮料含有 25%蛋白质、5%脂肪、5%糖、2%纤维素、1%灰分和 62%水分，分别使用 Choi & Okos 方程和 Siebel's 方程计算该运动饮料 20℃时的比热容值。

解：根据 Choi & Okos 方程，分别将各组分的质量分数和温度 T（20℃）代入计算式（2-32），得到：

$$c_{pp}=2008.2+1208.9\times10^{-3}T-1312.9\times10^{-6}T^2=2031.9\ [\text{J/(kg·℃)}]$$

$$c_{pf}=1984.2+1473.3\times10^{-3}T-4800.8\times10^{-6}T^2=2011.7\ [\text{J/(kg·℃)}]$$

$$c_{pc}=1548.8+1962.5\times10^{-3}T-5939.9\times10^{-6}T^2=1585.7\ [\text{J/(kg·℃)}]$$

$$c_{pfi}=1845.9+1930.6\times10^{-3}T-4650.9\times10^{-6}T^2=1882.7\ [\text{J/(kg·℃)}]$$

$$c_{pa}=1092.6+1889.6\times10^{-3}T-3681.7\times10^{-6}T^2=1128.9\ [\text{J/(kg·℃)}]$$

$$c_{waf}=4176.2-9.0864\times10^{-5}T+5473.1\times10^{-6}T^2=4178.4\ [\text{J/(kg·℃)}]$$

以上单位均为 J/（kg·℃），代入计算式（2-31）得：

$$\begin{aligned}c_{avg}&=P\cdot c_{pp}+F\cdot c_{pf}+C\cdot c_{pc}+Fi\cdot c_{pfi}+A\cdot c_{pa}+M_c\cdot c_{waf}\\&=0.25\times2031.9+0.05\times2011.7+0.05\times1585.7+0.02\times1882.7+0.01\times1128.9+0.62\times4178.4\\&=3327.4\ [\text{J/(kg·℃)}]\end{aligned}$$

根据 Siebel's 方程可得：

$$\begin{aligned}c'_{avg}&=4186.8M_c+1674.72F+837.36SNF\\&=4186.8\times0.62+1674.72\times0.05+837.36\times(0.25+0.05+0.02+0.01)\\&=2955.9\ [\text{J/(kg·℃)}]\end{aligned}$$

由例 2-12 可以看出，在高水分含量下，使用 Choi & Okos（1988 年）校正式计算的平均比热值通常高于 Siebel's 方程计算值，这是因为两个数学模型的适用范围有所不同。当水分含量 M_c>0.7 且组分不含脂肪时，Siebel's 方程与实验值非常吻合。而 Choi & Okos 方程由于基于大量已发表的关于食品体系的文献数据，因此在低水分含量且产品组分范围更宽泛的情况下更准确。当对估算值的准确性的要求不严格时，Siebel's 方程的计算简便性同样具有优势。在实际工程计算中，需要根据实际情况灵活选用两个平均比热容模型。

（三）温度区间平均比热模型

Choi & Okos 方程指出，各组分比热容为温度 T 的函数，此处的 T 为定值。然而，在实际计算焓变时，常需要利用 Choi & Okos 方程获得目标温度范围内的平均比热容，此时 T 为一个温度区间（T_1 到 T_2）。因此，需要对 Choi & Okos 方程进行进一步调整。若 c^* 表示在 T_1（℃）到 T_2（℃）温度区间的平均比热容，单位 J/（kg·℃）。设 $T_2-T_1=\delta$，$T_2^2-T_1^2=\delta^2$，$T_2^3-T_1^3=\delta^3$，则：

$$c^{*} = \frac{1}{\delta}\int_{T_1}^{T_2} c_p \mathrm{d}T \tag{2-33}$$

因此可将 Choi & Okos 方程调整为：

$$c_{avg}^{*} = P \cdot c_{pp}^{*} + F \cdot c_{pf}^{*} + C \cdot c_{pc}^{*} + Fi \cdot c_{pfi}^{*} + A \cdot c_{pa}^{*} + M_c \cdot c_{waf}^{*} \tag{2-34}$$

其中，食品各组分的平均比热容值［单位 J/（kg·℃）］为 δ、δ^2 和 δ^3 的函数：

蛋白质：$$c_{pp}^{*} = \frac{1}{\delta}(2008.2\delta + 0.6045\delta^2 - 437.6 \times 10^{-6}\delta^3) \tag{2-34a}$$

脂肪：$$c_{pf}^{*} = \frac{1}{\delta}(1984.2\delta + 0.7367\delta^2 - 1600 \times 10^{-6}\delta^3) \tag{2-34b}$$

碳水化合物：$$c_{pc}^{*} = \frac{1}{\delta}(1548.8\delta + 0.9812\delta^2 - 1980 \times 10^{-6}\delta^3) \tag{2-34c}$$

纤维：$$c_{pfi}^{*} = \frac{1}{\delta}(1845.9\delta + 0.9653\delta^2 - 1550 \times 10^{-6}\delta^3) \tag{2-34d}$$

灰分：$$c_{pa}^{*} = \frac{1}{\delta}(1092.6\delta + 0.9448\delta^2 - 1227 \times 10^{-6}\delta^3) \tag{2-34e}$$

水分：$$c_{waf}^{*} = \frac{1}{\delta}(4176.2\delta - 4.543 \times 10^{-5}\delta^2 + 1824 \times 10^{-6}\delta^3) \tag{2-34f}$$

【例 2-13】 合理的饮食能量摄入可以有效提高减脂增肌效率。鸡肉、鱼类都是良好的蛋白质摄入源，普通鸡胸肉中蛋白质含量 P 为 19.3%，脂肪含量 F 为 9.4%，碳水化合物含量 C 为 1.3%，水分含量 M_c 为 69%，对于成年健身男子，每日蛋白质摄入量约为 2g/kg（bw），请计算体重 65kg 的成年人若仅通过上述食品摄入足量蛋白质时，该食品从常温环境进入人体消化系统过程中的平均比热容（设环境温度为 25℃，体温取 37℃）。

解：由题意可知鸡胸肉 $P=0.193$，$F=0.094$，$C=0.013$，$M_c=0.69$。

蛋白质：
$$\begin{aligned} c_{pp}^{*} &= \frac{1}{\delta}(2008.2\delta + 0.6045\delta^2 - 437.6 \times 10^{-6}\delta^3) \\ &= \frac{1}{12} \times (2008.2 \times 12 + 0.6045 \times 744 - 437.6 \times 10^{-6} \times 35028) \\ &= 2044.4[\mathrm{J/(kg \cdot ℃)}] \end{aligned}$$

脂肪：
$$\begin{aligned} c_{pf}^{*} &= \frac{1}{\delta}(1984.2\delta + 0.7367\delta^2 - 1600 \times 10^{-6}\delta^3) \\ &= \frac{1}{12} \times (1984.2 \times 12 + 0.7367 \times 744 - 1600 \times 10^{-6} \times 35028) \\ &= 2025.2[\mathrm{J/(kg \cdot ℃)}] \end{aligned}$$

碳水化合物：
$$\begin{aligned} c_{pc}^{*} &= \frac{1}{\delta}(1548.8\delta + 0.9812\delta^2 - 1980 \times 10^{-6}\delta^3) \\ &= \frac{1}{12} \times (1548.8 \times 12 + 0.9812 \times 744 - 1980 \times 10^{-6} \times 35028) \\ &= 1603.9[\mathrm{J/(kg \cdot ℃)}] \end{aligned}$$

水分：
$$\begin{aligned} c_{waf}^{*} &= \frac{1}{\delta}(4176.2\delta - 4.543 \times 10^{-5}\delta^2 + 1824 \times 10^{-6}\delta^3) \\ &= \frac{1}{12} \times (4176.2 \times 12 - 4.543 \times 10^{-5} \times 744 + 1824 \times 10^{-6} \times 35028) \\ &= 4181.5[\mathrm{J/(kg \cdot ℃)}] \end{aligned}$$

根据式（2-34），

$$c^*_{avg} = P \cdot c^*_{pp} + F \cdot c^*_{pf} + C \cdot c^*_{pc} + M_c \cdot c^*_{waf}$$
$$= 0.193 \times 2044.4 + 0.094 \times 2025.2 + 0.013 \times 1603.9 + 0.69 \times 4181.5$$
$$= 3491.0[\mathrm{J/(kg \cdot ℃)}]$$

三、食物冻结过程中的焓变

（一）Chang & Tao 模型

食品冷冻过程涉及相变，因此在计算该过程中需要去除热量时必须考虑融化潜热。另一方面，食物中的水在冰点（Freezing Point）以下依然存在未冻结的液态水，通过 Siebel′s 方程估算冰点以下食品体系的平均比热容非常不准确。因此，确定在冷冻过程中必须去除的热量或解冻的热量输入的最佳方法是计算焓变。在假定 227K 时所有水都已冻结的前提下，Chang & Tao（1981 年）提出了一种计算冰点以下焓变的方法，该模型仅适用于水分含量为 73%～94%的食品体系。Chang & Tao 模型指出，温度 T（单位 K）下单位质量的焓变 H 可由下式计算：

$$H = H_f[aT_r + (1-a)T_r^{\ b}] = (9792.46 + 405096M_c)[aT_r + (1-a)T_r^{\ b}] \tag{2-35}$$

$$H_f = 9792.46 + 405096M_c \tag{2-36}$$

式中　T_r——温度降系数，可由式（2-37）来定义，无单位；

T_f——冰点温度，由式（2-38）～式（2-40）计算得到，K；

T——测量时的温度，K；

H_f——冰点时单位质量的焓，J/kg；

M_c——食物中水分质量分数；

a 和 b——经验系数，不同类型的食物 a、b 值由模型式（2-41）～式（2-44）定义。

其中，$$T_r = \frac{T - 227.6}{T_f - 227.6} \tag{2-37}$$

肉类：$$T_f = 271.18 + 1.47M_c \tag{2-38}$$

果蔬：$$T_f = 287.56 - 49.19M_c + 37.07M_c^{\ 2} \tag{2-39}$$

果汁：$$T_f = 120.47 + 327.35M_c - 176.49M_c^{\ 2} \tag{2-40}$$

肉类：$$a = 0.316 - 0.247(M_c - 0.73) - 0.688(M_c - 0.73)^5 \tag{2-41}$$

$$b = 22.95 + 54.68(a - 0.28) - 5589.03(a - 0.28)^5 \tag{2-42}$$

果蔬及果蔬汁：$$a = 0.362 + 0.0498(M_c - 0.73) - 3.465(M_c - 0.73)^2 \tag{2-43}$$

$$b = 27.2 - 129.04(a - 0.23) - 481.46(a - 0.23)^2 \tag{2-44}$$

【例 2-14】 为制作草莓冰棍，将 100kg 固形物含量 30%的草莓汁从冰点降温到-20℃，计算草莓汁的冰点及此过程中需除去的热量。

解： 由题意得，草莓汁中水分含量 $M_c = 0.70$

冰点温度：

$$T_f = 287.56 - 49.19M_c + 37.07M_c^{\ 2}$$
$$= 287.56 - 49.19 \times 0.70 + 37.07 \times (0.70)^2$$
$$= 271.3\mathrm{K}$$

冰点单位质量焓值：

$$H_f = 9792.46 + 405096M_c$$

$=9792.46+405096\times0.70$

$=293360\text{J/kg}$

$a=0.362+0.0498(M_c-0.73)-3.465(M_c-0.73)^2$

$=0.362+0.0498\times(0.70-0.73)-3.465\times(0.70-0.73)^2$

$=0.3574$

$b=27.2-129.04(a-0.23)-481.46(a-0.23)^2$

$=27.2-129.04\times(0.3574-0.23)-481.46\times(0.3574-0.23)^2$

$=2.9458$

所以，$T_r=\dfrac{T-227.6}{T_f-227.6}=\dfrac{-20+273-227.6}{271.3-227.6}=0.5812$

得-20℃时的单位质量焓值：

$H=H_f[aT_r+(1-a)T_r^{\ b}]$

$=293360\times[0.3574\times0.5812+(1-0.3574)\times0.5812^{2.9458}]$

$=99052\ (\text{J/kg})$

从冰点温度降至-20℃时的单位质量焓变为：

$\Delta H=293360-99052=194308\ (\text{J/kg})=194.308\ (\text{kJ/kg})$

因为草莓汁有100kg，因此降温过程需从草莓汁体系中除去19430.8kJ的热量。

（二）通过溶质摩尔浓度推断冻结过程的焓变

纯水被冻结时在冰点会发生从液态水到固态冰的相变。如果冷却速度足够慢以使冰晶有足够的时间形成，由于与相变相关的能量释放和在冰点从系统中去除的能量相抵消，因此在所有水都转化为冰之前，不会有显热损失（冰点将保持恒定温度而不会降低）。

食物的冰点低于纯水，这是因为水在食物中以溶液的形式存在，食物中的所有水溶性化合物都有助于降低冰点。由于冰晶由纯水组成，因此水变成冰的过程伴随着未冷冻水中溶质浓度的增加。因为溶质会降低冰点，所以食物中冰的形成过程会在一定温度范围内发生而非一个具体的温度点。值得注意的是，冰点只是冰晶形成的开始而非所有水冻结成冰的温度，在冰点以下食品中依然存在液态水。

对于理想溶液或溶质浓度较低时，冰点降 ΔT_f 为：

$$\Delta T_f=K_fM \qquad (2-45)$$

式中 ΔT_f——食品相对于纯水冰点的冰点降，℃；

K_f——结晶热力常数，水的 $K_f=1.86$；

M——溶质摩尔浓度，溶质摩尔数/（g水/1000）。

令 T_f=冰点，则 $\Delta T_f=0-T_f=(-T_f)$

由式(2-45)得：

$$M=\frac{(-T_f)}{1.86} \qquad (2-46)$$

令 n=克摩尔溶质/wg水，已知食物的冰点和水分含量和冰点即可计算 n；反之，可以根据溶质浓度和水分含量计算食物的冰点。对于高度离子化的溶质（如钠盐和钾盐等），n 值等于溶质的实际摩尔数乘以2。

$$M=\frac{1000n}{w} \qquad (2-47)$$

n 在冻结过程中保持不变，而 w 随着冰晶的形成而变化。

以 1kg 的食物作为计算基准，令 w_0 为冻结前混合物中原始的水分质量，则：

$$w_0 = \text{水质量分数} \times 1000$$

$$n = \frac{(-T_f)}{1.86} \times \frac{w_0}{1000} = \frac{(-T_f)w_0}{1860} \tag{2-48}$$

在冰点下任一温度 T 时：

$$M = \frac{-T}{1.86} = \frac{1000n}{w} \tag{2-49}$$

冰点下任一温度 T 时食物中未冻结水的质量为：

$$w = \frac{1000n \times 1.86}{-T} = \frac{1000w_0(-T_f)}{1860} \cdot \frac{1.86}{-T} = w_0 \frac{(-T_f)}{(-T)} \tag{2-50}$$

根据质量守恒定律，系统中冰的质量 I 为未结冰水的质量变化量，即：

$$I = w_0 - w = w_0 \left[1 - \frac{(-T_f)}{(-T)}\right] \tag{2-51}$$

在冰点以下，温度降低 dT，已知液态水（liquid water）的常压比热容（c_p）为 c_{pl}，令 Q_s 为任意物质的显热变化值，则质量为 w（g）的液态水的显热损失为：$dQ_{sl} = wc_{pl}dT$

则冰点下液态水从 T_f 变化到 T 时的显热变化值 Q_{sl} 为：

$$Q_{sl} = \int_{T_f}^{T} c_{pl} w dT = c_{pl} w_0 \int_{T_f}^{T} \frac{-T_f}{-T} dT = c_{pl} w_0 (-T_f) \ln \frac{-T}{-T_f} \tag{2-52}$$

式中 T_f——食物的冰点,℃；

T——冻结过程的环境温度,℃；

w_0——冻结前混合物中原始的水分质量，kg；

c_{pl}——液态水的比热，J/kg · ℃；

Q_{sl}——液态水的显热变化值，J。

同理，已知冰（ice）的比热容为 c_{pi}，令 Q_s 为物质的显热变化值，则质量为 I（g）的冰显热变化值 Q_{si} 为：

$$Q_{si} = \int_{T_f}^{T} c_{pi} w_0 \left[1 - \frac{(-T_f)}{(-T)}\right] dT = c_{pi} w_0 \left[(T_f - T) - (-T_f) \ln \frac{-T}{-T_f}\right] \tag{2-53}$$

式中 T_f——食物的冰点,℃；

T——冻结过程的环境温度,℃；

w_0——冻结前混合物中原始的水分质量，kg；

c_{pi}——冰的比热容，J/kg · ℃；

Q_{si}——冰的显热变化值，J。

值得注意的是，考虑到水或冰的比热容以 J/（kg · ℃）为单位，因此式（2-52）、式（2-53）的质量 w_0 需要换算成以 kg 为单位。

食物在冻结过程中总焓变由各组分的显热和相变潜热构成，即：液态水的显热、冰的显热、脂肪的显热、非脂固形物的显热，以及冰的融化潜热。冰的融化比潜热取 334.86kJ/kg，即 334860J/kg。

因此，从冰点到冰点下任一温度 T 过程中食物的总焓变为：

$$Q = \Delta H = FC_{pf}(T_f - T) + SNFc_{psnf}(T_f - T) + Q_{sl} + Q_{si} + I(334860) \tag{2-54}$$

式中 Q——冻结过程吸收或放出的热量，J；

ΔH——总焓变，J；

F——食物中脂肪的质量，kg；

c_{pf}——脂肪的比热容，J/kg·℃；

SNF——食物中非脂固形物的质量，kg；

c_{psnf}——非脂固形物的比热容，J/kg·℃；

Q_{sl}——液态水的显热变化值，J；

Q_{si}——冰的显热变化值，J；

I——冰的质量，kg；

T_f——食物的冰点，℃；

T——冻结过程的环境温度，℃。

【例 2-15】 冰淇淋原液中水分含量为 71.2%，碳水化合物 17.4%，脂肪 7.0%，蛋白质 3.7%，灰分 0.7%，冰点是-4.0℃。为调节甜味，该原液中加入原液质量 8.7%果葡糖浆（主要成分为葡萄糖、果糖，固形物平均相对分子质量 180，固形物含量为 70.0%）。①试计算调配后新冰淇淋原液的冰点；②冰淇淋经过冰淇淋机冷冻制作成软质冰淇淋后需要放入冷库硬化，以帮助冰晶生长至合适大小，试计算每 100kg 软质冰淇淋从新冰点冷冻至-30℃时的焓变。

解：①设定计算基准为 1kg，由式（2-46）得未调配冰淇淋原液溶质摩尔浓度：

$$M_0 = \frac{-T_f}{1.86} = \frac{-(-4)}{1.86} = 2.151(\mathrm{mol/kg})$$

初始水分含量 w_0=1000×71.2%=712（g），则根据式（2-48）得：

$$n_0 = (4.0 \times 712)/1860 = 1.531(\mathrm{mol})$$

调配后：总质量 $m = 1 + 0.087 \times 1 = 1.087(\mathrm{kg})$

果葡糖浆固形物含量 $m_1 = 0.087 \times 1 \times 0.7 = 0.0609(\mathrm{kg})$

水分含量 $w'_0 = m - m_1 - (1 - w_0) = 1.087 - 0.0609 - (1 - 0.712) = 0.7381\mathrm{kg} = 738.1(\mathrm{g})$

调配后新冰淇淋原液中溶质的克摩尔数 $n = 0.0609 \times 1000/180 + n_0 = 1.869(\mathrm{mol})$

根据式（2-47），则调配后新冰淇淋原液中溶质的摩尔浓度：

$$M = 1000 \times n/w'_0 = 1000 \times 1.869/738.1 = 2.532(\mathrm{mol/kg})$$

由式（2-46），新冰点 $T_f = 0 - 1.86M = 0 - 2.532 \times 1.86 = -4.7(℃)$

②在-30℃时，w'_0=738.1g，由式（2.50），$w' = 738.1 \times (4.7/30) = 115.6(\mathrm{g})$

由式（2-51），$I = w'_0 - w' = 738.1 - 115.6 = 622.5(\mathrm{g})$

由式（2-52）、式（2-53）得：

$$Q_{sl} = 4186.8 \times 0.7381 \times 4.7 \times \ln(30/4.7) = 26923(\mathrm{J})$$

$$Q_{si} = 2093.4 \times 0.7381 \times \{[-4.7 - (-30)] - 4.7 \times \ln(30/4.7)\} = 25631(\mathrm{J})$$

由式（2-34b）计算脂肪在-4.7℃至-30℃之间的平均比热容：

$$c_{pf} = 1956.9356[\mathrm{J/(kg \cdot ℃)}]$$

调配后：$SNF = 0.174 + 0.037 + 0.007 + 0.0609 = 0.2789(\mathrm{kg})$

由式（2-54）总焓变为：

$$Q = Q_{sl} + Q_{si} + SNF \times 837.36 \times (30 - 4.7) + F \times 1956.9356 \times (30 - 4.7) + I \times 334860$$

则：$Q = 26923 + 25631 + 0.2789 \times 837.36 \times (30 - 4.7) + 0.07 \times 1956.9356 \times (30 - 4.7) + 0.6225 \times 334860$

$= 270379(\text{J}) = 270.379(\text{kJ})$

所以每100kg软质冰淇淋从新冰点冷冻至-30℃时的焓变为27037.9kJ。

四、系统总能量衡算

能量衡算与物料衡算方式相同，能量衡算基于能量守恒定律。热力学第一定律指出，能量既不能被创造也不能被消灭。因此，当一个系统正在进行任意过程时，进入系统的能量 E_{in}（J）与离开系统的能量 E_{out}（J）之差等于系统中总能量的变化值 ΔE_{system}（J），即：

$$E_{\text{in}} - E_{\text{out}} = \Delta E_{\text{system}} \tag{2-55}$$

也可以将单位时间的能量平衡写成速率表达式：

$$\dot{E}_{\text{in}} - \dot{E}_{\text{out}} = \Delta \dot{E}_{\text{system}} \tag{2-56}$$

式中 $\dot{E}_{\text{in}}$——单位时间进入系统的能量，W；

$\dot{E}_{\text{out}}$——单位时间离开系统的能量，W；

$\dot{E}_{\text{system}}$——单位时间系统总能量变化量，W。

对于稳态系统，系统的能量不随时间变化。使用这个条件，可以简化式（2-55）、式（2-56）如下：

$$E_{\text{in}} = E_{\text{out}} \tag{2-57}$$

$$\dot{E}_{\text{in}} = \dot{E}_{\text{out}} \tag{2-58}$$

将各种形式的能量（动能、势能、内能、流功等）的表达式代入式（2-57）得到：

$$Q_{\text{in}} + W_{\text{in}} + \sum_{j=1}^{p} m_j \left(E'_{\text{i},j} + \frac{u_j^2}{2} + gz_j + P_j V'_j \right) = Q_{\text{out}} + W_{\text{out}} + \sum_{e=1}^{q} m_e \left(E'_{\text{i},e} + \frac{u_e^2}{2} + gz_e + P_e V'_e \right) \tag{2-59}$$

式中 E'_{i}——物体单位质量的内能，J/kg；

V'——比容积，m^3/kg；

u——流速，m/s；

z——离势能基准面的垂直距离，m；

P——静压力，Pa。

其中，下标 in 表示流入系统，下标 out 表示流出系统；系统有 p 个流体流入口和 q 个流出口。若为一个一进一出的系统——只有一个输入口（位置1）和一个输出口（位置2），则：

$$Q_{\text{m}} = W_{\text{m}} + \left(\frac{u_2^2}{2} + gz_2 + \frac{P_2}{\rho_2} \right) - \left(\frac{u_1^2}{2} + gz_1 + \frac{P_1}{\rho_1} \right) + (E'_{\text{i},2} - E'_{\text{i},1}) \tag{2-60}$$

式中 Q_{m}——单位质量传递的热量，J/kg；

W_{m}——单位质量传递的功，J/kg；

ρ——流体密度，kg/m^3。

若仅关注热量传递过程，忽略功及其他形式能的变化，则进入系统的热量必须等于离开系统的热量加累积量，或：热量输入=热量排出+累积。若系统处于稳态，累积项为零，进入系统的热量必须等于离开系统的热量。通过使用图表标注热流方向，可帮助分析热量衡算问题中流入和流出带走系统的热量。

【例 2-16】用冷水作为冷媒，用板框式换热器将脱色棉籽油从 100℃降温至 60℃，冷却水则由 20℃升温至 50℃，如脱色棉籽油的流量为 3000kg/h，脱色棉籽油的比热为 2. 1kJ/（kg · ℃），水的比热为 4. 1kJ/（kg · ℃），请确定冷却水的流量。

解：根据题意确定热交换器系统边界，冷却水吸收的热量等于脱色棉籽油放出的热量，以 1h 为计算基础。

则脱色棉籽油放出的总热量：

$$Q_1 = 3000\text{kg/h} \times 1\text{h} \times 2.1\text{kJ/(kg} \cdot ℃) \times (100℃ - 60℃) = 252000(\text{kJ})$$

冷却水需要带走的总热量 $Q_2 = Q_1$

所以，冷却水的质量流量：

$$\dot{m} = 252000/[1\text{h} \times (50℃ - 20℃) \times 4.1\text{kJ/(kg} \cdot ℃)] = 2048.8(\text{kg/h})$$

第四节 案例分析：湿芝麻渣干燥工艺中的热量衡算

一、案例介绍

湿芝麻渣是水代法制取芝麻油的产物，含水量高达 64. 3%。要实现对湿芝麻渣的高效利用，干燥是首先需要解决的问题。由于湿物料直接干燥难以达到后续生产要求，因此需要先将湿芝麻渣和压榨产生的芝麻饼按照 3 : 1 比例混合，将芝麻渣的含水量降低到 44%，再将混合物采用膨化机进行挤压膨化结粒，膨化结粒后水分约 38%，同时膨化后物料结粒成颗粒状，为进一步进行干燥提供条件，最后对膨化颗粒采用 110℃的热空气干燥。干燥过程中涉及总能量的转化、各个流程物料和热量的不断变化，因此需要通过物料及能量衡算来改善干燥工艺流程，并对所涉及的关键设备进行选型和设计，最终实现终产品的高效生产利用。本案例所采用的干燥技术路线图如图 2-5 所示。其中，在挤压膨化阶段以及热风干燥阶段均涉及热量衡算的问题。

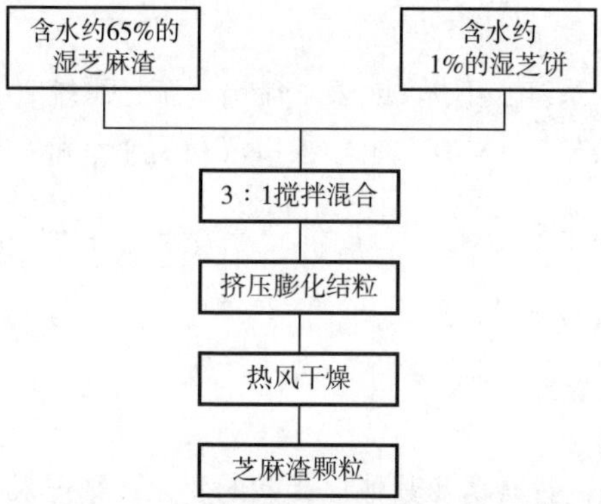

图 2-5 湿芝麻渣干燥技术路线图

二、案例分析

（一）挤压膨化阶段的热量衡算

由于物料在混合搅拌后处于常温状态，直接进行干燥难以将物料温度升高到100℃以上，因此在物料进入膨化机前先对物料进行预加热到60℃，再进行挤压膨化。本研究将预加热和挤压膨化一起进行热量衡算。

1. 挤压膨化前预热消耗热量

将物料混合搅拌后先通过加热装置将其从20℃（T_1）加热到60℃（T_2），每日产量（m）50t，加热所需要的热量（Q_p）为：

$$Q_p = cm\Delta T$$

$$\Delta T = T_2 - T_1$$

其中，湿芝麻渣的比热容 $c = 2.1 \times 10^3$J/（kg·℃）

因此，$Q_p = cm(T_2 - T_1) = 2.1 \times 10^3 \times 50 \times 1000 \times (60-20) = 4.2 \times 10^9$（J）

2. 挤压膨化消耗热量

条件：进料温度 $T_1 = 60$℃，出料温度 $T_2 = 100$℃，产量50t/d，膨化过程去除水分5.1t。

根据热量公式：　$Q = cm\Delta T$

在挤压膨化过程中产生的热量主要有三个途径：物料温度升高吸收热量，挤压摩擦产生热量，水分汽化需要热量。在这个环节先不考虑挤压摩擦产生的热量，则供热量 Q（J）由温度升高所消耗的热量和液体汽化消耗的热量两部分组成。具体衡算过程如下：

（1）物料温度升高所消耗的热量 Q_1（J）

$Q_1 = cm\Delta T$;

$\Delta T = T_2 - T_1$

湿芝麻渣的比热容 $c = 2.1 \times 10^3$J/（kg·℃）

$Q_1 = cm(T_2 - T_1) = 2.1 \times 10^3 \times 50 \times 1000 \times (100-60) = 4.2 \times 10^9$（J）

（2）液体汽化消耗的热量 Q_2（J）

已知每天处理50t物料，蒸发水分（m'）2.77t，水在常温常压下的汽化热（ΔH）为2441.12J/g，水蒸气从气态到液态过程中释放出的热量相同。

$Q_2 = m'\Delta H = 2.77 \times 10^3 \times 2441.1 \times 10^3 = 6.8 \times 10^9$（J）

（3）预热和膨化消耗的总热量

$Q = Q_p + Q_1 + Q_2 = 4.2 \times 10^9 \text{J} + 4.2 \times 10^9 \text{J} + 6.8 \times 10^9 \text{J} = 15.2 \times 10^6$（kJ）

值得注意的是，kJ是热量单位，kWh是电力单位，但是二者可以换算：

$1\text{kWh} = 1\text{kW} \times \text{h} = 1000\text{W} \times \text{h} = 1000\text{W} \times 3600\text{s} = 3600000\text{J} = 3.6 \times 10^6$（J）

则物料每小时消耗的热量 $Q_w = Q/24\text{h} = [15.2 \times 10^6 / (3.6 \times 10^6)]\ \text{kWh}/24\text{h} = 175.93$（kW）

（二）热风干燥阶段的热量衡算

已知条件：

①物料进入干燥机的量为1870.83kg/h，温度为110℃（θ_2），芝麻渣的出干燥段量为1400kg/h，出料温度为40℃（θ_1）。

②采用预热器将相对湿度（φ_0）为60%的空气由常温20℃（t_0）加热至120℃（t_1），预热器采用蒸汽加热形式，假设在此过程中空气湿度不变，相对湿度降低，干燥器出风口的空气

温度为40℃（t_2），空气湿度H_2为0.022kg水/kg绝干空气。

③在热风干燥段湿芝麻渣的水分由38.2%（w_2）降至13%（w_1）左右。

④向预热器和干燥器加入0.2MPa，120℃的水蒸气，作为热量补充。

⑤干燥阶段每小时水分蒸发量$W=541.9$（kg/h）。

根据已知信息，进行能量衡算：

1. 预热器需要提供的热量Q_P

空气进入干燥器之前，必须先经预热器将其温度提高到t。因此，

$$Q_P=Lc_{H0}(t_1-t_0)$$

其中，L为绝干空气消耗量，通过手册查得，当$t_0=20$℃、$\varphi_0=60\%$时，$H_0=0.008$kg水/kg绝干空气，由物料衡算得：$L=W/(H_2-H_0)=541.9/(0.022-0.008)=38707.14$（kg/h）

c_H为湿空气的比热容，简称湿比热容，计算公式为$c_H=1.01+1.88H$，因此可以得到：

$c_{H0}=1.01+1.88H_0=1.01+1.88\times0.008=1.02504$［J/（kg·℃）］

因此，$Q_P=38707.14\times1.02504\times(120-20)=3967636.68$（kJ/h）$=1102.12$（kW）

2. 干燥系统消耗的总热量Q_G

干燥系统包括预热器和干燥器，干燥系统消耗的总热量包括加热空气消耗的热量和干燥物料消耗的热量，干燥段热损失为3%。

$$Q_G=Q_0+Q_L$$

其中，加热空气消耗的热量和干燥物料消耗的热量$Q_0=L(I_2-I_0)+G(c_{M2}\theta_2-c_{M1}\theta_1)$，由物料衡算得$L=38707.14$kg/h，$Q_L$为干燥段热损失。则：

$$Q_G=Q_0+Q_L=L(I_2-I_0)+G(c_{M2}\theta_2-c_{M1}\theta_1)+Q_L$$

式中　I_2、I_0——分别为空气进出干燥器的焓值，kJ/kg。

$I_2=(1.01+1.88H_2)t_2+2490\times H_2=(1.01+1.88\times0.022)\times40+2490\times0.022=96.83$（kJ/kg绝干空气）

$I_0=(1.01+1.88H_0)t_0+2490\times H_0=(1.01+1.88\times0.008)\times20+2490\times0.008=40.42$（kJ/kg绝干空气）

湿芝麻渣在常温下的比热容为$c_S=2.1$kJ/（kg.℃），X为物料的干基含水率，X_1、X_2分别为物料干燥前后干基含水率；c_M为物料比热容［kJ/（kg·℃）］，c_{M1}、c_{M2}分别为物料进出干燥器的比热容值，$c_M=c_S+4.187X$。

$X_1=w_1/(1-w_1)=0.382/(1-0.382)=0.618$（kg/kg绝干料）

$X_2=w_2/(1-w_2)=0.14/(1-0.14)=0.163$（kg/kg绝干料）

$c_{M1}=2.1+4.187\times0.618=4.69$［kJ/（kg·℃）］

$c_{M2}=2.1+4.187\times0.163=2.78$［kJ/（kg·℃）］

$\theta_2=110$℃，$\theta_1=40$℃

G为绝干物料的量（kg绝干料/h）；$G=G_1(1-w_1)$，其中G_1为1870.83kg/h。

$G=1870.83\text{kg/h}\times(1-0.382)=1156.17$（kg绝干料/h）

$Q_0=38707.14\times(96.83-40.42)+1156.17\times(2.78\times40-4.69\times110)=1715567.77$（kJ/h）$=476.55$（kW）

$Q_L=3\%\ Q_0=14.30$（kW）

则向干燥器补充的热量$Q_G=Q_0+Q_L=490.85$（kW）

三、案例总结

本案例介绍了湿芝麻渣干燥工艺的能量衡算过程。整个工艺流程中热量的流向是多方面的，一方面热量消耗是物料温度的升高，另一方面是物料水分的蒸发吸热，还有一部分热量被热风带走。关于热风干燥的具体能量衡算，在后续第九章“干燥”中会有更详细的介绍。通过热量衡算，可以计算干燥过程中的能耗定额，进而可以计算加热剂或冷却剂的用量，也可为设备选型提供依据。此外，还能分析生产操作中热量利用是否经济合理，进而提高热量利用水平。

思考题

1. 请分别阐述并比较显热和潜热的概念及二者之间的差异，并分别举出一个食品加工过程涉及的显热和潜热的例子。

2. 请简要阐述质量守恒定律的概念、公式表述以及在食品工业中的作用。

3. 请讲述能量守恒定律在食品工业应用中的几种表述，并分析能量衡算对食品工业的重要性。

4. 假设你将带领创新团队设计一款新的冰淇淋产品（冷冻食品），请根据本章学习的知识点讨论产品配方设计、工艺优化过程中需要注意的关键点。

5. 对于常温下的一杯胡萝卜汁饮料（含糖量10%、非糖固形物含量15%、含水量75%）以及一块猪背膘（水15%、脂肪80%、蛋白质3%），通常分别可以通过什么数学模型或方法来计算或估算这两个食品体系的比热？请分别描述两种数学模型方程，并比较两种方程的适用范围。

习题

1. 某500g果汁含有85%的水分，干燥浓缩可去除原水中60%的水分。试画出过程流程图并进行物料衡算，确定干燥后浓缩果汁的质量，原果汁中水分的质量，以及干燥后水分与固形物的质量比。

2. 将10%固含量的芹菜原汁与蔗糖混合，蒸发浓缩后得到18%固含量和15%蔗糖含量的浓缩芹菜汁。试确定500kg芹菜原汁能浓缩制备多少千克浓缩芹菜汁？白砂糖添加量和浓缩过程中水分蒸发量分别为多少？

3. 用100kg原料生产12°啤酒（啤酒度数即麦汁浓度）：原料经一定处理后先形成热麦汁再经冷却发酵过滤等过程形成啤酒，对原料形成热麦汁的过程进行物料衡算。原料利用率为98.5%，100kg原料中含60%麦芽和40%大米，其中麦芽含水分6%，大米含水分13%，无水麦芽浸出率为75%，无水大米浸出率为92%，麦芽清净和磨碎损失为0.1%。

4. 将湿复合面团放置在一个能去除6000kJ热的冷冻箱中冻藏，湿面团在冻结温度（-2.2℃）以上的比热为3.8kJ/（kg·℃），融解潜热为260kJ/kg；低于-2.2℃冷冻面团的比热为2.5kJ/（kg·℃）。将10kg湿面团（初始温度4.4℃）放入冷冻箱，请计算面团平衡时的温度。

5. 通过混合瘦牛肉（14%脂肪、67%水、19%蛋白质）、猪肉脂肪（89%脂肪、8%水、3%

蛋白质）和冰水制作 500kg 香肠（20%脂肪、15%蛋白质、65%水），试计算需要的瘦牛肉、猪肉脂肪和冰水的质量。

6. 将流量为 80kg/h 含有 30% 固形物的番茄酱从 85℃冷却到 20℃。通过热交换器时水温的升高不应超过 10℃。若水和番茄酱在热交换器中无混合，请计算热交换器必须供应的水量要求。

7. 含有 91.0%水分、6.9%碳水化合物、0.7%蛋白质、0.6%纤维、0.5%灰分、0.3%脂肪的蔬果汁以 1800kg/h 的流量流入热交换器，换热器提供的热能为 150MJ/h。换热后产品的输出温度为 85℃，系统处于稳态。

①请画出能量衡算示意图，并通过 Siebel′s 方程计算该蔬果汁的比热。

②请根据 Choi & Okos 方程计算该蔬果汁的平均比热，并比较两个数学模型的使用条件。

③试计算该产品进入换热器的温度。

8. 计算含 20%乳脂肪、77%非脂乳固体和 3%水分的全脂乳粉的比热，并计算将 80g 全脂乳粉从 4℃升高至 60℃所需吸收的热量。

9. 将 1kg 固形物含量 25%的番茄汁从冰点冻结到-10℃，计算番茄汁的冰点及过程中需除去的热量。

10. 一块鱼肉的水分含量 74.3%，蛋白质含量 19.9%，脂肪含量 4.2%，灰分含量 1.6%。鱼肉冰点是-1.5℃。用食盐水将此肉进行腌制后，鱼肉质量比未腌制前增加了 12%，食盐净含量为 2.0%。试计算：

①腌制后鱼肉的新冰点；

②每千克腌制后的鱼肉从新冰点冷冻至-20℃时所需要的热量。

本章主要符号说明

A：面积（m^2）

c：比热容［kJ/（kg·℃）］

c_{avg}：平均比热容［kJ/（kg·℃）］

c_p：恒压比热容［kJ/（kg·℃）］

c_{pm}：气体在一定温度区间的平均恒压比热容［kJ/（kg·℃）］

c_V：恒容比热容［kJ/（kg·℃）］

E：能量（J）

E_i：内能（J）

E_k：动能（J）

E_p：势能（J）

H：焓（kJ 或 kJ/kg）

H_f：冰点焓（kJ 或 kJ/kg）

K_f：结晶热力常数

L：比潜热（kJ/kg）

L_f：熔融比潜热（kJ/kg）

L_v：汽化比潜热（kJ/kg）

m：质量（kg）

$\dot{m}$：质量流量（kg/s）

M：摩尔浓度（kg/mol）

M_c：水分含量（%）

n：分子数

P：压强（Pa）

Q：热量（kJ）

q：传热速率（J/s 或 W）

ρ：密度（kg/m^3）

R：理想气体常数，8314.41［m^3·Pa/（kg·mol·K）］

t：时间（s）

T：温度（℃或 K）

T_{ref}：参考温度（℃或 K）

T_f：冰点（℃或 K）

T_r：温度降系数

u：流速（m/s）

V：体积（m^3）

V'：比容积（m^3/kg）

W：功（kJ）

x：质量分数（%）

z：距离（m）

参考文献

[1] Afoakwa E O. Chocolate science and technology [M]. Chichester: John Wiley & Sons, 2016.

[2] Berk Z. Food process engineering and technology [M]. San Diego: Academic Press, 2018.

[3] Chang H D, Tao L C. Correlations of enthalpies of food systems [J]. Journal of Food Science, 1981, 46 (5): 1493-1497.

[4] Clark J P. Thermodynamics and food processing [J]. Food Technology, 2012, 66 (10): 86-87, 90.

[5] Choi Y, Okos M R. Effects of temperature and composition on thermal properties of foods [M]//M. Le Maguer, Jelen P. Food Engineering and Process Applications. New York: Elsevier, 1987.

[6] De Bonis M V, Ruocco G. Heat and mass transfer modeling during continuous flow processing of fluid food by direct steam injection [J]. International Communications in Heat and Mass Transfer, 2010, 37 (3): 239-244.

[7] McSweeney P L H, McNamara J P. Encyclopedia of dairy sciences [M]. 3th ed. New York: Elsevier, 2022.

[8] Siebel J E. Compend of mechanical refrigeration and engineering [M]. 9th ed. Chicago: Nickerson and Collins, 1918.

[9] Silbey, R J, Alberty R A, Bawendi M G. Physical chemistry [M]. 4th ed. New York: Wiley, 2005.

[10] Singh R P, Heldman D R. Introduction to food engineering [M]. 4th ed. San Diego: Academic Press, 2001.

[11] Toledo T R. Fundamental of food processing engineering [M]. New York: Springer, 2007.

[12] Welti-Chanes J, Vergara-Balderas F, Ríos L, et al. Thermodynamics in food engineering [J]. Food Engineering, 2009, 1 (1), 240-274.

[13] 陈帮军. 湿芝麻渣干燥工艺及关键装备设计 [D]. 郑州：河南工业大学，2018.

[14] 冯骉，涂国云. 食品工程原理 [M]. 3 版. 北京：中国轻工业出版社，2019.

[15] 高福成. 食品工程原理 [M]. 北京：中国轻工业出版社，1998.

[16] 黄亚东. 食品工程原理 [M]. 北京：高等教育出版社，2003.

[17] 姜绍通，周先汉. 食品工程原理 [M]. 北京：化学工业出版社，2010.

[18] 李云飞，葛克山. 食品工程原理 [M]. 北京：中国农业大学出版社，2004.

[19] 刘军海，裘爱泳. 油脂干法分提及其应用 [J]. 中国油脂，2003 (10)：14-16.

[20] 刘倩，袁越，张杰，等. 不同菌种发酵对诺丽果酵素的抗氧化性及风味物质的影响 [J/OL]. 食品工业科技，2023，44 (4)：129-137.

[21] 刘伟民，赵杰文. 食品工程原理 [M]. 北京：中国轻工业出版社，2011.

[22] 王志魁. 化工原理 [M]. 北京：化学工业出版社，1998.

[23] 夏清，贾绍义. 化工原理 [M]. 北京：天津大学出版社，2012.

[24] 姚玉英. 化工原理 [M]. 天津：科学技术出版社，1999.

[25] 姚玉英. 化工原理例题与习题 [M]. 北京：化学工业出版社，1998.

[26] 赵黎明，黄阿根. 食品工程原理 [M]. 北京：中国纺织出版社，2013.

[27] 赵思明. 食品工程原理 [M]. 2 版. 北京：科学出版社，2016.

第三章 流体流动与输送

CHAPTER 3

本章学习重点

1. 通过本章的学习，掌握流体在管内流动的基本原理，运用这些原理能够完成食品工厂中输送水、气和稀溶液等牛顿流体的管道设计与计算工作。

2. 主要包括牛顿黏性定律及其黏度；稳定流动体系的连续性方程和柏努利方程；管内流动的阻力计算；柏努利方程的应用；管路计算；离心泵的性能、安装高度和工作点调节。

物质的常规聚集状态分为气、液、固三态，气体和液体统称为流体。食品加工中，我们会遇到很多种流体，如清洗和漂烫时所用的水、高温杀菌时所用的蒸汽、干燥和冷冻时所用的空气，以及牛乳、各种饮料、油、蜂蜜、果酱等食品材料。流体在食品工业中进行传热、传质操作的物料大多是在流动状态下进行的，流体的流动状况极大地影响传热和传质过程的速率。因此研究流体流动规律是研究传热、传质的基础，本章主要讨论流体流动的基本原理和流体在管内流动的基本规律。

课程思政点

第一节 流体静力学

流体静力学主要研究静止流体内部各种物理量的变化规律，特别是在重力场作用下，静止流体内部的压强变化规律。在工程实际中，静止流体的平衡规律应用很广，如流体在设备或管道内压强的测量、液体在储罐内液位的测量、设备的液封等均以这一规律为依据。

一、连续介质的假定

流体是由大量分子组成的，分子之间存在一定的间隙，并且每个分子都处于永不停息的热运动状态中。因此从微观上看，流体是一种非连续介质。但在工程技术领域中，人们感兴趣的是流体的宏观性质，即大量分子的统计平均特性，而不是单个分子的微观运动状况。为此，引入了流体的连续介质假定：将流体视为充满所占空间的、由无数彼此间没有间隙的质点组成的连续介质。所谓流体质点，是由大量分子构成的流体微团，其宏观尺度很小，但远大于分子的平均自由程。基于连续介质模型，流体的物理性质和运动参数（如密度、速度、压强等）都具有连续变化的特性，从而可以利用基于连续函数的数学工具从宏观角度考察和研究流体运动的规律。

但在某些特殊情况下，当所研究的流体尺寸与分子平均自由程的数量级接近时，如高真空稀薄气体、催化剂微孔道内的气体扩散等，就不能再用连续介质模型了。

二、作用在流体上的力

无论是处于运动还是静止状态的流体，都承受着一定的作用力。流体受到的作用力可分为质量力与表面力两种。

（一）质量力

质量力是指不需要直接接触而作用于流体的所有质点上的力，其大小与流体质量成正比。

处于地球重力场中的流体每个质点都受到重力作用，这是最常见的一种质量力。流体做变速直线运动的惯性力和做匀速圆周运动所受到的惯性离心力均与流体质点的质量成正比，也属于质量力。带电流体所受到的静电力，以及有电流通过的流体所受到的电磁力也是质量力。

（二）表面力

表面力是指作用在所研究的流体表面上的力，它是由与该流体相接触的相邻流体（或固体）的作用产生的。表面力的大小与受力面积成正比，故又称为面积力。表面力可分解为与作用表面相垂直的法向力和与作用表面相切的切向力。

作用在流体单位面积上的表面力称为表面应力。流体黏性所引起的内摩擦力就是切向表面应力，流体的压强则为法向表面应力，二者是研究流体流动中经常遇到的两种表面应力。

对于静止流体或没有黏性的理想流体，切向表面力是不存在的，只有法向表面力。

三、静止流体的压强特征

静止流体内部没有切向应力（剪切力），仅有与作用面相垂直的法向应力。在静止流体中，任取一微元面积 ΔA，则：

$$p = \lim_{\Delta A \to 0} \frac{\Delta F}{\Delta A} = \frac{\mathrm{d}F}{\mathrm{d}A} \tag{3-1}$$

式中 p——作用在静止流体一点处的法向应力，称为静压强，Pa；

F——垂直作用于流体表面上的压强，N；

A——作用面的面积，m^2。

流体静压强有三个重要特性：

（1）流体压强与作用面垂直，并指向该作用面。

（2）任意界面两侧所受压强大小相等、方向相反。

（3）作用于任意点不同方向上的压强在数值上均相同。

在 SI 单位中，压强的单位是 N/m^2 或 Pa（帕斯卡）。工程上有时还沿用其他的压强单位，如 atm（标准大气压）、某流体柱高度、bar（巴）或 kgf/cm^2 等。一些常用压强单位之间的换算关系如下：

$$1atm=101325N/m^2=101300Pa=1.033kgf/cm^2\ (bar)=10.33mH_2O=760mmHg$$

应当指出，用流体柱高度表示压强时，必须指明流体的种类，如 600mmHg、$10mH_2O$ 等。

流体压强的大小除用不同的单位计量之外，还用两种不同的基准来表示：一是绝对真空(零压)，二是大气压强。以绝对零压为基准计量的压强称为绝对压强，简称绝压，它是流体受到的真实压强。以大气压为基准测得的压强称为表压强或真空度。

工业上，流体压强采用测压仪表来测量。当被测流体的绝对压强高于外界大气压强时，所用的测压仪表称为压强表。压强表上的读数是被测流体的绝对压强比大气压强高出的数值，称为表压强，即

$$表压强 = 绝对压强 - 大气压强$$

当被测流体的绝对压强低于外界大气压强时，所用的测压仪表称为真空表。真空表上的读数表示被测流体的绝对压强低于大气压强的数值，称为真空度，即：

$$真空度 = 大气压强 - 绝对压强$$

显然，流体的绝对压强越低，其真空度值越高。

绝对压强、表压强和真空度之间的关系可用图 3-1 表示。

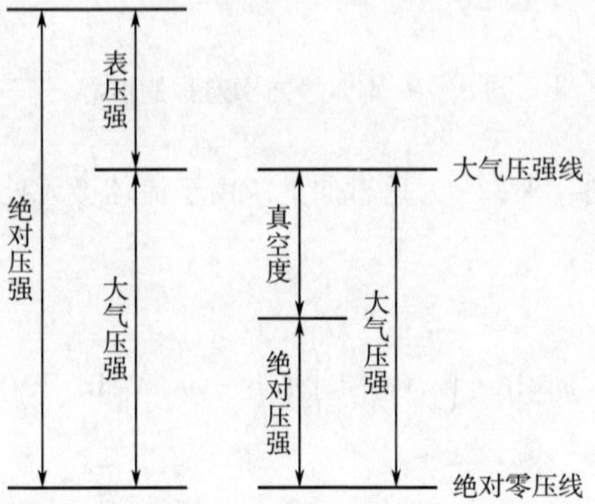

图 3-1　绝对压强、表压强和真空度的关系

应当指出，大气压强随大气温度、湿度，以及所在地区的海拔而变化。此处的大气压强均应指当地大气压。在本章中如不加说明时均可按标准大气压计算。为了避免绝对压强、表压强和真空度三者相互混淆，在应用时需对表压强和真空度加以标注，如 3×10^3Pa（表压）、2×10^3Pa（真空度）等。

【例 3-1】 在大气压强为 101.3×10^3Pa 的地区，某真空蒸馏塔塔顶真空表的读数为 14.5×10^3Pa。若在大气压强为 87.3×10^3Pa 的地区使该塔内绝对压强维持相同的数值，则真空表读数应为多少？

解： 在大气压强为 101.3×10^3Pa 的地区，真空蒸馏塔塔顶的绝对压强为：

$$绝对压强 = 大气压强 - 真空度 = 101300 - 14500(Pa) = 86.8(kPa)$$

在大气压强为 87.3×10^3Pa 的地区操作时，要求塔内维持相同的绝对压强，则：

$$真空度 = 大气压强 - 绝对压强 = 87300 - 86800(Pa) = 0.5(kPa)$$

四、流体静力学方程

如图 3-2 所示，在密度为 ρ 的静止流体中，任取一流体微元 $dV=dxdydz$，则作用在该微元流体上的力包括质量力和表面力。如果流体仅处于重力场中，质量力仅为重力；流体静止时表面力仅为流体静压强。

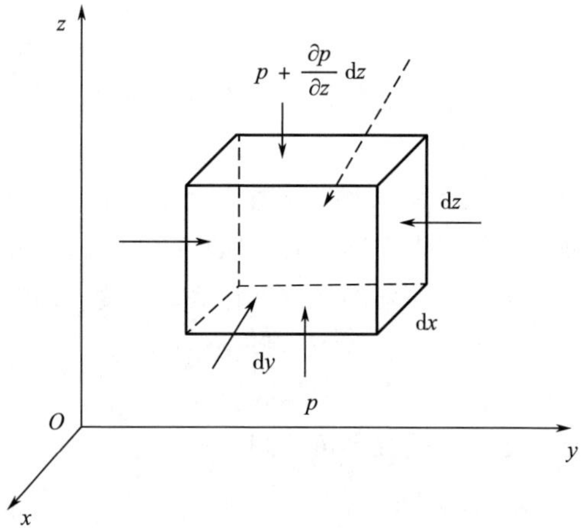

图 3-2 流体静力学方程的推导

取坐标 x、y 为水平方向，坐标 z 为垂直向上。由于流体微元处于静止状态，故作用在其上的所有力之和应等于零，即：

在 z 方向，有：

$$p\mathrm{d}x\mathrm{d}y-\left(p+\frac{\partial p}{\partial z}\mathrm{d}z\right)\mathrm{d}x\mathrm{d}y-\rho g\mathrm{d}x\mathrm{d}y\mathrm{d}z=0$$

即：

$$\frac{\partial p}{\partial z}=-\rho g \tag{3-2}$$

由于 x、y 坐标为水平方向，仅存在压强的作用，故在 x 和 y 方向，有：

$$\frac{\partial p}{\partial x}=0 \tag{3-2a}$$

$$\frac{\partial p}{\partial y}=0 \tag{3-2b}$$

式（3-2）、式（3-2a）和式（3-2b）称为静止流体的欧拉平衡方程。

将式（3-2）、式（3-2a）和式（3-2b）两侧分别乘以 dz、dx 和 dy，然后相加得：

$$\frac{\partial p}{\partial x}\mathrm{d}x+\frac{\partial p}{\partial y}\mathrm{d}y+\frac{\partial p}{\partial z}\mathrm{d}z=-\rho gh \tag{3-2c}$$

式（3-2c）左侧为压强 p 的全微分，即：

$$\mathrm{d}p=-\rho g\mathrm{d}z \tag{3-2d}$$

对于不可压缩流体，ρ=常数，将式（3-2d）积分可得：

$$\frac{p}{\rho}+gz=\text{常数} \tag{3-3}$$

液体可视为不可压缩流体。在静止液体内部的不同高度处，如图 3-3 所示，任取两平面 z_1 和 z_2，设两平面处的压强分别为 p_1 和 p_2，则有：

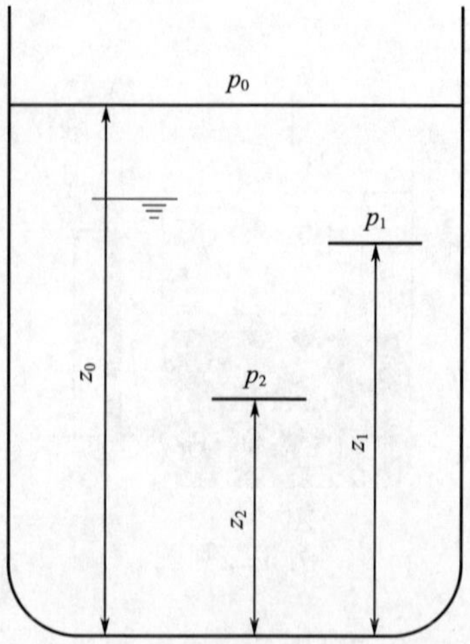

图 3-3　静止液体内部的压强分布

$$\frac{p_1}{\rho} + gz_1 = \frac{p_2}{\rho} + gz_2 \tag{3-3a}$$

或

$$p_2 = p_1 + \rho gh \tag{3-4}$$

式中，$h=z_1-z_2$ 为两平面间的垂直距离。

为讨论方便，将 z_1 移到液面处，并设液面上方的压强为 p_0，z_2 处的压强为 p，$h=z_0-z_2$ 为两平面间的垂直距离式（3-4）可写成：

$$p = p_0 + \rho gh \tag{3-5}$$

式（3-3）至式（3-5）均称为不可压缩流体的静力学方程式，它反映了在重力场作用下，静止流体内部压强的变化规律。

由式（3-5）可知，对于静止液体，当液面上方的压强 p_0 一定，则液体内部任一点的静压强 p 仅随液体本身的密度 ρ 和该点距液面的深度 h 而变。因此，在静止而连续的同一液体内，处于同一水平面上各点的静压强都相等。压强相等的面称为等压面。当液面上方的压强 p_0 改变时，液体内部各点的压强 p 也随之发生同样大小的改变。

式（3-4）可改写为：

$$\frac{p_2 - p_1}{\rho g} = h \tag{3-6}$$

上式表明，压强差的大小可以用一定的液柱高度来表示，这就是前面介绍的压强可以用 mmHg、mH_2O 等单位来计量的依据。但应注意，用液柱高度来表示压强或压强差时，必须指明是何种液体，否则便失去了意义。

需要指出，上述各静力学方程式仅适用于重力场中同一种连续的不可压缩静止流体。液体为不可压缩流体，而气体的密度除随温度变化外，还随压强改变，因此气体的密度沿高度是变化的，但在通常的容器或设备的尺度范围内，这种变化一般可以忽略。

【例 3-2】 一敞口储槽内盛有油和水（例 3-2 附图），油层密度和高度分别为 $\rho_1=800\text{kg/m}^3$、$h_1=2\text{m}$，水层密度和高度（指油、水界面与小孔中心的距离）分别为 $\rho_2=1000\text{kg/m}^3$、$h_2=1\text{m}$，p_a 为大气压。

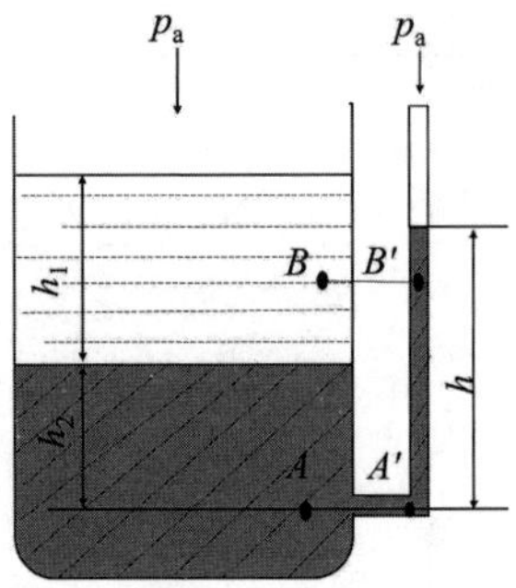

例 3-2 附图

①判断下列等式是否成立：$p_A=p'_A$，$p_B=p'_B$；②计算水在玻璃管内的高度 h。

解：①判断等式是否成立

如例 3-2 附图所示，A 与 A' 两点处于静止的、连通着的同一液体的同一水平面上，故 $p_A=p'_A$。

又由于 B 与 B' 两点虽在静止液体的同一水平面上，但不是连通着的同一种液体，因此 $p_B\neq p'_B$。

②计算水在玻璃管内的高度

由于 $p_A=p'_A$，而 p_A 与 p'_A 都可以用流体静力学方程计算，即：

$$p_A=p_a+\rho_1 gh_1+\rho_2 gh_2$$

$$p'_A=p_a+\rho_2 gh$$

于是：

$$p_a+\rho_1 gh_1+\rho_2 gh_2=p_a+\rho_2 gh$$

简化上式并代入已知数值，得：

$$800\times 2+1000=1000h$$

解得 $h=2.6\text{m}$。

第二节 牛顿流体及其黏度

一、流体的易流动性与黏性

流体与固体的显著区别在于它们抵抗外力的能力不同。固体内部分子间距很小，内聚力很大，当外力作用于固体时，它能产生相应的变形以抵抗外力；而流体的分子间距离较大、内聚力小，几乎不能承受任何拉力。处于静止状态的流体，即使在很小的切向力作用下，都会发生任意大的变形（即流动），这一性质称为流体的易流动性。

流体静止时虽不能承受切向力，但在运动时，相邻流体层之间产生相互抵抗的作用力，运动快的流体层对运动慢的流体层施以拖曳力，而运动慢的流体层对运动快的流体层施以阻滞力。这是一对数值相同、方向相反的力，称为剪切力或内摩擦力。流体所具有的这种抵抗两层流体相对运动的性质称为流体的黏性，即流体流动时产生内摩擦力的性质称为黏性。流体黏性越大，其流动性就越小。运动着的流体内部相邻两流体层间由于分子运动而产生的相互作用力称为流体的内摩擦力或黏滞力。流体运动时内摩擦力的大小体现了流体黏性的大小。

黏性是流体的固有属性之一，无论流体处于静止还是流动状态，都具有黏性，黏性只有在流体运动时才会表现出来。但不同种类的流体的黏性差异很大，例如，气体的黏性比液体要小；而油和水同为液体，但油的黏性要比水大。

流体黏性的大小可通过牛顿黏性定律来定量描述。

二、牛顿黏性定律

如图 3-4 所示，在两块相距为 h、平行放置的大平板之间充以某种流体。设平板的面积足够大，以至于平板四周边界的影响可以忽略。固定下板不动，对上板施加一个恒定的切向力（x 方向），则上板以恒定速度 u_0 沿 x 的正方向运动。由于流体黏性的作用，与上板接触的流体黏附于壁面上，并以速度 u_0 随上板一起运动；而板间流体则在剪切力作用下作平行于板面的流动，各层流体的速度 u_x 沿垂直板面的方向向下逐层递减，直至下板壁面处速度为零，即：

$$u_x = \frac{u_0}{h}y \tag{3-7}$$

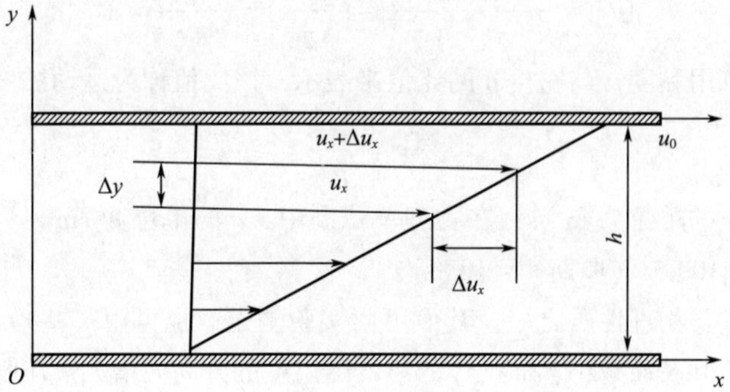

图 3-4　平板间黏性流体的速度变化

实验证明：对于多数流体，任意两毗邻流体层之间作用的剪切力 F 与两流体层的速度差 Δu，及其作用面积 A 成正比，与两流体层之间的垂直距离 Δy 成反比，即：

$$F = \mu \frac{\Delta u_x}{\Delta y}A \tag{3-8}$$

单位面积上受到的摩擦力或剪切力（剪切应力）以 τ 表示，则式（3-8）可写成：

$$\tau = \frac{F}{A} = \mu \frac{\Delta u_x}{\Delta y} \tag{3-9}$$

当 $\Delta y \to 0$，上式变成：

$$\tau = \mu \frac{\mathrm{d}u_x}{\mathrm{d}y} \tag{3-10}$$

式中 du_x/dy——速度梯度，即与流动方向相垂直的 y 方向上流体速度的变化率；

μ——比例系数，其值随流体不同而异，流体黏性越大，其值越大，故称为流体的黏性系数或动力黏度，简称黏度。

式（3-10）称为牛顿黏性定律。凡遵循式（3-10）的流体称为牛顿流体（Newtonian Fluid）。

三、流体的黏度

将式（3-10）进行转换，得：

$$\mu = \frac{\tau}{\frac{du_x}{dy}} \tag{3-11}$$

由上式可知，黏度的物理意义是促使流体流动产生单位速度梯度的剪切应力，或速度梯度为1时，在单位面积上由于流体黏性所产生的内摩擦力的大小。显然，当流体运动时，速度梯度最大之处剪切应力也最大，速度梯度为零之处剪切应力也为零。因此，黏度总是与速度（或速度梯度）相联系，分析静止流体的规律时则不用考虑黏度这一因素。

在SI单位中，黏度的单位为：

$$[\mu] = \left[\frac{\tau}{\frac{du}{dy}}\right] = \frac{Pa}{m \cdot s^{-1} \cdot m^{-1}} = Pa \cdot s$$

一些常见纯液体和气体的黏度可从本书附录或有关手册中查得。但所查得的黏度数据往往用其他单位制表示（如cP）。1cP=0.01P，P是黏度在物理单位制中的导出单位，即：

$$[\mu] = \frac{dyn \cdot cm^{-2}}{cm \cdot s^{-1} \cdot cm^{-2}} = \frac{dyn \cdot s}{cm^2} = \frac{g}{cm \cdot s} = P$$

流体的黏性也可用黏度 μ 与密度 ρ 的比值来表示，该比值称为运动黏度，以 ν 表示，即：

$$\nu = \frac{\mu}{\rho} \tag{3-12}$$

在SI单位中，ν 的单位为 m^2/s；在物理单位制中，ν 的单位为 cm^2/s（St，斯托克斯，简称斯），1St（斯）= 100cSt（厘斯）= $10^{-4}m^2/s$。

黏度是流体的重要物理性质之一，其值可由实验测定，也可由一些理论和经验公式计算。液体的黏度随温度的升高而减小，而气体的黏度随温度的升高而增大。压强对液体黏度几乎无影响；气体的黏度随压强的增加而略有减小，在一般工程计算中可以忽略，只有在极高或极低的压强下，才需考虑压强对气体黏度的影响。

四、理想流体

理想流体是一种黏性不存在的假想流体，其黏度 $\mu=0$。这种流体在流动中不但内部不存在摩擦力，而且流体与固体边界接触面上也不存在摩擦力。理想流体虽然事实上并不存在，但却有重要的理论意义和实际意义。

五、非牛顿流体

不遵循式（3-10）的流体称为非牛顿流体（Non-Newtonian Fluid）。所有气体和大多数低相对分子质量液体均属牛顿流体，如水、空气等；而某些高分子溶液、悬浮液、泥浆、血液等则属于非牛顿流体。非牛顿流体又可以分为假塑性流体、胀塑性流体、塑性流体、触变性流体和震凝性流体。如图 3-5 所示为一些非牛顿流体的流动曲线示意图。

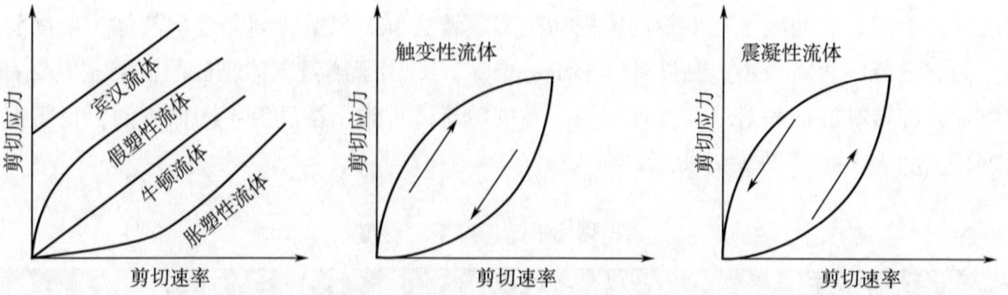

图 3-5　牛顿流体和非牛顿流体的流动特性曲线

1. 假塑性流体（Pseudoplastic Fluid）

表观黏度随着剪切应力或剪切速率的增大而减少的流体，称作假塑性流体，也称准塑性流体或拟塑性流体。流体表观黏度随着流速的增加而减少，这种现象称为剪切稀化。菜汤、酱油和浓糖水等是典型的假塑性流体。

2. 胀塑性流体（Dilatant Fluid）

随着剪切应力或流速的增大，表观黏度逐渐增大的液体称为胀塑性液体。这种流体的黏度随着剪切速率的增大而增大，也称为剪切增稠。食品材料中胀塑性流体较少，比较典型的是生玉米淀粉糊。

3. 塑性流体（Plastic Fluid）

当作用在物质上的剪切应力大于极限值时物质开始流动，否则物质就保持即时性状并停止流动，具有此性质的物质称为塑性流体。剪切应力的极限值定义为屈服应力，所谓屈服应力是指使物质发生流动的最小应力，用 τ_0 表示。塑性流动的流动特性曲线不通过原点。对于塑性流动，当应力超过 τ_0 时，流动特性符合牛顿流动规律的，称为宾汉流动；对于不符合牛顿流动规律的，称为非宾汉塑性流动。将具有这两种流动特性的液体分别称为宾汉流体和非宾汉流体。食品中的浓缩肉汁就是一种典型的宾汉流体，番茄酱、巧克力等是非宾汉流体。

4. 触变性流体（Thixotropic Fluid）

在恒定的温度下，如果剪切速率保持不变，流体的剪切应力和表观黏度会随时间的延长而减小，或者说它们的流变性受应力作用时间的制约，这种流体称为触变性流体。触变性流体内的质点间形成结构，流动时结构破坏，停止流动时结构恢复，但结构破坏与恢复都不是立即完成的，需要一定的时间，因此系统的流动性质有明显的时间依赖性。触变现象的食品口感比较柔和爽口。蜂蜜是典型的触变性流体。

5. 震凝性流体（Rheopectic Fluid）

震凝性流体又称胶变性流体，是时间相关性流体。与触变性流动相反，液体随着流动时间延长，变得越来越黏稠。当流速加大时，达到最大值后，再减低流速，减低流速时的流动曲线反而在加大流速曲线的上方。这是因为流动促进了液体粒子间构造的形成，这种现象也被称为逆触变现象。胶变性流动的食品给人以黏稠的口感，适当调和的淀粉糊是典型的震凝性流体。

六、黏度的测定及影响因素

黏度的测定有许多方法，其中最为常见的传统测量方法有毛细血管法、旋转法、落体法和振动法等。不同方法的测量范围不同，振动法和旋转法可以测量较高黏度的液体，毛细管法和落球法的测量范围相对较小。黏度计（Viscosimeter）是用于测量流体黏度的仪器，主要有毛细管黏度计、旋转黏度计和落球黏度计三类。黏度随流体种类、浓度等不同而不同，也随温度变化而变化，如表 3-1 和图 3-6 所示。

表 3-1　　常见物质一定温度下的黏度

液体介质	绝对黏度/cP	温度/℃	液体介质	绝对黏度/cP	温度/℃
水	1	20	梨浆	4000	70
空气	0.0178	20	浓缩橘汁 30Brix	630	21
酒精	1.2	20	浓缩橘汁 30Brix	91	79
四氯化碳	0.9	20	浓缩橘汁 50Brix	2410	21
苯	0.6	20	沙拉酱	1300~2600	19
乙醚	0.2	20	番茄酱	1000	29
酸乳	152	40	番茄膏 30%	195	19
鸡蛋	150	4	酵母浆	20	19
牛乳	3	18	食用油	65	21
乳清（48%糖）	180~1500	38	止咳糖浆	190	29
奶油（30%脂肪）	14	16	洗涤剂	1470	20
奶油（40%脂肪）	48	16	面霜	10000	21
奶油（50%脂肪）	112	16	头油	5000	21
奶油（50%脂肪）	55	32	乳液	200	21
啤酒	1.1	4.5	洗发水	3000	35
巧克力	17000	49	皂液	82	60
巧克力乳	280	49	纸胶水	3000	22
葡萄糖	4300~8600	75~85	甘油	1500	20
果汁	55~75	19	半转化糖浆	2400	20
蜂蜜	3000	20	180#重油	180	20

七、利用流变仪测定的食品物料的黏性

利用流变仪可测定食品物料的黏性。图 3-7 所示是通过稳态剪切测试得到的酪蛋白酸钠（CS）溶液的表观黏度随剪切速率的变化情况。目前常用的黏度模型主要有：牛顿模型、Power Law 模型、Cross 模型、Carreau 模型和 Herschel-Bulkey 模型等。Power Law 模型数学关系简洁，但是只适于中等的剪切速率范围。而 Cross 模型不仅可以用于描述高剪切速率时的流体，

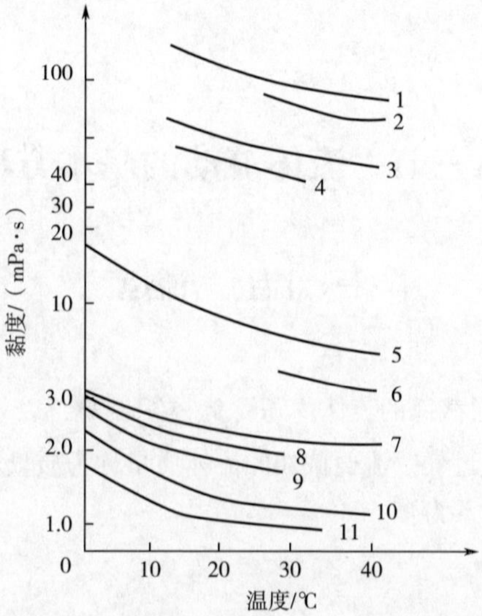

1—菜籽油；2—猪油；3—椰子油；4—沙丁鱼油、鲸油；5—400g/L 蔗糖溶液；6—500g/L 葡萄糖溶液；7—200g/L 蔗糖溶液；8—200g/L 葡萄糖溶液；9—牛乳；10—10%（质量分数[①]）盐酸；11—水。

图 3-6　温度对部分食品物料黏性的影响

还可以用于预测零剪切速率附近的黏度。利用 Power Law 模型和 Cross 模型描述酪蛋白酸钠溶液的剪切速率（γ，1/s）和黏度（η，Pa·s）之间的关系。如图 3-7 所示，所有的酪蛋白酸钠溶液表现出假塑性流体的特征，即表观黏度随着剪切速率的增加而降低。此外从图 3-7 中可以看到，随着蛋白质浓度的增加，曲线的斜率更大，说明酪蛋白酸钠溶液的剪切变稀程度更大。

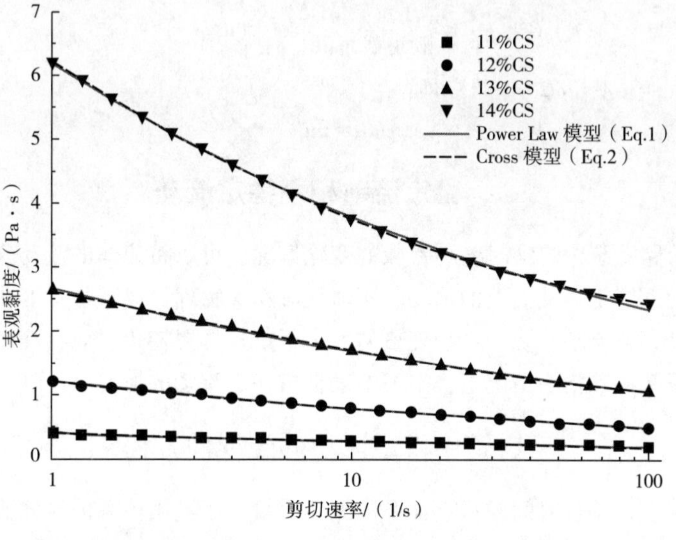

图 3-7　不同浓度的酪蛋白酸钠（CS）溶液的表观黏度随剪切速率的变化情况

① 如无特别说明，本书中“%”均为质量分数。——编者注

第三节　流体流动的基本方程

一、流量与流速

（一）流量

单位时间内流过任一流通截面的流体体积称为体积流量，以符号 Q 或 V_s 表示，其单位为 m^3/s 或 m^3/h；单位时间内流过任一流通截面的流体质量称为质量流量，以符号 w_s 表示，其单位为 kg/s 或 kg/h。二者的关系为：

$$w_s = \rho Q \tag{3-13}$$

（二）平均流速

实验表明，当流体在管内流动时，管截面上各点的速度是不同的。在壁面处，流体由于黏性作用而黏附于壁面，速度为零；在管中心流速达到最大，而由管壁至管中心逐渐形成一个速度的分布，称为速度侧形。

在工程计算上为方便起见，通常引入截面平均流速 u 表示单位时间内流体质点在流动方向上所流经的距离。其表达式为：

$$u = \frac{Q}{A} = \frac{\text{体积流量}}{\text{管道截面积}}(\text{m/s}) \tag{3-14}$$

由于气体的体积流量随温度和压强变化，故其平均流速也随之而变。工程计算中往往采用质量平均流速的概念，也称质量通量，以 G 表示，其表达式为：

$$G = \frac{w_s}{A} = \frac{\text{质量流量}}{\text{管道截面积}}[\text{kg/(m}^2\cdot\text{s)}] \tag{3-15}$$

二者关系为 $w_s = GA = \rho Q = \rho u A$，即：

$$G = \rho u \tag{3-16}$$

二、稳定流动和不稳定流动

根据流体在管路系统中流动时各种参数的变化情况，可以将流体的流动分为稳定流动和不稳定流动。若流动系统中各截面上的温度、压强、流速等物理量仅随位置变化，而不随时间变化，称为稳定流动。若流动系统中各物理量的大小不仅随位置变化、而且随时间变化，则称为不稳定流动。在没有特殊指明情况下，本书中都是指稳定流动的情况。

三、管中稳定流动的连续性方程

稳定流动情况下，单位时间内流进体系的流体质量等于流出体系的流体质量，在图 3-8 中的 1-1′和 2-2′两截面间列物料衡算式，即：

$$\rho_1 u_1 A_1 = \rho_2 u_2 A_2 \tag{3-17}$$

式中　ρ_1，ρ_2——管段两端面处的流体密度，kg/m^3；

　　　u_1，u_2——管段两端面处的平均流速，m/s；

A_1，A_2——管段两端的横截面面积，m^2。

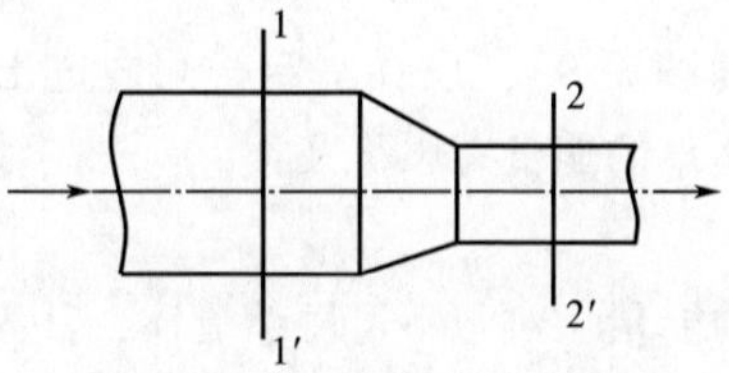

图 3-8　管中流动计算简图

式（3-17）称为流体在管中稳定流动时的连续性方程。表示在定态流动系统中流体流经各截面的质量流量不变，而流速随管道截面积及流体的密度而变化。对于不可压缩流体，由于 $\rho_1=\rho_2$，式（3-17）改为：

$$u_1A_1 = u_2A_2 \tag{3-17a}$$

在圆形管道内有：

$$\frac{u_1}{u_2} = \frac{A_1}{A_2} = \left(\frac{d_2}{d_1}\right)^2 \tag{3-17b}$$

式（3-17a）和式（3-17b）表明，不可压缩流体的平均流速，其数值只随管道截面面积变化，流速与管径平方成反比。

四、稳定流动热力体系的概念

热力体系是指某由周围边界所限定的空间内的所有物质。边界可以是真实的（如管道壁面），也可以是虚拟的（如管道进出口截面），边界所限定空间的外部称为外界。

体系与外界可能进行物质交换、热量交换和功交换。当体系与外界无物质交换时，称这种体系为封闭体系。当体系与其外界有物质交换时，则称为开口体系，此时物质将经过边界流入或流出体系。

当流体流过如图 3-9 所示的设备时，如果流体在各个截面上的状态对外热量交换、功交换都不随时间改变，并且同时期内流过任何截面上的流量均相等，称这种流动为稳定流动。

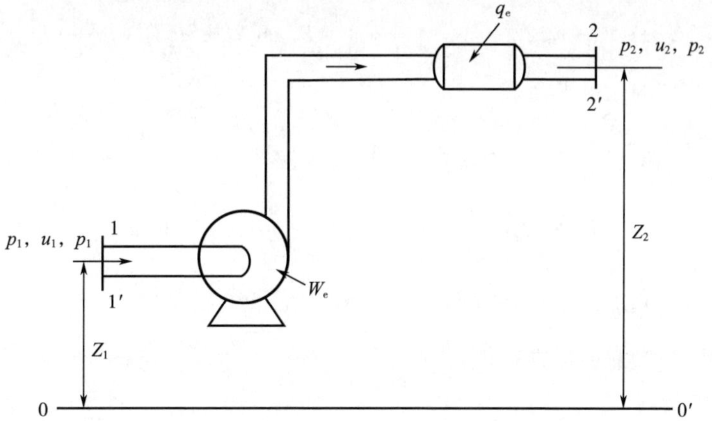

图 3-9　稳定流动计算简图

五、稳定流动体系的能量平衡

对于稳定流动的热力体系（图 3-9），设在一定时间内进出体系的流体质量为 m，若忽略电能和化学能，则输入和输出体系的能量有以下几类。

1. 内能

内能指流体分子内部具有的能量。对于不可压缩流体，其内能主要是流体的分子动能。对于可压缩流体，其内能既有分子动能，也有分子位能。如果单位质量流体所含的内能为 e，则质量为 m 的流体所具有的内能 $E=me$。在热力计算时，我们关心的是流体从一种状态变化到另一种状态时，内能的变化值。

2. 位能

位能指流体受重力作用在不同高度所具有的能量。若任选一基准水平面作为位能的零点，则离基准垂直距离为 Z 的流体所具有的位能为 mgZ。

3. 动能

动能是流体由于运动而产生的能量。若流体以均匀速度 u 流动，则其动能为 $mu^2/2$。若流动截面上流速分布不均，可近似按平均流速进行计算或乘以动能校正系数。

4. 流动功

流动功也称为压力能，是流动体系中在不改变流体体积情况下，引导流体经过界面进入或流出所必须做的功，其值等于 mpv 或 mp/ρ。

5. 热量

体系通过换热器与外界进行交换的热量。可以人为规定，外界对体系加热为正，体系对外界加热为负，且 $Q=mq_e$。

6. 外功

外功也称有效功 W，如果设备中还有压缩机或泵等动力机械，则外界通过这类机械将对体系做功，是为功的输入。相反也有体系对外做功的情形，是为功的输出。同样可以人为规定，外界对体系做功为正，体系对外界做功为负，设 1kg 流体从流体输送机械所获得的能量为 W_e (J/kg)。

将热力学第一定律应用于此稳定流动体系，得质量为 m 的流体的能量平衡式：

$$E_1+p_1V_1+mgZ_1+m\frac{u_1^2}{2}+Q+W=E_2+p_2V_2+mgZ_2+m\frac{u_2^2}{2}(\mathrm{J}) \tag{3-18}$$

或单位质量流体的能量平衡式：

$$e_1+p_1v_1+gZ_1+\frac{u_1^2}{2}+q_e+W_e=e_2+p_2v_2+gZ_2+\frac{u_2^2}{2}(\mathrm{J/kg}) \tag{3-18a}$$

$$h_1+gZ_1+\frac{u_1^2}{2}+q_e+W_e=h_2+gZ_2+\frac{u_2^2}{2}(\mathrm{J/kg}) \tag{3-18b}$$

$$q_e+W_e=\Delta h+g\Delta Z+\Delta\frac{u^2}{2}(\mathrm{J/kg}) \tag{3-18c}$$

上式称为稳定流动总能量方程式。

式中 m——流体质量，kg；

Z——某一液面距基准面的高度，m；

u——流体流动速度，m/s；

e——单位质量的流体所具有的内能，J/kg；

p——流体绝对压强，Pa；

v——流体的比体积，m^3/kg；

ρ——流体密度，kg/m^3；

W_e——单位质量的流体所具有的功，J/kg；

q_e——单位质量的流体所具有的热量，J/kg；

h——单位质量的流体所具有的焓，J/kg。

式中以下标1表示的项为体系进口截面上流体的能量，以下标2表示的项为体系出口截面上流体的能量。

稳定流动总能量平衡方程表明，外界加给体系的热量和功全部用于流体焓、位能和动能的增加。

六、稳定流动体系柏努利（Bernoulli）方程

稳定流动总能量方程式是一个较普遍的方程式，它不但适用于不可压缩的理想流体，也适用于可压缩的实际流体的流动，且在流动过程中体系还有对外的热交换和功交换。因此，这一方程可被用于解决工程上范围相当广泛的问题。

（一）以单位质量流体为基准

假设流体不可压缩，则 $\rho_1=\rho_2$；假设流动系统无热交换，则 $q_e=0$；假设流体温度不变，则 $U_1=U_2$。

在流体输送中，分子之间的摩擦力将不可避免地造成机械能损失。根据能量守恒原理，损失的机械能转变为分子的内能。在流体流动计算中，我们称这部分内能为摩擦损失或水头损失，设1kg流体损失的能量为 ΣL_f（J/kg），则有柏努利方程式：

$$gZ_1+\frac{p_1}{\rho}+\frac{u_1^2}{2}+W_e=gZ_2+\frac{p_2}{\rho}+\frac{u_2^2}{2}+\sum L_f(\mathrm{J/kg}) \tag{3-19}$$

（二）以单位重量流体为基准

将式（3-19）各项同除以重力加速度 g：

$$Z_1+\frac{p_1}{\rho g}+\frac{u_1^2}{2g}+\frac{W_e}{g}=Z_2+\frac{p_2}{\rho g}+\frac{u_2^2}{2g}+\frac{\sum L_f}{g}(\mathrm{m}) \tag{3-19a}$$

令

$$H_e=\frac{W_e}{g}$$

$$\sum h_f=\frac{\sum L_f}{g}$$

则

$$Z_1+\frac{p_1}{\rho g}+\frac{u_1^2}{2g}+H_e=Z_2+\frac{p_2}{\rho g}+\frac{u_2^2}{2g}+\sum h_f(\mathrm{m}) \tag{3-19b}$$

式（3-19a）和式（3-19b）为以单位重量流体为基准表达式，也称为柏努利方程式，式中各项单位为m。

式中 Z——位压头；

$u^2/2g$——动压头；

$p/\rho g$——静压头；

H_e——外加压头或有效压头；

$\sum h_f$——压头损失。

其中位压头、动压头和静压头三者和称为总压头。

（三）以单位体积流体为基准

将式（3-19）各项同乘以 ρ：

$$\rho g Z_1 + p_1 + \frac{\rho u_1^2}{2} + W_e\rho = \rho g Z_2 + p_2 + \frac{\rho u_2^2}{2} + \rho \sum L_f(\text{Pa})$$

$$\rho g Z_1 + p_1 + \frac{\rho u_1^2}{2} + W_e\rho = \rho g Z_2 + p_2 + \frac{\rho u_2^2}{2} + \Delta p_f(\text{Pa}) \tag{3-19c}$$

式（3-19c）为以单位体积流体为基准表达式，也称为柏努利方程式，通常适用于气体输送。式中各项单位为 Pa，Δp_f 为压力损失。

（四）理想流体

对于单纯的流体输送问题，体系与外界往往可以忽略功、热等交换，且在压强变化范围不大的情况下，气体也可同液体一样，视为不可压缩的理想流体。

此外，虽然输送中的流体都是黏性流体，即实际流体，但如果从理想流体入手，往往可以抓住事物的本质，使分析问题得以简化。

对于单纯的流动问题，体系对外界无功交换和热交换，即 $W_e=0$，$q_e=0$，且由于不可压缩和理想流体的假设，即 $\rho_1=\rho_2=\rho$，稳定流动总能量方程式简化为：

$$gZ_1 + p_1 v + \frac{u_1^2}{2} = gZ_2 + p_2 v + \frac{u_2^2}{2}(\text{J/kg}) \tag{3-20}$$

或

$$gZ_1 + \frac{p_1}{\rho} + \frac{u_1^2}{2} = gZ_2 + \frac{p_2}{\rho} + \frac{u_2^2}{2}(\text{J/kg}) \tag{3-20a}$$

$$Z_1 + \frac{p_1}{\rho g} + \frac{u_1^2}{2g} = Z_2 + \frac{p_2}{\rho g} + \frac{u_2^2}{2g}(\text{m}) \tag{3-20b}$$

$$\rho g Z_1 + p_1 + \frac{\rho u_1^2}{2} = \rho g Z_2 + p_2 + \frac{\rho u_2^2}{2}(\text{N/m}^2) \tag{3-20c}$$

式（3-20a）、式（3-20b）和式（3-20c）为不可压缩理想流体稳定流动能量方程的三种表达式，也称为柏努利方程式。三种表达式分别表示不同单位流体所具有的位能、压力能和动能：式（3-20a）表示单位质量（1kg）的流体所具有的能量；式（3-20b）表示单位重量（1N）的流体所具有的能量；式（3-20c）表示单位体积（1m^3）的流体所具有的能量。

（五）对柏努利方程的讨论

（1）若不可压缩的理想流体处于静止时，$u=0$，$\sum L_f=0$，$W_e=0$，则柏努利方程变为：

$$gZ_1 + \frac{p_1}{\rho} = gZ_2 + \frac{p_2}{\rho}(\text{J/kg}) \tag{3-21a}$$

说明柏努利方程既表示流体的运动规律，也表示流体静止状态的规律。而流体的静止状态只不过是流动状态的一种特殊形式。

（2）由式（3-20a）、式（3-20b）和式（3-20c）表明不可压缩的理想流体作定态流动而无外功加入时，单位质量流体在任意截面上所具有的位能、动能和静压能之和是一个常数，即：

$$gZ + \frac{p}{\rho} + \frac{u^2}{2} = Const \tag{3-21b}$$

$$Z + \frac{p}{\rho g} + \frac{u^2}{2g} = Const \tag{3-21c}$$

常数意味着 1kg 理想流体在各截面上具有的总机械能相等，而每一种形式的机械能不一定相等，但各种形式的机械能可以相互转换。例如，某种理想流体在水平管道中定态流动，若在某处管道的截面积缩小，则流速增加，因总的机械能为常数，静压能就要相应降低，即一部分的静压能转变为动能；反之，当另一处管道的截面积增大时，流速减小，动能减小，则静压能增加。因此，柏努利方程也表示了理想流体流动过程中各种形式的机械能相互转换的数量关系。

式（3-21a）、式（3-21b）和式（3-21c）中：gZ、p/ρ、$u^2/2$ 为某截面上单位质量流体所具有的位能、静压能和动能，单位为 J/kg；W_e、$\sum L_f$ 为在两截面间单位质量流体获得或消耗的能量。

单位时间内输送设备所作的有效功称为有效功率，以 P_e 表示，即：

$$P_e = W_e w_s = W_e \rho Q (\text{J/s 或 W}) \tag{3-22}$$

（3）柏努利方程式适用于可压缩性流体。当所取系统的上、下游两截面间的绝对压强之差低于上游截面绝对压强的 20%时，仍可用式（3-19）计算，但式中的密度 ρ 应以两截面的平均密度 ρ_m 代替。这种处理方法所导致的误差在工程计算上是允许的。

第四节　流体在管中流动的类型

按流体与固体的接触情况来分，流体运动主要有下列四种形式：一是流体在固体内部的管中流动和缝隙流动，二是流体在固体外部的绕流，三是流体在固体一侧的表面流动，四是流体与固体不接触的孔口出流和射流。在食品工程中，以第一种流动形式最普遍，如空气和蒸汽在管道中的流动，水在管道中的流动，牛乳、果汁、糖浆等在管道中的流动等。本节主要讨论管中不可压缩流体的运动规律。

一、雷诺实验与雷诺数

流体流动时，根据流体性质和流动条件的不同，会出现两种不同的流动型态，这一现象是雷诺于 1883 年首先发现的，用图 3-10 所示的雷诺实验装置可以清楚地观测出来。雷诺数代表流体流动过程中惯性力和黏性力之比。雷诺数不同，这两种力的比值也不同，由此产生内部结构和运动性质完全不同的两种流动状态。

当流速较小时，可以看到颜色水在玻璃管中呈明显的直线形状，如图 3-10（1）所示。不论颜色水出口摆在玻璃管口任何部位，颜色水的直线形状都很稳定，这说明此时整个管中的水都是沿轴向流动，流体质点没有径向运动，不相互混杂，这种流动状态称为滞流。

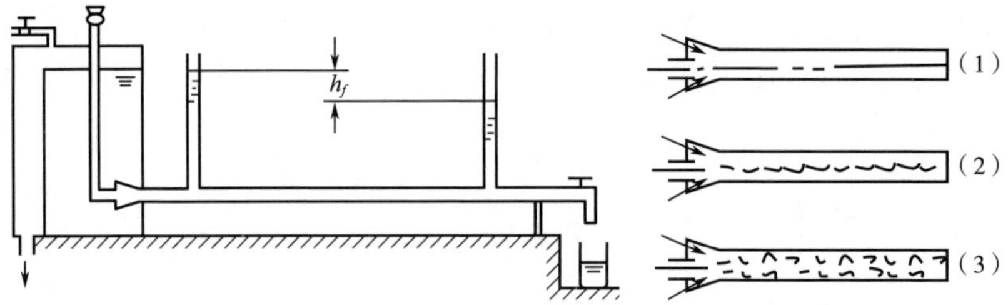

图3-10 雷诺实验装置

将节流阀逐渐开大，颜色水开始抖动，直线形状破坏，如图3-10（2）所示，这是一种过渡状态。节流阀开大到一定程度，也就是管中流速增大到一定程度，则颜色水不再保持完整形状，而是破裂成如图3-10（3）所示那样杂乱无章、瞬息变化的状态。这说明此时管中流体质点有剧烈的互相混杂，质点运动速度不仅在轴向而且在径向均有不规则的脉动现象，这种流动状态称为湍流。

从玻璃管看到颜色水的这两种流动状态——滞流和湍流，实际上是一切流体运动普遍存在的物理现象。如何区分这两种流动状态，用无量纲准数——雷诺数 Re 来判断。Re 反映了流体流动中惯性力与黏性力的对比关系，标志着流体流动的湍动程度。雷诺数 Re 的表达式：

$$Re = \frac{du\rho}{\mu} \tag{3-23}$$

式中 d——管子直径，m；

u——流体平均速度，m/s；

ρ——流体密度，kg/m^3；

μ——流体动力黏度，Pa·s。

流态稳定性的判断标准为：$Re \geqslant 4000$ 时，管中流动状态一般都为湍流；$Re \leqslant 2000$ 时，管中流动状态都为滞流；$2000<Re<4000$ 时，管中流动状态可能为滞流，也可能为湍流，但湍流的可能性更大。原因是在雷诺数较高时滞流极不稳定，遇到外界振动干扰就容易变为湍流。因此，滞流与湍流的判断标准有时简化为：$Re \leqslant 2000$ 时，管中流动状态为滞流；$Re>2000$ 时，管中流动状态为湍流。

二、水力直径

实际情况下，管道的截面形状各式各样。对于这样非圆形的异形管道，可用水力直径 d_H（也称当量直径 d_e）来代替雷诺数中的圆管直径 d。

将水力直径 d_H 定义为4倍的流体流通截面积 A 与固体接触周长（润湿周边长）S 之比，即：

$$d_H = 4\frac{A}{S} \tag{3-24}$$

式中 d_H——管子水力直径（当量直径 d_e），m；

A——流体流通截面积，m^2；

S——流道的润湿周边长，m。

三、圆管中的滞流

(一) 速度分布与流量

如图 3-11 所示，流体在圆管内做稳定流动，取半径为 r、长度为 l 的一个圆柱体，在稳定流动中这个圆柱体处于平衡状态，因而作用在圆柱体上的外力在流动方向的投影和为零。此种外力有二：一为两端面上的压强 $(p_1-p_2)\pi r^2$，一为圆柱面上的摩擦力 $\tau(2\pi rl)$，于是由 $\sum F_x=0$ 可得：

$$(p_1-p_2)\pi r^2-\tau(2\pi rl)=0$$

简化并引用牛顿黏性定律 $\tau=-\mu(\mathrm{d}u_r/\mathrm{d}r)$，可得：

$$\frac{\mathrm{d}u_r}{\mathrm{d}r}=-\frac{p_1-p_2}{2\mu l}r=\frac{\Delta p}{2\mu l}r \tag{3-25}$$

很明显，上式仅适用于稳定、单向、轴对称、等径均匀的流体流动情况。对上式进行积分：

$$\int_0^{u_r}\mathrm{d}u=\int_R^r\frac{\Delta p}{2\mu l}r\mathrm{d}r$$

$$u_r=\frac{-\Delta p}{4\mu l}(R^2-r^2) \tag{3-26}$$

这就是圆管滞流的速度分布规律，公式说明过流断面上的速度 u_r 与半径 r 呈二次旋转抛物面关系，如图 3-11 所示。

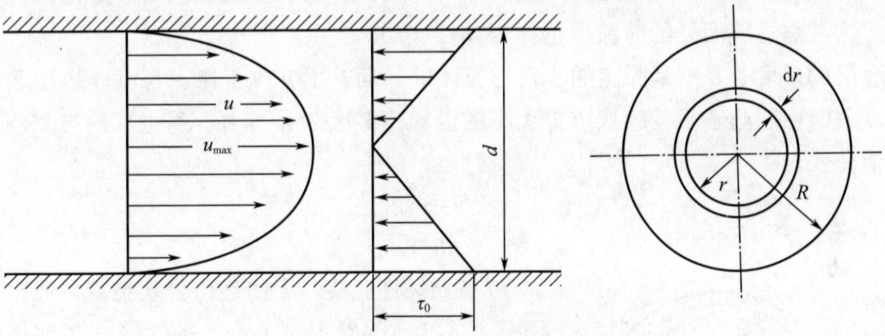

图 3-11 圆管滞流的速度分布与剪切应力分布

取半径 r 处宽度为 d 的微小环形面积，则可得流量为：

$$Q=\int_0^A u_r\mathrm{d}A=\int_0^R\frac{-\Delta p}{4\mu l}(R^2-r^2)2\pi r\mathrm{d}r=\frac{\pi(-\Delta p)R^4}{8\mu l}=\frac{\pi(-\Delta p)d^4}{128\mu l} \tag{3-27}$$

此式称为哈根-泊肃叶（Hagen-Poiseulle）定律，它与精密实验的测试结果完全一致。哈根-泊肃叶定律也是测定液体黏度的依据。

(二) 平均速度和最大速度

管中平均速度可由式（3-27）求得：

$$u=\frac{Q}{A}=\frac{\pi(-\Delta p)R^4}{8\mu l\pi R^2}=\frac{(-\Delta p)}{8\mu l}R^2 \tag{3-28}$$

管中最大速度在轴心 $r=0$ 处，由式（3-26）得：

$$u_{\max}=\frac{(-\Delta p)R^2}{4\mu l}=2u \tag{3-29}$$

由此可见，如果能测出管中滞流在轴心处的速度，则可以直接算出流量：

$$Q = uA = \frac{u_{max}}{2}\pi R^2 \tag{3-30}$$

（三）沿程损失

在水平等径圆形管路中，由于流体与管壁以及流体本身的内部摩擦要消耗能量，这种引起能量损失的原因称为沿程阻力（或直管阻力）。沿程能量损失可以用压力损失（又称压力降）来表示。

由哈根-泊肃叶定律可得用流量计算的压强损失为：

$$-\Delta p = \frac{8\mu lQ}{R\pi^4} = \frac{128\mu lQ}{\pi d^4} \tag{3-31}$$

用平均速度计算的压力损失为：

$$-\Delta p = \frac{8\mu lu}{\pi^2} = \frac{32\mu lu}{d^2} \tag{3-32}$$

四、圆管中的湍流

由于管壁的摩擦以及分子附着力的作用，管壁上有流体黏附，此处流体运动速度为零。这种黏性作用必然影响壁面附近的流动，使湍流的脉动与质点的混杂在靠近管壁处受到抑制。由于管壁凹凸不平，这里有时是旋涡和脉动的发源地，但由于黏性影响较大，湍流现象受到限制。此处产生的旋涡在离开管壁适当距离处才可能发展，而在靠近管壁的一定范围内大都是以滞流为主，这种靠近壁面处的滞流层也称为黏性底层。

黏性底层的厚度 δ 并不是固定的，它与流体的运动黏度 ν 成正比、与流体运动速度 u 成反比，还与反映壁面凹凸不平及摩擦应力大小的沿程摩擦因数 λ 有关，通过理论与实验计算，得到一个近似公式：

$$\delta = \frac{32.8d}{Re\sqrt{\lambda}} \tag{3-33}$$

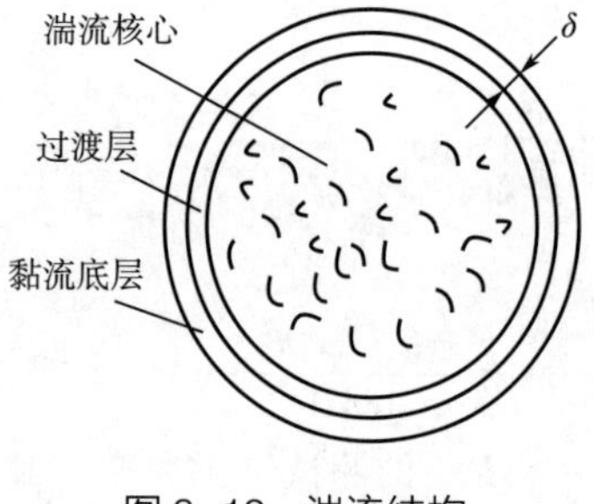

图 3-12 湍流结构

按此黏性底层厚度的近似公式估算，通常条件下的 δ 值并不大，多数不足 1mm。黏性影响在远离管壁的地方逐渐减弱，管中大部分区域是湍流的活动区，这里称为湍流核心，在黏性底层与湍流核心之间有一个界限不很分明的过渡层，有时也可将它算在湍流核心的范围内，管中湍流实质上包括如图 3-12 所示的三层结构。

尽管黏性底层的厚度较小，但是它在湍流中的作用却是不可忽视的。由于管子的材料、加工方法、使用条件以及使用年限等多种因素，使得管壁会出现各种不同程度的凹凸现象，它们的平均尺寸 Δ 称为绝对粗糙度，如图 3-13 所示。

当 $\delta > \Delta$ 时，管壁凹凸不平的部分完全被黏性底层覆盖，粗糙度对湍流核心几乎没有影响，这种情况称为水力光滑管。

当 $\delta < \Delta$ 时，管壁凹凸不平的部分暴露在黏性底层之外，湍流核心运动的流体冲击在凸起部分，不断产生新的旋涡加剧紊乱程度、增大能量损失。粗糙度的大小对湍流特性产生直接影响，这种情况称为水力粗糙管。

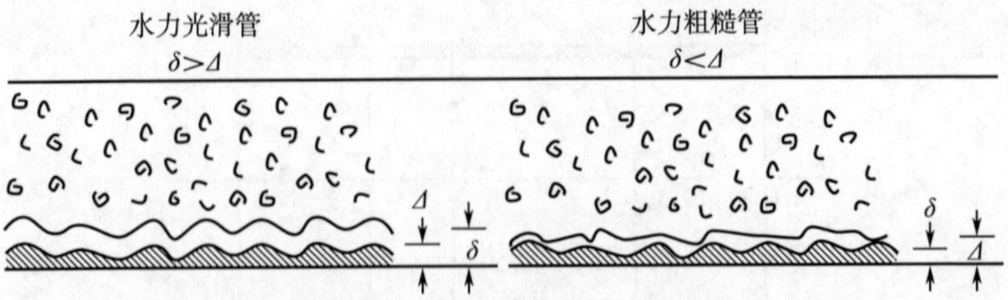

图 3-13　水力光滑管与水力粗糙管

当 δ 与 Δ 近似相等时，管壁凹凸不平的部分开始显露影响，但还未对湍流性质产生决定性的作用。这是介于上述两种情况之间的过渡状态，有时也将其归入水力粗糙管的范围。

水力光滑与水力粗糙同几何上的光滑与粗糙有联系，但并不能等同。几何光滑管出现水力光滑的可能性大些，几何粗糙管出现水力粗糙的可能性大些，几何光滑与几何粗糙是相对固定的，而水力光滑与水力粗糙却是多变的。例如，一定的管路，当 Re 较小时是水力光滑的，但当 Re 增大时可能是水力粗糙的。一定的管路初用时是水力光滑的，但用旧时却可能是水力粗糙的。总之，决定水力光滑和水力粗糙的两个因素 δ 与 Δ 都是变化的数值，特别是黏性底层厚度 δ 随 Re 的变化更是明显。

湍流时，流体质点的运动情况比较复杂，目前还不能完全用理论方法得出湍流时的速度分布规律。

第五节　流体在管内的流动阻力

流体在管路系统的流动阻力可分为两种：一种是流体流经管道时，由于流体内摩擦力而产生的阻力，称为直管阻力或沿程阻力；另一种是流体流经的管路中的各类管件、阀门及管截面突然扩大或缩小等局部地方引起的阻力，称为局部阻力。

一、管路中的沿程阻力

（一）计算圆形直管阻力的通式

流体在管内以一定速度流动时，有两个方向相反的力相互作用着。一个是促使流动的推动力，这个力的方向和流动方向一致；另一个是由内摩擦而引起的摩擦阻力，这个力起了阻止流体运动的作用，其方向与流体的流动方向相反。只有在推动力与阻力达平衡的条件下，流动速度才能维持不变，即达到稳定流动。

如图 3-14 所示，流体以速度 u 在一段水平等径直管内作稳定流动，对于不可压缩流体，截面 1-1′与 2-2′间的柏努利方程式为：

$$gZ_1 + \frac{p_1}{\rho} + \frac{u_1^2}{2} = gZ_2 + \frac{p_2}{\rho} + \frac{u_2^2}{2} + \sum L_f (\mathrm{J/kg})$$

因是直径相同的水平管，所以 $Z_1 = Z_2$，$u_1 = u_2 = u$，上式可简化为：

$$p_1 - p_2 = \rho L_f \qquad (3-34)$$

现分析流体在一段直径为 d、长度为 l 的水平管内受力的情况：

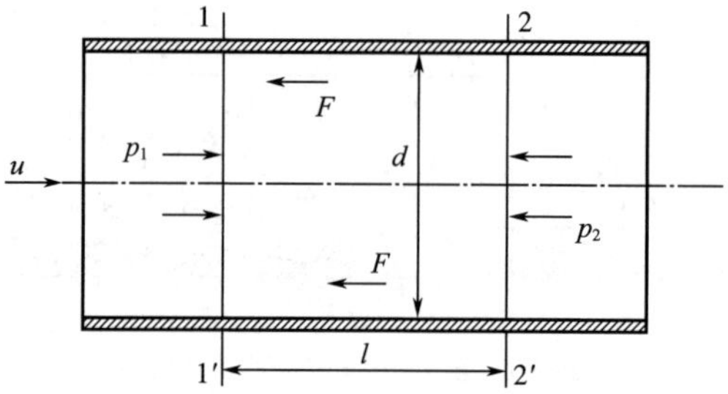

图3-14　流体在水平等径直管中作定态流动

垂直作用于截面1-1′上的压力：

$$P_1 = p_1A_1 = p_1\frac{\pi}{4}d^2$$

垂直作用于截面2-2′上的压力：

$$P_2 = p_2A_2 = p_2\frac{\pi}{4}d^2$$

P_1 与 P_2 的作用方向相反，所以有一个净压力（P_1-P_2）作用于整个流体柱上，推动它向前运动，这就是流动的推动力，它的作用方向与流动方向相同，其大小为：

$$P_1 - P_2 = (p_1 - p_2)\frac{\pi}{4}d^2 \tag{3-35}$$

平行作用于流体柱表面上的摩擦力为：

$$F = \tau S = \tau\pi dl \tag{3-36}$$

摩擦力阻止流体向前运动，这就是流动的阻力，它的作用方向与流动方向相反。

根据牛顿第二定律，要维持流体在管内作匀速运动，作用在流体柱上的推动力应与阻力的大小相等、方向相反，即：

$$(p_1 - p_2)\frac{\pi}{4}d^2 = \tau\pi \mathrm{d}l \tag{3-37}$$

则

$$p_1 - p_2 = \frac{4l}{d}\tau \tag{3-37a}$$

以式（3-34）代入式（3-37a），并整理得：

$$L_f = \frac{4l}{\rho d}\tau \tag{3-38}$$

上式就是流体在圆形直管内流动时能量损失与摩擦应力关系式，但还不能直接用来计算 L_f。因为内摩擦应力所遵循的规律因流体流动类型而异，直接用 τ 计算 L_f 有困难，且在连续性方程式及柏努利方程式中均无此项，故式（3-38）直接应用于管路的计算很不方便。下面将式（3-38）作进一步变换，以消去式中的内摩擦应力 τ。

由实验得知，流体只有在流动情况下才产生阻力。在流体物理性质、管径与管长相同情况下，流速增大，能量损失也随之增加，可见流动阻力与流速有关。由于动能 $u^2/2$ 与 L_f 的单位相同，均为J/kg，因此经常把能量损失 L_f 表示为动能 $u^2/2$ 的函数。于是可将式（3-38）改写成：

$$L_f = \frac{4\tau}{\rho}\frac{2}{u^2}\frac{l}{d}\frac{u^2}{2}$$

令

$$\lambda = \frac{8\tau}{\rho u^2}$$

则

$$L_f = \lambda \frac{l}{d}\frac{u^2}{2}(\text{J/kg}) \tag{3-39}$$

或

$$\Delta p_f = \rho L_f = \lambda \frac{l}{d}\frac{\rho u^2}{2}(\text{Pa}) \tag{3-39a}$$

将式（3-39）各项同除重力加速度 g 得压头损失：

$$h_f = \lambda \frac{l}{d}\frac{u^2}{2g}(\text{m}) \tag{3-39b}$$

式（3-39）是计算圆形直管阻力所引起能量损失的通式，称为范宁（Fanning）公式，式（3-39a）表示压力损失，式（3-39b）称为达西公式，此式对于滞流与湍流均适应。式中 λ 是无因次的系数，称为摩擦因数，它是雷诺数的函数或者是雷诺数与管壁粗糙度的函数。应用上两式计算 L_f 时，关键是要找出 λ 值。

前文已指出，滞流与湍流是两种本质不同的流体类型。由于在式（3-39）与式（3-39a）的推导过程中，曾令：

$$\lambda = \frac{8\tau}{\rho u^2}$$

其中的摩擦应力 τ 所遵循的规律因流体类型而异，因此 λ 值也随流型而变。所以，对滞流和湍流的摩擦因数 λ 要分别讨论。此外，管壁粗糙度对 λ 的影响程度也与流体类型有关。

（二）管壁粗糙度对摩擦因数的影响

沿程阻力是造成沿程水头损失的原因，计算沿程损失的公式是达西公式，但式中的沿程摩擦因数 $\lambda = f(Re, \Delta/d)$ 的规律有待深入探讨。

工业上使用的各种管道，按其材质和加工情况，大致可分为光滑管与粗糙管两类。通常将玻璃管、黄铜管、塑料管等列为光滑管，而将钢管和铸铁管等列为粗糙管。实际上，即使是同一材质的管子，由于使用时间的长短、腐蚀与结垢的程度不同，管壁的粗糙程度也会发生很大的差异。

管壁的粗糙程度可用绝对粗糙度和相对粗糙度表示。绝对粗糙度是指壁面凸出部分的平均高度，以 Δ 表示；相对粗糙度是指绝对粗糙度与管径的比值，即 Δ/d。表 3-2 列出了常用工业管道的绝对粗糙度。

表 3-2　　常用工业管道的绝对粗糙度

金属管	绝对粗糙度 Δ/mm	非金属管	绝对粗糙度 Δ/mm
无缝黄铜管、钢管及铝管	0.01~0.05	干净玻璃管	0.0015~0.01
新的无缝钢管、镀锌铁管	0.1~0.2	橡胶软管	0.01~0.03
新的铸铁管	0.3	木管道	0.25~1.25
具有轻度腐蚀的无缝钢管	0.2~0.3	陶土排水管	0.45~6.0
具有严重腐蚀的无缝钢管	0.5 以上	很好整平的水泥管	0.33
旧的铸铁管	0.85 以上	石棉水泥管	0.03~0.8

流体作层流流动时，管壁上凹凸不平的地方都被层流流动的流体层所覆盖，流体质点对管壁凸出部分不会有碰撞作用。因此，流体作层流流动时摩擦因数与管壁粗糙度无关。

流体作湍流流动时，靠近壁面处存在着厚度为 δ_b 的层流内层，如图 3-15 所示。根据 δ_b 与管壁粗糙度 Δ 的相对大小，可区分为以下 3 种流动情况：

①Re 较小时，$\Delta<\delta_b$，此时与层流类似，凹凸不平的壁面仍被层流内层所覆盖，故管壁粗糙度对摩擦因数也无影响。通常将此 Re 范围的湍流称为水力光滑区。

②随着 Re 的增大，层流内层逐渐变薄。当 $\delta_b<\Delta$ 时，壁面凸出部分便伸入湍流核心区内，与流体质点碰撞，使湍流加剧。此时壁面粗糙度 Δ 便成为影响摩擦因数的决定性因素，而 Re 对 λ 的影响很小。此 Re 范围的湍流称为完全粗糙区。

③当 $\delta_b\approx\Delta$，管壁粗糙度和 Re 对 λ 均有影响，此 Re 范围的湍流称为过渡粗糙区。

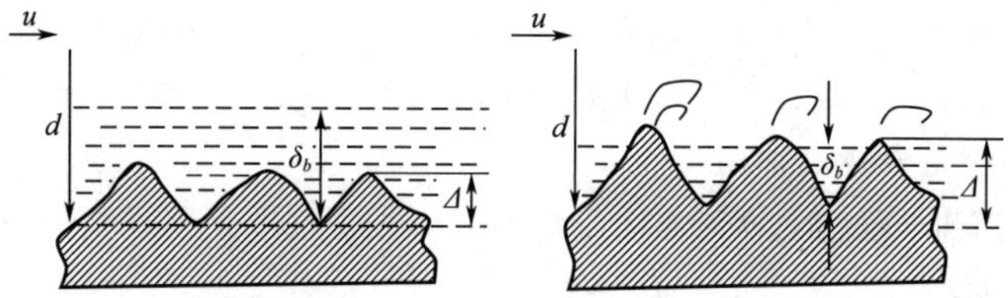

图 3-15 流体流过管壁面的情况

（三）管内层流的摩擦因数

流体在管内定态层流流动属于一种规则的分层流动，其摩擦阻力及摩擦因数可通过理论分析求解。在本章第四节曾经导出了用平均速度计算的压力损失。即公式（3-32）：

$$-\Delta p=\frac{8\mu lu}{R^2}=\frac{32\mu lu}{d^2}$$

由于利用的是水平等径圆形管路，上式中的 $-\Delta p=\Delta p_f$，故有：

$$\Delta p_f=\frac{8\mu lu}{R^2}=\frac{32\mu lu}{d^2} \tag{3-40}$$

式（3-40）为流体在圆管内作层流流动时的直管摩擦阻力计算式。可以看出，层流时 Δp_f 与平均流速 u 的一次方成正比，将式（3-40）与达西公式［式（3-39b）］相比较，可得：

$$\lambda=\frac{64}{Re} \tag{3-41}$$

式中，$Re=du\rho/\mu$ 为管内流动的雷诺数。由式（3-41）可知，层流时 λ 仅是 Re 的函数。

（四）管内湍流的摩擦因数

流体在管内作湍流运动时，按照层流内层厚度与管壁粗糙度的相对大小，可区分为湍流水力光滑区、完全湍流区和湍流过渡区。

①湍流水力光滑区：在此流动区内 $\Delta<\delta_b$。可将粗糙管视为水力光滑管，摩擦因数 λ 与管壁粗糙度无关，可用光滑管湍流的对数速度分布式求解。

当 $4000<Re<26.98\ (d/\Delta)^{(8/7)}$ 时，

$$\frac{1}{\sqrt{\lambda}} = 2\lg(Re\sqrt{\lambda}) - 0.80 \tag{3-42}$$

因为式（3-42）为 λ 的隐函数，不便于计算，柯尔布鲁克（Colebrook）提出了如下简单的关系式：

当 $4000<Re<10^8$ 时，

$$\frac{1}{\sqrt{\lambda}} = 1.8\lg\left(\frac{Re}{6.9}\right) \tag{3-43}$$

当 $4000<Re<10^5$ 时，还可以用布拉休斯（Blasius）经验公式计算：

$$\lambda = 0.3164Re^{-0.25} \tag{3-44}$$

②完全湍流区（湍流粗糙区）：在此流动区内，$\Delta>\delta_b$。λ 仅与壁面相对粗糙度 Δ/d 有关，而与 Re 无关。λ 可用冯·卡门（Von Karman）给出的公式计算：

$$\frac{1}{\sqrt{\lambda}} = 1.74 - 2\lg\left(\frac{2\Delta}{d}\right) \tag{3-45}$$

适用条件：$Re>2308\ (d/\Delta)^{0.85}$。

③湍流过渡区（过渡粗糙区）：在此流动区内，$\Delta\approx\delta_b$，λ 不仅与壁面相对粗糙度 Δ/d 有关，还与 Re 有关。柯尔布鲁克（Colebrook）将水力光滑区和完全粗糙区的两计算式结合，给出了过渡粗糙区 λ 的计算式：

$$\frac{1}{\sqrt{\lambda}} = 1.74 - 2\lg\left(\frac{2\Delta}{d} + \frac{18.7}{Re\sqrt{\lambda}}\right) \tag{3-46}$$

适用条件：$26.98\ (d/\Delta)^{(8/7)} < Re < 2308\ (d/\Delta)^{0.85}$。

显然，当 Re 很大时，式（3-46）右端括号中第二项可忽略，可简化为式（3-45）；对于光滑管或水力光滑管，括号中第一项可忽略，式（3-46）可简化为式（3-42）。

由于式（3-46）是 λ 的稳函数，哈朗德（Haaland）于1983年给出了另外一个便于计算的过渡粗糙区的计算公式：

$$\frac{1}{\sqrt{\lambda}} = -1.8\lg\left[\left(\frac{\Delta/d}{3.7}\right)^{1.11} + \frac{6.9}{Re}\right] \tag{3-47}$$

当 $4000<Re<10^8$ 时，式（3-46）与式（3-47）的计算误差小于±1.5%。

（五）莫迪图

为便于 λ 的计算，以雷诺数 Re 为横坐标，摩擦因数 λ 为纵坐标，相对粗糙度 Δ/d 为参数，绘成如图3-16所示的双对数坐标图，称为莫迪（Moody）摩擦因数图（简称莫迪图）。图中也绘出了管内层流区 λ 的计算式（3-41）。

由图3-16可以看出四个不同的区域。

①滞流区：$Re\leqslant2000$ 的区域。λ 与管壁粗糙度无关，和 Re 成直线关系。表达这一直线的方程即为式（3-41）。

②过渡区：$Re=2000\sim4000$ 的区域。在此区域内滞流或湍流的 $\lambda-Re$ 曲线都可应用。为安全起见，对于流动阻力的计算，一般将湍流时的曲线延伸，以查取 λ 值。

③湍流区：$Re\geqslant4000$ 及虚线以下的区域。这个区的特点是摩擦因数 λ 与 Re 及相对粗糙度 Δ/d 都有关，当 Δ/d 一定时，λ 随 Re 的增大而减小，Re 增至某一数值后 λ 下降缓慢；当 Re 一定时，λ 随 Δ/d 的增大而增大。

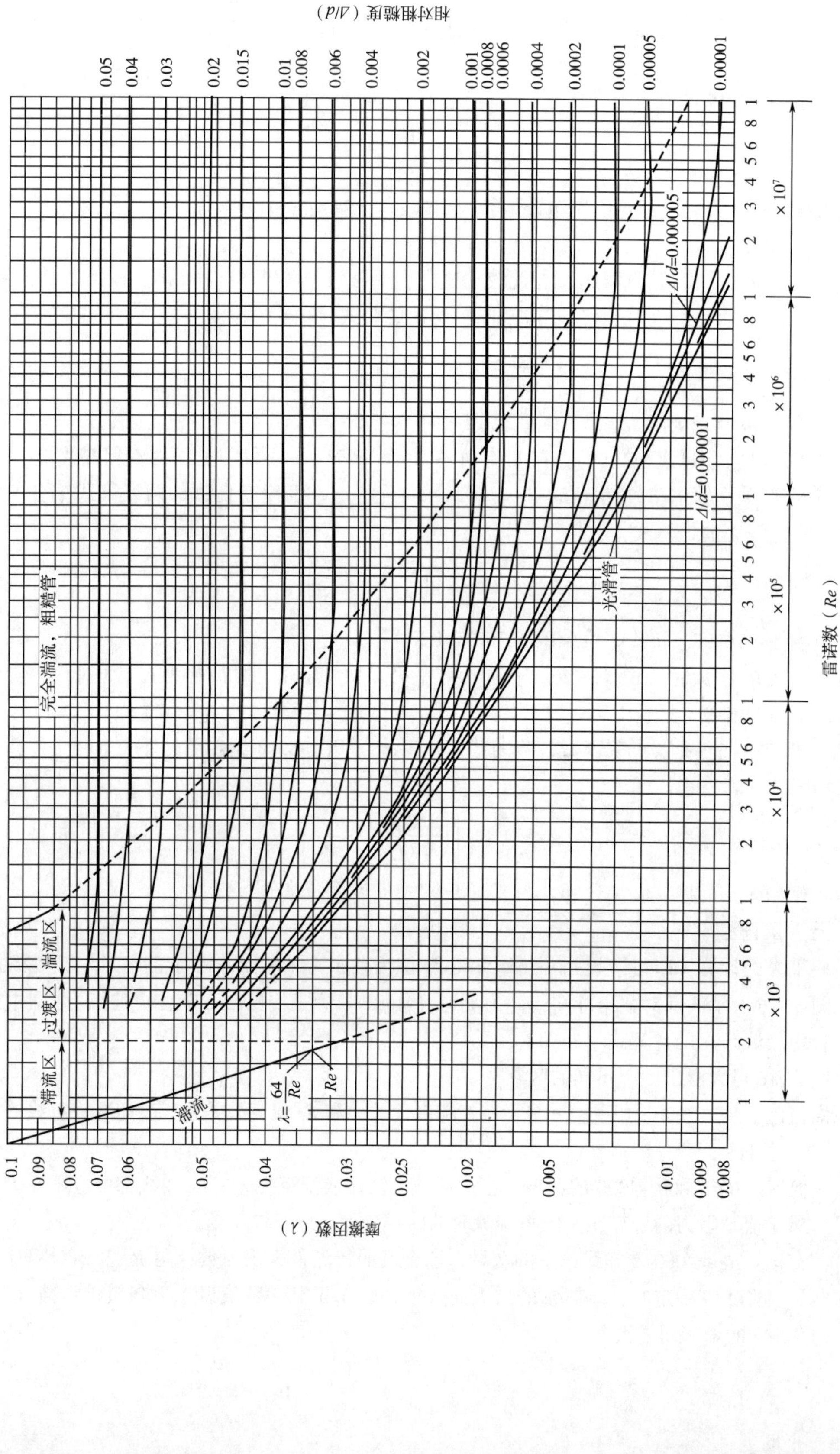

图3-16 莫迪摩擦因数图

④完全湍流区：即图 3-16 虚线以上的区域。此区内的各 $\lambda - Re$ 曲线趋于水平线，即摩擦因数 λ 只与 Δ/d 有关，与 Re 无关。对某一确定管路，其 Δ/d 和 l/d 均为定值，根据直管流动阻力通式（3-39），此时流动阻力所引起的能量损失 L_f 与 u^2 成正比，所以此区又称为阻力平方区。相对粗糙度 Δ/d 越大的管道，达到阻力平方区的 Re 越低。此外，在光滑管紊流区且 $Re=5\times(10^3 \sim 10^5)$ 时符合式（3-44）。

（六）非圆形管的摩擦阻力

在实际工业生产中，经常会遇到非圆形管道，例如，有些气体的输送管路是矩形截面，有时流体会在套管环隙间作轴向流动等。对于非圆形管道流动的阻力的求解，以下针对层流和湍流两种不同情况分别进行讨论。

1. 层流

流体在简单几何形状的管道中作层流流动时，如矩形截面、套管环隙间的层流等，可以通过理论分析获得流动阻力的计算式。如流体在套管环隙间作定态轴向层流流动时，其摩擦压力损失可用下式计算：

$$\Delta p_f = \frac{32\mu ul}{(d_1^2 + d_2^2 - 2d_{max}^2)} \tag{3-48}$$

式中　d_1、d_2——内管的外半径和外管的内半径，m；

$$d_{max} = \frac{1}{2}\sqrt{\frac{d_2^2 - d_1^2}{\ln(d_2/d_1)}}$$

若以套管环隙的当量直径近似计算，则式（3-48）可写成：

$$\Delta p_f = \frac{32\mu ul}{(d_1^2 + d_2^2 - 2d_1 d_2)} \tag{3-48a}$$

对于宽为 a、高为 b 的矩形管道，采用当量直径近似计算法时，其压力损失为：

$$\Delta p_f = \frac{16\mu ul(a+b)}{ab} \tag{3-49}$$

需要注意的是，采用上式计算的误差较大。

2. 湍流

流体在非圆形管内作湍流流动时，其摩擦因数可按圆管湍流公式或图 3-16 进行近似估算，但要用管道的当量直径 d_e 代替圆管直径 d。

二、管路中的局部阻力

为了满足流体输送中经常遇到的转向、调节、加速、升压、过滤、测量等需要，在管路上需要种种管路附件。流体经过这些附件时，受到扰动并产生不规则的旋转、碰撞、回流等现象，由此引起的阻力称为局部阻力，相应的能量损失称为局部损失。

局部损失有两种表示法：阻力系数法和当量长度法。

（一）阻力系数法

阻力系数法是将局部阻力损失折合成管路中动压头的若干倍。

$$h'_f = \zeta \frac{u^2}{2g} \tag{3-50}$$

式中　ζ——局部阻力系数，即折合成的倍数。常用管件局部阻力系数列于表 3-3。

表 3-3　　　　　　　　局部阻力系数（ζ）

局部阻力名称	局部阻力系数ζ值					
突扩	A_1/A_2	0	0.2	0.4	0.6	0.8	1.0
	ζ	1	0.64	0.36	0.16	0.04	0
突缩	A_2/A_1	0	0.2	0.4	0.6	0.8	1.0
	ζ	0.5	0.45	0.34	0.25	0.15	0
肘管	α	90°	120°	135°	150°	180°	360°
	ζ	1.1	0.55	0.35	0.2	0	2.2
弯管	φ / R/d	30°	45°	60°	75°	90°	120°
	1.5	0.08	0.11	0.14	0.16	0.175	0.20
	2.0	0.07	0.10	0.12	0.14	0.15	0.17
蝶阀	α	5°	10°	15°	20°	40°	60°
	ζ	0.24	0.52	0.9	1.54	10.8	118
旋塞	θ	5°	10°	15	20°	40°	60°
	ζ	0.05	0.29	0.93	1.56	17.3	206
带滤水网底阀	d/mm	40	50	70	100	150	200
	ζ	12	10	8.5	7	6	5.2
闸阀	开度	全开	3/4 开	1/2 开	1/4 开		
	ζ	0.17	0.9	4.5	24		
隔膜阀	开度	全开	3/4 开	1/2 开	1/4 开		
	ζ	2.3	2.6	4.3	21		
标准三通	流向	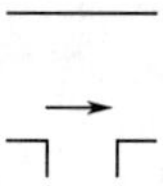	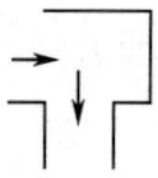	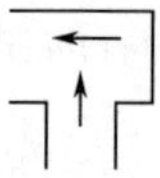	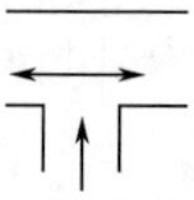		
	ζ	0.4	1.3	1.5	1.0		
截止阀	开度	全开	1/2 开				
	ζ	6.4	9.5				
止回阀	形式	摇板式	球形式				
	ζ	2	70				
角阀	5						
水表	7						
活管接	0.4						
出口管	1						
进口管	锐口：0.5；钝口：0.25~0.1；圆滑口：0.25~0.05						

1. 管路直径突然扩大或缩小的能量损失

管路由于直径改变而突然扩大或缩小所产生的能量损失，按式（3-50）计算。式中的流速 u 均以小管的流速为准，局部阻力系数可根据小管与大管的截面积之比从图 3-17 的曲线上查得。

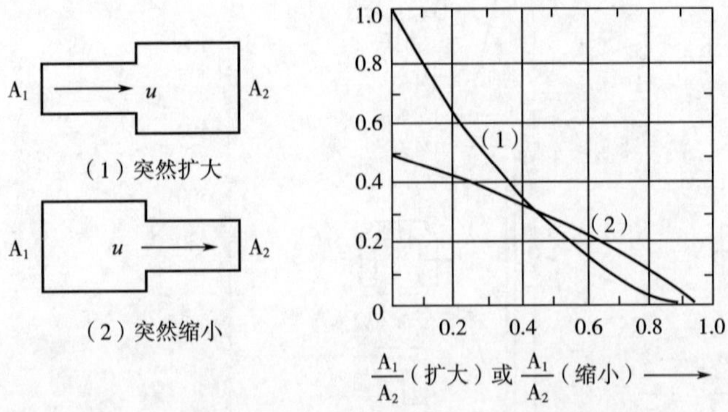

图 3-17　管路突然扩大与突然缩小的局部阻力系数

2. 进口与出口的能量损失

流体自容器进入管内，可看作很大的截面 A_1 突然进入很小的截面 A_2，即 $A_2/A_1 \approx 0$。根据图 3-17 的曲线（2），查出局部阻力系数 $\zeta_{进口}=0.5$，这种损失常称为进口损失，相应的系数称为进口阻力系数。

流体自管子进入容器或从管子直接排放到管外空间，可看作自很小的截面 A_1 突然扩大到很大的截面 A_2，即 $A_1/A_2 \approx 0$，根据图 3-17 的曲线（1），查出局部阻力系数 $\zeta_{出口}=1$，这种损失常称为出口损失，相应的系数称为出口阻力系数。

流体从管子直接排放到管外空间时，管子出口内侧截面上的压强可取管外空间的压强。应指出，若出口截面处在管子出口的内侧，表示流体未离开管路，截面上仍具有动能，出口损失不应计入系统的总能量损失内，即 $\zeta_{出口}=0$。若出口截面处在管子出口的外侧，表示流体已离开管路，截面上的动能为零，但出口损失应计入系统的总能量损失内，此时 $\zeta_{出口}=1$。

（二）当量长度法

当量长度法是将局部阻力损失折合成具有相同直径、长度为 l_e 的沿程阻力损失。

$$h'_f = \lambda \frac{l_e}{d} \frac{u^2}{2g} \tag{3-51}$$

式中　l_e——管件或阀门的当量长度，m。

表示流体流过某一管件或阀门的局部阻力，相当于流过一段与其具有相同直径、长度为 l_e 的直管阻力。

管件或阀门的当量长度数值都是由实验确定的。在湍流流动情况下，某些管道与阀门的当量长度可由图 3-18 的共线图查得。先于图左侧的垂直线上找出与所求的管件或阀门相应的点，再在图右侧的标尺上定出与管径相当的一点，两点连一直线与图中间的标尺相交，交点在标尺上的读数就是所求的当量长度。

三、管路系统中的总能量损失

管路系统中的总能量损失常称为总阻力损失，流体在管路流动中，总压头损失等于沿程损

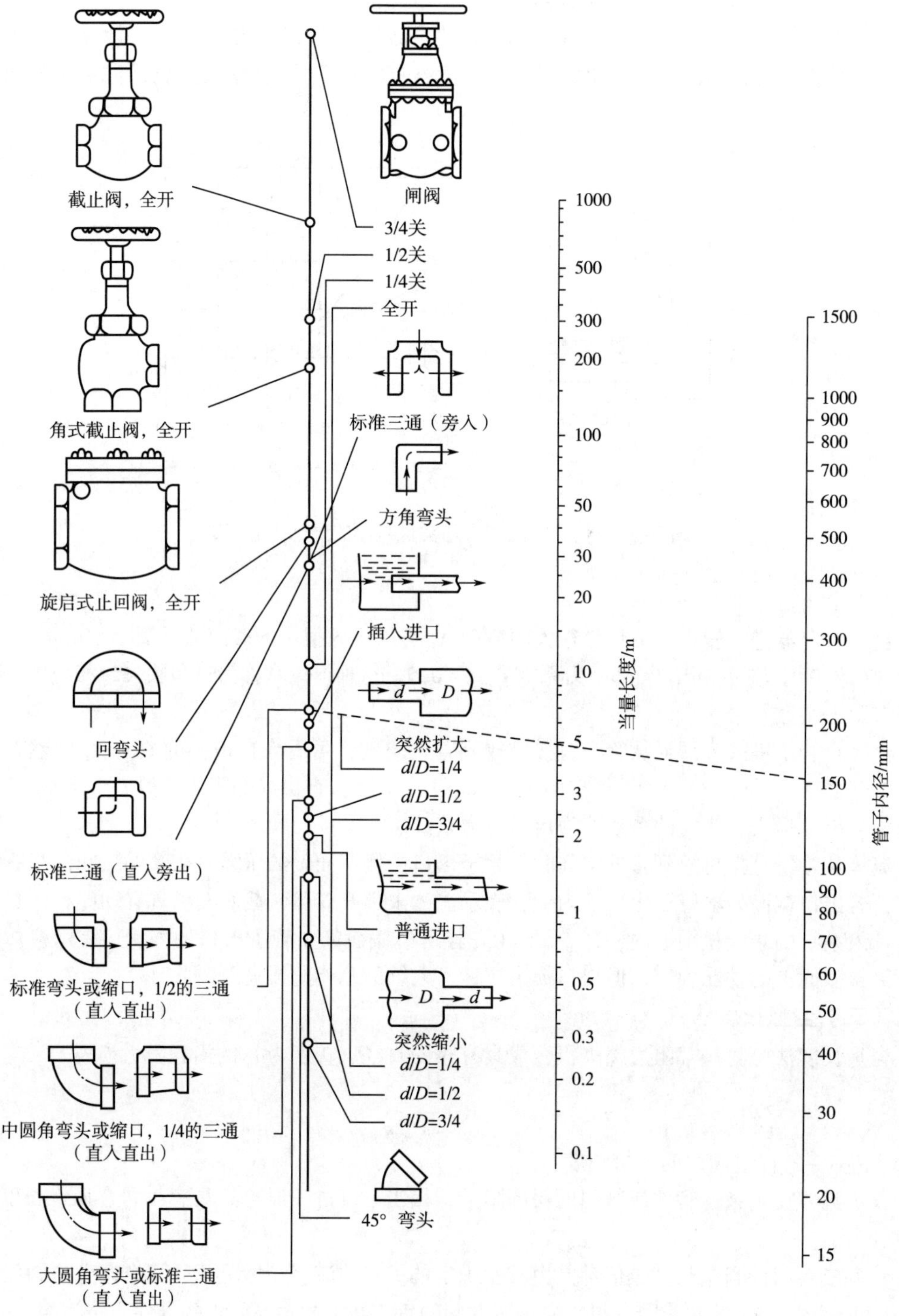

图 3-18 管件与阀门的当量长度共线图

失与局部损失之和，即：

$$\sum h_f = \lambda \frac{(l + \sum l_e)}{d} \frac{u^2}{2g} \tag{3-52}$$

或

$$\sum h_{\mathrm{f}}=\left(\lambda \frac{l}{d}+\sum \zeta\right) \frac{u^{2}}{2 g} \tag{3-53}$$

对于某些管件和阀门。若不能查得其当量长度，但可查得阻力系数，这时可将阻力系数法和当量长度法结合使用。

$$\sum h_{\mathrm{f}}=\left(\lambda \frac{\left(l+\sum l_{\mathrm{e}}\right)}{d}+\sum \zeta\right) \frac{u^{2}}{2 g} \tag{3-54}$$

或

$$\sum L_{\mathrm{f}}=\left(\lambda \frac{\left(l+\sum l_{\mathrm{e}}\right)}{d}+\sum \zeta\right) \frac{u^{2}}{2} \tag{3-55}$$

式中　$\sum L_{\mathrm{f}}$——管路系统中的总机械损失，J/kg；

$\sum l$——管路系统中全部管件与阀门等的当量长度之和，m；

$\sum \zeta$——管路系统中全部阻力系数之和；

l——管路系统中各段直管的总长度，m；

u——流体在管路中的流速，m/s。

第六节　柏努利方程的应用

利用柏努利方程与连续性方程，可以确定：管内流体的流量；输送设备的功率；管路中流体的压强和容器间的相对位置等。

在应用上述两个方程时需要注意的是：

（1）根据题意画出流动系统的示意图　标明流体的流动方向，定出上、下游截面，明确流动系统的衡算范围。

（2）位能基准面的选取　必须与地面平行；宜于选取两截面中位置较低的截面；若截面不是水平面，而是垂直于地面，则基准面应选过管中心线的水平面。对水平管道，以管道中心线计算位能。

（3）截面的选取　与流体的流动方向相垂直；两截面间流体应是稳定流动；截面宜选在已知量多、计算方便处；所求的未知量应在截面上或在两截面之间。某些截面上的 u 可看作零：水塔、水池、储罐、河面和水井等，一般以水来方向为1-1′截面。

（4）各物理量的单位应保持一致（使用SI制）　压强表示方法也应一致，即同为绝对压强或同为表压强。

一、确定输送设备的有效功率

【例3-3】 用泵将贮液池中常温下的清水（黏度为 1×10^{-3}Pa·s，密度为 $1000\mathrm{kg/m^3}$）送至吸收塔顶部，贮液池水面维持恒定，各部分的相对位置如例3-3附图所示。输水管为直径 Φ76mm×3mm 的无缝钢管（取绝对粗糙度 Δ 为 0.14mm），排出管出口喷头连接处的压强为

6.15×10^{4}Pa（表压），送水量为34.5m^3/h，管路中有带滤水网底阀一个，全开闸阀一个，90°弯头4个，直管长度为70m，求泵的有效功率。

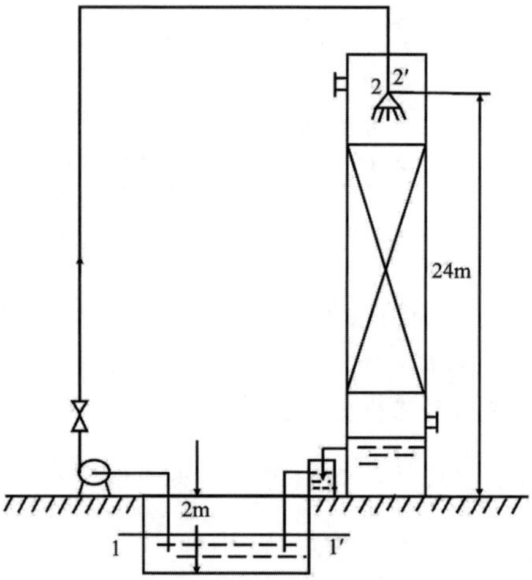

例3-3附图

解：以贮液池的水面为上游截面1-1′，排水管与喷头连接处为下游截面2-2′，在两截面间列柏努利方程，即：

$$gZ_1 + \frac{u_1^{\ 2}}{2} + \frac{p_1}{\rho} + W_e = gZ_2 + \frac{u_2^{\ 2}}{2} + \frac{p_2}{\rho} + \sum L_f \tag{1}$$

$$W_e - \sum L_f = g\Delta Z + \frac{\Delta p}{\rho} + \frac{u_2^2 - u_1^2}{2} \tag{2}$$

式中：

$$\Delta Z = Z_2 - Z_1 = 26(\mathrm{m})$$

$$\Delta p = p_2 - p_1 = 6.15 \times 10^4(\mathrm{Pa})$$

$$u_1 \approx 0$$

$$u_2 = \frac{Q}{A} = \frac{34.5/3600}{\frac{\pi}{4} \times 0.07^2} = 2.49(\mathrm{m/s})$$

$$Re = \frac{du\rho}{\mu} = \frac{0.07 \times 2.49 \times 1000}{1 \times 10^{-3}} = 1.74 \times 10^5$$

$$\Delta/d = 0.14/70 = 0.002$$

由Re，Δ/d值查图3-16，得摩擦因数$\lambda = 0.0249$。

计算局部阻力系数$\sum\zeta$。

1只带滤水网底阀	$\zeta_1 = 1\times8.5$
1只全开闸阀	$\zeta_2 = 1\times0.17$
4只90°弯头	$\zeta_3 = 4\times1.1$
管道入口	$\zeta_4 = 0.5$
	$\sum\zeta = 13.57$

$$\sum L_f = \left(\lambda \frac{l}{d} + \sum \zeta\right) \frac{u^2}{2}$$

$$\sum L_f = \left(0.0249 \times \frac{70}{0.07} + 13.57\right) \times \frac{2.49^2}{2} = 119.3(\text{J/kg})$$

将以上数值代入式（2）：

$$W_e - 119.3 = 9.81 \times 26 + \frac{6.15 \times 10^4}{1000} + \frac{2.49^2 - 0}{2}$$

解得：

$$W_e = 439\text{J/kg}$$

泵的有效功率为：

$$P_e = W_e w_s = 439 \times 1000 \times 34.5/3600 = 4207(\text{W})$$

二、确定设备间的相对位置

【例 3-4】 有一输水系统，如例 3-4 附图所示。水箱内水面维持恒定，输水管直径为Φ60×3mm，输水量为 18.3m³/h，水流经全部管道（不包括排出口）的能量损失可按 $\sum L_f = 15u^2$ 公式计算，式中 u 为管道内水的平均流速（m/s）。求：①水箱内水面必须高于排出口的高度 H；②若输水量增加 5%，管路的直径及其布置不变，且管路的能量损失仍按上述公式计算，则水箱内水面将升高多少米？

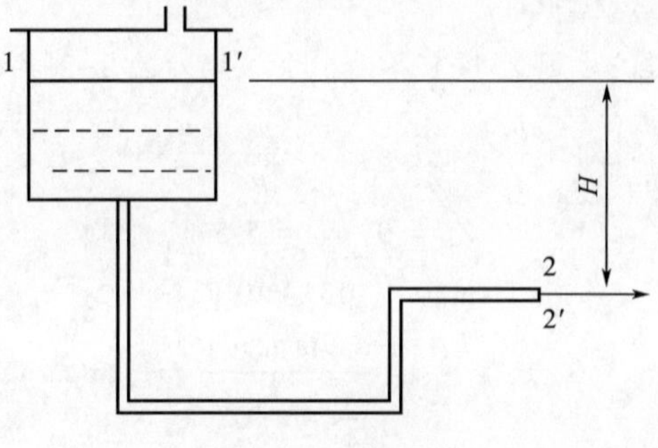

例 3-4 附图

解：

①计算水箱内水面高于排出口的高度 H。

取水箱水面为上游截面 1-1′，排出口内侧为下游截面 2-2′，在两截面间列柏努利方程，即：

$$W_e - \sum L_f = g\Delta Z + \frac{\Delta p}{\rho} + \frac{u_2^2 - u_1^2}{2}$$

式中：

$$W_e = 0,\ \Delta Z = Z_2 - Z_1 = -H,\ \Delta p = p_2 - p_1 = 0$$

$$u_1 \approx 0,\ u_2 = \frac{Q}{A} = \frac{18.3/3600}{\frac{\pi}{4} \times 0.054^2} = 2.22(\text{m/s})$$

$$\sum L_f = 15u^2 = 15 \times 2.22^2 = 73.9(\text{J/kg})$$

取水的密度$\rho=1000kg/m^3$，将以上数值代入柏努利方程：

$$0-73.9=-9.81H+\frac{0}{1000}+\frac{2.22^2-0}{2}$$

解得：$H=7.78m$

②计算输水量增加5%后水箱内水面上升的高度。

输水量增加5%后，而管径不变，则管内水的流速也将增加5%，即：

$$u'_2=2.22\times1.05=2.33(m/s)$$

$$\sum L_f=15u^2=15\times2.33^2=81.4(J/kg)$$

将以上数值代入柏努利方程：

$$0-81.4=-9.81H'+\frac{0}{1000}+\frac{2.33^2-0}{2}$$

解得：$H'=8.57m$

故输水量增加5%后水箱内水面上升的高度为：

$$\Delta H=H'-H=8.57-7.78=0.79(m)$$

三、确定管路中流体的压强

【例3-5】 某离心泵安装在高于井内水面5.5m的地面上，吸水量为$40m^3/h$。吸水管尺寸为$\Phi114\times4mm$，包括管路入口阻力的吸水管路上的总能量损失为4.5J/kg。试求泵入口处的真空度（当地大气压为1.0133×10^5Pa）。

解：根据能量方程，设井水面为1-1′界面，泵入口处为2-2′界面。

$$gZ_1+\frac{p_1}{\rho}+\frac{u_1^2}{2}=gZ_2+\frac{p_2}{\rho}+\frac{u_2^2}{2}+\sum L_f$$

$$Z_1=0,\ Z_2=5.5m$$

$$p_1=1.0133\times10^5Pa$$

$$u_1=0,\ u_2=\frac{Q}{A}=\frac{40/3600}{\frac{\pi}{4}\times0.106^2}=1.26(m/s)$$

$$p_2=p_1-\rho gZ_2-\rho\frac{u_2^2}{2}-\rho\sum L_f$$

$$p_2=1.0133\times10^5-1000\times9.81\times5.5-\frac{1000\times1.26^2}{2}-1000\times4.5=4.21\times10^4(Pa)$$

泵入口真空度为：

$$p_{真空度}=1.0133\times10^5-4.2136\times10^4=5.92\times10^4(Pa)$$

四、确定管路中流体的流量

【例3-6】 有一垂直管路，内径$d_1=300mm$，$d_2=150mm$。水从下而上自粗管流入细管（例3-6附图）。测得水在粗管和细管内的静压强分别为0.2MPa和0.16MPa（表压）。测压点间的垂直距离为1.5m。若两测压点之间的摩擦阻力不计，求水的流量为多少？

解：沿水的流动方向在其上、下游两测压点处分别取截面1-1′和2-2′。在此两截面之间列柏努利方程，即：

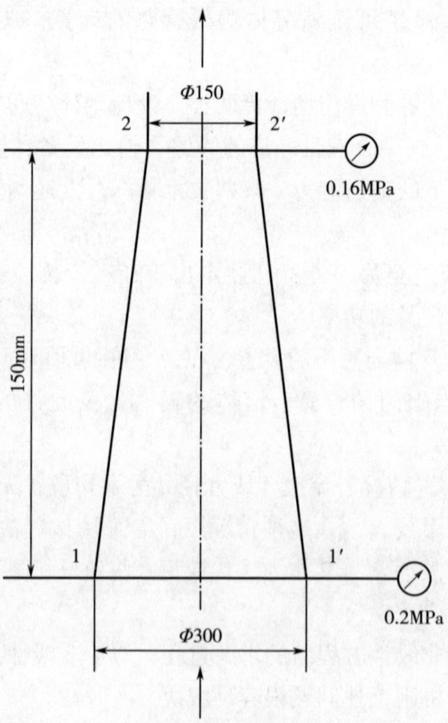

例 3-6 附图

$$W_e - \sum L_f = g\Delta Z + \frac{\Delta p}{\rho} + \frac{u_2^2 - u_1^2}{2}$$

式中：

$$W_e = 0,\ \sum L_f = 0,\ \Delta Z = Z_2 - Z_1 = 1.5(\text{m})$$

$$\Delta p = p_2 - p_1 = (0.16 - 0.2) \times 10^6 = -4 \times 10^4(\text{Pa})$$

由连续性方程式，得：

$$u_1 = u_2\left(\frac{d_2}{d_1}\right)^2 = \left(\frac{0.15}{0.3}\right)^2 u_2 = 0.25u_2$$

取水的密度 $\rho = 1000\text{kg/m}^3$，将以上数值代入柏努利方程：

$$0 = 9.81 \times 1.5 + \frac{-4 \times 10^4}{1000} + \frac{u_2^{\ 2} - (0.25u_2)^2}{2}$$

解得：$u_2 = 7.34\text{m/s}$

$$Q = A_2u_2 = \frac{\pi}{4} \times 0.15^2 \times 7.34 \times 3600 = 467(\text{m}^3/\text{h})$$

第七节　管路计算

前面已导出了连续性方程、机械能衡算方程，以及能量损失的计算式，据此可以进行不可压缩流体输送管路的计算。对于可压缩流体输送管路的计算，还需要表征流体性质的状态方程。

管路计算可分为设计型计算和操作型计算两类。设计型计算通常指对于给定的流体输送任务（一定的流体体积流量），选用合理且经济的管路和输送设备；操作型计算是指管路系统已给定，要求核算在某些条件下的输送能力或某些技术指标。上述两类计算可归纳为下述三种情况的计算：

（1）欲将流体由一处输送至另一处，已规定出管径、管长、管件和阀门的设置，以及流体的输送量，要求计算输送设备的功率。

（2）规定管径、管长、管件与阀门的设置，以及允许的能量损失，求管路的输送量。

（3）规定管长、管件与阀门的设置、流体的输送量及允许的能量损失，求输送管路的管径。

对于第（2）和第（3）种情况，流速 u 或管径 d 为未知量，无法计算 Re 以判别流动的型态，因此也就无法确定摩擦因数 λ 。在这种情况下，需采用试差法求解。在进行试差计算时，由于 λ 值的变化范围较小，故通常将其作为迭代变量。将流动已进入阻力平方区的 λ 值作为计算的初值。

上述试差计算方法，是非线性方程组的求解过程。对于非线性方程或方程组，目前已发展了多种计算方法，利用计算机则上述问题很容易解决。

流体输送管路按其连接和配置情况大致可分为两类：一是无分支的简单管路；二是存在分支与合流的复杂管路。本节仅对简单管路的计算进行讨论。

一、简单管路计算

简单管路可以是管径不变的单一管路，也可以是由若干异径管段串联组成的管路。

【例 3-7】 将5℃的鲜牛乳以5000kg/h的流量从贮乳罐输送至杀菌器进行杀菌。这条管路系统所用的管道为外径38mm、内径35mm的不锈钢管（设为光滑管），管道长度12m，中间有一个摇板式单向阀，三只90°弯头，试计算管路进口至出口的压头损失。已知鲜乳5℃时的黏度为 3.0×10^{-3}Pa·s，密度为1040kg/m^3。

解：

①计算流速

$$u=\frac{Q}{A}=\frac{5000}{\frac{\pi}{4}\times0.035^2\times1040\times3600}=1.39(\mathrm{m/s})$$

②计算雷诺数

$$Re=\frac{du\rho}{\mu}=\frac{0.035\times1.39\times1040}{3.0\times10^{-3}}=1.69\times10^4$$

由式（3-44），得：

$$\lambda=\frac{0.3164}{Re^{0.25}}=\frac{0.3164}{(1.69\times10^4)^{0.25}}=0.0278$$

③计算局部阻力系数 ζ

1只摇板式单向阀	$\zeta_1=2.0$
3只90°弯头	$\zeta_2=3\times1.1$
管道入口	$\zeta_3=0.5$
管道出口	$\zeta_4=1.0$
	$\sum\zeta=6.8$

④计算水头损失

$$\sum h_f=\lambda\frac{l}{d}\frac{u^2}{2g}+\sum\zeta\frac{u^2}{2g}=0.0278\times\frac{12}{0.035}\times\frac{1.39^2}{2\times9.81}+6.8\times\frac{1.39^2}{2\times9.81}=1.61(\mathrm{m})$$

【例3-8】 如例3-8附图所示，用泵输送某溶液，已知该溶液的密度$\rho=867\mathrm{kg/m^3}$，黏度$\mu=0.675\times10^{-3}\mathrm{Pa\cdot s}$，输送流量为$5\times10^{-3}\mathrm{m^3/s}$。高位槽液面高出低位槽液面10m。泵吸入管用$\Phi$89mm×4mm的无缝钢管，其直管部分总长为10m，管路上装有一个底阀（可按旋启式止回阀全开计），一个标准弯头。泵排出管用Φ57mm×3.5mm的无缝钢管，其直管部分总长为20m，管路上装有一个全开的闸阀，一个全开的截止阀和3个标准弯头。高位槽和低位槽液面均为大气压，且高、低位槽液面恒定，取管壁的绝对粗糙度$\Delta=0.3$mm，求泵的轴功率（设泵的效率为70%）。

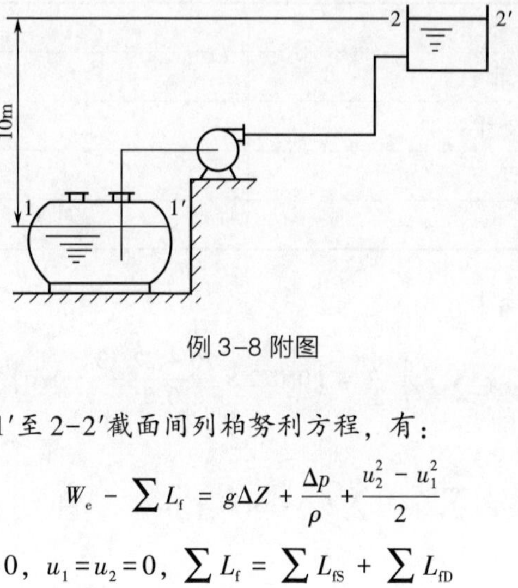

例3-8附图

解：在如图所示的1-1′至2-2′截面间列柏努利方程，有：

$$W_e-\sum L_f=g\Delta Z+\frac{\Delta p}{\rho}+\frac{u_2^2-u_1^2}{2} \tag{1}$$

其中：$\Delta Z=10$m，$\Delta p=0$，$u_1=u_2=0$，$\sum L_f=\sum L_{fS}+\sum L_{fD}$

以下分别计算吸入管和排出管的能量损失。

①吸入管的能量损失

吸入管中流速：

$$u_1=\frac{Q}{A_1}=\frac{Q}{\frac{\pi}{4}\times d_1^2}=\frac{5\times10^{-3}}{\frac{\pi}{4}\times0.081^2}=0.970(\mathrm{m/s})$$

$$Re_1=\frac{d_1u_1\rho}{\mu}=\frac{0.081\times0.97\times867}{0.675\times10^{-3}}=1.01\times10^5$$

$$\Delta/d=0.3/81=0.0037$$

由图3-16查得$\lambda_1=0.027$。由图3-18查得各管件当量长度如下：

管件名称	当量长度
底阀	$l_e = 6.3\text{m}$
1个标准弯头	$l_e = 2.7\text{m}$
	$\sum l_{e1} = 9\text{m}$

管进口局部阻力系数为0.5。

$$\sum L_{fS} = \left(\lambda_1 \frac{l_1 + \sum l_{e1}}{d_1} + \sum \zeta_1\right)\frac{u_1^2}{2} = \left(0.027 \times \frac{10+9}{0.081} + 0.5\right) \times \frac{0.97^2}{2} = 3.21(\text{J/kg})$$

②排出管的能量损失

排出管中流速：

$$u_2 = \frac{Q}{A_2} = \frac{Q}{\frac{\pi}{4} \times d_2^2} = \frac{5 \times 10^{-3}}{\frac{\pi}{4} \times 0.05^2} = 2.55(\text{m/s})$$

$$Re_2 = \frac{d_2 u_2 \rho}{\mu} = \frac{0.05 \times 2.55 \times 867}{0.675 \times 10^{-3}} = 1.64 \times 10^5$$

$$\Delta / d_2 = 0.3/50 = 0.006$$

由图3-16查得 $\lambda_2 = 0.032$。由图3-18查得各管件当量长度如下：

管件名称	当量长度
闸阀全开	$l_e = 0.33\ \text{m}$
截止阀全开	$l_e = 17\ \text{m}$
3个标准弯头	$l_e = 3 \times 1.6\ \text{m}$
	$\sum l_{e2} = 22.13\ \text{m}$

管出口局部阻力系数为1.0。

$$\sum L_{fD} = \left(\lambda_2 \frac{l_2 + \sum l_{e2}}{d_2} + \sum \zeta_2\right)\frac{u_2^2}{2} = \left(0.032 \times \frac{20+22.13}{0.05} + 1.0\right) \times \frac{2.55^2}{2} = 90.92(\text{J/kg})$$

③管路总能量损失

$$\sum L_f = \sum L_{fS} + \sum L_{fD} = 3.21 + 90.92 = 94.13(\text{J/kg})$$

将以上各值代入（1）式可得：

$$W_e - 94.13 = 9.81 \times 10 + 0$$

解得：$W_e = 192.23\text{J/kg}$

轴功率 P：

$$P = \frac{P_e}{\eta} = \frac{W_e \rho Q}{\eta} = \frac{192.2 \times 867 \times 5 \times 10^{-3}}{0.7} = 1190(\text{W}) = 1.19(\text{kW})$$

【例3-9】 如例3-9附图所示，自水塔将水送至车间，输送管路采用 Φ114mm×4mm 的钢管，管路总长为190m（包括管件、阀门及3个弯头的当量长度，但不包括进出口损失）。水塔内水面维持恒定，并高于出水口15m。设水温为12℃，取管壁的绝对粗糙度 $\Delta = 0.2\text{mm}$，求管路的输水量（m^3/h）。

解： 在如图所示的1-1′至2-2′截面（管出口外侧）间列柏努利方程，有：

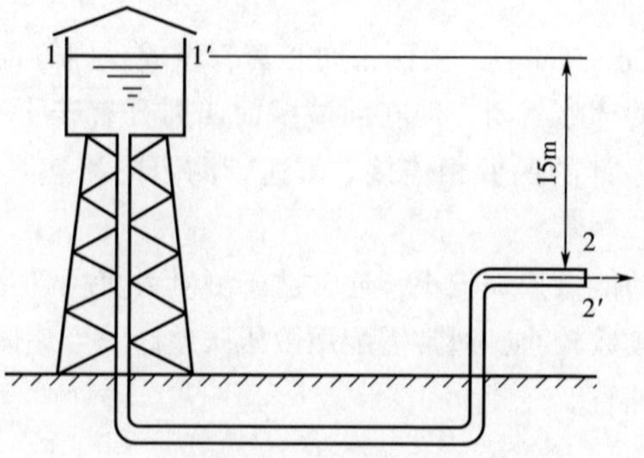

例 3-9 附图

$$W_e - \sum L_f = g\Delta z + \frac{\Delta p}{\rho} + \frac{u_2^2 - u_1^2}{2} \tag{1}$$

其中：$\Delta z = -15m$，$\Delta p = 0$，$u_1 = u_2 = 0$，$W_e = 0$。

$$\sum L_f = \left(\lambda \frac{l + \sum l_e}{d} + \sum \zeta\right)\frac{u^2}{2} = \left(\lambda \times \frac{190}{0.106} + 1.5\right) \times \frac{u^2}{2}$$

其中：$\sum \zeta = \zeta_{进口} + \zeta_{出口} = 0.5 + 1.0 = 1.5$。

将以上各值代入（1）式，整理可得：

$$u = \sqrt{\frac{294.3}{1792\lambda + 1.5}} \tag{2}$$

$\Delta/d = 0.2/106 = 0.00189$。

水温 12℃时：$\rho = 1000kg/m^3$，$\mu = 1.236 \times 10^{-3} Pa \cdot s$。

$$Re = \frac{du\rho}{\mu} = \frac{0.106u \times 1000}{1.236 \times 10^{-3}} = 8.576 \times 10^4 u \tag{3}$$

设 $\lambda_1 = 0.02$，代入（2）得：$u = 2.81m/s$

将 u 值代入（3）式得：$Re = 2.41 \times 10^5$

由 Re、Δ/d 值，查图 3-16 得：$\lambda_2 = 0.024$，与初设的 λ 相差较大。

将 $\lambda_2 = 0.024$，代入（2）得：$u = 2.58m/s$

将 u 值代入（3）式得：$Re = 2.21 \times 10^5$

由 Re、Δ/d 值，查图 3-16 得：$\lambda_3 = 0.0241$

$$|0.0241 - 0.024| / 0.0241 = 0.41\% \leqslant 1\%$$

故可取 $u = 2.58m/s$。

输水量 Q：

$$Q = uA = 2.58 \times \frac{\pi}{4} \times 0.106^2 \times 3600 = 82.0m^3/h$$

二、流量测定

流体的流量是很多工业生产中必须测量并加以调节、控制的重要参数之一。流量测量仪表种类繁多，以下仅介绍几种根据流体流动的机械能守恒原理设计的流速与流量计。

（一）测速管

测速管又称皮托管（Pitot Tube），由两根同心套管组成，内管前端管口敞开，朝着迎面而来的被测流体；两管前端的环隙封闭，但在前端壁面四周开有若干小孔，流体在小孔旁流过。内管及环隙分别与液柱压差计的两臂相连接。测速管测定的流速是管道截面上某一点的局部值，称为点速度。

测速管的优点是流体的能量损失较小，通常适于测量大直径管路中的气体流速，但不能直接测量平均流速，且压差读数较小，通常需配用微压压差计。当流体中含有固体杂质时，会堵塞测压孔，故不宜采用测速管。

（二）孔板流量计

孔板流量计（Orifice Flowmeter）是利用孔板对流体的节流作用使流体的流速增大，压强减小，以产生的压强差作为测量的依据。

孔板流量计安装位置的上、下游都要有一段内径不变的直管作为稳定段，根据经验，其下游直管长度为上游直管长度的5倍左右。孔板流量计制造简单，安装与更换方便，其主要缺点是流体的能量损失大。

（三）文丘里流量计

为了减少流体节流造成的能量损失，可用一段渐缩渐阔的短管代替孔板，这就构成了文丘里流量计（Venturi Flowmeter）。

文丘里流量计的优点是能量损失小，但不如孔板那样容易更换以适用于各种不同的流量测量。文丘里流量计的喉颈是固定的，致使其测量的流量范围受到实际压强差的限制。

（四）转子流量计

前述各流量计的共同特点是收缩口的截面积保持不变，而压强随流量的改变而变化，这类流量计统称为变压强流量计。另一类流量计是压强差几乎保持不变，而收缩的截面积变化，这类流量计称为变截面流量计，其中最为常见的是转子流量计（Rotary Flowmeter）。

转子流量计由一个锥形玻璃管和一个置于锥形管内可以上下自由移动的转子（也称浮子）构成。

转子流量计由专门厂家生产。通常厂家选用水或空气分别作为标定流量计的介质。因此，当测量其他流体时，需要对原有的刻度加以校正。转子流量计的优点是能量损失小、测量范围宽；缺点是耐温、耐压性差。

第八节　液体输送设备

一、泵的类型

泵按其工作原理和结构特征可分为以下一些基本类型。

（1）叶片式泵　利用高速旋转的叶轮向流体施加能量，其中包括离心泵、轴流泵和旋涡泵等。

（2）往复式泵　利用往复运动的转子或活塞的推挤而使流体获得能量，包括活塞泵、柱塞泵和隔膜泵等。

（3）旋转式泵　利用作旋转运动的部件的推挤而对流体施加能量，包括齿轮泵、螺杆泵、转子泵、滑片泵。

后两类泵的工作原理是相同的，即均以运动件的强制推挤作用达到液体输送的目的，流量与外界条件无关，统称为正位移式泵或容积式泵。

二、离心泵

离心泵是工业生产中应用最为广泛的液体输送机械。其突出特点是结构简单、体积小、流量均匀、调节控制方便、故障少、寿命长、适用范围广（包括流量、压头和介质性质）、购置费用和操作费用均较低。将离心泵作为流体力学原理应用的实例加以重点介绍具有典型性。

（一）离心泵的工作原理和基本结构

讨论离心泵的工作原理和基本结构要紧紧扣住提高液体静压能的主题来展开。

1. 离心泵的工作原理

离心泵装置简图如图 3-19 所示。离心泵的工作原理是依靠高速旋转的叶轮使叶片间的液体在惯性离心力的作用下自叶轮中心被甩向外周并获得能量，直接表现为静压能的提高。当液体自叶轮中心甩向外周的同时，叶轮中心形成低压区，在储槽液面与叶轮中心总势能差的作用下，致使液体被吸进叶轮中心。依靠叶轮的不断运转，液体便连续地被吸入和排出。

需特别注意的是，离心泵无自吸力，在启动之前，必须向泵内灌满被输送的液体。若在启动离心泵之前没向泵内灌满被输送的液体，由于空气密度低，叶轮旋转后产生的离心力小，叶轮中心区不足以形成吸入储槽内液体的低压，因而虽启动离心泵也不能输送液体，此现象称为气缚。吸入管路安装单向底阀是为了防止启动前灌入泵壳内的液体从泵内流出。空气从吸入管道进到泵壳中也会造成气缚。

离心泵的工作过程实际上就是一个能量传递和转换的过程。它将电机高速旋转的机械能转换成水的动能和势能，在能量传递和转换过程中，会伴随着能量损失，能量损失越大，则离心泵的工作效率越低。

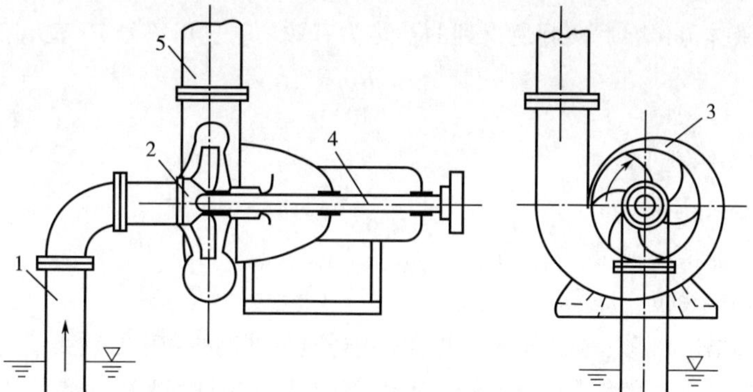

1—进水管；2—叶轮；3—泵体；4—泵轴；5—出水管。

图 3-19　离心泵装置简图

2. 离心泵的基本结构

离心泵由叶轮、泵轴、泵体、进水管和出水管等零件组成。叶轮是泵中起主导作用的部件，上面安装有弯曲形状的叶片，可在泵轴的带动下高速旋转，用于给水增加能量并通过离心力将水甩出。泵体是固定不动的部件，它的核心是压水室。压水室的作用是收集叶轮流出的水流，并将水流引向泵的出口。由于压水室常做成蜗牛形状的结构，因此压水室常被称作蜗壳，泵体也称为泵壳。在泵体上正对着叶轮进口的部分是吸水室。吸水室的作用是向叶轮入口提供所需要的水流形态，最简单的吸水室就是直锥管或直管。泵体的进口和出口就是泵的进口和出口，进水管与泵的进口相连接，出水管与泵的出口相连接。

除了上述主要部件外，在离心泵系统中还包括底阀、控制阀和泵座等。底阀安装于进水管进口，用于在启动前向泵内灌水时防止水倒流进水池中。控制阀安装于出水管上，起调节水泵流量的作用。泵座位于泵体底部，用于支撑并固定水泵。

（二）离心泵的主要性能参数

泵的主要性能参数包括压头（扬程）、流量、转速、功率和效率。这些性能参数是表示该泵特性的指标，通常在泵的铭牌上或样本中写明，以供选用。

1. 泵的压头

泵的压头或称为泵的扬程，是液体在输送中泵所给予单位重量（1N）液体的能量（Nm 或 J），其单位为 J/N 或 m，通常泵的压头用符号 H 表示。离心泵的压头与泵的结构（叶片的弯曲情况、叶轮直径等）、转速及流量有关。

注意泵的压头和升举高度的区别。升举高度等于吸上高度与排出高度之和；泵的压头（扬程）不仅在概念上而且在数值上均不等于泵的升举高度；升举高度只是泵扬程的一部分。

在理想情况下单位重量液体所获得的能量称为理论压头，用 H_T 表示。实际上，由于叶轮的叶片数目是有限的，且输送的是黏性液体，因而必然引起液体在叶轮内的泄漏和能量损失，致使泵的实际压头小于理论值。

2. 泵的流量

泵的流量是指泵在单位时间内排出的液体体积，也有称之为送液能力，用符号 Q 表示，其单位为 m^3/s，习惯上多以 m^3/h 或 L/min 表示。离心泵的流量与泵的结构、尺寸和转速有关。

3. 泵的功率和效率

单位时间内液体流经泵后实际所得到的功称为有效功率，以符号 P_e 表示，即：

$$P_e = \frac{HQ\rho g}{1000} \tag{3-56}$$

式中 P_e——有效功率，kW；

H——离心泵压头，m；

Q——离心泵实际流量，m^3/s；

ρ——液体的密度，kg/m^3。

实际上，泵如果达到这一输送任务，电动机输送至泵轴上的功率必须大于此有效功率，泵轴从电动机得到的实际功率称为泵的轴功率，通常所称泵的功率即指此轴功率，以符号 P 表示。

泵的有效功率与轴功率之比称为泵的效率，以符号 η 表示。η 与 P_e、P 的关系如下：

$$\eta = \frac{P_e}{P} = \frac{HQ\rho g}{1000P} \tag{3-57}$$

式中 η——泵的效率，无单位；

P_e——有效功率，kW；

P——轴功率，kW。

η 是小于 1 的一个数，造成有效功率小于轴功率的原因如下。

（1）机械损失　泵运转时，由于高速旋转的叶轮表面与液体之间摩擦，泵轴在轴承、轴封等处的机械摩擦造成的能量损失是机械损失。机械损失可用机械效率 η_m 来反映，其值在 0.96~0.99。

（2）水力损失　由于液体流经叶片、蜗壳的沿程阻力，流道面积和方向变化的局部阻力，以及叶轮通道中的环流和旋涡等因素造成的能量损失是水力损失。这种损失可用水力效率 η_h 来反映。额定流量下，损失最小，水力效率最高，其值在 0.8~0.9。

（3）容积损失　即泄漏造成的损失。由于动件与泵壳之间的间隙以及阀门关闭不严等原因，造成泵内排液侧的液体反渗到进液口侧，这种泄漏引起的损失称为容积损失。无容积损失时泵的功率与有容积损失时泵的功率之比称为容积效率 η_v。闭式叶轮的容积效率值在 0.85~0.95。

离心泵的总效率由上述三部分构成，即：

$$\eta = \eta_m \eta_h \eta_v \tag{3-58}$$

式中　η——泵的效率，无单位；

η_m——机械效率，无单位；

η_h——水力效率，无单位；

η_v——容积效率，无单位。

4. 泵的转速

泵的转速 n 是指离心泵、旋转泵的泵轴的转速或往复泵曲轴的转速，通常以 r/min 为单位。

（三）离心泵的特性曲线

离心泵的主要性能参数：包括流量（Q）、压头（H）、轴功率（P）和效率（η），其间的关系由实验测得，测出的一组关系曲线称为离心泵的特性曲线或工作曲线，如图 3-20 所示。

对于离心泵的特性曲线应掌握如下规律：

（1）每种型号的离心泵在特定转速下有其独特的特性曲线，且不受管路特性的影响。

（2）离心泵的轴功率 P 在流量为零时为最小，随流量的增大而上升，因而在启动离心泵时应关闭泵的出口阀，以减少启动电流，保护电动机。待运转正常后，再打开泵出口阀并调节流量至规定值。同理，停泵时也要先关出口阀，这样还可防止排出管中液体倒流，保护叶轮。

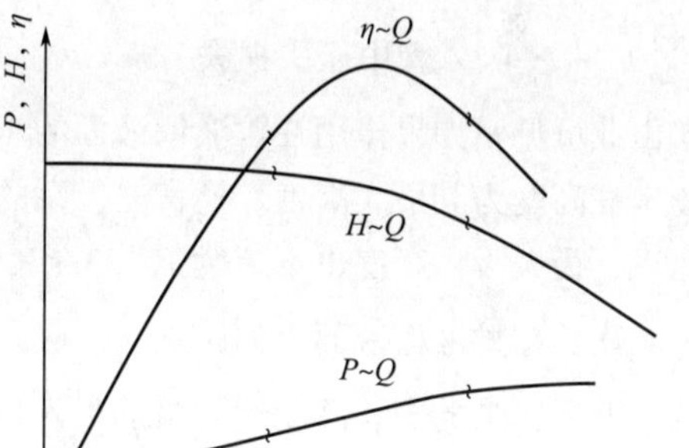

图 3-20　离心泵的特性曲线

（3）离心泵的压头一般随流量加大而下降（在极小流量时有例外），此规律和离心泵理论压头的表达式相一致。

（4）在额定流量下泵的效率为最高。该最高效率点称为泵的设计点，对应的各项参数称为最佳操作参数。离心泵铭牌上标出的性能参数即是最高效率点对应的数值。离心泵应尽可能在高效区（最高效率的 92%范围，如图 3-20 中波浪号所示的区域）操作。

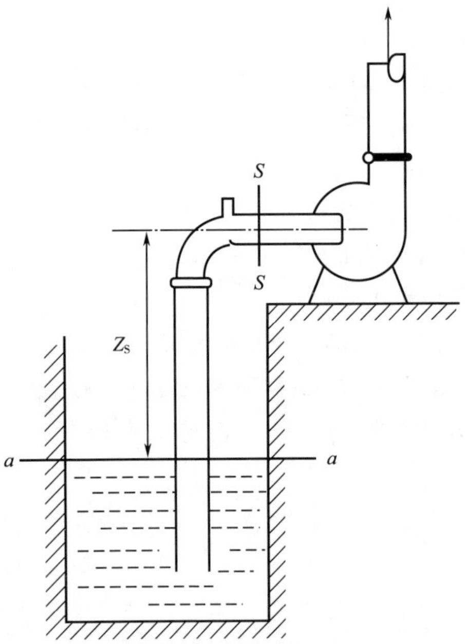

图 3-21 泵的安装高度

离心泵的特性曲线由泵的制造厂家提供。离心泵的特性曲线随转速而变，因而特性曲线图上或产品说明书中一定要注明测定的转数。

三、泵的安装高度

不论何种泵，造成吸液的基本原因是由于动件运动而形成泵进口处的真空，从而靠贮液槽液面（通常开口通大气）与泵进口处的压强差将液体压入泵内，所以吸液实际上就是压液的作用。

所谓泵的几何安装高度（即吸入高度）是指泵的吸入口轴线与贮液槽液面间的垂直距离，如图 3-21 中的 Z_s 所示。泵的安装高度直接影响到泵的吸液性能。因此，要使泵能安全可靠地运行，就必须正确选定泵的安装高度。

对于叶片式泵，如列出图 3-21 贮液槽液面和泵吸入口处截面间的柏努利方程，则可将吸入高度表示为：

$$Z_s = \frac{p_a - p_s}{\rho g} - \frac{u_s^2}{2g} - \sum h_{f,s} \tag{3-59}$$

式中 Z_s——泵的安装高度，m；

p_a——贮液槽液面上的大气压强，Pa；

p_s——泵的吸入口处的绝对压强，Pa；

u_s——吸入管中流速，m/s；

$\sum h_{f,s}$——吸入管中压头损失，m。

由此可见，如果作用在贮液槽液面的压强为大气压，则泵的几何安装高度必以此大气压相当的水柱高度为其最大高度。换言之，泵的几何安装高度与当地当时的大气压有关。在标准大气压下，最大吸入高度也不超过 10.33m。

其次，在贮液槽液面上的压强 p_a、吸入管中流速 u_s 和吸入管中压头损失 $\sum h_{f,s}$ 的变化都不大的情况下，泵的安装高度还与泵的吸入口处的绝对压强 p_s 有关。p_s 越低，吸入压差 $p_a - p_s$ 越大，则泵的安装高度 Z_s 也越高。所以，要提高 Z_s，势必要降低 p_s。吸入压差若表示为水柱高度 H_s，则称为吸上真空高度，即：

$$H_s = \frac{p_a - p_s}{\rho g}(\mathrm{m}) \tag{3-60}$$

当 p_s 降低到与被输送液体在输送温度下的饱和蒸气压 p_v 相等时，吸上真空高度就达到最大的临界值 H_{smax}，称为最大吸上真空高度，即：

$$H_{smax} = \frac{p_a - p_v}{\rho g}(\mathrm{m}) \tag{3-61}$$

吸上真空高度达最大值时，液体就要沸腾汽化，产生大量气泡，气泡随液流进入叶轮的高压区而被压缩。于是，气泡又迅速凝成液体，体积急剧变小，周围液体就以极高速度冲向凝聚中心，造成几百个大气压甚至几千个大气压的局部应力，致使叶片受到严重损伤，这种现象称为“汽蚀”。汽蚀发生时，泵的性能显著下降，严重时泵不能正常运转。

为了保证泵不产生汽蚀现象，必须使泵内最低压强处的压强大于液体在该温度下的饱和蒸气压。为此，我国目前生产的离心泵规定在吸上真空高度上留有一定的余量，所得的吸上真空高度称为允许吸上真空高度 H_{sp}。

$$H_{sp} < H_{smax}(m)$$

安装泵时，应根据此值来计算它的几何安装高度，这就是泵的允许安装高度 Z_{sp}，即：

$$Z_{sp} = H_{sp} - \frac{u_s^2}{2g} - \sum h_{f,s}(m) \qquad (3-62)$$

在泵的流量范围内，允许吸上真空高度 H_{sp} 一般随流量的增加而下降。通常在泵样本中查得的 H_{sp} 是大气压 $p_a = 10mH_2O$、水温为 20℃时得出的数值。若操作条件和上述不符，则需对 H_{sp} 进行校正。

$$H'_{sp} = H_{sp} + (H_a - 10) + \frac{p_v - p'_v}{\rho g}(m) \qquad (3-63)$$

式中　H_{sp}——允许吸上真空高度，mH_2O；

H_a——泵工作点的大气压，mH_2O；

p_v——20℃下水的饱和蒸气压，Pa；

p'_v——输送温度下水的饱和蒸气压，Pa。

泵的安装高度除根据上述泵的允许吸上真空高度来计算外，还有用汽蚀余量的方法。实际上，泵入口处绝对压强尚未低至 p_v 时，汽蚀现象也可能发生。这是因为泵入口处并不是泵内压强最低的地方。液体进入叶轮后，由于流道改变和流速变化，压强将进一步降低，同时，在低压下液体虽然尚未汽化，但其中溶解的气体将分离逸出，促使叶轮和泵壳加快侵蚀。为了保证运转时不发生汽蚀，必须使单位液体在入口处所具有的能量有充分的余量，足以克服液体流到泵内压强最低处的能量损失。从这个意义上表示汽蚀性能的参数，称为汽蚀余量 Δh。

汽蚀余量是指泵吸入口处单位液体所具有的超过汽化压力能的富余能量，即：

$$\Delta h = \left(\frac{p_s}{\rho g} + \frac{u_s{}^2}{2g}\right) - \frac{p_v}{\rho g}(m) \qquad (3-64)$$

将此式代入式（3-59），可得以汽蚀余量表示的几何安装高度：

$$Z_s = \frac{p_a - p_v}{\rho g} - \Delta h - \sum h_{f,s} = H_{smax} - \Delta h - \sum h_{f,s}(m) \qquad (3-65)$$

泵的允许安装高度可用泵样本中的允许汽蚀余量 Δh_p 表示：

$$Z_{sp} = H_{smax} - \Delta h_p - \sum h_{f,s}(m) \qquad (3-66)$$

为了安全起见，泵的实际安装高度还应比上述两种方法计算的允许值小 0.5~1.0m。

四、管路特性与泵的工作点

（一）管路特性

管路特性是指当管路条件（即系统进出口压强、升扬高度、管长、管径、管件形式、大小、个数、阀门开启度等）一定的情况下，管路系统中被输送的流量与流过这一流量所必需的外加能量的关系。如图 3-22 所示，若液体低位槽和高位槽液面保持恒定，输送管道的直径不变，列 1-1′和 2-2′两截面处的柏努利方程式，得：

$$H = \Delta Z + \frac{\Delta p}{\rho g} + \frac{u_2^2 - u_1^2}{\rho g} + \sum h_f \qquad (3-67)$$

式中：

$$\sum h_f = \lambda \frac{l + \sum l_e}{d} \frac{u^2}{2g} = \frac{8\lambda (l + \sum l_e)}{\pi^2 g d^5} Q^2 \qquad (3-68)$$

在特定管路中，上式除 λ 和 Q 之外，其余均为固定值。而且，整理得 $\lambda = f(Re) = f(Q)$

$$H = \Delta Z + \frac{\Delta p}{\rho g} + f(Q) \qquad (3-69)$$

式（3-69）即是某特定管路的特性曲线方程。

（二）泵的工作点与流量调节

泵的特性曲线是泵本身所固有的性能关系曲线，它与外部的管路系统无关。但是，当泵与一定的管路系统相连接并运转时，它工作的性能参数值（如 H、Q）就不仅要符合泵本身的特性曲线（泵的 $H-Q$ 曲线），而且还要满足管路系统的特性曲线。

如果已知泵的特性曲线和管路特性曲线，则可以通过方程联立求解，得出的流量和压头即是泵的工作点。

如图 3-23 所示，Ⅰ曲线是泵的特性曲线，Ⅱ曲线是某特定管路的特性曲线，两线交点 M 即是泵的工作点。M 点所对应的流量 Q_e 和压头 H_e 既满足泵的性能要求，又满足管路的特性要求。实际上，泵就是在这一流量和压头下稳定运转。

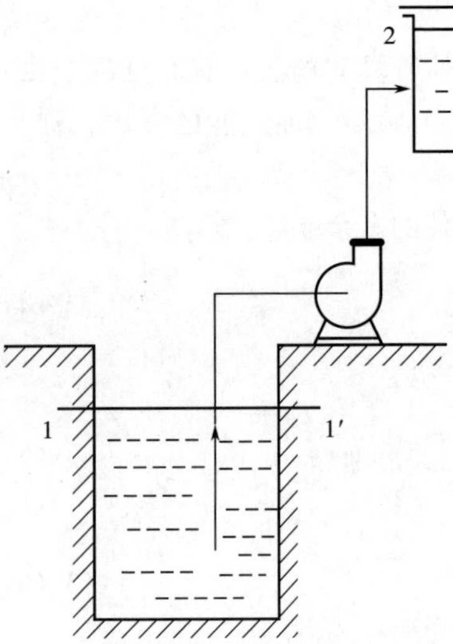

图 3-22 某特定管路系统

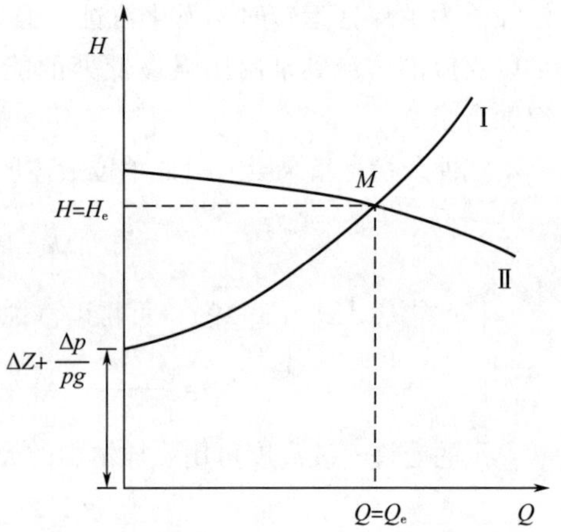

图 3-23 泵的工作点

通过改变管路特性来调整泵的工作点是一种常用的方法。离心泵的出口管路上通常装有调节阀，改变阀门开度，即改变了 $f(Q)$ 项，使管路特性曲线变缓或变陡，如图 3-24 中的 M_1 和 M_2 所示。当出口阀门关小时，流量随之减小，工作点由 M 变为 M_1；反之，工作点变

为 M_2。

另一种调整工作点的方法是通过改变泵的自身特性，如改变泵的转速或泵的叶轮直径大小等方式来实现，如图 3-25 所示。当泵的转速加大时，流量随之增大，工作点由 M 变为 M_1；反之，工作点变为 M_2。

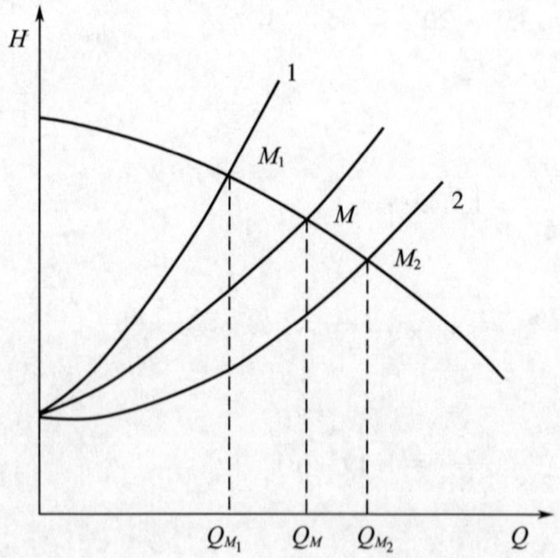

图 3-24　阀门开度对工作点的影响

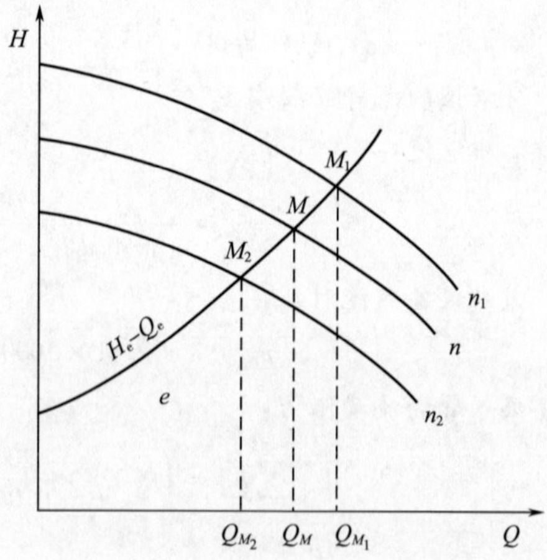

图 3-25　泵转速对工作点的影响

【例 3-10】 某离心泵在一定转速下的特性曲线方程为：$H=38.5-1.58\times10^5Q^2$，式中：H 的单位为 m，Q 的单位为 m^3/s。今有一输水系统，其吸入设备中液面上方的真空度为 20kPa，排出设备中液面上方的表压强为 100kPa，排出设备中液面比吸入设备中液面高 5.0m，两设备间用 Φ 68mm×4mm 的管子相连，吸入管长度 20m，排出管长度 300m（以上长度均包括局部阻力的当量长度，但未包括管子进、出口阻力）。若此系统用上述水泵输送 20℃ 的清水，摩擦因数取为 0.028。①求输水量与所需的有效功率；②若该泵在上述流量下的允许吸上真空度为 5.6m，求泵的允许安装高度（当地大气压按 $8mH_2O$ 计）。附：20℃ 水的密度 $\rho=1000kg/m^3$，饱和蒸气压 $p_v=2.335kPa$。

解：①求输水量与所需的有效功率

管路特性曲线方程为：

$$H_e = H_0 + \sum h_f$$

其中：

$$H_0 = \Delta Z + \frac{\Delta p}{\rho g} = 5.0 + \frac{120\times10^3}{1000\times9.81} = 17.23(\text{m})$$

$$\sum h_f = \left(0.028\times\frac{320}{0.06}+1.5\right)\times\frac{{Q_e}^2}{2\times9.81\times(\pi/4)^2\times0.06^4} = 9.616\times10^5{Q_e}^2$$

$$H_e = 17.23 + 9.616\times10^5{Q_e}^2 \tag{1}$$

泵的特性曲线方程为：

$$H = 38.5 - 1.58\times10^5Q^2 \tag{2}$$

工作点时，$H=H_e$，$Q=Q_e$

(1)、(2) 联立，解得：

$$Q = Q_e = 4.359 \times 10^{-3} m^3/s = 15.7 m^3/h$$

$$H = H_e = 35.5 m$$

故输水量为 $15.7 m^3/h$。

有效功率：

$$P_e = Hg\rho Q = 35.5 \times 9.81 \times 1000 \times 4.359 \times 10^{-3} = 1518(W)$$

②求泵的允许安装高度 Z_s

管中流速：

$$u = \frac{Q}{(\pi/4)d^2} = \frac{4.359 \times 10^{-3}}{(\pi/4) \times 0.06^2} = 1.542(m/s)$$

吸入设备内绝对压强：

$$p_0 = 8 \times 9.81 \times 1000 - 20 \times 10^3 = 5.848 \times 10^4(Pa)$$

吸入管的流动阻力：

$$\sum h_{fs} = \left(0.028 \times \frac{20}{0.06} + 0.5\right) \times \frac{1.542^2}{2 \times 9.81} = 1.192(m)$$

$$Z_s = H'_{sp} - \frac{u_s^2}{2g} - \sum h_{fs} \tag{3}$$

其中：$u_s = u = 1.542 m/s$

$$H'_{sp} = H_{sp} + (H_a - 10) + \frac{p_v - p'_v}{\rho g}$$

$$H'_{sp} = 5.6 + \left(\frac{5.848 \times 10^4}{1000 \times 9.81} - 10\right) = 1.56(m)$$

代入 (3)，得：

$$Z_s = 1.56 - \frac{1.542^2}{2 \times 9.81} - 1.192 = 0.247(m)$$

五、泵的选择

离心泵种类齐全，能适应各种不同用途，选泵时应注意以下几点：

(1) 根据被输送液体的性质和操作条件，确定适宜的类型。

(2) 根据管路系统在最大流量下的流量 Q_e 和压头 H_e 确定泵的型号。在选择泵的型号时，要使所选泵所能提供的流量 Q 和压头 H 比管路要求值稍大一点，并使泵在高效范围内运行。选出泵的型号后，应列出泵的有关性能参数和转速。若有几种型号的泵同时可满足要求时，应选择效果最好者，并参考泵的价格作综合权衡。

(3) 当单台泵不能满足管路要求时，要考虑泵的串联和并联。

(4) 核算泵的轴功率。若输送液体的密度大于水的密度，要核算泵的轴功率。另外，要会利用泵的系列特性曲线。

第九节 案例分析：蔗糖粒径大小对巧克力流动特性的影响

一、案例介绍

监测和控制食品的黏度，对于食品的产品设计、加工流程优化以及品质控制至关重要。在巧克力产品中，黏度主要用于表征其流动特性。巧克力产品的加工需要严格控制黏度，黏度过稀会导致巧克力棒的涂层过薄，黏度过大会导致巧克力产品出现拖尾现象，都极大影响了产品质量。

熔融巧克力可以看作一个颗粒相（主要为蔗糖和可可粉）分散在连续脂相（主要为可可脂、乳脂等）的分散体系。由于高比例的固体颗粒，流体内部存在较高的颗粒间相互作用，因此熔融巧克力是非牛顿流体。颗粒相（特别是蔗糖颗粒）的理化性质（粒径、粒径分布、体积分数等）对于巧克力的流动特性的表征尤为重要。本案例建立了不同蔗糖尺寸和体积分数的模型巧克力体系，通过卡森模型量化颗粒空间效应对巧克力流动特性的影响。

二、案例分析

为表征巧克力的流动特性，可采用数学方程拟合熔融巧克力的流动曲线，其中卡森（Casson）模型（式 3-70）是巧克力行业中使用最广泛的。

$$\sqrt{\tau} = \sqrt{\tau_{CA}} + \sqrt{\mu_{CA}} \cdot \sqrt{\gamma} \tag{3-70}$$

式中 τ——剪切应力，Pa；

γ——剪切速率，s^{-1}；

τ_{CA}——卡森屈服应力，Pa；

μ_{CA}——卡森黏度，Pa·s。

卡森黏度常用于表征流体流动较快时的流动特性，是巧克力用泵选型、涂层性质、感官特性的重要参数。巧克力颗粒相在体系中的体积分数以及颗粒尺寸影响颗粒间接触点的数量以及接触面积，表现为卡森黏度值的变化，从而影响巧克力流体的流动特性。

为评估蔗糖巧克力体系的颗粒尺寸效应对巧克力流动特性的影响，含蔗糖颗粒的模型巧克力配方采用了 5 个不同 D_{90} 粒径的蔗糖以及 3 种蔗糖在非脂颗粒相的体积分数以模拟商业巧克力。巧克力的模型糖-脂分散体系可通过配备同轴圆筒系统和标准测试转子的旋转流变仪在 40°C 进行剪切速率 $1 \sim 1500s^{-1}$ 扫描，得到不同剪切速率（γ）下的剪切应力（τ）扫描（Flow Sweep）图。接着，通过将剪切速率扫描曲线拟合到卡森模型中，可以根据式（3-70）计算出卡森黏度（μ_{CA}）和卡森屈服应力（τ_{CA}）。较高的卡森黏度代表巧克力系统具有较大的颗粒间相互作用，流动过程中受到的阻力更大。

熔融巧克力流动曲线（图 3-26）显示，在同一颗粒体积分数下，蔗糖粒径较小的流动曲线显著高于蔗糖粒径较大的巧克力模型分散体系的流动曲线。这是因为在巧克力分散系统中，由于颗粒总表面积越大颗粒相互作用会更多，在流动过程中受到的阻力会更大，因而蔗糖粒径较小的系统会有较高的黏度。另一方面，在同一蔗糖粒径下，蔗糖体积分数较高的流动曲线显著高于体积分数较低的流动曲线。这是由于巧克力中的脂肪可用于填充颗粒之间的空隙，从而减少流动阻力，因此颗粒体积分数较高的巧克力体系由于较大的颗粒总表面积和较低的脂肪含量，将有更高的颗粒间作用，流动阻力更大，因此表现为更高的黏度值。

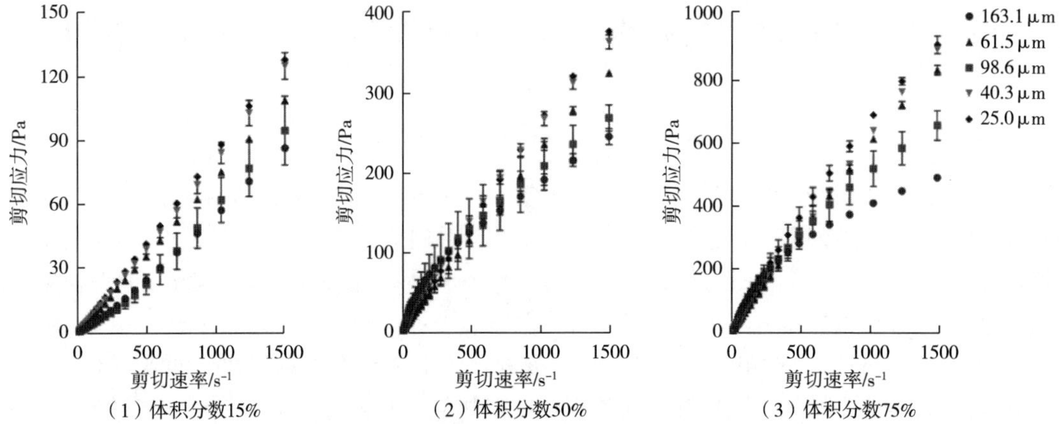

图 3-26　可可脂和蔗糖混合体系下剪切应力-剪切速率图

根据卡森公式可知，将剪切速率的开方作为横轴，剪切应力的开方作为纵轴做线性回归，则卡森黏度为直线斜率的平方，卡森屈服应力为截距的平方。通过卡森模型对流动曲线进行拟合，发现各体系对于卡森模型都具有很好的拟合度（表 3-4）。双因素方差分析以及 Tukey HSD 检验（表 3-5）显示，蔗糖的颗粒尺寸和体积分数对巧克力中的流变特性（卡森黏度）均有显著影响（$P<0.05$）。粒径越小、蔗糖颗粒体积分数越大的巧克力分散体系的流动曲线卡森黏度越大。因此，蔗糖颗粒粒径、体积分数对对巧克力微结构颗粒堆叠方式乃至巧克力的流动性的影响巨大，这证实了控制巧克力颗粒相的粒径大小以及颗粒相与脂相的体积比例是调控巧克力流动特性的关键。

表 3-4　卡森模型拟合下不同粒径、蔗糖在非脂颗粒相中体积分数下的巧克力模型对应的糖-脂分散体系的 R^2 值

D_{90} 粒径/μm	R^2		
	体积分数 15%	体积分数 50%	体积分数 75%
163.1	0.9955±0.0023	0.9508±0.0067	0.9462±0.0108
98.6	0.9880±0.0008	0.9684±0.0268	0.9867±0.0044
61.5	0.9992±0.0006	0.9988±0.0014	0.9986±0.0001
40.3	0.9993±0.0001	0.9992±0.0001	0.9986±0.0012
25.0	0.9996±0.0002	0.9990±0.0003	0.9960±0.0047

表 3-5　不同粒径、蔗糖在非脂颗粒相中体积分数下的巧克力模型对应的糖-脂分散体系的卡森黏度值

D_{90} 粒径/μm	卡森黏度值/（Pa·s）		
	体积分数 15%	体积分数 50%	体积分数 75%
163.1	0.0550±0.0003[a]	0.0585±0.0116[a]	0.0721±0.0033[a]

续表

D_{90} 粒径/ μm	卡森黏度值/（Pa·s）		
	体积分数 15%	体积分数 50%	体积分数 75%
98.6	0.0791 ± 0.0042^{a}	0.0820 ± 0.0012^{a}	0.1674 ± 0.0168^{b}
61.5	0.1996 ± 0.0305^{bc}	0.2177 ± 0.0069^{cd}	0.2421 ± 0.0000^{d}
40.3	0.2461 ± 0.0083^{d}	0.3725 ± 0.0026^{e}	0.4834 ± 0.0317^{f}
25.0	0.5581 ± 0.0056^{g}	0.5607 ± 0.0164^{g}	0.6264 ± 0.0319^{h}

注：显著性分析数据均以平均值±标准差表示，各组数据上标字母不同的表示有显著性差异（$\alpha=0.05$）。

三、案例总结

本案例通过卡森模型拟合熔融巧克力模型体系流变特性曲线，从而探究蔗糖颗粒的空间尺寸效应对巧克力流动特性的影响。在巧克力模型体系中，降低蔗糖的 D_{90} 粒径，增加蔗糖体积分数，可以显著增加分散系统中的颗粒-颗粒相互作用，导致巧克力微结构中颗粒接触点的数量和接触面积显著增加，从而增加了巧克力体系流动阻力，并表现为更高的卡森黏度值。本案例中卡森模型与巧克力分散体系具有良好的拟合度，因此卡森黏度可作为一个量化分散系统颗粒排布方式以及巧克力流动特性的重要参数，对于巧克力等产品的运输设备选型、加工工艺优化等也有重要意义。

思考题

1. 黏性流体在静止时有无剪切应力？理想流体在运动时有无剪切应力？若流体在静止时无剪切应力，是否意味着它们没有黏性？

2. 流体在均匀直管内作定态流动时，其平均流速 u 沿流程保持定值，并不因内摩擦而减速，这一说法是否正确？为什么？

3. 在满流的条件下，水在垂直直管中向下定态流动。则对沿管长不同位置处的平均流速而言，是否会因重力加速度而使下部的速度大于上部的速度？

4. 雷诺数的物理意义是什么？

5. 为有效提高离心泵的静压能，能采取哪些措施？

6. 刚安装好的一台离心泵，启动后出口阀门已经开至最大，但不见水流出，试分析原因并采取措施使泵正常运行。

习题

1. 椰子油流过一内径为 20mm 的水平管道，其上装有一收缩管，将管径逐渐收缩至 12mm，如果从未收缩管段和收缩至最小处之间测得的压力差为 800Pa，试求椰子油的流量。（忽略流动损失，椰子油密度为 940kg/m^3）

2. 牛乳以 2×10^{-3}m^3/s 的流量流过内径等于 27mm 的不锈钢管，牛乳的黏度为 2.12×10^{-3}

Pa·s，密度为 $1030kg/m^3$，试确定管内流动是滞流还是湍流。

3. 用泵输送大豆油，流量为 $1.5\times10^{-4}m^3/s$，管道内径为 10mm，已知大豆油的黏度为 $40\times10^{-3}Pa\cdot s$，密度为 $940kg/m^3$。试求从管道一端至相距 27m 的另一端之间的压力损失。

4. 试求稀奶油以 6m/s 的速度流过管道时，因摩擦而引起的压力损失。管道直径 Φ 38mm×2.5mm，长 100m，为水力光滑的不锈钢管。已知稀奶油的密度为 $1000kg/m^3$，黏度为 $12\times10^{-3}Pa\cdot s$。

5. 液体在水平圆形直管内作滞流流动，若流量管长和液体的物性参数保持不变，而将管径减至原有的 1/2，问因流动阻力而产生的能量损失为原来的多少倍？

6. 液体在水平光滑圆形直管内作湍流流动，若管长和管径均不变，而流量增为原来的两倍，问因流动阻力而产生的能量损失为原来的多少倍？摩擦因数可用布拉休斯公式计算。

7. 如本题附图所示的管路系统，用高位槽向管路供应 20℃ 的水，高位槽液面维持不变，比管路出口高出的垂直距离为 10m，管路总长度为 30m（包括除阀门以外的所有局部阻力的当量长度），管子规格 Φ 32×3.5mm，水在管内流动时的摩擦因数取 0.02，阀门全开时的阻力系数为 0.17，20℃ 水的密度为 $998.2kg/m^3$，黏度 $1.005\times10^{-3}Pa\cdot s$，求：

①阀门全开时水在管路中的流速；

②在管路中的 B 点处装有一压强表，设 AB 间的长度为 20m（包括局部阻力的当量长度），问压强表显示的读数为多少？

③当阀门关小时，压强表的读数将如何变化？用计算说明当阀门关小到 $\zeta=11$ 时，压强表的读数为多少？设管路的摩擦因数不发生变化。

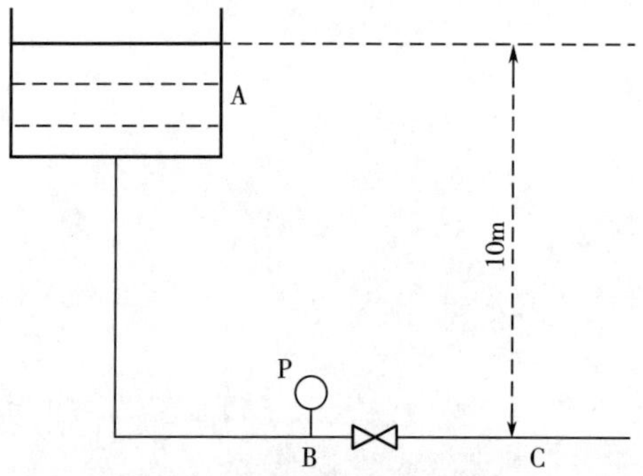

习题 7 附图

8. 将温度为 263K 的冷冻盐水（25% $CaCl_2$ 溶液，密度为 $1240kg/m^3$，黏度为 $7\times10^{-3}Pa\cdot s$）从开口贮槽送入冷却设备。已知贮槽盐水液面低于管路出口 2 m。整个输送管道为光滑管，直径 Φ 25.4mm，长 50m，其中有 6 个标准弯头，1 个截止阀，2 个闸阀，均为全开。如果要求流量为 $6m^3/h$，试求所需泵的扬程（摩擦因数用布拉休斯公式计算）。

9. 本题附图为测定离心泵特性曲线的实验装置，实验中已测出如下一组数据：泵进口处真空表读数 $p_1=2.67\times10^4Pa$（真空度）；泵出口处压强表读数 $p_2=2.55\times10^5Pa$（表压）；泵的流量 $Q=12.5\times10^{-3}m^3/s$；功率表测得电动机所消耗功率为 6.2kW；吸入管直径 $d_1=80mm$；压出管直径 $d_2=60mm$；两测压点间垂直距离 $Z_2-Z_1=0.5m$。

泵由电动机直接带动，传动效率可视为 1，电动机的效率为 0.93；实验介质为 20℃ 的清水。试计算在此流量下泵的压头 H、轴功率 P 和效率 η。

10. 用一台离心泵将水池中的水（密度为 $1000kg/m^3$）送至一表压为 62kPa 的水洗塔顶，其流程如图所示。已知离心泵吸入管段长度（包括局部阻力的当量长度，含入口阻力损失，下同）为 60m，泵出口阀全开时排出管线长度 200m（含出口阻力损失），全部管路均用 Φ 108×4 的碳钢管，管内流体流动摩擦因数均为 0.025，其他数据如本题附图所示。试求：

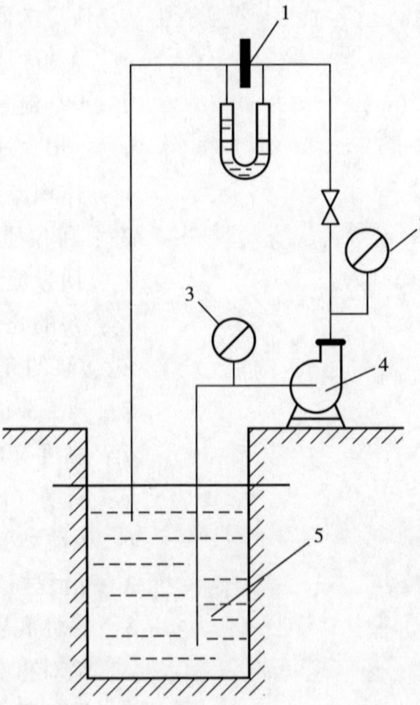

1—流量计；2—压强表；3—真空表；4—离心泵；5—贮槽。

习题 9 附图

①当离心泵入口处的真空表读数为 25kPa 时系统水的流量 Q（m^3/s）；

②泵的压头 H；若离心泵的效率为 80%，泵的轴功率；

③泵出口阀门全开时管路的特性曲线方程。

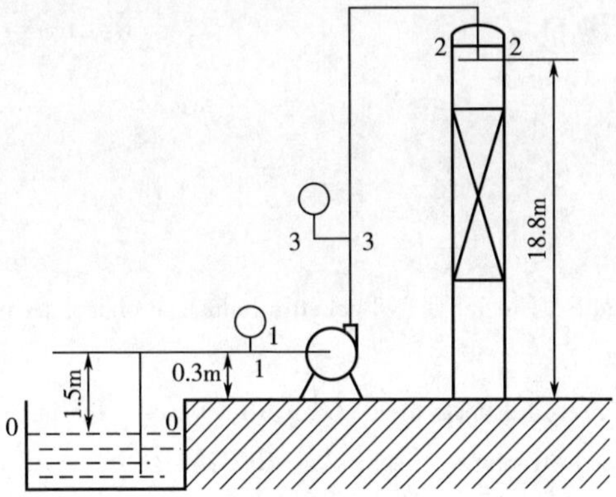

习题 10 附图

本章主要符号说明

A：面积或截面积（m^3）

d_H：水力直径（m）

d：管路直径（m）

e：单位质量流体的内能（J/kg）

G：质量通量［kg/（m^2·s）］
H_s：吸上真空高度（m）
H_{smax}：最大吸上真空高度（m）
H_{sp}：允许吸上真空高度（m）
H：泵的压头或扬程（m）
H_T：泵的理论压头（m）
h：单位质量的流体的焓（J/kg）
h_f：水头损失（m）
Δh：汽蚀余量（m）
Δh_p：允许汽蚀余量（m）
L_f：摩擦损失（J/kg）
l_e：管路当量长度（m）
l：管路长度（m）
n：泵的转速（r/min）
P_e：泵的有效功率（kW）
P：轴功率（kW）
P：压强（Pa）
p_v：饱和蒸气压（Pa）
p_a：贮液槽液面上的大气压强（Pa）
p_s：泵的吸入口处的绝对压强（Pa）
Δp_f：压力损失（Pa）
Q：热量（J 或 kJ）
Q：体积流量（m^3/s）
q_e：单位质量的流体的热量（J/kg）
Re：雷诺数，量纲为 1
S：流道的润湿周边长（m）
u_0：上板恒定速度（m/s）
u：平均流速（m/s）
u_{max}：最大速度（m/s）
V_s：体积流量（m^3/s）
W_e：单位质量的流体的功（J/kg）
w_s：质量流量（kg/s）
Z_s：泵的几何安装高度（m）
Z_{sp}：泵的允许安装高度（m）
Z：某一液面距基准面的高度（m）
μ：黏度（Pa·s）
ρ：密度（kg/m^3）
ν：运动黏度（cm^2/s）
λ：沿程损失系数，量纲为 1
δ：黏性底层的厚度（m）
Δ：绝对粗糙度（m）
ζ：局部阻力系数，量纲为 1
τ：剪切应力（Pa）
τ_1：黏性剪切应力（Pa）
τ_2：脉动剪切应力（Pa）
η：泵的效率（%）
η_m：机械效率（%）
η_h：水力效率（%）
η_v：容积效率（%）

参考文献

［1］Beckett S T，Fowler M S，Ziegler G R. Beckett's industrial chocolate manufacture and use［M］. Chichester：John Wiley & Sons，2017.

［2］Shen L，Jin J，Ye X，et al. Effects of sucrose particle size on the microstructure and bloom behavior of chocolate model systems［J］. Food Structure，2023，36：100323.

［3］柴诚敬，贾绍义．化工原理［M］. 北京：高等教育出版社，2017.

［4］范康年，周鸣飞．物理化学（下册）［M］. 北京：高等教育出版社，2021.

［5］李里特．食品物性学［M］. 北京：中国农业出版社，2010.

［6］李云飞，葛克山．食品工程原理［M］. 北京：中国农业大学出版社，2019.

［7］唐梦雪．多糖对酪蛋白酸钠流变特性和微观结构的影响［D］. 北京：中国农业大学，2020.

CHAPTER 4

第四章 非均相分离

本章学习重点

本章重点考察流固两相物系中固体颗粒与流体间的相对流动，包括沉降（重力沉降和离心沉降）过程基本原理，旋风分离器的选型。重点考察过滤操作原理，过滤基本方程，恒压过滤计算，过滤常数测定。了解过滤设备及离心机的应用，要求学生初步掌握颗粒相对流体流动和流体通过颗粒床层流动等复杂工程问题的解决思路与数学方法。

课程思政点

非均相混合物是指在连续相内存在一种或多种分散相，混合物中存在两种或以上，存在相界面，一般气-固、气-液、液-固、液-液、固-固、乳状液等都有可能形成非均相混合物。

在食品生产过程中存在大量的非均相分离操作单元，如分离与过滤，其主要采用物理分离法，即利用非均相混合物中两相物理性质（如密度、颗粒形状、尺寸等）的差异，使两相颗粒运动产生不同方向的势差。该方法广泛应用于食品物料非均相混合物分离，如以下几类。

（1）收集　例如，收取从气流干燥器或喷雾干燥器出来的固体颗粒（淀粉、乳粉），以及从结晶器中取出结晶体颗粒（白糖）这是食品生产的重要途径。

（2）净化　例如，在包含气-固两相混合物的生产过程中，排出气中夹带的产品颗粒会影响产能，必须在排出前去除气体中的颗粒，保证产量；在液-固两相混合物的生产中，为确保产品品质，必须对液相进行过滤，以确保产品稳定性和纯度。

（3）环境保护　工业污染对环境的危害越来越明显，利用机械分离方法处理食品工厂排出的废气、废液，沉降连续相中的颗粒，以降低废气废液处理成本，保护环境。

运用物理法进行非均相分离时，涉及颗粒相对于流体及流体相对于颗粒床层的流动。因此，本章的学习需结合颗粒特征、颗粒流动、流体流动相关学科进行统一研究，以达成课程学习目标。

第一节　颗粒相对于流体的运动

一、颗粒的特性

根据颗粒特性（形状和大小），可按照球形颗粒和非球形颗粒分别进行分析。

1. 球形颗粒

球形颗粒的尺寸由直径 d 确定，其他参数均可表示为直径 d 的函数，如：

体积：

$$V = \frac{\pi d^3}{6} \tag{4-1}$$

表面积：

$$S = \pi d^2 \tag{4-2}$$

比表面积：

$$a = \frac{S}{V} = \frac{6}{d} \tag{4-3}$$

式中　d——球形颗粒的直径，m；

S——球形颗粒的表面积，m^2；

V——球形颗粒的体积，m^3；

a——颗粒的比表面积（单位体积颗粒具有的表面积），m^2/m^3。

2. 非球形颗粒

食品工业中的颗粒物料大多是非球形的。对非球形颗粒，需要用形状和尺寸两个参数来描述其特性。工程上常用球形度描述颗粒的形状，用当量直径描述颗粒的尺寸。

（1）球形度ϕ_s　颗粒的球形度表示颗粒形状与球形的差异，定义为与该颗粒体积相等的球体的表面积除以颗粒的表面积，即：

$$\phi_s = \frac{S}{S_p} \tag{4-4}$$

式中　ϕ_s——颗粒的球形度或形状系数，量纲为1；

S——与该颗粒体积相等的球体的表面积，m^2；

S_p——颗粒的表面积，m^2。

由于同体积不同形状的颗粒中球形颗粒的表面积最小，因此对非球形颗粒，总有$\phi_s<1$。颗粒的形状越接近球形，ϕ_s 越接近1；对球形颗粒，$\phi_s=1$。

（2）颗粒的当量直径　当量直径通常有体积当量直径和比表面积当量直径两种表示方法。

①体积当量直径：颗粒的体积当量直径为与该颗粒体积相等的球体的直径。

$$d_e = \sqrt[3]{\frac{6}{\pi}V_p} \tag{4-5}$$

式中　d_e——颗粒的体积当量直径，m；

V_p——颗粒的体积，m^3。

②比表面积当量直径：即与非形颗粒比表面积相等的球形颗粒的直径为该颗粒的比表面积当量直径。根据此定义并结合式（4-3）得：

$$d_a = \frac{6}{a} \tag{4-6}$$

式中　d_a——颗粒的比表面积当量直径，m。

式中依据式（4-5）和式（4-6）可以得出颗粒的体积当量直径和比表面积当量直径之间的关系：

$$d_a = \phi_s d_e \tag{4-7}$$

非球形颗粒的比表面积当量直径一定小于其体积当量直径，一般体积当量直径使用的较多。

非球形颗粒的体积、表面积和比表面积可由体积当量直径和球形度表示如下：

$$V_p = \frac{\pi}{6} d_e^3 \tag{4-8}$$

$$S_p = \frac{\pi d_e^2}{\phi_s} \tag{4-9}$$

$$a = \frac{S_p}{V_p} = \frac{6}{\phi_s d_e} \tag{4-10}$$

二、球形颗粒的自由沉降

将一个表面光滑的刚性球形颗粒置于静止的流体中，若颗粒的密度大于流体的密度，则颗粒所受重力大于浮力，颗粒将在流体中降落。由于流体的黏性，颗粒运动过程中会因与流体摩擦而产生阻力（曳力），此时颗粒受到三个力的作用，即重力、浮力与阻力，如图 4-1 所示。重力向下，浮力向上，阻力与颗粒运动方向相反。对于一定的流体和颗粒，重力和浮力是恒定的，而阻力与速度相关。食品（粉末）颗粒在广阔的介质空间中的独自沉降称作自由沉降，在自由沉降过程中，颗粒只受到本身重力、介质浮力和阻力的作用而不受其他因素影响。沉降区域内颗粒之间的距离较大，体积浓度很小时（<3%），颗粒之间的干涉作用变得很弱，此时可视为自由沉降。

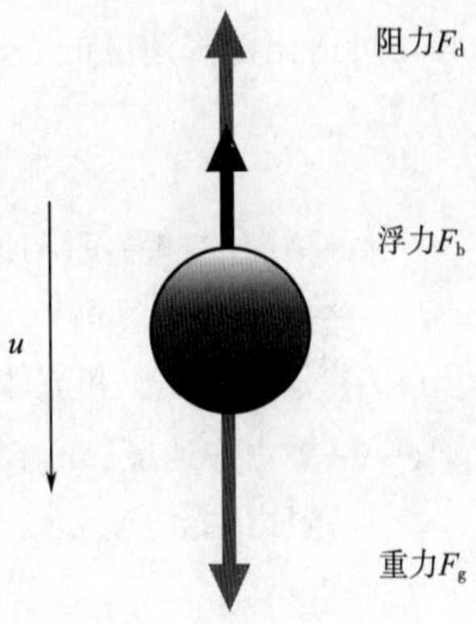

图 4-1　沉降颗粒的受力情况

若颗粒的密度为ρ_s，直径为d，流体的密度为ρ，则颗粒所受的三个力为：

重力：

$$F_g = mg = \frac{\pi}{6} d^3 \rho_s g \tag{4-11}$$

浮力：

$$F_b = \frac{m}{\rho_s} \rho g = \frac{\pi}{6} d^3 \rho g \tag{4-12}$$

阻力（曳力）：

$$F_d = \zeta A \frac{\rho u^2}{2} \tag{4-13}$$

式中 ζ——阻力系数（或曳力系数），量纲为1；

A——颗粒在垂直于其运动方向的平面上的投影面积，$A = \frac{\pi}{4}d^2$，m^2；

u——颗粒相对于流体的降落速度，m/s。

根据牛顿第二定律，上面三个力的合力应等于颗粒的质量与其加速度 a 乘积，即：

$$F_g - F_b - F_d = ma \tag{4-14}$$

或

$$\frac{\pi}{6}d^3(\rho_s - \rho)g - \zeta\frac{\pi}{4}d^2\frac{\rho u^2}{2} = \frac{\pi}{6}d^3\rho_s\frac{du}{dt} \tag{4-14a}$$

式中 m——颗粒的质量，kg；

a——加速度，m/s^2；

t——时间，s。

颗粒开始沉降时，颗粒所受阻力为零，因此加速度 a 为最大值；开始沉降后，阻力随速度 u 的增加而增加，加速度逐渐减小，当速度达到临界值时，三力平衡，颗粒受合力为零，加速度为零，速度为u_t，称为沉降速度。

小颗粒的比表面积很大，使得颗粒与流体间的接触面积很大，颗粒开始沉降后，在极短的时间内达到临界状态。颗粒沉降时加速阶段短，可以在沉降过程中忽略。

匀速阶段中颗粒相对于流体的运动速度 u_t 称为沉降速度，也可称为自由沉降速度。从式（4-14a）可得出沉降速度的表达式。当 $a=0$ 时，$u=u_t$，则：

$$u_t = \sqrt{\frac{4gd(\rho_s - \rho)}{3\zeta\rho}} \tag{4-15}$$

式中 u_t——颗粒的自由沉降速度，m/s；

d——颗粒直径，m；

ρ_s、ρ——分别为颗粒和流体的密度，kg/m^3；

g——重力加速度，m/s^2；

ζ——阻力系数。

三、阻力系数

用式（4-15）计算沉降速度时，首先需要确定阻力系数 ζ 的值。通过量纲分析可知，ζ 是颗粒与流体相对运动时雷诺数 Re_t 和球形度ϕ_s 的函数，即：

$$\zeta = f(Re_t,\ \phi_s)$$

其中

$$Re_t = \frac{du_t\rho}{\mu}$$

式中 μ——流体的黏度，Pa·s。

ζ 随 Re_t 及ϕ_s 变化的实验测定结果如图 4-2 所示。

对球形颗粒（$\phi_s=1$），ζ-Re_t 曲线按 Re_t 值大致可分为三个区域，各区域内的曲线可分别用相应的关系式表达如下：

层流区或斯托克斯（Stokes）定律区（$10^{-4}<Re_t<1$），黏性力占主导，则：

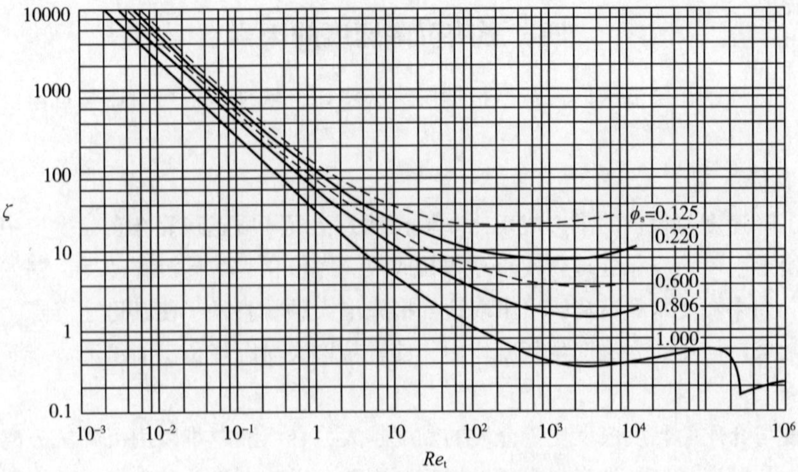

图 4-2　ζ 与 Re_t 及 ϕ_s 的关系曲线

$$\zeta = \frac{24}{Re_t} \tag{4-16}$$

过渡区或艾仑（Allen）定律区（$1<Re_t<10^3$）：

$$\zeta = \frac{18.5}{Re_t^{0.6}} \tag{4-17}$$

湍流区或牛顿（Newton）定律区（$10^3<Re_t<2\times10^5$），阻力与流动黏度无关。

$$\zeta = 0.44 \tag{4-18}$$

将式（4-16）、式（4-17）及式（4-18）分别代入式（4-15），便可得到球形颗粒不同流形区的沉降速度公式，即：

层流区：

$$u_t = \frac{d^2(\rho_s - \rho)g}{18\mu} \tag{4-19}$$

过渡区：

$$u_t = 0.27\sqrt{\frac{d(\rho_s - \rho)g}{\rho}Re_t^{0.6}} \tag{4-20}$$

湍流区：

$$u_t = 1.74\sqrt{\frac{d(\rho_s - \rho)g}{\rho}} \tag{4-21}$$

式（4-19）、式（4-20）及式（4-21）分别称为斯托克斯公式、艾仑公式和牛顿公式。球形颗粒在流体中的沉降速度可根据不同流型，分别选用上述三式进行计算。

在层流区内，由流体黏性引起的表面摩擦力占主要地位。在湍流区内，流体黏性对沉降速度已无明显影响，而是流体在颗粒后半部出现的边界层分离所引起的形体阻力占主导。在过渡区内，表面摩擦力和形体阻力不可忽略。当雷诺数 Re_t 超过 2×10^5 时，边界层内出现湍流，边界层内速度增大，此时边界层的分离点向后移，分离区减小，所以阻力系数 ζ 由 0.44 突降为 0.10。

四、影响沉降速度的因素

多数沉降过程是在层流区内进行。根据层流区定律，从理论上可对影响自由沉降速度的因素作如下分析。

1. 颗粒直径

理论上沉降速度与粒径的平方成正比。颗粒越大，沉降就越快。在食品生产中，如果要使制品分散系稳定，可均质化处理，使悬浮颗粒或液滴微粒化，减慢沉降速度，例如牛乳和果汁的均质处理。如果要使制品澄清，可采取适当措施增大颗粒直径，使其迅速沉降，例如胶态食品悬浮液，常采用加热的方法产生絮凝作用，使颗粒增大易沉降析出而澄清。

2. 介质黏度

沉降速度与介质的黏度成反比。介质的黏度越大，悬浮液越难以用沉降法分离。如含有果胶的果汁，因其黏度高，在生产中常通过加酶制剂破坏果胶来降低其黏度，以达到改善澄清操作的目的。此外，还可利用适当加热的办法来降低黏度，以达到加快沉降速度的目的。

3. 两相密度差

沉降速度与两相密度差成正比。但在一定的悬浮液的沉降分离过程中，其值是难以改变的。

实际的沉降过程一般并非自由沉降，在有限容器中进行，颗粒间有干扰，颗粒并非球形，大小和形状各异。实际沉降速度受以下因素影响。

1. 颗粒形状

球形颗粒对任何方向的来流都具有相同的投影面积。非球形则不同，偏离球形越大，即球形度越小，阻力因数越大。

2. 器壁效应

在实际有限的容器中进行沉降，器壁对颗粒沉降有阻滞作用，使沉降速度较自由沉降速度为小，这种影响称为器壁效应。需作准确计算时，应考虑壁效应的影响。当容器尺寸远远大于颗粒尺寸时（如100倍以上），器壁效应可以忽略，否则需要经验公式修正。

3. 体积分数

当颗粒的体积分数较高时，由于颗粒间相互作用明显，便发生干扰沉降。此时颗粒的实际沉降速度小于按自由沉降计算出的速度。因为当流体中颗粒的体积分数较高时，颗粒实际上是在密度和黏度均大于纯流体的介质中沉降，所受的浮力和阻力都较大；此外，颗粒沉降时被置换的流体向上运动，会阻滞在其中的颗粒的沉降。干扰沉降速度计算可利用自由沉降速度方法，但需用经验公式进行修正。

4. 干扰沉降

当非均匀混合物中分散颗粒较多，颗粒之间互相距离较近时，颗粒间的碰撞和摩擦作用会消耗动能，也即增加了阻力因数，降低沉降速度。悬浮液的聚沉一般为干扰沉降，其浓度越高，此种现象越显著。通常干扰沉降速度仍按自由沉降计算，必要时可用经验法则予以修正。

第二节　颗粒沉降

沉降是用机械方法分离非均相混合物的一种单元操作，它是指在某种外力作用下，利用分散相和连续相之间的密度差异，使之发生相对运动而实现分离的操作过程。实现沉降的外力通常是重力或惯性离心力，因此沉降过程又可分为重力沉降和离心沉降。

一、重力沉降

在重力场中实现的沉降过程称为重力沉降。

二、重力沉降速度的计算

用式（4-15）可计算在给定介质中颗粒的重力沉降速度，具体可有以下几种算法。

1. 试差法

对球形颗粒，可直接用式（4-19）、式（4-20）及式（4-21）计算沉降速度u_t。但需要根据雷诺数 Re_t 判断流型，才能选用相应的计算公式。Re_t 中含有待求的沉降速度u_t，所以沉降速度u_t 的计算需采用试差法，即：先假设沉降属于某一流型，选用相应的沉降速度公式计算u_t，然后核算 Re_t，检验是否在原假设的流型区域内。如果与原假设一致，则计算的 Re_t 有效。否则，按计算的 Re_t 所确定的流型，另选相应的计算公式求u_t，直到用u_t 的计算值算出的 Re_t 与选用公式的 Re_t 范围相符为止。

2. 摩擦数群法

为避免试差，可使用图 4-3 的关系曲线图确定 Re_t。

由 ζ 和 Re_t 组合成如下不包含u_t 的量纲为 1 数群：

$$\zeta Re_t^{\ 2} = \frac{4d^3\rho(\rho_s - \rho)g}{3\mu^2} \tag{4-22}$$

令

$$K = d\sqrt[3]{\frac{\rho(\rho_s - \rho)g}{\mu^2}} \tag{4-23}$$

则

$$\zeta Re_t^2 = \frac{4}{3}K^3 \tag{4-22a}$$

因 ζ 是 Re_t 的函数，则 $\zeta\ Re_t^{\ 2}$ 必然也是 Re_t 的函数，所以图 4-2 的 ζ-Re_t 曲线可转化成 $\zeta\ Re_t^{\ 2}$-Re_t 曲线，如图 4-3 所示。计算u_t 时，可先将已知数据代入式（4-22）求出 $\zeta\ Re_t^{\ 2}$ 值，再由图 4-3 的 $\zeta\ Re_t^{\ 2}$-Re_t 曲线查出 Re_t，最后由 Re_t 反求u_t。

若要计算介质中具有某一沉降速度u_t 的颗粒的直径，可用 ζ 与$Re_t^{\ -1}$ 相乘，得到一不含颗粒直径 d 的量纲为 1 数群 $\zeta\ Re_t^{\ -1}$，即：

$$\zeta Re_t^{\ -1} = \frac{4\mu(\rho_s - \rho)g}{3\rho^2 u_t^{\ 3}} \tag{4-24}$$

同理，$\zeta Re_t^{-1}-Re_t$ 曲线绘于图 4-3 中。根据ζRe_t^{-1} 查出 Re_t，再反求直径。

依照摩擦数群法的思路，对球形颗粒沉降速度的计算式：式（4-19）、式（4-20）、式（4-21）进行变换，设法找到一个不含u_t 的量纲为 1 数群作为判别流型的判据。将式（4-19）代入雷诺数定义式，再利用式（4-23）得：

$$Re_t = \frac{d^3(\rho_s - \rho)\rho g}{18\mu^2} = \frac{K^3}{18} \tag{4-25}$$

在斯托克斯定律区，$Re_t<1$，则 $K<2.62$。同理，将式（4-21）湍流区沉降速度公式代入雷诺数定义式，由 $Re_t=1000$ 可得牛顿定律区 K 的下限值为 69.1。因此，$K<2.62$ 为斯托克斯定律区，$2.62<K<69.1$ 为艾仑定律区，$K>69.1$ 为牛顿定律区。

计算已知直径的球形颗粒的沉降速度时，可根据 K 值选用相应的公式计算u_t，即摩擦群数法。

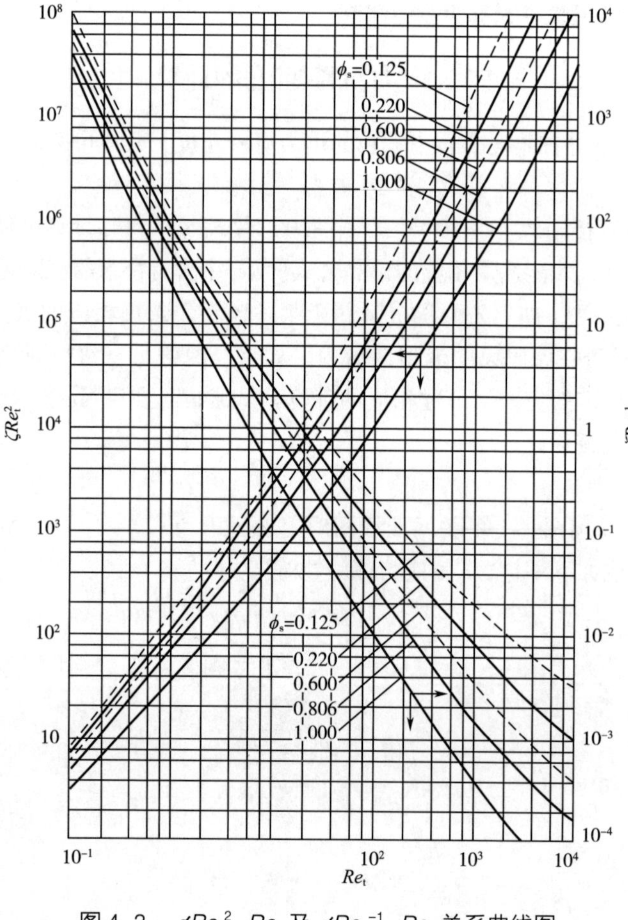

图 4-3　$\zeta Re_t^{2}-Re_t$ 及 $\zeta Re_t^{-1}-Re_t$ 关系曲线图

【例 4-1】 直径为 80μm、密度为 3000kg/m³ 的球形颗粒在 25℃的水中自由沉降，试计算其沉降速度。若密度为 1600kg/m³ 的另一种球形颗粒在 25℃的水中以相同速度沉降，颗粒的直径应是多少？

解： ①密度为 3000kg/m³ 的球形颗粒在 25℃水中沉降，25℃水的密度为 996.9kg/m³，黏度为 0.8973×10^{-3}Pa·s。

根据量纲为 1 数群 K 值判别颗粒沉降流型。将已知数值代入式（4-23）得：

$$K = d\sqrt[3]{\frac{\rho(\rho_s - \rho)g}{\mu^2}} = 80 \times 10^{-6}\sqrt[3]{\frac{996.9 \times (3000 - 996.9) \times 9.81}{(0.8973 \times 10^{-3})^2}} = 2.32$$

$K<2.62$，处于层流区，可利用斯托克公式计算沉降速度。

$$u_t = \frac{d^2(\rho_s - \rho)g}{18\mu} = \frac{(80 \times 10^{-6})^2(3000 - 996.9) \times 9.81}{18 \times 0.8973 \times 10^{-3}} = 7.786 \times 10^{-3}(\text{m/s})$$

②密度为 1600kg/m³ 的球形颗粒在 25℃ 的水中以相同速度沉降，用摩擦数群法计算由式（4-24）计算不包括 d 的摩擦数群，即：

$$\zeta Re_t^{-1} = \frac{4\mu(\rho_s - \rho)g}{3\rho^2 u_t^3} = \frac{4 \times 0.8973 \times 10^{-3} \times (1600 - 996.9) \times 9.81}{3 \times 996.9^2 \times (7.786 \times 10^{-3})^3} = 15.09$$

对于球形颗粒，$\phi_s = 1$，由 ζRe_t^{-1} 数值查 $Re_t = 1.26$，则：

$$d = \frac{Re_t\mu}{u_t\rho} = \frac{1.26 \times 0.8973 \times 10^{-3}}{7.786 \times 10^{-3} \times 996.9} = 0.146(\text{mm})$$

也可采用试差法求颗粒的直径。

三、重力沉降设备

1. 降尘室

依靠重力沉降去除气流中固体颗粒，此类设备称为降尘室。图 4-4（1）所示为水平流动（卧式）降尘室。含尘气体进入沉降室后，颗粒在随气流以速度 u 水平向前运动的同时，在重力作用下，以沉降速度 u_t 向下沉降。只要颗粒能够在气体通过降尘室的时间降至室底，便可从气流中分离出来。颗粒在降尘室的运动情况如图 4-4（2）所示。

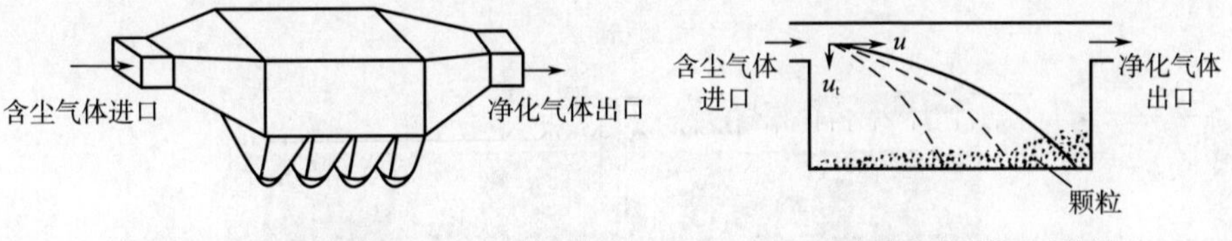

（1）卧室沉降室　　（2）沉降室内颗粒运动情况

图 4-4　水平流动降尘室示意图

降尘室的长度为 l，宽度为 b，高度为 H，底面积为 A。降尘室的生产能力（即含尘气通过降尘室的体积流量）为 V_s 单位为 $\frac{\text{m}^3}{\text{s}}$；则位于降尘室最高点的颗粒沉降到室底所需的时间为：

$$t_t = \frac{H}{u_t}$$

气体通过降尘室的时间为：

$$t = \frac{l}{u}$$

要使颗粒被分离出来，则气体在降尘室内的停留时间应不少于颗粒沉降所需时间，即：

$$t \geqslant t_t \text{或} \frac{l}{u} \geqslant \frac{H}{u_t} \tag{4-26}$$

气体在降尘室内的水平通过速度由降尘室的生产能力和降尘室的尺寸决定，即：

$$u = \frac{V_s}{Hb} \tag{4-27}$$

式（4-26）中考虑极限条件取等号，并将式（4-27）代入，得：

$$V_s = blu_t \tag{4-28}$$

上式表明，理论上降尘室的生产能力只与其沉降底面积及颗粒的沉降速度u_t有关，而与降尘室高度H无关。降尘室高度的设计还应保证气流通过降尘室的流动处于层流状态，湍流不仅会干扰颗粒的沉降，也会重新扬起沉降颗粒。

对设置了n层水平隔板的降尘室，其生产能力为（n+1）V_s。

降尘室结构简单，流动阻力小，但体积庞大，分离效率低，通常只适用于分离粒度大于50μm的粗颗粒，一般作为预除尘使用。多层降尘室虽能分离较细的颗粒且节省占地面积，但清灰麻烦。

2. 沉降槽

沉降槽是利用重力沉降来提高悬浮液浓度或得到上清液的设备，根据目的不同，沉降槽可称为增浓器和澄清器。

间歇沉降槽通常是带有锥底的圆槽，让需要处理的悬浮液在槽内静置足够时间后，将上层清液由槽上部排出管抽出，增浓的沉渣则由槽底排出。

连续沉降槽的典型结构如图4-5所示。其形状是一底部锥状的浅槽。悬浮液经中央进料口送到液面以下，在尽可能减小扰动的情况下，分散到整个横截面上，上清液经由槽顶端四周的溢流槽连续流出；固体颗粒下沉至底部，槽底有转耙将沉渣缓慢聚拢到底部中央排渣口连续排出。排出的稠浆称为底流。

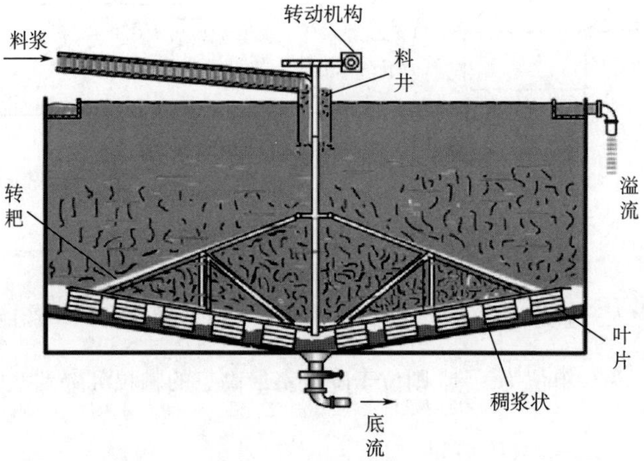

图4-5 连续沉降槽

连续沉降槽的生产能力与沉降槽的高度无关。可将数个沉降槽垂直叠放，每层转耙进行同轴安装。

连续沉降槽适合于处理量大、浓度不高、颗粒不太细的悬浮液。经沉降槽处理后的沉渣内仍有约50%的液体。

为提高沉降槽最大可能生产力，提高沉降速度。可向悬浮液中添加电解质或表面活性剂，使颗粒发生聚集；增加振动或改变温度和压力，使颗粒的粒度或相界面面积发生变化，都有利于提高沉降速度。沉降槽中转耙的转速会对非牛顿流体黏度产生影响，可以通过调节转速来加速沉聚过程。

四、离心沉降及设备

针对两相密度差小、采用重力沉降的分离效率很低，甚至完全不能分离的混合体系，可利用离心力提高沉降速度。

（一）离心沉降速度及分离因数

在同一横截面，流体带动颗粒旋转时，如果颗粒的密度大于流体的密度，则离心力（Centrifugal force）将会使颗粒产生径向飞离。因此，离心力场中颗粒在径向上也受到三个力的作用，即离心力、浮力和阻力。离心力的作用方向沿半径从旋转中心指向外，浮力等于颗粒所排开的流体单元所受的离心力，作用方向与离心力相反，阻力与颗粒运动方向相反。如果球形颗粒的直径为d，密度为ρ_s，流体密度为ρ，颗粒与中心轴的距离为R，切向速度为u_T，则上述三个力分别为：

$$离心力=\frac{\pi}{6}d^3\rho_s\frac{u_T^2}{R} \tag{4-29}$$

$$浮力=\frac{\pi}{6}d^3\rho\frac{u_T^2}{R} \tag{4-30}$$

$$阻力=\zeta\frac{\pi}{4}d^2\frac{\rho u_r^2}{2} \tag{4-31}$$

式中　u_r——颗粒与流体在径向上的相对速度，m/s。

上述三个力达到平衡时：

$$\frac{\pi}{6}d^3\rho_s\frac{u_T^2}{R}-\frac{\pi}{6}d^3\rho\frac{u_T^2}{R}-\zeta\frac{\pi}{4}d^2\frac{\rho u_r^2}{2}=0 \tag{4-32}$$

平衡时颗粒在径向上相对于流体的运动速度u_r便是它在此位置上的离心沉降速度。

$$u_r=\sqrt{\frac{4d(\rho_s-\rho)}{3\rho\zeta}\frac{u_T^2}{R}} \tag{4-33}$$

可见，颗粒的离心沉降速度u_r与重力沉降速度u_t具有相似的关系式，若将重力加速度g用离心加速度$\frac{u_T^2}{R}$代替。但离心沉降速度u_r不是颗粒运动的绝对速度，而是绝对速度在径向上的分量；另外，离心沉降速度u_r随颗粒所处位置R而变，非恒定值，重力沉降速度u_t则是恒定值。

离心沉降时，球形颗粒沉降的阻力系数ζ可用式（4-16）~式（4-18）表示，只要用离心加速度$\frac{u_T^2}{R}$代替式（4-19）~式（4-21）中的重力加速度g，即可得到球形颗粒在不同流型下的离心沉降速度。

同一颗粒所受的离心力与重力之比为：

$$K_c=\frac{u_T^2}{gR} \tag{4-34}$$

比值K_c称为离心分离的分离因数（Centrifugal Separation Factor）。分离因数的大小是反映离心分离设备性能的重要指标。

（二）离心沉降设备

气固非均相物质离心沉降的典型设备是旋风分离器，液固悬浮物系的离心沉降可在旋液分离器或离心机中进行。

1. 旋风分离器

(1) 旋风分离器的结构与工作原理　如图 4-6 所示是旋风分离器典型的结构型式，称为标准旋风分离器。分离器上部为圆筒形，下部为圆锥形。各部位尺寸均与圆筒直径成比例。含尘气体由圆筒上部的进气管切向进入，受器壁的约束作螺旋运动，形成外旋流。在惯性离心力作用下，颗粒被抛向器壁，受摩擦力和重力作用，沿壁面落至锥底的排灰口而与气流分离。旋风分离器的底部是封闭的，因此净化气流到达底部后，返回容器中心低压区，沿中心轴附近由下而上作螺旋运动，形成内旋流，最后气体由顶部排气管排出。内、外旋流气体的旋转方向相同。外旋流的上部是主要除尘区。图 4-7 描绘了双层螺旋气流在容器内的大致运动情况，实际生产中受流场方向、流体速度和黏性作用的影响，流场非常复杂。

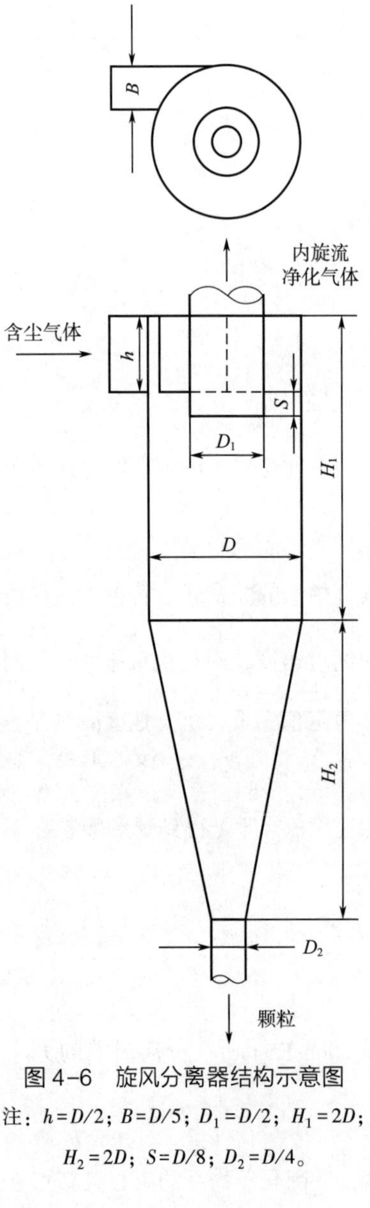

图 4-6　旋风分离器结构示意图

注：$h=D/2$；$B=D/5$；$D_1=D/2$；$H_1=2D$；$H_2=2D$；$S=D/8$；$D_2=D/4$。

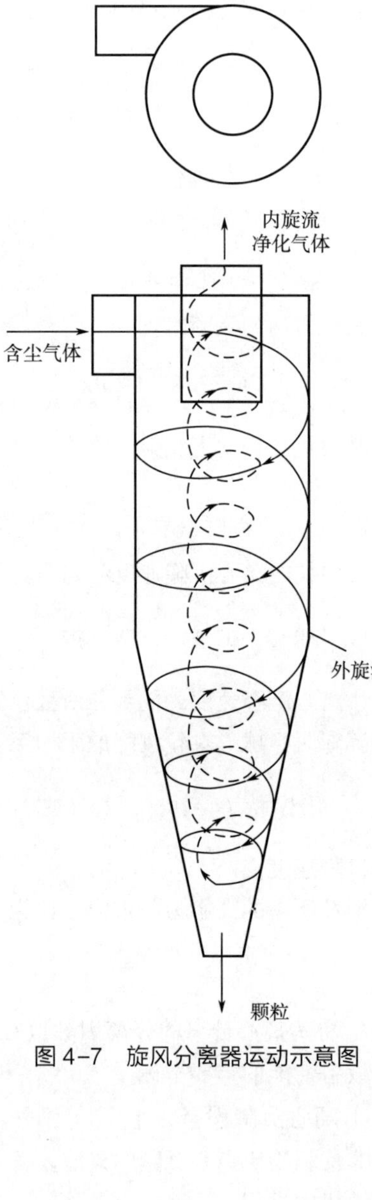

图 4-7　旋风分离器运动示意图

旋风分离器内的静压力在器壁附近最高，仅稍低于气体进口处的压力，往中心逐渐降低，在气芯中可降至气体出口压力以下。旋风分离器内的低压气芯由排气管入口一直延伸至底部出灰口。因此，如果出灰口或集尘室密封不良，便易漏入气体，将已收集在锥形底部的粉尘重新卷起，严重降低分离效果。

旋风分离器因其结构简单、造价低廉、没有活动部件、分离效率较高、温度适应性强，在食品、化工、冶金、机械、轻工等生产行业广泛采用。旋风分离器一般用来除去气流中直径5μm以上的颗粒。旋风分离器还可以从气流中分离除去雾沫。若颗粒过大，致使容器内壁磨损严重，不宜使用旋风分离，因此针对直径在200μm以上的大颗粒，需用重力沉降法除去，以减少其对旋风分离器器壁的磨损；对于直径在5μm以下的小颗粒，一般旋风分离器的捕集效率已不高，需用袋滤器或湿法捕集。旋风分离器不适用于处理黏性粉尘、含湿量高的粉尘及腐蚀性粉尘。

（2）旋风分离器的性能评价　旋风分离器性能的主要指标是从气流中分离颗粒的效果及气体经过旋风分离器的压力损失。分离效果可用临界粒径和分离效率来表示。

①临界粒径：是指理论上能够完全被旋风分离器分离下来的最小颗粒直径，其大小很难精确测定，需在简化条件下得出临界粒径的近似计算式，简化假设如下：

a. 颗粒在层流区自由沉降。

b. 进入旋风分离器的气流严格按螺旋形路线作等速运动，其切向速度恒定且等于进口气速u_i，颗粒的切向速度与气流相等，与颗粒所处位置无关。

c. 颗粒向器壁沉降时，其沉降距离为整个进气管宽度 B。

根据假设 a、b，可以写出颗粒离心沉降速度为：

$$u_r = \frac{d^2(\rho_s - \rho)}{18\mu} \cdot \frac{u_i^2}{R} \tag{4-35}$$

对气固混合物，因为固体颗粒的密度远大于气体密度，即 $\rho \leqslant \rho_s$，故 $\rho_s - \rho \approx \rho_s$；旋转半径 R 取平均值 R_m，则气流中颗粒的离心沉降速度为：

$$u_r = \frac{d^2\rho_s u_i^2}{18\mu R_m} \tag{4-36}$$

根据假设 c，颗粒到达器壁所需的沉降时间应为：

$$t_t = \frac{B}{u_r} = \frac{18\mu R_m B}{d^2\rho_s u_i^2} \tag{4-37}$$

令气流的有效旋转圈数为 N_e，则气流在旋风分离器内运行的距离为 $2\pi R_m N_e$，因此停留时间为：

$$t = \frac{2\pi R_m N_e}{u_i} \tag{4-38}$$

若某种尺寸的颗粒所需的沉降时间t_t恰好等于停留时间 t，该颗粒就是理论上能被完全分离下来的最小颗粒。其直径即为临界粒径，用d_c表示，即：

$$\frac{18\mu R_m B}{d_c^{\ 2}\rho_s u_i^2} = \frac{2\pi R_m N_e}{u_i} \tag{4-39}$$

得

$$d_c = \sqrt{\frac{9\mu B}{\pi N_e \rho_s u_i}} \tag{4-40}$$

注：对于通用型旋风分离器，$N_e=5$。

临界粒径越小，说明旋风分离器的分离性能越好。由于旋风分离器的其他尺寸均与 D 成一定比例，临界粒径随分离器尺寸增大而加大，因此大尺寸的旋风分离器的分离效果较小尺寸的差。

②分离效率：旋风分离器的分离效率有两种表示法，一是总效率，用 η_o 表示；二是分效率，用 η_p 表示。

总效率是指进入旋风分离器的全部颗粒中被分离下来的质量分数，即：

$$\eta_o = \frac{c_1 - c_2}{c_1} \tag{4-41}$$

式中　c_1——旋风分离器进口气体含尘质量浓度，g/m³；

c_2——旋风分离器出口气体含尘质量浓度，g/m³。

③压力损失：即气流通过旋风分离器的压力损失量，是旋风分离器的另一重要指标。旋风分离的气流压力损失应尽可能小，以减少日常功耗。

$$\Delta p = \xi \frac{\rho u_i^2}{2} \tag{4-42}$$

式中　ζ——比例系数，即阻力系数。

一般阻力系数根据旋风分离器尺寸数据计算。

$$\zeta = \frac{30Bh\sqrt{D}}{D_1^2\sqrt{H_1 + H_2}} \tag{4-43}$$

对于同一结构型式及尺寸比例的旋风分离器，ζ 为常数，不因尺寸大小而变。

含尘浓度高有利于颗粒的聚结，可以提高效率，颗粒浓度增大也可以抑制气体涡流，从而使阻力下降，所以较高的含尘浓度对压力损失与效率两个方面都是有利的。进口气速稍高有利于分离，但过高则导致涡流加剧减小涡流的影响，含尘气体自进气管进入旋风分离器后，有一小部分气体向顶盖流动，然后沿排气管外侧向下流动，当达到排气管下端时汇入上升的内旋气流中，这部分气流称为上涡流。上涡流中的颗粒也随之由排气管排出，使旋风分离器的分离效率降低。采用带有旁路分离室或采用异形进气管的旋风分离器，可以改善上涡流的影响。

【例 4-2】 乳粉喷雾干燥塔中温度为 343K、压力为 101kPa 的含乳粉气体，用旋风分离器分离出乳粉。圆筒直径为 0.8m，气体入口速度为 18m/s，乳粉的密度为 1560kg/m³，试求：①临界粒径；②压力损失。

解： ①从附录 5 中查出 343K 空气的密度 $\rho=1.029\text{kg/m}^3$，黏度 $\mu=2.06\times10^{-5}\text{Pa}\cdot\text{s}$，分离器入口宽度 $B=D/5=0.16\text{m}$，由式（4-40）可得：

$$d_c = \sqrt{\frac{9\mu B}{\pi N_e \rho_s u_i}} = \sqrt{\frac{9\times2.06\times10^{-5}\times0.16}{3.14\times5\times1560\times18}} = 8.203\times10^{-6}\ (\text{m})$$

②由图 4-6 所示比例尺寸 $h=D/2=0.4\text{m}$，$H_1=2D=1.6\text{m}$，$H_2=2D=1.6\text{m}$，由式（4-43）得：

$$\zeta = \frac{30Bh\sqrt{D}}{D_1^2\sqrt{H_1+H_2}} = 6$$

由式（4-42）得压力损失为：

$$\Delta p = \zeta\frac{\rho u_i^2}{2} = 6\times\frac{1.029\times18^2}{2} = 1000\ (\text{Pa})$$

2. 旋液分离器

旋液分离器（图4-8）又称旋流器，是利用离心沉降原理从悬浮液中分离固体颗粒的设备，它的结构与操作原理和旋风分离器类似，存在切向、径向和轴向三种不同方向运动。旋液分离器底部排出的增浓液称为底流；从顶部的中心管排出的称为溢流。顶部排出清液的操作称为增浓，顶部排出含细小颗粒液体的操作称为分级。旋液分离器的结构特点是直径小而圆锥部分长。因为液固密度差比气固密度差小，在一定的切线进口速度下，较小的旋转半径可使颗粒受到较大的离心力而提高沉降速度；同时，锥形部分加长可增大液流的行程，从而延长了悬浮液在器内的停留时间，有利于液固分离。旋液分离器中颗粒沿器壁快速运动，对器壁产生严重磨损，因此，旋液分离器应采用耐磨材料制造或采用耐磨材料作内衬。旋液分离器不仅可用于悬浮液的增浓、分级，而且还可用于不互溶液体的分离，气液分离及传热、传质和雾化等操作中，因而广泛应用于多种工业领域中。按功能主要分为分级旋流器、脱水旋流器、脱泥旋流器、除渣旋流器、浓缩旋流器。在食品工业中，旋流器广泛应用在淀粉生产等加工领域，一般为多级旋流工作站（图4-9），相较于沉降法，旋流器结构简单、占地面积小、安装操作方便、运行成本低。根据增浓或分级用途的不同，旋液分离器的尺寸比例也有相应的变化。在进行旋液分离器设计或选型时，应根据工艺的不同要求，对技术指标或经济指标加以综合权衡，以确定设备的最佳结构及尺寸比例。

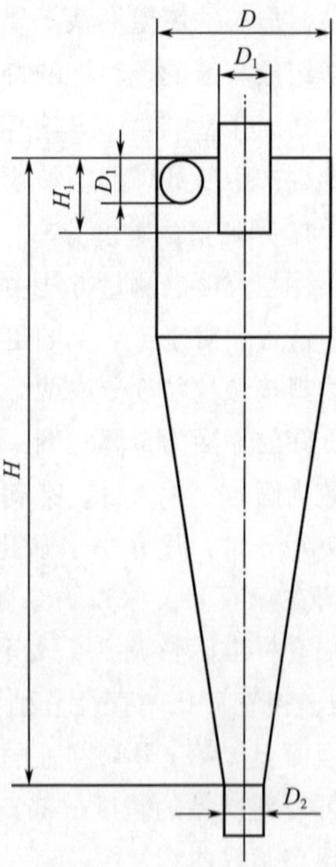

图4-8 旋液分离器

图4-9 多级旋流工作站

第三节 流体通过颗粒层流动（过滤）

一、颗粒及固定床床层的特性

流体流过颗粒床层是实际生产中，尤其是过滤中经常会遇到的过程。床层中颗粒堆积情况复杂，形成的流道形状不规则，边界条件复杂，对于这种复杂流道内流动情况的研究，需要先了解组成流道的颗粒群的特性。

（一）固体颗粒群的特性

生产中所处理的颗粒物料通常具有多种尺度，需确定颗粒的粒度分布及平均直径。

1. 颗粒群的粒度分布

颗粒粒度的测量方法主要有筛分法、显微镜法、沉降法、电感应法、激光衍射法、动态光散射法等。对于工业上固定床常见的粒径大于 70μm 的颗粒，筛分是用单层或多层筛面将松散的物料按颗粒粒度分成两个或多个不同粒级产品的过程。筛分分析是在一套标准筛中进行的，标准筛的筛网为金属丝网，各国标准筛的规格不相同，我国使用泰勒标准筛，以每英寸边长的孔数为筛号，称为目。泰勒标准筛的目数和对应孔径的数据可从有关手册中查到。

筛分时，尺寸小于筛孔尺寸的物料通过筛孔，称为筛过量，尺寸大于筛孔尺寸的物料被截留在筛面上，称为筛余量。若用 n 层筛面，可得 $n+1$ 种产品。用标准筛测粒度分布时，将一套标准筛按筛孔上大下小的顺序叠在一起，若从上向下筛子的序号分别为 1，2，$\cdots i-1$ 及 i，相应筛孔的直径分别为 d_1，d_2，$\cdots d_{i-1}$ 及 d_i。筛分后不同粒度的颗粒分别被截留于各号筛网面上。第 i 号筛网上的颗粒的尺寸应在 d_{i-1} 和 d_i 之间，分别称取各号筛网上的颗粒质量，即可得到样品的粒度分布。样品的粒度分布可以用表格表示，也可以表示为分布函数曲线或频率函数曲线。

停留在第 i 层筛网上的颗粒的平均直径 d_{pi} 按 d_{i-1} 和 d_i 的算术平均值计算，即：

$$d_{pi} = \frac{d_i + d_{i-1}}{2} \tag{4-44}$$

第 i 层筛网所对应的定义为第 i 层筛网的筛过量占样品总量的质量分数，以 d_{pi} 为横坐标，F_i 为纵坐标得到的曲线即为分布函数曲线。

定义频率函数为：

$$f = \frac{\mathrm{d}F}{d(d_p)} \tag{4-45}$$

有了分布函数曲线，很容易通过数学方法得到分布函数曲线上各点的斜率，即频率函数 f 值，以 d_{pi} 为横坐标，f 为纵坐标作图得到频率函数曲线。

2. 颗粒群的平均直径

根据各号筛网上截留的颗粒质量，可以计算出直径为 d_{pi} 的颗粒占全部样品的质量分数 x_i，按下式可计算出颗粒群的平均直径：

$$\bar{d}_p = \frac{1}{\sum \frac{x_i}{d_{pi}}} \tag{4-46}$$

式中 $\bar{d}_p$——颗粒群的平均直径，m；

x_i——粒径段内颗粒的质量分数；

d_{pi}——被截留在第 i 层筛网上的颗粒的平均直径，m。

（二）固体颗粒床层的特性

大量固体颗粒堆积在一起形成的颗粒床层称为固定床。流体流经颗粒床层时，床层中的固体颗粒静止不动，描述颗粒床层的特性参数主要有空隙率和比表面积。

1. 床层的空隙率

床层中颗粒之间的空隙体积与整个床层体积之比，称为床层的空隙率（或称空隙度），以 ε 表示，即：

$$\varepsilon = \frac{\text{床层体积} - \text{颗粒体积}}{\text{床层体积}} \tag{4-47}$$

式中 ε——床层的空隙率，m^3/m^3。

空隙率的大小与颗粒形状、粒度分布、颗粒直径与床层直径的比值、床层的填充方式等因素有关。对颗粒形状和直径均一的非球形颗粒床层，其空隙率主要取决于颗粒的球形度和床层的填充方式。填充方式对床层空隙率的影响较大，采用湿法（即在容器中先装入一定高度的水，然后再逐渐加入颗粒）填充颗粒，通常形成较疏松的排列。非球形颗粒的球形度越小，则床层的空隙率越大。由大小不均匀的颗粒所填充成的床层，小颗粒可以嵌入大颗粒之间的空隙中，因此床层空隙率比均匀颗粒填充的床层小。粒度分布越不均匀，床层的空隙率也越小；颗粒表面越光滑，床层的空隙率也越小。采用大小均匀的颗粒是提高固定床空隙率的一个方法。一般非均匀、非球形颗粒的乱堆床层的空隙率在 0.47~0.7。均匀的球体最松排列时的空隙率为 0.48，最紧密排列时的空隙率为 0.26。

空隙率在床层同一截面上的分布是不均匀的，在容器壁面附近，空隙率较大；而在床层中心处，空隙率较小。器壁对空隙率的这种影响称为壁效应。壁效应使得流体通过床层的速度不均匀，流动阻力较小的近壁处的流速较床层内部大。改善壁效应的方法通常是限制床层直径与颗粒直径之比不得小于某极限值。若床层的直径比颗粒的直径大得多，则壁效应可忽略。

2. 床层的比表面积

床层的比表面积是指单位体积床层中具有的颗粒表面积（即颗粒与流体接触的表面积）。如果忽略床层中颗粒间相互重叠的接触面积，对于空隙率为 ε 的床层，床层的比表面积 a_b（单位为 m^2/m^3）与颗粒物料的比表面积。具有如下关系：

$$a_b = (1 - \varepsilon)a \tag{4-48}$$

床层的比表面积也可用颗粒的堆积密度估算，即：

$$a_b = \frac{6\rho_b}{\rho_s d} = \frac{6(1 - \varepsilon)}{d} \tag{4-49}$$

式中 ρ_b——颗粒的堆积密度，kg/m^3；

ρ_s——颗粒的真实密度，kg/m^3。

二、流体通过固定床的压力损失

1. 床层简化物理模型

流体在固定床中流动时，实际是在固定床颗粒间的复杂微流道内流动，彼此交错连通，大小、形状有很大差别。因此，流体在固定床中的流动情况比流体在管道中的流动要复杂得多，多呈蠕动流状态，难以精确描述，只能采用简化数学模型来处理，即将固定床中不规则的流道简化成一组与床层高度相等的平行细管。细管的当量直径可由床层的空隙率和颗粒的比表面积来计算。床层流道的当量直径 d_{eb} 为：

$$d_{eb} = 4 \times \text{水力半径} = 4 \times \frac{\text{流通截面}}{\text{润湿周边}} \tag{4-50}$$

若分子、分母同乘以流道长度，上式变为：

$$d_{eb} = 4 \times 流道容积 / 流道表面积 \tag{4-51}$$

考虑面积为 $1m^2$，高度为 1m 的固定床，则：

$$床层体积 = 1 \times 1 = 1\ (m^3) \tag{4-52}$$

假设细管的全部流动空间等于床层的空隙体积，则：

$$流道容积 = l \times \varepsilon = \varepsilon(m^3) \tag{4-53}$$

若忽略床层中因颗粒相互接触而彼此覆盖的表面积，则：

$$流道表面积 = 颗粒体积 \times 颗粒比表面积 = 1(1 - \varepsilon)a(m^2) \tag{4-54}$$

所以床层流道的当量直径：

$$d_{eb} = \frac{4\varepsilon}{(1 - \varepsilon)a} \tag{4-55}$$

2. 床层压力损失

流体通过固定床的压力损失主要来自流体与颗粒表面间的摩擦作用产生的压力损失和流动过程孔道截面积突然扩大和突然缩小。采用计算床层当量直径时所用的简化模型，将流体通过床层的流动看成流体通过一组当量直径为d_e 的平行细管流动，其压力损失为：

$$\Delta p_f = \lambda \frac{L}{d_{eb}} \cdot \frac{\rho u_1^2}{2} \tag{4-56}$$

式中 L——床层高度，m；

d_{eb}——床层流道的当量直径，m；

u_1——流体在床层内的实际流速，m/s。

u_1 与按整个床层截面计算的空床流速 u 的关系为：

$$u_1 = \frac{u}{\varepsilon} \tag{4-57}$$

将式（4-55）、式（4-57）代入式（4-56）得：

$$\frac{\Delta p_f}{L} = \frac{\lambda}{8} \frac{(1 - \varepsilon)a}{\varepsilon^3}\rho u^2 = \lambda' \frac{(1 - \varepsilon)a}{\varepsilon^3}\rho u^2 \tag{4-58}$$

流体通过床层的摩擦因数 λ'是床层雷诺数的函数。床层雷诺数 Re_b 定义为：

$$Re_b = \frac{d_{eb} u_1}{4\mu}\rho = \frac{\rho u}{a(1 - \varepsilon)\mu} \tag{4-59}$$

康采尼（Kozeny）在层流（$Re_b<2$）情况下进行实验，得到：

$$\lambda' = \frac{K}{Re_b} \tag{4-60}$$

式中 K 称为康采尼常数，通常取 $K=5$。将式（4-59）、式（4-60）代入式（4-58）中得：

$$\frac{\Delta p_f}{L} = 5 \frac{(1 - \varepsilon)^2 a^2 u\mu}{\varepsilon^3} \tag{4-61}$$

式（4-61）称为康采尼方程。

欧根（Ergun）在较宽的范围内进行实验，得到如下关联式：

$$\lambda' = \frac{4.17}{Re_b} + 0.29 \tag{4-62}$$

将式（4-59）、式（4-62）代入式（4-58）中得：

$$\frac{\Delta p_f}{L}=4.17\frac{(1-\varepsilon)^2a^2u\mu}{\varepsilon^3}+0.29\frac{(1-\varepsilon)a\rho u^2}{\varepsilon^3} \tag{4-63}$$

将式（4-10）代入得：

$$\frac{\Delta p_f}{L}=150.12\frac{(1-\varepsilon)^2u\mu}{\varepsilon^3(\phi_s d_e)^2}+1.74\frac{(1-\varepsilon)\rho u^2}{\varepsilon^3(\phi_s d_e)} \tag{4-64}$$

式（4-64）称为欧根方程，适用于 $Re_b=0.17\sim330$。当 Re_b 较小时，流动基本为层流，式中右边第二项可忽略；当 Re_b 较大时，流动为湍流，式中右边第一项可忽略。

三、过滤原理

过滤是在外力作用下，使悬浮液中的固液两相分离，液体通过多孔介质的孔道，而固体颗粒被截留在介质上。其中多孔介质称为过滤介质，所处理的悬浮液称为滤浆或料浆，滤浆中被过滤介质截留的固体颗粒称为滤饼或滤渣，滤浆中通过滤饼及过滤介质的液体称为滤液。图 4-10 是过滤操作的示意图。

实现过滤操作的外力可以是重力、压力差或惯性离心力。在化工中应用最多的是以压力差为推动力的过滤。

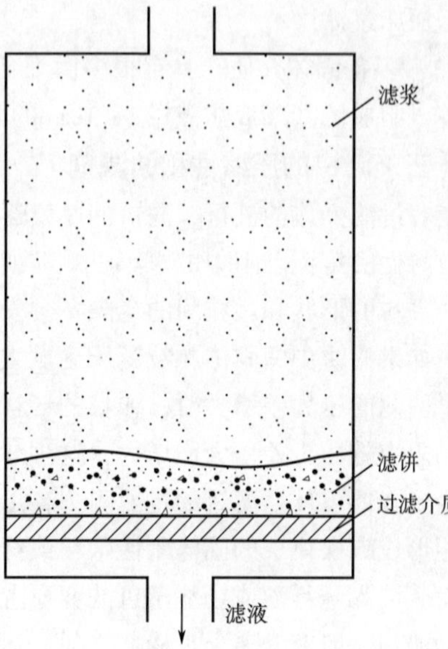

图 4-10　过滤操作

（一）过滤方式

目前工业应用的过滤操作方式主要有以下几类。

1. 饼层过滤

过滤时固体物质沉积于介质表面而形成滤饼层。由于滤浆中固体颗粒大小不一，过滤介质中微细孔道的尺寸可能大于悬浮液中部分小颗粒的尺寸，因而，过滤初期会有一些细小颗粒穿过介质而使滤液混浊，但是不久颗粒会在孔道中发生“架桥”现象（图 4-11），细小颗粒也被截留，开始形成滤饼，滤液开始变清。所以在饼层过滤中，真正发挥截留颗粒作用的主要是滤饼层而不是过滤介质。饼层过滤适用于处理固体含量较高（固相体积分数约在 1%以上）的悬浮液。在选用过滤介质时，仍应使 5%以上的颗粒大于过滤介质孔径，否则容易出现“穿滤现象”。

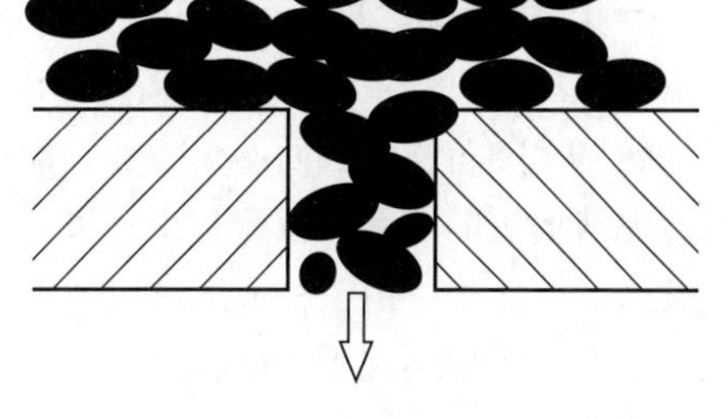

图 4-11　架桥现象

2. 深床过滤

过滤介质是很厚的颗粒床层，过滤时并不形成滤饼，而是由于表面力和静电的作用而附着在孔道壁，沉积于过滤介质内部，悬浮液中的颗粒尺寸小于床层孔道尺寸，这种过滤适用于处理固体颗粒含量极少（固相体积分数<0.1%）的悬浮液。如自来水厂饮用水的净化，

啤酒、果汁、色拉油等液体食品的过滤均采用这种过滤方法。

3. 膜过滤

膜过滤是一种精密分离技术，可以实现分子级过滤，它是利用膜孔隙的选择透过性进行两相分离的技术。以膜两侧的压力差为推动力，使溶剂、无机离子、小分子等透过膜，而截留微粒及大分子。根据压力差膜过滤可分为微滤、超滤、纳滤、反渗透。近年来，膜过滤技术广泛应用于食品饮料加工产业，发展迅速。详细介绍参考本书第十三章。

（二）过滤介质

过滤介质起着支撑滤饼的作用，对其基本要求是具有足够的机械强度和尽可能小的流动阻力，还应具有相应的化学稳定性、耐腐蚀性和耐热性。应用于食品生产的过滤介质还应考虑无毒、不易滋生微生物、易清洗消毒等因素。

常用的过滤介质主要有：

（1）织物介质（又称滤布） 指由棉、毛、丝、麻等天然纤维及合成纤维制成的织物，以及由玻璃丝、金属丝等织成的网。这类介质能截留颗粒的最小直径为 5~65μm。

（2）堆积介质 由各种固体颗粒（砂、木炭、石棉、硅藻土）或非编织纤维等堆积而成，多用于深床过滤中。

（3）多孔固体介质 具有很多微细孔道的固体材料，如多孔陶瓷、多孔塑料及多孔金属、玻璃等，制成的管或板能截拦 1~3μm 的微细颗粒。

（三）滤饼的压缩性和助滤剂

随着过滤操作的进行，滤饼的厚度逐渐增加，因此滤液的流动阻力也逐渐增加。构成滤饼的颗粒特性决定流动阻力的大小。颗粒如果是不易变形的坚硬固体，则当滤饼两侧的压力差增大时，颗粒的形状和颗粒间的空隙不会发生明显变化，单位厚度床层的流动阻力可视作恒定。相反，如果滤饼中的固体颗粒受压会发生变形，尤其是食品物料中的胶体、蛋白质和淀粉，则当滤饼两侧的压力差增大时，颗粒的形状会有明显的改变，颗粒间的空隙减小，单位厚度饼层的流动阻力随压力差增大而增大，这种滤饼称为可压缩滤饼。

为了降低可压缩滤饼的过滤阻力，可加入助滤剂以改变滤饼的结构。助滤剂是某种质地坚硬而能形成疏松饼层的固体刚性颗粒或纤维状物质，且具有惰性，不引起二次污染。在生产过程中将其混入悬浮液或预涂于过滤介质上，可以改善饼层的性能。

助滤剂一般有硅藻土、珍珠岩粉、活性炭和石棉粉等。近年来，国内外过滤分离技术的研究重点在于如何强化过滤过程，提高过滤速率，如研究新型、功能型滤布；近年来的物理加工技术包括电磁场、超声波、正负压脉动和其他力场协同也对强化过滤过程有积极作用。

四、过滤基本方程

（一）滤液通过饼层的流动

滤液通过滤饼和过滤介质的流动是流体流经固体床层的一种情况。所不同的是过滤操作时，滤饼厚度随过程进行而不断增加。操作中可维持操作压力不变，则随滤饼增厚，过滤阻力加大，滤液通过的速率将逐渐减小；也可以维持滤液通过速率不变，则需不断增大操作压力。

在过滤操作中，由于构成滤饼层的颗粒尺寸通常很小，形成的滤液通道不仅细小曲折，而且相互交联，形成不规则的网状结构，所以通常滤液流速很小，多属于层流流动的范围，可用康采尼方程描述，即

$$u = \frac{\varepsilon^3}{5a^2(1-\varepsilon)^2}\left[\frac{\Delta p_c}{\mu L}\right] \tag{4-65}$$

式中　Δp_c——滤液通过滤饼层的压力损失，Pa；

L——床层厚度，m；

μ——滤液黏度，Pa·s；

ε——床层空隙率，m^3/m^3；

a——颗粒比表面积，m^2/m^3；

u——床层截面的滤液流速，m/s。

（二）过滤速度与过滤速率

过滤速度是单位时间通过单位过滤面积的滤液体积，单位为 m/s，依式（4-65）得：

$$\frac{dV}{Adt} = \frac{\varepsilon^3}{5a^2(1-\varepsilon)^2}\left[\frac{\Delta p_c}{\mu L}\right] \tag{4-65a}$$

过滤速率定义为单位时间获得的滤液体积，单位为 m^3/s 可写成：

$$\frac{dV}{dt} = \frac{\varepsilon^3}{5a^2(1-\varepsilon)^2}\left[\frac{A\Delta p_c}{\mu L}\right] \tag{4-65b}$$

式中　V——滤液量，m^3；

t——过滤时间，s；

A——过滤面积，m^2。

（三）滤饼的阻力

式（4-65a）和式（4-65b）中的$\frac{\varepsilon^3}{5a^2(1-\varepsilon)^2}$反映了颗粒及颗粒床层的物料特性。令其为 $1/r$，则：

$$r = \frac{5a^2(1-\varepsilon)^2}{\varepsilon^2} \tag{4-66}$$

式（4-65a）可写成：

$$\frac{dV}{Adt} = \frac{\Delta p_c}{\mu rL} = \frac{\Delta p_c}{\mu R} \tag{4-65c}$$

$$R = rL \tag{4-67}$$

式中　R——滤饼阻力，1/m；

r——滤饼的比阻（Specific Cake Resistance），即单位厚度床层的阻力，$1/m^2$。

比阻反映了颗粒形状、尺寸及床层的空隙率对滤液流动的影响，其物理意义为黏度为 1Pa·s 的滤液以 1m/s 的平均流速通过厚度为 1m 的滤饼层时所产生的压力损失。对于不可压缩滤饼，比阻为常数。

（四）过滤介质的阻力

仿照式（4-65c）可以写出滤液穿过过滤介质层的速度关系式：

$$\frac{dV}{Adt} = \frac{\Delta p_m}{\mu R_m} \tag{4-68}$$

式中　Δp_m——过滤介质的压差，Pa；

R_m——过滤介质阻力，1/m。

饼层过滤中，过滤介质的阻力一般都比较小，但在过滤初期，滤饼还较薄时，介质阻力占总阻力的比例较大，此时介质阻力不能忽略。过滤介质的阻力与其材质、厚度等因素有关，因此在过滤过程中将过滤介质的阻力视为常数。

（五）过滤基本方程

一般的，过滤介质阻力和滤饼阻力难以区分，因此计算时需同时考虑介质和滤饼阻力，滤饼与过滤介质的面积相同，其过滤速度应相等，则有：

$$\frac{dV}{Adt}=\frac{\Delta p_c+\Delta p_m}{\mu(R+R_m)}=\frac{\Delta p}{\mu(R+R_m)} \tag{4-69}$$

式中 $\Delta p=\Delta p_c+\Delta p_m$ 代表滤饼与过滤介质两侧的总压力损失。在实际过滤加工过程中，常有一侧处于大气压力下，此时 ΔP 就是另一侧的表压，所以 ΔP 也称为过滤的表压。

假设过滤介质对滤液流动的阻力相当于厚度为L_e 的滤饼层的阻力，即：

$$rL_e=R_m \tag{4-70}$$

于是，式（4-69）可写为：

$$\frac{dV}{Adt}=\frac{\Delta p}{\mu(rL+rL_e)}=\frac{\Delta p}{\mu r(L+L_e)} \tag{4-71}$$

式中　L_e——过滤介质的当量滤饼厚度，m。

在一定操作条件下，以一定过滤介质过滤一定悬浮液时，L 为定值；但同一过滤介质在过滤不同悬浮液的操作中，L_e 值不同。

若每获得 1m^3 滤液所形成的滤饼体积为 νm^3，则任一瞬间的滤饼厚度与当时已经获得的滤液体积之间的关系为：

$$LA=\nu V$$

则

$$L=\frac{\nu V}{A} \tag{4-72}$$

式中　ν——滤饼体积与相应的滤液体积之比，m^3/m^3。

如生成厚度为L_e 的滤饼所应获得的滤液体积以V_e 表示，则：

$$L_e=\frac{\nu V_e}{A} \tag{4-73}$$

式中　V_e——过滤介质的当量滤液体积，或称虚拟滤液体积，m^3。

将式（4-72）、式（4-73）代入式（4-71）中，得：

$$\frac{dV}{dt}=\frac{A^2\Delta p}{\mu r\nu(V+V_e)} \tag{4-74}$$

若令 $q=\frac{V}{A}$，$q_e=\frac{V_e}{A}$，则：

$$\frac{dq}{dt}=\frac{\Delta p}{\mu\gamma\nu(q+q_e)} \tag{4-74a}$$

式中　q——单位过滤面积所得滤液体积，m^3/m^2；

q_e——单位过滤面积所得当量滤液体积，m^3/m^2。

对可压缩滤饼，比阻在过滤过程中不再是常数，它是两侧压力差的函数。通常用下面的经验公式来估算压力差增大时比阻的变化，即：

$$r=r'(\Delta p)^S \tag{4-75}$$

式中　r'——单位压力差下滤饼的比阻，1/m；

Δp——过滤压力差，Pa；

S——滤饼的压缩性指数，量纲为1。

一般情况下，$S=0\sim1$；对于不可压缩滤饼，$S=0$。

几种典型物料的压缩性指数列于表4-1中。

表4-1　典型物料的压缩性指数

项目	物料				
	硅藻土	碳酸钙	高岭土	滑石	黏土
S	0.01	0.19	0.33	0.51	0.56~0.6

在一定压力差范围内，式（4-75）对大多数可压缩滤饼都适用。

将式（4-75）代入式（4-74），得：

$$\frac{dV}{dt}=\frac{A^2\Delta p^{1-s}}{\mu r'\nu(V+V_e)} \tag{4-76}$$

或

$$\frac{dq}{dt}=\frac{\Delta p^{1-s}}{\mu r'\nu(q+q_e)} \tag{4-76a}$$

对于一定的悬浮液，μ、r'及ν皆可视为常数，令：

$$k=\frac{1}{\mu r'\nu} \tag{4-77}$$

式中　k——表征过滤物料特性的常数，m^3/（N·S）。

将式（4-77）代入式（4-76），得：

$$\frac{dV}{dt}=\frac{kA^2\Delta p^{1-s}}{V+V_e} \tag{4-78}$$

或

$$\frac{dq}{dt}=\frac{k\Delta p^{1-s}}{q+q_e} \tag{4-78a}$$

式（4-76）和式（4-78）均称为过滤基本方程式。

五、恒压过滤

在恒定压力差下进行的过滤操作称为恒压过滤，是最常见的过滤方式。连续过滤机内进行的过滤都是恒压过滤。恒压过滤时，滤饼不断变厚使得阻力逐渐增加，但推动力恒定，因而过滤速率逐渐变小。

恒压过滤时，压力差Δp不变，k、A、s、V_e也都是常数。因此，令：

$$K=2k\Delta p^{1-s} \tag{4-79}$$

K是由物料特性及过滤压力差所决定的常数，称为过滤常数，单位为m^2/s。所以恒压过滤时过滤的基本方程式变为：

$$\frac{dV}{dt}=\frac{KA^2}{2(V+V_e)} \tag{4-80}$$

或

$$\frac{dq}{dt}=\frac{K}{2(q+q_e)} \tag{4-80a}$$

积分得到：

$$V^2+2V_eV=KA^2t \tag{4-81}$$

同理，对式（4-80a）积分，由 $t=0$，$q=0$ 积分至 $t=t$，$q=q$，得到：

$$q^2+2q_eq=Kt \tag{4-81a}$$

式（4-81）称为恒压过滤方程式，它表明恒压过滤时滤液体积与过滤时间的关系为抛物线方程。

当过滤介质阻力可以忽略时，$V_e=0$，$q_e=0$，则式（4-81）和式（4-81a）简化为：

$$V^2=KA^2t \tag{4-82}$$

$$q^2=Kt \tag{4-82a}$$

恒压过滤方程式中的 V_e 与 q_e 是反映过滤介质阻力大小的常数，称为介质常数，单位分别为 m^3 及 m^3/m^2，V_e、q_e 与 K 总称为过滤常数，其数值由实验测定。

【例 4-3】 过滤质量分数为 0.09 的淀粉悬浮液，取湿滤饼 100g 经烘干后称重得到干淀粉饼质量为 53g。淀粉密度为 2730kg/m³。过滤在 20℃，压差 0.05MPa 下进行。求：①悬浮液中淀粉的体积分数；②滤饼的空隙率。

解： ①设 20℃水的密度为 $\rho=1000kg/m^3$，淀粉在整个过程没有体积变化，则悬浮液中淀粉体积分数为：

$$\phi=\frac{0.09/2730}{0.09/2730+(1-0.09)/1000}=0.035$$

②湿滤饼试样中的固体体积

$$V_{固}=\frac{0.053}{2730}=1.94\times10^{-5}(m^3)$$

滤饼中水的体积：

$$V_{水}=\frac{0.1-0.053}{1000}=4.7\times10^{-5}\ (m^3)$$

滤饼空隙率为：

$$\varepsilon=\frac{V_{水}}{V_{水}+V_{固}}=0.708$$

【例 4-4】 用板框过滤机在恒压条件下过滤含硅藻土的悬浮液，过滤机的滤框尺寸为 810mm × 810mm × 25mm，共有 33 框，已测得过滤常数 $K=10^{-4}m^2/s$，$q_e=0.01m^3$ 滤液/m²，若已知得到的滤液体积 $V=8.66m^3$。求：①过滤面积和滤框内的总容积；②过滤所需时间。

解： ①过滤面积和容积

$$A=2\times0.81\times0.81\times33=43.30(m^2)$$

$$V_z=0.81\times0.81\times33\times0.025=0.541(m^3)$$

②过滤时间

$$V_e=q_eA=0.01\times43.30=0.433(m^3)$$

则根据公式：

$$V^2+2V_eV=KA^2t$$

得：

$$t=\frac{V^2+2V_eV}{KA^2}=\frac{8.66^2+2\times0.433\times8.66}{10^{-4}\times43.30^2}=440\text{s}$$

六、恒速过滤与先恒速后恒压过滤

恒速过滤是维持过滤速率恒定的过滤方式。在过滤过程中滤饼不断增厚，过滤阻力不断增大，要维持过滤速率不变，则必须增大过滤压差。

恒速过滤时的过滤速度为常数u_R，即：

$$\frac{dV}{Adt}=\frac{v}{At}=\frac{q}{t}=u_R=常数 \tag{4-83}$$

所以，

$$V=Au_Rt \tag{4-84}$$

或

$$q=u_Rt \tag{4-84a}$$

式（4-84）和式（4-84a）表明，恒速过滤时，V（或q）与t的关系是通过原点的直线。对于不可压缩滤饼，根据式（4-74a）可写出：

$$\frac{dq}{dt}=\frac{\Delta p}{\mu rv(q+q_e)}=u_R=常数$$

对一定的悬浮液，一定的过滤介质，式中μ、r、u_R及q_e均为常数，仅Δp及q随t而变化，则：

$$\Delta p=urvu_R^2t+\mu rvu_Rq_e \tag{4-85}$$

上式表明，对不可压缩滤饼进行恒速过滤时，其操作压力差与时间呈线性相关。

在实际加工过程中，多采用先恒速后恒压的复合操作方式。

对于恒压阶段的V-t关系，仍可用过滤基本方程式求得，即：

$$(V+V_e)dV=kA^2\Delta p^{1-s}dt$$

若令t_R、V_R分别代表恒速阶段的过滤时间及所得滤液体积，对恒压阶段积分上式得：

$$\int_{V_R}^{v}(V+V_e)dV=kA^2\Delta p^{1-s}\int_{t_R}^{t}dt$$

将式（4-79）代入，得：

$$(V^2-V_R^2)+2V_e(V-V_R)=KA^2(t-t_R) \tag{4-86}$$

此式即为先恒速后恒压过滤中恒压阶段的过滤方程，式中（$V-V_R$）、（$t-t_R$）分别代表转入恒压操作后所得的滤液体积和所经历的过滤时间。

七、过滤常数的测定

对于工业生产设计，须知道过滤常数K和V_e（q_e），但目前还无法从理论上准确描述过滤过程。因此，过滤常数通常是在相同条件下，用相同物料，在小型实验设备上进行恒压过滤实验而获得。

（一）恒压下K、V_e（q_e）的测定

将恒压过滤方程式（4-81a）变换为：

$$\frac{t}{q}=\frac{1}{K}q+\frac{2}{K}q_e \tag{4-81b}$$

上式表明 t/q 与 q 呈线性关系，直线的斜率为 $1/K$，截距为 $2q_e/K$。

恒压下在过滤面积为 A 的过滤设备上对待测的悬浮料浆进行恒压过滤实验，每隔一定时间测定所得滤液体积，并由此算出相应的 q 值。在直角坐标系中标绘 t/q 与 q 间的函数关系，求得 K、q_e 和 V_e。

（二）压缩性指数 s 的测定

将式（4-79）两端取对数，得：

$$\lg K = (1-s)\lg(\Delta p) + \lg(2k) \tag{4-79a}$$

因 $k=\dfrac{1}{\mu r'\nu}$ 为常数，故 K 与 Δp 的关系在双对数坐标上是直线，斜率为（$1-s$），截距为 lg（$2k$）。

八、过滤设备

过滤设备按过滤推动力分为：重力（常压）过滤机、加压过滤机、真空过滤机；按过滤介质的性质：粒状介质过滤机、滤布介质过滤机、多孔陶瓷介质过滤机、透膜介质过滤机。按操作方法：间歇式过滤机（重力过滤机、板框过滤机、厢式压滤机、叶滤机）与连续式过滤机（转筒真空过滤机、圆盘真空过滤机）。

（一）板框过滤机

板框过滤机（又称板框压滤机）是应用最广泛的一种间歇式过滤机，由滤板（带凸凹纹路）和滤框交替排列于机架而构成，如图 4-12（1）所示。板和框的构造如图 4-12（2）所示。

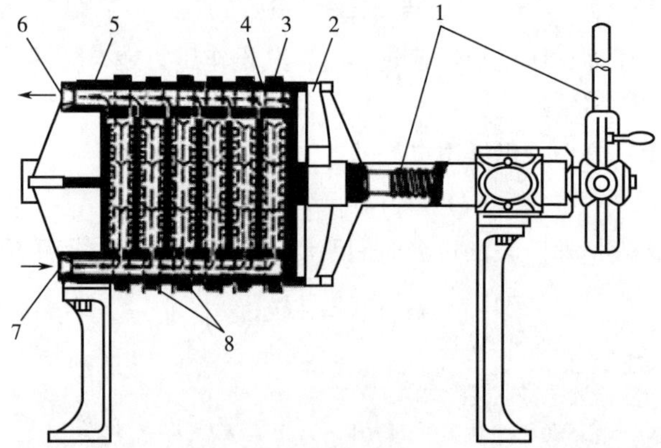

（1）板框过滤机总装示意图

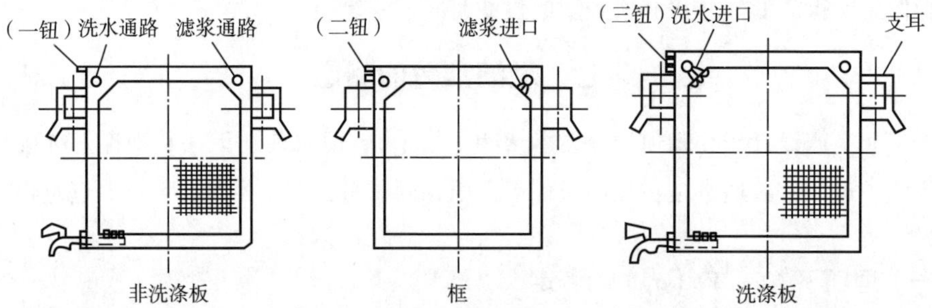

（2）滤板与滤框

1—压紧装置；2—可动头；3—滤框；4—滤板；5—固定头；6—滤液出口；7—滤浆进口；8—滤布。

图 4-12　板框过滤机

板与框的上角均开有圆孔，板与框按照一定顺序装合、压紧后即构成板框过滤机。框的两侧覆以滤布，围成容纳滤浆及滤饼的腔体。板又分为洗涤板和过滤板两种。为了便于区别，常在板、框外侧铸有小钮，通常，过滤板为一钮，框为二钮，洗涤板为三钮，如图 4-12 所示。组合时即按钮数 1—2—3—2—1—2……的顺序排列板与框。

过滤操作时，悬浮液在压力差推动下经滤浆通道由滤框角端的暗孔流入框内，滤液穿过框内两侧滤布，滤液经邻板流到出口，滤饼则截留于框内（图 4-13）。待滤饼充盈框内则过滤停止。打开滤板对应滤液阀，关闭洗地板对应滤液阀，压入洗水洗涤滤饼，洗水经洗涤板角端的暗孔进入板面与滤布之间。洗水穿过整个滤饼及滤框两侧的两层滤布，最后由过滤板下部的滤液出口排出，如图 4-13 所示。洗涤结束后，旋开压紧装置并将板框拉开，卸出滤饼，清洗滤布，重新装机，进入下一个操作循环。

板框过滤机结构简单，造价低，过滤面积大，过滤推动力大，管理方便，使用可靠，便于操作检查。但其劳动强度大，生产效率低，滤饼洗涤慢，不均匀，滤布磨损严重。板框过滤适用于低浓度悬浮液，胶体悬浮液，分离液相黏度大或接近饱和状态的悬浮液的过滤。

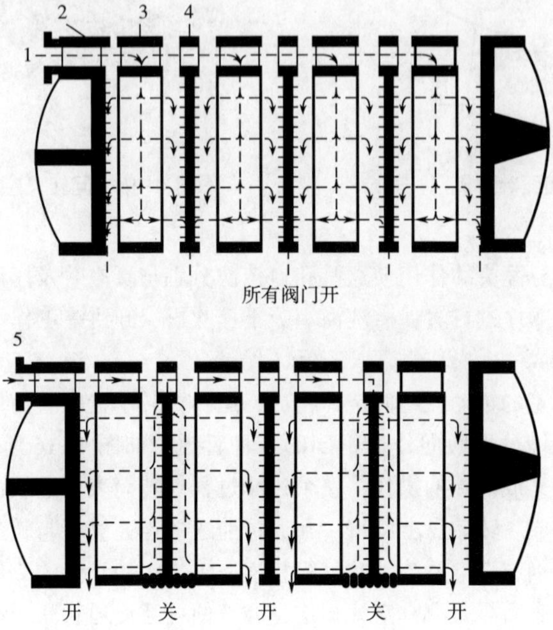

1—滤浆进口；2—过滤板；3—滤框；4—洗涤板；5—洗水进口。

图 4-13　板框过滤机过滤过程

（二）加压叶滤机

加压叶滤机的核心工作部件为滤叶，一般为长方形或圆形，如图 4-14 所示，滤叶由金属多孔板或金属网制造，内部具有空间，外罩滤布。过滤时将滤叶安装在压力容器机壳内。工作时用泵将滤浆送到机壳内，滤液穿过滤布进入滤叶内，汇集至总管后排出机外，颗粒积于滤布外侧形成滤饼。若滤饼需要洗涤，则于过滤完毕后通入洗涤水，洗涤水的路径与滤液相同。

加压叶滤机也是间歇操作设备，其优点是过滤速度快，洗涤效果好，占地面积小，密闭操作，改善了操作条件；缺点是造价较高，更换滤叶比较麻烦。

（三）回转真空过滤机

回转真空过滤机是一种连续操作过滤机设备，其主体是一转动水平圆筒，表面有一层金属网，网上覆盖滤布，筒的下部浸入滤浆中。圆筒沿径向分隔成若干扇形格，每格都有单独的孔道通至分配头上，如图 4-15 所示。

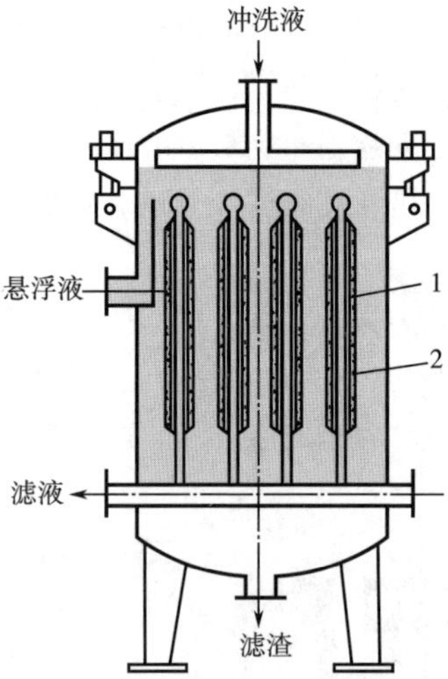

1—滤叶；2—滤渣。

图 4-14　加压叶滤机

图 4-15　回转真空过滤机

圆筒转动时，凭借分配头的作用使这些孔道依次分别与真空管及压缩空气管相通，因此回转一周每个扇格表面可顺序进行过滤、洗涤、吸干、吹松、卸饼等工作。对圆筒的每一块过滤面，转筒转动一周即完成一个操作循环。

分配头由紧密贴合着的转动盘与固定盘构成，运行时转动盘随着筒体一起旋转，固定盘保持不动，其内侧面各凹槽分别通向作用不同的各种管道。如图 4-16 所示，转筒连续运转时，转筒表面上各区域分别完成不同的操作，整个过滤过程在转筒表面连续进行。分配头由紧密贴合的转动盘与固定盘构成，转动盘上的每一孔通过前述的连通管各与转筒表面的一段相通。固定盘上有三个凹槽，分别与真空系统和吹气管相连。①当转动盘上的 2 位时，这几个小孔对应的连通管及相应的转筒表面与滤液真空管相连，滤液便可经连通管和转动盘上的小孔被吸入真空系统；同时滤饼沉积于滤布的外表面上。此为过滤。②转动盘转到 3 位时，这几个小孔对应的连通管及相应的转筒表面与洗水真空管相连，转筒上方喷洒的洗水被从外表面吸入连通管中，经转动盘上的小孔被送入真空系统。此为洗涤、吸干。③当到达 4 位时，这几个小孔对应的连通管及相应的转筒表面与压缩空气吹气相连，压缩空气经连通管从内向外吹向滤饼，此为吹松，直至对应表面上的滤饼又与刮刀相遇，被刮下。此为卸渣。继续旋转，这些小孔对应的又重新浸入滤浆中，重新开始一个操作循环。回转真空过滤机所得滤饼中的液体含量多在 10% 以上，通常在 30%左右。

转筒过滤机的突出优点是操作自动，对处理量大而容易过滤的料浆特别适宜。其缺点是转筒体积过大而过滤面积相对较小；用真空吸液，过滤推动力不大，管路阻力损失，推动力小，悬浮液中温度不能高；设备加工制造复杂。

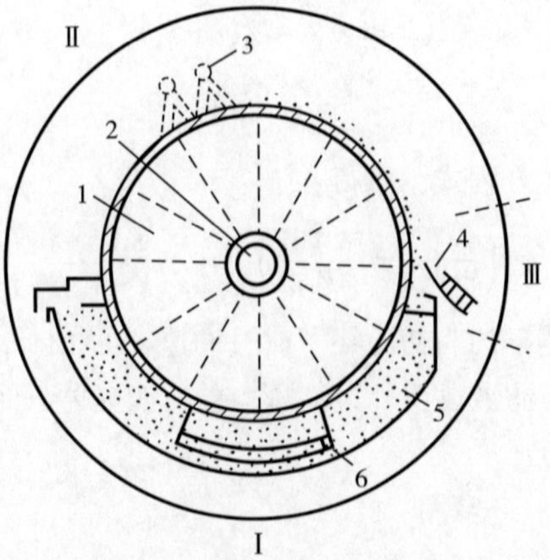

1—转鼓；2—分配头；3—洗涤水喷嘴；4—刮刀；5—悬浮液槽；6—搅拌器；Ⅰ—过滤区；Ⅱ—洗涤脱水区；Ⅲ—卸渣区。

图 4-16　回转真空过滤机工作示意图

九、滤饼洗涤计算

洗涤滤饼的目的是回收滞留在颗粒缝隙间的滤液，或净化滤饼。

将洗涤速率定义为单位时间内消耗的洗水容积，以 $(\mathrm{d}V/\mathrm{d}t)_W$ 表示。由于洗涤过程中滤饼不再增厚，故而阻力不变，在恒定的压力差推动力下洗涤速率基本为常数。若每次过滤后以体积为V_W 的洗水洗涤滤饼，则所需洗涤时间为：

$$t_W = \frac{V_W}{(\mathrm{d}V/\mathrm{d}t)_W} \tag{4-87}$$

式中　V_W——洗水用量，m^3；

t_W——洗涤时间，s。

根据过滤基本方程式来分析影响洗涤速率的因素，即：

$$\frac{\mathrm{d}V}{\mathrm{d}t} = \frac{A\Delta P^{1-s}}{ur'(L+L_e)} \tag{4-76b}$$

洗涤时滤饼的状态与过滤终了时滤饼的状态基本相同，若洗涤时采用与过滤终了时相同的压力差，并假定洗水黏度与滤液黏度相近，则洗涤速率 $(\mathrm{d}V/\mathrm{d}t)_W$ 可以通过过滤终了时的速率 $(\mathrm{d}V/\mathrm{d}t)_E$ 来确定，二者的关系取决于特定过滤设备上采用的洗涤方式。

洗水与过滤终了时的滤液流径基本相同，故：

$$(L+L_e)_W = (L+L_e)_E$$

而且洗涤与过滤面积也相同，故洗涤速率大致等于过滤终了时的过滤速率，即：

$$\left(\frac{\mathrm{d}V}{\mathrm{d}t}\right)_W = \left(\frac{\mathrm{d}V}{\mathrm{d}t}\right)_E = \frac{KA^2}{2(V+V_e)} \tag{4-88}$$

式中　V——过滤终了时所得的滤液体积，m^3。

板框片滤机采用的是横穿洗添法，洗水穿过整个厚度的滤饼，流径长度约为过滤终了时滤液流动路径的两倍；洗水横穿两层滤布而滤液只需穿过一层滤布，洗水流通面积为过滤面积的一半，因此：

$$(L+L_e)_W = 2(L+L_e)_E$$

$$A_W = \frac{1}{2}A$$

将以上关系代入过滤基本方程式，可得：

$$\left(\frac{dV}{dt}\right)_W = \frac{1}{4}\left(\frac{dV}{dt}\right)_E = \frac{KA^2}{8(V+V_e)} \tag{4-89}$$

即板框过滤机上的洗涤速率约为初滤终了时过滤速率的 1/4。

若洗水黏度、洗水表压与滤液黏度、过滤压力差有明显差异时，应当按黏度和压力比进行修正。

第四节　离心设备

一、概述

离心机是利用惯性离心力分离非均相混合物的机械。它既可用于沉降操作，也可用于过滤操作。与前面介绍的旋液分离器不同的是，离心机是由设备（转鼓）本身旋转而产生离心力的。在离心机内，离心力远远大于重力，重力的作用可忽略不计。由于离心机可产生很大的离心力，故可用来分离用一般方法难以分离的悬浮液或乳状液。

按照分离方式，离心机可分为过滤式、沉降式和分离式三种基本类型。过滤式离心机于转鼓壁上开孔，在鼓内壁上覆以滤布，悬浮液加入鼓内并与转鼓一起旋转，液体受离心力作用被甩出而颗粒被截留在鼓内形成滤饼。沉降式或分离式离心机的鼓壁上没有开孔，在离心力的作用下，若被处理物料为悬浮液，其中密度较大的颗粒沉积于转鼓内壁而液体集于中央并不断引出，此种操作即为离心沉降；若被处理物料为乳状液，则两种液体按轻重分层，重者在外，轻者在内，各自从适当的径向位置引出，此种操作即为离心分离。

根据分离因数又可将离心机分为：

常速离心机［$K_c<3\times10^3$（一般为 600~1200）］、

高速离心机（$K_c=3\times10^3\sim5\times10^4$）和

超速离心机（$K_c>5\times10^4$）。

最新式的离心机，其分离因数可高达 5×10^4 以上，常用来分离胶体颗粒及破坏乳状液等。分离因数的极限值取决于转动部件的材料强度。

根据操作方式，离心机可分为间歇操作式离心机与连续操作式离心机。此外，还可根据转鼓轴线的方向将离心机分为立式与卧式。

二、三足式离心机结构

图 4-17 所示的三足式离心机是间歇操作，且属于目前国内应用最广、制造数目最多的一种离心机。

三足式离心机分过滤式和沉降式两种，其卸料方式又有上部卸料与下部卸料之分。离心机的转鼓借助三根拉杆弹簧悬挂于三足支柱上，以减轻由于加料或其他原因造成的冲击。国内生产的三足式离心机基本技术参数如下：

转鼓直径/m 0.45～1.5

有效容积/m^3 0.02～0.4

转速/（r/min）730～1950

分离因数K_c 450～1170

三足式离心机结构简单，制造方便，运转平稳，适应性强，滤饼中固体颗粒不易受损伤，适用于间歇生产中的小批量物料，适合于处理固体为颗粒晶体或纤维状的物料。缺点是轴承和传动装置在转鼓下面，检修、清洗不方便；卸料时劳动强度大，生产能力低。近年来已出现了可自动卸料、连续生产的三足式离心机。

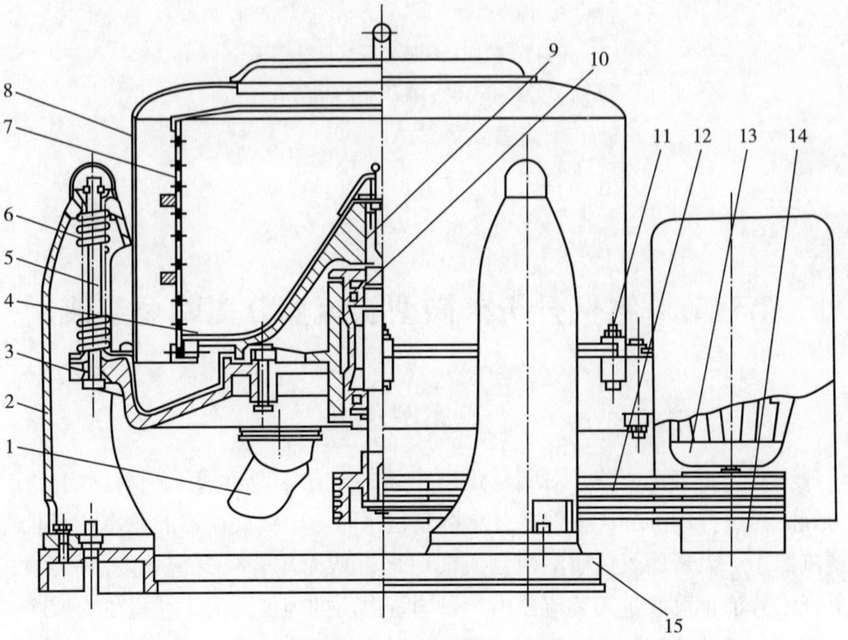

1—出液管；2—支柱；3—底盘；4—轴承座；5—摆杆；6—弹簧；7—转鼓；8—外壳；9—主轴；10—轴承；11—压紧螺栓；12—三角带；13—电机；14—离心离合器；15—机座。

图 4-17　三足式离心机

三、碟式离心机

碟式离心机（图 4-18）是以叠加在一起的锥形碟片在高速旋转过程中对物料进行分离的设备，主要用于液-液乳浊液分离和固-液悬浮液的分离，应用于乳品加工、淀粉提取等生产领域。

离心机高速旋转形成一个强大的离心力。料液在强大的离心力场的作用下，由于物料的密度差的存在，重组分受到了较大的离心力沿着锥形碟片下表面滑移出沉降区，进入混流过渡区并汇聚喷嘴排出机外；而轻组分因受到的离心力较小，汇聚向心泵室后排出机外，完成整个过程。

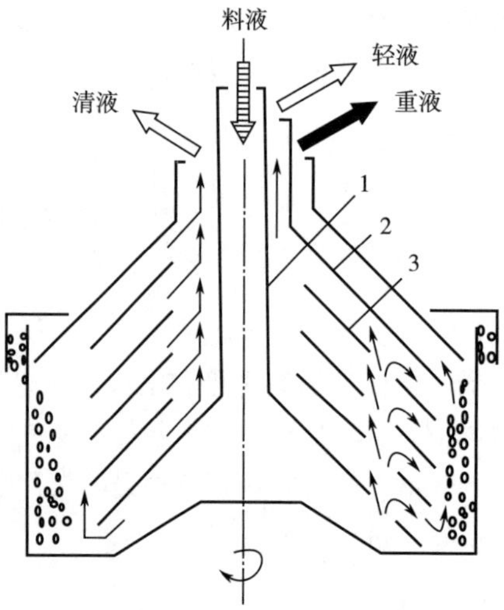

左侧：液-固分离　　右侧：液-液分离

1—进料管；2—重轻液分隔板；3—碟片。

图 4-18　碟式离心机

第五节　案例分析：微型旋流器分离豌豆浆液

一、案例介绍

豌豆浆液中富含不溶性成分，对豌豆蛋白产品的工业生产造成了严重影响。在此情况下，可利用水力旋流器进行固液分离，但在分离豌豆蛋白时，单级旋流器的效率相对较低。这是因为在单级旋流器中，大量的蛋白质溶液会流向底部，从而显著减少豌豆蛋白的回收率。此外，大量的豌豆纤维残渣也可能进入旋流器内，影响蛋白质的纯度。为了获得更为纯净的豌豆蛋白浆液，本案例通过设计最佳结构的水力旋流器，研究了结构参数以外对分离效果影响较大的操作参数和物性参数。这为制造风味清淡的豌豆蛋白而采用的无氧磨浆工艺提供了实际指导，并为多级旋流器分离工艺的研究提供了基础依据。

二、案例分析

为了提高分离效率，在已有微型旋流器结构的基础上进行设备参数和工艺参数改良。设计装置如图 4-19 所示。控制球阀 3 可改变旋流器的进料压力，控制卡箍式卫生球阀 9 和调整耐震压力表 8 可改变豌豆浆在底流出口的流量［即改变底溢流分股比，式（4-90）］，将溢流、底流的出料混合，可获得旋流器处理量并取样测定可溶性成分、不溶性成分含量，即可评估分离效率［式（4-91）、式（4-92）］。

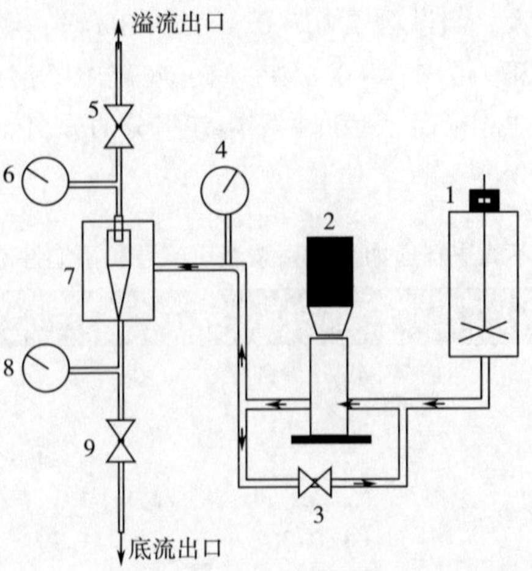

1—搅拌罐；2—轻型立式多级离心泵（扬程 117m，转速 2900r/min）；3—卡箍式卫生球阀（1″）；
4—耐震压力表（量程 0.0~1.0MPa）；5—卡箍式卫生球阀（3/4″）；6—耐震压力表（量程 0.0~0.6MPa）；
7—旋流箱（内有 1 根旋流管）；8—耐震压力表（量程 0.0~0.6MPa）；9—卡箍式卫生球阀（3/4″）。

图 4-19 单级旋流器装置

$$底溢流分股比：S = \frac{底流体积流量}{溢流体积流量} \tag{4-90}$$

$$可溶性成分分离效率：E_s = \frac{底流可溶性成分质量}{豌豆浆液可溶性成分质量} \tag{4-91}$$

$$不溶性成分分离效率：E_i = \frac{底流不溶性成分质量}{豌豆浆液不溶性成分质量} \tag{4-92}$$

（一）进料压力对旋流器处理量和分离效率的影响

随着进料压力的增加，旋风分离器的处理能力也会增加（图 4-20）。在旋风分离器管内，不溶性成分的颗粒受到更强的离心力，使它们更容易黏附在旋风分离器壁上并随底流排出。含有部分小颗粒不溶成分的浆料主要通过溢流口向上流动。表 4-2 列出了使用单级旋风分离器在不同进料压力下豌豆浆中可溶和不溶组分的分离效率。随着豌豆浆液进料压力的不断增加，进

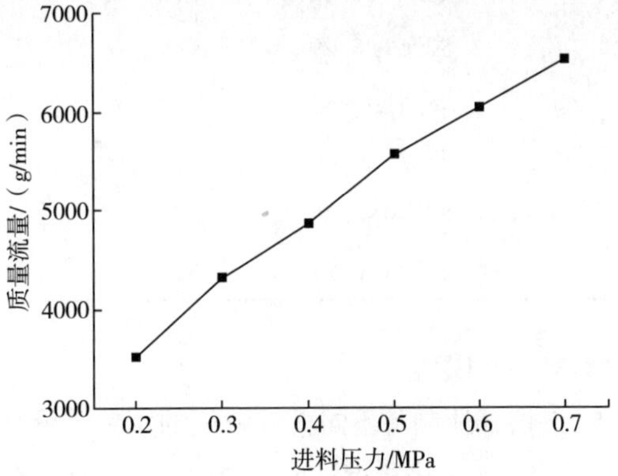

图 4-20 进料压力对处理流量的影响

料和溢流之间的压差逐渐增大。当进料压力为0.1~0.3MPa时，底流中不溶组分的分离效率呈现下降趋势。然而，当进料压力为0.4~0.6MPa时，底流中不溶组分的分离效率呈现上升趋势。当进料压力达到0.6~0.7MPa时，底流中不溶性组分的分离效率基本保持稳定。最终选定进料压力为0.6MPa。

表4-2 单级旋流器在不同进料压力下豌豆浆液可溶性和不溶性成分的分离效率

进料压力/MPa	可溶性成分/%	不溶成分/%
0.1	78.47±1.91[a]	70.53±0.69[d]
0.2	74.56±1.14[b]	67.73±1.06[e]
0.3	75.20±1.31[b]	66.55±0.87[e]
0.4	71.08±0.76[c]	77.04±0.80[c]
0.5	69.67±0.57[e]	81.01±0.48[b]
0.6	70.66±0.93[c]	84.45±1.28[a]
0.7	70.42±1.15[c]	83.86±0.91[a]

注：同列字母不同表示差异显著（$P \leqslant 0.05$）。

（二）底溢流分股比对分离效率的影响

如表4-3所示，随着分股比的增加，底流中不溶性成分的分离效率持续提高，而溢流中可溶性成分的分离效率不断降低。在不同的分股比条件下，可溶性成分的分离效率和不溶性成分的分离效率呈相反的趋势。过多的豌豆浆液进入底流，导致其中的蛋白质溶解进入底流，这对淀粉和蛋白质的分离不利。相反，如果分股比太小，底流的流速会太低，不利于不溶性成分从底流排出，使其从溢流旋流器中逆流排出。这会导致溢流阶段中不溶性成分过多，从而无法获得理想的分离效果。因此，工艺采用介于0.24~0.32的分股比，以获得最佳效果。

表4-3 不同分股比下豌豆浆液可溶性和不溶性成分的分离效率

分股比	可溶性成分/%	不溶成分/%
0.05	90.30±1.18	32.72±0.77
0.10	85.46±1.02	44.50±1.17
0.16	82.69±0.29	51.41±0.45
0.24	78.41±0.45	58.73±0.75
0.32	73.74±0.49	78.64±0.98
0.69	57.49±0.36	88.11±0.80
1.01	48.08±0.27	91.07±1.01

（三）磨浆工艺对分离效率的影响

通过控制加水量（3、5、7倍）所制备不同料液浓度的豌豆浆液（浆液A、B、C）。随着磨浆时水量（3~7倍）的增加，豌豆浆液中可溶性成分浓度逐渐降低。在不同的分股比下，豌豆浆液C的不溶性成分分离效率始终高于豌豆浆液A和豌豆浆液B（表4-4），从而确定了制备豌豆浆液C（加入7倍水，可溶性成分2.86%，不溶性成分8.61%）的磨浆工艺为最优方案。

表 4-4　　不同豌豆浆液在不同分股比下的不溶性成分的分离效率

分股比	豌豆浆液 A/%	豌豆浆液 B/%	豌豆浆液 C/%
0.05	47.27±0.34[b]	59.52±0.51[a]	59.20±0.40[a]
0.10	62.17±0.20[a]	67.25±0.63[b]	71.90±0.57[c]
0.16	67.25±0.22[a]	74.30±0.27[b]	73.59±0.48[c]
0.24	74.26±0.41[a]	77.13±0.78[b]	81.70±0.67[c]
0.32	74.51±0.12[a]	79.50±0.49[b]	84.59±0.42[c]
0.69	84.47±0.39[a]	86.67±0.28[b]	89.33±0.46[c]
1.01	85.44±0.67[a]	88.90±0.40[b]	92.18±0.88[c]

注：同列字母不同表示差异显著（$P \leqslant 0.05$）。

三、案例总结

本案例通过对已有微型旋流器的操作和物料参数的设计，确定了提高豌豆浆液分离效率的最佳方案。豌豆浆的预处理、旋流器的进料压力以及分股比都会对分离效率产生影响。在进料压力 0.6MPa，底溢流分股比 0.32，料液可溶性成分 2.86%、不溶性成分 8.61%时，分离效率最优，淀粉等不溶性成分进入底流的分离效率达到 84.50%，蛋白质等可溶性成分物质进入溢流的分离效率达到 73.74%。微型旋流器占地面积较小，有助于提高整个工艺的空间利用率；同时，可通过有效调节物料的物性参数和设备参数，提高整个工艺的效率，从而实现高品质豌豆蛋白的制备。

思考题

1. 请分析过滤压力差对过滤常数的影响。
2. 评价旋风分离器性能的指标有哪些？如何提高旋风分离器的分离效率？
3. 过滤速率和哪些因素有关？
4. 重力降尘室生产能力为何与其高度无关？
5. 过滤速率和过滤速度的关系与区别。
6. 重力降尘室的气体处理量与哪些因素相关？降尘室高度是否影响处理量？
7. 强化过滤速率的措施有哪些？

习题

1. 液体在 200kPa 的压力下通过 0.2m^2 过滤器过滤。初步结果表明，过滤 0.3m^3 液体需要 5min。确定过滤速率降至 $5\times10^{-5}m^3/s$ 所需要的时间。

2. 食品加工厂的废水可用沉淀池去除较大颗粒的固体。入口到池中悬浊液的液固比 9kg/kg，入口流量为 0.1kg/s，罐底的沉淀物的液固比为 1kg/kg，水的密度为 993kg/m^3。如果水中固体的沉降速率为 0.0001m/s，请确定所需沉降面积。

3. 某种颗粒催化剂直径为 d_p，高为 h，求等体积的当量直径及球形度。现有 $h=d_p=4$mm 的颗粒，填充在内径为 1m 的圆筒形容器内，填充高度为 1.5m，床层空隙率为 0.43。若在 20℃、1atm 下使 360m^3/h 的空气通过床层，试估算床层压力损失为多少？

4. 降尘室每层底面积为 10m^2，内均匀设置 5 层隔板，现用该降尘室净化质量流量为 6000kg/h 的含尘空气，$\rho_p=2500$kg/m^3。进入降尘室的空气温度为 150℃。已知 150℃时，空气的密度为 0.836kg/m^3、黏度为 $\mu=2.41\times10^{-5}$Pa·s。问：①100%除去的最小颗粒直径为多少？80%除去的颗粒直径为多少？②为保证 100%除去最小颗粒直径达 45.6μm，空气的质量流量为多少 kg/h？

5. 在恒压下对某种悬浮液进行过滤，过滤 10min 得滤液 4L。再过滤 10min 又得滤液 2L。如果继续过滤 10min，可再得滤液多少升？

6. 某压滤机先在恒速下过滤 10min，得滤液 5L。此后即维持此最高压强不变，作恒压过滤。恒压过滤时间为 60min，又可得滤液多少升？过滤介质阻力可略去不计。

7. 已测得密度为 $\rho_p=1800$kg/m^3 的颗粒在 20℃的水中沉降速度为 7.5×10^{-3}m/s，求该颗粒直径。

本章主要符号说明

a_b：床层的比表面积（m^2/m^3）
d：颗粒直径（m）
d_a：颗粒的比表面积当量直径（m）
d_c：旋风分离器临界粒径（m）
d_e：颗粒的体积当量直径（m）
$\bar{d}_p$：颗粒群的平均直径（m）
d_{eb}：床层流道的当量直径（m）
D：设备直径（m）
D_i：旋液分离器进口管直径（m）
D_1：旋风（旋液）分离器排出管直径（m）
d_{pi}：被截留在第 i 层筛网上的颗粒的平均直径（m）
K：过滤常数（m/s^2）
k：过滤物料特性的常数［m^3 /（N·s）］
K_c：分离因数
l：降尘室长度（m）
L_e：过滤介质的当量滤饼厚度（m）
N_e：旋风分离器内气体有效旋转圈数
Δp：过滤推动力（Pa）
Δp_c：滤液通过滤饼层的压力损失（Pa）
Δp_m：过滤介质两侧的压力差（Pa）
Δp_W：洗涤推动力（Pa）
Δp_f：床层压力损失（Pa）
q_e：单位过滤面积所得当量滤液体积（m^3/m^2）
Q：生产能力，即单位时间内获得的滤液体积（m^3/h）
r'：单位压力差下滤饼的比阻（1/m）
r：滤饼的比阻，即单位厚度床层的阻力（1/m^2）
R_m：过滤介质阻力（1/m）
Re：雷诺数
Re_t：等速沉降时的雷诺数
Re_b：颗粒床层的雷诺数
S：与颗粒体积相等的球体的表面积（m^2）
S_p：颗粒的表面积（m^2）
t：过滤时间（s）
t_w：洗涤时间（s）
t_t：沉降时间（s）
t_D：辅助操作时间（s）
t_R：恒速阶段的过滤时间（s）
T：操作周期或回转周期（s）
u：流速；颗粒相对于流体的降落速度；过滤速度（m/s）
u_1：流体在床层内的实际流速（m/s）

u_T：切向速度（m/s）
u_t：颗粒的自由沉降速度（m/s）
u_R：恒速阶段的过滤速度（m/s）
u_r：径向速度，离心沉降速度（m/s）
u_i：旋风分离器进口气速（m/s）
V：球形颗粒的体积（m^3）
ν：滤饼体积与相应的滤液体积之比（m^3/m^3）
V_p：颗粒的体积（m^3）
V_e：过滤介质的当量滤液体积（m^3）
V_W：洗水用量（m^3）
λ'：摩擦因数
ε：床层的空隙率（m^3/m^3）
ζ：阻力系数（或曳力系数）
η：分离效率
μ：流体的黏度（Pa·s）
μ_W：洗水黏度（Pa·s）
ϕ_s：颗粒的球形度或形状系数
ρ_s：固相密度，分散相密度（kg/m^3）
ρ_b：颗粒的堆积密度（kg/m^3）
ρ_s：颗粒的真实密度（kg/m^3）
x_i：粒径段内颗粒的质量分数

参考文献

[1] Bhattacharya S. Conventional and advanced food processing technologies [M]. Oxford: Wiley, 2015.

[2] Rao M A, Rizvi S S, Datta A K, et al. Engineering properties of foods [M]. 4th ed. New York: CRC Press, 2014.

[3] Singh R P, Heldman D R. Introduction to Food engineering [M]. 5th ed. New York: Elsevier, 2014.

[4] 柴诚敬，贾绍义. 化工原理 [M]. 3 版. 北京：高等教育出版社，2016.

[5] 陈敏恒，丛德滋，齐鸣斋，等. 化工原理 [M]. 5 版. 北京：化学工业出版社，2020.

[6] 李云飞，葛克山. 食品工程原理 [M]. 3 版. 北京：中国农业大学出版社，2014.

[7] 杨同舟，于殿宇. 食品工程原理 [M]. 2 版. 北京：中国农业出版社，2011.

[8] 朱剑伟，华欲飞，张彩猛，等. 应用微型旋流器分离豌豆浆液中的淀粉 [J]. 食品与机械，2019，35（6）：104-107.

第五章 传热

CHAPTER 5

本章学习重点

通过本章的学习，学生需要掌握传热的基本概念及传热的方法和机制；掌握导热、对流传热和辐射传热的基本计算和应用，了解换热器的类型、特点和设计计算方法，重点掌握稳定传热过程的计算和应用。

课程思政点

第一节　传热概述

一、传热在食品工业中的应用

传热是由于温度差而引起的能量转移，又称热量传递。热量传递是自然界中最常见的现象，研究热量传递规律的基础学科称为传热学。热量传递是食品工程学中理论基础所包含的三大传递过程之一，食品工业中一些重要的单元操作都是以热量传递原理作为理论依据的。

因为在许多食品生产或加工过程中，大多数生产过程都需要在一定的温度下进行，为了达到或保持所要求的温度，常常需要对物料进行加热或冷却，即需要有热能的输入或输出。食品生产过程对传热的要求有两种情况：一种是强化传热，如在传热设备中加热或冷却物料，要求以较快的速率传递热量，使其达到指定温度，比如空调的蒸发器、冷凝器等都属于强化传热的设备；另一种是削弱传热，如对设备和管道的保温，以减少热损失。同时热能的合理利用对降低产品成本和保护环境有着重要的意义。

作为食品工业中重要的单元操作之一，传热与食品的杀菌和冷冻保藏、蒸发和冷冻浓缩、干燥、蒸煮、焙烤、酒的蒸馏等密不可分，是食品工程中重要的基础学科。而且传热设备在设备投资中可占到40%左右，是重要的单元操作。常用到的传热设备有间壁式换热器、列管式换热器、板式换热器等。

二、传热的基本方式

热的传递是由于系统内或物体内温度不同而引起的。根据热力学第二定律，当无外功输入时，热总是自动地从温度较高的部分传给温度较低的部分，或是从温度较高的物体传给温度较低的物体。根据传热机制不同，热的传递有三种基本方式：热传导、对流传热和辐射传热。热量传递可以以其中一种方式进行，也可以以两种或三种方式同时进行。

（一）热传导

当物体内部或两个直接接触的物体间有温度差时，温度较高处的分子会因振动而与相邻分子碰撞，并将一部分能量传给后者，这种能量传递方式称为热传导，简称导热。热传导是借分子、原子等微观粒子的热运动而引起的，物体内部并没有宏观的相对位移。热传导主要发生在固体、层流流体中。固体中热的传递是典型的热传导，比如炉墙内壁到外壁的传热、煤颗粒之间的传热等都属于热传导过程。关于热传导的机制解释存在着分子振动学说和自由电子迁移学说。从微观上看，气体、液体、导电固体和非导电固体导热机制各不相同，但共同的原因是物质的分子、原子和电子在不同温度时，它们的热运动强烈程度不同。当存在温度差时，通过物质的分子、原子和电子的振动、位移和相互碰撞发生能量的传递。在金属中自由电子的热运动（无规则热运动）对于能量的传递起着主导作用，因此良好的导电体也是良好的导热体。

（二）对流传热

对流传热是指流体质点发生相对位移而引起的热量传递过程或者流体微团改变空间位置所引起的流体和固体壁面之间的热量传递过程。与热传导不同，对流传热是由流体内部各部分质点发生宏观运动而引起的，仅发生在流体中。在对流时，作为载热体的流体微团不可避免地要引起热对流，同时，在对流过程中流体质点或微团又不可避免地和周围流体接触而进行导热。因此在对流换热过程中，流体内部进行着热对流和热传导的综合过程，这种综合过程当然影响流体和壁面的对流传热。

对流可以分为强制对流和自然对流两种方式。强制对流传热是因泵、搅拌等外力作用引起的对流，如对液体进行搅拌产生的对流传热。而自然对流传热是因温差引起密度差异，轻者上浮，重者下沉，使流体内部产生相对位移的对流。同一种流体中，有可能同时发生自然对流和强制对流。如暖气片保持室内温度的过程，流体与平板、球体、管道等的外表面传热的过程等都是通过热对流的方式进行传热的。

（三）辐射传热

辐射传热是指物体由于热的原因以电磁波的形式向外发射能量的过程。任何物体，只要其热力学温度大于0K，都会以电磁波的形式向外界辐射能量。习惯上，仅将与温度有关的辐射称为热辐射。辐射传热是物体间相互辐射和吸收能量的总结果。其过程是物体将热转变成辐射能，以电磁波的形式在空间传播，被物体吸收后又重新转变成热。辐射传热过程不仅是能量的传递，还同时伴随着能量形式的转化。波长在0.1~40μm范围的射线（电磁波）就具有这种性质，这一范围内的射线称为热射线。在热射线中，大部分能量位于红外线区段（0.76~20μm）。

热射线和可见光线一样，也服从反射和折射定律，能在均一介质中直线传播。在真空和大多数气体（如惰性气体和分子结构对称的双原子气体）中，热射线可完全透过，但对大多数的固体和液体，热射线不能透过。因此只有彼此看得见的物体才能进行辐射传热。

与导热和对流传热不同的是，辐射传热不需要任何介质做媒体，它可以在真空中传播。只有当温度较高的时候，热辐射才能成为主要的传热形式。比如火炉取暖就是通过热辐射的方式使房间变暖，太阳的热量也是通过热辐射传播到地面上的。

实际的热量传递过程常常是上述基本过程组合而成的复合过程。如上所述，对流传热过程就包含着热的传导，有时对流传热过程还伴有辐射传热。例如食品罐头的热杀菌过程，就同时包含有热对流和热传导；面包的烘制焙烤过程，就同时存在对流、导热和辐射过程。

三、稳态传热与非稳态传热

稳态传热是指在传热系统中温度分布不随时间而改变的传热过程，在传热系统中不积累能量。连续生产过程中的传热多为稳态传热。比如，各种热力设备在持续不变的工况下运行时的传热属于稳态传热。若传热系统中的温度分布随时间变化，则这种传热过程称为非稳态传热。工业生产中间歇操作的换热设备和连续生产时设备的开工和停工阶段等都属于非稳态传热过程。罐头在杀菌釜中的升温和冷却，面包在焙烤炉中的升温过程，也都是非稳态传热过程。

四、传热速率和热通量

讨论传热过程的一个中心问题，是确定传热过程中的速率，它用传热速率 Q 表示，它是指单位时间内通过某一个传热面的热量，单位为 W。通过物体的热流量与材料的导热性能有关。

用公式表示：

$$Q = \frac{\Delta T}{R} \tag{5-1}$$

式中　ΔT——温度差，K；

　　　R——热阻，K/W。

和其他传递过程类似，传热过程的速率（传热速率 Q）与传热的推动力（温度差 ΔT）正比，与传热过程的阻力（热阻 R）成反比。

食品工程中的传热问题通常有两类：一类是要求传热快，即要求传热速率 Q 大，这样可使设备紧凑，生产效率高，这就需要设法降低热阻 R。另一类是要求传热慢，即要求 Q 小，这需要设法增大热阻 R，例如高温设备和管道的保温及低温设备和管道的隔热等。采用某些技术措施以增大或减少传热速率是强化或削弱传热的主要方式。

热通量 q，又称热流密度，是传热速率 Q 与传热面积 S 的比值，表示单位时间通过单位面积的热能，单位为 W/m^2。热通量是具有方向性的矢量，方向为传热面的法线方向。

即：

$$q = \frac{Q}{S} \tag{5-2}$$

在圆筒壁稳态传热过程中，Q 不随半径的变化而变化，q 随半径的增大而减小；而在平壁稳态传热过程中，Q 和 q 均不变化。

传热速率 Q 可以表示热量传递的快慢，热流密度 q 表示单位面积的传热速率，二者是评价换热器性能的重要指标，在计算稳定传热过程中也是必不可少的因素，在实际工业生产中具有重要的意义。

第二节　热传导

热传导（导热）是物体各部分之间不发生相对位移，仅借分子、原子和自由电子等微观粒子的热运动而引起的热量传递。

一、温度场和傅立叶导热定律

（一）温度场和温度梯度

传热因温度差而发生，因此传热过程与温度分布密切相关。某一瞬间物体内部各点的温度分布总和称为温度场（Temperature field）。在所研究的传热系统里，空间各点的温度不一定相同，而且同一点的温度也可能随时间而变化。一般情况下，物体内任一点的温度为该点的位置（x，y，z）及时间（t）的函数。故温度场的数学表达式为：

$$T = f(x, y, z, t)$$

如果物体或系统内各点的温度随时间而变，此温度场为非稳态温度场，相应的传热称为非稳态传热；若物体或系统内各点的温度不随时间而变，即为稳态温度场，相应的传热为稳态传热。稳态传热的特点是通过某传热表面的传热速率为常量，食品工业中大部分情况下的连续生产均为稳态热传导过程。稳态温度场的数学表达式为：

$$T = f(x, y, z)$$

在特殊的情况下，若物体内的温度仅沿一个坐标方向发生变化，此温度场为一维温度场。对于一维的稳定传热，则有：

$$T = f(x)$$

在温度场中，同一时刻相同温度的各点构成了一个等温面。因为物体内任一点不能同时具有一个以上的不同温度，所以温度不同的等温面不能相交。

由于等温面上没有温差，故没有热量传递。而沿和等温面相交的任何方向，因温度发生变化则有热量的传递。温度随距离的变化程度以沿与等温面垂直的方向为最大。通常将两相邻等温面之间的温度差 ΔT 与两等温面间的垂直距离 Δn 之比的极限称为温度梯度（Temperature Gradient），记为 grad$T$。温度梯度的数学定义式为：

$$\mathrm{grad}T = \lim_{\Delta n \to 0}\left(\frac{\Delta T}{\Delta n}\right) = \frac{\partial T}{\partial n} \tag{5-3}$$

温度梯度 grad$T$ 为向量，它的正方向是指向温度增加的方向，如图 5-1 所示。

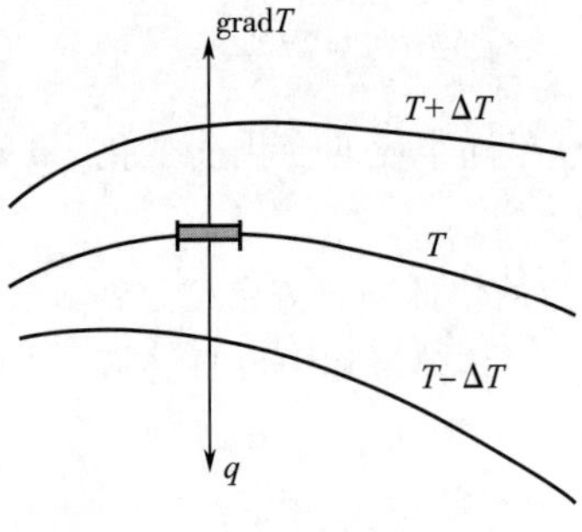

图5-1　等温面和温度梯度

一维温度场的温度梯度可表示为：

$$\mathrm{grad}T = \frac{\mathrm{d}T}{\mathrm{d}x} \tag{5-4}$$

（二）傅立叶导热定律

描述热传导现象的物理定律为傅立叶导热定律（Fourier's Law），它是一个实验定律，其表达式为：

$$q = -\lambda \frac{dT}{dn} \tag{5-5}$$

式中 q——热流密度，W/m^2；

λ——比例系数，称为热导率，W/(m·℃)；

$\frac{dT}{dn}$——温度梯度，℃/m(K/m)。

因为温度梯度是向量，指向温度增加的方向，热流密度也是向量，指向温度下降的方向，二者方向相反，所以式中出现负号。

二、热导率

式（5-5）中的 λ 为热导率，又称导热系数，是表征物质导热能力大小的物性参数，其在数值上等于单位温度梯度下的热通量，与物质的组成、结构、密度、温度和压强等因素有关。

热导率的数值通常用实验方法测定。一般而言，金属的热导率最大，非金属固体次之，液体的较小，气体最小。

各类物质热导率［W/(m·℃)］的数量级大致范围为：金属 $10^1 \sim 10^2$，建筑材料 $10^{-1} \sim 10^0$，绝热材料 $10^{-2} \sim 10^{-1}$，液体、气体 $10^{-2} \sim 10^{-1}$。大多数食品物料热导率［W/(m·℃)］的数量级为 10^{-1}。工程计算中常见物质的热导率可从有关的手册或参考书中查到。

（一）固体的热导率

在所有固体中，金属是最好的导热体。大多数纯金属的热导率随温度的升高而降低，随纯度的提高而增加，因此合金的热导率比纯金属低。非金属材料或绝热材料的热导率与温度、组成及结构的紧密程度有关，一般随密度的增大而增大，随温度的升高而增大。

对大多数均质固体，热导率在一定温度范围内与温度呈线性关系，即：

$$\lambda = \lambda_0(1 + \beta_0 T) \tag{5-6}$$

式中 λ_0——固体在0℃时的导热系数，W/(m·℃)；

β_0——温度系数，对大多数金属材料为负值，而对大多数非金属材料为正值，单位为1/℃。

（二）液体的热导率

液体分子间相互作用复杂，热导率的理论推导困难，主要依靠实验测定液态金属的热导率比一般的液体要高，大多数金属液体的热导率随温度的升高而降低。非金属液体中，水的热导率最大，除水和甘油外，大多数非金属液体的热导率随温度升高而减小。一般来说，纯液体的导热率比其溶液大。

（三）气体的热导率

与固体和液体相比，气体的热导率最小，对热传导不利，但有利于保温、绝热。气体的热导率随温度升高而增大，当气体压强高于 2×10^5kPa 或低于 3kPa 时，才考虑压强对气体热导率的影响，此时压强增高，气体热导率增大。

值得注意的是，在热传导过程中，物质内部不同位置的温度可能不同，热导率也会不同，因此在计算时，应取最高温度 T_1 下的 λ_1 与最低温度 T_2 下的 λ_2 的算术平均值，或由平均温度 $T=(T_1+T_2)/2$ 求出 λ 值。

三、通过平壁的稳态热传导

（一）单层平壁的稳态热传导

单层平壁的稳态热传导如图 5-2 所示。设材料均匀，厚度为 b，面积为 S，导热系数 λ 不随温度变化（或可取平均值），为常数；平壁内的温度仅沿垂直于平壁的 x 轴方向变化，即等温面垂直于传热方向的一维热传导；平壁面积与平壁厚度相比很大，故可忽略壁边缘处的热损失。平壁的两表面维持恒定的温度 T_1 和 T_2，且 $T_1>T_2$。

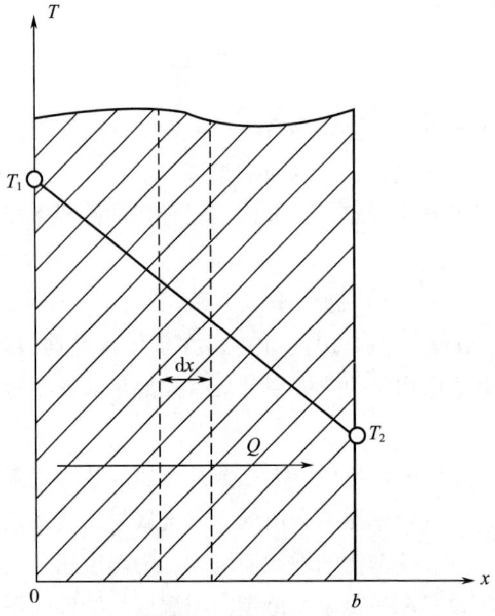

图 5-2　单层平壁的稳态热传导

由傅立叶导热定律可写出：

$$q=-\lambda\frac{\mathrm{d}T}{\mathrm{d}x} \tag{5-7}$$

因是稳态热传导，q 是常量。分离变量后积分：

$$\int_0^b q\mathrm{d}x=-\int_{T_1}^{T_2}\lambda\mathrm{d}T$$

得

$$q=\lambda\frac{T_1-T_2}{b}=\frac{T_1-T_2}{\dfrac{b}{\lambda}}=-\frac{\Delta T}{R} \tag{5-8}$$

或

$$Q=\lambda S\frac{T_1-T_2}{b}=-S\frac{\Delta T}{R} \tag{5-9}$$

式中　Q——传热速率（又称热流量），W（或 J/s）；

R——导热热阻，$R=b/\lambda$，$m^2\cdot$℃/W；

S——传热面积，m^2；

q——热流密度，$q=Q/S$，W/m^2；

ΔT——温度差，导热推动力，℃（或 K）。

式（5-8）表明热流密度与导热推动力成正比，与导热热阻成反比。

当 λ 为常量时，由于：

$$q = \lambda \frac{T_1 - T_2}{b} = \lambda \frac{T_1 - T}{x}$$

故平壁内任一等温面的温度为：

$$T = T_1 - \frac{x}{b}(T_1 - T_2) \tag{5-10}$$

式（5-10）表明 λ 为常量时，单层平壁内的温度分布为直线。当 λ 随温度变化时，平壁内温度分布为曲线。若 λ 随温度变化，可将 λ 与 T 的关系代入傅立叶导热定律进行积分。可以证明，若热导率与温度呈线性关系，则所计算出的热流量与平均温度下热导率为常数时的热流量相等，但温度分布不同。工程计算中，热导率可取两壁面温度下 λ 值的算术平均值，或取两壁面温度算术平均值下的 λ 值。

【例 5-1】 有一厚度为 240mm 的砖墙，已知砖墙的内壁温度为 600℃，外壁温度为 100℃，假设砖墙在此温度范围内的平均热导率为 0.69W/(m²·℃)，试求每平方米的砖墙通过的热量。

解：$b = 240\text{mm} = 0.24\text{m}$，$\lambda = 0.69\text{W}/(\text{m}^2 \cdot ℃)$

由 $Q = \lambda S \frac{T_1 - T_2}{b}$

得 $\frac{Q}{S} = \frac{\lambda}{b}(T_1 - T_2) = \frac{0.69}{0.24}(600 - 100) = 1437.5\text{W/m}^2$

（二）多层平壁的稳态热传导

图 5-3 所示为三层平壁的热传导，假设这三层平壁的厚度分别为 b_1、b_2 和 b_3，各层的材质均匀，它们的热导率皆视为常数并分别记为，λ_1、λ_2 和 λ_3，层与层之间的接触良好。相互接触

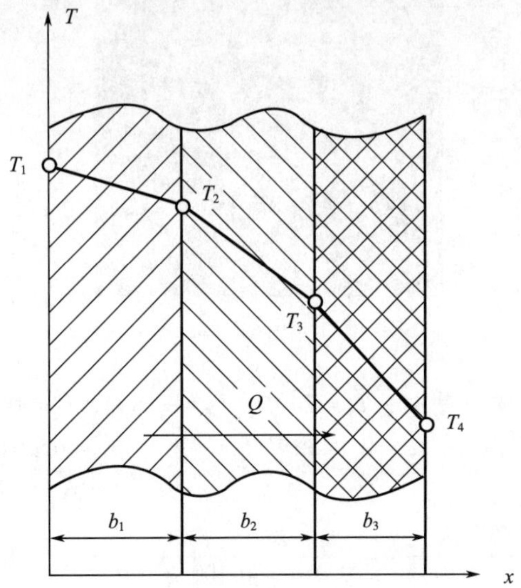

图 5-3　多层平壁的稳态热传导

的表面上温度相同，各表面温度分别为 T_1、T_2、T_3 和 T_4，且 $T_1>T_2>T_3>T_4$。各等温面皆为垂直于 x 轴的平行平面。在稳态导热的过程中，穿过各层的热流密度必相等。

按照单层平壁的稳态热传导的处理方法，可以得到下列方程：

$$q=\frac{T_1-T_2}{\dfrac{b_1}{\lambda_1}}=\frac{T_2-T_3}{\dfrac{b_2}{\lambda_2}}=\frac{T_3-T_4}{\dfrac{b_3}{\lambda_3}}$$

将数学上的加比定律应用于上式，可得：

$$q=\frac{T_1-T_4}{\dfrac{b_1}{\lambda_1}+\dfrac{b_2}{\lambda_2}+\dfrac{b_3}{\lambda_3}}$$

对于 n 层平壁，有：

$$q=\frac{T_1-T_{n+1}}{\sum_{i=1}^{n}\dfrac{b_i}{\lambda_i}} \tag{5-11}$$

由式（5-11）可见，多层平壁热传导的总推动力（总温度差）为各层温度差之和，总热阻为各层热阻之和。实际上，不同材料构成的界面之间可能出现明显的温度降低。这种温度变化是由于表面粗糙不平而产生接触热阻。因两个接触面间有空穴，而空穴内又充满空气，因此，传热过程包括通过实际接触面的热传导和通过空穴的热传导（高温时还有辐射传热）。一般来说，因气体的导热系数很小，接触热阻主要由空穴造成。

【例 5-2】 某冷库壁面由 0.076m 厚的混凝土外层、0.100m 厚的软木中间层及 0.013m 厚的松木内层所组成。其相应的热导率为：混凝土 0.762W/(m·℃)；软木 0.0433W/(m·℃)；松木 0.151W/(m·℃)。冷库内壁面温度为-18℃，外壁面温度为 24℃。求进入冷库的热流密度以及混凝土与软木交界面的温度。

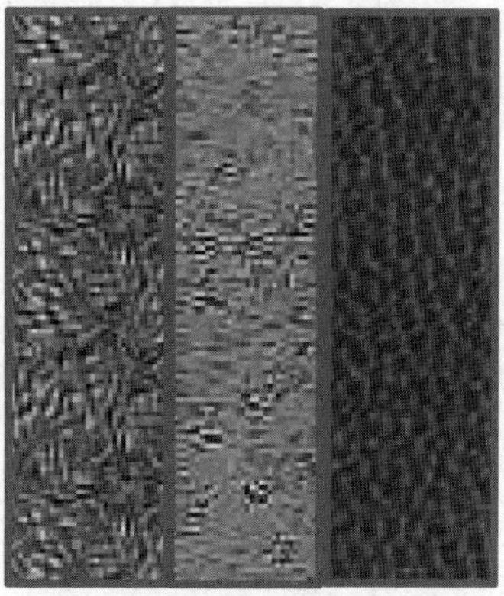

例 5-2 附图

解： 由题意为三层平壁的导热，$T_1=24℃$，$T_4=-18℃$；$b_1=0.076\text{m}$，$b_2=0.100\text{m}$，$b_3=0.013\text{m}$；$\lambda_1=0.762\text{W/(m·℃)}$，$\lambda_2=0.0433\text{W/(m·℃)}$，$\lambda_3=0.151\text{W/(m·℃)}$。

①计算热流密度 q

$$q=\frac{T_1-T_4}{\dfrac{b_1}{\lambda_1}+\dfrac{b_2}{\lambda_2}+\dfrac{b_3}{\lambda_3}}=\frac{24-(-18)}{\dfrac{0.076}{0.762}+\dfrac{0.100}{0.0433}+\dfrac{0.013}{0.151}}=16.8\text{W/m}^2$$

②计算混凝土与软木交界面的温度 T_2

由 $q = \frac{\lambda_1}{b_1}(T_1 - T_2)$

得 $T_2 = T_1 - \frac{qb_1}{\lambda_1} = 24 - \frac{16.8 \times 0.076}{0.762} = 22.32℃$

【例 5-3】 食品厂新建一个三层的食品冷藏室，内层为 25mm 厚的松木层，中层为软木层，外层为 56mm 厚的混凝土。内壁面的温度为-18.5℃，外壁面的温度为 32.0℃。已知松木、软木和混凝土的平均热导率分别为 0.151W/(m·℃)、0.0433W/(m·℃) 和 0.762W/(m·℃)，要求该冷藏室的热损失为 15W/m²。试计算：①冷藏室中软木层的厚度；②松木层和软木层接触面的温度。

解： ①软木层的厚度

由 $q = \dfrac{T_1 - T_4}{\dfrac{b_1}{\lambda_1} + \dfrac{b_2}{\lambda_2} + \dfrac{b_3}{\lambda_3}}$

$$15 = \frac{32 - (-18.5)}{\frac{0.056}{0.762} + \frac{b_2}{0.0433} + \frac{0.025}{0.151}}$$

得 $b_2 = 0.135\text{m}$

②松木层和软木层接触面的温度

由 $q = \dfrac{T_3 - T_4}{\dfrac{b_3}{\lambda_3}}$

得 $T_3 = T_4 + \frac{qb_3}{\lambda_3} = -18.5 + \frac{15 \times 0.025}{0.151} = -16.0℃$

四、通过圆筒壁的稳态热传导

（一）单层圆筒壁的稳态热传导

在食品工业生产中常遇到圆筒壁的热传导，通常各种高温管道、精馏塔以及高压灭菌锅外壳都属于圆筒形。圆筒壁的热传导与平壁热传导的不同之处在于圆筒壁的传热面积不是常量，而是沿着半径的方向逐渐变化；同时温度也随半径而变。

通过单层圆筒壁的热传导如图 5-4 所示。若圆筒壁很长，沿轴向散热可忽略，则通过圆筒壁的热传导可视为一维稳态热传导。设圆筒的内半径为 r_1，外半径为 r_2，长度为 L。圆筒内、外壁面温度分别为 T_1 和 T_2，且 $T_1>T_2$。若在圆筒半径 r 处沿半径方向取微分厚度 dr 的薄壁圆筒，其传热面积可视为常量，等于 $2\pi rL$，同时通过该薄层的温度变化为 dT。仿照平壁热传导公式，通过该薄圆筒壁的传热速率可以表示为：

$$Q = -\lambda S\frac{\mathrm{d}T}{\mathrm{d}r} = -\lambda \cdot 2\pi rL\frac{\mathrm{d}T}{\mathrm{d}r}$$

分离变量积分，得：

$$\frac{Q}{2\pi L}\int_{r_1}^{r_2}\frac{\mathrm{d}r}{r} = -\lambda\int_{T_1}^{T_2}\mathrm{d}T$$

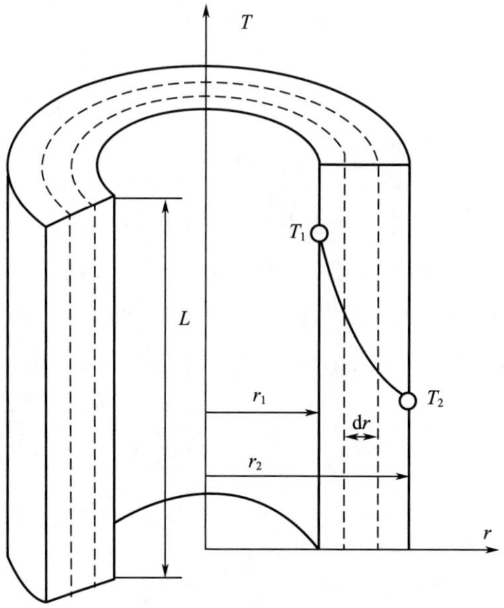

图 5-4 单层圆筒壁的稳态热传导

得
$$Q=\frac{2\pi L\lambda(T_1-T_2)}{\ln\frac{r_2}{r_1}} \tag{5-12}$$

当 λ 为常量时，圆筒壁内的温度分布为：

$$T=T_1-(T_1-T_2)\frac{\ln\frac{r}{r_1}}{\ln\frac{r_2}{r_1}} \tag{5-13}$$

由式（5-13）可见，圆筒壁内的温度分布不是直线，而是按对数规律分布的。

对于单层圆筒壁和单层平壁，假定 λ 为常数，当 λ 为温度 T 的线性函数时，可采用 T_1、T_2 算术平均温度下的 λ_m 代替，则热传导速率方程可变换为：

$$Q=\lambda S_m\frac{(T_1-T_2)}{b}=\lambda S_m\frac{T_1-T_2}{r_1-r_2},\quad S_m=\frac{S_1-S_2}{\ln\frac{S_2}{S_1}}$$

以单层圆筒壁为例进行推导，如下：

$$S_m=\frac{S_2-S_1}{\ln\frac{S_2}{S_1}}=\frac{2\pi L(r_2-r_1)}{\ln\frac{2\pi Lr_2}{2\pi Lr_1}}=\frac{2\pi L(r_2-r_1)}{\ln\left(\frac{r_2}{r_1}\right)}=2\pi Lr_m$$

$$r_m=\frac{r_2-r_1}{\ln\left(\frac{r_2}{r_1}\right)}$$

式中 S_1——圆筒壁内半径 r_1 所对应的面积，m^2；

S_2——圆筒壁外半径 r_2 所对应的面积，m^2；

S_m——圆筒壁内外壁面对数平均面积，m^2；

r_m——圆筒壁内外壁面对数平均半径，m。

（二）多层圆筒壁的稳态热传导

工业上多数圆筒壁热传导都属于多层圆筒壁的传热，如蒸汽管道的保温、高温杀菌锅外表面绝热层等。以三层圆筒壁的导热为例的多层圆筒壁热传导如图 5-5 所示。

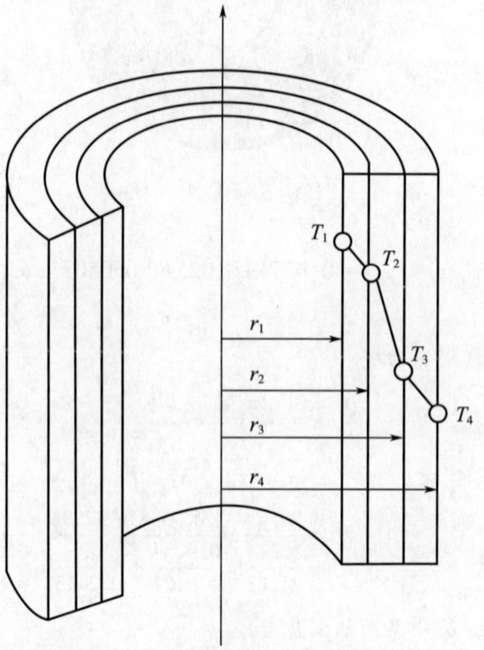

图 5-5　多层圆筒壁的稳态热传导

假设各层间接触良好，由内向外各层的导热系数分别为 λ_1、λ_2、λ_3，厚度分别为 $b_1 = (r_2 - r_1)$、$b_2 = (r_3 - r_2)$、$b_3 = (r_4 - r_3)$。则仿照多层平壁稳态热传导的计算处理方法，可知三层圆筒壁的传热速率方程为：

$$Q = \frac{2\pi L(T_1 - T_4)}{\frac{1}{\lambda_1}\ln\frac{r_2}{r_1} + \frac{1}{\lambda_2}\ln\frac{r_3}{r_2} + \frac{1}{\lambda_3}\ln\frac{r_4}{r_3}}$$

对多层（n 层）圆筒壁，有：

$$Q = \frac{2\pi L(T_1 - T_{n+1})}{\sum_{i=1}^{n}\frac{1}{\lambda_i}\ln\frac{r_i + 1}{r_i}} \tag{5-14}$$

值得注意的是，对通过圆筒壁的稳态热传导，通过各层的热传导速率都是相同的，但是热通量却不相等。

【例 5-4】 内径为 25.4mm、外径为 50.8mm 的不锈钢管，其热导率为 21.63W/(m·℃)。外包厚度为 25.4mm 的石棉保温层，其热导率为 0.2423W/(m·℃)。管的内壁面温度为 538℃，保温层的外表面温度为 37.8℃，试计算：①钢管单位长度的热损失；②不锈钢管壁与保温层分界面的温度。

解：由题意为两层圆筒壁的导热，$T_1 = 538℃$，$T_3 = 37.8℃$；$r_1 = 0.0254/2 = 0.0127$（m），

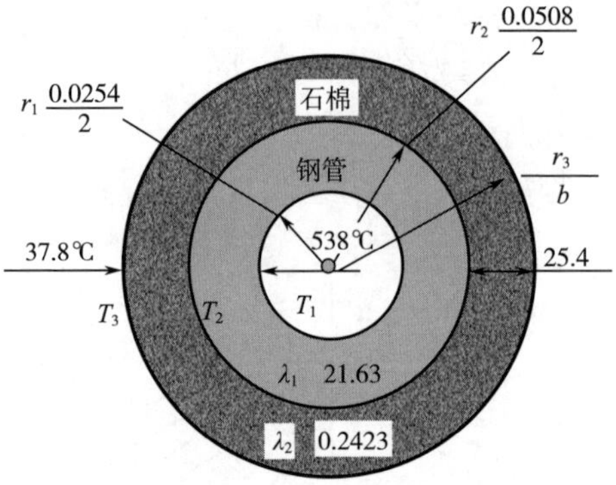

例 5-4 附图

$r_2=0.0508/2=0.0254$（m），$r_3=r_2+b=0.0254+0.0254=0.0508$（m）；$\lambda_1=21.63$W/(m·℃)；$\lambda_2=0.2423$W/(m·℃)。

①求钢管单位长度的热损失 Q/L

$$\frac{Q}{L}=\frac{2\pi(T_1-T_3)}{\frac{1}{\lambda_1}\ln\frac{r_2}{r_1}+\frac{1}{\lambda_2}\ln\frac{r_3}{r_2}}$$

$$=\frac{2\pi(538-37.8)}{\frac{1}{21.63}\ln\frac{0.0254}{0.0127}+\frac{1}{0.2423}\ln\frac{0.0508}{0.0254}}=1086(\text{W/m})$$

②求不锈钢管壁与保温层分界面的温度 T_2

由 $\frac{Q}{L}=\frac{2\pi\lambda_1(T_1-T_2)}{\ln\frac{r_2}{r_1}}$

得 $T_2=T_1-\left(\frac{Q}{L}\right)\ln\frac{r_2}{r_1}\frac{1}{2\pi\lambda_1}$

$$=538-1086\times\ln\frac{0.0254}{0.0127}\times\frac{1}{2\pi\times 21.63}=532.5(℃)$$

第三节 对流传热

一、概述

对流传热是指流体质点发生相对位移而引起的热量传递过程，或流体微团改变空间位置所引起的流体和固体壁面之间的热量传递过程，该过程兼有热的流动和流体的运动，与流体的流动状况密切相关。根据流体有无相变可将对流传热分为有相变对流传热和无相变对流传热，无相变对流传热分为强制对流传热和自然对流传热，有相变对流传热分为蒸汽冷凝和液体沸腾。

二、牛顿冷却定律与对流传热系数

根据传递过程普遍存在的关系，流体与固体壁面之间的对流传热速率与传热推动力成正比，与传热阻力成反比。传热推动力是流体与壁面之间的温度差，传热阻力与传热面积 S 成反比，受多种因素影响。因此，将其他影响因素用一个比例系数 α 表示，对流传热速率由牛顿冷却定律给出计算公式：

$$Q = \alpha S \Delta T \tag{5-15}$$

式中　α——对流传热系数，W/(m^2 · K) 或 W/(m^2 · ℃)；

S——总传热面积，m^2；

ΔT——流体与壁面（或反之）间温度差的平均值，K 或℃。

牛顿冷却定律将对流传热问题简化，将复杂影响因素集中在对流传热系数 α 上。对流传热系数 α 不是流体的物理性质，在数值上等于单位温度差下、单位传热面积的对流传热速率，反映了对流传热的快慢。

表 5-1　对流传热系数 α 值的范围　单位：W/(m^2 · K)

介质	空气	气体	水	水	水蒸气	有机蒸汽	水
换热方式	自然对流	强制对流	自然对流	强制对流	冷凝	冷凝	沸腾
α	5~25	20~100	20~1000	1000~15000	5000~15000	500~2000	2500~25000

当流体流过固体壁面时，由于流体黏性的作用，会形成流动边界层，在流动边界层中存在速度梯度。与之类似，流体与壁面间的传热会形成具有温度梯度的热边界层，在靠近壁面处存在层流内层，在垂直于流体流动方向上，热量的传递通过热传导进行。由于流体的热导率较小，层流内层的导热热阻较大，因此，层流内层中温度梯度较大。在湍流主体中，由于流体质点的剧烈混合并充满旋涡，湍流主体中温度梯度极小，各处温度基本相同，热量传递主要靠对流进行。

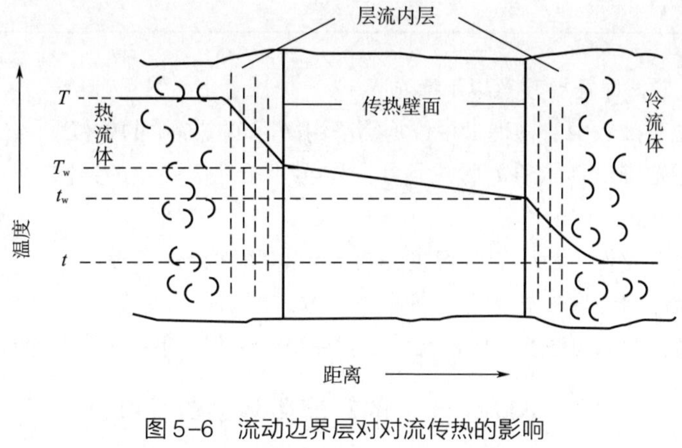

图 5-6　流动边界层对对流传热的影响

三、建立对流传热系数关联式的方法

目前求取对流传热系数关联式的方法有两种：理论方法与实验方法。理论方法通过对对流传热现象进行理论分析，建立微分方程组，进行数学解析，在较为简单的传热过程适用。实验方法是用量纲分析的方法将影响传热的因素无量纲化，通过实验确定无量纲准数间关系，此方法在工程上广泛应用。

影响对流传热系数的因素很多，主要有：

（1）流体的状态　一般来说，液体的对流传热系数大于气体，过程中有相变时的对流传热系数比无相变时的对流传热系数大得多。

（2）流体的物理性质　导热系数、黏度、比热容、密度以及体积膨胀系数等。

（3）流体的运动状态　层流、过渡态或湍流。

（4）流体的对流状态　自然对流或强制对流。

（5）传热表面的形状、位置及大小　如管、板、管束、管径、管长、排列方式、放置方式等。

结合相关理论和实验研究，对无相变对流传热进行量纲分析，得到其准数关系式：

$$Nu = ARe^{m}Pr^{n}Gr^{s} \tag{5-16}$$

式（5-16）中 A、m、n、s 都为常数，由实验确定。表 5-2 列出了准数名称、符号、关系式及其含义。

表 5-2　准数意义

准数名称	符号	准数式	含义
努赛尔数 (Nusselt Number)	Nu	$\frac{\alpha L}{\lambda}$	表示对流传热系数的准数
雷诺数 (Reynolds Number)	Re	$\frac{Lu\rho}{\mu}$	表示流动状态的准数
普兰德数 (Prandtl Number)	Pr	$\frac{c_{p}\mu}{\lambda}$	表示流体物性的准数
格拉斯霍夫数 (Grashof Number)	Gr	$\frac{\beta g\Delta TL^{3}\rho^{2}}{\mu^{2}}$	表示自然对流影响的准数

在应用准数关联式时需要注意以下事项：

（1）公式单位　准数中的物理量单位均需采用国际单位制中的单位。

（2）公式应用范围　具体的关联式是在一定实验条件下确定的，因此，要在应用条件范围内使用这些经验公式。

（3）定性温度和定性尺寸　定性温度是确定流体物理特性参数的温度，是准数关联式中指定的用来查找物性的温度，通常有三种取法：取进、出口流体的平均温度；取壁面平均温度；或取流体和壁面的平均温度。定性尺寸是指在准数关联式中指定的某个固体边界的尺寸。

四、不同条件下的对流传热系数关联式

（一）流体在管内作强制对流

1. 流体在圆形直管内作强制湍流

（1）对于气体或低黏度流体　应用迪特斯-贝尔特（Dittus -Boelter）关联式。

$$Nu = 0.023Re^{0.8}Pr^{n} \tag{5-17}$$

或
$$\alpha = 0.023\left(\frac{\lambda}{d_i}\right)\left(\frac{d_i u\rho}{\mu}\right)^{0.8}\left(\frac{c_p\mu}{\lambda}\right)^{n} \tag{5-18}$$

应用条件：

μ	<2 倍常温水的黏度	管长与管内径之比 L/d_i	≥60
n	流体被加热时，$n=0.4$；流体被冷却时，$n=0.3$		<60，用计算出的 α 乘以 $\left[1+\left(\frac{d_i}{L}\right)^{0.7}\right]$ 进行校正
Re	$>10^4$	Pr	0.7~120
定性温度	流体进、出口温度的算数平均值		
定性尺寸	管内径 d_i		

（2）对于高黏度流体　应用西德尔-泰特（Sieder -Tate）关联式。

$$Nu = 0.027Re^{0.8}Pr^{1/3}(\mu/\mu_w)^{0.14} \tag{5-19}$$

或
$$\alpha = 0.027\left(\frac{\lambda}{d_i}\right)\left(\frac{d_i u\rho}{\mu}\right)^{0.8}\left(\frac{c_p\mu}{\lambda}\right)^{1/3}\left(\frac{\mu}{\mu_w}\right)^{0.14} \tag{5-20}$$

应用条件：

μ	>2 倍常温水的黏度	管长与管内径之比 L/d_i	≥60
Re	$>10^4$	Pr	0.7~16700
定性温度	除 μ_w 取壁温外，均取流体进、出口温度的算术平均值		
定性尺寸	管内径 d_i		

当壁面温度未知时，黏度修正项（μ/μ_w）$^{0.14}$ 可取下列数值：

液体被加热时：取 $(\mu/\mu_w)^{0.14}=1.05$；

液体被冷却时：取 $(\mu/\mu_w)^{0.14}=0.95$。

2. 流体在圆形直管内作强制滞流

管内滞流换热情况比较复杂，因为附加的自然对流换热常常会有影响，只有在小管径，并且流体和壁面的温度差不多的情况下，才能忽略自然对流的影响。这种情况下可采用如下关联式：

$$Nu = 1.86\left(\frac{RePrd_i}{L}\right)^{1/3}\left(\frac{\mu}{\mu_w}\right)^{0.14} \tag{5-21}$$

应用条件：

特点	忽略自然对流的影响（管径较小，流体与壁面间的温度差也较小，且流体的 μ/ρ 值较大）		
Re	<2300	$RePrd_i/L$	>100
Pr	0.6~6700		
定性温度	除 μ_w 取壁温外，均取流体进、出口温度的算术平均值		
定性尺寸	管内径 d_i		
备注	应尽量避免在强制层流条件下进行换热		

3. 流体在圆形直管内呈过渡流

当 $Re=2300\sim10000$ 时，对流传热系数可先用湍流时的公式计算，然后再将计算出的结果乘以校正系数 φ，得到过渡流时的对流传热系数。

$$\varphi = 1 - \frac{6\times10^5}{Re^{1.8}} \tag{5-22}$$

4. 流体在圆形弯管内作强制对流

流体在弯管内流动时，对流传热系数可先用直管时的公式计算，然后再将计算出的结果乘以校正系数 f，这样即得流体在弯管内流动时的对流传热系数。

$$f = 1 + \frac{1.77d_i}{r'} \tag{5-23}$$

式中　r'——弯管中心线的曲率半径，m。

5. 流体在非圆形管内做强制对流

非圆形管内作强制对流的计算，只要将管内径改为当量直径即可。

$$d_e = 4\times\frac{\text{流通截面积}}{\text{润湿的传热周边长}}$$

但计算结果有较大误差。因此，对于非圆形管道，宜采用实验得到的关联式。

例如，套管环隙内流体的对流传热系数关联式为：

$$\alpha = 0.02\left(\frac{\lambda}{d_e}\right)\left(\frac{d_2}{d_1}\right)^{0.53} Re^{0.8}Pr^{1/3} \tag{5-24}$$

应用条件：

d_1	套管内管外径	d_2	套管外管内径
Re	12000~220000	d_2/d_1	1.65~17.0
定性温度	流体进、出口温度的算术平均值		
定性尺寸	环隙的当量直径 d_e		

【例 5-5】 水以 1m/s 的流速从 Φ25mm×2.5mm 的管内流过，由 20℃加热到 40℃，管长 3m。求水与管壁之间的对流传热系数。

解： 定性温度：$T=\dfrac{20+40}{2}=30$（℃）

定性尺寸：管内径 $d_i=0.02$m

于附录 1 中查得 30℃下水的物性如下：

$\rho = 995.7\text{kg/m}^3$，$\mu = 80.07\times10^{-5}\text{Pa}\cdot\text{s}$，$c_p = 4.174\text{kJ/(kg}\cdot\text{K)}$，$\lambda = 0.6176\text{W/(m}\cdot\text{K)}$

$$\frac{L}{d_i} = \frac{3}{0.02} = 150 > 60$$

$$Re = \frac{d_i u\rho}{\mu} = \frac{0.02\times1\times995.7}{80.07\times10^{-5}} = 2.49\times10^4 > 1\times10^4$$

$$Pr = \frac{c_p\mu}{\lambda} = \frac{4.174\times10^3\times80.12\times10^{-5}}{0.6176} = 5.41$$

$Re > 1\times10^4$ 为湍流，水被加热，$n = 0.4$

$$\alpha = 0.023\frac{\lambda}{d_i}Re^{0.8}Pr^{0.4} = 0.023\times\frac{0.6176}{0.02}\times(2.49\times10^4)^{0.8}\times(5.41)^{0.4} = 4588[\text{W/(m}^2\cdot\text{K)}]$$

【例 5-6】 水平放置的直管（内径 2.5cm，管道长 1m）内水流量为 0.02kg/s，管道内表面温度为 90℃，将水从 20℃加热到 60℃，对流传热系数是多少？

解：水在外力的作用下发生管中流动，故该传热过程属于强制对流传热。

①确定定性温度和定性尺寸

定性温度：$T=\frac{20+60}{2}=40℃$

定性尺寸：$d_i=0.025m$

②查取定性温度下的物性：于附录 1 中查得 40℃下水的物性如下：

$\rho=992.2kg/m^3$，$c_p=4.174kJ/(kg\cdot K)$，$\lambda=63.38\times10^{-2}W/(m\cdot K)$，$\mu=65.60\times10^{-5}Pa\cdot s$

③判定流动类型

$$Re=\frac{d_i u\rho}{\mu}=\frac{4W}{\pi\mu d_i}=\frac{4\times0.02}{\pi\times65.60\times10^{-5}\times0.025}=1552.73<2300，为层流。$$

④计算水的对流传热系数

90℃下，$\mu_w=31.48\times10^{-5}Pa\cdot s$

$$Pr=\frac{c_p\mu}{\lambda}=\frac{4.174\times10^3\times65.60\times10^{-5}}{63.38\times10^{-2}}=4.32$$

$$\frac{d_i}{L}=\frac{0.025}{1}=0.025$$

$$\frac{\mu}{\mu_w}=\frac{65.60\times10^{-5}}{31.48\times10^{-5}}=2.08$$

$$Nu=1.86\left(\frac{RePrd_i}{L}\right)^{1/3}\left(\frac{\mu}{\mu_w}\right)^{0.14}=1.86\times\left(\frac{1552.73\times4.32\times0.025}{1}\right)^{1/3}\times2.08^{0.14}=11.36$$

$$\alpha=\frac{Nu\lambda}{d_i}=\frac{11.36\times63.38\times10^{-2}}{0.025}=288.00\ [W/(m^2\cdot K)]$$

（二）流体外绕壁面强制对流

在许多情况下，流体与平板、球体、管道等的外表面进行对流传热，其中许多在工业生产中具有实际意义。

当流体流过固体外表面时，沿整个物体表面的对流传热系数是变化的。下面介绍不同情况下平均对流传热系数的关联式。

1. 流体平行流过平板

当 $Re<3\times10^5$ （层流）时：

$$Nu=0.664Re^{0.5}Pr^{1/3} \tag{5-25}$$

当 $Re=3\times10^5$ （湍流）时：

$$Nu=0.037Re^{0.8}Pr^{1/3} \tag{5-26}$$

应用条件：

Re	$Lu\rho/\mu$	Pr	>0.6
定性温度	固体壁面温度与流体平均温度的算术平均值。		
定性尺寸	L——沿流动方向上的平板长度。		

2. 流体流过单个球体的表面

$$Nu = 2.0 + 0.6Re^{0.5}Pr^{1/3} \tag{5-27}$$

应用条件：

Re	1～70000	Pr	0.6～400
定性温度	固体壁面温度与流体平均温度的算术平均值		
定性尺寸	球的直径 D		

【例 5-7】 假设豌豆的表面温度为 30℃，每个豌豆的直径为 0.5cm，空气通过床层的流速为 0.3m/s，计算 90℃热空气通过豌豆床层时的对流传热系数。

解：热空气流过单个球体（豌豆）表面传热。

①确定定性温度和定性尺寸

定性温度：$T = \dfrac{30 + 90}{2} = 60$（℃）

定性尺寸：$D = 0.005$m

②查取定性温度下的物性：于附录 5 中查得 60℃下空气的物性如下：

$\rho = 1.060\text{kg/m}^3$，$c_p = 1.005\text{kJ/(kg·K)}$，$\lambda = 0.02896\text{W/(m·K)}$，$\mu = 2.01\times10^{-5}\text{Pa·s}$

③计算对流传热系数

$$Re = \frac{Du\rho}{\mu} = \frac{0.005 \times 0.3 \times 1.060}{2.01 \times 10^{-5}} = 79.10$$

$$Pr = \frac{c_p\mu}{\lambda} = \frac{1.005 \times 10^3 \times 2.01 \times 10^{-5}}{0.02896} = 0.70$$

$$Nu = 2 + 0.6Re^{0.5}Pr^{1/3} = 2 + 0.6 \times 79.10^{0.5} \times 0.70^{1/3} = 6.74$$

$$\alpha = \frac{Nu\lambda}{d_i} = \frac{6.74 \times 0.02896}{0.005} = 39.04[\text{W/(m}^2\cdot\text{K)}]$$

3. 流体垂直流过圆柱体

$$Nu = CRe^mPr^{1/3} \tag{5-28}$$

应用条件：

Pr	>0.6	C, m	校正系数，随 Re 变化而变化
定性温度	固体壁面温度与流体平均温度的算术平均值		
定性尺寸	圆柱体的直径 D		

表 5-3　　式（5-28）中的 C、m 值

Re	m	C	Re	m	C
1～4	0.330	0.989	(4×10^3)～(4×10^4)	0.618	0.193
4～40	0.385	0.911	(4×10^4)～(2.5×10^5)	0.805	0.0266
40～(4×10^3)	0.466	0.683			

（三）流体在搅拌槽内强制对流

典型的搅拌槽由圆筒形容器和搅拌器所组成。搅拌槽中的液体常常需要加热或冷却，传热面可以是容器壁上的加热或冷却夹套，也可以是浸没在液体中的蛇管。

液体在搅拌槽内的对流传热系数关联式如下：

$$Nu = CRe^{m}Pr^{1/3}(\mu/\mu_{w})^{0.14} \tag{5-29}$$

$$\alpha = C\left(\frac{\lambda}{D}\right)\left(\frac{d^{2}n\rho}{\mu}\right)^{m}\left(\frac{c_{p}\mu}{\lambda}\right)^{1/3}\left(\frac{\mu}{\mu_{w}}\right)^{0.14} \tag{5-30}$$

式中　D——搅拌槽直径，m；

d——搅拌器直径，m；

n——搅拌器转速，r/s。

常数 C、m 值与搅拌器的型式及传热面的形式有关，参见表 5-4。

表 5-4　式（5-29）中的 C、m 值

传热壁面	m	C		
		涡轮式搅拌器	平桨式搅拌器	推进式搅拌器
容器夹套内壁	2/3	0.62	0.36	0.54
蛇管外壁	0.62	1.01	0.87	0.83

应用条件：

Re	$200 \sim 10^{6}$	d/D	0.25～0.6
定性温度	流体平均温度	C，m	校正系数

（四）大空间自然对流传热

大空间自然对流传热是指在热表面或冷表面和四周没有其他阻碍自然对流的物体存在。例如，管道或换热设备的表面与周围大气之间的对流传热就属于这种情况。此时，对流传热系数准数关联式如下：

$$Nu = C(GrPr)^{n} \tag{5-31}$$

式（5-31）中常数 C、n 的值见表 5-5。

定性温度：壁面温度与流体平均温度的算术平均值（称为膜温）。

表 5-5　式（5-31）中的 C、n 值

加热表面形状	定性尺寸	（$GrPr$）范围	C	n
水平圆管	外径 d_{o}	$10^{4} \sim 10^{9}$	0.53	1/4
		$10^{9} \sim 10^{12}$	0.13	1/3
垂直壁面	高度 L	$10^{4} \sim 10^{9}$	0.59	1/4
		$10^{9} \sim 10^{12}$	0.1	1/3

（五）蒸汽冷凝传热

1. 冷凝传热过程分析

当饱和蒸汽与低于其温度的冷壁面相接触时，蒸汽将放出潜热，在壁面上凝结成液体。蒸汽冷凝有膜状冷凝和滴状冷凝两种方式，冷凝液润湿壁面的能力取决于其表面张力和对壁面附着力的大小，若附着力大于表面张力则会形成膜状冷凝，反之，则形成滴状冷凝。

膜状冷凝指冷凝液能浸润壁面，形成一层完整的液膜布满传热面并连续向下流动。膜状冷凝时，蒸汽冷凝放出的潜热必须通过这层液膜才能传给壁面，因此液膜是冷凝传热的热阻所在。在重力作用下，冷凝液膜沿壁面向下流动，形成的液膜越向下越厚，所以壁面越高或水平放置的管径越大，整个壁面的平均对流传热系数就越小。

滴状冷凝指冷凝液不能很好地浸润壁面，仅在其上凝结成小液滴，此后液滴逐渐合并生成较大的液滴而脱落。通常滴状冷凝时传热面有一部分暴露在蒸汽中，蒸汽可直接在其上冷凝而不必通过液膜传热，故其对流传热系数比膜状冷凝的对流传热系数大 5~10 倍。但滴状冷凝不稳定，难于控制和维持，所以工业上冷凝器的设计均按照膜状冷凝处理。

2. 膜状冷凝传热系数的关联式

（1）蒸汽在垂直壁面上的冷凝

当冷凝液膜流动为层流（$Re=1800$）时：

$$\alpha = 1.13\left(\frac{gr\rho^2\lambda^3}{\mu L\Delta T}\right)^{1/4} \tag{5-32}$$

当冷凝液膜流动为湍流（$Re>1800$）时：

$$\alpha = 0.0077\left(\frac{g\rho^2\lambda^3}{\mu^2}\right)^{1/3} Re^{0.4} \tag{5-33}$$

式中　L——垂直壁面的高度，m；

μ——冷凝液的黏度，Pa·s；

ρ——冷凝液的密度，kg/m^3；

λ——冷凝液的热导率，W/(m·K) 或 W/(m·℃)；

r——蒸汽的冷凝潜热，J/kg；

$\Delta T=T_s-T_W$——蒸汽的饱和温度与冷壁面温度之差，K 或℃。

其中　$Re=4M/\mu=\dfrac{4\alpha L\Delta T}{\mu r}$，$M$ 为单位长度润湿周边上冷凝液的质量流量。

定性温度：除冷凝潜热 r 取蒸汽饱和温度外，其余取蒸汽饱和温度与壁面温度的算术平均值。

定性尺寸：垂直壁面的高度。

（2）蒸汽在水平管外冷凝

$$\alpha = 0.725\left(\frac{gr\rho^2\lambda^3}{\mu d_0 N\Delta T}\right)^{1/4} \tag{5-34}$$

式中　N——管束在同一垂直面上的管数，对单根管，$N=1$；

d_0——管子外径，m。

【例 5-8】 100℃的饱和水蒸气在外径为 0.05m、长度为 2m 的单根垂直圆管外冷凝，管外壁温度为 80℃。求单位时间的蒸汽冷凝量。如果管改为水平放置，问蒸汽冷凝量为多少？

解：蒸汽的冷凝潜热取 100℃下的值，由附录 2 查得：$r=2258.4$kJ/kg

定性温度 $= \dfrac{100+80}{2} = 90(℃)$，$\Delta T = 100 - 80 = 20(℃)$。

由附录 1 查得 90℃下水的物理性质为：

$\lambda = 0.6814 W/(m \cdot K)$，$\rho = 965.3 kg/m^3$，$\mu = 31.65 \times 10^{-5} Pa \cdot s$。

①单根垂直圆管外冷凝：先假设为层流，则选用式（5-32）计算。

$$\alpha = 1.13\left(\frac{gr\rho^2\lambda^3}{\mu L\Delta T}\right)^{1/4} = 1.13\left(\frac{9.81 \times 2258.4 \times 10^3 \times 965.3^2 \times 0.6814^3}{31.65 \times 10^{-5} \times 2 \times 20}\right)^{1/4} = 5385[W/(m^2 \cdot K)]$$

校核流型：

$$Re = \frac{4\alpha L\Delta T}{\mu r} = \frac{4 \times 5385 \times 2 \times 20}{2258.4 \times 10^3 \times 31.65 \times 10^{-5}} = 1205 < 1800$$

所求 α 正确。

由牛顿冷却定律，得：

$$Q = \alpha S\Delta T = 5385 \times \pi \times 0.05 \times 2 \times 20 = 3.383 \times 10^4 \text{（W）}$$

蒸汽冷凝量为：

$$W_s = Q/r = \frac{3.383 \times 10^4}{2258.4 \times 10^3} = 0.0150(kg/s)$$

②单根水平管外冷凝：以 α_V 和 α_H 分别表示管垂直和水平放置时的冷凝传热系数（注意 $N=1$），两式相除得：

$$\alpha_H/\alpha_V = (0.725/1.13)(L/d_o)^{1/4} = (0.725/1.13)(2/0.05)^{1/4} = 1.61$$

$$\alpha_H = 1.61\alpha_V = 1.61 \times 5385 = 8670[W/(m^2 \cdot K)]$$

$$W_S = 1.61 \times 0.015 = 0.0242(kg/s)$$

3. 影响冷凝传热的因素及冷凝过程的强化

（1）流体的物性及液膜两侧的温差　冷凝液的密度越大，黏度越小，则液膜的厚度越小，因而冷凝传热系数越大。热导率大也有利于传热。冷凝潜热大，则在同样的热流量下冷凝液少，液膜就薄，故 α 就大。当液膜呈层流流动时，液膜两侧的温差加大，则蒸汽冷凝速率增加，因而液膜增厚，使得 α 下降。

（2）蒸汽流速及流向　蒸汽流速对冷凝传热影响很大，前面介绍的计算式只适用于蒸汽静止或流速很小的情况。当蒸汽流速较大时，蒸汽与液膜之间的摩擦力不能忽略。当蒸汽流速达到 40~50m/s 时，对流传热系数可提高 30%左右。若蒸汽和液膜流动方向相同，摩擦力的作用将使液膜减薄，并促使液膜产生一定的波动，因而使 α 增大。若二者逆向流动，则液膜的流动因受阻而变厚，则 α 减小。但是当这种力的作用超过重力时，液膜会被蒸汽吹离壁面，而使 α 急剧增大。蒸汽流速对 α 的影响与其压强有关，随着压强的增大，影响加剧。

（3）不凝气体的影响　蒸汽中含有不凝气体时，即使含量极微，也会对冷凝传热产生非常不利的影响。若蒸汽中含有空气等不凝气体，当蒸汽冷凝时，它们会在液膜表面形成一层富集的气膜层。这样，可凝蒸汽在抵达液膜表面进行冷凝之前，必须以扩散方式通过这层气膜。扩散过程的阻力引起蒸气分压和相应的饱和温度下降，使液膜表面的温度低于蒸汽主体温度。这相当于附加一个额外热阻，使蒸汽冷凝传热系数大大降低。例如，当水蒸气中含有 1%的空气时，冷凝对流传热系数可降低 60%左右。不凝气体通常是锅炉给水系统除气不彻底而带入的空气，也可能是溶液生产过程所产生的其他不凝性气体。为了降低不凝气的不良影响，在冷凝器的设计中要设有不凝气排气口，在操作过程中要定期排放不凝气。

(4) 蒸汽过热的影响　蒸汽温度高于操作压强下的饱和温度为过热蒸汽。过热蒸汽与低于蒸汽饱和温度的冷壁面相接触时的传热由两个串联环节组成，即过热的消除和蒸汽的冷凝。在壁面附近，过热蒸汽首先在气相下冷却到饱和温度，然后在液膜表面继续冷凝，在气、液界面处的温度仍为饱和温度，此时的冷凝传热实际上是冷却和冷凝这两个过程的组合。因此，对于液膜传热，其温差与蒸汽不过热时相同。实验表明，蒸汽过热对冷凝传热系数的影响很小，可以忽略不计。在冷却过程中，蒸汽内产生温度梯度并向液膜传递热，但这部分热量与总热量相比很小，同时又因蒸汽冷凝时体积急剧缩小，过热蒸汽急速冲向液面，通常可把过热蒸汽按饱和蒸汽处理，前面给出的计算式仍然适用。

(5) 冷凝传热过程的强化　如上所述，单一组分蒸汽的膜状冷凝，传热热阻集中于液膜内，因而设法减小液膜厚度是强化冷凝传热的主要途径。

表 5-6　减少液膜厚度的方法

调整	冷凝壁高度	管列布置方式	管列结构
措施	减少冷凝壁的高度	减少垂直方向上的管束；使冷凝液切向流过管束	设置挡板、凹槽、金属丝、翅片等

对于水平放置的列管式冷凝器，应减少垂直方向上的管数，或采用斜转排列方式，使冷凝液尽量沿各排管的切向流过，如图 5-7 所示。此外，还可安装除去冷凝液的挡板；对于垂直放置的壁面，可开若干条纵向凹槽，使冷凝液沿凹槽流下，以减薄壁面上的液膜厚度。还可以在壁面上沿纵向安装金属丝或直翅片，使冷凝液在表面张力作用下，流向金属丝或翅片附近集中，形成一股股小溪向下流动，从而使壁面上液膜减薄。此外，采用高速蒸汽喷射壁面。将冷凝液吹成雾状等都是强化冷凝传热的有效措施。

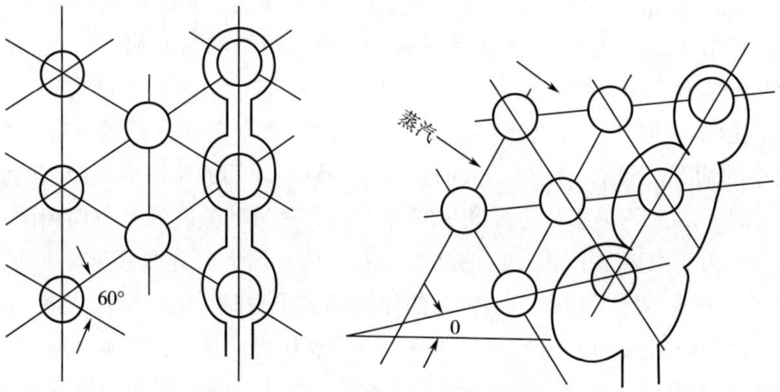

(1) 正排列　　(2) 斜转排列

图 5-7　冷凝器中管的排列

(六) 沸腾传热

沸腾传热，也称为液体沸腾，是指液体与高于其饱和温度的壁面接触被加热汽化、并产生气泡的过程。沸腾时首先在放热壁面上的某些点形成“汽化核心”，在汽化核心首先形成气泡，形成的气泡因受热逐渐胀大，浮力增加，气泡上升，最后跃离液面。气泡的产生和对液体的穿层运动，不仅对液体产生强烈扰动，而且破坏了加热面附近的边界层，降低了热阻，大大提高了传热效率。

1. 液体沸腾分类

液体沸腾有各种分类方法。一类分类方法是按液体流动原因来分：如果液体的运动仅仅由液体与加热面间的温差所引起，则称为大容器内沸腾（又称池内沸腾）；如果液体被强制流过加热面而沸腾，则称为强制对流沸腾。另一类分类方法是按液体的温度来分：如果加热面的温度高于相应压强下的饱和温度，但流体的平均温度低于饱和温度，这种沸腾称为过冷沸腾或局部沸腾；如果液体保持为饱和温度，则称为饱和沸腾。以下仅讨论大容器内的饱和沸腾。

2. 液体沸腾曲线

实验表明，大容器内饱和沸腾随加热面壁温与液体饱和温度之差（$\Delta T=T_w-T_s$）的变化出现不同类型的沸腾状（三个阶段），分别为自然对流阶段（$\Delta T\leqslant 5$℃）、泡核沸腾或核状沸腾阶段（$\Delta T=5\sim 25$℃）、膜状沸腾阶段（$\Delta T>25$℃），如图 5-8 所示。

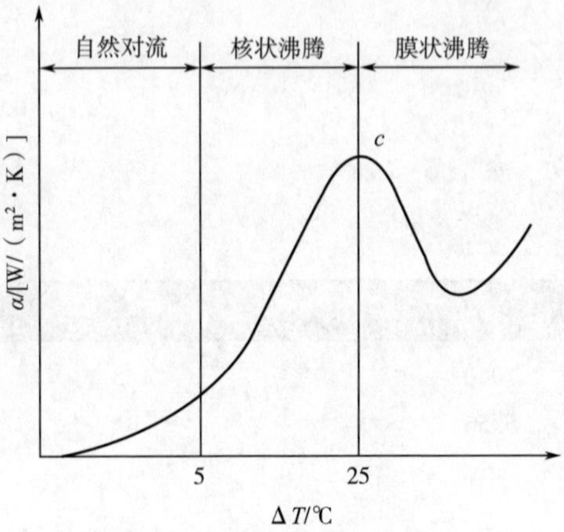

图 5-8 池内沸腾曲线

当温差较小（$\Delta T\leqslant 5$℃）时，加热表面上的液体轻微过热，使液体内部产生自然对流，但没有气泡逸出液面，只在液体表面发生蒸发。这一阶段纯属自然对流，α 较小，且随温差升高较慢。

当 ΔT 逐渐升高（$\Delta T=5\sim 25$℃）时，气泡开始在加热面个别的点产生（称为汽化核心）。随着 ΔT 的增大，汽化核心数增多，气泡增长增大速率也较快，使液体受到强烈的扰动，α 急剧增大。在此阶段由汽化核心产生的气泡对传热起着主导作用，故称为泡核沸腾或核状沸腾。

随着 ΔT 的进一步增大（$\Delta T>25$℃），加热面的汽化核心数进一步增多，气泡产生的速度大于脱离加热表面的速度，使得气泡在脱离壁面前就连接起来，形成一层蒸汽膜，而这层蒸汽膜使液体无法再与加热表面接触。

由于蒸汽的导热性能差，而使 α 迅速下降。蒸汽膜在开始形成时是不稳定的，随时可能被撕破形成大的气泡脱离壁面，这时的膜状沸腾为不稳定膜状沸腾。当温度差再增大，由于加热面的温度升高，辐射传热的影响显著增加，故 α 又随之增大，这一阶段称为稳定的膜状沸腾。不稳定膜状沸腾是泡核沸腾变到稳定膜状沸腾的过渡区。

由泡核沸腾向膜状沸腾过渡的转折点 c 称为临界点。临界点上的温差、热流密度和对流传热系数分别称为临界温差 ΔT_c、临界热流密度 q_c 和临界对流传热系数 α_c。不同的液体在不同压强下的沸腾曲线的形状类似，但临界点的数值不同。

临界点的数值对于有沸腾传热的蒸发器的设计或操作是很重要的参数。由于泡核沸腾的传热系数比膜状的大，故一般都设法控制蒸发器在泡核状态下工作。此外，临界点的数值对加热壁面温度的控制也具有重要的实际意义。

3. 沸腾传热系数的计算式

（1）莫斯金斯基（Mostinski）经验式

$$\alpha = 1.163Z(\Delta T)^{2.33} \tag{5-35}$$

式中 $\Delta T = T_W - T_S$——沸腾传热温差，℃；

Z——与操作压强及沸腾液体的临界压强有关的参数。

$$Z = 1.24 \times 10^{-8} p_c^{2.3}(1.8R^{0.17} + 4R^{1.2} + 10R^{10})^{3.33} \tag{5-36}$$

式中 $R = P/P_c$——对比压强，无因次；

P——操作压强，kPa；

P_c——临界压强，kPa。

上式的应用条件为：

$$P_c > 3000\text{kPa},\ R = 0.01 \sim 0.9,\ q < q_c。$$

临界热流密度 q_c 可按下式计算：

$$q_c = 380P_cR^{0.35}(1 - R)^{0.9} \tag{5-37}$$

（2）若液体为水，可用下述计算式：

$$\alpha = C(\Delta T)^n(P/P_a)^{0.4} \tag{5-38}$$

式中 P——操作压强，kPa；

P_a——标准大气压强，kPa。

常数 C、n 值与加热面的设置及热流密度 q 有关，如表 5-7 所示：

表 5-7 式（5-38）中的 C、n 值

加热面位置	q/（W/m²）	C	n
水平面	q<15800	1040	1/3
	15800<q<236000	5.56	3
竖直面	q<3150	539	1/7
	3150<q<63100	7.95	3

第四节 辐射传热

一、概述

（一）辐射传热

辐射传热属于热量传递的三种基本形式之一。不直接接触的两物体可以不依赖其间的任何介质而传递辐射热量，在真空中也可进行。通常将物体发射辐射能以及辐射能的传播统称为辐射。自然界中凡是温度高于绝对零度的物体，都会不停地向周围发射辐射能。辐射能以电磁波的形式发射并传播。电磁波的波长范围极广，对传热具有实际意义的波长范围为 0.4~20μm，包括波长范围为 0.4~0.8μm 的可见光线和波长范围为 0.8~20μm 的红外光线，统称为热射线，

也称热辐射，是物体仅由于自身温度而发出的辐射能。热辐射既具有波粒二象性，也具有波动性：

$$c = \nu\lambda \tag{5-39}$$

式中　c——光速，$c=3\times10^8$ m/s；

ν——频率，Hz；

λ——波长，m。

也具有粒子性：

$$E = h\nu \tag{5-40}$$

式中　E——量子的能量，J；

h——普朗克（Planck）常量，$h=6.626\times10^{-34}$ J · s。

当热辐射与另一物体相遇时则可被吸收、反射和透过。其中被吸收的部分可以转化为热能，如图 5-9 所示。

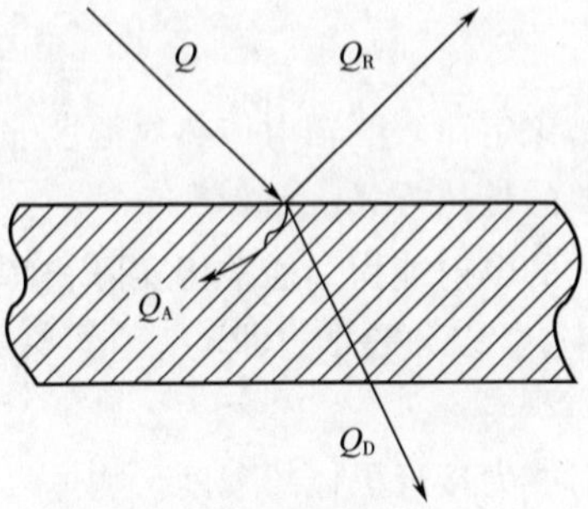

图 5-9　辐射能的吸收、反射和透过

（二）辐射能的吸收、反射和透过

当辐射能 Q 投射到物体表面上时，其中会有一部分能量 Q_A 被吸收，一部分能量 Q_R 被反射，其余能量 Q_D 透过物体，如图 5-9 所示。根据能量守恒定律，可得：

$$Q_A + Q_R + Q_D = Q \tag{5-41}$$

$$或\frac{Q_A}{Q} + \frac{Q_R}{Q} + \frac{Q_D}{Q} = 1 \tag{5-41a}$$

式中，比值 Q_A/Q、Q_R/Q、Q_D/Q 分别称为该物体对投射辐射的吸收率、反射率和透过率，并依次用符号 A、R 和 D 表示。于是式（5-41a）可写成：

$$A + R + D = 1 \tag{5-41b}$$

若 $A=1$，表示投射到物体表面上的辐射能全部被吸收，这种物体称为黑体。

若 $R=1$，表示投射到物体表面上的辐射能全部被反射，这种物体称为镜体或绝对白体。

若 $D=1$，则表示投射到物体表面上的辐射能全部被透过，这种物体称为透热体。

黑体和镜体都是理想物体，实际上并不存在。实际上物体只能或多或少地接近这种理想物体，如没有光泽的黑漆表面的吸收率可达到 0.96~0.98，接近黑体；磨光的铜表面的反射率约为 0.97，接近镜体；单原子和对称双原子气体如 O_2、N_2、H_2 等可视为透热体。引入黑体等概念，只是作为实际物体的比较标准，以简化辐射传热的计算。

物体的吸收率 A、反射率 R 和透过率 D 的大小与物体的性质、表面状况、温度和投射辐射的波长有关。一般固体和液体都是不透热体，即 $D=0$。气体则不存在反射，即 $R=0$。为简化辐射的计算，提出了灰体的概念，所谓灰体是指能以相同的吸收率且部分地吸收所有波长范围的辐射能的物体。灰体有以下特点：①灰体的吸收率与投射辐射的波长无关；②灰体是不透热体，即 $A+R=1$。

灰体也是理想物体，但在工业高温条件下，大多数工程材料的热辐射主要处于红外线范围内，在该范围内材料的吸收率 A 随投射辐射的波长变化很小，因此可以把工程材料作为灰体处理。

二、物体的辐射能力

（一）斯蒂芬-波尔兹曼定律

物体的辐射能力是指物体在一定温度下，单位表面积、单位时间内所发射的全部波长的总能量，记作 E，单位是 W/m^2。辐射能力表征物体发射辐射能的本领。黑体的辐射能力记作 E_b。理论研究表明，黑体的辐射能力服从下列斯蒂芬-波尔兹曼定律：

$$E_b = \sigma_0 T^4 \tag{5-42}$$

式中 σ_0——黑体的辐射常数，即斯蒂芬-波尔兹曼常量，$\sigma_0 = 5.669 \times 10^{-8} W/(m^2 \cdot K^4)$；

T——黑体表面的绝对温度，K。

式（5-42）称为斯蒂芬-波尔兹曼定律。该定律表明黑体的辐射能力与绝对温度的四次方成正比，故也称四次定律。在实际应用中，式（5-42）常写为：

$$E_b = C_0 \left(\frac{T}{100} \right)^4 \tag{5-43}$$

式中 C_0——黑体辐射系数，$C_0 = 5.669 W/(m^2 \cdot K^4)$。

显然，热辐射与热对流或热传导遵循完全不同的规律。该定律表明辐射传热对温度非常敏感：低温时热辐射往往可以忽略，而高温时则往往成为主要的传热方式。

实际物体在一定温度下的辐射能力恒小于同温度下黑体的辐射能力。通常将实际物体与同温度黑体的辐射能力的比值称为该物体的黑度（又称发射率），以 ε 表示，即：

$$\varepsilon = E/E_b \tag{5-44}$$

物体的黑度不是简单的颜色的概念，它表明物体的辐射能力接近黑体的程度。物体表面的黑度与物体的性质、表面温度以及表面状况有关，是物质本身的特性，与外界情况无关，一般由实验测定。常见工业材料的黑度列于表 5-8 中。

表 5-8 常见工业材料的黑度

材料	温度/℃	黑度
红砖	20	0.88~0.93
耐火砖	—	0.8~0.9
钢板（氧化的）	200~600	0.8
钢板（磨光的）	940~1100	0.55~0.61
铝（氧化的）	200~600	0.11~0.19
铝（磨光的）	225~575	0.039~0.057
铜（氧化的）	200~600	0.57~0.87
铜（磨光的）	—	0.03
铸铁（氧化的）	200~600	0.64~0.78
铸铁（磨光的）	330~910	0.6~0.7

（二）克希霍夫定律

克希霍夫定律揭示了物体的辐射能力 E 与吸收率 A 之间的关系，表示为：

$$E/A = E_b \tag{5-45}$$

式（5-45）与式（5-44）比较可得：

$$A = \varepsilon \tag{5-46}$$

式（5-46）是克希霍夫定律的另一种表达式，它表明灰体的吸收率在数值上等于同温度下该灰体的黑度。由于大多数工程材料可以视为灰体，灰体的黑度 ε 在一定温度范围内为定值，所以灰体的吸收率在一定范围内也是定值。

由克希霍夫定律可以看出，物体的吸收率越大，其辐射能力越强，善于吸收的物体必善于辐射。

三、两固体表面的辐射传热

（一）有效辐射与角系数

食品工业中经常遇到两固体表面之间的辐射传热，由于大多数工程材料可视为灰体，故以下讨论两个灰体之间的辐射传热。影响辐射传热的因素包括温度、物体间的几何位置、物体表面的黑度、辐射表面间的介质等。

对于一个黑度为 ε、表面积为 S 的灰体的辐射，其表面所发射出去的能量可能既包含本身辐射的能量，同时也包含该物体表面对周围其他物体的投射辐射能量的反射。为此，给出有效辐射的概念。有效辐射 J 是指单位时间内由灰体的表面所射离的总能量，它是在灰体表面 S 外用测试仪表能测量到的能量，实际上就是本身辐射和反射辐射之和，即：

$$J = E + RG = \varepsilon E_b + RG \tag{5-47}$$

式中　G——外来的投射辐射，W/m^2。

为建立能量平衡，从灰体表面 S 向外观察，有：

$$q = J - G \tag{5-48}$$

式中　q——该灰体单位表面与外界的换热量，J。

若从灰体表面向内观察，则有：

$$q = E - AG \tag{5-49}$$

由以上两式可得：

$$J = E_b - (1/\varepsilon - 1)q \tag{5-50}$$

辐射传热时，从一个有限表面所发射的能量被另一个有限表面所截获的份额显然与两灰体表面的形状、大小以及两表面的相对位置有关。为此引入角系数 F 的概念。将角系数 F_{12} 定义为从物体 1 的表面所发射的能量被另一物体 2 所截获的分数，称为物体 1 对物体 2 的角系数。角系数之间存在下列关系：

$$S_1F_{12} = S_2F_{21} \tag{5-51}$$

式中　S_1——物体 1 的表面积，m^2；

S_2——物体 2 的表面积，m^2；

F_{12}——物体 1 对物体 2 的角系数；

F_{21}——物体 2 对物体 1 的角系数。

容易看出，对于很大的物体 2 包住小物体 1（为凸表面）所构成的封闭空间，则有 $F_{12}=1$。

（二）辐射传热的计算

1. 两个灰体表面构成的封闭空间

由物体 1 和物体 2 的表面构成的封闭空间，如图 5-10 所示。

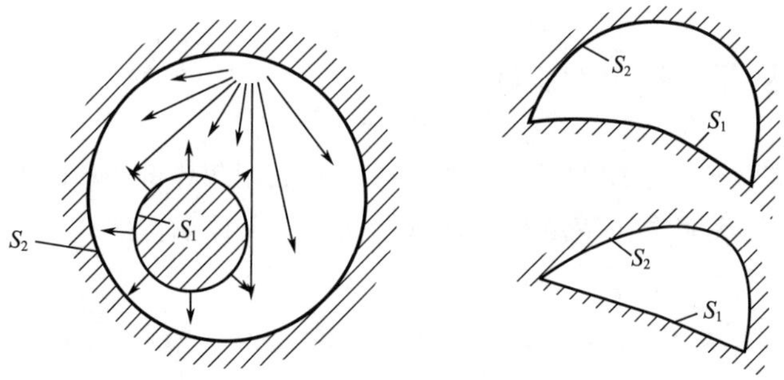

图 5-10　两灰体构成的封闭空间

设 $T_1>T_2$，则两表面的换热量为：

$$Q_{12} = J_1S_1F_{12} - J_2S_2F_{21} \tag{5-52}$$

将式 $S_1F_{12}=S_2F_{21}$ 代入，可得：

$$Q_{12} = S_1F_{12}(J_1 - J_2) = S_2F_{21}(J_1 - J_2) \tag{5-53}$$

由 $J=E_b-(1/\varepsilon-1)q$ 可得表面 S_1 失去的能量为：

$$Q_1 = \frac{E_{b1} - J_1}{(1-\varepsilon_1)/S_1\varepsilon_1} \tag{5-54}$$

表面 S_2 得到的能量为：

$$Q_2 = \frac{J_2 - E_{b2}}{(1-\varepsilon_2)/S_2\varepsilon_2} \tag{5-55}$$

因换热仅发生在 S_1 和 S_2 之间，故 $Q_{12}=Q_1=-Q_2$。联立上式，消去 J_1 和 J_2，若 $F_{12}=1$，可得 S_1 和 S_2 间的辐射换热量为：

$$Q_{12} = \frac{\sigma_0 S_1}{\frac{1}{\varepsilon_1}+\left(\frac{S_1}{S_2}\right)\left(\frac{1}{\varepsilon_2}-1\right)}(T_1^4 - T_2^4) \tag{5-56}$$

注意在应用上式时，S_1 为被围住的小物体 1 的凸表面积，带有下标“1”的参数均指小物体 1 的相关参数。下面对式（5-55）在具体场合的应用进行简化。

若两灰体表面为无限大平行平面，即 $S_1=S_2$ 时：

$$Q_{12} = \frac{\sigma_0 S_1}{\frac{1}{\varepsilon_1}+\frac{1}{\varepsilon_2}-1}(T_1^4 - T_2^4) \tag{5-57}$$

若大空间包围小物体，即 $S_1<<S_2$（$S_1/S_2\approx0$）时：

$$Q_{12} = \varepsilon_1\sigma_0 S_1(T_1^4 - T_2^4) \tag{5-58}$$

式（5-57）表明大表面 2 的黑度对传热量没有影响。

2. 平行放置的两有限表面

平行放置的两有限表面间的辐射传热可用下式计算：

$$Q_{12} = \varepsilon_1\varepsilon_2\sigma_0 S_1F_{12}(T_1^4 - T_2^4) \tag{5-59}$$

令 $C_{12}=\dfrac{C_0}{\frac{1}{\varepsilon_1}+\frac{1}{\varepsilon_2}-1}$，称为总辐射系数，单位为 $W/(m^2 \cdot K^4)$。表 5-9 给出了几种简单情况下的角系数和总辐射系数计算方法。

表 5-9 角系数和总辐射系数计算

序号	辐射情况	面积 S	角系数 F_{12}	总辐射系数 C_{12}
1	极大的两平行面	S_1 或 S_2	1	$\dfrac{C_0}{\dfrac{1}{\varepsilon_1}+\dfrac{1}{\varepsilon_2}-1}$
2	面积有限的两相等平行面	S_1	<1	$\varepsilon_1 \cdot \varepsilon_2 \cdot C_0$
3	很大的物体 2 包住物体 1	S_1	1	$\varepsilon_1 \cdot C_0$
4	物体 2 恰好包住物体 1（$S_2 \approx S_1$）	S_1	1	$\dfrac{C_0}{\dfrac{1}{\varepsilon_1}+\dfrac{1}{\varepsilon_2}-1}$
5	在 3、4 两种情况之间	S_1	1	$\dfrac{C_0}{\dfrac{1}{\varepsilon_1}+\dfrac{S_1}{S_2}\left(\dfrac{1}{\varepsilon_2}-1\right)}$

【例 5-9】 有一表面积为 0.2m² 的面包块在烤炉内烘烤，炉内壁辐射换热面积为 2m²，壁面温度为 227℃，面包温度为 100℃。假设炉壁和面包之间为封闭空间，求面包得到的辐射热量。面包表面的黑度取 0.5，炉壁面的黑度取 0.8。

解： 本题属于两表面构成的封闭空间的辐射传热。由：

$$Q_{12} = \frac{\sigma_0 S_1}{\dfrac{1}{\varepsilon_1} + \left(\dfrac{S_1}{S_2}\right)\left(\dfrac{1}{\varepsilon_2} - 1\right)}(T_1^4 - T_2^4)$$

其中 $S_1 = 0.2\text{m}^2$，$\varepsilon_1 = 0.5$，$T_1 = 100 + 273 = 373\text{K}$

$S_2 = 2\text{m}^2$，$\varepsilon_2 = 0.8$，$T_2 = 227 + 273 = 500\text{K}$

得：$Q_{12} = 5.669 \times 10^{-8} \times 0.2 \times (373^4 - 500^4) / \left[\dfrac{1}{0.5} + \left(\dfrac{0.2}{2}\right)\left(\dfrac{1}{0.8} - 1\right)\right] = -241.56\text{W}$

负号表示热量由炉壁 S_2 传给面包 S_1。

四、微波加热

电磁辐射中除了热辐射，可用于加热的还有微波。微波是频率在 300MHz～300GHz 的电磁波。

（一）微波加热原理

当微波被介电物质吸收时，会向介电物质释放能量，将微波能转化为热能，使物质的温度升高。微波场中物质产生热量主要有两种机制：

（1）离子极化　物体中的离子在施加电场时，由于自身电荷而加速运动，相互碰撞，将动能转变为热能。

（2）偶极旋转　含有极性分子如水分子等的物体在微波场中，其中的极性分子会不断取向、频繁旋转，与周围介质摩擦生热，使物体温度升高。

（二）微波炉和食品的微波加热

微波炉是利用微波进行加热的灶具设备，其主要组成部分包括：

（1）磁控管　磁控管是产生并发射微波的关键元件，内有氧化铜阳极和位于阳极中央的圆柱状阴极。若施加直流高压电，则阴极发射大量电子，电子在磁场作用下旋向阳极，产生一定频率微波，从阳极天线发射出去。

（2）波导管　波导管是微波的传输元件，将微波由磁控管引入微波炉腔内。

（3）搅拌器　搅拌器是微波的均布装置，作用是将波导管引来的微波均匀分布到炉腔内。

（4）谐振腔　即盛放食品的炉腔。谐振腔的结构尺寸按微波频率精细设计，使导入的微波频率等于谐振腔的谐振率，完成微波能向热的转换。微波在腔壁间来回反射，频繁穿透食品并被不断吸收而转化为热能。

用微波炉加热食品具有诸多优点，包括：加热速度快、节省能量、利于解冻、具有一定的消毒杀菌作用等。

第五节　稳定传热计算

在传热系统中温度分布不随时间而改变的传热过程称为稳态传热（Steady-State Heat Transfer），反之为非稳态传热。连续生产过程中的传热多为稳态传热，生产中间歇操作的换热设备和连续生产时设备的启动和停车为非稳态传热。

工程上传热过程的计算主要有两类：一类是设计计算，即根据生产任务的要求（热负荷），确定换热器的传热面积及换热器的其他有关尺寸，以便设计或选用换热器；另一类是校核计算，即判断一个给定换热器是否能满足生产任务的要求或预测生产过程中某些参数（如流体的流量、初温）的变化对换热器传热能力的影响。校核计算有时也称作操作型计算。二者都是以热量衡算和总传热速率方程为计算的基础。

一、热量衡算

热量衡算式反映做热交换的两流体在换热过程中温度变化的相互关系，其根据是能量守恒原理。

当换热器中两流体均无相变化时，热量衡算关系为：

$$Q=\dot{m}_{h}c_{p,h}(T_{h1}-T_{h2})=\dot{m}_{c}c_{p,c}(T_{c2}-T_{c1})+Q_{L} \tag{5-60}$$

式中　Q——换热器的热负荷，W；

Q_L——换热器的热损失，W；

c_p——流体的平均定压比热容，J/(kg·K)；

$\dot{m}$——流体的质量流量，kg/s；

T——流体的温度，K。下标 c 和 h 分别表示冷流体和热流体，下标 1 和 2 分别表示换热器的进口和出口。

若换热器中热流体有相变，则：

$$Q=\dot{m}_{h}[r+c_{p,h}(T_{s}-T_{h2})]=\dot{m}_{c}c_{p,c}(T_{c2}-T_{c1})+Q_{L} \tag{5-61}$$

式中　$c_{p,h}$——冷凝液的比热容，J/(kg·K)；

$c_{p,c}$——冷流体的比热容，J/(kg·K)；

T_s——冷凝液的饱和温度，K；

r——饱和蒸汽的冷凝潜热，J/kg。

当冷凝液在饱和温度下排出时，$T_{h2}=T_s$。此时，有：

$$Q=\dot{m}_h r=\dot{m}_c c_{p,c}(T_{c2}-T_{c1})+Q_L \tag{5-62}$$

注意：在无特别说明时可认为 $Q_L=0$，和 $T_{h2}=T_s$。

二、总传热速率方程

前面已分别阐述了通过固体壁的导热及流体与固体壁面间的对流传热的计算。但不论是通过壁面的导热还是流体与壁面间的对流传热的计算都需要知道壁面温度，而壁面温度常常是未知的。故引出间壁两侧流体进行换热的总传热速率方程。

对于间壁式换热器，冷、热流体换热的总传热速率方程可写成：

$$Q=KS\Delta T_m \tag{5-63}$$

式中　K——换热器的平均传热系数，简称为总传热系数（Heat-Transfer Coefficient），W/(m^2·K)；

ΔT_m——换热器间壁两个流体的平均温差，K（或℃）；

S——换热器的总传热面积，m^2。

注意：对换热面为圆管的换热器，Q 和 ΔT_m 与选择的基准面无关，但选择管内外表面的面积不同，则对应的总传热系数不同。若以外（内）表面积为基准，则传热面积以 S_o（S_i）表示，总传热系数以 K_o（K_i）表示。一般换热器上所标的面积是以外表面积为基准。

三、总传热系数

总传热系数 K 的数值主要取决于流体的物性、传热过程的操作条件和换热器的类型等，通常 K 值的来源有以下 3 个方面。

（1）生产实际的经验数据　在有关手册中，列有某些情况下 K 的经验值，可供设计时参考。但要注意选用工艺条件相仿，设备类似状态下的 K 值。表 5-10 给出了在列管式换热器中总传热系数 K 的经验值。

表 5-10　　列管式换热器中的总传热系数

冷流体	热流体	总传热系数 K/[W/(m^2·K)]	冷流体	热流体	总传热系数 K/[W/(m^2·K)]
水	水	850~1700	有机溶剂	有机溶剂	115~340
水	气体	17~280	水	水蒸气冷凝	1420~4250
水	有机溶剂	280~850	气体	水蒸气冷凝	30~300
水	轻油	340~910	水	低沸点烃类冷藏	450~1140
水	重油	60~280	水沸腾	水蒸气冷凝	2000~4250
轻油沸腾	水蒸气冷凝	450~1020			

（2）实验测定　对现有的换热器，通过实验测定有关的数据，如设备的尺寸、流体的流量和温度等，再用总传热速率方程式计算 K 值。

（3）直接计算　先利用前面介绍过的方法计算流体的对流传热系数等，然后再用下面的方法计算 K 值。

（一）总传热系数的计算

如前所述，两流体通过管壁的传热包括 3 个步骤，即管壁内侧的对流传热、通过管壁的导热和管壁外侧的对流传热。为说明 K 的计算方法，假定换热面两侧为恒温差传热（两侧流体均发生相变）。

稳定传热时，通过各过程的传热速率相等，即：

$$Q = Q_i = Q_{cond} = Q_o \tag{5-64}$$

或

$$Q = \alpha_i(2\pi r_i L)(T_h - T_{w,h}) = \frac{2\pi\lambda L(T_{w,h} - T_{w,c})}{\ln\dfrac{r_o}{r_i}} = \alpha_o(2\pi r_o L)(T_{w,c} - T_c) \tag{5-65}$$

或

$$Q = \frac{2\pi L(T_h - T_{w,h})}{\dfrac{1}{\alpha_i r_i}} = \frac{2\pi L(T_{w,h} - T_{w,c})}{\dfrac{1}{\lambda}\ln\dfrac{r_o}{r_i}} = \frac{2\pi L(T_{w,c} - T_c)}{\dfrac{1}{\alpha_o r_o}} \tag{5-66}$$

应用数学上的加比定律于上式，得：

$$Q = \frac{2\pi L(T_h - T_c)}{\dfrac{1}{\alpha_i r_i} + \dfrac{1}{\lambda}\ln\dfrac{r_o}{r_i} + \dfrac{1}{\alpha_o r_o}} = K_o S_o \Delta T_m = K_i S_i \Delta T_m \tag{5-67}$$

$$Q = \frac{2\pi L(T_h - T_c)}{\dfrac{1}{\alpha_i r_i} + \dfrac{1}{\lambda}\ln\dfrac{r_o}{r_i} + \dfrac{1}{\alpha_o r_o}} = K_o(2\pi r_o L)\Delta T_m = K_i(2\pi r_i L)\Delta T_m \tag{5-68}$$

根据公式（5-68）可得：

$$\frac{1}{\dfrac{1}{\alpha_i r_i} + \dfrac{1}{\lambda}\ln\dfrac{r_o}{r_i} + \dfrac{1}{\alpha_o r_o}} = K_o r_o = K_i r_i \tag{5-69}$$

比较式（5-63）、式（5-67）与式（5-69），可得：

$$K_o = \frac{1}{\dfrac{r_o}{\alpha_i r_i} + \dfrac{r_o}{\lambda}\ln\dfrac{r_o}{r_i} + \dfrac{1}{\alpha_o}} \tag{5-70}$$

$$K_i = \frac{1}{\dfrac{1}{\alpha_i} + \dfrac{r_i}{\lambda}\ln\dfrac{r_o}{r_i} + \dfrac{r_i}{\alpha_o r_o}} \tag{5-71}$$

对于平壁，式（5-70）与式（5-71）可简化为：

$$K = \frac{1}{\dfrac{1}{\alpha_i} + \dfrac{b}{\lambda} + \dfrac{1}{\alpha_o}} \tag{5-72}$$

式（5-70）即为总传热系数的计算式。总传热系数的倒数即为总热阻，由式（5-70）得：

$$R_o = \frac{1}{K_o} = \frac{r_o}{\alpha_i r_i} + \frac{r_o}{\lambda}\ln\frac{r_o}{r_i} + \frac{1}{\alpha_o} \tag{5-73}$$

（二）污垢热阻

换热器在运行一段时间后，传热壁面上常常积存一层污垢，对传热产生附加热阻，称为污垢热阻，使传热系数降低。在计算 K 值时一般不能忽略污垢热阻，由于污垢层的厚度随着使用时间增加，其热导率难以准确地测定，因此通常选用污垢热阻的经验值作为参考来计算 K 值。

若管壁内、外表面上的污垢热阻分别用 $R_{s,i}$ 和 $R_{s,o}$，则有：

$$K_o = \frac{1}{\dfrac{r_o}{\alpha_i r_i} + R_{s,i}\dfrac{r_o}{r_i} + \dfrac{r_o}{\lambda}\ln\dfrac{r_o}{r_i} + R_{s,o} + \dfrac{1}{\alpha_o}} \tag{5-74}$$

式中 $R_{s,i}$，$R_{s,o}$——管内和管外的污垢热阻，$(m^2 \cdot K)/W$。

当传热面为平壁时，则有：

$$K = \frac{1}{\dfrac{1}{\alpha_i} + R_{s,i} + \dfrac{b}{\lambda} + R_{s,o} + \dfrac{1}{\alpha_o}} \tag{5-75}$$

当传热面为薄管壁时，r_i、r_o 近似相等，则有：

$$K = \frac{1}{\dfrac{1}{\alpha_i} + R_{s,i} + R_{s,o} + \dfrac{1}{\alpha_o}} \tag{5-76}$$

管壁热阻和污垢热阻可忽略时，则有：

$$\frac{1}{K_i} = \frac{1}{K_o} = \frac{1}{\alpha_i} + \frac{1}{\alpha_o} \tag{5-77}$$

上式表明，传热过程的总热阻为串联传热过程各步的热阻之和。

注意：在总热阻组成中，若污垢热阻为控制因素，则必须设法减慢污垢形成速率或及时清除污垢。若污垢热阻不为控制因素，则总热阻是由热阻大的那一侧的对流传热所控制，即当两个对流传热系数相差很大时，欲提高 K 值，关键在于提高对流传热系数较小一侧的 α。若两侧的 α 相差不大时，则必须同时提高两侧的 α，才能提高 K 值。

【例 5-10】 某一蒸发器，管内通 90℃ 热流体加热，对流传热系数 α_i 为 $1160W/(m^2 \cdot K)$。管外有某种流体沸腾，沸点为 50℃，对流传热系数 α_o 为 $5800W/(m^2 \cdot K)$。求以下两种情况下的壁温：①管壁清洁无垢；②外侧有污垢产生，污垢热阻为 $0.005m^2 \cdot K/W$。

解：在传热过程中，金属壁的热阻很小，通常可以忽略不计。根据串联传热过程温度差与热阻成正比的关系，可知金属壁两侧的温度差很小。也就是说两侧的温度基本相等。设壁温为 T_w，管内流体温度以 T_h 表示，管外流体温度以 T_c 表示则有：

$$q = \frac{T_h - T_w}{\dfrac{1}{\alpha_i} + R_{s,i}} = \frac{T_w - T_c}{\dfrac{1}{\alpha_o} + R_{s,o}}$$

或

$$\frac{T_h - T_w}{T_w - T_c} = \frac{\dfrac{1}{\alpha_i} + R_{s,i}}{\dfrac{1}{\alpha_o} + R_{s,o}} \tag{1}$$

若 $1/\alpha_i + R_{s,i} \ll 1/\alpha_o + R_{s,o}$，则可得：

$$T_w \approx T_h$$

若 $1/\alpha_i + R_{s,i} \gg 1/\alpha_o + R_{s,o}$，则可得：

$$T_w \approx T_c$$

显然，壁温 T_w 更接近热阻较小一侧的流体温度。

①管壁无污垢时的壁温 T_w：将有关数据代入式（1），有：

$$\frac{90-T_w}{T_w-50}=\frac{\dfrac{1}{1160}+0}{\dfrac{1}{5800}+0}$$

解得　$T_w=56.7℃$

②管壁外侧有污垢时的壁温 T_w：将有关数据代入式（1），有：

$$\frac{90-T_w}{T_w-50}=\frac{\dfrac{1}{1160}+0}{\dfrac{1}{5800}+0.005}$$

解得　$T_w=84.3℃$

在第一种情况下，管内侧的热阻大于管外侧的热阻，故壁温更接近管外流体的温度；第二种情况则相反，故壁温更接近管内流体温度。

【例5-11】一列管式换热器，由 Φ25mm×2.5mm 的钢管组成。管内为植物油，流量为1500kg/h，由55℃冷却到30℃。管外为冷却水，流量为900kg/h，进口温度为20℃。植物油与冷却水呈逆流流动。已知水侧的对流传热系数为300W/m^2·K，植物油侧的对流传热系数为80W/m^2·K，钢的导热系数为16W/(m·K)，植物油侧污垢热阻为0.14×10^{-3}m^2·K/W，水侧污垢热阻为0.53×10^{-3}m^2·K/W，试求总传热系数 K_i、K_o。

解：查钢的导热系数 $\lambda=16$W/(m·K)

植物油侧污垢热阻 $R_{s,i}=0.14\times10^{-3}$m^2·K/W

水侧污垢热阻 $R_{s,o}=0.53\times10^{-3}$m^2·K/W

$$K_i=\frac{1}{\dfrac{r_i}{\alpha_o r_o}+R_{s,o}\dfrac{r_i}{r_o}+\dfrac{r_i}{\lambda}\ln\dfrac{r_o}{r_i}+R_{s,i}+\dfrac{1}{\alpha_i}}$$

$$=\frac{1}{\dfrac{0.02}{300\times0.025}+0.00053\times\dfrac{0.02}{0.025}+\dfrac{0.02}{16\times2}\times\ln\dfrac{0.025}{0.02}+0.00014+\dfrac{1}{80}}$$

$$=63.0\ [\mathrm{W/(m^2\cdot K)}]$$

$$K_o=\frac{1}{\dfrac{r_o}{\alpha_i r_i}+R_{s,i}\dfrac{r_o}{r_i}+\dfrac{r_o}{\lambda}\ln\dfrac{r_o}{r_i}+R_{s,o}+\dfrac{1}{\alpha_o}}$$

$$=\frac{1}{\dfrac{0.025}{80\times0.02}+0.00014\times\dfrac{0.025}{0.02}+\dfrac{0.025}{16\times2}\times\ln\dfrac{0.025}{0.02}+0.00053+\dfrac{1}{300}}$$

$$=50.4\ [\mathrm{W/(m^2\cdot K)}]$$

四、传热平均温度差的计算

按照参与热交换的两种流体在沿着换热器壁面流动时各点温度变化的情况，可将传热分为恒温传热与变温传热两类。

（一）恒温传热

两种流体进行热交换时，在沿传热壁面的不同位置上，在任何时间两种流体的温度皆不变化，这种传热称为稳定的恒温传热。如蒸发器中，饱和蒸汽和沸腾液体间的传热，此时间壁两侧的流体均有相变化，两流体温度均保持不变，则：

$$\Delta T_m = T_h - T_c \tag{5-78}$$

式中　T_h——热流体的温度，K；

T_c——冷流体的温度，K。

（二）变温传热

在传热过程中，间壁一侧或两侧的流体沿着传热壁面，在不同位置时温度不同，但各点的温度皆不随时间而变化，即为稳定的变温传热过程。该过程又可分为下列两种情况。

1. 间壁一侧流体恒温另一侧流体变温

例如，用蒸汽加热另一流体以及用热流体来加热另一种在较低温度下进行沸腾的液体。

2. 间壁两侧流体皆发生温度变化

这时参与换热的两种流体沿着传热两侧流动，其流动方式不同，平均温度差也不同。即平均温度差与两种流体的流向有关。生产上换热器内流体流动方向大致可分为下列四种情况（图5-11）：

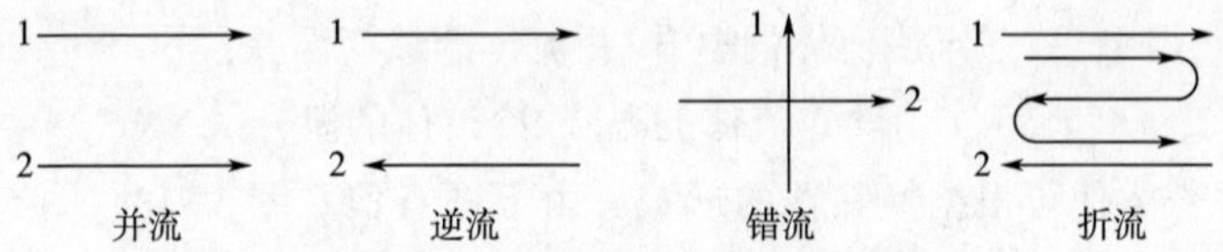

图5-11　换热器中流体流向示意图

（1）并流　参与换热的两种流体在传热面的两侧分别以相同的方向流动。

（2）逆流　参与换热的两种流体在传热面的两侧分别以相对的方向流动（图5-12）。

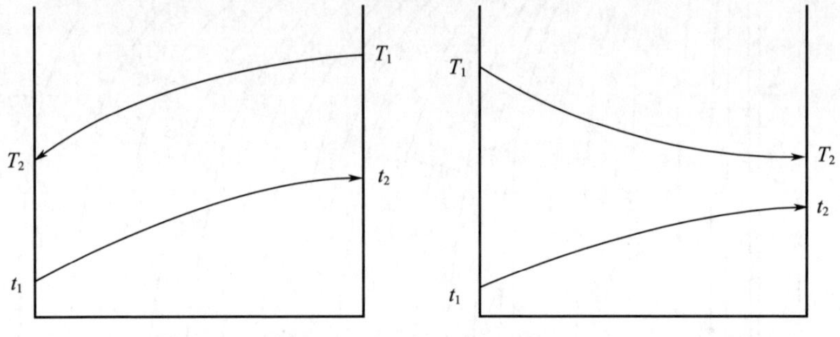

图5-12　两侧流体变温时的温度变化示意图（左侧为逆流，右侧为并流）

（3）错流　与换热的两种流体在传热面的两侧彼此呈垂直方向流动。

（4）折流　分为简单折流和复杂折流。简单折流为：一侧流体只沿一个方向流动，而另一侧的流体作折流，使两侧流体间有并流与逆流的交替存在。复杂折流为：参与热交换的双方流体均作折流。

注意：管程表示流体在管（束）内流动；壳程表示流体在管（束）外和壳间的环隙中流动。当流体从换热器一端流向另一端一次时，称为一程。

①逆流和并流时的平均温度差：假设传热为稳定操作过程，两流体的比热为常量，总传热系数为常量（K 不随换热器的管长而变化），换热器的热损失可忽略。

以逆流为例，根据热量衡算微分方程推导可得：

$$\Delta T_m = \frac{\Delta T_2 - \Delta T_1}{\ln \frac{\Delta T_2}{\Delta T_1}} \tag{5-79}$$

式中　ΔT_m——对数平均温度差或平均温度差，K 或℃。在工程计算中，当 $1/2 \leq (\Delta T_2/\Delta T_1) \leq 2$ 时，可用 $(\Delta T_2+\Delta T_1)/2$ 代替对数平均温度差，其误差小于 4%。

注意：应用上式求 ΔT_m 时，可取换热器两端的 ΔT 中数值大的为 ΔT_2，小的为 ΔT_1，且上式对并流也适用。

②错流和折流时的平均温度差：对于错流和折流时的平均温度差可按下法求取：先按逆流的情况计算对数平均温度差 $\Delta T'_m$，再乘以修正系数 ε 而得平均温度差，即：

$$\Delta T_m = \varepsilon \Delta T'_m \tag{5-80}$$

修正系数 ε 与冷、热流体的温度变化有关，是如下两参数 P 和 R 的函数，即：

$$\varepsilon = f(P, R) \tag{5-81}$$

式中　$P = (T_{c2}-T_{c1})/(T_{h1}-T_{c1})$ = 冷流体的温升/两流体的最初温差；

$R = (T_{h1} - T_{h2})/(T_{c2} - T_{c1})$ = 热流体的温降/冷流体的温升。

温度差修正系数 ε 值可根据换热器的形式，由下图查取。图 5-13、图 5-14、图 5-15 和图 5-16 分别适用于壳程为 1、2、3 和 4 程，每个壳程内的管程可以是 2、4、6 或 8 程。图 5-17 适用于错流形式的换热器。对于其他流动形式的换热器的 ε 可查手册或其他传热书籍。

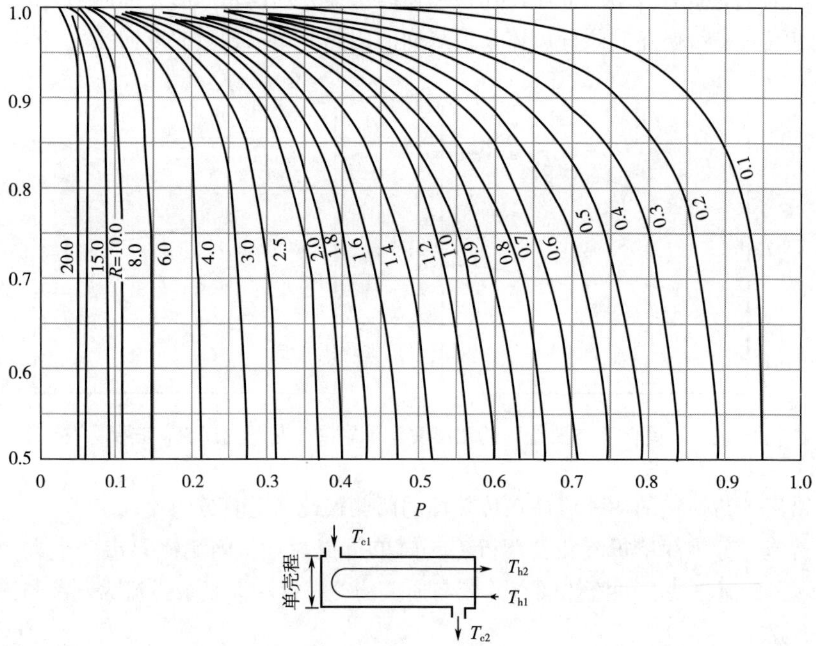

图 5-13　单壳程对数平均温度差修正系数 ε 值

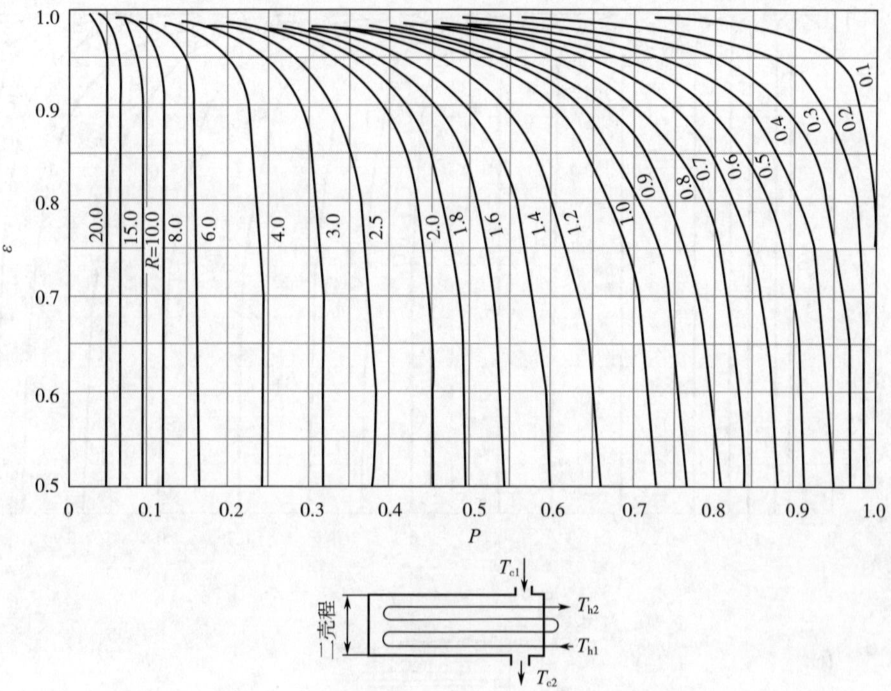

图 5-14　二壳程对数平均温度差修正系数 ε 值

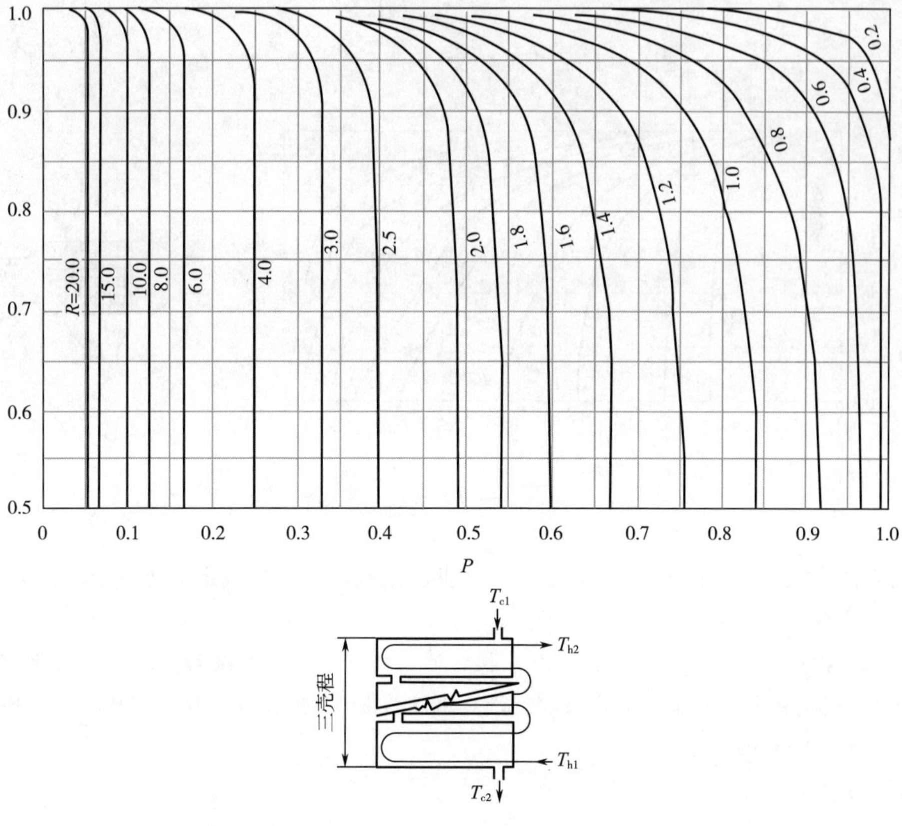

图 5-15　三壳程对数平均温度差修正系数 ε 值

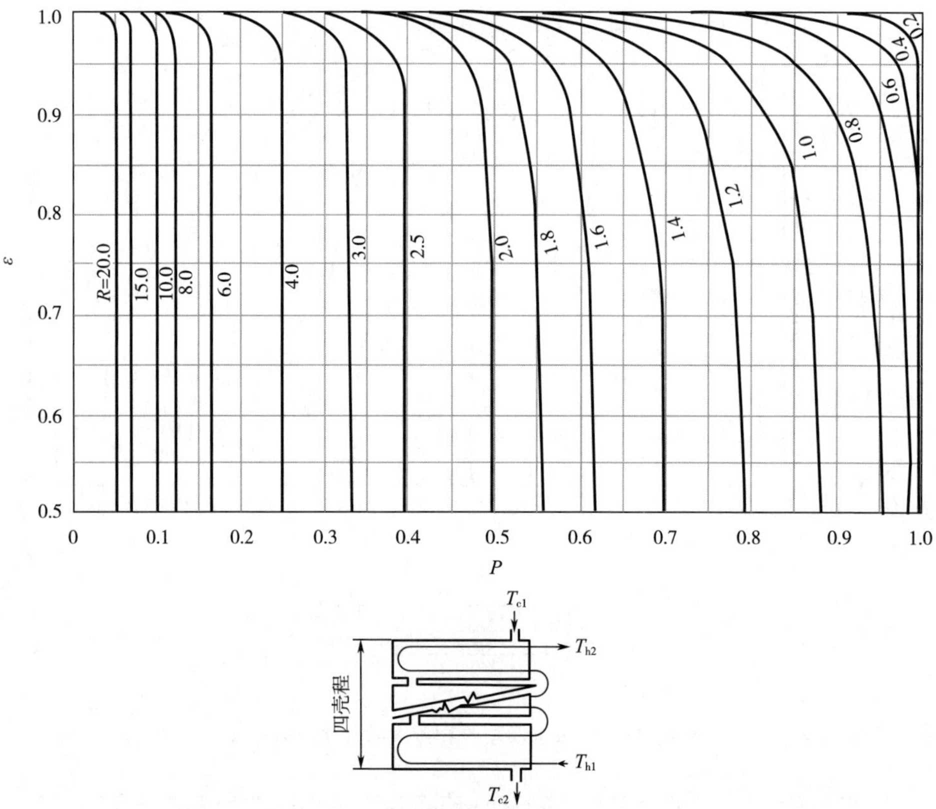

图 5-16　四壳程对数平均温度差修正系数 ε 值

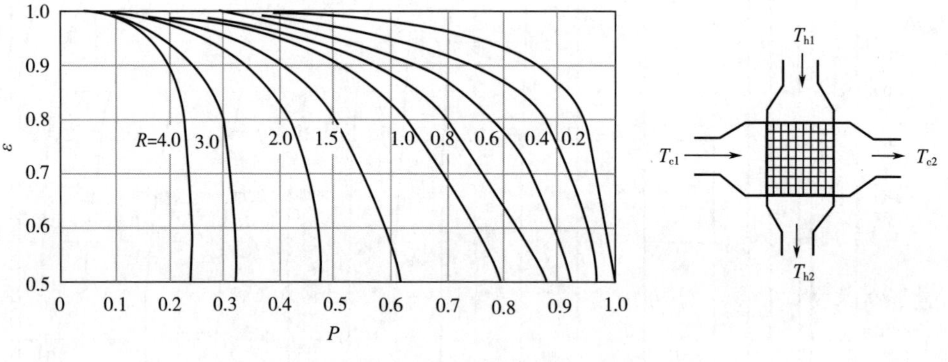

图 5-17　错流时对数平均温度差修正系数 ε 值

若在图中找不到某种 P，R 的组合，说明此种换热器达不到规定的传热要求，需要改用其他流向的换热器。

【例 5-12】 现用一列管式换热器加热植物油，植物油在管外流动，进口温度为 100℃，出口温度为 160℃；某反应物在管内流动，进口温度为 250℃，出口温度为 180℃。试分别计算并流与逆流时的平均温度差。

解： 并流：

$$\Delta T_{并m} = \frac{\Delta T_2 - \Delta T_1}{\ln\dfrac{\Delta T_2}{\Delta T_1}} = \frac{(250-100)-(180-160)}{\ln\dfrac{250-100}{180-160}} = 64.5\ (℃)$$

逆流：

$$\Delta T_{逆m} = \frac{\Delta T_2 - \Delta T_1}{\ln\dfrac{\Delta T_2}{\Delta T_1}} = \frac{(250-160)-(180-100)}{\ln\dfrac{250-160}{180-100}} = 84.9(℃)$$

逆流操作时，因 $1/2<\Delta t_2/\Delta t_1<2$，也可用算术平均值：

$$\Delta T_{逆m} = \frac{\Delta T_1 + \Delta T_2}{2} = \frac{90+80}{2} = 85.0\ (℃)$$

【例 5-13】 在一单壳程、单管程的列管式换热器中，用冷水将热流体由 100℃ 冷却至 40℃，冷水进口温度 15℃，出口温度 30℃。求在这种温度条件下，逆流和并流时的平均温度差。若两流体在一单壳程、双管程的列管式换热器中换热，其进、出口温度均不变，求这时的平均温度差。

解：

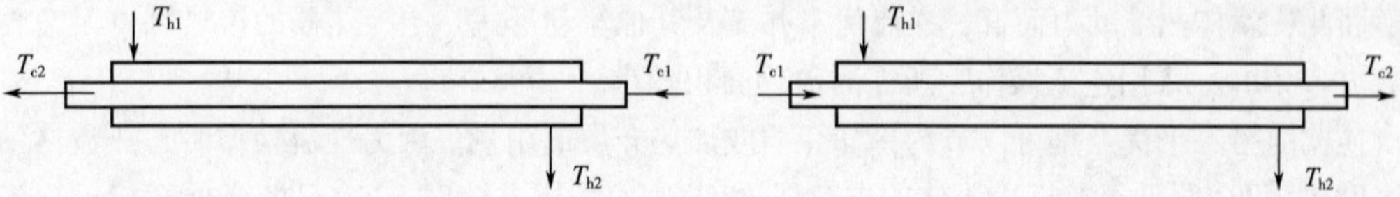

①逆流和并流时的 ΔT_m

逆流时：

热流体 T_h　100℃ ← 40℃

冷流体 T_c　30℃ ← 15℃

$$\Delta T_m = \frac{\Delta T_2 - \Delta T_1}{\ln\dfrac{\Delta T_2}{\Delta T_1}} = \frac{70-25}{\ln\dfrac{70}{25}} = 43.7\ (℃)$$

并流时：

热流体 T_h　100℃ → 40℃

冷流体 T_c　15℃ → 30℃

$$\Delta T_m = \frac{\Delta T_2 - \Delta T_1}{\ln\dfrac{\Delta T_2}{\Delta T_1}} = \frac{85-10}{\ln\dfrac{85}{10}} = 35.0\ (℃)$$

②折流时的 ΔT_m

$\Delta T'_m$ 已求出，$\Delta T'_m = 43.7℃$

现在求 P，R。

$P = (T_{c2} - T_{c1})/(T_{h1} - T_{c1}) = (30-15)/(100-15) = 0.176$

$R = (T_{h1} - T_{h2})/(T_{c2} - T_{c1}) = (100-40)/(30-15) = 4.0$

由图 5-13 查得 $\varepsilon = 0.92$

则 $\Delta T_m = \varepsilon\Delta T'_m = 0.92 \times 43.7 = 40.2℃$

不同流动形式的比较如表 5-11 所示：

表 5-11　　不同流动形式对比表

影响因素	流动形式		
	逆流	并流	其他
传热推动力 ΔT_m（T_{h1}、T_{h2}、T_{c1}、T_{c2} 固定）	最大	最小	介于逆流和并流
所需传热面积 S（Q、K 固定）	最小	最大	—
加热或冷却介质用量	少（$T_{h2}\to T_{c1}$）	多（$T_{h2}\to T_{c2}$）	—
小结	换热器尽可能采用逆流	被加热或冷却流体温度有限制时	可以提高 K，但 ε 不宜过低，须>0.9

由表 5-11 可知，两流体均为变温传热时，若两流体的进、出口温度为定值，则逆流时的平均温度差最大，并流时的平均温度差最小，其他形式流动的平均温度差介于逆流和并流之间。因此，就传热推动力而言，逆流优于并流及其他流动形式。当换热器的传热量 Q 及总传热系数 K 一定时，采用逆流操作，所需的传热面积较小。

逆流的另一个优点是可以节约冷却介质或加热介质的用量。因为逆流操作时，热流体的出口温度 T_{h2} 可以降低至接近冷流体的进口温度 T_{c1}，而采用并流时，T_{h2} 只能降低至接近冷流体的出口温度 T_{c2}，即逆流时热流体的温降比并流时的温降大，因此逆流时加热介质用量就少。同理，逆流时冷流体的温升比并流时的温升大，故冷却介质用量可少些。

由以上分析可知，换热器应尽可能采用逆流操作。但是在某些生产工艺中要求冷流体被加热时不得超过某一温度，或热流体被冷却时不得低于某一温度，此时宜采用并流操作。

采用折流或其他流动形式的目的就是为了提高总传热系数，但是平均温度差较逆流时低。因此在选择流向时应综合考虑，ε 值不宜过低，一般设计时应取 ε >0.9，最小不低于 0.8，否则应另选其他流动形式。

五、壁温的计算

在热损失以及某些给热系数的计算中和选择换热器的类型以及换热器管材料时，都需要知道壁温。对于稳定传热过程：

$$Q=\alpha_i S_i\left(T_h-T_{w,h}\right)=\frac{2\pi L\left(T_{w,h}-T_{w,c}\right)}{\dfrac{1}{\lambda}\ln\dfrac{r_o}{r_i}}=\alpha_o S_o\left(T_{w,c}-T_c\right)=KS\,\Delta T_m \tag{5-82}$$

整理上式，即可计算热流体侧的壁温 $T_{w,h}$ 和冷流体侧的壁温 $T_{w,c}$：

$$T_{w,h}=T_h-\frac{Q}{\alpha_i S_i} \tag{5-83}$$

$$T_{w,c}=T_{w,h}-\frac{\ln\dfrac{r_o}{r_i}Q}{2\pi\lambda L}=T_c+\frac{Q}{\alpha_o S_o} \tag{5-84}$$

【例 5-14】 在一由 Φ 25mm×2.5mm 钢管构成的废热锅炉中，管内通入高温气体，进口

500℃，出口 400℃。管外 100℃水沸腾。已知高温气体对流传热系数 $\alpha_i = 250W/m^2 \cdot ℃$，水沸腾的对流传热系数 $\alpha_o = 10000W/m^2 \cdot ℃$，钢的导热系数为 45W/(m·K)。忽略污垢热阻。试求管内壁平均温度 T_w 及管外壁平均 t_w。

解：①总传热系数：以管子内表面积 S_i 为基准：

$$K_i = \frac{1}{\frac{r_i}{\alpha_o r_o} + \frac{r_i}{\lambda}\ln\frac{r_o}{r_i} + \frac{1}{\alpha_i}} = \frac{1}{\frac{20}{10000 \times 25} + \frac{0.02}{45 \times 2} \times \ln\frac{25}{20} + \frac{1}{250}} = 242[W/(m^2 \cdot ℃)]$$

②平均温度差

$$\Delta t_m = \frac{(500-100)+(400-100)}{2} = 350\ (℃)$$

③计算单位面积传热量

$$\frac{Q}{S_i} = K_i \Delta t_m = 242 \times 350 = 84700\ (W/m^2)$$

④管壁温度：T 为热流体的平均温度，取进、出口温度的平均值：

$$T = \frac{500+400}{2} = 450\ (℃)$$

管内壁温度：$T_w = T - \frac{Q}{\alpha_i S_i} = 450 - \frac{84700}{250} = 111.2\ (℃)$

管外壁温度：

$$t_w = t + \frac{Q}{\alpha_o S_o} = t + \frac{Q}{S_i} \times \frac{S_i}{\alpha_o S_o} = t + \frac{Q}{S_i} \times \frac{r_i}{\alpha_o r_o} = 100 + 84700 \times \frac{20}{10000 \times 25} = 106.8\ (℃)$$

由此题计算结果可知：由于水沸腾对流传热系数很大，热阻很小，则壁温接近于水的温度，即壁温总是接近对流传热系数较大一侧流体的温度。又因管壁热阻很小，所以管壁的温度比较接近。

六、传热面积的计算

1. 总传热系数 K 为常数

在工程计算中，若流体的物理性质随温度变化不大，则总传热系数 K 可以视为常数或取为换热器进、出口处传热系数的算数平均值，那么由总传热速率方程 $Q = KS\Delta T_m$，可得：

$$S = \frac{Q}{K\Delta T_m} \tag{5-85}$$

2. 总传热系数 K 为变数

则当 K 与温度为线性关系时，可用下式计算：

$$S = Q\frac{\ln\frac{K_1\Delta T_2}{K_2\Delta T_1}}{K_1\Delta T_2 - K_2\Delta T_1} \tag{5-86}$$

3. 由换热器的结构参数求取

$$S_o = n\pi d_o L \tag{5-87}$$

式中　n——换热管根数；

d_o——换热管的外径，m；

L——换热管的长度，m。

七、传热的强化

强化传热的目的：在相同动力消耗条件下，单位时间、单位面积下尽可能增加换热量。通过提高利用效率使其结构更加紧凑，占用空间少，节约原料的同时提高生产率，以最小的传热设备获得最大的生产能力。由 $Q=KS\Delta T_{\mathrm{m}}$ 可以看出，增大总传热系数 K、传热面积 S 或平均温度差 ΔT_{m} 均可以提高传热速率。具体强化传热的途径如下：

1. 加大传热面积

提高单位体积的传热面积或增大换热器的总体尺寸，但设备增大，投资和维护费也随之增加。具体可采用翅片、螺旋翅片管代替普通金属管，用螺旋管、波纹管代替光滑管等。

2. 增加平均温度差

①在理论上可采取提高加热介质温度或降低冷却介质温度的办法，但会受客观条件（蒸气压、气温、水温）和工艺条件（热敏性、冰点）的限制。如物料的温度由生产工艺所决定，一般不能随意变动。而且提高蒸气压，设备造价会随之提高。②在一定条件下也可采用逆流代替并流。

3. 增大总传热系数

①减少壁厚或使用热导率较高的材料。

②防止污垢形成或经常清除污垢。

③加大流速，提高湍动程度，减少层流内层的厚度以提高对流传热系数。

总之，强化传热要权衡利弊，综合考虑。在采取强化传热措施的时候，要对设备结构、制造费用、动力消耗、检修操作等全面考虑，以得到经济而合理的方案。

【例 5-15】 有一逆流操作的套管换热器，用热空气加热冷水，冷却水走管内，热空气走环隙。两流体均为湍流，热空气的对流传热系数 $\alpha_{\mathrm{o}}=100\mathrm{W/(m^2 \cdot K)}$，冷却水的对流传热系数 $\alpha_{\mathrm{i}}=2000\mathrm{W/(m^2 \cdot K)}$。已测得冷、热流体进、出口温度为 $T_{\mathrm{c1}}=20℃$，$T_{\mathrm{c2}}=85℃$，$T_{\mathrm{h1}}=100℃$，$T_{\mathrm{h2}}=70℃$，内管的管壁很薄，且管壁热阻及污垢热阻均可忽略。试求水流量增加一倍时：①总传热系数 K'；②水和空气的出口温度 T'_{c2} 和 T'_{h2}；③热流量 Q' 比原热流量 Q 增加多少？

解： ①原操作情况下：

热量衡算式：
$$Q=\dot{m}_{\mathrm{h}}c_{\mathrm{p,h}}(T_{\mathrm{h1}}-T_{\mathrm{h2}})=\dot{m}_{\mathrm{c}}c_{\mathrm{p,c}}(T_{\mathrm{c2}}-T_{\mathrm{c1}}) \tag{1}$$

或
$$(T_{\mathrm{c2}}-T_{\mathrm{c1}})/(T_{\mathrm{h1}}-T_{\mathrm{h2}})=\dot{m}_{\mathrm{h}}c_{\mathrm{p,h}}/\dot{m}_{\mathrm{c}}c_{\mathrm{p,c}} \tag{2}$$

传热速率方程式：

$$Q=KS\Delta T_{\mathrm{m}}=KS\frac{(T_{\mathrm{h1}}-T_{\mathrm{c2}})-(T_{\mathrm{h2}}-T_{\mathrm{c1}})}{\ln\dfrac{T_{\mathrm{h1}}-T_{\mathrm{c2}}}{T_{\mathrm{h2}}-T_{\mathrm{c1}}}}=KS\frac{(T_{\mathrm{h1}}-T_{\mathrm{h2}})-(T_{\mathrm{c2}}-T_{\mathrm{c1}})}{\ln\dfrac{T_{\mathrm{h1}}-T_{\mathrm{c2}}}{T_{\mathrm{h2}}-T_{\mathrm{c1}}}} \tag{3}$$

式（1）与式（3）联立得：

$$\dot{m}_{\mathrm{h}}c_{\mathrm{p,h}}(T_{\mathrm{h1}}-T_{\mathrm{h2}})=KS\frac{(T_{\mathrm{h1}}-T_{\mathrm{h2}})-(T_{\mathrm{c2}}-T_{\mathrm{c1}})}{\ln\dfrac{T_{\mathrm{h1}}-T_{\mathrm{c2}}}{T_{\mathrm{h2}}-T_{\mathrm{c1}}}} \tag{4}$$

将式（2）代入式（4），得：

$$\ln\frac{T_{\mathrm{h1}}-T_{\mathrm{c2}}}{T_{\mathrm{h2}}-T_{\mathrm{c1}}}=\left(\frac{KS}{\dot{m}_{\mathrm{h}}c_{\mathrm{p,h}}}\right)\left(1-\frac{\dot{m}_{\mathrm{h}}c_{\mathrm{p,h}}}{\dot{m}_{\mathrm{c}}c_{\mathrm{p,c}}}\right) \tag{5}$$

式中 $\dfrac{\dot{m}_h c_{p,h}}{\dot{m}_c c_{p,c}} = \dfrac{85-20}{100-70} = 2.17$

$$K = \frac{1}{\dfrac{1}{\alpha_i} + \dfrac{1}{\alpha_o}} = \frac{1}{\dfrac{1}{2000} + \dfrac{1}{100}} = 95.2\text{W/m}^2 \cdot \text{K}$$

水流量增加 1 倍时的情况（$W'_c = 2W_c$）

$$K' = \frac{1}{\dfrac{1}{2^{0.8}\alpha_i} + \dfrac{1}{\alpha_o}} = \frac{1}{\dfrac{1}{2^{0.8} \times 2000} + \dfrac{1}{100}} = 97.2\text{W/m}^2 \cdot \text{K}$$

$$\ln\frac{T_{h1} - T'_{c2}}{T'_{h2} - T_{c1}} = \left(\frac{K'S}{\dot{m}_h c_{p,h}}\right)\left(1 - \frac{\dot{m}_h c_{p,h}}{\dot{m}'_c c_{p,c}}\right) \tag{6}$$

②式（6）除以式（5）可得：

$$\ln\frac{T_{h1} - T'_{c2}}{T'_{h2} - T_{c1}} = \ln\frac{T_{h1} - T_{c2}}{T_{h2} - T_{c1}}\left(\frac{K'}{K}\right)\left(\frac{1 - \dfrac{\dot{m}_h c_{p,h}}{\dot{m}'_c c_{p,c}}}{1 - \dfrac{\dot{m}_h c_{p,h}}{\dot{m}_c c_{p,c}}}\right)$$

或
$$\ln\frac{100 - T'_{c2}}{T'_{h2} - 20} = \ln\frac{100-85}{70-20} \times \left(\frac{97.2}{95.2}\right) \times \left(\frac{1 - \dfrac{2.17}{2}}{1 - 2.17}\right) = -0.0893$$

所以
$$T'_{h2} = 129.34 - 1.09T'_{c2} \tag{7}$$

由式（2），有：

$$\frac{T'_{c2} - 20}{100 - T'_{h2}} = \frac{2.17}{2}$$

或
$$T'_{c2} = 128.5 - 1.085T'_{h2} \tag{8}$$

联立式（7）与式（8）解得：

$$T'_{h2} = 58.7℃，T'_{c2} = 64.8℃$$

③
$$\frac{Q'}{Q} = \frac{\dot{m}_h c_{p,h}(T_{h1} - T'_{h2})}{\dot{m}_h c_{p,h}(T_{h1} - T_{h2})} = \frac{100 - 58.7}{100 - 70} = 1.38$$

从本题可以看出，气侧的传热为控制因素，增大水的流量总传热系数基本不变，热流量的增加主要是传热平均温度差增大的结果。

【例 5-16】用一传热面积为 20m² 的换热器将流量为 1.4kg/s 的某种气体从 50℃ 冷却到 35℃，使用的冷却水初温为 25℃，与气体作逆流流动。换热器的总传热系数为 230W/（m²·K）。气体的平均比热容为 1.0kJ/(kg·K)。求冷却水用量及出口温度。水的比热容取为 4.18kJ/(kg·K)。

解：热量衡算式
$$\dot{m}_h c_{p,h}(T_{h1} - T_{h2}) = \dot{m}_c c_{p,c}(T_{c2} - T_{c1}) \tag{1}$$

传热速率方程
$$\dot{m}_h c_{p,h}(T_{h1} - T_{h2}) = KS\frac{(T_{h1} - T_{c2}) - (T_{h2} - T_{c1})}{\ln\dfrac{T_{h1} - T_{c2}}{T_{h2} - T_{c1}}} \tag{2}$$

将已知数据代入上两式得：

$$\dot{m}_c = \frac{1.4 \times 1.0 \times 10^3 \times (50 - 35)}{4.18 \times 10^3 \times (T_{c2} - 25)} = \frac{21}{4.18 \times (T_{c2} - 25)} \tag{3}$$

及 $$1.4\times1.0\times10^3\times(50-35)=230\times20\times\frac{(50-T_{c2})-(35-25)}{\ln\frac{50-T_{c2}}{35-25}}$$

即 $$4.57\ln\frac{50-T_{c2}}{10}=40-T_{c2} \tag{4}$$

用试查法求解（4），得冷却水出口温度 $T_{c2}=48.4℃$。再将 T_{c2} 代入式（3），可得：

$$\dot{m}_c=0.215\text{kg/s}$$

第六节　换热器

一、概述

在食品工业中的加热、冷却、冷冻、蒸发和干燥等单元操作中，经常见到食品物料与加热介质或冷却介质间的热交换，用于交换热量的设备统称为换热器（Heat Exchanger），又称热交换器。换热器是一种在不同温度的两种或两种以上流体间实现物料之间热量传递的节能设施，是使热量由温度较高的流体传递给温度较低的流体，使流体温度达到流程规定的指标，以满足过程工艺条件的需要，同时也提高能源利用率的主要设施之一。

换热器在化工、石油、动力、食品及其他许多工业生产中占有重要地位，在化工生产中，换热器可作为加热器、冷却器、冷凝器、蒸发器和再沸器等，应用十分广泛。我国是世界上最重要的换热、散热及冷却设备的市场，数据显示，现代化学工业中对换热器的投资大约占设备总投资的30%，炼油厂的换热器约占全部工艺设备的40%，而海水淡化工艺装置几乎全部由换热器组成。随着工业技术的不断发展和革新，世界各国致力于换热器理论研究、新技术和新产品的开发并进入高层次的探索阶段。

在能源的合理利用成为世界各国工业良性发展的核心问题的今天，如何合理利用能源，提高传热效率成为换热器行业面临的主要问题。特别是处于经济快速发展时期的中国，能源问题就显得尤其突出。一方面传统高能耗的散热器占据主要市场，另一方面新兴的高效率换热器呈现出供不应求的市场状态。如何能够有效回收生产余热，提高换热器综合效率成为众多行业发展的主要问题。

二、换热器的分类

随着科学技术的发展，换热器的发展呈现多样化、专门化，有多种分类方法：按照换热器传热原理可以分为直接接触式换热器、蓄热式换热器和间壁式换热器；按用途可以分为加热器、预热器、过热器、蒸发器、再沸器、冷却器和冷凝器等；按换热器的结构分类又可以分成管式换热器、板式换热器和特殊形式换热器等。

（一）夹套式换热器

夹套式换热器主要用于反应器的加热或冷却，如图 5-18 所示。它将反应器的筒体制成夹套，将加热剂或冷却剂通入夹套内，通过夹套的间壁与反应器内的物料进行换热。在用蒸汽进行加热时，蒸汽由上部的连接管通入夹套内，冷凝水由下部连接管排出，当冷却时，冷却水从下部进入，由上部流出，为了提高器内一侧的对流传热系数，可在器内设置搅拌器，使容器内的流体呈强制对流。

（二）管式换热器

1. 沉浸式蛇管换热器

沉浸式蛇管换热器的蛇管是由金属管弯绕制成适应容器的形状，直接沉浸在容器内的液体中，仅仅通过调节液体和介质的相对流速来控制传热，如图 5-19 所示。沉浸式蛇管换热器的优点是结构简单、价格低廉、防腐蚀、能承受高压，其缺点是蛇管的体积小，管外流体传热膜系数较小，常需要加搅拌装置。

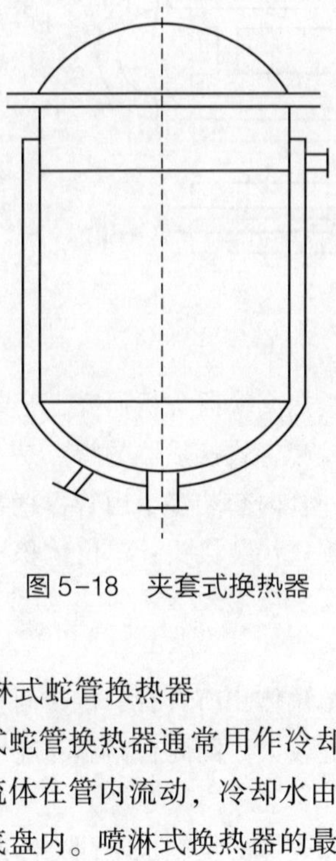

图 5-18 夹套式换热器

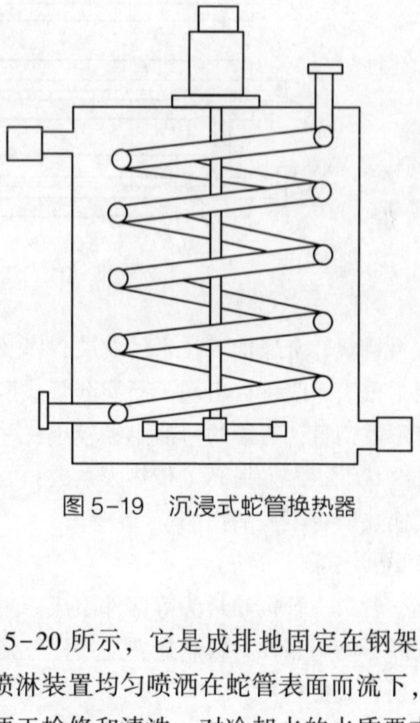

图 5-19 沉浸式蛇管换热器

2. 喷淋式蛇管换热器

喷淋式蛇管换热器通常用作冷却器，如图 5-20 所示，它是成排地固定在钢架上的蛇管。被冷却的流体在管内流动，冷却水由管上方的喷淋装置均匀喷洒在蛇管表面而流下，最后收集于排管的底盘内。喷淋式换热器的最大优点是便于检修和清洗，对冷却水的水质要求不高，并且传热效果好。其缺点是占地面积大，冷却水的消耗量也较大，喷淋不易均匀。常被用于制冷装置和小型制冷机组中。

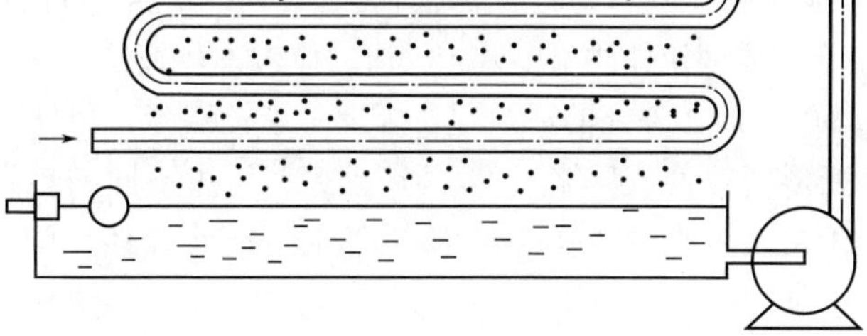

图 5-20 喷淋式蛇管换热器

3. 套管式换热器

套管式换热器由直径不同的两根标准管的同心套管组成换热单元，内管用 U 形肘管连接，外套管用直管连接，如图 5-21 所示。冷、热流体分别流过内管和套管环隙，通过内管壁进行热交换。冷、热流体通常逆流操作，可用作加热器、冷却器和冷凝器。当用蒸汽加热时，蒸汽自上而下通过各单元套管环隙，而物料自下而上流过内管。

套管式换热器的优点是结构简单，传热面积可根据需要增减；易逆流操作，传热强度高；耐高压。缺点是单位传热面积耗材大；接头多，易泄漏；环隙清洗困难。此类换热器适用于高温、高压及小流量流体间的换热。

图 5-21　套管式换热器

随着材料科学、金属加工技术的发展，以及对已有种类热交换器分析研究，套管式换热器的性能得到了很大的改善，出现了新型套管式换热器。新型套管式换热器的特点是：所用材料为薄壁无缝不锈钢管，弯管的弯曲半径较小，并可在一个外管内套装多个内管；直管部分的内外管均为波纹状管，大大提高了传热膜系数；大多采用螺旋式快装接头；单位体积换热面积较传统套管式换热器有很大的提高。

4. 列管式换热器

由壳体、管束、管板和封头等部件组成。主要优点是单位体积所具有的传热面积较大，结构紧凑、紧固，能用多种材料制造，适用性较强，操作弹性较大。因此在高温、高压和大型装置中多采用列管式换热器。

在列管式换热器中，由于管内外流体温度不同，管束和壳体的温度也不同，因此它们的热膨胀程度也有差别。若两流体的温差较大（50℃以上），就可能由于热应力而引起设备的变形，管体弯曲，甚至破裂或从管板上脱落，因此必须考虑这种热膨胀的影响。根据热补偿方法的不同，列管式换热器有以下几种主要形式。

（1）固定管板式换热器　固定管板式换热器由壳体、管束、封头、管板、折流挡板和接管等部件组成，换热器内的通道及与其两端贯通处称为管程，换热管外的通道及与其贯通处称为壳程，如图 5-22 所示。当两流体的温度差较大时，应考虑热补偿。具有补偿圈（或称膨胀节）的固定管板式换热器，即在外壳的适当部位焊上一个补偿圈，当外壳和管束热膨胀不同时，补偿圈发生弹性变形（拉伸或压缩），以适应外壳和管束不同的热膨胀程度。这种补偿方法简单，但不宜用于两流体的温度差过大（>70℃）和壳程流体压强过高（>600kPa）的场合。

固定管板式换热器的优点是结构简单、紧凑；相同壳体直径内，排管数多，旁路少；每根换热管都可更换，管内清洗方便。其缺点是当换热管与壳体的温差较大时产生温差应力，需在壳体上设置膨胀节，壳程压力受膨胀节强度的限制。固定管板式换热器适用于壳方流体清洁且不易结垢，温差不大或温差较大但壳程压力不高的场合。

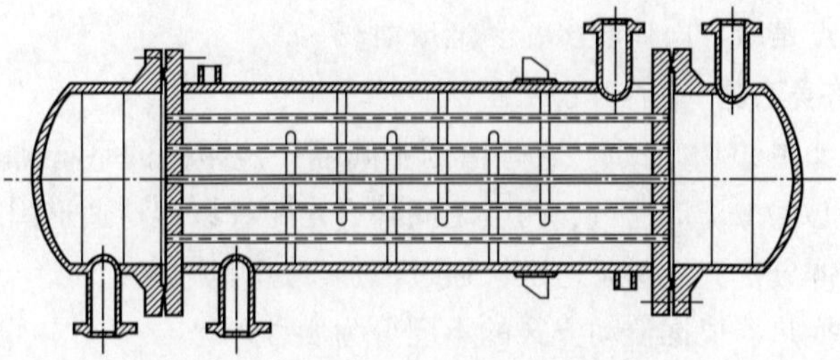

图 5-22　固定管板式换热器

（2）浮头式换热器　浮头式换热器如图 5-23 所示，其特点是有一端管板不与外壳连为一体，可以沿轴向自由移动。这种结构不但完全消除了热应力的影响，且由于固定端的管板以法兰与壳体连接，整个管束可以从壳体中抽出，因此便于清洗和检修。但它的结构比较复杂，耗材大，造价较高，适用于壳体和管束壁温差较大或壳程介质易结垢的场合。

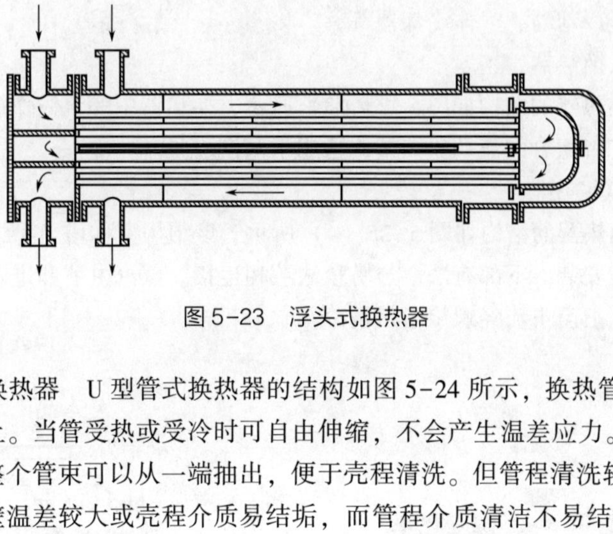

图 5-23　浮头式换热器

（3）U 型管式换热器　U 型管式换热器的结构如图 5-24 所示，换热管弯呈 U 形，两端都固定在同一块管板上。当管受热或受冷时可自由伸缩，不会产生温差应力。U 型管式换热器密封面少，造价低；整个管束可以从一端抽出，便于壳程清洗。但管程清洗较难，管板利用率较低。适用于管、壳壁温差较大或壳程介质易结垢，而管程介质清洁不易结垢以及高温、高压、腐蚀性强的场合。

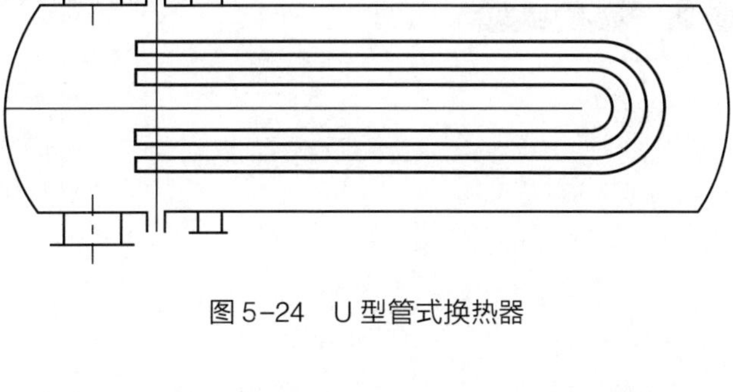

图 5-24　U 型管式换热器

列管式换热器是目前使用最广的热交换器。其优点是易于制造，生产成本低，适应性强，可以选用的材料较广，维修、清洗都比较方便，特别是对高压流体更为适用。食品工业应用列管式换热器的场合有：液体物料预热、冷却、蒸发加热器、二次蒸汽间接式冷却器等。用蒸汽加热时，蒸汽一般在管外流动。在考虑食品的卫生要求时，与食品物料直接接触的部分应采用不锈钢作材料。其缺点是结合面比较多，易造成泄露。

（三）螺旋板式换热器

螺旋板式换热器如图 5-25 所示，它是由两张间隔一定距离的平行薄金属板卷制而成。两张金属板形成两个同心的螺旋形通道，两板之间焊有定距柱以维持通道间距，在螺旋板的两侧焊有盖板。冷、热流体分别流经两条通道，通过薄板壁进行热交换。

常用的螺旋板式换热器根据流动方式的不同分为四种。

1. Ⅰ型螺旋板式换热器

两个螺旋通道的两侧完全焊接密封，为不可拆结构，如图 5-25（1）所示。换热器中两流体均作螺旋流动，通常冷流体由外周流向中心，热流体从中心流向外周，呈完全逆流流动。此类换热器主要用于液体与液体间的换热。

2. Ⅱ型螺旋板式换热器

一条螺旋通道的两侧为密封，另一通道的两侧是敞开的，如图 5-25（2）所示。换热器中一流体沿螺旋通道流动，而另一流体沿换热器的轴线流动。此类换热器适用于两流体流量差别很大的场合，常用作冷却器、气体冷却器等。

3. Ⅲ型螺旋板式换热器

Ⅲ型螺旋板式换热器的结构如图 5-25（3）所示，换热器中一流体作螺旋流动，另一流体作兼有轴向和螺旋二者组合的流动。该结构适用于蒸汽冷凝。

4. G 型螺旋板式换热器

G 型螺旋板式换热器的结构如图 5-25（4）所示，该结构又称塔上型，常被安装在塔顶作为冷凝器。采用立式安装，下部有法兰与塔顶法兰相连接。蒸汽由下部进入中心管上升至顶盖折回，然后沿轴向从上至下流经螺旋通道被冷却。

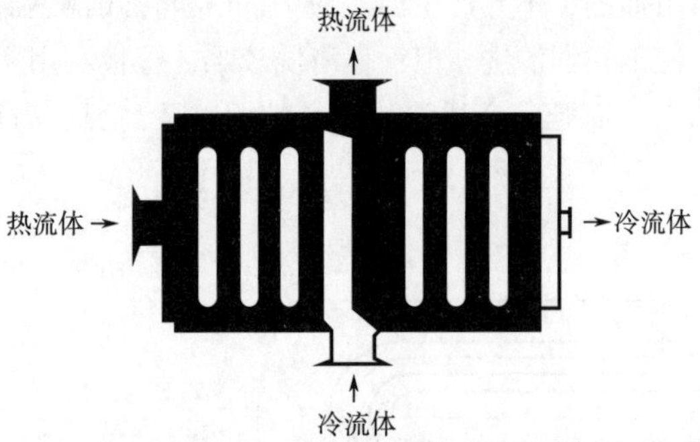

（1）Ⅰ型螺旋板式换热器

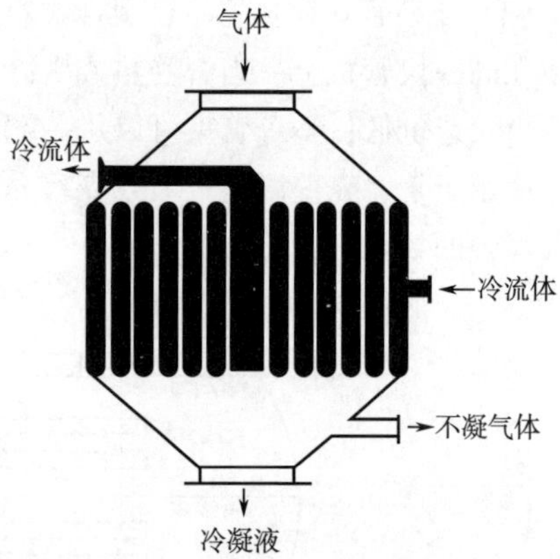

（2）Ⅱ型螺旋板式换热器

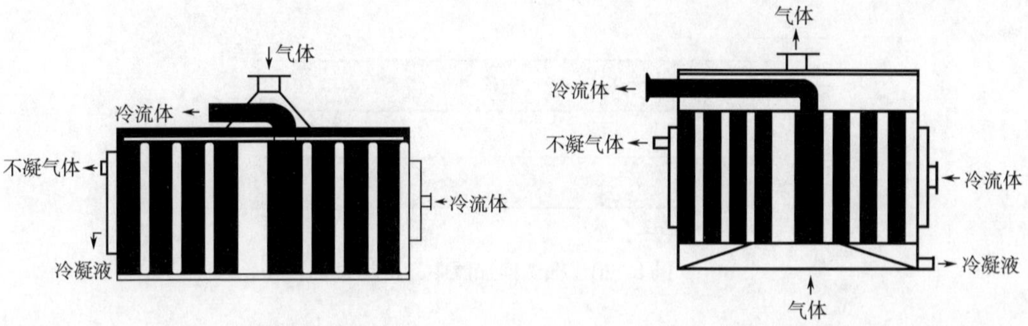

（3）Ⅲ型螺旋板式换热器　　（4）G型螺旋板式换热器

图 5-25　螺旋板式换热器

G 型螺旋板式换热器的优点是：螺旋通道中的流体由于惯性离心力的作用和定距柱的干扰，在较低的雷诺数下即可达到湍流，并且允许采用较高的流速，故传热系数较大；由于流速较高，又有惯性离心力的作用，流体中的悬浮物不易沉积下来，故螺旋板换热器不易积垢和堵塞；由于流体的流程长和两流体可完全逆流，故换热器可在较小的温差下操作，充分利用低温热源；结构紧凑，单位体积的传热面积约为列管式换热器的 3 倍。其缺点是：操作温度和压力不宜太高，目前最高的操作压强为 2MPa，温度在 400℃以下。因整个换热器为卷制而成，一旦泄露，维修很困难，对于侧面密封的螺旋通道，如出现积垢，则难以清除。

（四）其他形式换热器

如平板式、翅片式换热器、热管换热器等。这些换热器读者可参阅有关换热器的专著，此处不再赘述。

第七节　案例分析：牛乳巴氏杀菌工业板式换热器

一、案例介绍

工业上，传统的高温灭菌乳在生产过程中会出现营养成分流失、冷却不当、灭菌不均匀等问题，从而导致食品安全等问题。为了解决这些问题，巴氏杀菌板式换热器能将牛乳的升温和降温在短时间内完成，这便要求换热器设备具有较高的换热能力。近年来，结合数学和计算机方法的应用，可对换热器进行自动化程度高的优化设计，不仅经济效益高、成本低、还节约时间。我们以牛乳巴氏杀菌用工业板式换热器（Plate Heat Exchanger，PHE）的稳态运行过程为例解析板式换热器的稳态模拟算法。

二、案例分析

如图 5-26 所示，板式换热器的一个通道内的流体与另外两个流体同时交换热量。

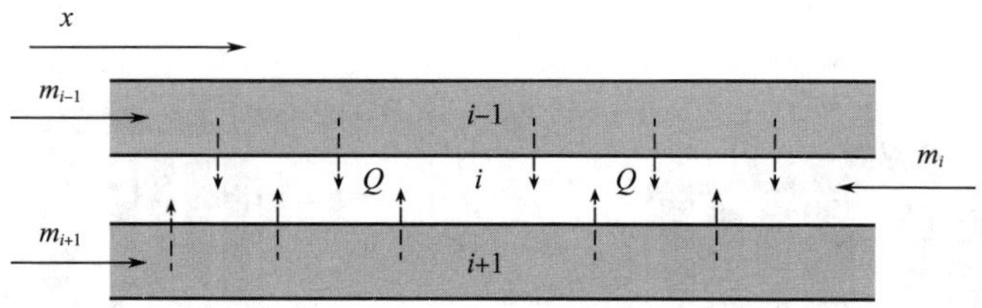

图 5-26　板式换热器中的传热

该板式换热器稳态模拟算法的基本思想是用指数函数的线性组合近似温度分布来求解式（5-88）~式（5-90）方程组。

$$d\theta_i dz = UAm_i c_{pi}[\theta_{i-1} + \theta_{i+1} - 2\theta_i],\ 1 \leqslant i \leqslant n \tag{5-88}$$

式中　U——总传热系数，W/（$m^2 \cdot K$）；

A——板传热面积，m^2；

m_i——通道内的质量流量；

c_{pi}——流体热容；

z——无因次位置，由通道中的位置 x 和单个通道的长度 L 定义。

其中：

$$z \equiv xL,\ 0 \leqslant z \leqslant 1 \tag{5-89}$$

$$\theta_i \equiv T_i - T_c T_h - T_c,\ 0 \leqslant \theta_i \leqslant 1 \tag{5-90}$$

θ 是无量纲温度，定义为通道 i、T_i 中 x 位置的流体温度，以及热（T_h）和冷（T_c）流的入口温度。

$$\theta_i(z) = c_{i0} + c_{i1}{}^{\gamma_1 z} + c_{i2}{}^{-\gamma_1 z} + c_{i3}{}^{\gamma_2 z} + c_{i4}{}^{-\gamma_2 z} \tag{5-91}$$

其中 c_{ij}（$1 \leqslant i \leqslant n$；$0 \leqslant j \leqslant 4$）为 $5n$ 个未知常数，γ_1、γ_2 为仅由两个相邻通道形成的板式换热器的特征值，计算方法如下：

$$\gamma_1 = UA\left(\frac{1}{m_h c_{ph}} + \frac{1}{m_c c_{pc}}\right) \tag{5-92}$$

$$\gamma_2 = UA\left(\frac{1}{m_h c_{ph}} - \frac{1}{m_c c_{pc}}\right) \tag{5-93}$$

工作人员使用多道计算模式，对牛乳巴氏杀菌装置进行了模拟。该换热器工作条件如表 5-12 所示。

表 5-12　　模拟工业换热器的运行条件

流体	进料流量/（kg/s）	温度/℃	
		入口	出口
牛乳	3.44	63.0	88.0
水	4.02	90.0	70.0
塔板数			50

两种气流的温度分布如图 5-27 所示。可以看出，所有通道的牛乳温度分布大致相同，牛

乳流动的第一个和最后一个通道（通道 2 和通道 50）的温度分布略高。另一方面，对水的内部通道和外部通道的温度分布进行比较时，出现了明显的差异，前者的值比后者的值要低得多。证明该模拟可以有效调节液体温度。

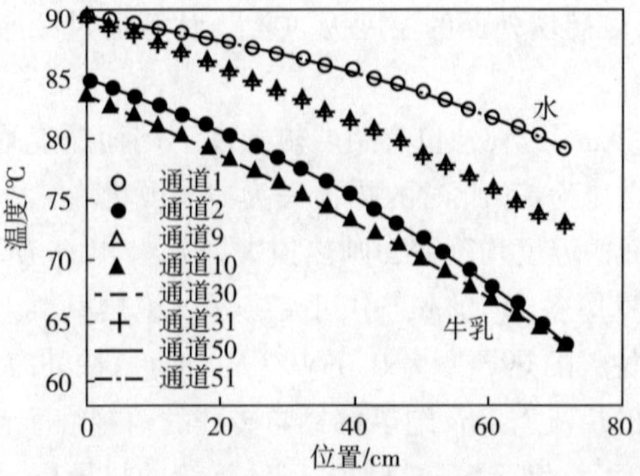

图 5-27　计算 EX-103 工业换热器的温度分布

三、案例总结

板式换热器通过热量交换来实现牛乳的杀菌。该案例提出了一种板式换热器稳态仿真算法，并验证了该算法的有效性。采用计算流体力学手段对板式换热器进行数据模拟，与实验有机结合在一起进行研究探索，为板式换热器的研究开辟了新天地。

思考题

1. 气温下降时，保暖性好的衣服穿在里面好，还是穿在外面好？

2. 试举例出生活中对流传热的实例。

3. 冬天，在同样的气温下，为什么有风时比无风时感到寒冷？

4. 在保温瓶中，热量由热水经过双层瓶胆传到瓶外的空气及环境，试分析此传热过程包括哪些传热的基本方式和过程，并判断暖瓶保温的关键在哪里？

5. 请从传热学的角度分析，冬天的采暖器和夏天的空调器应该放在室内什么位置最合适？

6. 蒸汽冷凝时为什么要定期排放不凝性气体？

7. 为什么有相变时的对流传热系数大于无相变时的对流传热系数？

8. 热导率、对流传热系数和总传热系数的物理意义是什么？它们之间有什么不同？它们的单位是什么？

9. 在列管换热器中用高温气体加热冷水，传热管的壁温接近哪一种流体的温度？若换成热水加热冷空气壁温又是如何？总热阻受哪种流体的影响较大？

10. 在列管换热器中拟用饱和水蒸气加热空气。试问：①传热管的壁温接近哪一种流体的温度？②总传热系数接近哪一种流体的对流传热系数？③如何确定两流体在换热器中的流径？

11. 为什么工业换热器的冷、热流体的流向大多采用逆流操作？

习题

1. 某食品加工厂冷库的墙壁由两层材料组成，内层建筑为220mm厚的软木，软木的热导率为0.043W/(m·K)。外层为包裹260mm厚的红砖，红砖的热导率为0.69W/(m·K)。已知冷库内壁的温度为-18℃，红砖墙外面的温度为30℃，计算通过冷库壁的热通量以及冷库壁两层材料接触面上的温度。

2. 有一蒸汽管外径为28mm，管外包有两层热导率不同而厚度均为28mm的保温层。外层与内层保温材料的热导率之比为3，此时的热损失为Q。现将内、外两层材料互换位置，且设管外壁与外层保温层外表面的温度均不变，则热损失为Q'，求Q/Q'。

3. 某冷库壁内外层砖壁厚各为10cm，中间夹层添以绝热材料，厚度为8cm。砖的热导率为0.70W/(m·K)，绝热材料的热导率为0.03W/(m·K)。壁外表面温度为15℃，内表面温度为-5℃。试求进入冷库的热流密度及绝热材料与砖壁的两接触面上的温度。

4. 用Φ89mm×4mm的不锈钢管输送热油，不锈钢管的热导率为17W/(m·K)，其内表面温度为130℃，管外包4cm厚的保温材料，其热导率为0.035W/(m·K)，其外表面温度为25℃，试计算：①每米管长的热损失；②不锈钢管与保温材料交界处的温度。

5. 某锅炉的平壁由耐火砖、绝热砖和普通砖三层材料组成。耐火砖的内侧温度为1293K，耐火砖与绝热砖接触面温度为1213K，绝热砖与普通砖接触面温度为411K。普通砖的厚度为230mm，设为稳定热传导，试计算：①耐火砖和绝热砖应砌多厚才能保证热损失不超过284W/m^2；②普通砖的外侧温度为多少？已知耐火砖的热导率λ_1为1.05W/(m·K)、绝热砖λ_2的热导率为0.15W/(m·K)、普通砖λ_3的热导率为0.8W/(m·K)。

6. 某加热器的内层材料厚度为0.223m，内层材料导热系数λ_1为1.038W/(m·K)。外层用绝热材料保温，绝热材料的导热系数λ_2为0.07W/(m·K)。加热器内层材料内壁温度为960℃，绝热层外壁温度为38℃，如允许最大热损失量为800W/m^2。试计算：①绝热层的厚度；②内层材料与绝热层的分界处温度。

7. 在Φ57mm×3mm的蒸汽管（λ_1=45W/(m·K)）外壁包一层厚度为35mm、导热系数λ_2=0.2W/(m·K)的石棉层。蒸汽管的内壁温度为185℃，石棉层外表面温度为50℃，试计算每米蒸汽管单位时间所损失的热量。现欲在石棉层外再加一层导热系数为λ_3=0.07W/(m·K)的保温材料，使热损失为原来的一半，设总温度差保持不变，试问此保温材料应多厚？

8. 当管道上有一个边长为0.064m×0.064m的正方形铁片，它的温度均匀地保持在95℃。当101.3kPa、5℃的冷空气以15.4m/s的速度沿着某一个边长平行流过该铁片，试计算对流传热系数。

9. 水平放置的蒸汽管道，外径为100mm。若管外壁温度为100℃，周围大气温度为20℃，求每米管道通过自然对流的散热量。

10. 常压下，空气在内径为25mm，长3m的圆形直管内流动，温度由5℃加热到15℃，若空气的流速为12m/s，试求空气与管内壁之间的对流传热系数。

11. 水以0.02kg/s的流量通过一个水平管道，管道内表面温度为80℃，若在此过程中把水由20℃加热到40℃，管内径为0.025m，管长为1m。试求此情况下的表面传热系数。

12. 将蔬菜汁通过内径为60mm的管道从20℃加热到75℃，流量为1300kg/h，管内壁面温度为105℃，试计算：对流传热系数。已知蔬菜汁的物性数据如下：ρ = 1050kg/m^3；C_p =

3.98kJ/(kg·K)；μ =2.15mPa·s（47.5℃），1.2mPa·s（105℃）；λ =0.61W/(m·K)。

13. 如果管道中被加热低黏度流体为湍流，流速变为原来的两倍，则对流传热系数相比原来增加百分之多少？

14. 将粗碎的番茄通过内径为60mm的管道从20℃加热到75℃。其流量为1300kg/h，管内壁面温度为105℃，求对流传热系数。

已知粗碎的番茄物理性质数据如下：ρ =1050 kg/m^3；c_p=3.98kJ/(kg·K)；

μ =2.15mPa·s（47.5℃时），1.2mPa·s（105℃时）；λ =0.61W/(m·K)。

15. 一带有浆式搅拌器的容器内装有温度为37.8℃的料液。用夹套内的蒸汽加热。容器内径为1.22m，搅拌器直径为0.406m，转速为2.5r/s，容器壁温为93.3℃。料液的物性为：ρ = 977 kg/m^3；c_p=2.72kJ/(kg·K)；μ =100mPa·s（37.8℃时），7.5mPa·s（93.3℃时）。求料液对容器壁的对流传热系数。

16. 室内水平放置表面温度相同、长度相等的两根圆管，管内通有饱和水蒸气。两管均被空气的自然对流所冷却，假设两管间无相互影响。已知一管直径为另一管的5倍，且两管的（$GrPr$）值在10^4~10^9，求两管热损失的比值。

17. 有一表面积为0.12m^{2}的红薯在烤箱内被加热，烤箱壁辐射换热面积为1.3m^2，箱壁面温度为270℃，红薯温度为95℃。假设烤箱和红薯之间构成封闭空间，求红薯得到的辐射热量。红薯表面的黑度取为0.5，烤箱内面的黑度取0.8。

18. 外径为90mm的磨光的铜管在表面温度为127℃时，置于断面为0.4m×0.4m的红砖槽内，红砖壁面的温度为27℃，试求铜管与红砖壁面间每米管长辐射的热量。

19. 有一个传热面积为28m^{2}的换热器，现在将流量为1.7kg/s的一种流通气体，通过换热器，从75℃冷却到40℃，使用的冷却液初温为20℃，冷却液与气体做逆流流动，换热器的总传热系数310W/(m^2·K)，气体的平均比热容为1.3kJ/(kg·K)。求冷却液用量及出口温度。水的比热容取为4.18kJ/(kg·K)。

20. 在单管程、单壳程列管换热器中，换热管为Φ25mm×2.5mm的钢管组成。某液体走管程，对流传热系数为2000W/m^2·K，某气体走壳程，对流传热系数为40W/m^2·K，污垢热阻忽略不计，试求壁外侧总传热系数K_o？若将气体的对流传热系数提高一倍，其他条件不变，则K_o如何变化？若将液体的对流传热系数提高一倍？

21. 在由Φ25mm×2.5mm的钢管组成列管换热器中，管外为150℃的饱和水蒸气冷凝，对流传热系数为1500W/(m^2·K)，管内逆流通有流量为5000kg/h，平均定压比热容为1.5kJ/(kg·K)的某液体，进口温度为20℃，出口温度为60℃，对流传热系数为50W/(m^2·K)。污垢热阻热损失忽略不计算，试求壁外侧的总传热系数K_o和壁外侧换热面积A_o。

22. 在套管换热器中，用100℃的水蒸气将流量为2500kg/h的盐水，由20℃加热至60℃。盐水比热容为2.5kJ/(kg·K)，加热内管平均直径为58mm，蒸汽对管壁的对流传热系数为10000W/(m^2·K)，管壁对盐水的对流传热系数为800W/(m^2·K)，忽略管壁热阻，试计算加热管的管长。

23. 在逆流换热器中，用初温为20℃的水将1.25kg/s的食品物料由80℃冷却到30℃。该物料的比热容为1.9kJ/(kg·K)、密度为850kg/m^3。换热器的列管直径为Φ25mm×2.5mm，水走管内。水侧和物料侧的对流传热系数分别为850W/(m^2·K)和1700W/(m^2·K)，污垢热阻可忽略。若水的出口温度不能高于50℃，试计算：水的流量和换热器的传热面积。

24. 某列管换热器的管程走冷却水，蒸汽在管外冷凝。在新使用时冷却水的进、出口温度分别为20℃和30℃。使用一段时间后，在冷却水进口温度与流量相同的条件下，冷却水出口温度降为26℃。已知换热器的传热面积为16.5m^2，蒸汽的冷凝温度为80℃，冷却水流量为2.5kg/s，求污垢热阻。

25. 一根内径为2.5cm的钢管［壁厚0.5cm，导热系数为43W/(m·℃)］用于输送80℃的液体食品，内部对流传热系数α_i为10W/(m^2·℃)，外部对流传热系数α_o为100W/(m^2·℃)，外部环境温度为20℃。计算1m长管道的总传热系数和热损失。

26. 在列管换热器中用冷水冷却油。水在直径为Φ19mm×2mm的列管内流动。已知管内水侧对流传热系数为3490 W/(m^2·K)，管外油侧对流传热系数为258W/(m^2·K)。

换热器在使用一段时间后，管壁两侧均有污垢形成，水侧污垢热阻为0.00026m^2·K/W，油侧污垢热阻为0.000176m^2·K/W。管壁的热导率为45W/(m·K)。求：①基于管外表面积的总传热系数；②产生污垢后热阻增加的百分数。

27. 用一外表传热面积为3m^2，由Φ25mm×2.5mm的管组成的单程列管式换热器，用初温为10℃的水将热油由200℃冷却至100℃，水走管内，油走管间。已知水和油的质量流量分别为1100kg/h和1200kg/h，其比热分别为4.18kJ/(kg·K)和2.0kJ/(kg·K)，水侧和油侧的对流传热系数分别为2000W/(m^2·K)和250W/(m^2·K)，两流体呈逆流流动，忽略管壁和污垢热阻。试计算：①说明该换热器是否合用？②夏天当水的初温达到30℃，而油的流量及冷却程度不变时，该换热器是否合用？(假设传热系数不变)

28. 一种比热为4.0kJ/(kg·℃)的液体食品在套管式换热器的内管中流动，流速为0.5kg/s，流入和流出换热器的温度分别为20℃和60℃。在套管环隙内，90℃的热水进入热交换器，并以1kg/s的流速逆流流动，水的平均比热为4.18kJ/(kg·℃)。假定该传热过程为稳态传热。求：①计算水的出口温度；②计算对数平均温差；③若总传热系数为2000W/(m^2/℃)，内管直径为5cm，计算换热器长度；④出口温度相同的情况下，将逆流操作改为顺流操作，计算对数平均温差和换热器长度。

29. 套管式换热器的长度为5m，环隙中通入蒸汽（压力143.27kPa，水汽质量分数90%）加热内管（内径5cm）中的液态食品。液态食品在内管中的质量流量为0.5kg/s，比热容为3.9kJ/(kg·℃)，入口温度为40℃，出口温度为80℃。求：①计算总传热系数；②如果内管壁热传导阻力可以忽略不计，蒸汽的对流传热系数非常大（接近无穷大)，计算内管中冷物料的对流传热系数。

30. 在逆流换热器中，用初温为20℃的水将1.25kg/s的液体［比热容为1.9kJ/(kg·K)、密度为850kg/m^3］由80℃冷却到30℃。换热器的列管直径为Φ25mm×2.5mm，水走管内。水侧和液体侧的对流传热系数分别为850和1700W/(m^2·K)，污坊热阻可忽略。若水的出口温度不能高于50℃，求水的流量和换热器的传热面积。

31. 在套管换热器中来用并流的方式用水冷却油。水的进、出口温度分别为15℃和40℃，油的进、出口温度分别为150℃和100℃。现因生产任务要求油的出口温度降至80℃，假设油和水的流量、进口温度及物理性质均不变，且仍为并流，换热器除管长外，其他尺寸不变，若原换热器的管长为1m，求现在需要的管长。设换热器的热损失可忽略。

32. 某列管换热器的管程走冷却水，有机蒸汽在管外冷凝。在新使用时冷却水的进、出口温度分别为20℃和30℃。使用一段时间后，在冷却水进口温度与流量相同的条件下，冷却水出口温度降为26℃。已知换热器的传热面积为16.5m^2，有机蒸汽的冷凝温度为80℃，冷却水流量为2.5kg/s，求污垢热阻。

33. 有一套管换热器，内管为Φ 19mm×2mm，管长为2m，管内的水与环隙中的油逆流流动。油的流量为270kg/h，进口温度为100℃，水的流量为360kg/h，进口温度为10℃。若忽略热损失，且知以管外表面积为基准的总传热系数为374W/(m^2·K)，油的比热容为1.88kJ/(kg·K)，求油和水的出口温度分别为多少。

本章主要符号说明

A：吸收率

c_1：第一辐射常量，$c_1=3.742\times10^{-16}$W·m^2

c_2：第二辐射常量，$c_2=1.4387\times10^{-2}$m·K

C_0：黑体辐射系数，$C_0=5.67$W/(m^2·K^4)

d_e：当量直径（m）

D：透过率

E：能量（J）

E_b：黑体的辐射能力（W/m^2）

F：角系数

h：普朗克（Planck）常量，$h=6.626\times10^{-34}$J·s

L：长度（m）

q：热通量/热流密度（W/m^2）

Q：传热速率［W（或J/s）］

R：热阻（K/W）

S：传热面积（m^2）

t：时间（s）

T：温度（℃或K）

ΔT：温度差（℃或K）

λ：热导率［W/(m·℃)］

α：对流传热系数［W/(m^2·K)］

σ_0：黑体的辐射常数（斯蒂芬-波尔兹曼常量），$\sigma_0=5.67\times10^{-8}$W/($m^2$·$K^4$)

ν：频率（Hz）

λ：波长（m）

参考文献

［1］Ribeiro C P，Andrade M H C. An algorithm for steady-state simulation of plate heat exchangers［J］. Journal of Food Engineering，2002，53：59-66.

［2］冯骉，涂国云．食品工程原理［M］.3版．北京：中国轻工业出版社，2019.

［3］姜绍通，周先汉．食品工程原理［M］．北京：化学工业出版社，2010.

［4］刘佳杰．换热器行业未来发展趋势探析［J］．中国市场，2016（3）：61-64.

［5］刘伟民，赵杰文．食品工程原理［M］．北京：中国轻工业出版社，2011.

［6］林文珠，曹嘉豪，方晓明，等．管壳式换热器强化传热研究进展［J］．化工进展，2018，37（4）：1276-1286.

［7］刘宇．食品工程原理［M］．哈尔滨：黑龙江大学出版社，2019.

［8］李云飞，葛克山．食品工程原理［M］.3版．北京：中国农业大学出版社，2014.

［9］李云飞，葛克山．食品工程原理［M］.4版．北京：中国农业大学出版社，2018.

［10］马振国．换热器的发展以及应用［J］．内蒙古石油化工，2016，42（10）：42-44.

［11］谭天恩，窦梅．化工原理（上册）［M］.4版．北京：化学工业出版社，2013.

［12］许学勤．食品工厂机械与设备［M］.2版．北京：中国轻工业出版社，2018.

［13］杨同舟，于殿宇．食品工程原理［M］.2版．北京：中国农业出版社，2011.

[14] 曾坤. 我国化工换热器研究进展和应用状况 [J]. 山东化工，2013，42 (11)：64-66.
[15] 赵黎明，黄阿根. 食品工程原理 [M]. 北京：中国纺织出版社，2013.
[16] 赵思明. 食品工程原理 [M]. 2 版. 北京：科学出版社，2016.
[17] 周巍. 食品工程原理 [M]. 北京：中国轻工业出版社，2002.
[18] 张学花. 新型沉浸式蛇管换热器设计 [J]. 现代企业教育，2012 (15)：256，123.

CHAPTER 6

第六章 蒸发

本章学习重点

重点阐述蒸发操作的特点、溶液沸点升高、单效蒸发过程、加热蒸汽的经济性和蒸发器生产能力的计算，以及蒸发操作的节能途径。要求学生掌握蒸发器的基本结构和特点，能根据工艺要求选取合适的蒸发器。了解多效蒸发的操作流程、建立多效蒸发存在最佳效数的概念。

课程思政点

第一节　蒸发概述

一、蒸发的概念

蒸发（Evaporation）是指将含有不挥发溶质的溶液加热至沸腾，使其中的挥发性溶剂部分汽化并被移除，从而获得浓缩溶液的过程。蒸发操作广泛应用于化工、食品、制药及生物等领域。在食品工业中，被蒸发的溶液以水溶液为主，故本章讨论若无特别说明，均指水溶液的蒸发。一个典型实例就是番茄酱的制造过程，通过蒸发移除产品中的水分，使其从初始总固形物含量5%~6%（质量分数）的番茄汁到最终固形物含量为35%~37%（质量分数）的终产品。蒸发区别于干燥，其终产品仍旧是液态。它与蒸馏也不同，蒸发器中被汽化的蒸汽并没有进一步被分离成不同组分。

图6-1展示了蒸发装置的基本构造。将原料液加到蒸发器的加热室，通过加热介质（一般为饱和水蒸气）使其沸腾汽化。浓缩的料液由蒸发器底部排出。料液汽化产生的蒸汽经分离室与夹带的液体分离，引至冷凝器，产生的冷凝水从下部排出，而不凝气（废气）由真空系统排出。为与加热蒸汽区别，将汽化的溶剂称为二次蒸汽。

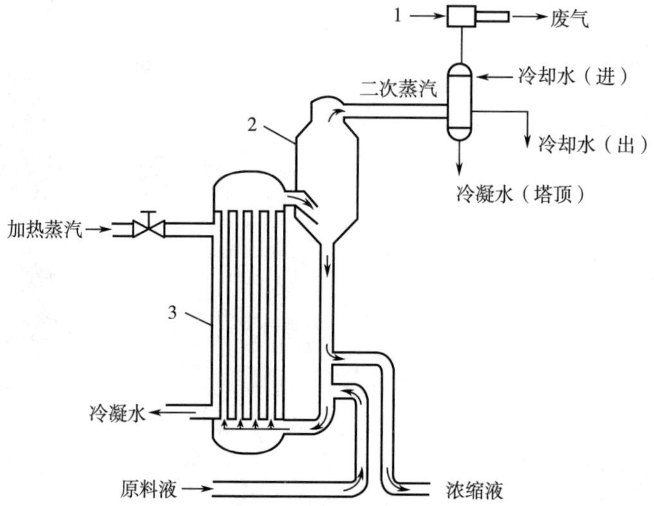

1—真空系统；2—分离室；3—加热室。

图 6-1　单效真空蒸发系统

二、蒸发过程的分类及特点

1. 以蒸发操作的压力分类

按照蒸发操作的压力，可分为常压蒸发、加压蒸发和减压（真空）蒸发。

常压蒸发一般采用敞口设备，二次蒸汽直接排到大气中，所用设备和工艺条件均较为简单，投资成本较低。加压蒸发是在高于大气压力下进行蒸发操作的处理方法，其特点在于可提高溶液沸点，进而提高二次蒸汽的温度，增加热能的利用率，同时可以降低溶液黏度，改善传热；但要求加热蒸汽的压力较高。真空蒸发又称减压蒸发，是在低于大气压力下进行的蒸发处理方法。在食品工业多采用真空蒸发操，其优点在于：①操作压力降低使溶液沸点下降，有利于处理热敏性料液，且可利用低压蒸汽或废蒸汽作为热源；②在加热蒸汽温度一定的条件下，溶液处于减压时沸点降低，进而提高传热总温度差，增大传热平均推动力，可减小换热面积；③蒸发器操作温度低，系统的热损失小。但另一方面，由于真空蒸发温度低，料液黏度变大，会降低其传热系数；此外，为造成真空需要增加设备和能耗。

2. 以二次蒸汽的利用情况分类

按照二次蒸汽的利用情况，可分为单效蒸发和多效蒸发。

蒸发生成的二次蒸汽直接冷凝而不再被用作加热介质，称为单效蒸发（Single-Effect Evaporation）。若将前一效的二次蒸汽用作下一效蒸发器的热源，构成多个蒸发器串联，这样的操作称为多效蒸发（Multiple-Effect Evaporation）。只有末效的二次蒸汽通过冷却介质冷凝。由于二次蒸汽的多次利用，多效蒸发具有节能降耗的特点。

3. 以料液进出蒸发器的连续性分类

按照料液进、出蒸发器的连续性，可分为间歇蒸发和连续蒸发。

间歇蒸发有两种操作方式，一种是一次进料，一次出料；另一种是连续进料，一次出料。间歇操作时，蒸发器内料液的浓度和沸点随时间而变，故传热温差、传热系数也随之而变，属于非稳态操作。连续蒸发指蒸发器连续进料和出料，蒸发器内始终维持一定的液面和压强，器内料液的浓度和沸点不随时间发生变化，故为稳态操作。通常大规模生产过程采用连续蒸发；间歇蒸发适合于小规模多品种的生产过程。

三、沸点升高

蒸发是传热壁面两侧均有相变的恒温差热传递过程，通常是一侧蒸汽冷凝加热，另一侧沸腾液体。蒸发过程的主体设备是换热器，传热速率是其控制因素。但与一般传热过程相比，蒸发过程有其自身的特点，溶液的沸点升高就是其一。

沸点升高是指在一定压力下，溶液（料液）的沸点比纯水要高，二者之差称为沸点升高（Boiling-Point Elevation）。沸点升高可以通过杜林规则（Dühring's Rule）来估算，即溶液的沸点和相同压强下纯水的沸点呈线性关系。这种线性关系虽不能覆盖所有的温度，但对中等温度范围是基本适用的。图 6-2 所示为氯化钠水溶液体系的杜林线。

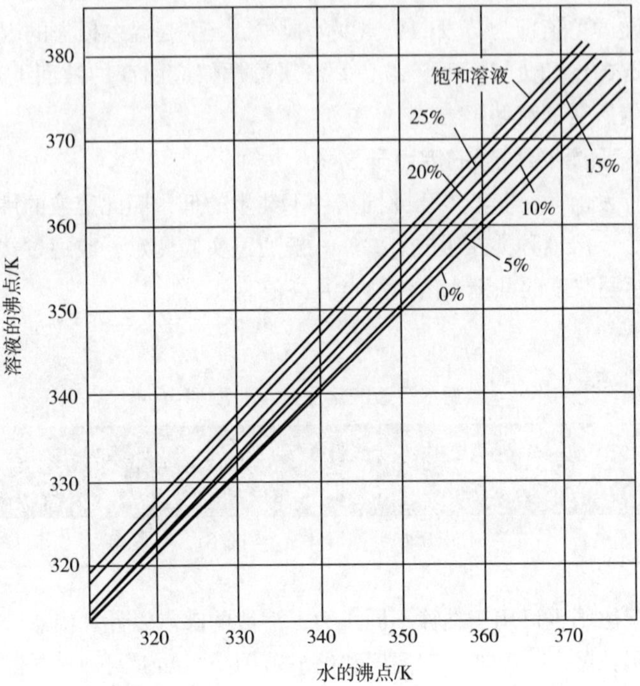

图 6-2 溶剂浓度对氯化钠溶液沸点升高的影响（杜林直线）

在食品的蒸发过程中，料液的性质显著影响蒸发过程。随着蒸发的进行，水分被移出，料液浓度增加，进而导致传热下降，沸点升高，从而使得加热介质和产品间的温度差减小。

【例 6-1】 通过蒸发器将一款液态食品由初始固形物含量 5%（质量分数）浓缩至最终固形物含量为 25%（质量分数）。已知这款液态食品其成分的蒸气压和氯化钠溶液相似，蒸发器内的压力为 40kPa。通过杜林图确定这款食品的初始及最终沸点。

解： 查饱和水蒸气表可知，纯水在 40kPa 下的沸点是 75℃（348K）。

查氯化钠溶液的杜林直线（图 6-2）可知，当纯水沸点 75℃（348K）、溶液浓度 5%（质量分数）时，溶液的沸点约为 75℃（348K）；当纯水沸点 75℃（348K）、溶液浓度 25%（质量分数）时，溶液的沸点为 82℃（355K）。因此，这款食品的初始沸点为 75℃（348K），最终沸点为 82℃（355K）。

在此题中，随着蒸发的进行，溶液沸点随着溶质浓度的升高而升高，导致加热蒸汽和产品之间温度差持续减小，进而降低二者间的传热效率，这是产品加工设计中值得考虑的问题。

四、传热温度差损失

蒸发器的换热和其他换热器一样，遵循换热基本方程 $Q=KA\Delta T_m$。对一定的蒸发器而言，换热面积 A 是固定的；而以蒸汽作加热介质的蒸发器，传热壁一侧是蒸汽冷凝放热，另一侧是液体沸腾吸热，其总传热系数 K 有一定的取值范围。因此，对换热流量影响最显著的是传热温度差 ΔT_m。

当加热蒸汽的压力（或温度）一定时，单效蒸发传热的有效温度差等于加热蒸汽的温度与溶液平均沸点之差。若忽略溶液沸点升高、二次蒸汽在管道内流动阻力的影响，则蒸发器的理论总传热温度差等于加热蒸汽的温度与冷凝器内操作压力对应的二次蒸汽温度之差。理论总温度差与有效温度差的差值即为蒸发的总温度差损失 Δ。引起温差损失的因素有三方面：①溶液中不挥发溶质引起的饱和蒸气压下降 Δ'；②液层静压效应引起的液面上、下静压头差异 Δ''；③二次蒸汽在管道内所受的流动阻力 Δ'''。

（一）溶液蒸气压下降引起的沸点升高 Δ'

溶液中含有不挥发溶质，其蒸气压比同条件下纯水的低，因此溶液的沸点比纯水的高。溶液的沸点与操作压力、溶液种类及组成有关，一般通过实验测定，或通过文献和手册查阅。表 6-1 所示为常压下不同浓度的蔗糖水溶液沸点升高值。

表 6-1　蔗糖水溶液的常压沸点升高值 Δ'

项目	质量分数/%								
	10	20	30	40	50	60	70	80	90
Δ'/℃	0.1	0.3	0.6	1.0	1.8	3.0	5.1	9.4	0.19

此外，一些经验法则也可用于估算不同压力下溶液的沸点以计算沸点升高，其中前文提到的杜林规则即为常用方法之一。在一定温度和组成范围内，知道两种不同溶液的沸点，可求出杜林线的斜率，进而可求得指定压力下溶液的沸点。在缺乏实验数据时，也可采用以下经验公式估算非常压下溶液的沸点升高值：

$$\Delta' = f\Delta'_a \tag{6-1}$$

式中　Δ'——操作压力下由于溶质存在、蒸气压下降引起的沸点升高，℃；

Δ'_a——常压下（101.325kPa）由于溶质存在、蒸气压下降引起的沸点升高，℃；

f——校正系数，其经验计算公式为：

$$f = 0.0162\frac{(T' + 273)^2}{r'} \tag{6-2}$$

式中　T'——操作压力下水的沸点，℃；

r'——操作压力下水的汽化热，kJ/kg。

食品料液的Δ_a'可近似用蔗糖水溶液的数据代替。在食品工业上，浓缩的料液多为大分子非电解质或胶体溶液，由Δ'引起的沸点升高不大。

（二）液层静压效应引起的沸点升高 Δ''

溶液在蒸发器内通常具有一定的液层高度（薄膜蒸发器除外）。由于液层内不同深度所受静压力不同，因此其溶液对应的沸点也各不相同：位置越深，则沸点越高。液层内部沸点与液面处溶液沸点之差即为由液层静压头效应引起的温度差损失，记为Δ''。液层内部的平均压强及沸点可用液层中部的参数估算，由式（6-3）求得：

$$p_m = p' + \frac{\rho g h}{2} \tag{6-3}$$

式中　p_m——液层平均压强，Pa；

p'——液层表面处压强，Pa；

h——液层高度，m。

食品工业常采用真空蒸发。真空操作条件下，操作压力越低，由静压头引起的沸点升高效应就越显著。这点可从本书附录水的饱和蒸气压表中获得直观理解：同样是 10kPa 的压力差，在相对高的操作压力下（80~90kPa），其沸点之差为 96.4-93.2=3.2℃，而在相对低的操作压力下（10~20kPa），其沸点之差高达 60.1-45.3=14.8℃。因此，在真空操作条件下，由液层静压效应引起的温度损失Δ''值得重视。

（三）管路阻力引起的沸点升高 Δ'''

二次蒸汽从蒸发器进入冷凝器的管路过程中，由于流动阻力的存在，使得二次蒸汽在前者内的温度高于在后者内的冷凝温度，其差值为Δ'''，即由管路阻力引起的沸点升高。Δ'''受蒸汽的物理性质、流速及管道尺寸等因素影响，数值难以准确计算，一般取经验值。从蒸发器到冷凝器间的Δ'''值一般取 1~1.5℃，各效之间一般取 1℃。

需要指出的是，溶液的沸点升高计算常以完成液的组成为基准，其总温度差损失（即蒸发器内溶液的沸点升高）可表示为$\Delta=\Delta'+\Delta''+\Delta'''$。

第二节　单效蒸发

蒸发生成的二次蒸汽直接冷凝而不再被用作加热介质，称为单效蒸发（Single-Effect Evaporation）。单效蒸发的工程设计通常是给定蒸发任务及操作条件，要求设计经济合适的蒸发设备。通常给定的条件包括原料液的处理量、温度及组成；浓缩液的组成；加热蒸汽的压力或温度；冷凝器的操作压力。要求计算的内容常包括水分蒸发量、加热蒸汽消耗量及蒸发器的传热面积等。这些蒸发过程中的计算可通过物料衡算、热量衡算以及传热速率方程解决。

一、蒸发量

连续稳态操作的单效蒸发过程如图 6-3 所示。对蒸发器内的溶质做物料衡算，得：

$$Fw_0 = Pw_1 = (F - V)w_1$$

则有：
$$V = F\left(1 - \frac{w_0}{w_1}\right) \tag{6-4}$$

式中 F——原料液质量流量，kg/h；

P——浓缩液质量流量，kg/h；

V——水分蒸发量，kg/h；

w_0、w_1——分别为原料液及浓缩液中溶质的质量分数。

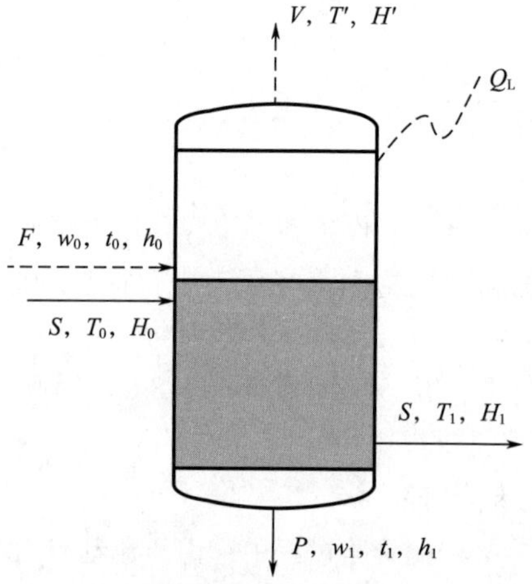

图 6-3　单效蒸发物料及热量衡算示意图

二、加热蒸汽耗量

按图 6-3 所示，对进入及离开蒸发器的热量作衡算，可得：
$$SH_0 + Fh_0 = SH_1 + Ph_1 + VH' + Q_L \tag{6-5}$$

又因 $P=F-V$，代入式（6-5），可得：
$$S = \frac{V(H' - h_1) + F(h_1 - h_0) + Q_L}{H_0 - H_1} \tag{6-6}$$

式中 S——加热蒸汽消耗量，kg/h；

H_0、H_1——分别为加热蒸汽和冷凝水的焓，kJ/kg；

h_0、h_1——分别为原料液和浓缩液的焓，kJ/kg；

H'——二次蒸汽的焓，kJ/kg；

Q_L——蒸发器的热损失，kJ/h。

若加热蒸汽的冷凝液在其饱和温度下排除，则（H_0-H_1）即为其冷凝潜热 r，代入式（6-6）中，可得：
$$S = \frac{V(H' - h_1) + F(h_1 - h_0) + Q_L}{r} \tag{6-7}$$

蒸发器的热负荷
$$Q = S(H_0 - H_1) \tag{6-8}$$

若加热蒸汽的冷凝液在其饱和温度下排出，则有：

$$Q = Sr$$

当原料液溶质含量低、其稀释热可以忽略时，溶液的焓值可以由其比热容估算。以0℃溶液为基准，c_0、c_1 分别代表原料液和浓缩液的比热容［kJ/（kg·℃）］，t_0、t_1 分别代表原料液和浓缩液的温度（℃），则有：

$$h_0 = c_0 t_0$$
$$h_1 = c_1 t_1$$

此时，式（6-7）可表示为：

$$S = \frac{V(H' - c_1 t_1) + F(c_1 t_1 - c_0 t_0) + Q_L}{r} \tag{6-9}$$

在生产设计中，也可以无需测定浓缩液的比热容 c_1，直接由原料液比热容 c_0 估算加热蒸汽量。根据水溶液平均比热容的估算公式，其比热可由各组分的比热容乘以各组分所占质量分数并叠加获得，则有：

$$c_0 = c_w(1 - w_0) + c_B w_0$$
$$c_1 = c_w(1 - w_1) + c_B w_1$$

式中　c_w、c_B——分别代表水和溶质的比热容，kJ/（kg·℃）。

联立上述两式消去 c_B，并代入式（6-4）中，可得：

$$F - V = \frac{Fc_0 - Vc_w}{c_1}$$

将其代入式（6-7）中，可得：

$$S = \frac{V(H' - c_w t_1) + Fc_0(t_1 - t_0) + Q_L}{r} \tag{6-10}$$

由于二次蒸汽的汽化热 r' 可以通过（$H' - c_w t_1$）近似估算，则式（6-10）可表述为：

$$S = \frac{Vr' + Fc_0(t_1 - t_0) + Q_L}{r} \tag{6-11}$$

式（6-11）表明加热蒸汽的热量用于将原料液从初始温度 t_0 加热至沸点 t_1，将水从温度 t_1 汽化成二次蒸汽，以及在此过程中的热损失。

三、蒸发器的换热面积

蒸发器的传热面积可通过传热速率方程 $Q = KA\Delta T_m$ 计算，即：

$$A = \frac{Q}{K\Delta T_m} \tag{6-12}$$

式中　A——蒸发器的换热面积，m^2；

K——总传热系数，kW/（m^2·℃）；

ΔT_m——有效温度差，℃。

其中，换热热流量 Q（即蒸发器的热负荷）一般由蒸发器的热量衡算求得。总传热系数 K 常取经验值，几种常用蒸发器 K 值的大概范围见表6-2。有效温度差 ΔT_m 为加热蒸汽温度与溶液平均沸点之差值，其计算需考虑溶液沸点升高的影响，而一般溶液沸点升高的计算以最终的完成液组成为基准，所以 $\Delta T_m = T_0 - T_1$。

表 6-2　　常用蒸发器总传热系数 K 的经验值

蒸发器类型	总传热系数 K/[W/(m²·℃)]	蒸发器类型	总传热系数 K/[W/(m²·℃)]
夹套式	350~2500	外加热式（自然循环）	1400~3000
盘管式	600~3000	外加热式（强制循环）	1200~6000
标准式（自然循环）	580~2900	升膜式	580~5800
标准式（强制循环）	1200~6000	降膜式	1200~3500
悬筐式	600~3000	刮板式（μ<0.1Pa·s）	1700~7000
		刮板式（μ>1Pa·s）	700~1200

四、加热蒸汽的经济性和蒸发器的生产能力

（一）加热蒸汽的经济性

加热蒸汽的经济性（Steam Economy，e）是指 1kg 生蒸汽可蒸发的水分量，单位为 kg 水分蒸发/kg 加热蒸汽。如果原料液在沸点进料（$t_0=t_1$）且忽略热损失，则由式（6-11）可知：

$$e = \frac{V}{S} = \frac{r'}{r} \tag{6-13}$$

加热蒸汽的经济性是评价蒸汽加热蒸发器性能的重要指标，在一定程度上反映了蒸发操作的能耗。如果忽略水的汽化热随压力的变化，则有 $r \approx r'$。对单效蒸发而言，理论上每蒸发 1kg 水分接近于消耗 1kg 的加热蒸汽，即 e 值接近于 1。然而，由于热损失及传热温度差损失等因素，实际上 $e<1$。

（二）蒸发器的生产能力

蒸发器的生产能力（Evaporator Capacity）通常指单位时间内蒸发的水分，即蒸发量。生产能力的大小主要取决于通过换热面的传热速率。如果忽略蒸发器的热损失、沸点进料，则有：

$$Q = Vr' = KA\Delta T_m$$

此时，其生产能力为：

$$V = \frac{Q}{r'} = \frac{KA\Delta T_m}{r'} \tag{6-14}$$

（三）蒸发器的生产强度

蒸发器的生产强度（Evaporator Intensity，U）也称蒸发强度，指单位时间内单位传热面积上蒸发的水量，单位为 kg/(m²·h)。

$$U = \frac{V}{A}$$

如果忽略蒸发器的热损失、沸点进料，则蒸发强度 U 可通过式（6-15）计算：

$$U = \frac{Q}{Ar'} = \frac{K\Delta T_m}{r'} \tag{6-15}$$

和加热蒸汽的经济性一样，蒸发器的生产强度也是评价蒸发装置性能的重要指标，反映了对一定的蒸发任务所需的设备投资多少。这一指标受传热温度差损失的影响明显。

五、蒸发过程的节能措施

为提高蒸发操作中加热蒸汽的经济性，降低生产的能耗，常采用以下措施。

1. 多效蒸发

多效蒸发是将多个蒸发器连接在一起，将前一效产生的二次蒸汽作为下一效的热源，只有末效产生的二次蒸汽才通过冷凝器冷凝。此举可极大地减少新鲜蒸汽的消耗量，提高加热蒸汽的经济性，并极大降低冷却水用量。相关信息将在本章第二节展开。

2. 多级闪蒸

多级闪蒸是将料液预热到一定温度后，依次进入多个压力逐级降低的多级闪蒸罐，并控制罐内压力低于每级料液温度所对应的饱和蒸气压，因此料液进入各级闪蒸罐后会急速地部分汽化，达到分离浓缩的目的。多极闪蒸的驱动力是压差。由于罐内低压可通过真空泵以较低能源成本获得，相邻两级可以设计较小的温差，相同的预热温度可以实现更多蒸发级数，从而减少供热量。

3. 蒸汽压缩技术

蒸汽压缩技术是指通过压缩二次蒸汽，提高其压力和温度，再送回原来的蒸发器中作为加热蒸汽，从而提高二次蒸汽回收利用率、降低能耗的技术。蒸汽压缩技术包括热力蒸汽压缩和机械蒸汽压缩。相关信息将在本章第四节展开。

【例 6-2】 通过单效蒸空蒸发器将果汁由初始固形物含量 5%（质量分数）浓缩至固形物含量为 40%（质量分数）。蒸发室内的真空度允许产品的沸点维持在 80℃。已知加热蒸汽的压力为 160kPa；果汁进料温度为 20℃、流量为 2500kg/h、比热容为 4.05kJ/(kg·℃)；浓缩液离开蒸发器的温度为 90℃、比热容为 3.17kJ/(kg·℃)；加热室传热系数为 1050W/(m^2·℃)。忽略热损失。计算①水分蒸发量；②加热蒸汽耗量；③加热蒸汽的经济性；④换热面积。

解：①水分蒸发量

$$V = F\left(1 - \frac{w_0}{w_1}\right) = 2500 \times \left(1 - \frac{0.05}{0.40}\right) = 2187.5\ (\text{kg/h})$$

②加热蒸汽耗量：查饱和水蒸气表可知 160kPa 压力下水蒸气的汽化热 $r = 2224.2$kJ/kg，温度为 113.0℃；$T' = 80$℃时二次蒸汽的汽化热 $r' = 2307.8$kJ/kg、焓 $H' = 2642.3$kJ/kg；$Q_L \approx 0$。则有：

解法一：对蒸发器作热量衡算，根据式（6-9）由物料进、出蒸发器的比热容直接计算：

$$S = \frac{V(H' - c_1 t_1) + F(c_1 t_1 - c_0 t_0) + Q_L}{r}$$

$$= \frac{2187.5 \times (2642.3 - 3.17 \times 90) + 2500 \times (3.17 \times 90 - 4.05 \times 20) + 0}{2224.2} = 2547.7(\text{kg/h})$$

解法二：对蒸发器作热量衡算，根据式（6-11）由物料进蒸发器的初始比热容估算：

$$S = \frac{Vr' + Fc_0(t_1 - t_0) + Q_L}{r} = \frac{2187.5 \times 2307.8 + 2500 \times 4.05 \times (90 - 20) + 0}{2224.2} = 2588.4(\text{kg/h})$$

注：两种解法，其公式推演均作了不同的近似处理，所以结果有些许偏差，不过很接近。此题后续解题基于方法一解得的加热蒸汽耗量数值进行。

③加热蒸汽的经济性

$$e = \frac{V}{S} = \frac{2187.5}{2547.7} = 0.86\ (\text{kg 水分蒸发/kg 加热蒸汽})$$

④换热面积

有效温度差　$\Delta T_m = T_0 - T_1 = 113.0 - 90 = 23(℃)$

假设加热蒸汽冷凝液在其饱和温度下排出，则有蒸发器的热负荷为：

$$Q = S(H_0 - H_1) = Sr = 2547.7 \times 2224.2 = 5.67 \times 10^6\ (\text{kJ/h}) = 1.58 \times 10^6\ (\text{W})$$

因此，蒸发器的换热面积　$A = \frac{Q}{K\Delta T_m} = \frac{1.57 \times 10^6}{1050 \times 23} = 65.42\ (m^2)$。

若根据解法二估算的加热蒸汽耗量值计算，则相应的 e 值为 0.85kg 水分蒸发/kg 加热蒸汽，换热面积为 66.47m^2，和解法一推演的结果很接近。

第三节　多效蒸发

一、多效蒸发与经济性

在单效蒸发过程中，每蒸发 1kg 水分至少要消耗 1kg 的加热蒸汽，还需要消耗大量冷凝水来冷凝二次蒸汽。在大规模工业生产中，为减少能耗，工业上常采用多效蒸发（Multiple-Effect Evaporation）操作，即引入前效产生的二次蒸汽作为后效的加热热源，将后效的加热室作为前效的冷凝室。因为二次蒸汽的温度都要比加热蒸汽温度低，所以多效蒸发效的操作压强及溶液的沸点均较前效低，仅第一效需要消耗生蒸汽。

多效蒸发通过二次蒸汽的再利用提高加热蒸汽的经济性，降低操作费用。除末效的二次蒸汽，其余二次蒸汽均可作为下一效蒸发器的加热蒸汽。假设单效蒸发与 n 效蒸发消耗相同量的加热蒸汽，由上一小节的讨论可知，在理想情况下，单效蒸发时 1kg 加热蒸汽大约可蒸发 1kg 水，其加热蒸汽经济性 $e_1 = \frac{V}{S} \approx 1$；对于多效蒸发而言，首效产生的二次蒸汽用作第二效的加热蒸汽，第二效又可产生约 1kg 二次蒸汽，以此类推，则理论上 n 效蒸发的加热蒸汽经济性 $e_n = ne_1 \approx n$。因此，增加效数理论上可以成倍提高加热蒸汽的经济性。不过，实际蒸发操作中，由于热损失、温度差损失、不同压力下汽化热的差别等因素，使得实际加热蒸汽的经济性 $e_n < ne_1$。表 6-3 展示了不同效数下蒸发对应的实际加热蒸汽经济性的估计值。

表 6-3　　不同效数下蒸发时加热蒸汽的经济性

项目	效数（n）				
	1	2	3	4	5
理论值	1.00	2.00	3.00	4.00	5.00
实际值	0.91	1.75	2.50	3.33	3.70

此外，由于只有末效的二次蒸汽需要用冷凝水冷凝，而末效二次蒸汽的温度及产生量均少于前效，因此大大减少了蒸发过程中冷却水的消耗。

二、多效蒸发流程

根据加热蒸汽和料液流向的不同，多效蒸发器操作流程可分为以下四种方式：

1. 顺流加料（Forward Feed）

加热蒸汽和料液均从第一效依序流向末效，二者流向一致（图 6-4）。顺流加料是常见的多效蒸发进料方式，加料模式最为简单，操作方便、耗费低。在这种操作方式下，蒸发器内压力依效序递减，导致料液可通过各效间压差自动进料，无需输液泵；料液沸点依效序递减，从而当料液从前效进入后效时会降温释放出显热，产生自蒸发作用，使部分水分汽化；料液浓度依效序提高，高浓度料液处在较低温度下蒸发，对热敏性物料有利。这种操作方式的缺点是传热系数在后效中依次降低，尤其在高黏度料液的后效蒸发器中；加料温度不应低于沸点，否则需额外的蒸汽提供显热，降低加热蒸汽的经济性。

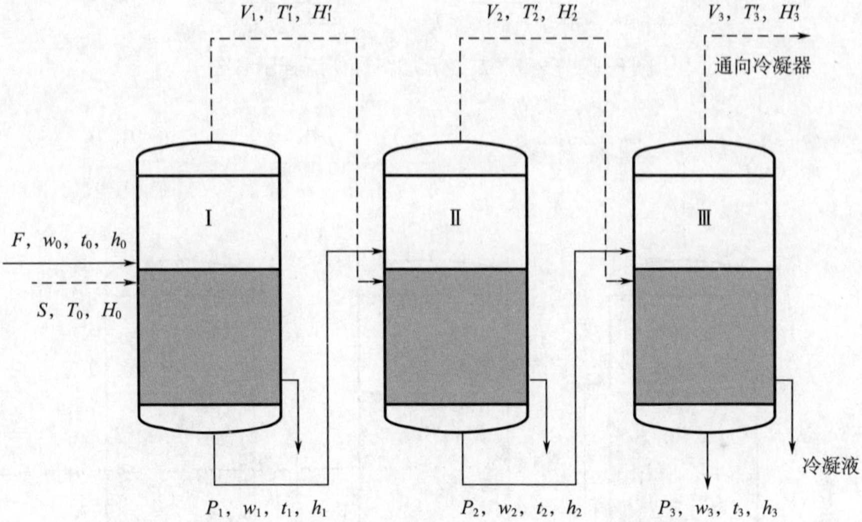

图 6-4　多效蒸发顺流加料操作流程示意图

2. 逆流加料（Backward Feed）

料液从末效进入，由泵依次输送至前一效，其流动方向和加热蒸汽相反，如图 6-5 所示。这种操作方式由于料液是从低压流向高压，因而两效间需要泵来输送料液，优点是随着料液浓度提高，加热蒸汽温度也提高，有利于降低料液黏度、提高传热，导致各效间传热系数相差不大。该方式的缺点除效间输液需要泵来实现外，高温加热面上浓料液的局部过热还易破坏其营养成分、引起结垢。与顺流加料相比，逆流加料无自蒸发现象，适合黏度大的非热敏性物料。

3. 混流加料（Mixed Feed）

稀料液通过中间效进入，由顺流模式向后流至末效，然后从末效通过泵输送至首效，如图 6-6 所示。这种操作方式协调了顺流和逆流加料的优缺点。和逆流加料相比，混流加料减少了所需泵的数量；和顺流加料相比，允许末效蒸发在最高温度而非最低温度下进行，因此融合了顺流加料的简易性及逆流加料的经济性，对高浓度料液有效。缺点就是所需设备更为复杂、更贵。

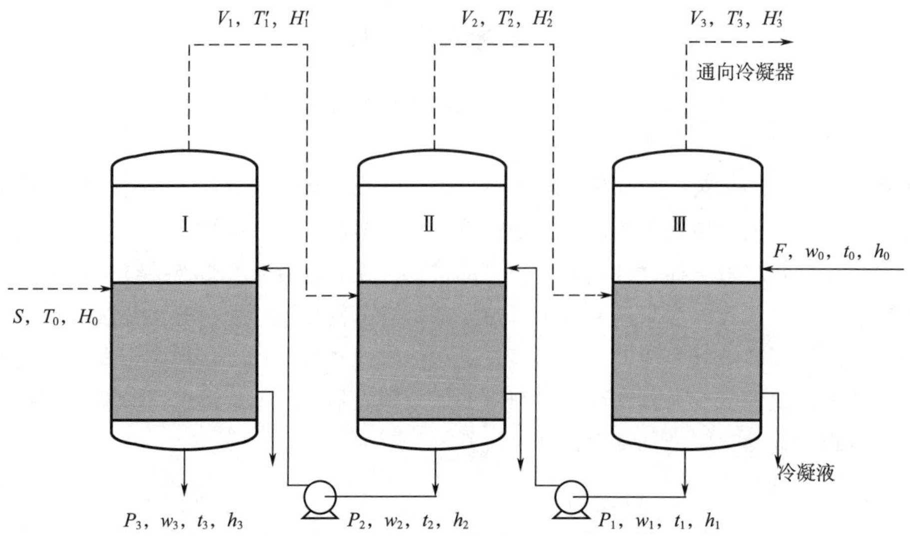

图 6-5　多效蒸发逆流加料操作流程示意图

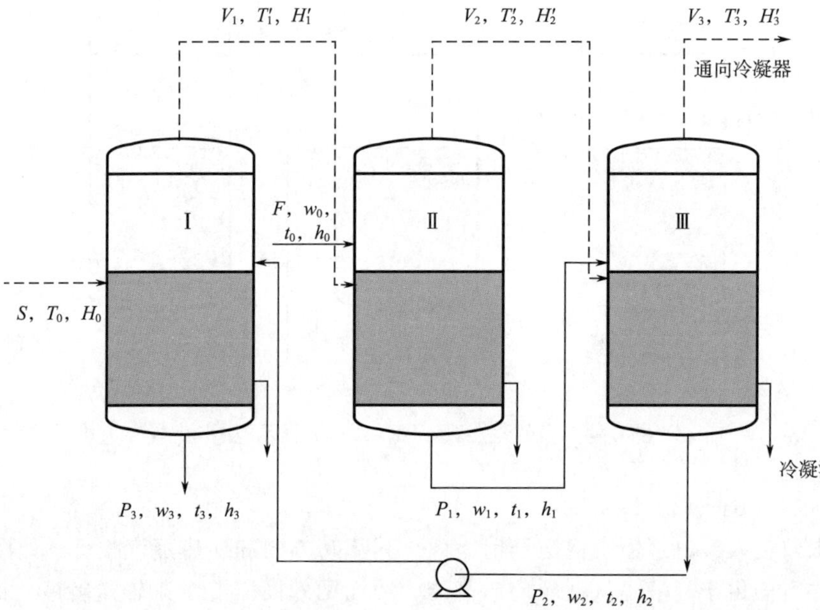

图 6-6　多效蒸发混流加料操作流程示意图

4. 平流加料（Parallel Feed）

料液分别加入各效中，浓缩液也从各效中分别排出，如图 6-7 所示。在平流加料中，各效间没有料液流动。这种操作方式适合有结晶析出、母液需回收的料浆；操作容易控制，不过设备布置复杂，一般每效均需要泵。

三、多效蒸发与单效蒸发的比较

除了效数的差异，表 6-4 从加热蒸汽的经济性、蒸发操作的温度差损失、蒸发器的生产能力和生产强度几个方面比较了多效蒸发和单效蒸发的差异。

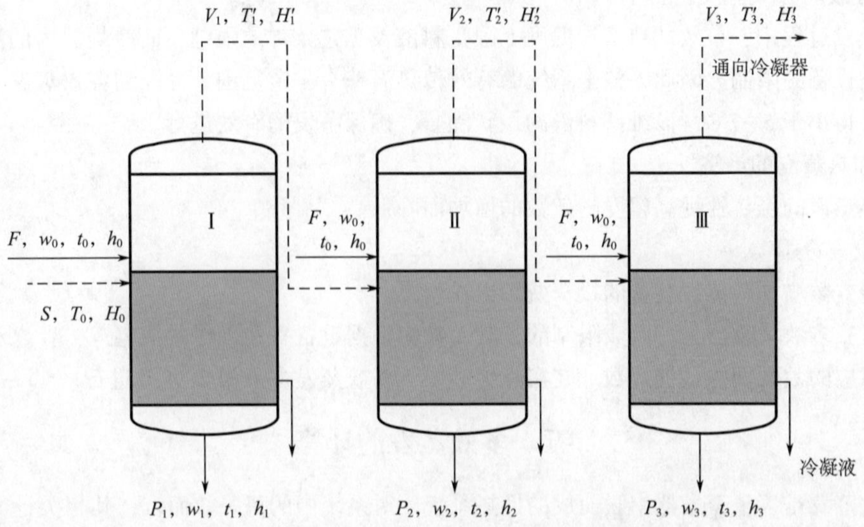

图 6-7　多效蒸发平流加料操作流程示意图

表 6-4　多效蒸发与单效蒸发的比较

	单效蒸发	多效蒸发
加热蒸汽的经济性	二次蒸汽直接冷凝，未利用其冷凝热	二次蒸汽引至下一效蒸发器作为加热蒸汽，通过二次蒸汽的再利用减少生蒸汽的消耗，提高了加热蒸汽的经济性，如表 6-3 所示
温度差损失	效数最少，温度差损失低	效数越多，温度差损失越大，几乎成比例增加
操作流程	只有一效，操作流程的选择不重要	为合理利用有效温差，需根据料液的性质特点选择合适的操作流程（顺流、逆流、混流及平流加料）
蒸发强度	温度差损失小，因此相同生产任务和操作条件下，其蒸发强度高于多效蒸发	温度差损失大，与单效蒸发相比，其蒸发强度较低
综合节能	二次蒸汽不再利用；直接在较高温度下冷凝，所需冷却水用量高于多效蒸发；综合节能效果低于多效蒸发	二次蒸汽再利用提高了加热蒸汽经济性；只有末效较低温度的二次蒸汽需要冷却水冷却，大大降低了冷却水耗量；因此，综合节能效果优于单效蒸发

四、多效蒸发的最佳效数

多效蒸发器的效数是有限度的，主要受到以下几方面的限制：

1. 温度差损失

温度差损失随效数增加而加大，几乎是成比例加大。

2. 各效间有效温度差

在蒸发过程中，首效加热蒸汽温度上限受料液及工艺条件的限制，而冷凝器内的温度下限也受真空设备的限制。因此，整个系统的有效传热温差有一定范围，分配到各效蒸发器中其有效温差不得小于5~7℃，以维持料液的核状沸腾，确保蒸发的有效进行。

3. 加热蒸汽的经济性

加热蒸汽的经济性提高幅度随效数的增加而降低。

4. 投资费用

随着效数增加，蒸发装置的投资费用也在增大。

因此，多效增发器是有效数限制的，其效数应根据设备费和操作费来定，二者之和为最小值时所对应的效数即为最佳效数。在实际生产中，多效蒸发多采用2~4效进行。

五、多效蒸发的计算

多效蒸发是多个蒸发器串联而成的换热系统。对系统中的每一效而言，其相关计算和单效蒸发器相仿，可通过物料衡算、热量衡算以及传热速率方程解决。不过，由于效数增多且各效之间相互联系，使得未知量较多，计算更加复杂。

多效蒸发通常给定的条件包括原料液的处理量、温度及组成；加热蒸汽的压力或温度；冷凝器的操作压力。要求计算的项目内容常包括各效水分蒸发量、加热蒸汽消耗量以及各效蒸发器的传热面积。接下来，以图6-4所示的三效顺流蒸发为例，演示多效蒸发的相关计算。

（一）总蒸发量

多效蒸发器的总蒸发量为各效蒸发量之和。因此，在三效顺流蒸发操作下（图6-4），总蒸发量 V 等于各效蒸量之和：

$$V = V_1 + V_2 + V_3 \tag{6-16}$$

式中　V_1、V_2、V_3 分别代表第一效、第二效及第三效的蒸发量。

对蒸发器内的溶质做物料衡算：

$$Fw_0 = (F - V_1)w_1 = (F - V_1 - V_2)w_2 = (F - V)w_p$$

则有

$$V = F\left(1 - \frac{w_0}{w_p}\right) \tag{6-17}$$

对任意一效 i 作溶质的物料衡算，则有：

$$w_i = \frac{Fw_0}{F - V_1 - V_2 - \cdots - V_i} \tag{6-18}$$

式中　F——原料液质量流量，kg/h；

V_i——第 i 效的蒸发量，kg/h；

V——水分总蒸发量，kg/h；

w_0、w_1、w_2、w_p——原料液、第一效、第二效以及末效中溶质的质量分数。

下标 i 表示效的序号，i=1，2，3，…，n。

式（6-16）~式（6-18）中，各效的蒸发量 V_i 以及溶液中溶质的质量分数 w_i 可与下文的热量衡算式联立求解。

（二）加热蒸汽消耗量及各效蒸发量

参照上一节单效蒸发计算的热量衡算对图6-4所示多效蒸发的每一效做热量衡算。假设加热蒸汽的冷凝液在饱和温度下排出，忽略系统热损失，可获得相应的各效加热蒸汽消耗量以及传热量。

在第一效做热量衡算：

$$Fh_0 + S_1 r_1 = (F - V_1) h_1 + V_1 H'_1 \tag{6-19}$$

式中　S_1——第一效加热蒸汽的消耗量，kg/h；

r_1——第一效加热蒸汽的冷凝潜热，kJ/kg；

h_0、h_1——分别为原料液和第一效浓缩液的焓，kJ/kg；

H'_1——第一效二次蒸汽的焓，kJ/kg。

一般食品生产中的有机溶液稀释热可忽略。因此忽略溶液稀释热，用比热容估算溶液的焓并以0℃溶液为基准，c_0、c_1 分别代表原料液和第一效浓缩液的比热容［kJ/（kg·℃）］，t_0、t_1 分别代表原料液和第一效浓缩液的温度（℃），则有：

$$Fc_0 t_0 + S_1 r_1 = (F - V_1) c_1 t_1 + V_1 H'_1 \tag{6-20}$$

和单效蒸发类似，如果第一效浓缩液比热容 c_1 不容易获得，可通过原料液比热容 c_0 估算第一效加热蒸汽耗量 S_1。按上一节单效蒸发的相关内容推导式（6-19），可获得和单效蒸发类似的表达式：

即

$$S_1 = \frac{V_1 r'_1 + Fc_0 (t_1 - t_0)}{r_1} \tag{6-21}$$

式中，r'_1 代表第一效二次蒸汽的汽化热。与此同时，第一效的传热量 Q_1 则为：

$$Q_1 = S_1 r_1 \tag{6-22}$$

同理，做第二效蒸发器的热量衡算。第二效的进料量为 $F - V_1$，浓缩液量为 $F - V_1 - V_2$，则有：

$$(F - V_1) h_1 + S_2 r_2 = (F - V_1 - V_2) h_2 + V_2 H'_2 \tag{6-23}$$

式中　S_2——第二效加热蒸汽的消耗量，kg/h；

r_2——第二效加热蒸汽的冷凝潜热，kJ/kg；

h_2——第二效浓缩液的焓，kJ/kg；

H'_2——第二效二次蒸汽的焓，kJ/kg。

式（6-23）中溶液的焓可以通过其比热容来估算。以0℃溶液为基准，可知 $h_1 = c_1 t_1$，$h_2 = c_2 t_2$，其中 c_1、c_2 分别代表第二效原料液和浓缩液的比热容［kJ/（kg·℃）］，t_1、t_2 分别代表第二效原料液和浓缩液的温度（℃）。

由于第二效的加热蒸汽即为第一效的二次蒸汽，则有 $S_2 = V_1$，$r_2 = r'_1$。因此，可根据 S_2 的表达式来计算 V_1。参照单效蒸发的相关内容推导式（6-23），由原料液比热容 c_0 和水的比热容 c_w 直接估算第二效加热蒸汽耗量，可得第二效的加热蒸汽消耗量（即第一效的蒸发量）：

$$V_1 = S_2 = \frac{V_2 r'_2 + (Fc_0 - V_1 c_w)(t_2 - t_1)}{r_2} \tag{6-24}$$

式中　r'_2——第二效二次蒸汽的汽化热，kJ/kg。

此时，第二效蒸发器的传热量可表达为：

$$Q_2 = V_1 r'_1 \tag{6-25}$$

以此类推，在第 i 效做热量衡算，可得第 i 效的蒸发量及传热量分别为：

$$V_{i-1} = S_i = \frac{V_i r'_i + (Fc_0 - V_1 c_w - V_2 c_w - V_{i-1} c_w)(t_i - t_{i-1})}{r_i} \tag{6-26}$$

$$Q_i = S_i r_i = V_{i-1} r'_{i-1} \tag{6-27}$$

（三）各效蒸发器的换热面积

在多效蒸发中，其中任意一效蒸发器的传热面积可通过其传热速率方程 $Q_i = K_i A_i \Delta T_i$ 计算，即：

$$A_i = \frac{Q_i}{K_i \Delta T_i} \tag{6-28}$$

式中 A_i ——第 i 效蒸发器的换热面积，m^2；

K_i ——第 i 效的总传热系数，kW/（m^2 · ℃）；

ΔT_i ——第 i 效的有效温度差，℃。

多效蒸发中的总温度差损失为各效温度差损失之和。为方便蒸发器的制造、安装和操作，在多效蒸发中一般将各效传热面积设计为相等的。据此，可由式（6-12）设计各效间的有效温度差：

$$\Delta T_1 : \Delta T_2 : \Delta T_3 = \frac{Q_1}{K_1} : \frac{Q_2}{K_2} : \frac{Q_3}{K_3} \tag{6-29}$$

（四）加热蒸汽的经济性

多效蒸发加热蒸汽的经济性通过总蒸发量与加热蒸汽消耗量的比值来表示。以三效蒸发为例，其加热蒸汽的经济性可通过式（6-30）计算：

$$e = \frac{V}{S} = \frac{V_1 + V_2 + V_3}{S_1} \tag{6-30}$$

【例 6-3】 在双效顺流蒸发器中将液态食品从固形物含量 10% 浓缩到 45%（质量分数）。已知原料液的处理量为 8000kg/h，比热容为 3.8kJ/(kg · ℃)，沸点进料。料液在第二效真空条件下的沸点为 70℃。第一效加热蒸汽压力为 198.5kPa。浓缩液以 95℃ 从第一效排出，70℃ 从第二效排出。第一效蒸发器的传热系数为 1000W/(m^2 · ℃)，第二效蒸发器的传热系数为 700W/（m^2 · ℃）。假设每效有效温度差均相等，忽略温度差损失。计算：①总蒸发量及各效蒸发量；②加热蒸汽消耗量；③加热蒸汽的经济性；④每效换热面积。

解：如例 6-3 附图所示。已知

原料液：进料量 F = 8000kg/h = 2.22kg/s，进料浓度 w_0 = 0.10，温度 $t_0 = T'_1$ = 95℃；

最终浓缩液产品浓度 w_2 = 0.45，温度 t_2 = 70℃；

加热蒸汽压力为 198.5kPa，第一效沸点温度 T'_1 = 95℃，第二效沸点温度 T'_2 = 70℃。查饱和水蒸气表可得各效操作参数及对应的热参数（例 6-3 附表）。

例 6-3 附表　　各效操作参数及对应的热参数

项目	压力/kPa	温度/℃	汽化热/（kJ/kg）
第Ⅰ效加热蒸汽	198.5	120（T_0）	2205.2（r_1）
第Ⅰ效二次蒸汽	85.6	95（T'_1）	2270.9（r'_1）
第Ⅱ效加热蒸汽	85.6	95（T_1）	2270.9（r_2）
第Ⅱ效二次蒸汽	34.1	70（T'_2）	2324.8（r'_2）

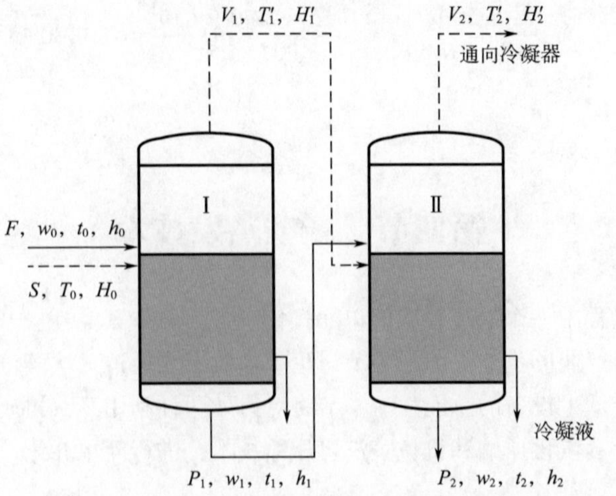

例 6-3 附图

①总蒸发量由式（6-17），可求得：

$$V = F\left(1 - \frac{w_0}{w_p}\right) = 2.22 \times \left(1 - \frac{0.10}{0.45}\right) = 1.73\ (\text{kg/s})$$

即
$$V_1 + V_2 = 1.73\ (\text{kg/s}) \quad (1)$$

②第一效：由于料液沸点进料，即 $t_0 = t_1 = 95℃$，对第一效做热量衡算，由式（6-21）可得：

$$S_1 = \frac{V_1 r'_1}{r_1} = \frac{2270.9V_1}{2205.2} = 1.03V_1 \quad (2)$$

同理，对第二效做热量衡算，由式（6-24）可得：

$$V_2 = \frac{V_1 r_2 + (Fc_0 - V_1 c_w)(t_1 - t_2)}{r'_2} = \frac{2270.9V_1 + (2.22 \times 3.8 - 4.18V_1)(95 - 70)}{2324.8} = 0.93V_1 + 0.09 \quad (3)$$

联立式（1）、（2）、（3），得：

$$S_1 = 0.88\text{kg/s}$$
$$V_1 = 0.85\text{kg/s}$$
$$V_2 = 0.88\text{kg/s}$$

③加热蒸汽经济性

$$e = \frac{V_1 + V_2}{S_1} = \frac{1.73}{0.88} = 1.97\ (\text{kg 水分蒸发/kg 加热蒸汽})$$

④每效换热面积：第一效加热蒸汽压力为 198.5kPa，查饱和水蒸气表可知，此时温度 T_0 = 120℃，汽化热 r_1 = 2205.2kJ/kg。第二效温度溶液沸点温度为 70℃，因此总有效温度差 $\Delta = \Delta T_1 + \Delta T_2 = 120-70 = 50℃$。又因为各效间的有效温度差相等，则有：

$$\Delta T_1 = \Delta T_2 = 25℃$$

又因 $Q_1 = S_1 r_1$，$Q_2 = V_1 r'_1$，由式（6-28）可知：

$$A_1 = \frac{Q_1}{K_1 \Delta T_1} = \frac{S_1 r_1}{K_1 \Delta T_1} = \frac{0.88 \times 2205.2 \times 10^3}{1000 \times 25} = 77.62\ (\text{m}^2)$$

$$A_2 = \frac{Q_2}{K_2\Delta T_2} = \frac{V_1 r_1'}{K_2\Delta T_2} = \frac{0.85 \times 2270.9 \times 10^3}{700 \times 25} = 110.30\ (m^2)$$

第四节　新型蒸发技术

蒸发属于分离过程中一个能耗较大的单元操作，如何减少其能耗、开发新型蒸发技术是发展相关领域节能环保产业的重点。前面小节讨论了多效蒸发通过二次蒸汽的再利用有效减少了生蒸汽的消耗量、降低了设备的总能耗。本节将对另外两种利用蒸汽再压缩技术减少能耗的新型蒸发技术——热力蒸汽再压缩和机械蒸汽再压缩技术，进行简单介绍。

一、热力蒸汽再压缩技术

蒸发过程产生的二次蒸汽由于其能量损耗，只能成为后效的热源而无法直接作为自身的热源。若要作为本效热源必须提供额外能量以提高蒸汽的温度和压力，增加其热焓。热力蒸汽再压缩技术（Thermal Vapor Recompression，TVR）通过采用蒸汽喷射压缩器便可实现这一目的。根据热泵原理，蒸发沸腾后得到的部分二次蒸汽在高压工作蒸汽的带动下进入喷射器混合，被压缩后使其温度和压力升高，而后重新引入加热室作为加热蒸汽再利用，剩余的二次蒸汽则经由冷凝器排出（图 6-8）。TVR 系统一般用于单效蒸发器或多效蒸发器的首效。从节省蒸汽、节能效果而言，一台热力蒸汽压缩机相当于增加了一效蒸发器，因此节能效果可达 60%左右。TVR 系统引射的工作蒸汽需高压，而对于蒸发过程而言需要的是低压蒸汽，因此在应用中有一定的局限性。

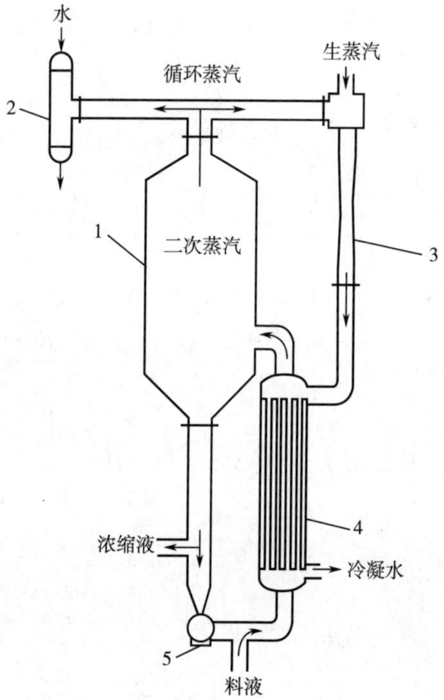

1—分离室；2—冷凝器；3—热力蒸汽压缩机；
4—加热室；5—泵。

图 6-8　热力蒸汽再压缩系统示意图

二、机械蒸汽再压缩技术

机械蒸汽再压缩技术（Mechanical Vapor Recompression，MVR）系统将离开加热室的所有二次蒸汽都压缩了，其流程如图 6-9 所示。料液在蒸发器内受热产生的二次蒸汽，经蒸汽压缩机压缩后，使其温度、压力和热焓大幅增加，从而使得二次蒸汽可重新进入蒸发器内替代生蒸汽作为热源使用。

MVR 系统主要由预热器、加热室（蒸发器）、蒸汽压缩机、气液分离器、真空泵以及相关附属设备组成。用于压缩蒸汽的压缩机可以是电机、蒸汽轮机或燃气机驱动的。如果有高压蒸

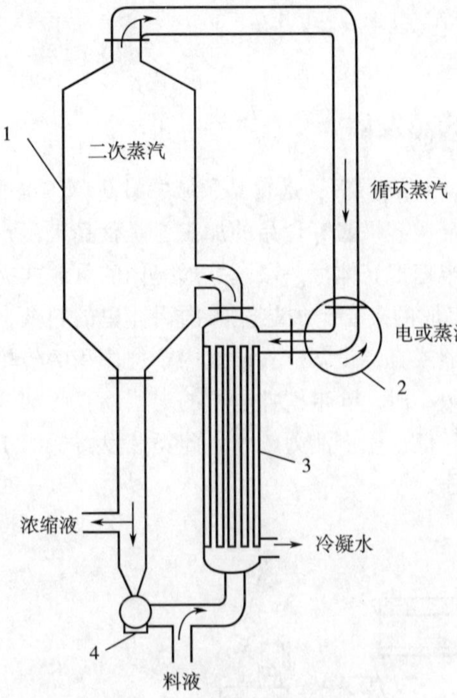

1—分离室；2—压缩机；3—加热室；4—泵。
图 6-9　机械蒸汽再压缩系统示意图

汽供应的话，汽轮机驱动的压缩机最适合于机械再压缩；如果电力费用低的话，电动压缩机就是个不错的选择。

MVR 技术在蒸发浓缩、干燥、蒸馏等领域有良好的应用潜力。在果汁、蔬菜汁和乳制品等乳浆液食品的加工过程中，蒸发浓缩操作占生产工艺能耗的 60%以上。采用 MVR 技术后，可以比传统蒸汽模式大大节约蒸汽消耗。因此，虽然 MVR 技术的应用在我国尚处于研究阶段，但该技术的节能效果得到了学界和业界的广泛认可，应用前景广阔。

MVR 系统是现有蒸汽系统中非常有效的低能耗蒸发工艺。从节能效果而言，MVR 系统相当于增加了 10~30 效蒸发器。表 6-5 比较了前面所述几种蒸发器加热蒸汽的经济性。由表可知，在三效蒸发器系统加一个热压机（TVR）可将其加热蒸汽的经济性提高一倍，不过和 MVR 技术相比还是逊色。单效 MVR 蒸发器加热蒸汽的经济性是三效蒸发器的 5~10 倍。不过，由于大型压缩机的使用，MVR 系统会产生很多噪声。

为进一步节能，将投资和运行成本降低，工业生产常同时采用两种或以上的蒸发技术。

表 6-5　几种蒸发器加热蒸汽的经济性

蒸发器类型	加热蒸汽的经济性/（kg 水/kg 加热蒸汽）
单效	0.90~0.98
双效	1.7~2.0
三效	2.4~2.8
六效	4.6~4.9
三效+TVR	4~8
单效 MVR	10~30

第五节　蒸发设备

蒸发设备由蒸发器和辅助设备组成。常用蒸发器主要由加热室和分离室两部分构成；辅助设备则一般包括冷凝器、真空泵、压缩机和捕沫器等。

蒸发器常说的类型，主要关注的是加热室与分离室的结构及其组合方式。按照料液在蒸发器中的流动情况，可将蒸发器分为单程型和循环型两类。其中，循环型又可以分为强制循环和自然循环蒸发器。

本节将介绍在食品领域常用到的几种蒸发器类型。

一、间歇式锅式蒸发器

间歇式锅式蒸发器（Batch-Type Pan Evaporator）即夹层锅，是食品领域中最简单、也可能是最古老的蒸发器。它可用于糖果、卤味、饮料、蜜饯、果酱等食品的加工，是食品工厂常用的一种蒸发设备。夹层锅有多种类型，最常见的是半球形壳体加一段圆柱形壳体的可倾式夹层锅，如图 6-10 所示。加热蒸汽通入内外球形锅体组成的夹层，加热注入内锅体里的料液。夹层锅可以开盖在常压下操作，也可以直接连接冷凝器或真空设备。夹层锅内单位体积的传热面小，因此料液在锅内的停留时间长，有的甚至需要数小时。除带搅拌电机的夹层锅，大部分料液的加热主要通过自然对流，导致其对流传热系数较低，生产能力较小。此类蒸发器适用于料液黏度高、生产任务小、传热温度差不大的蒸发操作。

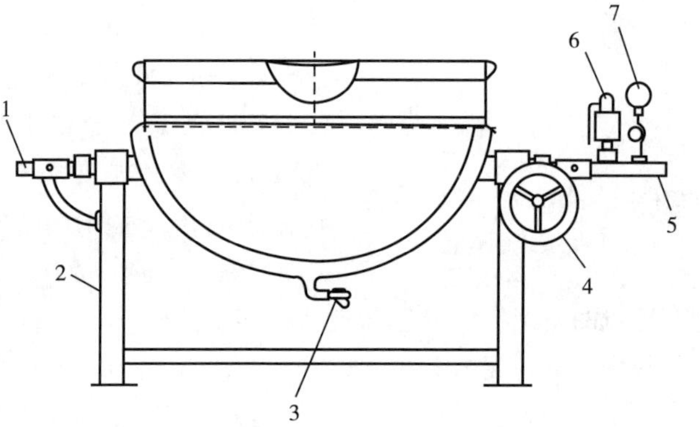

1—不凝气出口；2—可倾架；3—冷凝水出口；4—手轮；5—蒸汽进口；6—安全阀；7—压力表。

图 6-10 可倾式夹层锅

二、自然循环蒸发器

自然循环蒸发器（Natural Circulation Evaporators）中溶液靠料液密度差循环，其工作原理是加热情况下料液在加热室不同位置上的受热程度不同，产生了密度差，再加上加热管内蒸汽上升过程中带动液体运动，从而造成液体的循环运动。自然循环蒸发器有垂直短管式、垂直长管式、蛇管式等，循环速度不大，一般小于 1m/s。

垂直短管式以中央循环式蒸发器（又称标准式蒸发器）为代表，是早期工业生产中最广泛应用的蒸发器，其基本结构如图 6-11 所示。它的加热室一般由长度 1~2m、直径 50~100mm 的直立短管束组成。在管束中间有一根大直径的循环管，其截面积为加热管束总截面积的 40%~100%。料液在管内流动，加热蒸汽在管束间（壳方）流动。在细管（沸腾管）内，料液受热沸腾并产生气泡，料液温度高、密度小，而中央循环管内由于其单位体积液体所占传热面积远小于细管内液体，故其料液温度低于后者，导致其密度大于细管内料液。料液在细管和中央循环管内的密度差，加上细管内蒸汽上升的抽吸作用，造成料液在细管束内上升，在中央循环管内下降的连续循环运动。这类蒸发器构造简单、传热效果较好、投资费用较少，不过清洗和检修较麻烦，料液循环速度较低，一般在 0.5m/s 以下。

垂直长管式自然循环蒸发器以外加热式蒸发器为代表，由主要由列管式加热器、分离室及循环管组成，其加热室与分离室分开，如图 6-12 所示。外加热式蒸发器循环管内液体不被加热，且循环管较长（长径比达 50~100)，所以料液的从加热管上升，从循环管下降，循环速度较大，总传热系数较高。

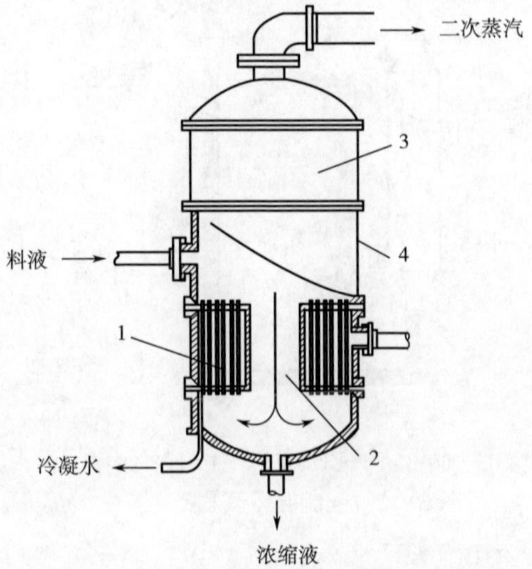

1—加热室；2—中央循环管；3—蒸发室；4—外壳。

图 6-11　中央循环式蒸发器

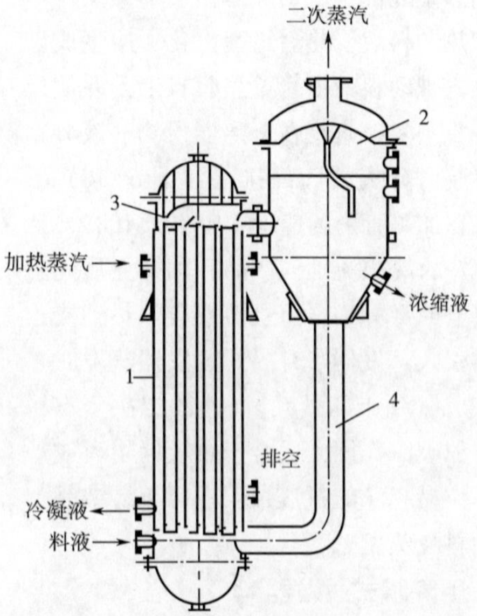

1—加热室；2—分离室；3—沸腾区；4—循环管。

图 6-12　外加热式蒸发器

三、强制循环蒸发器

强制循环蒸发器（Forced-Circulation Evaporators）的特点是依靠外加动力使得料液在设备内高速循环流动，其构造如图 6-13 所示。一般料液由循环泵以 2~6m/s 自下而上高速打入加热管。加热管上部的静压头使得料液无法在加热室内蒸发。由于分离室内的压强比加热室管束内的压强稍低，因此料液进入分离器中闪蒸，形成二次蒸汽由分离器上部排出，而液体落下，由分离器底部被循环泵吸入，继续循环。在这个过程中，换热器内加热面的温差一般是 3~5℃。该类蒸发器操作费和设备投资低，加热温差小，适宜于热敏性、易结垢、结晶、高黏度的物料。

四、单程蒸发器

单程蒸发器（Single-Pass Evaporators）是指料液沿加热管壁呈膜状流动而进行传热和蒸发，只通过加热室一次即成为浓缩液排除，因此也称为液膜蒸发器。由于料液分散成液膜形式流动，大大增加了蒸发面积，提高了传热效率，所以料液在蒸发器内停留时间短，适合于热敏性物料的蒸发，在果汁、乳制品等食品领域得到广泛应用。

按液膜的运动方向以及成膜原因的不同，单程型蒸发器可分为升膜式蒸发器、降膜式蒸发器、升降膜式蒸发器以及刮板薄膜蒸发器。因前三种膜式蒸发器其加热室内的管束长但管径较小，又被称为长管式蒸发器。

（一）升膜式蒸发器

升膜蒸发器（Rising-Film Evaporator）的加热室由单根或数根垂直管组成，管径在25~50mm，管长可达10~15m。加料液经预热后由加热室底部引入加热管内，加热蒸汽从管外加热。料液受热后迅速汽化，所生成的二次蒸汽带动料液沿管壁呈膜状上升并使料液进一步蒸发，直至在分离器顶部气液分离，浓缩液由分离器底部排除（图6-14）。二次蒸汽在加热管内的速度不应小于10m/s。为获得良好的液膜流动，产品和加热介质间的温度差至少要14℃，而且溶液应预热到接近沸点再引入蒸发器。升膜式蒸发器蒸发时间短（仅几秒到十几秒），高速的二次蒸汽具有良好的破沫作用，适合于热敏性物料或者黏度不大易起沫的料液，但不利于易结晶或结垢的料液蒸发。

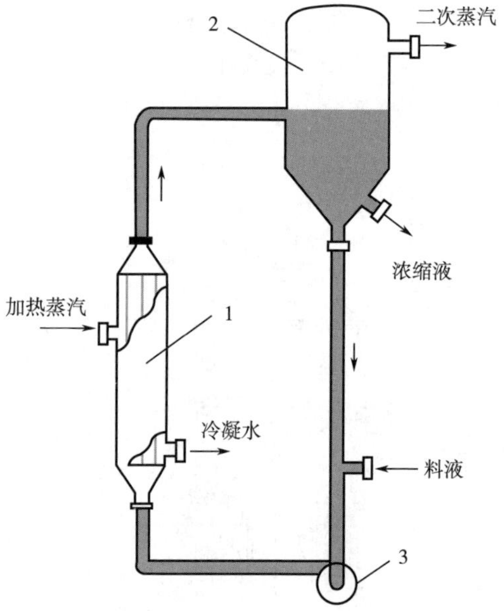

1—加热室；2—分离室；3—循环泵。

图6-13 强制循环蒸发器

（二）降膜式蒸发器

与升膜式蒸发器相反，在降膜式蒸发器（Falling-Film Evaporator）中料液预热后由蒸发器顶部经液体分布器均匀地分布在各加热管内，形成的液膜在重力作用下沿着加热管内壁向下流动并同时蒸发汽化，而后在分离室气液分离，如图6-15所示。在此过程中，二次蒸汽与浓缩液并流而下，而后由加热管底部进入分离时完成气液分离。降膜式蒸发器加热蒸汽和料液的温差较大、料液沸点均匀。降膜式蒸发器比升膜式允许安装的效数要多。不过，设计此类蒸发器的难点在于如何将液体均匀地分布在各加热管内，使之形成均匀的液膜沿着管壁向下流，这点比升膜式蒸发器内获得向上流动的均匀液膜要难。

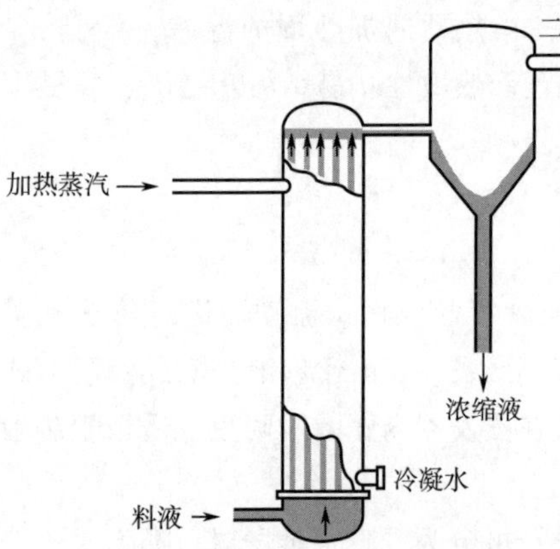

图6-14 升膜式蒸发器

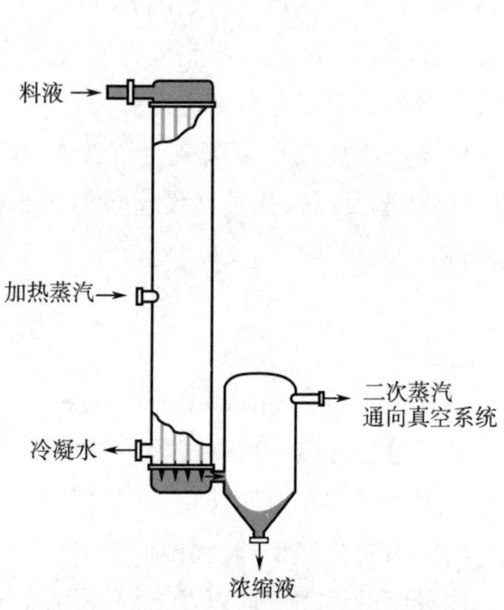

图6-15 降膜式蒸发器

（三）升降膜式蒸发器

升降膜式蒸发器（Rising/Falling-Film Evaporators）协调了升膜式和降膜式蒸发器的优缺点，在加热室内安装了两组加热管，一组用于升膜式，另一组用于降膜式，其结构如图 6-16 所示。预热后的料液先沿升膜加热管内壁呈液膜上升，再沿降膜加热管内部呈液膜下降，而后进入分离式达到气液分离。这种蒸发器适合于浓缩过程中黏度变化大的料液或对设备高度有限制性要求的情景。

（四）刮板薄膜蒸发器

如图 6-17 所示，刮板薄膜蒸发器（Agitated Thin-Film Evaporators）主要由加热蒸汽夹套、分离室、旋转轴和刮板组成。刮板由圆桶中心的旋转轴带动。料液经蒸发室上部加入，在液体分布器离心力的作用下被甩在圆筒的内壁上，而后在旋转刮板和重力的作用下沿筒壁呈液膜下降。二次蒸汽由蒸发室上部引出，完成液则由下部排出。料液在这类蒸发器停留的时间较短，而且不断搅拌使得液膜表面不断更新，维持壁内面不结晶、难结垢的状态，提高了其传热系数。刮板薄膜蒸发器适用于处理高黏度、易结晶、易结垢以及热敏性的料液。

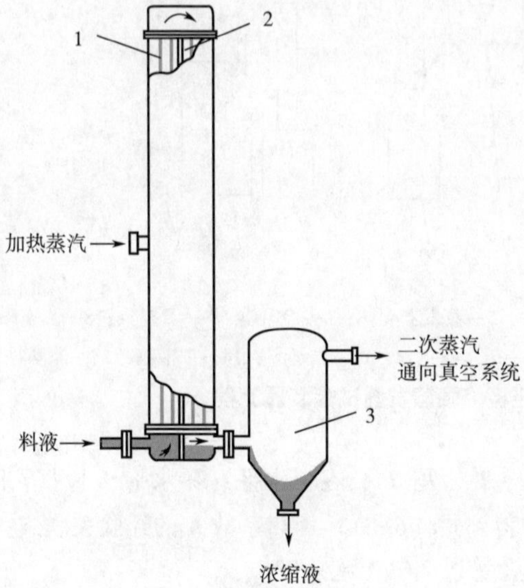

1—升膜加热室；2—降膜加热室；3—分离室。

图 6-16　升降膜式蒸发器

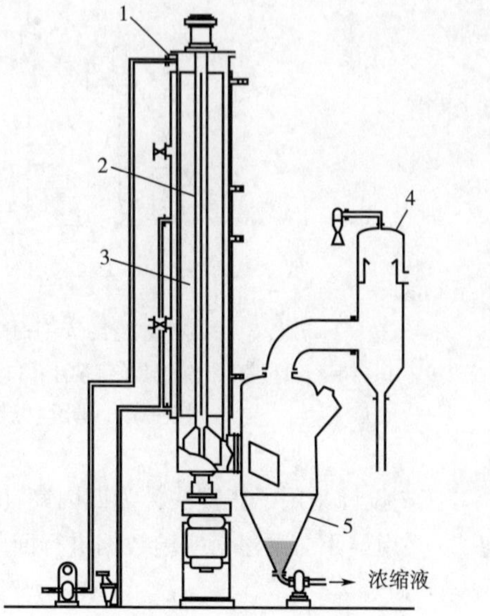

1—料液入口；2—转子；3—蒸发室；4—冷凝器；5—外分离室。

图 6-17　刮板薄膜蒸发器

第六节　案例分析：菠萝汁蒸发浓缩过程传热性能

一、案例介绍

菠萝汁富含维生素等热敏性物质，在加工中存在褐变问题，因此工艺过程中的传热性能控制对其品质保护尤为重要。酒窝状波纹竖板降膜蒸发器是一种新型换热设备，具有传热系数高、热损失小、物料停留时间短、能耗低、不易结垢以及垢层易于清洗、适宜高黏度料液浓缩等优点，因而被广泛用于食品、化工、医药、海水淡化和污水处理等领域。本案例通过研究酒窝状波纹竖板降膜蒸发器进行菠萝汁蒸发浓缩过程的传热性能，从而实现物料和工艺方法的优化。

二、案例分析

工艺流程主要由物料系统、蒸汽加热系统、二次蒸汽及冷凝系统、真空系统等组成（图6-18）。

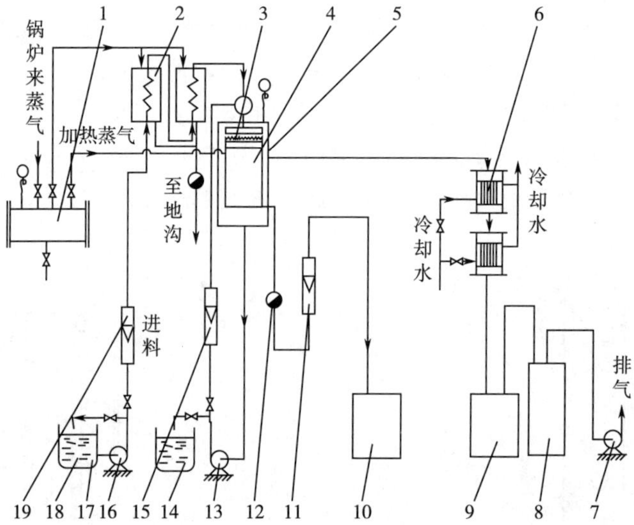

1—气包；2—预热器；3—布液装置；4—加热元件；5—蒸发器壳体；6—冷凝器；7—真空泵；8—真空罐；9、10—储罐；11、15、19—转子流量计；12、17—疏水器；13、16—循环泵；14—浓液罐；18—原料罐。

图6-18 酒窝状波纹竖板降膜蒸发器试验装置流程

工艺设计采用了正交法，为四因素（°Bx、T_v、T、I），在三水平（零水平、上水平和下水平），采用最小二乘法对实验数据进行回归，得到式（6-31）传热系数K的经验关联式：

$$K = 4.968 \cdot I^{0.0698} \cdot \Delta T^{-0.2681} \cdot T_v^{1.5738} \cdot {}^\circ Bx^{-0.0208} \tag{6-31}$$

式中 K——总传热系数，W/（m^3·K）；

I——物料流量，m^3/h，参数的实验范围：$0.3m^3/h \leqslant I \leqslant 1.8m^3/h$；

ΔT——传热温差，℃，参数的实验范围：4℃ ≤ ΔT ≤ 12℃；

T_v——蒸发温度，℃，参数的实验范围：67℃ ≤ T_v ≤ 87℃；

°Bx——物料糖度，%，参数的实验范围：12% ≤ °Bx ≤ 30%。

（一）菠萝汁糖度对传热系数的影响

图6-19表明了T_v = 82℃和78℃、ΔT = 8℃、I = 1.0m^3/h时，传热系数随糖度变化的趋势。随着糖度的增大，总传热系数值略有下降。这是由于随着菠萝汁糖度的增加，黏度也相应增大，易使板片结垢，增大传热热阻；另一方面，因为酒窝状波纹竖板的特殊结构又有利于强化传热，使得总传热系数K随菠萝汁糖度°Bx的变化趋势比较平稳。

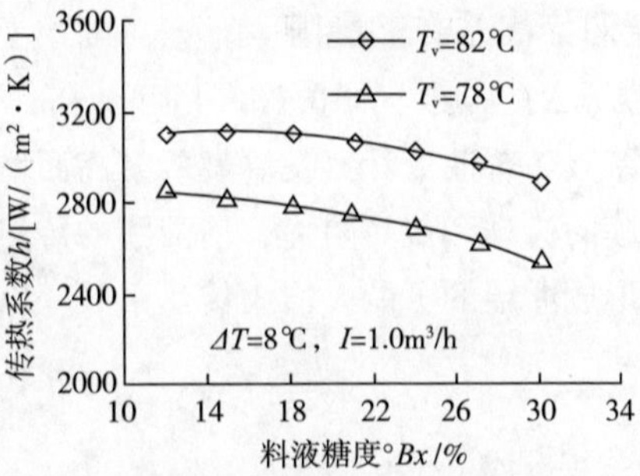

图 6-19　传热系数随糖度变化的关系

（二）菠萝汁周边流量对传热系数的影响

图 6-20 表明了在°$Bx=24\%$、$T_v=80$℃和 76℃、$\Delta T=6$℃时，单位周边流量对传热系数的影响。可以看出，传热系数随着流量的增加而增大，但增大到一定程度时（约 $I=1.6\text{m}^3/\text{h}$ 时），出现了拐点。这是因为随着流量的增大，湍流加剧，强化了传热；另一方面，随着流量的增加，液膜厚度加大，传热系数减小，当前者大于后者时总传热系数增大。增大到一定值时，后者大于前者从而出现拐点。

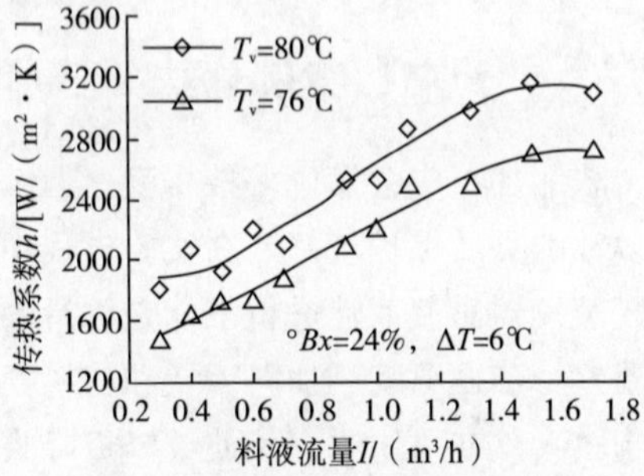

图 6-20　传热系数随单位周边流量变化的关系

（三）菠萝汁传热温差对传热系数的影响

图 6-21 为蒸发温度 $T_v=6$℃、°$Bx=16\%$、$I=1.2\text{m}^3/\text{h}$ 和 $1.0\text{m}^3/\text{h}$ 时，传热系数随着传热温差的变化趋势图。随着温差 ΔT 的增大，冷凝侧的液膜增厚，传热系数下降。液膜侧蒸发传热系数增大，但菠萝汁糖度升高，黏度增大，易结垢，因而总传热系数 K 随温差 ΔT 增大而减小。

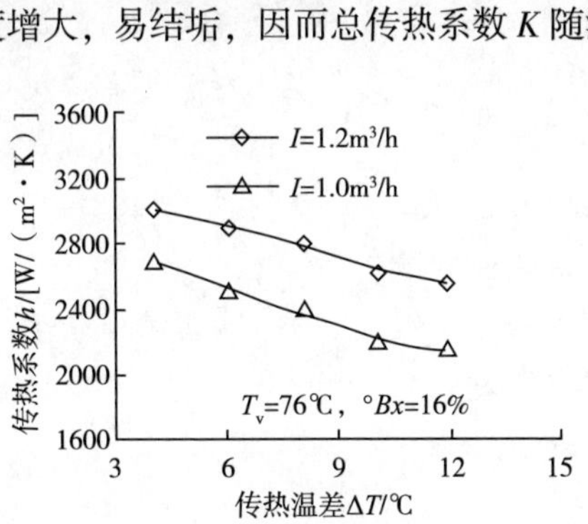

图 6-21　传热系数随传热温差变化的关系

（四）菠萝汁蒸发温度对传热系数的影响

图 6-22 表明了°$Bx=20\%$、$\Delta T=9℃$、$I=0.7m^3/h$ 和 $0.9m^3/h$ 条件下，蒸发温度对传热系数的影响。可以看出，传热系数随着菠萝汁蒸发温度的升高而增大。这主要是因为温度的升高降低了料液黏度，减弱了液膜的流动和传热阻力，使液膜的传热系数增大；另外，蒸发温度 T_v 升高时，黏度下降，减小了形成垢层的可能，增大传热系数。以上这些综合因素使蒸发温度升高，传热系数增大。

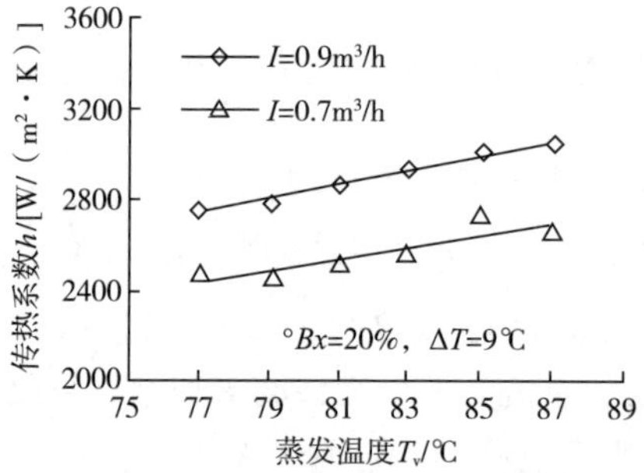

图 6-22　传热系数随蒸发温度变化的关系

三、案例总结

菠萝汁虽为热敏性物料，浓缩加工中会发生一些褐变，但由于采用了低温蒸发，蒸发温度得到很好的控制，因而对菠萝汁的品质保护较好。在实验过程中，壁面没有出现结垢情况。因此，利用酒窝状波纹竖板降膜蒸发器对菠萝汁进行浓缩是可行的。在酒窝状波纹竖板降膜蒸发器中，板片传热系数与传热温差、蒸发温度、物料流量和物料糖度等参数有关，其中物料流量和传热温差对传热系数的影响较大。在采用酒窝状波纹竖板降膜蒸发器浓缩菠萝汁时，传热系数较高，传热温差较小，传热壁面不易结垢。因此，该蒸发器适合于菠萝汁等热敏性物料的浓缩。

思考题

1. 以一个涉及蒸发操作的典型食品加工过程为例，简单分析蒸发操作的特点。
2. 请简要阐述蒸发操作过程中导致传热有效温度差损失的原因？
3. 为提高加热蒸汽的经济性，可采用哪些措施？
4. 比较并阐述单效蒸发和多效蒸发的优缺点，明确其适用环境。
5. 限制多效蒸发效数的因素有哪些？
6. 举一个自然循环蒸发器的实例，简单说明其工作原理。

习题

1. 试估算固形物含量为 20%（质量分数）的液态食品在常压下蒸发时溶液的沸点升高。已知蒸发器加热管内液柱的深度为 2.0m，液态食品的密度取 $1.10\times10^3kg/m^3$，其沸点升高数据可参考蔗糖水溶液的沸点升高值。

2. 对某单效蒸发器的传热系数进行实际测定。测得加热蒸汽的压强为 200kPa，分离室内的真空度为 81.3kPa。料液沸点进料，经 5h 蒸发后测得其水分蒸发量为 90000kg，温度差损失为 16℃。已知蒸发器换热面积为 120m^2。假设蒸发过程的热损失为总传热量的 5%，试计算此蒸发器的总传热系数。

3. 在单效蒸发装置中，将进料流量为 1000kg/h、固形物质量分数为 6% 的番茄汁浓缩至 35%。已知加热蒸汽压力为 0.3MPa，加热室内溶液的平均沸点为 115℃，蒸发室内的操作压力为 50kPa。整个蒸发过程的热损失为 10kW。试求番茄汁 60℃ 加料温度下，加热蒸汽消耗量及加热蒸汽的经济性。

4. 通过单效蒸发器浓缩果汁，稳态操作下，稀果汁的进料量为 0.72kg/s，初始固形物含量为 9%，比热容为 3.8kJ/(kg·℃)。浓缩液固形物含量为 60%，比热容为 2.3kJ/(kg·℃)。已知加热蒸汽的压力为 300kPa，稀果汁的进料温度为 40℃，蒸发室内料液的沸点维持在 60℃。假设蒸发器的传热系数为 900W/(m^2·℃)，忽略沸点升高。试求浓缩液流量、加热蒸汽耗量、加热蒸汽经济性，以及换热面积。

5. 采用双效顺流蒸发器将固形物质量含量为 12% 的牛乳浓缩为 30% 的浓缩乳。已知牛乳的进料温度为 60℃，进乳量为 2400kg/h，比热容为 2.5kJ/(kg·℃)。第一效蒸发内料液的沸点为 75℃。冷凝器内真空度为 71kPa。忽略温度差损失，试求：①总蒸发量及各效蒸发量；②加热蒸汽耗量；③加热蒸汽的经济性。

6. 采用双效蒸发器将固形物质量分数 5% 的番茄汁浓缩成固形物质量分数 35% 的番茄酱。番茄汁进入第一效的温度为 60℃，加热蒸汽压力为 160kPa。番茄酱离开第二效的流速为 1000kg/h。假设各效换热面积及有效温度差相等，第二效内的料液蒸发温度为 40℃。第一效和第二效蒸发器的总传热系数分布为 900 和 600W/(m^2·℃)。试计算加热蒸汽的经济性，以及各效换热面积。

7. 采用双效蒸发器浓缩进料量为 25000kg/h 的果汁。果汁进料温度为 80℃，固形物含量为 10%。浓缩液的固形物含量为 50%。第一效饱和蒸汽压力为 169kPa。第二效蒸汽的冷凝温度为 40℃。第一效蒸发器的总传热系数为 1000W/(m^2·℃)，第二效蒸发器的总传热系数为 700W/(m^2·℃)。第二效的有效温度差为第一效的 1.3 倍，即 $\Delta T_2 = 1.3 \times \Delta T_1$。试计算加热蒸汽的经济性、每效所需的换热面积（假设每效换热面积相等）。

本章主要符号说明

A：蒸发器的换热面积（m^2）

A_i：第 i 效蒸发器的换热面积（m^2）

c_0：原料液的比热容［kJ/（kg·℃）］

c_1：浓缩液的比热容［kJ/（kg·℃）］

c_B：溶质的比热容［kJ/（kg·℃）］

c_{pv}：蒸汽定压比热容［kJ/（kg·K）］

c_w：水的比热容［kJ/（kg·℃）］

e：加热蒸汽的经济性（kg 水分蒸发/kg 加热蒸汽）

F：原料液质量流量（kg/h）

h：液层高度（m）

h_0：原料液的焓（kJ/kg）

h_1：第一效浓缩液的焓（kJ/kg）

h_2：第二效浓缩液的焓（kJ/kg）

H_0：加热蒸汽的焓（kJ/kg）

H_1：冷凝水的焓（kJ/kg）

H'：二次蒸汽的焓（kJ/kg）
H'_1：第一效二次蒸汽的焓（kJ/kg）
H'_2：第二效二次蒸汽的焓（kJ/kg）
K：总传热系数［kW/（m^2·℃）］
K_{dh}：预热器传热系数［W/（m^3·K）］
K_e：换热器传热系数［W/（m^3·K）］
K_i：第 i 效的总传热系数［kW/（m^2·℃）］
M_b：废料的质量（kg）
M_d：纯水的质量（kg）
M_f：危险工业废水质量（kg）
p_m：液层平均压强（Pa）
p'：液层表面处压强（Pa）
P：浓缩液质量流量（kg/h）
Q：蒸发器的热负荷（kJ/h）
Q_L：蒸发器的热损失（kJ/h）
Q_2：换热器蒸发侧（或冷凝侧）的热负荷（kJ）
r'：操作压力下水的汽化热（kJ/kg）
r_1：第一效加热蒸汽的冷凝潜热（kJ/kg）
r'_1：第一效二次蒸汽的汽化热（kJ/kg）
r_2：第二效加热蒸汽的冷凝潜热（kJ/kg）
r'_2：第二效二次蒸汽的汽化热（kJ/kg）
S：加热蒸汽消耗量（kg/h）；
Δ：总温度差损失（℃）
ΔT_m：有效温度差（℃）
ΔT_i：第 i 效的有效温度差（℃）
T'：操作压力下水的沸点（℃）
t_0：原料液的温度（℃）
t_1：浓缩液的温度（℃）
Δt_{dh}：预热器对数传热温差（K）
U：蒸发器的生产强度［kg/（m^2·h）］
V：水分蒸发量（kg/h）
V_i：第 i 效的蒸发量（kg/h）
w_0：原料液中溶质的质量分数（%）
w_1：第一效中溶质的质量分数（%）
w_2：第二效中溶质的质量分数（%）
w_p：末效中溶质的质量分数（%）
w_i：第 i 效中溶质的质量分数（%）
X_f：危险工业废水中废料的浓度（%）
ρ_d、ρ_b：纯水的密度、危险废料的密度（kg/m^3）
λ_b、λ_d：蒸汽在 T_b、T_d 时的汽化潜热（kJ/kg）

参考文献

［1］Hackett B W. The essentials of continuous evaporation［J］. American Institute of Chemical Engineers, 2018, 114（5）：24-28.

［2］Singh R P, Heldman D R. Introduction to food engineering［M］. 5th ed. San Diego：Academic Press, 2014.

［3］柴诚敬．化工原理（上册）［M］. 2版．北京：高等教育出版社，2005.

［4］葛克山，郭慧媛．食品工程原理复习指南暨习题解析［M］．北京：中国农业大学出版社，2013.

［5］李伟，朱曼利，洪厚胜．机械蒸汽再压缩技术（MVR）研究现状［J］．现代化工，2016，36（11）：28-31.

［6］宋继田，赵征，杜玉雪，等．菠萝汁蒸发浓缩过程传热性能研究［J］．食品与机械，2010，26（1）：104-106.

［7］杨同舟，于殿宇．食品工程原理［M］. 2版．北京：中国农业出版社，2015.

［8］张建军，李帅旗，陈永珍，等．蒸汽再压缩技术研究现状与发展趋势［J］．新能源进展，2020，8（3）：207-215.

［9］赵黎明，黄阿根．食品工程原理［M］．北京：中国纺织出版社，2013.

［10］赵思明．食品工程原理［M］．北京：科学出版社，2009.

第七章 食品冷藏

CHAPTER 7

本章学习重点

通过本章的学习，学生需要了解食品冷藏、冻藏以及制冷技术概念及原理。掌握食品冷藏和冻藏对食品的影响，以及物料平衡的基本方法和能量衡算的原则和方法，食物比热的计算方法、数学模型和焓的计算方法。了解冷冻状态下食物的焓变计算方法，并能熟练运用。

课程思政点

第一节 食品冷藏概述

一、食品冷藏概念及意义

食品冷藏（Refrigeration）是指通过保持低温的贮藏环境来延缓或阻止食品腐败变质，从而达到延长食品贮藏期的操作单元。一般来说食品的冷藏温度在-1~8℃。

冷藏处理可以让食品保留原来的营养与品质，具有较好的复原性。相比于食品的化学保藏，冷藏处理的食品内没有添加剂残留，保留了食品中的大部分固有成分，能最大程度地保持食品新鲜度、营养价值和固有风味。

二、低温对食品的影响

由于食品自身的多种酶和外界污染带来的微生物，引发众多化学和生物变化，造成了新鲜食品的腐败变质。例如鸡、鸭、鱼等在贮藏过程中，很容易受到外界细菌的侵染，细菌快速繁衍加快了食品的腐烂变质。适当的温度和水分环境对细菌增殖及其中酶的活性至关重要。但在不适宜的环境，酶会受到破坏甚至失去催化能力，微生物也会停止繁殖甚至死亡。当环境温度较低时，动物类食品中微生物的繁殖就会被抑制，经过相对较长时间贮藏也不会出现腐败变质。对于植物类食品，其腐败变质主要是由于呼吸作用导致的，当果蔬成熟被采摘后，它们仍然是有生命力的个体，仍然会进行呼吸作用。低温条件会减弱植物类食品的呼吸作用，从而延长其储藏期。

（一）抑制微生物繁殖

每种微生物都有生长繁殖的最适温度，当环境温度低于最适温度时，微生物的活动会受到抑制，因此可以通过降低环境温度来减慢微生物的生长、繁殖速度（表 7-1）。当微生物的生存环境温度低于其最低生长温度时，微生物会停止生长甚至死亡。依据微生物的不同最适生长温度，微生物可以分为嗜冷菌、嗜温菌以及嗜热菌三类。在食品的低温储藏的过程中，嗜温菌和嗜冷菌是两种主要被考虑的微生物。根据环境的变化微生物通常会产生新的适应性，例如经过长期低温培养的微生物会更适应低温的生存环境。此类微生物在低温环境中的适应性，可以从其生长过程中出现的滞后期缩短加以判断。

表 7-1　　微生物在不同温度下的繁殖时间

温度/℃	繁殖时间/h	温度/℃	繁殖时间/h
33	0.5	5	6
22	1	2	10
12	2	0	20
10	3	-3	60

在低温环境中，微生物虽然不会全部被杀死，但是其繁殖仍然会受到抑制，随着温度的升高，其繁殖速度随之增强。因此，可以通过将食品贮藏在温度恒定的低温环境中，防止因微生物繁殖引发的食物腐败变质。

（二）抑制酶的活性

酶的活性很大程度上受温度的影响，大多数酶的最适温度为 30~40℃，过高的温度会导致酶蛋白变性，使酶的反应钝化；而低温环境可以抑制酶的活性，但不会使其钝化。

①大多数酶活性化学反应的 Q_{10} 为 2~3。

②不同的酶，具有不同的温度特性。

③低温环境可使酶的活性受到抑制，但不能使酶钝化。

④酶的反应速度可能受到基质和酶浓度的影响。

⑤在解冻过程中，酶的活性会骤然增强。

温度每下降 10℃，酶活性就削弱 1/2~1/3。反应酶的活性与温度之间的关系：

$$Q_{10} = \frac{K_2}{K_1} \tag{7-1}$$

式中　Q_{10}——当温度升高 10℃，酶活性变化前后与酶反应速率的比值；

K_1——温度 t 时的反应速率；

K_2——温度为 t+10℃时的反应速率。

低温保藏的实质是控制酶反应的速度，故温度商数越高，低温贮藏的效果越显著。表 7-2

表示了蔬菜在不同温度变化下呼吸速率的温度系数 Q_{10}。

表 7-2　　蔬菜呼吸速率的温度系数 Q_{10}

种类	温度的变化范围/℃		种类	温度的变化范围/℃	
	0.5~10.0	10.0~24.0		0.5~10.0	10.0~24.0
胡萝卜	3.3	1.9	马铃薯	2.1	2.2
芦笋	3.7	2.5	豆角	5.1	2.5
辣椒	2.8	2.3	莴苣	1.6	2.0
菠菜	3.2	2.6	番茄	2.0	2.3
豌豆	3.9	2.5	黄瓜	4.2	1.9

（三）延缓非酶褐变

在食品的加工过程中，特别是在果蔬去皮、切分以及破损等预处理过程中，会发生一种色泽变暗现象，这种现象称作褐变。例如在枸杞干制过程中颜色由鲜红转为深褐色或黑褐色，这一般涉及美拉德反应、酚类的氧化缩合反应、焦糖化反应及抗坏血酸氧化反应等。非酶褐变受温度的影响较大，通常随着温度的上升，非酶褐变的现象越严重，且反应速度也越快。反之，非酶褐变的速率也随之下降，但食品贮藏的成本上升。

（四）减少植物呼吸作用

在果蔬采摘后，仍然具有一定的生命力和免疫能力，而且依靠自身贮存的养分，呼吸作用仍会持续进行，并产生呼吸热。如表 7-3 所示，不同果蔬产生的呼吸热会根据果蔬的种类、贮藏温度的差异而不同。在一定贮藏温度范围内，呼吸热会随贮藏温度提高而逐渐增加，温度每提高约 10℃，其呼吸活力就会相应提高 2~3 倍。降低温度可以减少呼吸热，但不能降到冰点以下，否则果蔬冻结后很快死亡，即使贮藏温度再回升，也无法恢复。

表 7-3　　常见水果呼吸热数据参考

水果名称	温度/℃	呼吸热/[J/(kg·h)]	水果名称	温度/℃	呼吸热/[J/(kg·h)]
苹果	0	67.4	梨	0	67.4
	15.6	479.8		15.6	916.7
樱桃	0	151.6	桃	0	152.4
	15.6	1092.8		15.6	769.5
西瓜	0	129.8	橘子	0	38.5
	15.6	837.4		15.6	153.2
柠檬	0	56.9	柚子	0	45.2
	15.6	283.1		15.6	273.0

第二节　制冷技术原理

一、制冷原理

（一）卡诺循环

1824 年，法国工程师卡诺（S. Carnot）提出了卡诺循环，其由两个可逆设定的升温循环和两个可逆绝热过程所组成，包括了四步：可逆定温膨胀、可逆绝热膨胀、可逆定温压缩和可逆绝热压缩，即理想的气体先从状态 1（p_1，V_1，T_1）定温膨胀到状态 2（p_2，V_2，T_1），此时系统从环境中吸收热量；再从状态 2 绝热膨胀到状态 3（p_3，V_3，T_2），系统此时对周围环境中做功；然后从状态 3 定温压回到状态 4（p_4，V_4，T_2），此时系统对环境释放正能量；然后再从状态 4 绝气压回到状态 1，此时系统对环境做负功。卡诺循环的压容图如图 7-1 所示。

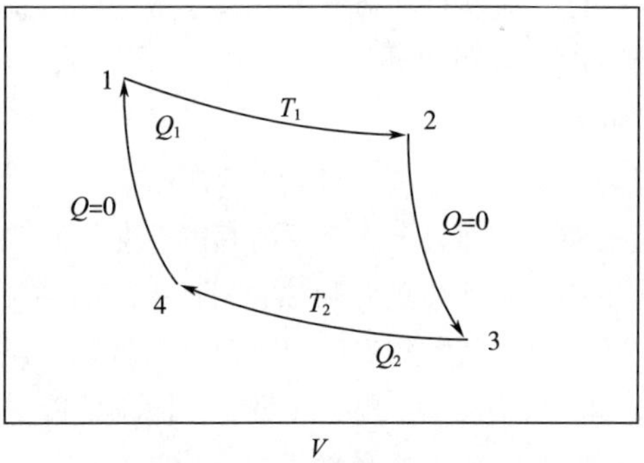

图 7-1　卡诺循环

由卡诺循环可得出如下结论：①卡诺循环是可逆循环，当所有过程均逆向进行时，功与热只改变符号，而绝对值不变；②采用卡诺循环的热机是工作于 T_1 和 T_2 两热源之间效率最高的可逆机，其工作效率与循环的工作物质无关。因此，若是只对环境做功，可使低温区的热量流向高温区。

（二）逆卡诺循环

基于上述结论，若使卡诺循环逆向进行，则称为逆卡诺循环，又称制冷循环，是制冷技术的物理基础，其压容图和温熵图上的方向与卡诺循环相反。逆卡诺循环也由四个可逆步骤组成，即两个定温过程（膨胀、压缩）和两个绝热过程（膨胀、压缩），如图 7-2 所示。

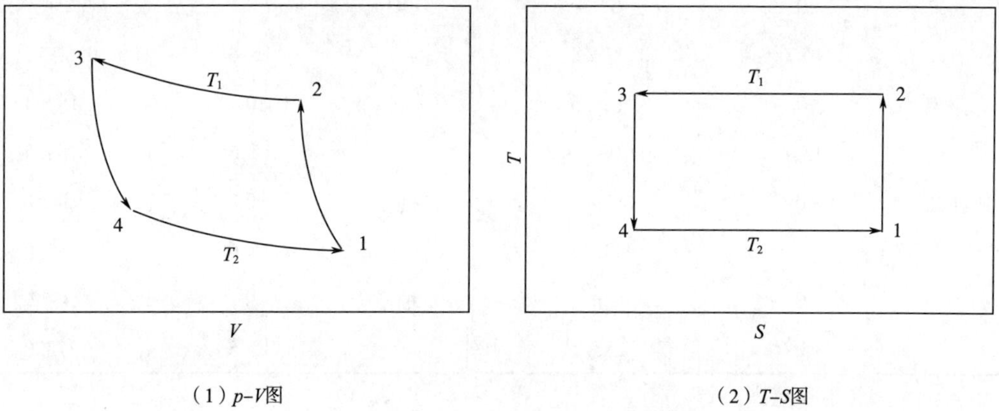

图 7-2　逆卡诺循环的压容图和温熵图

物质首先沿等熵线 1-2 进行绝热压缩，此时系统压力由 p_1 升至 p_2，温度从低温位 T_2 升至高温位 T_1；再沿等温线 2-3 进行等温压缩，此时熵值减少，压力从 p_2 升至 p_3；等温压缩后的物质再沿等熵线 3-4 进行绝热膨胀，此时压力下降至 p_4，温度降至绝热压缩前的温度 T_2；此后物质沿等温线 4-1 等温膨胀，熵值增加，而压力则下降至 p_1，恢复原状，完成一个逆卡诺循环。比较可知，这也是一个理想循环，而在实际的制冷循环中，由于压缩和膨胀不可能实现绝热过程和等温过程（没有热量损失的定熵过程和热量完全散失的恒温过程）。因此，这种理想的循环也是不可能实现的，但它可以作为实际制冷循环效能的衡量标准。理想制冷循环的效率为：

$$\eta = \frac{T_1 - T_2}{T_1} \tag{7-2}$$

（三）制冷过程

制冷的主要任务就是把制冷物质中的热能移出，使物体温度低于周围介质，并保持一定的温度。根据热力学第二定律，热量会自发地从高温物体传向低温物体，但制冷剂在制冷机中周期性地完成相态变化的循环，从被冷却物体中取得热量并传递给周围介质，此过程是使热量从低温物体传向高温物体，此过程必然需要消耗能量。

人工制冷，也称为机械制冷，是借助专门的技术装置，消耗一定的外界能量，迫使热量从温度较低的物体，传递给温度较高的环境介质，得到人们所需要的各种低温，这种装置通常是由压缩机、热交换设备和节流机等组成。在实际应用中，绝大多数的人工制冷方法为物理方法，其中又以相变制冷和气体膨胀制冷最为常见。机械制冷是依靠机械作用或热力作用，使制冷物质发生状态变化，完成制冷循环，可分为蒸汽制冷和气体制冷两种类型，习惯上又将以压缩机、冷凝器等装置所构成的制冷循环的蒸发制冷方式称为机械压缩制冷。

1. 制冷循环

蒸汽压缩式制冷系统主要由压缩机、冷凝器、节流装置、蒸发器四个部分组成，其中压缩机是整个制冷系统的做功单元，其原理如图 7-3 所示。

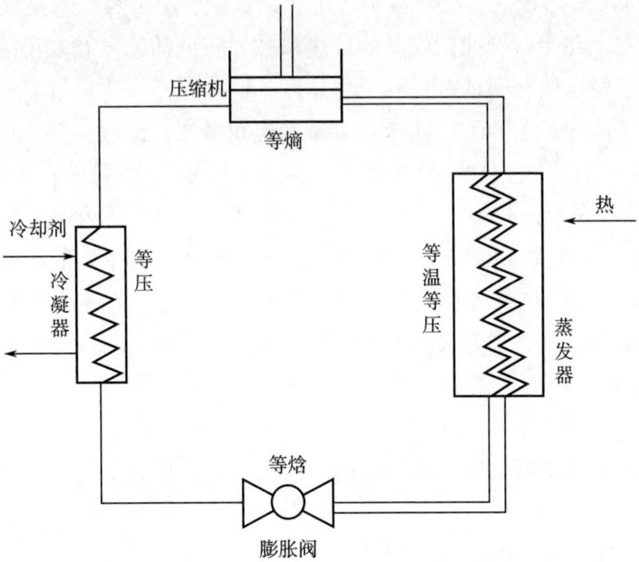

图 7-3 制冷循环原理

制冷剂经过蒸发器后形成低压，经由压缩机将其压缩成高温高压的蒸汽，进入冷凝器后，水或空气的冷却作用下，制冷剂液化成高压常温液体，经过膨胀阀节流膨胀作用后变成低温低压液体，再次在蒸发器中吸热蒸发，因此形成了制冷机的制冷循环，使得周围物体的温度降低。

2. 制冷量与制冷系数

制冷量是指制冷系统进行制冷运行时，单位时间内从密闭区域内去除的热量总和，以 Q 表示，单位为 W（工程中常用 kW 表示），用来表征制冷系统的制冷能力。在相同条件下，同一制冷剂的制冷能力与压缩机的功率、转速、效率等因素有关。在国外，常用冷冻吨（Refrigeration Ton，R. T.）表示制冷量，但应注意不同国家对冷冻吨的定义不同，其数值也有差异。例如，1 日本冷冻吨 = 3.88kW（使质量为 1000kg 的 0℃ 水在 24h 内冷冻成 0℃ 的冰所放出的能量），1 美国冷冻吨 = 3.52kW（使质量为 907.2kg 的 0℃ 水在 24h 内冷冻成 0℃ 的冰所放出的能量）。

制冷系数（Coefficient of Performance，COP）是指单位功耗所能获得的冷量，是制冷系统（制冷机）的一项重要技术经济指标，是与制冷剂种类及工作条件相关的一个系数。制冷性能系数大，表示制冷系统（制冷机）能源利用效率高。因为理想制冷循环具有最高效率，所以在同样冷热源温度范围内工作的任何制冷机，其制冷系数必小于逆卡诺循环的制冷系数。

二、制冷剂与载冷剂

（一）制冷剂

制冷剂（Refrigerant）是在制冷系统中不断循环并通过其本身的状态变化完成能量转换以此实现制冷的工作物质。制冷剂作为制冷循环中传热的载体，是通过状态的变化吸收和放出热量，因此要求制冷剂在常温下很容易汽化，加压后很容易液化，在状态变化时要尽可能多的吸收或放出热量。除此之外，一般制冷剂同时应具备以下性质：

（1）良好的热力学特性　使得在特定的温度区域内运行时循环效率较高。例如，临界温度高于冷凝温度、标准沸点较低、比热容小、绝热指数低、单位容积制热量较大等。

（2）良好的热物理性能　例如，较高的传热系数、较低的黏度及较小的密度等。

（3）良好的化学稳定性　保证在最高工作温度下制冷剂不发生分解。

（4）无毒，无腐蚀性，无刺激性气味，不易燃烧和爆炸，价廉易得，且尽可能环保。

制冷剂的性质会直接影响到制冷机的种类、构造、尺寸和运转特性，同时也影响到制冷循环的形式、设备结构以及经济技术性能。因此，必须慎重选用合适于操作条件的制冷剂。通常会结合制冷剂在热力学、物理化学等方面的性能，以及安全性、经济型方面加以考虑使用。

常用的制冷剂可分为无机化合物、有机化合物和混合物质，具体举例如下：

（1）无机化合物　编号格式为 R7××（××为无机化合物的相对分子质量），如水（R718）、氨（R717）、二氧化碳（R744）等。

（2）饱和烃　如丙烷、异丁烷等。

（3）饱和烃（主要是甲烷、乙烷和丙烷）的氟、氯、溴衍生物　俗称氟利昂，如 R12、R22、R123a 等。

（4）不饱和烃　如乙烯、丙烯等。

（5）共沸混合制冷剂　如 R502 等。

（6）非共沸混合物制冷剂 如 R407C 等。

一些常见的制冷剂物性见表 7-4 所示。

表 7-4 一些制冷剂的物性

代号	名称	正常沸点/℃	冰点/℃	临界温度/℃	临界压力/kPa
R718	水	100.0	0	374.2	22103
R610	乙醚	34.6	−116.3	194.0	3603
R600	丁烷	−0.5	−138.5	152.0	3794
R764	二氧化硫	−10.0	−75.5	157.5	7875
R717	氨	−33.3	−77.7	133.0	11417
R744	二氧化碳	−78.4	−56.6	31.1	7372
R134a	四氟乙烷	−26.16	−96.6	101.1	4067
R50	甲烷	−161.5	−182.2	−82.5	4638
R728	氮	−195.8	−210	−146.9	3396

（二）载冷剂

在制冷环节中，常采用间接冷却方法进行制冷，这种情况下使用的中间介质就称为载冷剂，又称冷媒。在食品工程中，常会出现冷冻加工的规模较大，或冷冻作业的机器作业台数较多的情况，直接将制冷剂送往需冷场所的便捷性和经济性不够高。因此，需要选择一些价值较低的物质作为载冷剂，将制冷装置产生的冷量传递至耗冷场所。载冷剂与被冷物质进行热交换，吸收其热量并送至制冷装置，制冷剂吸取该部分热量，而载冷剂自身又重新被降温送往耗冷场所循环使用。

常用的载冷剂有空气、水、盐水以及有机物水溶液。水无毒害且廉价易得，缺点是凝固点较高，只适用于蒸发温度为 0℃ 以上的制冷装置。盐水常用氯化钠水溶液和氯化钙水溶液，可用于盐水制冰机和间接冷却的冷藏装置，或冷却袋装食品，其制冷温度最低可达−50～−20℃，其中由于氯化钠水溶液无毒，在食品行业应用更为广泛。若要达到更低的温度，则要使用特殊的有机溶液。常用的有机物载冷剂有乙二醇和丙二醇水溶液，性能良好，但是低温下溶液的黏度上升迅速，丙二醇水溶液无毒，常用于啤酒发酵罐的制冷。

三、单级蒸汽压缩制冷循环的理论计算

单级蒸汽压缩制冷理论循环的条件是：压缩机吸入的气体处于饱和状态，在节流阀前为饱和液体；蒸发和冷凝经温度稳定；制冷压缩机气缸没有因摩擦、节流等产生的损耗；气缸阀与外界没有热交换，没有余隙容积；管道中没有任何阻力损失；压力降低过程只发生在膨胀阀中。

目前工程中对制冷循环进行热力计算时，应用最广的是压-焓（$\lg p-h$）图，其使用方便，易于掌握。对于等压过程中（图 7-4 中的 2-3 线和 4-1 线，其中 2-3 线为在冷凝器中的等压放热过程）的放热量和吸热量以及绝热压缩过程中（图 7-4 中的 1-2 线和 3-4 线，其中 3-4 线为在节流阀中的节流过程）所做的功，均可通过该过程起点和终点的焓值差来进行计算。因

此，可以在此图上确定制冷循环的各点状态，再在横坐标轴上查得焓差，即可得到所求热量或功量。

计算的方法是根据制冷机的制冷量 Q_0（J/s）、蒸发温度 T_0（K）、冷凝温度 T_K（K）及过冷温度 T_u，在压焓图上定出各状态点 1、2、3、4，并查出各点的状态参数，然后进行下列计算。

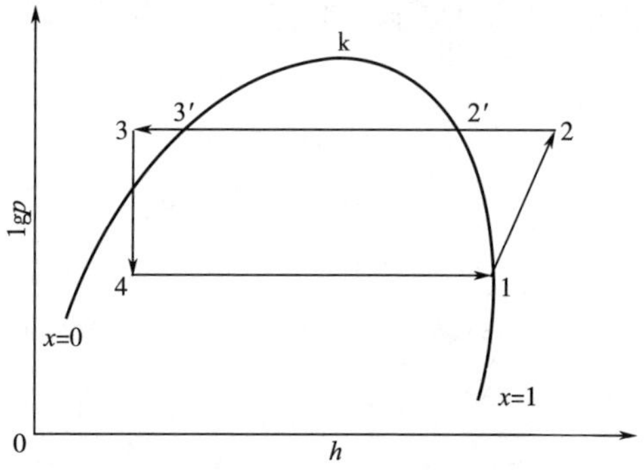

图 7-4　单级蒸汽压缩制冷循环的压-焓图

（一）单位制冷量

单位制冷量又称单位质量制冷量，指单位质量或单位容积的制冷剂在蒸发器中吸收的热量。工程上常以单位质量制冷剂吸收的热量来表示。单位质量制冷量 q_0（J/kg）等于图 7-4 中点 1 与点 4 的焓差，即：

$$q_0 = h_1 - h_4 \tag{7-3}$$

设制冷剂在吸入压力下的比容为 v_0，则单位容积制冷量 q_v 为：

$$q_v = \frac{q_0}{v_0} = \frac{h_1 - h_4}{v_0} \tag{7-4}$$

（二）制冷剂循环量

制冷剂循环量指单位时间内在制冷机中循环的制冷剂的流量。循环量也分质量表示和容积表示两种。以质量表示的循环量 G（kg/s）为：

$$G = \frac{Q_0}{q_0} = \frac{Q_0}{h_1 - h_4} \tag{7-5}$$

故以容积表示的循环量 V 为：

$$V = Gv_0 = \frac{Q_0 v_0}{q_0} = \frac{Q_0}{q_v} \tag{7-6}$$

（三）制冷剂的放热量

制冷剂的放热量包括冷却、冷凝、过冷三个阶段的热量，总放热量 $Q_{放}$（J/s）应为：

$$Q_{放} = Q'_{放} + Q''_{放} + Q'''_{放} = G(h_2 - h_3) \tag{7-7}$$

其中冷却过程的放热量为：

$$Q'_{放} = G(h_2 - h'_2) \tag{7-8}$$

冷凝过程的放热量为：

$$Q''_{放} = G(h'_2 - h'_3) \tag{7-9}$$

过冷过程的放热量为：

$$Q''_{放} = G(h'_3 - h_3) \tag{7-10}$$

（四）压缩机所消耗的功率

对于单位制冷剂的蒸汽，压缩机的理论压缩功 W（J/kg）等于点 2 与点 1 的焓差，即：

$$W = h_2 - h_1 \tag{7-11}$$

故对循环量为 G（kg/s）的制冷循环，压缩机的理论压缩功率 P（J/s）为：

$$P = GW = G(h_2 - h_1) \tag{7-12}$$

【例 7-1】 已知蒸发温度 $T_0 = -15℃$，冷凝温度 $T_k = 30℃$，制冷剂为 R22，循环制冷量 $Q_0 = 11.6 \times 10^5 kJ/h$，若循环为单级压缩蒸汽制冷的理论循环，试计算此时压缩机所消耗的功率。

解： 根据 R22 的压焓图，查出各点的焓值。

$h_1 = 399.2kJ/kg$，$h_2 = 436kJ/kg$，$h_3 = h_4 = 236.7kJ/kg$。

$$q_0 = h_1 - h_4 = 399.2 - 236.7 = 162.5kJ/kg$$

$$G = \frac{Q_0}{q_0} = \frac{1160000}{162.5} = 7138.5kg/h$$

$$P = G(h_2 - h_1) = 7138.5 \times (436 - 399.2) = 262696.8kJ/h$$

（五）制冷系数

制冷系数的理论值为

$$\varepsilon = \frac{q}{W} = \frac{h_1 - h_4}{h_2 - h_1} \tag{7-13}$$

【例 7-2】 假定循环为单级压缩蒸汽制冷的理论循环，蒸发温度 $T_0 = -10℃$，冷凝温度 $T_k = 35℃$，制冷剂为 R12，循环制冷量 $Q_0 = 5.5 \times 10^5 kJ/h$，做制冷循环的理论计算。

解： 根据 R12 的压焓图，查出各点的焓值及压缩机吸入气的比容。

$h_1 = 345kJ/kg$，$h_2 = 378kJ/kg$，$h_3 = h_4 = 235kJ/kg$，$v_0 = 0.08m^3/kg$。

（1）单位制冷量

$$q_0 = h_1 - h_4 = 345 - 235 = 110(kJ/kg)$$

$$q_v = \frac{q_0}{v_0} = \frac{110}{0.08} = 1375(kJ/m^3)$$

（2）循环量

$$G = \frac{Q_0}{q_0} = \frac{550000}{110} = 5000(kg/h)$$

$$V = Gv_0 = 5000 \times 0.08 = 400(m^3/h)$$

（3）放热量

$$Q_{放} = G(h_2 - h_3) = 5000 \times (378 - 235) = 715000(kJ/h)$$

（4）功率消耗（理论压缩功率）

$$P = G(h_2 - h_1) = 5000 \times (378 - 345) = 165000(kJ/h)$$

（5）制冷系数

$$\varepsilon = \frac{q_0}{W} = \frac{q_0}{h_2 - h_1} = \frac{110}{378 - 345} = 3.33$$

第三节　食品冻藏

一、食品冻藏的概念

造成食物腐烂变质的主要因素为酶的催化作用、微生物作用、氧化反应、呼吸作用和机械损伤。不论是由于哪种作用导致的食物变质，抑或是由冷冻过程中冰结晶导致机械损伤造成的食物变质，均与食物所在区域的温度及降温速度有密切联系。食物冻藏则是使用冷冻技术将食物迅速冷却或在速冻状态下贮存而降低上述不利影响的食品保藏方式。

二、食品的冻结特性

食物的冻结过程就是食物中大部分水变为固态的过程，但与水的冻结有一定差别。食物冻结速率的大小不但影响食物组织结构还会影响其产品质量。科学研究证实，迅速冻结有助于食品保持原有品质。食物冻结速度也有多种表示方式，当其他条件一定时，可以用冻结时间来判断冻结速度的高低，即所需要时间越短冻结速度越大。冻结时间也是冷却设备设计的重要依据之一，它是冷藏作业的关键技术参数。

（一）水的冻结曲线

食物结冰反应指食物的自然水生成结晶的物理化学反应。食物中的水有自由水和结合水两种方式存在。自由水能够结冰，而结合水由于和固形物融合在一块，所以并不能结冰。

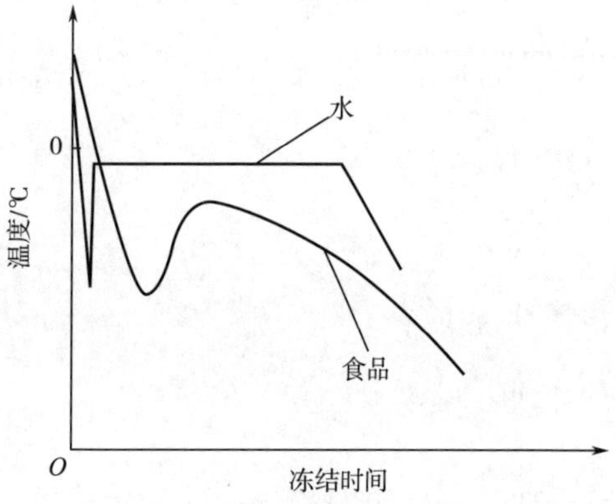

图 7-5　水和食品的冻结曲线

水一般首先通过降温冷冻而形成冰晶，之后在温度低于冰点情况下形成冰晶体，如图 7-5 曲线显示，众所周知，水在常压下的冰点是 0℃。但其实，冰晶体并不是在一到 0℃就会马上形成，因为它需要首先经历一个过冷过程。即水温首先要降到低于冰点温度才会出现从液态到固态的相转变。在不同条件下，水可以在不同温度下开始出现冰晶。振动可以使过冷水在一个相对接近冰点的温度结成冰晶；而有人用纯净水进行实验，发现过冷温度可以低至-40℃，冰都没有出现。但无论过冷程度如何，一旦出现相变，水的温度就会立即恢复到冰点温度，并在全部冻结成冰之前，系统的温度将在冰点上保持不变。

（二）食品的冻结曲线

冷冻食品中往往存在大量水分，其冷却方式和水冻结成冰的过程类似。但因为食品中的水分是以水溶液形式存在的，使得不同食品的冷藏工艺具有各自的特殊性。各类食品都有一个类似于水的冰点的初始冻结点，称为食品的冰点。而按照溶液冰点降低的原则，食品的最初结冰点永远小于水溶液的冰点。表 7-5 提供了一些食品的冰点。

表 7-5　　一些食品的冰点

食品名称	含水率/%	冰点/℃	食品名称	含水率/%	冰点/℃
梨	83	-2	啤酒	89~91	-2
青豌豆	74	-1.1	奶油	59	-2.2
菠萝	85.3	-1.2	鲜蛋	70	-2.2
南瓜	90.5	-1	鲜鱼	73	-2~-1
菠菜	92.7	-0.9	牛乳	87	-2.8
番茄	94	-0.6	羊肉	60~70	-1.7
西瓜	92.1	-1.6	猪肉	35~42	-2.2~-1.7
萝卜	93.6	-2.2	鲜家禽	74	-1.7

食品在冷却时的温度-时间关系实际上是一个持续下降的曲线（图 7-5），主要原因是其冷却过程并不是在某个环境温度下完成的。产生这一现象的主要因素是由于随着一些水分形成冰晶，溶质浓度持续增加，造成残留溶剂冰点的持续降低。即在远远小于冰点的温度下，一些自由水也不会结冰。含有少量水的高浓度溶液只有当温度降低到较低的共熔点时才会完全凝结成固体。一般冷冻食品的温度只有-18℃左右，里面的水不能完全冷冻。

过冷现象在食物的冷却过程中频频出现。过冷的程度通常和食物的类型相关，如禽、肉、鱼一般为-50~-4℃，牛乳为-6~-5℃，蛋类为-13~-11℃。和水的冷却过程相比，过冷点不是一个定值，甚至在有些场合，完全感受不到过冷现象。所以，过冷不是食品冻结时需要考虑的重点问题。

三、冻藏对食品品质的影响

（一）食品冻藏期的物理变化

1. 冰晶的生长和重结晶

重结晶是指食品材料在长期冻藏过程中，由于冰晶的形态、位置、大小等改变，导致体积增加，冰晶数量下降的一种现象。这种过程非常缓慢，在一般情况下，冻藏温度的波动会对这样的运动产生促进作用。人们还发现，将速冻的水果与缓冻的水果同样贮藏在-18℃，速冻果蔬中的冰晶会持续增长，数个月之后，速冻果蔬中的冰晶就会变成与缓冻的差不多大。在其他食品物料中，也会发生这种情况。

在多晶体体系中，当小晶体出现后，晶体有“长大”的倾向，这或许是因为特定形状的冰晶在融解—扩散—再冻结中变得越来越大的缘故，属于迁移式再结晶。小晶体由于曲率半径小，在一定的高温和压强下，其表面物质的结合强度小于大晶体，因此小结晶的相对熔点较高。在温度恒定的情况下，当食品物料中存在大量直径小于 2μm 的结晶时，可以产生相当大速率的迁移性重结晶现象。在速冻水果，甚至冰淇淋等食品中冰晶的直径通常远大于 2μm，而在一些较小的速冻食物材料中可能有直径小于 2μm 的冰晶，因此冻藏食品贮藏在恒定温度和蒸气压下可以减少迁移性重结晶现象。

冰晶相互接触也会导致重结晶，结晶数目降低使得整个结晶相表面能下降，人们将其称为连生性重结晶。这也是冰晶体积越来越大，数量越来越少的重要原因。这种重结晶过程也会对组织产生机械损伤，使产品中汁液流出。通过低温速冻可以有效避免食品的水分转移，在原来位置冻结；通过保持冷冻库温度平稳、防止储运过程中温度波动，可以减少冰晶的增大和重结晶对食品质量带来的不良影响。

2. 干耗

冻结食品在冷冻和冻藏过程中也会产生干耗，干耗问题会因为冻藏时间过长而更加突出。冷冻食品在冷藏过程中随着气温的变动，会产生水蒸气压差，出现冰晶的升华作用而引起表面出现干燥，质量减少，这种现象称为“干耗”。

干耗发生通常是冻结室内的空气未达到水蒸气的饱和状态，其蒸气压小于饱和水蒸气压。而含水较高的如鱼、肉等物料其表面层接近饱和水蒸气压。在蒸气压差的作用下食品表面水分蒸发到空气中，表面层水分蒸发后内层水分在扩散作用下向表面层移动。由于冷冻室内的空气连续经过蒸发器，空气中的水蒸气在蒸发器表面凝结，除湿后往往处于不饱和状态，因此冷冻过程中的干耗在不断进行。

此外，冻结室中的空气温度和风速对食品干耗也有影响。空气温度低，相对湿度高，蒸气压差小，食品的干耗也小。一般来说，风速加大，干耗增加。但如果冻结室内是高湿、低温，加大风速可提高冻结速度，缩短冻结时间，食品也不会过分干耗。

3. 冻结烧

冻结烧是指冻结食品，在冷藏过程中脂肪氧化酸败与羰氨反应的结果，不但使食品出现腐臭的气味，同时颜色也会转为黄褐色，营养价值、风味和感官都有所下降。由于冰晶的升华会使食物表面的水分减少，这种变化在较长时间内逐渐向内推，达到冰晶的深层升华，导致质量损失，形成更多的微孔，使食物与氧气的接触面积增大，引起氧化酸败。酸败产物中含有羰基，然后与蛋白质、氨基酸等含有羰基的氨基酸组分发生羰氨反应，导致冻结烧。

冻结的牲畜肉类脂肪比较稳定，不易造成冻结烧，家禽脂肪的稳定性稍差，而鱼类的脂肪最不稳定，容易引起冻结烧。选择相对低的冻藏温度（通常不超过-18℃），镀冰衣层或密封包装等隔氧手段，可有效避免冻结烧现象的产生。

4. 冻干害

冷冻干害俗称冻烧、干缩，是由于食用物质的脱水（升华）产生多孔干化层，会使物料表面的水分降到15%以内，进而导致食用物质外观出现品质明显降低的情况，如氧化、变色、变味等。冻干害是一种表面缺陷，在动物性组织中比较普遍。降低干缩的方法还有减少外来热源和冻藏期间的温度波动，改变食品物料的数量、形状、大小和堆放形式，采取适当的包装等。

5. 液体流失

蛋白质类物质的改变，将导致它们对水分子没有亲和力，水分子也不会与之重新结合。这样，冻物解冻后，冰体融化变成水，而如果细胞结构受到了破坏，就会形成大量的“流失液”，流失液会带走各种营养物质，不但影响口味，而且还会造成营养素的损失，使食品质量降低。所以流失液产生率是评价冷冻食品质量的指标之一。

（二）食品冻藏期的化学变化

食品在冻藏过程中出现的变色、变味等化学变化，通常是由氧和酶的存在引起的。虽然在一般的冷冻加工贮藏条件下酶的催化反应会下降很多，但是其仍然可保持活性，从而引起食品质量下降，此种变化尤其是在解冻后更为迅速。

1. 脂类的氧化和降解

食物中的脂肪在冷冻环境中会自动氧化，造成餐料出现哈喇味儿。另外，脂肪还会发生降解，游离脂肪酸含量会随冻藏时间的增长而增加。雪糕和牛乳中的固形物浓度也可能影响脂类氧化的敏感性，如果雪糕中的脂肪浓度在39.5%以上，-18℃冻藏3个月后，味道基本不会发生变化，但如果脂肪浓度较低时，脂类的氧化受少量的铜、铁催化，如冰淇淋中1.25mg/kg的铜即会导致氧化味的产生。

2. 蛋白质冻结变性

冷冻的浓缩过程经常使高分子物质不稳定，蛋白质成分可能会产生凝聚，溶解度下降，以至产生絮凝、变性等问题。这种现象常因冷冻时间增加而加剧，但可以通过低温冷冻和快速冷冻来缓解。在鱼、肉类等动物性产品中，肌肉的蛋白质主要为肌原纤维蛋白。在冻结处理过程中，肌原纤维蛋白结构会出现冷冻变性，具体表现为盐类溶解性下降、ATP酶活性下降、盐溶液黏度下降、蛋白质成分凝聚后的结构变化等。蛋白质变性后，肌肉组织保水能力下降，质地变硬，口感变差，加工适应性降低。如果用蛋白质冷冻变性的鱼加工鱼糜产品时，产品会缺乏弹性。

3. 变色

食品冻结过程中形成的食物变色一般是指冷冻水产品的变色，从外表上来看，一般都会有黑变、褐变、褪色等现象。水产品变色可从自然色泽的分解和形成新的变色产物两方面来解释。自然色泽的被破坏如红色鱼皮的褪色、冷冻金枪鱼的变色等；产生新的变色物质如虾类的黑变、鳕鱼肉的褐变等。变色不但使水产品的外观变差，有时还会产生异味，影响冻品质量。

4. 其他

食品在冻藏过程中也可能出现某些其他改变，如营养成分、口味和酸碱度的改变。pH的改变，通常是随着食物物质的成熟和溶质的浓缩而产生的。食物在冷冻环境中，pH的改变幅度和变化速率主要与物质中所含盐的主要成分、蛋白质与盐之间的相互作用、蛋白质的生物活性、贮存温度以及贮藏温度等条件直接相关。

从冻藏过程中酶促反应和非酶反应速率变化的角度看，温度的降低一般会导致反应速率降低，但在冻藏过程中食品物料的非酶反应速率往往会增加，这种现象在浓度低的食品物料中尤为突出。温度可以影响酶活性受抑制的程度，一般在冻结点以下的0~10℃范围内，酶的活性可能降低也可能增加；温度再低时，酶的活性一般受到抑制。

（三）食品冻藏期的组织变化

果蔬类植物性食品在冻结前通常要进行加糖或烫漂等预处理工序，这是因为植物组织在冻结时受到的损伤要比动物组织大。植物细胞的构造与动物细胞不同，由于植物细胞内含水量较高，结冰时对细胞的损伤更大。由于动物细胞只有细胞膜，而植物细胞膜外还有以纤维素为主的细胞壁，细胞壁比细胞膜厚又缺乏弹性，冻结时容易被破坏，使细胞受损伤。此外，植物细胞与动物细胞内的成分不同，特别是高分子蛋白质、碳水化合物含量不同，有机物的组成也不一样。由于这些差异，在同样的冻结条件下，冰结晶的大小、形状、位置均不同，造成的胶体损伤和机械损伤的程度也不同。新鲜的水果、蔬菜等植物性食品是具有生命力的有机体，但植物组织冻结时细胞内的水分变成冰结晶，其细胞会被致死。当植物冻结致死后，氧化酶的活性会不断增强而使果蔬褐变。为了保持原有的色泽，防止褐变，因此蔬菜在速冻前一般要进行烫漂处理，而动物性食品则不需要此工序。

第四节　食品冻结速率计算

一、冻结过程的传热和温度分布

（一）食品冻结过程的传热

冻结过程的热分析属于低温传热领域。在一般传热中可以忽略不计的一些因素，如随温度变化的热特性和相变等，它对低温传热具有重要作用。冻结过程属于非稳态传热过程，且在过程中伴随着相变。传热和相变、相变界面产生的潜热的吸收和释放以及界面的移动并存。根据传热学原理可知，热传递的推动力是温度差，平衡极限为温度趋于一致。根据传热的机制划分，食物冻结的传热过程，可分为热传导、热对流和热辐射三大类。在冷却介质与食品表面之间的传热形式主要是热对流和热辐射，食品内部的传热过程以热传导为主。

热传导（Thermal Conduction），又称导热，是指当温度差存在时，大量分子、原子或电子的相互撞击所引起的能量转移过程。在固体的传热过程中最为常见。发生在气体或液体中的热传导过程往往还会伴随热对流的发生。食品中常见的有食品内部、食品与包装材料之间的热传导；在加工过程中以固体材料作为冷却介质时也会存在热传导。

热对流（Thermal Convection）指在流动介质中发生热量传递的过程。根据对流的产生机制不同可分为：①由于流体冷、热部分密度不同而导致的自然对流；②由于外力作用如水泵、鼓风机等引起的强制对流。对流多发生于食品冷却冻藏加工中，主要是以气体或液体为冷却介质。

热辐射（Thermal Radiation）是指物体具有温度后，能量以电磁波的形式向外传递的过程。与其他两种传热形式不同的是，热辐射的传热过程不需要依赖介质，是一种不需要接触的传热过程。当温度越高时，热辐射所发出的电磁辐射能量就越强，遇到低温物品时被其吸收又重新转变为热能。

然而传热过程在实际应用中并不是只有单一的形式，其过程往往是同时包含两种或三种传热形式，即食品冻结过程通常为复合传热。

（二）冻结过程中食品温度的分布

食品表面与冷却介质之间的温度差是外部传热产生的原因，外部传热的表面传热系数主要受冷却介质的性质、流速和食品表面状态影响；而内部的热量传递，主要是由于食物的表层和内部温度差的存在，其表面传热系数主要受食品密度、比热容和热导率影响。

如图 7-6 所示，冻结开始后，食品表面温度迅速降低，短时间内达到相变点，而中心温度下降缓慢。随着相变界面的推进，食品表面与冷却介质之间的温差减小，表面温度下降较慢。另外，食物中的温度梯度也有所升高，中心温度迅速下降，直到几乎达到相变点。此后，中心温度达到相变点并长时间保持在该点。同时表面温度继续降低，食品表面与冷却介质的温差变小，对流换热系数低，但传导换热较高。经过相变点后，温度迅速下降到所需值。在冻结过程中外部温差和内部温差总是变化的，总体趋势是逐渐减小，并且在实际过程中始终不能忽略。因此，计算中的冻结终了温度一般是冻结结束时食品表面温度与食品中心温度的算术平均值。

二、冻结速率

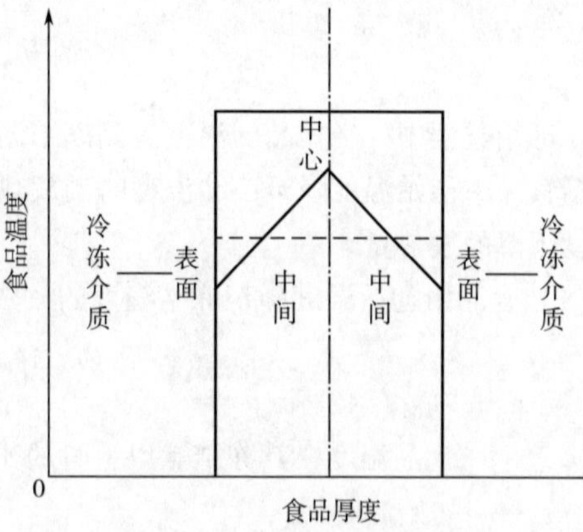

图 7-6　冻结食品的温度分布

冻结速率可以用食物热中心温度下降的速率来表示，也可以用冰锋前进的速率来表示。冻结食品内部的最高温度点就是食品热中心，当食品的几何形状规整、组成均匀时，几何中心就是它的热中心。

国际制冷学会对食品冻结速率（v_f）的定义为：食品表面与中心温度点间的最短距离（l）与食品表面达到0℃后食品中心温度下降到比食品冻结温度低10℃所需时间（t）的比值，单位cm/h，计算公式为：

$$v_f = \frac{l}{t} \tag{7-14}$$

在实际生产中，冻结速率受多种因素影响：

（一）食品成分

在同一条件下，当食品中某一成分的含量不同时，食品的导热性也会不同；随着导热系数的增加，冻结速率会增加。在冻结温度范围内，当水相转变为冰相时，水的导热系数才会开始变化，水的导热系数要比冰的小得多。食品的导热系数会在从未冻结状态转变为冻结状态时迅速升高。因为空气比脂肪的导热系数低，而脂肪又比水导热低，所以食品的冻结速率还会受食品本身的空隙率、含脂量、含水率的影响。

（二）非食品成分

当食品与接触的冷却介质之间的温度差越大或者接触程度越大时，食品的冻结速率越大；当食品或食品的包装材料厚度越大时，对传热的阻力就越大，从而导致冻结速率越小；当制冷介质的制冷作用越好时，冻结速率也会越大。因此食品的冻结速率还会受食品与冷却介质接触程度、冷却介质本身、食品自身厚度以及放热系数等的影响。

根据食品冻结速率的大小可将食品的冻结过程分为以下几种：

慢速冻结：v_f=0.2cm/h

快速冻结：v_f=0.5~3cm/h

速冻或单体冻结：v_f=5~10cm/h

超快速冻结：v_f=10~100cm/h

除上述表示方法外，也可用热中心降温速率（℃/h）、冰锋前进速率（cm/h）来表示食物冻结的速率。

热中心降温速率是指热中心温度降至通过最大冰结晶生成带这一温度范围的时间。由于最大冰结晶生成带的温度范围较大导致这一表示方法存在明显不足。此外，冻结食品的几何形状、尺寸大小和包装情况等无法通过这一方法反映出来，存在局限性。

冰峰前进速率是指-5℃的冻结层从食品表面向内部移动的速率。但是这一方法只能适用在只产生一个冻结界面的情况中，当食品的冻结速率很慢、产生连续冻结界面时这一方法不适用，而且在实际测量时也有难度。

三、冷耗

在冻结过程中，当食品的温度达到冻结温度时所释放的热量就是食品冻结的冷耗。冷耗主要包括食品由初始温度降至冻结温度时的放热量、冻结时水分形成冰晶体的放热量和冻结后食品温度下降的放热量。

（1）食品由初始温度降至冻结温度的放热量（显热）q_c（kJ/kg）

$$q_c = c_{pw}(T_0 - T_p) \tag{7-15}$$

$$c_{pw} = 1.47 + 2.72\omega \tag{7-16}$$

式中 c_{pw}——食品温度在其冻结点以上时的比热容，kJ/（kg · ℃）；

T_0——初始温度，℃；

T_p——冻结温度，℃。

（2）冻结时水分形成冰晶体的放热量（潜热）q_f（kJ/kg）

$$q_f = \omega\psi r \tag{7-17}$$

式中 ω——食品中的水分含量，kg/kg；

ψ——冻结率，%；

r——水形成冰时的潜热，335kJ/kg。

（3）冻结后食品温度下降的放热量（显热）q_i（kJ/kg）

$$q_i = c_{pi}(T_p - \overline{T}) \tag{7-18}$$

$$c_{pi} = 0.837 + 1.256\omega \tag{7-19}$$

式中 c_{pi}——食品温度在冻结点以下时的比热容，kJ/（kg · ℃）；

T_p——冻结温度，℃；

$\overline{T}$——食品冻结终了时的平均温度，℃。

由上述计算公式可得全部冻结时放出的总热量 q 为：

$$q = q_c + q_f + q_i \tag{7-20}$$

因此，质量为 m 的食品冻结时的冷耗 Q 为：

$$Q = mq = m[c_{pw}(T_0 - T_p) + \omega\psi r + c_{pi}(T_p - \overline{T})] \tag{7-21}$$

冷耗也可通过焓差来计算：

$$Q = m(h_1 - h_2) \tag{7-22}$$

式中 h_1——食品初始状态的焓值，kJ/kg；

h_2——食品冻结终了时的焓值，kJ/kg。

【例 7-3】 现有初始冻结温度为-1℃、水分含量为 ω=0.75 的低脂肪牛肉 10t，用-30℃的空气冻结装置冻结，试计算该牛肉从初始温度 15℃降至-10℃时的冷耗。

解： 低脂肪牛肉可以视为平板状食品：

牛肉由初始温度降至初始冻结点的放热量为：

$$q_c = c_{pw}(T_0 - T_p) = (1.47 + 2.72 \times 0.75) \times (15 + 1) = 56.16(\text{kJ/kg})$$

冻结时水分形成冰晶体的放热量为：

$$q_f = \omega\psi r = 0.75 \times \left(1 - \frac{-1}{-10}\right) \times 335 = 226.13(\text{kJ/kg})$$

冻结后牛肉温度下降的放热量为：

$$q_i = c_{pi}(T_p - \bar{T}) = (0.837 + 1.256 \times 0.75) \times (-1 + 10) = 16.01(\text{kJ/kg})$$

10t 牛肉在冻结过程中的冷耗为：

$$Q = mq = m(q_c + q_f + q_i) = 10 \times 10^3 \times (56.16 + 226.13 + 16.01) = 2.98 \times 10^6(\text{kJ})$$

所以该牛肉从初始温度 15℃ 降至−10℃ 时的冷耗为 2.98×10^6kJ。

四、冻结时间估算

食品冻结时间的简化计算方法的基础是普朗克（Plank）方程，该方程的计算基于以下几个假设：

①食品冻结前的初始温度均匀一致，与其初始冻结温度相等。

②食品的初始冻结温度不变。

③热导率冻结前后不变。

④冻结前后放出的显热量忽略不计。

⑤食物表面与冷却介质的对流表面传热系数不变。

⑥食品是各向同性的，其几何形状是简单的规则的（平板状、圆柱状及球状）。

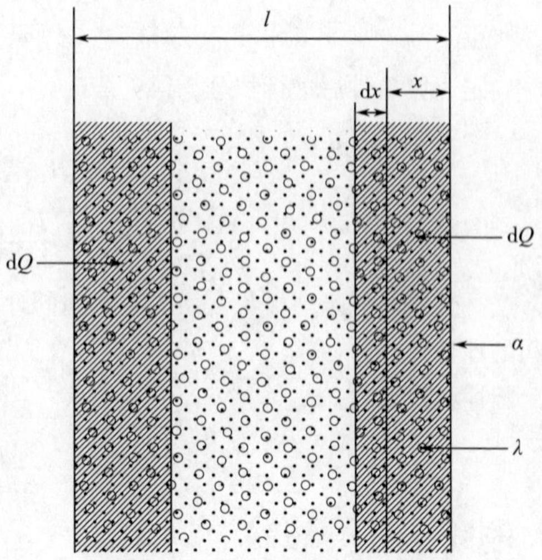

图 7-7　平板状食品的冻结图

如图 7-7 所示，将平板状食品先预冷到 0℃，设厚度为 l，对该食品进行冻结，冻结介质温度为 T_J，开始冻结的标志是食物温度降至冻结点 T_p。经过 t 时间后冻结层向食品中心推进 x。冻层向中心推进 dx 需要 dt 时间。当冻结层厚度为 dx 时，其表面积为 A，则食品放出的热量 dQ 为：

$$dQ = A\rho r_i dx \tag{7-23}$$

式中　ρ——食品密度，kg/m³；

r_i——单位质量食品冻结时放出的热量，在数值上与纯水的冻结潜热乘以食品含水量相等，kJ/kg；

纯水的冻结潜热为 335×10^3J/kg。

这部分热在温差 T_p 与 T_J 的作用下，以热对流的形式通过厚度 x 的冻结层在食品表面传给冷却介质。根据普朗克的假定，冻结层比热容为零，食品表面与冷却介质的对流表面传热系数为常量，其交换的热量为：

$$dQ' = KA\Delta T dt \tag{7-24}$$

式中 $\Delta T = T_p - T_J$，因为放出的热量全部用于热交换，所以，

$$dQ = dQ' \tag{7-25}$$

即

$$A\rho r_i dx = KA\Delta T dt \tag{7-26}$$

得

$$dt = \frac{\rho r_i}{K\Delta T}dx \tag{7-27}$$

式中 K——总传热系数，W/(m^2·℃)，即：

$$K = \frac{1}{\dfrac{1}{\alpha} + \dfrac{x}{\lambda}} \tag{7-28}$$

式中 α——食品对流表面传热系数，W/（m^2·℃）；

λ——冻结层的热导率，W/（m·℃）。

代入式（7-28）得：

$$dt = \frac{\rho r_i}{\Delta T}\left(\frac{1}{\alpha} + \frac{x}{\lambda}\right)dx \tag{7-29}$$

确定边界条件后进行积分，得：

$$\int_0^t dt = \int_0^{\frac{l}{2}} \frac{\rho r_i}{\Delta T}\left(\frac{1}{\alpha} + \frac{x}{\lambda}\right)dx \tag{7-30}$$

$$t = \frac{\rho r_i}{2\Delta T}\left(\frac{l}{\alpha} + \frac{l^2}{4\lambda}\right) \tag{7-31}$$

这一公式适用于平板状食品冻结时间的计算，若食品呈圆柱状或球状，则由推导可知冻结时间的计算式，为：

圆柱状食品：

$$t = \frac{\rho r_i}{4\Delta T}\left(\frac{d}{\alpha} + \frac{d^2}{4\lambda}\right) \tag{7-32}$$

球状食品：

$$t = \frac{\rho r_i}{6\Delta T}\left(\frac{d}{\alpha} + \frac{d^2}{4\lambda}\right) \tag{7-33}$$

比较上述三个公式可知，对于相同材质的食品，当平板状食品的厚度与圆柱状或球状食品的直径相等时，平板状食品的冻结时间是圆柱状食品的 2 倍、球状食品的 3 倍，由此可得到一个通式：

$$t = \frac{\rho r_i}{\Delta T}\left(\frac{Px}{\alpha} + \frac{Rx^2}{\lambda}\right) \tag{7-34}$$

式中 x——表示平板状食品的厚度，或圆柱状、球状食品的直径，m；

P、R——食品形状系数，与被冻结食品的几何形状有关：

平板状食品，如猪、牛、羊等的半胴体：$P=1/2$，$R=1/8$

圆柱状食品，如玉米、金枪鱼、对虾等：$P=1/4$，$R=1/16$

球状食品，如蓝莓、马铃薯等：$P=1/6$，$R=1/24$

对于长方形或方形食品，在使用上述公式时，其形状系数 P 和 R 必须由 β_1 和 β_2 两个参数确定。假设方形食品的三个边长分别为 a、b、c，其中 $a>b>c$，则根据 β_1 和 β_2 的值，$\beta_1=a/c$，$\beta_2=b/c$，可以在图 7-8 或表 7-6 中查得食品形状系数 P 和 R 的具体数值，代入公式即可计算长方形或方形食品的冻结时间。

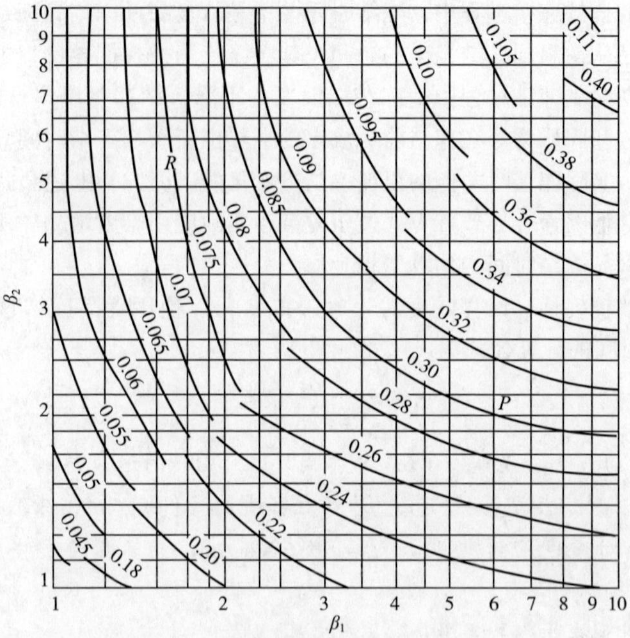

图 7-8　块状食品形状系数 *P* 和 *R* 值

表 7-6　　　　块状食品形状系数 *P* 和 *R* 值

β_1	β_2	*P*	*R*	β_1	β_2	*P*	*R*
1. 0	1. 0	0. 1667	0. 0417	4. 5	1. 0	0. 2250	0. 0580
1. 5	1. 0	0. 1875	0. 0491		3. 0	0. 3215	0. 0902
	1. 5	0. 2143	0. 0604		4. 5	0. 3460	0. 0959
2. 0	1. 0	0. 2000	0. 0525	5. 0	1. 0	0. 2272	0. 0584
	1. 5	0. 2308	0. 0656		2. 0	0. 2941	0. 0827
	2. 0	0. 2500	0. 0719		5. 0	0. 3570	0. 0982
2. 5	1. 0	0. 2083	0. 0545	6. 0	1. 0	0. 2308	0. 0592
	2. 0	0. 2632	0. 0751		2. 0	0. 3000	0. 0839
	2. 5	0. 2778	0. 0792		4. 5	0. 3602	0. 0990
3. 0	1. 0	0. 2142	0. 0558		6. 0	0. 3750	0. 1020
	2. 0	0. 2727	0. 0776	8. 0	1. 0	0. 2353	0. 0599
	2. 25	0. 2812	0. 0799		2. 0	0. 3077	0. 0851
	3. 0	0. 3000	0. 0849		4. 0	0. 3200	0. 1012
3. 5	1. 0	0. 2186	0. 0567		8. 0	0. 4000	0. 1051
	3. 5	0. 3181	0. 0893	10. 0	1. 0	0. 2381	0. 0604
4. 0	1. 0	0. 2222	0. 0574		2. 0	0. 3125	0. 0865
	2. 0	0. 2857	0. 0808		5. 0	0. 3846	0. 1037
	3. 0	0. 3156	0. 0887		10. 0	0. 4167	0. 1101
	4. 0	0. 3333	0. 0929	∞	∞	0. 5000	0. 1250

但是，在实际的食品冻结过程中，冻结时间并不是从食品预冻结到冻结温度后再开始计算的，还应该包括食品从初温到冻结温度的时间。其次，计算公式推导过程中假定了热导率冻结前后不变，实际上在食品冻结过程中随冻结层温度的下降，结冰量增多，热导率会发生变化。再者，食品中的水分和固形物等在冻结前后放出的显热也会影响冻结时间。此外，食品冻结并不是稳态传热过程，实际冻结时两侧的温度差是有变化的。因此，上述公式计算结果与实际值存在误差，但引进其他因素会导致计算式过于复杂且实际应用难度增加，所以尽管此式存在局限性，但仍能满足食品冻结时间的估算要求。

为了提高计算的精确性，计算式中的 r_i（kJ/kg）可以换用食品冻结过程中初终温时的焓差（Δh），则冻结时间的计算公式为：

$$t = \frac{\rho \Delta h}{\Delta T}\left(\frac{Px}{\alpha} + \frac{Rx^2}{\lambda}\right) \tag{7-35}$$

【例 7-4】 尺寸为 0.2m×0.4m×0.6m 的牛肉块在-30℃的送风冻结器中冻结，已知 $\Delta h = 266 \times 10^3$J/kg，初始冻结温度 $T_p = -4.0$℃，冻结后密度 $\rho = 1050$kg/m^3，冻结牛肉块的热导率 $\lambda = 1.02$W/（m·℃），对流表面传热系数 $\alpha = 13.76$W/（m^2·℃），问该牛肉块冻结需要多长时间？

解：根据肉块外形求出形状系数：

$$\beta_1 = \frac{a}{c} = \frac{0.6}{0.2} = 3\ ,\ \beta_2 = \frac{b}{c} = \frac{0.4}{0.2} = 2$$

由表 7-6 可知，$P = 0.2727$，$R = 0.0776$。将 P、R 值代入式（7-35）得：

$$t = \frac{\rho \Delta h}{\Delta T}\left(\frac{Px}{\alpha} + \frac{Rx^2}{\lambda}\right) = \frac{1050 \times 266 \times 10^3}{-4.0 - (-30)} \times \left(\frac{0.2727 \times 0.2}{13.76} + \frac{0.0776 \times 0.2^2}{1.02}\right)$$
$$= 75269(\text{s}) = 20.9(\text{h})$$

该牛肉块所需冻结时间为 20.9h。

第五节 食品速冻技术和速冻装置

一、速冻食品的概念及特点

（一）速冻食品的概念

速冻食品是指在-30℃或更低的温度冻结食品，并让食品快速地通过最大冰结晶生成带，在食品的中心温度下降至-15℃或以下时停止。食品中心由-1℃降至-5℃，所需时间不超过30min，最终速冻食品储存在低于-18℃的环境中。

（二）速冻食品的特点和优点

速冻食品中形成较多 100μm 以下的细小冰晶，而一般冷冻食品由于冻结时间长（几小时甚至几十个小时），形成 500~800μm 大冰晶。速冻食品在最大冰晶生成带的持续时间在 30min 之内，且冰冻结束时中心温度低于-18℃。

速冻食品特有的优点使它更加获得人们的喜爱，并得到飞速发展。速冻食物冰晶颗粒小，破坏细胞的能力也不大。由于冻结时间缩短，盐分扩散、水分分离时间短，导致浓缩的风险降低。速冻能够让食品的色泽、风味、营养成分得到最高限度的保留，有效控制细菌的生长，减慢生物化学反应速率，食物安全性得到提高。速冻设备中的食品冷冻时间短，使设备利用率大大提高，生产得以连续进行。

二、速冻技术的原理

速冻是指利用现代的冷却技术设备与工具，在短时间内使食品从室温急速下降至低于结冰点之下的温度，将食品中的所有或大部分水分转化成比较细小的冰晶。

三、速冻技术的基本特点和操作要点

速冻的过程是由三个阶段组成。第一阶段为快速冷却。食物由起始温度迅速降温至冰点温度。快速冷却阶段可以避免食物品质受损或减少冷却时间。为减轻速冻设备上的工作量，通常在快速冷却之前对食品进行预冷处理。第二阶段为壳体冻结。肉类食品要冷冻到-15℃；水果或颗粒状的食品要将食品表层冻结至厚度到1~2mm。这个过程的冷冻速率对于整个冷藏流程至关重要。第三阶段为深温冻结。食品物料应冻在-15℃以下或-18~-5℃。食品冷冻装置中终端的温度应与标准规定的冷藏温度相吻合。

四、速冻食品原料的种类和性质

速冻食品，按食品特点、种类又可分成畜禽、水产、蔬菜水果、调理四大类别。

畜禽种类既有家畜肉（猪肉、牛肉、羊肉等），又有家禽肉（鸡鸭、片皮鸭、鹅肉、鹌鹑肉）。由于胴体肉的结冰速度较慢，在30min内很难完成速冻。家畜肉类与家禽肉，作为速冻食品进行冻结加工的，并非直接将胴体进行速冻，而是直接将分割肉进行速冻。

水产品主要包括了鱼、虾、螃蟹等海鲜制品，另外还有经过深加工的淡水鱼制品，由于水产类在捕捞后鲜度会迅速降低，所以需要冷却很快，而冻结完成后要在相对较低的温度下进行冷藏。例如金枪鱼的速冻温度较其他速冻产品的冷藏温度低得多（-50~-45℃）。

水果蔬菜类食品分为果、菜单体的结构，以及果菜被切割成各种规格的丝状、条形、长块状、片状的产品。果菜类食品是植物性产品，对于这类食品需要进行迅速冷却，这是因为当植物性食品冻结速度很慢时，更大颗粒的冰结晶形成后，会破坏它的组织结构，解冻时会使汁液大量流失。此外，以速冻方式保藏水果和蔬菜能基本上保持其原有的自然形状和风味。

调理类食品虽然在中国兴起时间较晚，但发展速度却极快，速冻调理类食用的主要原料大多由农产品、家畜禽肉和水产品等构成，或通过添加相应辅配物加工、混合制成。速冻调理类食物主要分为速冻米面类产品、火锅类菜品、裹面油炸类食品、菜肴料理类食品。

五、速冻技术的主要方法和设备

（一）鼓风冻结法

鼓风冻结技术，就是使冷空气迅速地流动起来，完全且充分地接触到食品，可以快速传递食物的热量，并在短时间内把热量从食物中带走，以达到冻结速度快，冻结时间缩短的目的。我国鼓风冻结工艺中所用设备的热蒸发温度一般为-50~-35℃，空气流速率一般为2~10m/s，冷气流温度通常为-45~-30℃，冻结速率通常为0.5~3cm/h。鼓风速冻设备通常包括隧道式速冻装置、螺旋带式速冻装置、液态式速冻装置和上下气流冲击式鼓风速冻装置等。

1. 隧道式速冻装置

如图7-9所示，隧道式速冻设备有长方形的隧道外形，当冷风进入隧道内并循环运行时冻结隧道中的食物。设备结构可按照加工食品时经过隧道的方法不同，分成传送带式、吊篮式和悬挂式三种。隧道型速冻设备的主要优点是：结构简便、速冻快，能进行连续生产。主要缺点是设备占地面积较大。吊挂速冻设备广泛应用于大中型水产、禽类胴体等食品冻结流程；吊篮式隧道式速冻设备主要应用于较中小体型的水产品速冻流程中，以及蔬菜、调理等食品中；传送带型速冻设备主要应用于冻结时限极短、形体相对较小的产品中（水产品、蔬菜、面食、分割肉、冷食）。

图7-9 隧道式速冻机

2. 螺旋式速冻机

如图7-10所示，螺旋式速冻机使用螺旋输送系统，将需冷冻产品分布在输送机链上，使用输送机链进行螺旋运动，冷气穿过食品层，输送链循环冷冻食品，冻结完毕的食品从卸料口排出。螺旋式速冻机的主要优势是设计紧凑，应用面积广泛，占地面积小，冻结力大，而且生产不间断，但其设备投资费用较高，同时能耗较大。螺旋式速冻机的应用范围很广，适合于水饺、虾类、贝类、水果、蔬菜、肉类、鱼类等大量中小尺寸食物，更适合于尺寸大、厚度大、高进料温度的食品，如肉禽切肉、水产品等。

图7-10 螺旋式速冻机

3. 流态化速冻装置

如图7-11所示，将速冻食品放在网条上或开孔率较小的多孔槽板上，使食物颗粒经受空气垂直气流，迅速上升，出现半漂浮状态（半流态冷冻）或完全悬浮状态（全流态冷冻），悬浮的食物颗粒被低温气体所覆盖，被快速冷冻。按照输出形式的差异，还可分成带式型、振动型、斜槽型流态化冻结设备等。该类设备具有迅速冷冻，冻结成品不结块，低干耗，低能耗等特性。它通常用作小颗粒、条形或块状食品，如薯片、草莓、青刀豆、辣椒、豌豆、板栗、胡萝卜、香菇等。

图 7-11　流态化速冻装置

4. 冲击式速冻装置

如图 7-12 所示，冲击式速冻装置是利用上、下喷气对冷冻食品进行直接冲击，消除其热边界，达到速冻的目的。冲击式速冻装置比传统鼓式速冻装置的冷冻速度更快。干燥消耗低。主要用于冷冻切薄的食物，小块的食物，如鱼片，虾米，调理食物等。

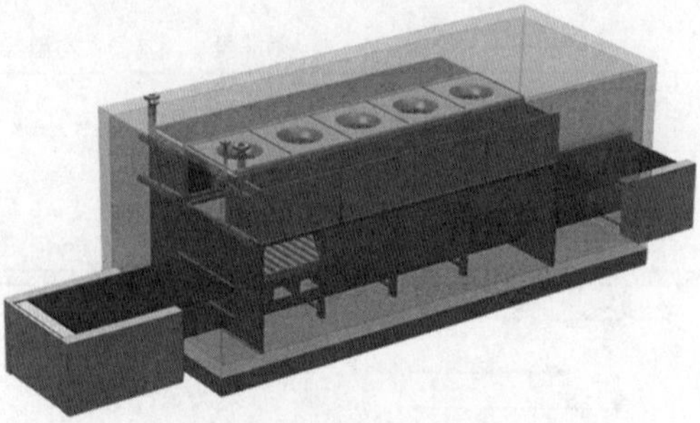

图 7-12　冲击式速冻装置

（二）接触式速冻

如图 7-13 所示，接触式速冻装置处理食品的主要方法是将食品置于平板上，将平板的食物压紧，空心板的冷媒迅速蒸发，进行接触式速冻。本装置可用的制冷剂，如氟利昂、盐水等。接触式速冻装置的特点具备速冻期限短，导热系数大，能在常温下稳定运行，占地面积较少，以及安装简单、作业方便、移动方便的特点，但却无法连续生产，且构造也较为复杂，对速冻食品的厚度会进行限制。接触式冷冻装置适用于大量冷冻肉类、果泥、贝类等食物，可在船上使用。常用装置：平板速冻装置、旋转冻结装置、接触冻结金属板。

（三）直接速冻

直接速冻装置是使食品直接接触低温冷媒，从而实现能量互换，使食物快速降温、速冻。液态二氧化碳、液态氮、丙二醇等常用的冷却液体。按照与食品的接触方法，可将其分成喷淋式、浸泡式两种方法。通常两种方法同时使用。直接冻结装置具备冷冻速率高的特

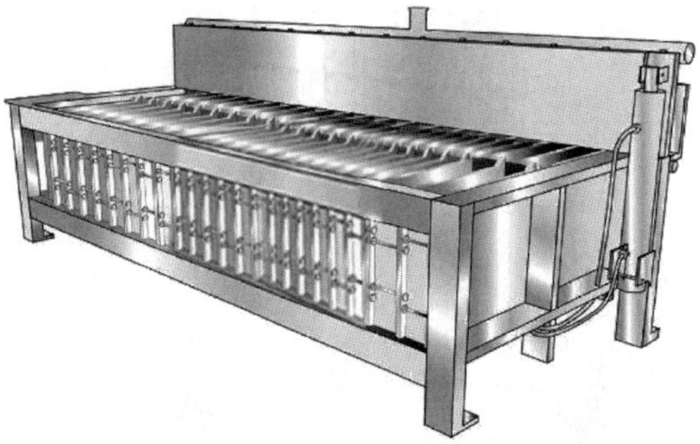

图 7-13　接触式速冻装置

性。然而，制冷剂具有回收处理困难、易损耗、成本大等不足。而且食品种类对制冷剂有一定的限制，特别是对于需要接触食物的制冷剂，一定要安全，纯净，无臭味，无异色，不易燃、易爆。

1. 喷淋型速冻

液氮的冻结效果十分明显，能使食物表面温度急剧下降，使食物在中心形成很大的瞬时温差，这会导致食品龟裂，因此厚的产品不宜使用，通常食品厚度要小于 100mm。该装置结构简洁，使用寿命长，能进行长时间的超快速冻。另外，食品几乎不发生干耗和变色，适用于体积较小的食品。该装置存在的主要问题是冷冻费用较高（图 7-14）。

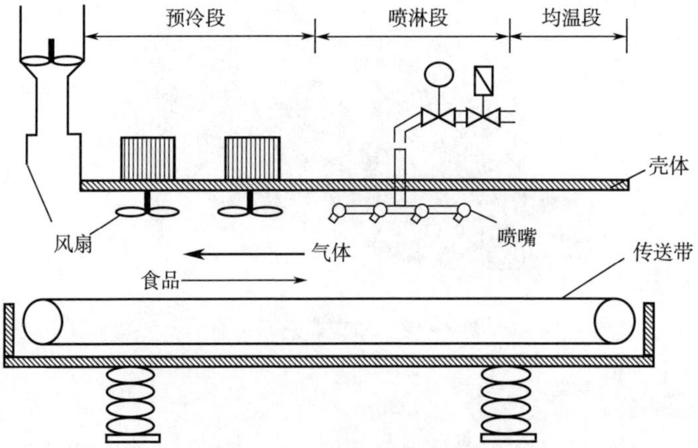

图 7-14　喷淋式速冻装置示意图

2. 浸泡法速冻

低温液体的导热性能特别好，液体介质能够达到和不规则形状的食品紧密接触，提高冻结速率。直接接触冰冻时，食物表面会形成一层薄薄的冰层，能防止未包装的食物干缩，用这种方法能让食物少接触空气，对易氧化食物的速冻更有好处。但低温介质冷却未包装食物会产生下列问题：食物内的汁液会在渗透压的影响下进入低温介质，从而引起介质污染，使介质浓度降低，使低温介质冻结温度升高（图 7-15）。

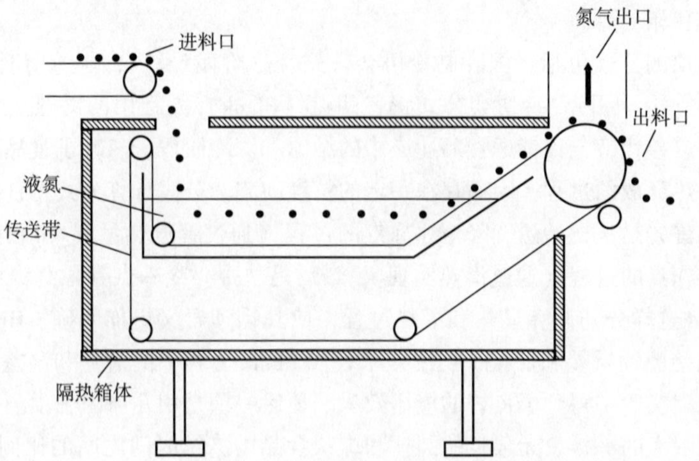

图 7-15　浸渍冻结装置示意图

第六节　案例分析：黑猪肉液氮冻结时间计算方法及实验分析

一、案例介绍

速冻食品行业的迅猛发展一直在推动速冻技术和设备的不断创新。食品的冻结时间对速冻食品的质量和冻结设备的能耗成本有着重要影响。然而，在工业生产中，通常只能提供大致范围的食品内部冻结时间。因此，如何实时监测食品内部温度变化并准确预测液氮冷冻所需时间成为当前工业生产中的一个重大挑战。解决这个问题对于设计液氮冷冻装置和改进液氮冷冻加工工艺具有重要意义。

经验公式法是一种将理论与实践经验相结合的方法。它在现有理论公式的基础上，根据具体实验数据进行修正和优化。本案例以不同形状的黑猪肉为样品，通过对经验公式的预测与实验结果的比对，确定最准确的经验公式，以实现食品冻结时间的优化预测。

二、案例分析

为获得实际的冷冻时间数据，将肉块制作成表面积和体积比值较小且符合实际的矩形肉块（5cm×5cm×4cm）和球形肉块（d=5cm），每组 5 块。将其放入冰箱的低温储存容器中，温度设置为（2±1）℃，以备后用。液氮冷冻室有五个预设温度：-45℃、-50℃、-55℃、-60℃、-65℃。当温度控制器显示的温度波动范围不超过 1℃时，可以认为冷冻室内的温度是稳定的。随后，迅速将样品放入冷冻室的中间位置，使其冻结至样品中心温度达-20℃。采用校准过后的 J 型热电偶测定样品内部温度（频率为 2.5 次/s）。

利用四种经验方法同时预测了黑猪肉样品的冷冻期。在进行计算时，假定理想状态：样品的初始温度和液氮温度不会发生变化；样品的热物理特性不受冷冻过程的影响，内部热量传输主要基于热导率；冰点是一个恒定的温度；样品内部在冷冻过程中被分成三个不同的区域：冷冻区、未冷冻区和相变界面。

研究可用的预测公式包括：国际制冷协会公式、分阶段计算公式、几何因子预测公式和Hung-Thompson公式。国际制冷协会公式将普朗克（Plank）方程中的潜热用食品结冰温度和冻结终止温度的焓差代替，仅考虑食品速冻中的结冰和深冷阶段，忽略了食品从初始温度下降到冰点温度时显热释放的过程，因而存在一定的精度缺陷。分段计算公式将食品的冷冻过程划分为三个阶段：首先是从初始温度降至冰冻点的过程（通过释放热量实现），随后是从冰冻点到食品中心的冷冻点的过程（通过潜热实现），最后是从中心冷冻点到最终温度的过程（通过释放热量实现）。这样分开计算显热和潜热过程，使其物理含义更加明确。Hung-Thompson公式中使用食品初终温的焓差和加权平均温差来替代Plank方程中的潜热和温差。这个方法在冻结马铃薯泥和鱼肉实验中得到了良好的应用效果。最后一项是用几何因子预测公式。在相同的其他参数下，无限大的平板、无限长的圆柱和球状食品的冻结时间之间的比例是6∶3∶2。只要其他需要考虑的参数保持一致，无论食品的形状如何，它们的冻结时间之间都会出现某种比例关系。因此，几何因子预测公式引入了等效传热因子E，它可以用来表示具有相同特征尺寸的任意形状食品的冻结时间与无限大平板的冻结时间t_{slab}之间的关系。

$$t_{shape} = t_{slab}/E \tag{7-36}$$

$$t_{slab} = \frac{\delta^2}{\alpha_0}(-1.272T_t + 65.489)\left(\frac{1}{Bi} + 0.174\right)(1 + T_i)^{0.096}(-1 - T_J)^{-1.070} \tag{7-37}$$

$$E = 1 + \frac{Bi'}{Bi' + 2} \times \frac{5}{8\beta^3} + \frac{2}{Bi' + 2} \times \frac{2}{\beta(\beta + 1)} \tag{7-38}$$

式中 E——等效传热因子；

t_{shape}——不规则形状食品的冷冻时间，s；

t_{slab}——无限大平板的冷冻时间，s；

δ——特征尺寸，为平板模型的半厚度，m

β——形状系数；

Bi、Bi'——毕渥数；

T_i——食品初始温度，℃；

T_J——冷冻介质温度，℃；

T_t——中心最终温度，℃；

α_0——热扩散率，m^2/s。

研究结果表明，在五种不同的冻结温度情况下，所得到的预测值都比实际值要小（图7-16）。而且随着冻结温度的降低，预测值与实际值之间的差距逐渐减小。在四种预测模型中，几何因子预测值的曲线与实际值曲线比较接近，并且在-65~-55℃温度区间的差异较小。

根据偏差百分比的计算方法：[｜预测值-实验值｜/实验值]×100%，可以得到冻结时间预测值与实验值偏差的两种形状对比图（图7-17）。结果显示，四种方法的总体偏差较大：国际制冷学会公式的偏差最大（平均偏差为24.65%）；其次是分阶段计算公式和Hung-Thompson公式（平均偏差分别为18.86%和14.35%）；而几何因子预测公式的偏差相对较小（平均偏差为9.52%），且在-65~-55℃范围内的偏差也较小。这主要可能是因为在这个冻结温度下样品的品质较好，释放的热量更接近理想状态。在球形肉块中，国际制冷学会公式的偏差最大（平均偏差为9%）。在肉块冷冻时间的比较中，平均偏差最大的是基于线性拟合的方法（平均偏

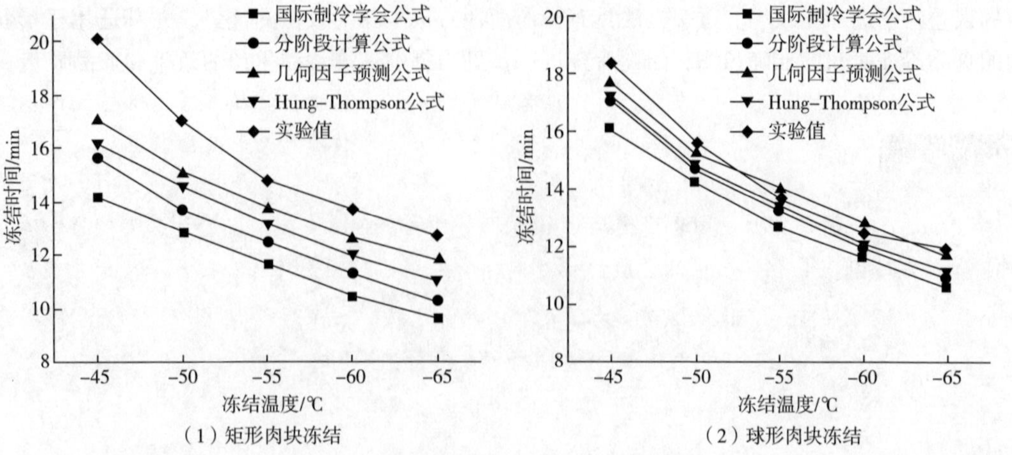

图 7-16　肉块冻结时间预测值与实验比较

差为 7.41%），其次是基于阶段性计算的方法（平均偏差为 5.71%），使用几何因子预测公式的偏差最小（平均偏差为 2.11%）。此外，球形肉块的冻结时间偏差普遍比矩形肉块小，这可能是因为球形肉块具有更加理想的形状和更加均匀的质地。因为球形肉块与低温氮气接触的表面积相对较小，即使在体积和质量相近的情况下，它们的冻结进度也更加均匀，不会出现像矩形肉块那样受热不均的问题，因此更接近于理论计算的理想状态。

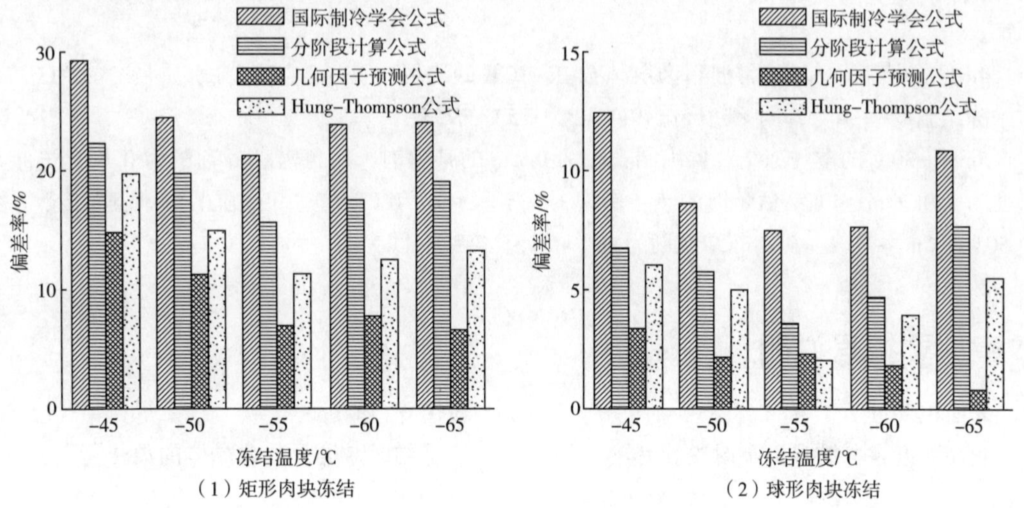

图 7-17　肉块冻结时间预测值偏差

三、案例总结

本案例通过四种经典经验公式预测不同形状的黑猪肉的液氮冻结时间。随着液氮冷冻温度的下降，各公式的预测值与实际实验结果之间的偏差逐渐减小。其中，国际制冷学会公式、分阶段计算公式以及 Hung-Thompson 公式显示出了较大的偏差，而几何因子预测公式的平均偏差在 9%~2%，更适合用于预测黑猪肉的液氮冻结时间。随着理论和数据的不断完善，经验公式法的误差将会进一步减小。这一方法具有操作简便且成本相对较低的优势，尤其适用于形状规则的食品冷冻时间的准确预测，因此有望进一步助力提高速冻食品生产的效率和产品质量。

思考题

1. 逆卡诺循环作为一种理想循环，分为几个过程？在制冷技术中有什么样的意义？
2. 制冷剂应具有什么样的性质？载冷剂和制冷剂的区别是什么？
3. 影响食品冻结速率的因素有？
4. 降低冻结烧的方法有哪些，请举例说明其原理？

习题

1. 某 R134a 制冷循环，蒸发温度为 0℃，冷凝温度为 30℃，压缩机吸入干饱和蒸汽，试计算该理论循环的制冷系数。

2. 有个单级蒸汽压缩式制冷循环用于果蔬保鲜，为理想循环，保鲜需制冷量 $Q_0=5.17\times10^5$kJ/h。循环的冷凝温度 $T_k=40$℃，蒸发温度 $T_0=-5$℃。使用物质为氨，试分析该制冷循环的性能。

3. 某空气调节系统需制冷量 7.2×10^4kJ/h，选用 R22 作为制冷剂，假定为单级蒸汽压缩式制冷循环，循环的冷凝温度 $T_k=40$℃，蒸发温度 $T_0=-10$℃，试对该理论制冷循环进行理论计算。

4. 已知某工厂有 20t 常温猪肉胴体需在−30℃的冷风中冻结，猪肉含水质量分数为 0.77，初始冻结温度为−4℃，问该猪肉胴体降温至−15℃的冷耗？

5. 用−30℃的空气冻结装置冻结直径为 0.1m 的某鱼肉，该鱼肉水分含量为 0.60，冻结后密度为 850kg/m^3，冻结后鱼肉的热导率为 1.50W/（m·℃），与冷却介质的对流表面传热系数为 50W/（m^2·℃），初始冻结温度为−3℃，计算冻结时间为多少？

本章主要符号说明

A：表面积（m^2）

c_{pi}：食品温度在冻结点以下时的比热容［kJ/（kg·℃）］

c_{pw}：食品温度在其冻结点以上时的比热容［kJ/（kg·℃）］

h_1：食品初始状态的焓值（kJ/kg）

h_2：食品冻结终了时（kJ/kg）

K：总传热系数［W/（m^2·℃）］

l：厚度（m）

P、R：食品形状系数

q_c：食品由初始温度降至冻结温度的放热量（显热）（kJ/kg）

q_f：冻结时水分形成冰晶体的放热量（潜热）（kJ/kg）

q_i：冻结后食品温度下降的放热量（显热）（kJ/kg）

Q：食品冻结时的冷耗（kJ）

r：水形成冰时的潜热（kJ/kg）

r_i：单位质量食品冻结时放出的热量（kJ/kg）

T_0：初始温度（℃）

T_p：冻结温度（℃）

$\bar{T}$：食品冻结终了时的平均温度（℃）

T_J：冻结介质温度（℃）

v_f：食品冻结速率（cm/h）

x：距离（m）

ψ：冻结率（%）

α：食品对流表面传热系数［W/（m^2·℃）］

λ：冻结层的热导率［W/（m·℃）］

ρ：食品密度（kg/m^3）

ω：食品中的水分含量（kg/kg）

参考文献

［1］Huan Z J，He S S，Ma Y. Numerical simulation and analysis for quick-frozen food processing［J］. Journal of Food Engineering，2003，60（3）：267-273.

［2］Salvadori V O，Mascheroni R H，De Michelis A. Freezing of strawberry pulp in large containers：Experimental determination and prediction of freezing times［J］. International Journal of Refrigeration，1996，19（2）：87-94.

［3］关志强．食品冷藏与制冷技术［M］. 郑州：郑州大学出版社，2011.

［4］李云飞，葛克山．食品工程原理［M］. 北京：中国农业大学出版社，2018.

［5］许子雄，李保国，罗权权．黑猪肉液氮冻结时间计算方法及实验分析［J］. 食品与发酵科技，2019，55（5）：17-20.

［6］赵思明．食品工程原理［M］. 北京：科学出版社，2009.

［7］周小清，柳建华，徐小进，等．液氮冻结食品冻结时间的计算方法及实验验证［J］. 制冷学报，2016，37（6）：113-118.

CHAPTER 8

第八章 传质基础与吸收

本章学习重点

通过对传质理论及吸收塔计算的学习，要求学生掌握菲克定律、亨利定律、传质机制和吸收速率方程。掌握气体吸收的双膜理论、吸收操作线方程和吸收剂用量的计算、填料层高度的计算。了解吸收操作型问题的分析方法和计算。了解填料塔的结构和性能。熟悉吸收塔的操作及吸收系数的实验测定方法。具备根据任务选择合适的吸收剂并进行有关塔的计算能力。

课程思政点

第一节 传质基础

物质在相际的转移属于质量传递过程。质量传递是自然界和科技领域中普遍存在的现象，它与动量传递和热量传递统称“三传过程”。由于物质的传递过程大多是依靠扩散过程（分子扩散和涡流扩散）来进行的，因此质量传递过程常称为扩散过程。当物系中某组分存在浓度梯度时，将发生该组分由高浓度区向低浓度区的扩散过程，质量传递的推动力是浓度梯度或浓度差。质量传递是均相混合物分离的理论依据。

一、食品工业生产中的传质过程

在食品工业中以相际传质为特征的单元操作应用很广泛，现将常见的几种单元操作介绍如下。

1. 气体吸收

向清凉饮料充气（CO_2）是食品工业中吸收的典型实例。此外，通气发酵中氧气的吸收、挥发性香精的回收、油脂的氢化、糖汁的饱充等都属物质由气相向液相传递的过程。

吸收的逆过程是脱吸，脱吸常用于天然油料的脱臭、液体饮料（果汁、乳制品）等的脱气。

2. 空气调节

空气调节也可称为空气的增湿与减湿。当水蒸气饱和的空气与冷水接触时，水蒸气放出热量冷凝成水珠，水蒸气从气相转入液相；空气在此操作中得到了减湿。由于液相是水，传质只在气相进行。增湿是减湿的逆过程。

3. 吸附

吸附在食品工业中的应用由来已久，它可用于除去液体食品中存在的少量杂质。例如：动、植物油的脱色，自来水的净化等。吸附所采用的多孔性固体物质称为吸附剂，通常称被吸附的物质为吸附质。吸附传质分外扩散、内扩散及吸附三个步骤进行。

4. 结晶

凡是由蒸汽、溶液或熔融物等均相物系中析出固态晶体的操作称为结晶。食品工业中应用最广的是从液体中析出晶体。根据析出晶体的原因，食品工业结晶操作可分为若干类型。应用面最广的是溶液结晶，以达到纯净固体物质的分离目的，如制造蔗糖、葡萄糖。相反抑制结晶析出的场合，有蜂蜜中糖分析出、冰淇淋中乳糖的析出等。结晶过程所采用的方法是浓缩溶液或降低溶液温度使之达到过饱和状态，析出溶质或使稀溶液中的水分冻结（即冷冻浓缩）。结晶的逆过程是溶解。

5. 固-液萃取

固-液萃取也称作浸取或浸沥，是食品工业中常见的单元操作。食品工业的原料多为农、林、牧、副、渔产品，固体物质是其主要组成部分，欲分离其中的有用成分，多采用浸取操作。例如，油脂工业从油料种子中提取油脂，制糖工业从甘蔗、甜菜中提取糖分等。整个固-液萃取过程可分为溶质在固体内溶解于溶剂、溶解的溶质由固体内部扩散至固体表面、溶质由固体表面通过液膜扩散到外部溶剂主体三个步骤。

6. 干燥

干燥是食品工业中应用最广的单元操作之一，果蔬的干制，乳粉的制造，面包、饼干的焙烤，淀粉的制造，以及酒糟、酵母、麦芽、砂糖的干燥都是典型的实例。干燥是将液体（通常是水）经过汽化，从固体转入气相的过程。

7. 蒸馏

蒸馏在酿酒工业中是应用最早的单元操作，是分离混合物最常用，也是最早工业化的方法之一。它是利用液体均相混合物中各组分挥发度的差异，使用加热汽化、蒸汽冷凝的手段，使不同物质在气液两相间互相转移，在易挥发组分由液相转入气相的同时难挥发组分由气相转入液相。

上述单元操作所涉及的传质过程多属相际传质过程，即由一个相到另一个相的转移，其机制既有共性又有特性，甚为复杂。虽经多年研究，使理论逐步进展，但还远没有达到完善的程度，故常用“模型”一词来表达某种理论。不论何种“模型”，相际传质过程的推动力都是浓度差，而相际平衡又是传质过程的极限。

二、混合物组成表示

在多组分系统中，各组分的组成有不同的表示方法，常用的有以下几种。

1. 质量浓度与物质的量浓度

单位体积混合物中某组分的质量称为该组分的质量浓度。组分 A 的质量浓度 ρ_A 就是其质

量 m_A 与体积 V 之比：

$$\rho_A = \frac{m_A}{V} \tag{8-1}$$

单位体积混合物中某组分的物质的量称为该组分的物质的量浓度，简称浓度。组分 A 的物质的量浓度 c_A 是其物质的量 n_A 与体积 V 之比：

$$c_A = \frac{n_A}{V} \tag{8-2}$$

质量浓度与物质的量浓度间的关系为：

$$c_A = \frac{\rho_A}{M_A} \tag{8-3}$$

式中　M_A——组分 A 的摩尔质量，kg/kmol。

2. 质量分数与摩尔分数

混合物中某组分的质量 m_A 与混合物总质量 m 之比称为该组分的质量分数 w_A。组分 A 的质量分数定义式为：

$$w_A = \frac{m_A}{m} \tag{8-4}$$

若混合物由 N 个组分组成，则有：

$$\sum_{i=1}^{N} w_i = 1 \tag{8-5}$$

混合物中某组分的物质的量 n_A 与混合物总物质的量 n 之比称为该组分的摩尔分数 x_A。组分 A 的摩尔分数定义式为：

$$x_A = \frac{n_A}{n} \tag{8-6}$$

设混合物由 N 个组分组成，则有：

$$\sum_{i=1}^{N} x_i = 1 \tag{8-7}$$

式（8-5）和式（8-7）均称为归一方程。

当混合物为气液两相体系时，常以 x 表示液相中的摩尔分数，y 表示气相中的摩尔分数。

质量分数与摩尔分数的互换关系为：

$$x_A = \frac{\dfrac{w_A}{M_A}}{\sum_{i=1}^{N} \dfrac{w_i}{M_i}} \tag{8-8}$$

$$w_A = \frac{x_A M_A}{\sum_{i=1}^{N} x_i M_i} \tag{8-9}$$

3. 质量比与摩尔比

混合物中某组分质量与惰性组分质量的比值称为该组分的质量比。若混合物中除组分 A 外，其余为惰性组分，则组分 A 的质量比定义为：

$$W_A = \frac{m_A}{1 - m_A} \tag{8-10}$$

质量比与质量分数的关系为：

$$W_A = \frac{w_A}{1 - w_A} \tag{8-11}$$

同理，混合物中某组分物质的量与惰性组分物质的量之比称为该组分的摩尔比。若混合物中除组分A外，其余为惰性组分，则组分A的摩尔比定义为：

$$X_A = \frac{n_A}{n - n_A} \tag{8-12}$$

摩尔比与摩尔分数的关系为：

$$X_A = \frac{x_A}{1 - x_A} \tag{8-13}$$

同样，当混合物为气液两相体系时，常以 X 表示液相中的摩尔比，Y 表示气相中的摩尔比。

质量比和摩尔比不存在归一关系。

4. 气体的总压与组分的分压

对于气体混合物，其组成还常常用总压和分压表示。根据道尔顿分压定律，总压 p 与组分分压 p_A 的关系为：

$$y_A = \frac{p_A}{p} \tag{8-14}$$

以上各种混合物组成的表示方法需根据过程计算时使用上的方便而选择，同时需要掌握各种组成表示方法之间的换算，换算的要点是取一定量的混合物作为基准，然后根据组成的定义作换算。

【例8-1】 在蒸馏塔中将含乙醇5%（体积分数，下同）的乙醇-水溶液蒸馏，得到含乙醇95%的产品。试分别用质量分数、摩尔分数、质量比和摩尔比表示进料和产品的浓度。纯乙醇的密度可取为800kg/m³，水的密度取1000kg/m³。

解： ①质量分数

$$w_F = \frac{0.05 \times 800}{0.05 \times 800 + 0.95 \times 1000} = 0.0404 \qquad w_D = \frac{0.95 \times 800}{0.95 \times 800 + 0.05 \times 1000} = 0.938$$

②摩尔分数

$$x_F = \frac{\frac{0.0404}{46}}{\frac{0.0404}{46} + \frac{0.9596}{18}} = 0.0162 \qquad x_D = \frac{\frac{0.938}{46}}{\frac{0.938}{46} + \frac{0.062}{18}} = 0.855$$

③质量比

$$W_F = \frac{w_F}{1 - w_F} = \frac{0.0404}{0.9596} = 0.0421 \qquad W_D = \frac{0.938}{0.062} = 15.13$$

④摩尔比

$$X_F = \frac{x_F}{1 - x_F} = \frac{0.0162}{0.9838} = 0.0165 \qquad X_D = \frac{0.855}{0.145} = 5.896$$

【例8-2】 在一常压、298K的吸收塔内，用水吸收混合气中的 SO_2。已知混合气体中含 SO_2 的体积百分数为20%，其余组分可看作惰性气体，出塔气体中含 SO_2 体积百分数为2%，试分别用摩尔分数、摩尔比和摩尔浓度表示出塔气体中 SO_2 的组成。

解： 混合气可视为理想气体，以下标2表示出塔气体的状态。

$y_2 = 0.02$

$$Y_2 = \frac{y_2}{1 - y_2} = \frac{0.02}{1 - 0.02} \approx 0.02$$

$$p_{A2} = py_2 = 101.3 \times 0.02 = 2.026(\text{kPa})$$

$$c_{A2} = \frac{n_{A2}}{V} = \frac{p_{A2}}{RT} = \frac{2.026}{8.314 \times 298} = 8.018 \times 10^4(\text{kmol/m}^3)$$

三、传质速度与传质通量

在多组分系统的传质过程中，各组分以不同的速度运动。一方面，由于系统内浓度的不均匀而导致了组分的传递即分子扩散，另一方面混合物本身也处于运动之中。设混合物相对于任一静止平面的移动速度为 u（摩尔基准），该速度也称为主体流动速度，某组分 A 的扩散速度（即相对速度）为 u_{DA}，则该组分相对于静止平面的实际移动速度（即绝对速度）为：

$$u_A = u + u_{DA} \tag{8-15}$$

单位时间通过垂直于传质方向上单位面积的物质量称为传质通量，它又等于传质速度与浓度的乘积。根据传质速度的表示方法不同和浓度单位的不同，相应地传质通量有不同的表达形式，以下以物质的量浓度为例讨论。

（1）以绝对速度表示的传质通量等于绝对速度与浓度的乘积。

$$N_A = c_A u_A \tag{8-16}$$

混合物的总通量为：

$$N = \sum N_i = cu \tag{8-17}$$

式中　c——总浓度，kmol/m³。

因此得：

$$u = \frac{\sum N_i}{c} = \frac{\sum c_i u_i}{c} \tag{8-18}$$

（2）以扩散速度表示的传质通量等于扩散速度与浓度的乘积。

$$J_A = c_A u_{DA} \tag{8-19}$$

（3）以主体流动速度表示的传质通量等于主体流动速度与浓度的乘积。

$$c_A u = c_A \frac{\sum N_i}{c} = x_A \sum N_i = x_A N \tag{8-20}$$

从以上分析可知，总体流动是各组分并行的传递运动，各组分具有相同的传递方向和传递速度，某组分的传递通量等于总传递通量乘以该组分的摩尔分数。

第二节　分子扩散

与热量传递中的导热和对流传热类似，质量传递的方式也分为分子传质和对流传质两种。分子传质又称为分子扩散，简称为扩散，它是由分子的无规则热运动而形成的物质传递现象。按扩散介质的不同，分子扩散可分为气体中的扩散、液体中的扩散及固体中的扩散等几种类型，其中对气体中的稳态扩散研究比较深入，有关的理论和模型比较接近实际，而液体和固体中的扩散则相对比较复杂。按过程是否稳态，扩散又可分为稳态扩散和非稳态扩散，前者指某一位置上的浓度等物理量均不随时间而变化的过程，后者则是各物理量随时间而变的过程。工业上的连续过程一般按稳态过程处理。

一、分子扩散与菲克定律

在静止或滞流流体内部，若某一组分存在浓度差，则因分子无规则的热运动使该组分由浓度较高处传递至浓度较低处，这种现象称为分子扩散。设有一容器，如图 8-1 所示，用一块隔板将它分为左右两室，两室中分别充入温度及压强相同，而浓度不同的 A、B 两种气体，左室中组分 A 的浓度高于右室，而组分 B 的浓度低于右室。当隔板抽出后，当抽出中间的隔板后，分子 A 借分子运动由高浓度的左室向低浓度的右室扩散，同理气体 B 由高浓度的右室向低浓度的左室扩散，扩散过程进行到整个容器里 A、B 两组分浓度均匀为止。此时通过任一截面物质 A、B 的净扩散通量为零，但扩散仍在进行，只是左、右两方向物质的扩散通量相等，系统处于动态扩散平衡中。

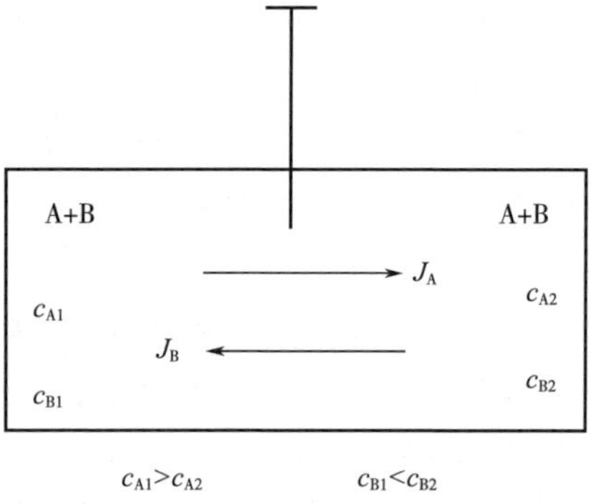

图 8-1　分子扩散现象

扩散进行的快慢用扩散通量来衡量，定义为：单位时间内通过垂直于扩散方向的单位截面积扩散的物质量，称为扩散通量（扩散速率），以符号 J 表示，单位为 $\mathrm{kmol/(m^2 \cdot s)}$。

当物质 A 在介质 B 中发生扩散时，任一点处物质 A 的扩散通量与该位置上 A 的浓度梯度成正比，即：

$$J_A = -D_{AB}\frac{\mathrm{d}c_A}{\mathrm{d}z} \tag{8-21}$$

及

$$J_B = -D_{BA}\frac{\mathrm{d}c_B}{\mathrm{d}z} \tag{8-22}$$

式中　J_A、J_B——组分 A、B 的摩尔扩散通量，$\mathrm{kmol/(m^2 \cdot s)}$；

$\mathrm{d}c_A/\mathrm{d}z$、$\mathrm{d}c_B/\mathrm{d}z$——组分 A、B 在扩散方向的浓度梯度，$\mathrm{kmol/m^4}$。

D_{AB}——组分 A 在组分 B 中的扩散系数，$\mathrm{m^2/s}$；

D_{BA}——组分 B 在组分 A 中的扩散系数，$\mathrm{m^2/s}$。

式（8-21）和式（8-22）表示在总摩尔浓度不变的情况下，由于组分 A、B 的浓度梯度所引起的分子传质通量，负号表明扩散方向与梯度方向相反，即分子扩散朝着浓度降低的方向进行。

式（8-21）称为菲克（Fick）定律，菲克定律是对物质分子扩散现象基本规律的描述。它与描述热传导规律的傅里叶定律以及描述黏性流体内摩擦规律（滞流流体中的动量传递）规律的牛顿黏性定律在表达形式上有共同的特点，都是描述某种传递现象的方程。但应注意，热量与动量并不单独占有任何空间，而物质本身却是要占据一定空间的，这使得物质传递现象更为复杂。

混合物的总浓度在各处是相等的，即 $c = c_A + c_B =$ 常数。

所以任一时刻，任一处，

$$\frac{\mathrm{d}c_A}{\mathrm{d}z} = -\frac{\mathrm{d}c_B}{\mathrm{d}z} \tag{8-23}$$

而且，组分 A 沿 Z 方向的扩散通量必等于组分 B 沿-Z 方向的扩散通量，即：

$$J_A = -J_B \tag{8-24}$$

将式（8-23）和式（8-24）代入菲克定律式（8-21），得到：

$$D_{AB} = D_{BA} = D \tag{8-25}$$

式中 D_{AB}——为组分 A 在组分 B 中的扩散系数，m^2/s。

式（8-25）说明，在双组分混合物中，组分 A 在组分 B 中的扩散系数等于组分 B 在组分 A 中的扩散系数。

菲克第一定律只适用于由于分子无规则热运动而引起的扩散过程，其传递的速度即为扩散速度。实际上，在分子扩散的同时，还经常伴有流体的主体流动。如用液体吸收气体混合物中溶质组分的过程，设二元气体混合物由 A、B 组成，其中 A 为溶质，可溶解于液体中，而 B 不能在液体中溶解。这样，组分 A 可以通过气液相界面进入液相，而组分 B 不能进入液相。由于 A 分子不断通过相界面进入液相，在相界面的气相一侧会留下"空穴"，使气相总浓度下降，混合气体便会自动地向界面运动以作补充，这样就发生了 A、B 两种分子并行向相界面的运动，即混合物的主体流动。显然，通过气液相界面组分 A 的通量应等于由于分子扩散所形成的组分 A 的通量与由于主体流动所形成的组分 A 的通量的和，如图 8-2 所示。

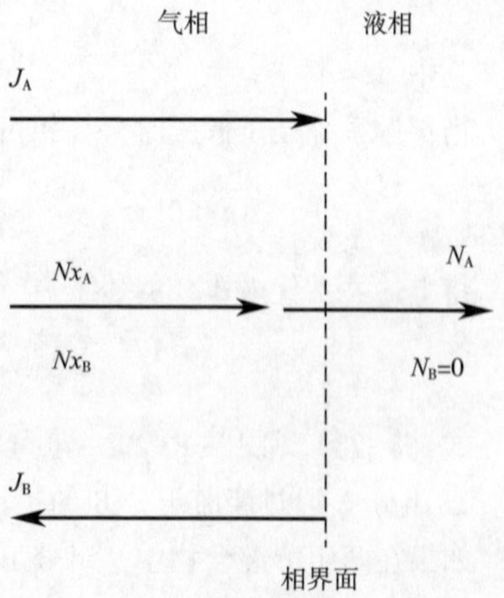

图 8-2 吸收过程各通量的关系

若在扩散的同时伴有混合物的主体流动，则物质实际传递的通量除分子扩散通量外，还应考虑由于主体流动而形成的通量。由式（8-16）及式（8-21）推导，此通量为：

$$N_A = -D\frac{dc_A}{dz} + x_A(N_A + N_B) \tag{8-26}$$

式（8-26）为菲克第一定律的普遍表达形式，由此可得出以下结论：

组分的实际传质通量=分子扩散通量+主体流动通量

二、气体中的稳态分子扩散

在涉及传质的单元操作中，分子扩散有两种形式，即双向扩散（等分子反向扩散）和单向扩散（一组分通过另一停滞组分的扩散）。

1. 等分子反向扩散

设由 A、B 两组分组成的二元混合物中，组分 A、B 进行反方向扩散，若系统的总压和温度维持不变，则两组分的扩散通量相等，称为等分子反向扩散。等分子反向扩散的情况多在蒸馏等操作中遇到。对于等分子反向扩散，若有 1mol 的 A 组分通过与扩散方向垂直的某平面扩散，则同时必有 1mol 的 B 组分由反方向通过该平面扩散。

由式（8-26）：

$$N_A = -D\frac{dc_A}{dz} + x_A(N_A + N_B)$$

对于等分子反方向扩散，$N_A=-N_B$，因此得：

$$N_A = J_A = -D\frac{dc_A}{dz} \tag{8-27}$$

在系统中取 z_1 和 z_2 两个平面，设组分 A、B 在平面 z_1 处的浓度为 c_{A1} 和 c_{B1}，在 z_2 处的浓度为 c_{A2} 和 c_{B2}，且 $c_{A1}>c_{A2}$、$c_{B1}<c_{B2}$，而系统的总浓度 c 恒定。将式（8-27）分离变量并积分：

$$N_A\int_{z_1}^{z_2} dz = -D\int_{c_{A1}}^{c_{A2}} dc_A$$

得：

$$N_A = \frac{D}{\Delta z}(c_{A1} - c_{A2}) \tag{8-28}$$

其中 $\Delta z=z_2-z_1$。

当扩散系统处于低压时，气相可按理想气体处理，于是：

$$c_A = \frac{p_A}{RT}$$

将上述关系代入式（8-28）中，得：

$$N_A = J_A = \frac{D}{RT\Delta z}(p_{A1} - p_{A2}) \tag{8-29}$$

式（8-28）和式（8-29）即为 A、B 两组分作等分子反向稳态扩散时的扩散通量表达式。

2. 组分 A 通过停滞组分 B 的扩散

如果在两组分混合物中，组分 B 不能通过某平面，则该组分为不扩散组分或停滞组分，而组分 A 则通过停滞组分 B 进行扩散。该扩散过程多在吸收操作中遇到，例如用水吸收空气中 NH_3 的过程，气相中 NH_3（组分 A）通过不扩散的空气（组分 B）扩散至气液相界面，然后溶于水中，而空气在水中可认为是不溶解的，故它并不能通过气液相界面，而是“停滞”不动的。

仍由式（8-26）推导：$N_A = -D\dfrac{dc_A}{dz} + x_A(N_A + N_B)$

组分 B 为不扩散组分，$N_B=0$，因此得：

$$N_A = -D\frac{dc_A}{dz} + x_A N_A = -D\frac{dc_A}{dz} + \frac{c_A}{c}N_A$$

整理得：

$$N_A = -\frac{Dc}{c - c_A}\frac{dc_A}{dz} \tag{8-30}$$

在系统中取 z_1 和 z_2 两个平面，仍设组分 A、B 在平面 z_1 处的浓度为 c_{A1} 和 c_{B1}，z_2 处的浓度为 c_{A2} 和 c_{B2}，且 $c_{A1}>c_{A2}$、$c_{B1}<c_{B2}$，且系统的总浓度 c 恒定。将式（8-30）分离变量并积分：

$$N_A\int_{z_1}^{z_2} dz = -Dc\int_{c_{A1}}^{c_{A2}} \frac{dc_A}{c - c_A}$$

得：

$$N_A = \frac{Dc}{\Delta z}\ln\frac{c - c_{A2}}{c - c_{A1}} \tag{8-31}$$

或：

$$N_A = \frac{Dp}{RT\Delta z}\ln\frac{p - p_{A2}}{p - p_{A1}} \tag{8-32}$$

式（8-31）、式（8-32）即为组分 A 通过停滞组分 B 的稳态扩散时的扩散通量表达式。将式（8-32）进一步变形：

由于扩散过程中总压 p 不变，故得：$p_{B2}=p-p_{A2}$，$p_{B1}=p-p_{A1}$

因此：
$$p_{B2}-p_{B1}=p_{A1}-p_{A2}$$

于是：
$$N_A=\frac{Dp(p_{A1}-p_{A2})}{RT\Delta z(p_{B2}-p_{B1})}\ln\frac{p_{B2}}{p_{B1}}$$

令：
$$p_{BM}=\frac{p_{B2}-p_{B1}}{\ln\dfrac{p_{B2}}{p_{B1}}}$$

p_{BM} 为组分 B 的对数平均分压。据此得：

$$N_A=\frac{Dp}{RT\Delta z p_{BM}}(p_{A1}-p_{A2}) \tag{8-33}$$

比较式（8-29）与式（8-33）可得：

$$N_A=J_A\frac{p}{p_{BM}} \tag{8-34}$$

p/p_{BM} 反映了主体流动对传质速率的影响，称为“漂流因数”。因 $p>p_{BM}$，所以漂流因数 $p/p_{BM}>1$，这表明由于有主体流动而使物质 A 的传递速率较之单纯的分子扩散要大一些。当混合气体中组分 A 的浓度很低时，$p_{BM}\approx p$，因而 $p/p_{BM}\approx 1$，式（8-33）即可简化为式（8-29）。

【例 8-3】 一直立的小玻璃管，底端密封，内有丙酮，液面离上端管口 10mm。上端有一股空气缓缓流过，如例 8-3 附图所示。5h 后，管内液面降到离管口 19mm。管内液体的温度为 20℃，大气压为 100kPa，丙酮的蒸气压为 24kPa。求丙酮在空气中的扩散系数。丙酮的密度为 790kg/m³。

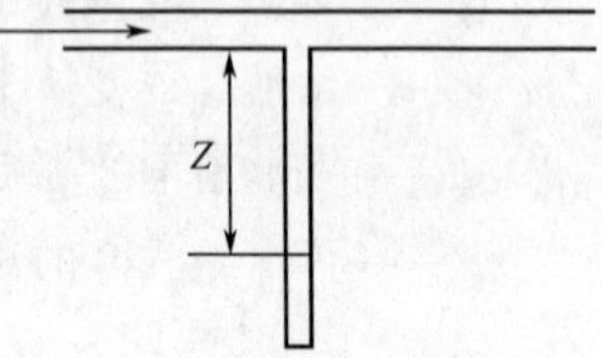

例 8-3 附图

解：丙酮的汽化速率为：$N_A=\dfrac{Dp}{RTz}\ln\dfrac{p_{B2}}{p_{B1}}$

式中的静止空气层厚度 z 为变量，即液面到管口的距离。

另一方面，丙酮的汽化速率又可以表示为：$N_A=\dfrac{\rho_L}{M}\dfrac{dz}{d\tau}$

故有：
$$\frac{Dp}{RTz}\ln\frac{p_{B2}}{p_{B1}}=\frac{\rho_L}{M}\frac{dz}{d\tau}$$

即：
$$\frac{M}{\rho_L}\frac{Dp}{RT}\ln\frac{p_{B2}}{p_{B1}}\int_0^{\tau}d\tau=\int_{z_1}^{z_2}z dz$$

解得：
$$\frac{M}{\rho_L}\frac{Dp}{RT}\tau\ln\frac{p_{B2}}{p_{B1}}=\frac{1}{2}(z_2^2-z_1^2)$$

代入：$M=58$（kg/kmol），$\rho_L=790$（kg/m³），$R=8.314$［kJ/(kmol·K)］，$T=293$（K），$p=100$（kPa），$p_{B1}=100-24=76$（kPa），$p_{B2}=100-0=100$（kPa），$z_1=0.01$（m），$z_2=0.019$（m），$\tau=5\times3600=18000$（s）。

$$D=\frac{\rho_L RT}{2\tau pM\ln\dfrac{p_{B2}}{p_{B1}}}(z_2^2-z_1^2)=\frac{790\times8.314\times10^3\times293\times(0.019^2-0.01^2)}{2\times18000\times100\times10^3\times58\times\ln\dfrac{100}{76}}=8.77\times10^{-6}(\text{m}^2/\text{s})$$

三、液体中的稳态分子扩散

从以上讨论可以看出，气体中的分子扩散速率正比于扩散系数和浓度差，这一结论对于液体中的分子扩散也是成立的。但是，液体分子远较气体分子密集，分子之间距离较近，扩散物质 A 的分子运动时很容易与邻近液体 B 的分子相碰撞，故液体中扩散系数比气体中小得多。但另一方面，液体中的浓度差又可以远高于气体，总的结果是液体中的分子扩散速率低于气体中的分子扩散速率。

与气体中的扩散不同的是，在稳态扩散时，气体的扩散系数 D 及总浓度 c 均为常数，而液体中的扩散则复杂得多，组分 A 的扩散系数随浓度而变，且总浓度在整个液相中也并非到处保持一致。由于目前液体中的扩散理论还不够成熟，只能效仿气相中的扩散速率关系式写出液相中的相应关系式。

与气体的扩散情况一样，液相中的扩散也分两种情况，即等分子反向扩散和一组分通过另一停滞组分的扩散。相对而言，液相中等分子反向扩散的机会很少，而一组分通过另一停滞组分的扩散较为常见。譬如，吸收质 A 通过停滞的溶剂 S 而扩散，就是吸收操作中发生于界面附近液相内的典型情况，仿照（8-33）可写出组分 A 通过停滞组分 B 的扩散通量方程为：

$$N'_A = \frac{D'c}{\Delta z c_{BM}}(c_{A1} - c_{A2}) \tag{8-35}$$

式中 N'_A——溶质 A 在液相中的扩散通量，$kmol/(m^2 \cdot s)$；

D'——溶质 A 在液相中的扩散系数，m^2/s；

c ——溶液总浓度，$kmol/m^3$；

c_{A1}，c_{A2}——两截面上的溶质浓度，$kmol/m^3$；

c_{BM}——停滞组分 B 的对数平均浓度，由式（8-36）定义：

$$c_{BM} = \frac{c_{B2} - c_{B1}}{\ln \frac{c_{B2}}{c_{B1}}} \tag{8-36}$$

四、扩散系数

扩散系数 D 是物质的一种传递性质，其值受温度、压力和混合物中组分含量的影响，同一组分在不同的混合物中其扩散系数也不一样。在需要确切了解某一物系的扩散系数时，一般应通过实验测定。常见物质的扩散系数可在相关手册中查到，某些计算扩散系数的半经验公式也可用于大致的估计。

1. 气体中的扩散系数

若将气体混合物的分子视作性质相同的弹性刚性小球体，分子热运动使这些小球相互间作无规则的碰撞，不再考虑其他的作用力。在此简化条件下，经分子运动论的理论推导与实验修正，获得如下计算气体扩散系数的半经验式：

$$D = \frac{1.517 \times 10^{-4} T^{1.81} (1/M_A + 1/M_B)^{0.5}}{p(T_{CA} T_{CB})^{0.1405} (V_{CA}^{0.4} + V_{CB}^{0.4})^2} (m^2/s) \tag{8-37}$$

式中 T_{CA}、T_{CB}——组分 A、B 的临界温度，K；

V_{CA}、V_{CB}——组分 A、B 的临界体积，cm^3/mol。

物质的临界温度和临界体积可在一般理化手册中查到。当 $p<0.5MPa$ 时，扩散系数的数值与组分 A 的浓度无关，此时根据上式可较准确地估计气体的扩散系数 D。

由式（8-37）不难推出扩散系数与温度、压强的关系为：

$$D = D_0\left(\frac{T}{T_0}\right)^{1.81}\left(\frac{p_0}{p}\right) \tag{8-38}$$

式中 D_0 为 T_0、p_0 状态下的扩散系数。温度升高，分子动能较大；压强降低，分子间距加大，二者均使扩散系数增加。几种物质在空气中的扩散系数列于表 8-1。

表 8-1　　气体的扩散系数（101.3 kPa）

物系	T/K	D/（cm^2/s）	物系	T/K	D/（cm^2/s）
空气-NH_3	273	0.198	空气-水	298	0.260
空气-苯	298	0.0962	H_2-NH_3	293	0.849
空气-CO_2	273	0.136	H_2-O_2	273	0.697
空气-CS_2	273	0.0883	N_2-NH_3	293	0.241
空气-Cl_2	273	0.124	N_2-乙烯	298	0.163
空气-乙醇	298	0.132	N_2-H_2	288	0.743
空气-乙醚	293	0.0896	N_2-O_2	273	0.181
空气-甲醇	298	0.162	O_2-NH_3	293	0.253
空气-汞	614	0.473	O_2-苯	293	0.0939
空气-O_2	273	0.175	O_2-苯乙烯	293	0.182
空气-SO_2	273	0.122			

2. 液体中的扩散系数

组分在液体中的扩散系数比在气体中小得多，一般说来，气体的扩散系数约为液体的 10^5 倍。但组分在液体中的浓度较气体大，因此，组分在气相中的扩散速率约为液相中的 100 倍。此外，液体中组分的浓度对扩散系数有较显著的影响，一般手册中所载的数据均为稀溶液中的扩散系数。电解质在溶液中将离解为离子，其扩散比分子扩散快。

液体的扩散理论及实验均不及气体完善，估计液体扩散系数的计算式也不及气体可靠。文献中的估算公式多适用于稀溶液。液体的扩散系数与温度、黏度的关系为：

$$D = D_0 \frac{T\mu_0}{T_0\mu} \tag{8-39}$$

表 8-2 列出了几种物质在水中的扩散系数。

表 8-2　　几种物质在水中的扩散系数（20℃）

物质	D/（m^2/s）	物质	D/（m^2/s）	物质	D/（m^2/s）
乳糖	4.3×10^{-10}	甘露醇	5.8×10^{-10}	SO_2	1.77×10^{-9}
麦芽糖	4.3×10^{-10}	甘油	7.2×10^{-10}	Cl_2	1.22×10^{-9}
葡萄糖	6.0×10^{-10}	氨基甲酸酯	9.2×10^{-10}	O_2	1.8×10^{-9}
棉籽糖	3.7×10^{-10}	醋酸	1.9×10^{-9}	NH_3	1.76×10^{-9}
蔗糖	4.5×10^{-10}	NaCl	1.35×10^{-9}	N_2	1.64×10^{-9}

3. 固体中的扩散系数

目前还不能精确计算固体中的扩散系数，这是由于有关固体中扩散的理论研究得还不够充分。在工程实际中多采用扩散系数 D 的实验数据，若缺乏实验数据，则由实验进行测定。固体中的扩散系数实验数据可从有关资料中查得，一些常见气体、液体和固体在固体中的扩散系数 D 列于表 8-3 中。

表 8-3 固体中的扩散系数（20℃）

溶质 A	固体 B	D/（m^2/s）
He	SiO_2	（2.4~5.5）$\times10^{-14}$
Hg	Fe	2.59$\times10^{-13}$
Al	Cu	1.3$\times10^{-34}$
Bi	Pb	1.10$\times10^{-20}$
Hg	Pb	2.50$\times10^{-19}$
Sb	Ag	3.51$\times10^{-25}$
Cd	Cu	2.71$\times10^{-19}$

第三节　对流传质

一、对流扩散机制

以上讨论了由浓度梯度引起的分子扩散。分子扩散只有在固体、静止或层流流动的流体内才会单独发生。在分离操作过程中，流体多处于运动状态。为强化传质过程，常常使流体作激烈的湍流。在湍流流体中，由于存在大大小小的旋涡运动，而引起各部位流体间的剧烈混合。因此，除了分子扩散以外，还存在由流体微团的宏观运动而产生的物质传递，这种由流体运动引起的物质传递称为对流传质。

凭借流体质点的湍动和旋涡来传递物质的现象称为涡流扩散。在湍流流体中，虽然有强烈的涡流扩散，但分子扩散是时刻存在的。涡流扩散的通量远大于分子扩散的通量，一般可忽略分子扩散的影响。

对涡流扩散，其扩散通量表达式为：

$$J_{Ae} = -D_e \frac{dc_A}{dz} \tag{8-40}$$

式中 D_e 称为涡流扩散系数，涡流黏度一样，与流体的性质无关，而与湍动的强度、流道中的位置、壁面粗糙度等因素有关。

对流传质是指壁面与运动流体之间，或两个有限互溶的运动流体之间的质量传递，是湍流主体与相界面之间的涡流扩散与分子扩散两种传质作用的总和。描述对流传质的基本方程与描述对流传热的基本方程即牛顿冷却定律类似，可采用下式表述：

$$G_A = N_A S = k_c S \Delta c_A \tag{8-41}$$

式中　G_A——对流传质速率，kmol/s；

N_A——对流传质的摩尔通量，kmol/(m^2·s)；

S——传质面积，m^2；

Δc_A——组分A在界面处的浓度与流体主体浓度之差，kmol/m^3；

k_c——对流传质系数，m/s。

式（8-41）称为对流传质速率方程。由于组成有不同的表达方式，故对流传质速率方程也有不同的表达形式。

与对流传热相似，对流传质根据流体流动发生的原因不同，可分为强制对流传质和自然对流传质两类。在传质单元操作过程中，流体一般是在强制状态下流动，属强制对流传质。强制对流传质又分为层流传质和湍流传质两种情况。工程上为了强化传质速率，多采用强制湍流传质过程。

对流传质按流体的作用方式又可分两类，一类是流体作用于固体壁面，即流体与固体壁面间的传质，譬如水流过可溶性固体壁面，溶质自固体壁面向水中传递；另一类是一种流体作用于另一种流体，两流体通过相界面进行传质，即相际间的传质，譬如用水吸收混于空气中的氨气，氨向水中的传递。下面以流体强制湍流流过固体壁面时的传质过程为例，探讨对流传质的机制。对于有固定相界面的相际间传质，其传质机制与之相似。

当流体以湍流流过固体壁面时，在壁面附近形成湍流边界层。湍流边界层又分为层流内层、缓冲层和湍流主体三部分，这三部分的传质机制是不同的。在层流内层中，流体沿着壁面平行流动，在与流向相垂直的方向上，只有分子的无规则热运动，故壁面与流体之间的质量传递是以分子扩散形式进行的。在缓冲层中，流体既有沿壁面方向的层流流动，又有旋涡运动，故该层内的质量传递既有分子扩散，也有涡流扩散，二者的作用同样重要，必须同时考虑它们的影响。在湍流主体中，发生强烈的旋涡运动，在此层中，虽然分子扩散与涡流扩散同时存在，但涡流扩散远远大于分子扩散，故分子扩散的影响可忽略不计。

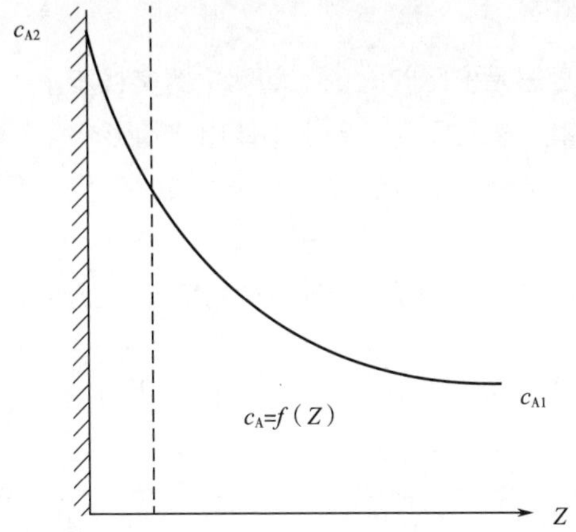

图8-3　流体与壁面之间的浓度分布

由于各层传质机制的不同，浓度分布必然不同。在层流内层，由于仅靠分子扩散进行传质，故其中的浓度梯度必然很大，浓度分布曲线很陡，近似为一直线，此时可用菲克第一定律进行求解，较为方便。在湍流中心，由于旋涡进行强烈的混合，其中浓度梯度必然很小，浓度分布曲线较为平坦。而在缓冲层内，既有分子扩散，又有涡流扩散，其浓度梯度介于层流内层与湍流中心之间，浓度分布曲线也介于二者之间。典型的浓度分布曲线如图8-3所示。

仿照流动边界层和传热边界层的概念，将壁面附近具有较大浓度梯度的区域称为浓度边界层或传质边界层，浓度边界层的发展过程与传热边界层是一致的。

由式（8-41）可见，求算对流传质速率的关键在于确定对流传质系数 k_c。但 k_c 的确定是一项复杂的问题，它与流体的性质、壁面的几何形状和粗糙度、流体的速度等因素有关。

二、相际间的对流传质模型

前已述及，计算对流传质速率的关键是确定对流传质系数，而目前尚无令人满意的方法从理论上求解对流传质系数。实际生产中为使问题简化，先对对流传质过程做一定的假定，根据假定建立描述对流传质的数学模型，即对流传质模型。求解对流传质模型，即可得出对流传质系数。迄今为止，研究者们已提出了一些对流传质模型，其中最具代表性的是双膜模型、溶质渗透模型和表面更新模型。

1. 双膜模型

双膜模型又称停滞膜模型或双阻力模型，由惠特曼于 1923 年提出，为最早提出的一种传质模型。双膜模型将两流体间的对流传质过程描述成如图 8-4 所示的模式，其要点如下：

（1）在气液两相间存在着稳定的相界面，界面两侧各有一层很薄的停滞膜，溶质 A 经过两膜层的传质方式为分子扩散，传质的阻力集中在此两层膜内。

（2）在气液相界面处，气液两相处于平衡状态。

（3）在两层停滞膜以外的气液两相主体中，由于流体的强烈湍动，各处浓度均匀一致。

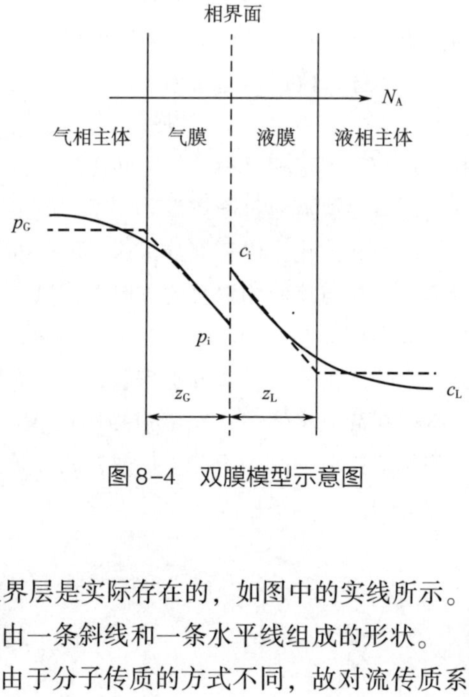

图 8-4　双膜模型示意图

双膜模型将复杂的相际传质过程归结为两层流体停滞膜内的分子扩散过程，依此模型，在相界面处及两相主体中均无传质阻力，整个相际传质过程的阻力全部集中在两层停滞膜层内。因此，双膜模型又称为双阻力模型。

双膜模型中的停滞膜并不等同于边界层，它是一层假想的膜，如图 8-4 中的虚线所示。而边界层是实际存在的，如图中的实线所示。可以认为假想膜实际上是将边界层的浓度分布简化成由一条斜线和一条水平线组成的形状。

根据双膜模型，在停滞膜层内进行分子传质。由于分子传质的方式不同，故对流传质系数的表达形式也不同。

（1）等分子反方向扩散　设在停滞膜层内 A、B 两组分作等分子反方向扩散，组分 A 通过气膜的扩散通量方程为：

$$N_A = \frac{D}{RTz_G}(p_{Ab} - p_{Ai}) \tag{8-42}$$

又

$$N_A = k_G{}^0(p_{Ab} - p_{Ai}) \tag{8-43}$$

则

$$k_G^0 = \frac{D}{RTz_G} \tag{8-44}$$

式中 k_G^0 称为气膜对流传质系数，上标“0”表示在气膜内进行等分子反方向扩散。式（8-44）

即为用双膜模型导出的对流传质系数计算式，由该式可见，对流传质系数 $k_G{}^0$ 可通过分子扩散系数 D 和气膜厚度 z_G 计算，气膜厚度 z_G 即为模型参数。

同理，组分 A 通过液膜的扩散通量方程为：

$$N_A = \frac{D}{z_L}(c_{Ai} - c_{Ab}) = k_L{}^0(c_{Ai} - c_{Ab}) \tag{8-45}$$

则

$$k_L^0 = \frac{D}{z_L} \tag{8-46}$$

式中 k_L^0 也称为液膜对流传质系数，上标“0”表示在液膜内进行等分子反方向扩散。液膜厚度 z_L 也为模型参数。

（2）组分 A 通过停滞组分 B 的扩散　设在停滞膜层内组分 A 通过停滞组分 B 扩散，组分 A 通过气膜的扩散通量方程为：

$$N_A = \frac{Dp}{RTz_G p_{BM}}(p_{Ab} - p_{Ai}) = k_G(p_{Ab} - p_{Ai}) \tag{8-47}$$

其中

$$k_G = \frac{Dp}{RTz_G p_{BM}} \tag{8-48}$$

式中　k_G——气膜内进行组分 A 通过停滞组分 B 扩散时的对流传质系数，kmol/(m^2·s·kPa)。

同理，组分 A 通过液膜的扩散通量方程为：

$$N_A = \frac{Dc}{z_L c_{BM}}(c_{Ai} - c_{Ab}) = k_L(c_{Ai} - c_{Ab}) \tag{8-49}$$

其中

$$k_L = \frac{Dc}{z_L c_{BM}} \tag{8-50}$$

式中　k_L——液膜内进行组分 A 通过停滞组分 B 扩散时的对流传质系数，kmol/(m^2·s·kmol/m^3)或 m/s。

由以上方程可看出，对流传质速率方程可以写成如下通用形式：

对流传质通量 = 对流传质系数 × 浓度差

因浓度的表示有各种不同的方法，相应地对流传质速率方程就具有不同的形式，与之相对应，对流传质系数也有多种形式。

双膜模型为传质模型奠定了初步的基础。其重要结论是，对流传质系数与扩散系数的一次方成正比，即 $k_c \propto D$。用该模型描述具有固定相界面的系统及速度不高的两流体间的传质过程，与实际情况大体符合，按此模型所确定的传质速率关系，至今仍是传质设备设计的主要依据。但是，该模型对传质机制的假定显然过于简单，因此对许多传质设备，特别是不存在固定相界面的传质设备，双膜模型并不能反映传质的真实情况。例如，对填料塔这样具有较高传质效率的传质设备而言，k_c 并不与 D 的一次方成正比。众所周知，流动情况和流体物性均对传质速率产生重要的影响，双膜理论将这些影响归于虚拟停滞膜的厚度中，但是双膜理论本身并不能给出此厚度的计算方法，因此这一理论对传质系数的求取作用不大，实践中还是用实验测定的方法来确定传质系数。

2. 溶质渗透模型

为了更准确地描述相际传质过程的机制，希格比于 1935 年提出了溶质渗透模型，该模型最大的特点是，它是一个非稳态模型。希格比认为在液膜内进行稳态扩散是不可能的，因为在鼓泡塔、喷洒塔和填料塔这样的工业传质设备中，气液两相的接触时间很短，不会形成稳定的相界面，故应根据不稳定扩散模型来处理这类问题。溶质渗透模型的基本要点如下。

（1）液面是由无数微小的流体单元所组成，当气液两相处于湍流状态相互接触时，液相主体中的某些流体微元从主体向界面运动，至界面便停滞下来，停留一段很短的时间后又回到流体主体中。在界面停留时即与气体接触，发生传质。在气液未接触前（$\tau\leqslant0$），流体单元中溶质的浓度即为液相主体的浓度（$c_A=c_{A0}$）。接触开始后（$\tau>0$），发生不稳定扩散，在相界面处（$z=0$）很快达到与气相平衡的状态（$c_A=c_{Ai}$）。随着接触时间的延长，溶质A通过不稳态扩散方式不断地向流体微元中渗透，时间越长，渗透越深。但由于流体单元在界面处暴露的时间是有限的，经过τ_c时间后，旧的流体微元即被新的流体微元所置换而回到液相主体中去，同时即将溶质带到液相主体。因液相主体处于高度湍流状态，故在流体深处（$z=z_b$）仍保持原来的主体浓度（$c_A=c_{A0}$）。

（2）流体微元不断进行交换，每批流体微元在界面暴露的时间τ_c都是一样的。

按照溶质渗透模型，溶质A在流体单元内进行的是一维不稳态扩散过程。设系统内无化学反应，则可用分子传质微分方程（菲克第二定律）计算，结果得到的平均传质通量N_{Am}为：

$$N_{Am}=\frac{2(c_{Ai}-c_{A0})}{\tau_c}\doteq 2(c_{Ai}-c_{A0})\sqrt{\frac{D}{\pi\tau_c}} \tag{8-51}$$

平均传质系数为：

$$k_{cm}=\sqrt{\frac{D}{\pi\tau_c}} \tag{8-52}$$

由式（8-52）可看出，对流传质系数k_{cm}可通过分子扩散系数D和暴露时间τ_c计算，暴露时间τ_c即为模型参数。此外，传质系数k_{cm}与分子扩散系数D的平方根成正比，该结论已由施伍德等在填料塔及短湿壁塔中的实验数据所证实。

与双膜理论相比，溶质渗透模型对气液间对流传质过程的描述更准确，与实验结果也更接近（实验表明传质系数与扩散系数的0.5~1次方成正比，较公认的幂次方是2/3）。但该模型的模型参数τ_c求算同样较为困难。它与流体性质、流动情况和体系几何形状有关，一般也是用实验测定的方法确定，使这一理论的应用受到一定的限制。

3. 表面更新模型

丹克沃茨（Danckwens）于1951年对希格比的溶质渗透模型进行了修正，形成表面更新模型，又称为渗透-表面更新模型。

该模型同样认为溶质向液相内部的传质为非稳态分子扩散过程，但它认为表面上的流体微元不可能有相同的暴露时间，而是有不同的暴露时间，整个液体表面是由具有不同暴露时间（或称“年龄”）的液体微元所构成。整个表面上的平均传质通量是各微元在传质上所占份额之和。为此，丹克沃茨提出了年龄分布的概念，即界面上各种不同年龄的液面微元都存在，只是年龄越大者，占据的比例越小。丹克沃茨假定，不论界面上液体微元暴露时间多长，被置换的概率是均等的，即更新频率与年龄无关。单位时间内表面被置换的分率称为表面更新率，用符号S表示。经推导得到平均传质通量为：

$$N_{Am}=(c_{Ai}-c_{A0})\sqrt{DS} \tag{8-53}$$

平均传质系数为：

$$k_{cm}=\sqrt{DS} \tag{8-54}$$

由式（8-54）可见，对流传质系数k_{cm}可通过分子扩散系数D和表面更新率S计算，表面更新率S即为模型参数。显然，由表面更新模型得出的传质系数与扩散系数之间的关系与溶质渗透模型是一致的，即$k_{cm}\propto\sqrt{D}$。

表面更新模型实际上是溶质渗透模型的修正。就准确性而言，应当优于溶质渗透模型。但是它仍留下了一个难以确定的模型参数，即表面更新率 S，一般认为其测定比溶质渗透模型中的参数 τ_c 要容易一些，但仍然没有解决实用问题。

综上所述，对流传质模型的建立不仅使对流传质系数的确定得以简化，还可据此对传质过程及设备进行分析，确定适宜的操作条件，并对设备的强化、新型高效设备的开发等作出指导。但是由于工程上应用的传质设备类型繁多，传质机制又极其复杂，所以至今尚未建立一种普遍化的比较完善的传质模型。

三、流动中的传递与相似类比

为了强化传质过程，在工业传质设备中多采用湍流操作。对于湍流传质问题，由于其机制的复杂性，尚不能用分析方法求解，可以用类比的方法或由经验公式计算对流传质系数。运用质量传递与动量传递、热量传递之间的相似性（也称类似性），可以求解湍流传质系数。

1. 动量、热量与质量传递之间的相似性

动量传递速、热量传递和质量传递简称为“三传”。牛顿流体层流时的动量传递速率用牛顿黏性定律表示，静止物体中的热传导速率用傅里叶定律表示，分子扩散速率则用菲克定律表示。对一维传递，可写成如下形式：

$$\tau = -\nu \frac{d(\rho u)}{dz} \tag{8-55}$$

$$q = -a \frac{d(c_p \rho t)}{dz} \tag{8-56}$$

$$J_A = -D \frac{dc_A}{dz} \tag{8-57}$$

上述三式除具有数学形式上的相似以外，其比例系数 ν、a、D 还具有相同的单位 m^2/s。显然，动量、热量和质量三种传递过程之间存在许多相似之处，如：传递机制相似，传递的数学模型（包括数学表达式及边界条件）相似，数学模型的求解方法及求解结果相似等。根据三传的相似性，对三种传递过程进行类比和分析，建立一些物理量间的定量关系，该过程即为三传类比。探讨三传类比，不仅在理论上有意义，而且具有实用价值。它一方面将有利于进一步了解三传的机制，另一方面在缺乏传热和传质数据时，只要满足一定的条件，就可以用流体力学实验来代替传热或传质实验，也可由一已知传递过程的系数求其他传递过程的系数。

由于动量、热量和质量传递还存在各自特性，所以类比方法具有局限性，一般需满足以下几个条件：①物性参数可视为常数或取平均值；②无内热源；③无辐射传热；④无边界层分离，无形体阻力；⑤传质速率很低，速度场不受传质的影响。

2. 雷诺类比

1874 年，雷诺（Reynold）通过理论分析，首先提出了三传类比概念。雷诺认为，当湍流流体与壁面间进行动量、热量和质量传递时，湍流中心一直延伸到壁面，故雷诺类比为单层模型：

$$\frac{f}{2} = \frac{\alpha}{\rho c_p u} = \frac{k_c^0}{u} \tag{8-58a}$$

即

$$f/2 = St = St' \tag{8-58b}$$

式中 St' 称为传质的斯坦顿数，它与传热的斯坦顿数 St 相对应。式（8-58）即为湍流情况下动量、热量和质量传递的雷诺类比表达式。

根据对流动的研究，雷诺类比将整个边界层作为湍流区处理，显然是不符合实际的。只有当 $Pr=1$ 及 $Sc=1$ 时，才可把湍流区一直延伸到壁面，用简化的单层模型来描述整个边界层。

3. 普兰德-泰勒类比

工程上显然很少遇到 $Pr=1$ 和 $Sc=1$ 的情况，因此雷诺类比的应用就受到很大的局限。它最大的缺点是假设湍流一直延伸到壁面。为此，普兰德（Prandtl）-泰勒（Taylor）对雷诺类比进行了修正，提出了双层模型，即湍流边界层由湍流主体和层流内层组成。根据双层模型，普兰德-泰勒导出以下类比关系式：

动量和热量传递类比：

$$\alpha=\frac{(f/2)\rho c_p u}{1+5\sqrt{f/2}(Pr-1)} \tag{8-59a}$$

或

$$St=\frac{\alpha}{\rho c_p u}=\frac{f/2}{1+5\sqrt{f/2}(Pr-1)} \tag{8-59b}$$

动量和质量传递类比：

$$k_c^0=\frac{(f/2)u}{1+5\sqrt{f/2}(Sc-1)} \tag{8-60a}$$

或

$$St'=\frac{k_c^0}{u}=\frac{f/2}{1+5\sqrt{f/2}(Sc-1)} \tag{8-60b}$$

式中 u 为圆管的主体流速。由式（8-59）和式（8-60）可看出，当 $Pr=Sc=1$ 时，两式可简化为式（8-58），回到雷诺类比。对于 $Pr=Sc=0.5\sim2.0$ 的介质而言，普兰德-泰勒类比与实验结果相当吻合。

4. 冯·卡门类比

普兰德-泰勒类比虽然考虑了层流内层的影响，对雷诺类比进行了修正，但由于未考虑到湍流边界层中缓冲层的影响，故与实际仍不十分吻合。冯·卡门（Von Karman）进一步作了修正，他认为湍流边界层由湍流主体、缓冲层、层流内层组成，提出了三层模型。根据三层模型，冯·卡门导出以下类比关系式。

动量和热量传递类比：

$$\alpha=\frac{(f/2)\rho c_p u}{1+5\sqrt{f/2}\{(Pr-1)+\ln[(1+5Pr)/6]\}} \tag{8-61a}$$

或

$$St=\frac{\alpha}{\rho c_p u}=\frac{f/2}{1+5\sqrt{f/2}\{(Pr-1)+\ln[(1+5Pr)/6]\}} \tag{8-61b}$$

动量和质量传递类比：

$$k_c^0=\frac{(f/2)u}{1+5\sqrt{f/2}\{(Sc-1)+\ln[(1+5Sc)/6]\}} \tag{8-62a}$$

或

$$St'=\frac{k_c^0}{u}=\frac{f/2}{1+5\sqrt{f/2}\{(Sc-1)+\ln[(1+5Sc)/6]\}} \tag{8-62b}$$

冯·卡门类比在推导过程中所根据的是光滑管的速度侧形方程，但它也适用于粗糙管，对于后者仅需将式中的摩擦因数 f 用粗糙管的 f 代替即可。但对于 Pr、Sc 极小的流体，如液态金属，该式则不适用。

5. 契尔顿-柯尔本类比

契尔顿（Chilton）-柯尔本（Colben）采用实验方法，关联了对流传热系数与范宁摩擦因子、对流传质系数与范宁摩擦因子之间的关系，得到了以实验为基础的类比关系式，又称为 j 因数类比法。

对于动量传递与热量传递的类比，契尔顿-柯尔本类比为：

$$\frac{Nu}{RePr^{1/3}} = \frac{Nu}{RePr}Pr^{2/3} = StPr^{2/3} = j_{\mathrm{H}} \tag{8-63a}$$

即

$$j_{\mathrm{H}} = f/2 \tag{8-63b}$$

式中　j_{H}——传热 j 因子。

类似地，对于动量传递与质量传递类比，当流体在管内湍流传质时，有：

$$\frac{Sh}{ReSc^{1/3}} = \frac{Sh}{ReSc}SC^{2/3} = St'Sc^{2/3} = j_{\mathrm{D}} \tag{8-64a}$$

故有

$$j_{\mathrm{D}} = f/2 \tag{8-64b}$$

式中　j_{D}——传质 j 因子。

联系式（8-63b）和式（8-64b）即得动量、热量和质量传递的契尔顿-柯尔本的广义类比式：

$$j_{\mathrm{H}} = j_{\mathrm{D}} = f/2 \tag{8-65}$$

式（8-65）的适用范围为：$0.6<Pr<100$，$0.6<Sc<2500$。当 $Pr=1$（$Sc=1$）时，契尔顿-柯尔本类比式也变为雷诺类比式。

应予指出，式（8-65）是在无形体阻力条件下得出的，如果系统内有形体阻力存在，则有：

$$j_{\mathrm{H}} = j_{\mathrm{D}} \neq f/2 \tag{8-66}$$

第四节　气液平衡与速率方程

一、气体吸收的平衡关系

1. 气体在液体中的溶解度

在一定条件下使气体与液体相接触，气体即溶于液体中。经过相当长时间的接触后，气液两相将趋于平衡。达到平衡时气液两相组成将保持恒定不变，此时的溶解度称为平衡溶解度，它表示吸收过程所能达到的极限。平衡溶解度的大小与物系、温度、压强有关，通常用实验方法测定。图 8-5 所示为几种气体在水中的溶解度曲线。比较可知，不同气体的溶解度有很大的差异。在同样的总压和温度下，NH_3 的溶解度较高，为易溶气体；O_2 的溶解度较低，为难溶气体；SO_2 的溶解度则介于二者之间。

溶于液体中的气体必产生一定的分压，分压的大小表示溶质回到气相的能力大小。当溶质产生的分压与气相中溶质的分压相等时，气液两相即达平衡。因此，气体混合物中某一组分可被吸收的程度不但与该组分在混合气体中的分压有关，也与它溶解后产生的分压有关。

气体在液体中的平衡溶解度与气相总压和温度有关。但在总压不超过 500kPa 的情况下，可以认为与总压无关。另一方面，溶解度随温度的升高而减小。因此在不少吸收操作中，在进入吸收器的液体管路上装设冷却器以维持较低的温度。

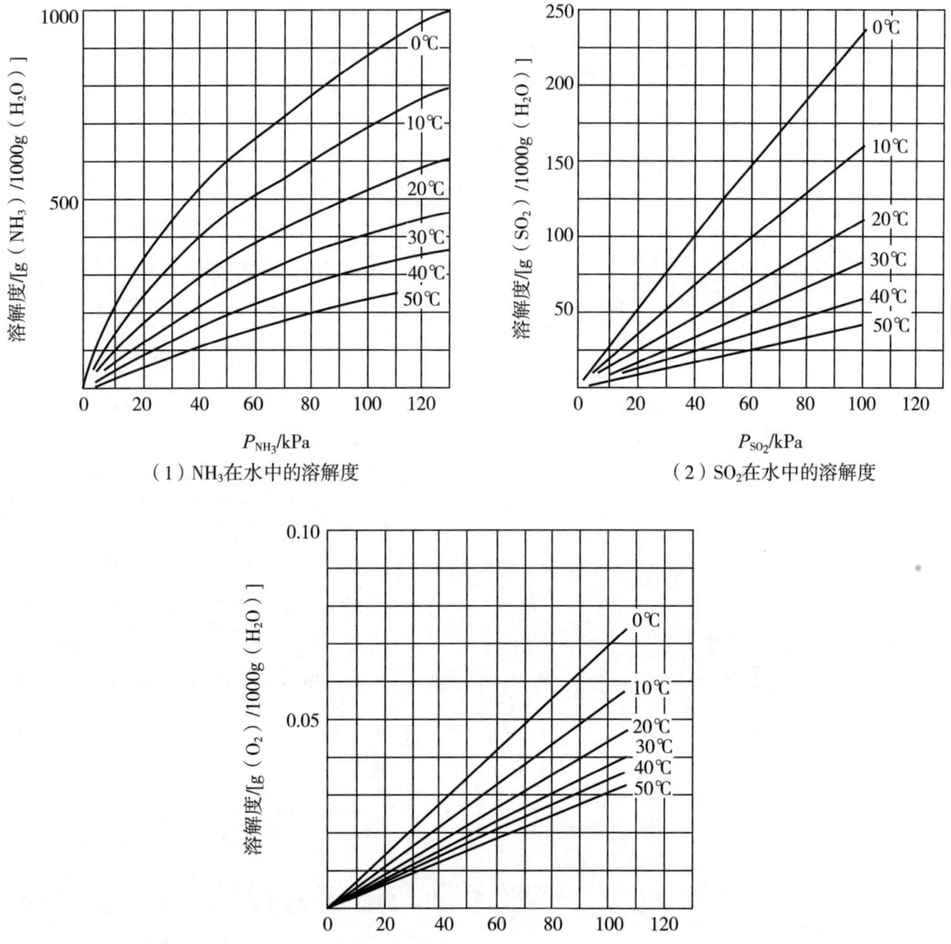

（1）NH_3在水中的溶解度　（2）SO_2在水中的溶解度

（3）O_2在水中的溶解度

图 8-5　几种气体在水中的溶解度曲线

2. 亨利定律

在一定温度下，稀溶液上方的气体溶质平衡分压与该溶质在液相中的浓度间存在一定的关系，即平衡关系。当浓度较低时，在一定的范围内平衡关系为线性关系，即亨利（Henry）定律：

$$p_e = Ex \tag{8-67}$$

式中　p_e——溶质在气相中的平衡分压，Pa；

x——溶质在液相中的摩尔分数；

E——亨利系数，其单位与压强的单位相同，其值与温度有关。温度越高，亨利系数的值越大，表 8-4 列出了某些气体水溶液的亨利系数值。

表 8-4　　某些气体水溶液的亨利系数值　　单位：10^9 Pa

气体	温度/℃								
	0	10	20	30	40	50	60	70	80
H_2	5.85	6.43	6.90	7.36	7.59	7.73	7.73	7.70	7.63
N_2	5.24	6.75	8.12	9.34	10.7	11.6	12.4	12.9	13.0
空气	4.45	5.65	6.84	7.95	8.96	9.75	10.4	10.8	11.0
O_2	2.62	3.36	4.13	4.89	5.51	6.05	6.47	6.83	7.07
CO	3.57	4.48	5.43	6.28	7.05	7.71	8.32	8.57	8.57
CO_2	0.0748	0.107	0.146	0.191	0.239	0.290	0.350	—	—
Cl_2	0.0270	0.0405	0.0544	0.0677	0.0810	0.0914	0.0985	0.101	0.0985
SO_2	0.00169	0.00248	0.0036	0.00492	0.0067	0.00883	0.0113	0.014	0.0172

若将液相中的溶质浓度以物质的量浓度 c（kmol/m³）表示，则亨利定律可写成：

$$p_e = c/H \tag{8-68}$$

式中　H——溶解度系数，单位为 kmol/(m³·Pa)。

式（8-68）是亨利定律的又一表达形式。

此外，亨利定律还可表达为：

$$y_e = mx \tag{8-69}$$

式中　y_e——气相中溶质的摩尔分数；

m——相平衡常数。

由道尔顿分压定律可推得：

$$m = E/p \tag{8-70}$$

对低浓度下的吸收，由于 $Y \approx y$，$X \approx x$，式（8-69）也可写成：

$$Y_e = mX \tag{8-71}$$

【例 8-4】 含有 30%（体积分数）CO_2 的某种混合气体与水接触，系统温度为 30℃，总压为 101.3kPa。试求液相中 CO_2 的平衡浓度 c_e（kmol/m³）。

解：以 p_{CO_2} 代表 CO_2 在气相中的分压，则由分压定律可知：

$$p_{CO_2} = py = 101.3 \times 0.3 = 30.39 \text{ (kPa)}$$

在本题范围内亨利定律适用。设溶液密度为 ρ，则 1m³ 溶液中所含的 CO_2 为 c kmol，而溶剂水为 $\dfrac{\rho - cM_{CO_2}}{M_{H_2O}}$(kmol)；$M$ 为摩尔质量。于是：

$$x = \frac{c}{c + \dfrac{\rho - cM_{CO_2}}{M_{H_2O}}} = \frac{cM_{H_2O}}{\rho + c(M_{H_2O} - M_{CO_2})}$$

因 CO_2 为难溶于水的气体，溶液浓度甚低，故 $\rho \approx 1000\text{kg/m}^3$，且上式可简化为：

$$x = cM_{H_2O}/\rho$$

代入亨利定律得：　$p_e = EcM_{H_2O}/\rho$

故 $$c_e = \frac{\rho p_e}{EM_{H_2O}} = \frac{1000 \times 30.39}{1.91 \times 10^5 \times 18} = 8.84 \times 10^{-3}(\text{kmol/m}^3)$$

上式计算中，E 值取表 8-4 中数据 0.191×10^9Pa，即 1.91×10^5kPa。

二、吸收速率方程

吸收速率指单位传质面积上单位时间内吸收的溶质量，表示吸收速率与吸收推动力之间关系的数学式即为吸收速率方程式。

吸收速率方程可写成“速率=推动力/阻力”的形式，其中的推动力为浓度差，吸收阻力的倒数称为吸收系数，因此吸收速率也可写成“吸收速率=吸收系数×推动力”的形式。

在稳定操作的吸收设备内的任一部位上，相界面两侧的气、液膜层中的传质速率应是相同的，否则会在相界面处有溶质积累。因此，其中任一侧有效膜中的传质速率都能代表该部位上的吸收速率。单独根据气膜或液膜的推动力及阻力写出的速率关系式称为气膜或液膜吸收速率关系式，相应的吸收系数称为吸收膜系数或表面吸收系数，用 k 表示。而用总推动力表示的速率关系式称为气相或液相吸收速率方程式，相应的吸收系数称为总吸收系数，用 K 表示。

根据双膜理论，溶质 A 穿过气膜的吸收速率方程式为：

$$N_A = k_G (p - p_i) \tag{8-72}$$

式中 k_G——气膜吸收系数，kmol/(m^2·s·kPa)；

p——溶质 A 在气相主体的分压，kPa；

p_i——溶质 A 在相界面处的分压，kPa。

而溶质 A 穿过液膜的吸收速率方程式则为：

$$N_A = k_L (c_i - c) \tag{8-73}$$

式中 k_L——液膜吸收系数，kmol/(m^2·s·kmol/m^3) 或 m/s；

c——溶质 A 在液相主体的物质的量浓度，kmol/m^3；

c_i——溶质 A 在相界面处的物质的量浓度，kmol/m^3。

对于稳定操作，应有：

$$N_A = k_G (p - p_i) = k_L (c_i - c) \tag{8-74}$$

双膜理论认为相界面上气液两相成平衡。若组分 A 在两相中的平衡关系符合亨利定律，则有：

$$c_i = Hp_i,\ c = Hp_e,\ c_e = Hp$$

代入式（8-74）并整理可得：

$$N_A = \frac{1}{\dfrac{1}{k_G} + \dfrac{1}{Hk_L}}(p - p_e) \tag{8-75}$$

令 $$K_G = \frac{1}{\dfrac{1}{k_G} + \dfrac{1}{Hk_L}}$$

则式（8-75）为：

$$N_A = K_G (p - p_e) \tag{8-76}$$

式中 K_G——气相总吸收系数，kmol/(m^2·s·kPa)。

同理有：

$$N_A = \frac{1}{\frac{H}{k_G} + \frac{1}{k_L}}(c_e - c) = K_L(c_e - c) \tag{8-77}$$

式中 K_L——液相总吸收系数，kmol/(m^2·s·kmol/m^3) 或 m/s。

式（8-76）和式（8-77）就是以总的分压差或总浓度差为推动力的吸收速率方程式。气相、液相总吸收系数的倒数即为总阻力，它等于气膜阻力和液膜阻力之和，即：

$$\frac{1}{K_G} = \frac{1}{k_G} + \frac{1}{Hk_L} \tag{8-78}$$

$$\frac{1}{K_L} = \frac{H}{k_G} + \frac{1}{k_L} \tag{8-79}$$

若用摩尔分数表示浓度，则气膜推动力可写为（$y-y_i$），液膜推动力可写为（x_i-x），气相总推动力为（$y-y_e$），液相总推动力为（x_e-x）。而在低浓度吸收中，可以近似用摩尔比代替摩尔分数，仿照上面的方法又可写出吸收速率方程式：

$$N_A = k_Y(Y - Y_i) = k_X(X_i - X) = K_Y(Y - Y_e) = K_X(X_e - X) \tag{8-80}$$

式中 k_Y——以（$Y-Y_i$）为推动力的液膜表面吸收系数，kmol/(m^2·s)；

k_X——以（X_i-X）为推动力的液膜表面吸收系数，kmol/(m^2·s)；

K_Y——以（$Y-Y_e$）为总推动力的气相总吸收系数，kmol/(m^2·s)；

K_X——以（X_e-X）为总推动力的液相总吸收系数，kmol/(m^2·s)；

Y——气相主体中溶质 A 与惰性气体的摩尔比；

Y_i——相界面处的气相摩尔比；

Y_e——与液相组成 X 平衡的气相摩尔比；

X——液相主体中的摩尔比；

X_i——相界面处的液相摩尔比；

X_e——与气相组成 Y 平衡的液相摩尔比。

按以上方法，同理可得吸收总阻力和气膜阻力、液膜阻力间的关系为：

$$\frac{1}{K_Y} = \frac{1}{k_Y} + \frac{m}{k_X} \tag{8-81}$$

$$\frac{1}{K_X} = \frac{1}{k_X} + \frac{1}{mk_Y} \tag{8-82}$$

两种推动力表示法中的吸收系数间的关系为：

$$K_Y = K_G p \tag{8-83}$$

$$K_X = K_L c \tag{8-84}$$

通常传质速率可以用传质系数乘以推动力表达，也可用推动力与传质阻力之比表示。从以上总传质系数与单相传质系数关系式可以得出，总传质阻力等于两相传质阻力之和，这与两流体间壁换热时总传热热阻等于对流传热所遇到的各项热阻加和相同，但要注意总传质阻力和两相传质阻力必须与推动力相对应。

这里以式（8-78）和式（8-79）为例进一步讨论吸收过程中传质阻力和传质速率的控制因素。

1. 气膜控制

由式（8-76）可以看出，以气相分压差 $p - p_e$ 表示推动力的总传质阻力 $\frac{1}{K_G}$ 是由气相传质

阻力 $\frac{1}{k_G}$ 和液相传质阻力 $\frac{1}{Hk_L}$ 两部分加和构成的，当 k_G 与 k_L 数量级相当时，对于 H 较大的易溶气体，$1/Hk_L \ll 1/k_G$，有 $\frac{1}{K_G} \approx \frac{1}{k_G}$，此时传质阻力中的绝大部分存在于气膜中，所以 $K_G \approx k_G$，此吸收过程由气相阻力控制（气膜控制）。如用水吸收 HCl、NH_3 等过程即是如此。

2. 液膜控制

由式（8-77）可以看出，以液相浓度差（$c_e - c$）表示推动力的总传质阻力是由气相传质阻力 $\frac{H}{k_G}$ 和液相传质阻力 $\frac{1}{k_L}$ 两部分加和构成的。对于 H 值较小的难溶气体，当 k_G 与 k_L 数量级相当时，$H/k_G \ll 1/k_L$，此时传质阻力中的绝大部分存在于液膜中，因此 $K_L \approx k_L$，此吸收过程由液相阻力控制（液膜控制）。如用水吸收 CO_2、O_2 等过程即是如此。

三、总传质系数间的关系

式（8-79）除以 H，得：

$$\frac{1}{HK_L} = \frac{1}{Hk_L} + \frac{1}{k_G}$$

与式（8-78）比较得：

$$K_G = HK_L \tag{8-85}$$

同理利用相平衡关系式推导出：

$$mK_y = K_x \tag{8-86}$$

$$mK_Y = K_X \tag{8-87}$$

$$pK_G = K_y \tag{8-88}$$

$$pK_G = K_Y \tag{8-89}$$

$$cK_L = K_X \tag{8-90}$$

在吸收操作中，正确地分析和比较两膜层内的传质阻力，正如在传热操作中正确地分析和比较各层热阻一样，对于强化吸收操作有着重要的指导意义。

第五节　吸收计算

一、吸收计算概述

用适当的液体与混合气体接触，使混合气体中的一个或几个组分溶解于液体，从而实现原混合气体组分的分离，这种利用各组分溶解度不同而分离气体混合物的操作称为吸收。混合气体中能够溶解的组分称为吸收物质或溶质，以 A 表示；不被溶解的组分称为惰性组分或载体，以 B 表示；吸收操作所用的溶剂称为吸收剂，以 S 表示。吸收操作所得到的溶液称为吸收液或溶液，其成分为溶剂 S 和溶质 A；排出的气体称为吸收尾气，其主要成分除惰性气体 B 外，还含有未溶解的溶质 A。吸收过程通常在吸收塔中进行。

1. 吸收的目的

在食品工业中气体吸收主要用来达到以下几种目的：

（1）回收或捕获气体混合物中的有用物质　例如，挥发性香精如苹果芳香物质的回收、通气发酵中 O_2 的吸收等。

（2）除去工艺气体中的有害成分，使气体净化，以便进一步加工处理；或除去工业放空尾气中的有害物质，以保护环境。

（3）制备某种气体的溶液，以获取产品　例如，清凉饮料的充（碳酸）气。

（4）利用吸收中发生的化学反应达到工艺目的　例如，糖厂用含 $Ca(OH)_2$ 的糖汁吸收 CO_2，生成 $CaCO_3$ 以吸附糖汁中的杂质。

吸收操作的分类可按以下几种方法区分：

（1）物理吸收与化学吸收　在吸收过程中，如果溶质与溶剂之间不发生显著的化学反应，可以把吸收过程看成是气体溶质单纯地溶解于液相溶剂的物理过程，称为物理吸收。相反，如果在吸收过程中气体溶质与溶剂（或其中的活泼组分）发生显著的化学反应，则称为化学吸收。

（2）单组分吸收与多组分吸收　若混合气体中只有一个组分进入液相，其余组分不溶于吸收剂，这种吸收过程称为单组分吸收。若混合气中进入液相的气体溶质不止一种，这样的吸收称为多组分吸收。

（3）等温吸收与非等温吸收　气体溶质溶解于液体时，常常伴随有热效应，当发生化学反应时还会有反应热，其结果是使液相的温度逐渐升高，这样的吸收称为非等温吸收。若吸收过程的热效应很小，或被吸收的组分在气相中的组成很低而吸收剂用量又相对较大，或虽然热效应较大，但吸收设备的散热效果很好，能及时移出吸收过程所产生的热量，液相的温度变化并不显著，这种吸收称为等温吸收。

吸收操作的逆过程称为脱吸或解吸。当气相中溶质的实际分压高于与液相成平衡的溶质分压时，溶质便由气相向液相转移，即发生吸收过程。反之，当气相中溶质的实际分压低于与液相成平衡的溶质分压时，溶质便由液相向气相转移，即发生脱吸过程，即吸收的逆过程。脱吸与吸收的原理相似，脱吸计算可以仿照吸收过程进行。

本节主要讨论低浓度、单组分、等温、物理吸收的原理与计算。

2. 吸收剂的选择

吸收剂性能的优劣往往成为决定吸收操作效果是否良好的关键。在选择吸收剂时，应注意考虑以下几个方面的问题。

（1）溶解度　吸收剂对于溶质组分应具有较大的溶解度，这样可以提高吸收速率并减少吸收剂的耗用量。当吸收剂与溶质组分间有化学反应发生时，溶解度可以大大提高，但若要循环使用吸收剂，则化学反应必须是可逆的；对于物理吸收也应选择其溶解度随着操作条件改变而有显著差异的吸收剂，以便回收。

（2）选择性　吸收剂要在对溶质组分有良好吸收能力的同时，对混合气体中的其他组分都基本上不吸收或吸收甚微，否则不能实现有效的分离。

（3）挥发度　操作温度下吸收剂的蒸气压要低，因为离开吸收设备的气体往往为吸收剂蒸气所饱和。吸收剂的挥发度越高，其损失量便越大。

（4）黏度　操作温度下吸收剂的黏度要低，这样可以改善吸收塔内的流动状况，从而提高吸收速率，且有助于降低泵的功耗，还能减小传热阻力。

（5）其他　吸收剂还应尽可能无毒性，无腐蚀性，不易燃，不发泡，冰点低，价廉易得，并具有化学稳定性。

二、低浓度气体吸收的计算

（一）物料衡算和操作线方程

工业吸收操作大多在填料吸收塔内进行。塔内充以填料，构成填料层，它是实现气液接触的有效部位。填料提供了气液接触表面，液体在填料表面流过，润湿填料并在填料表面形成液膜；气体则在填料间隙所形成的曲折通道中流动。通常采用逆流操作，如图 8-6 所示，被处理的气体从底部往上升，吸收剂则从上方借重力作用喷淋而下。这样的操作方式与逆流换热相似，可以获得较大的传质平均推动力，从而获得较高的分离效率。在这样的设备中，气液两相是连续接触的，两相的浓度变化也是连续的，故称为微分接触式传质设备。

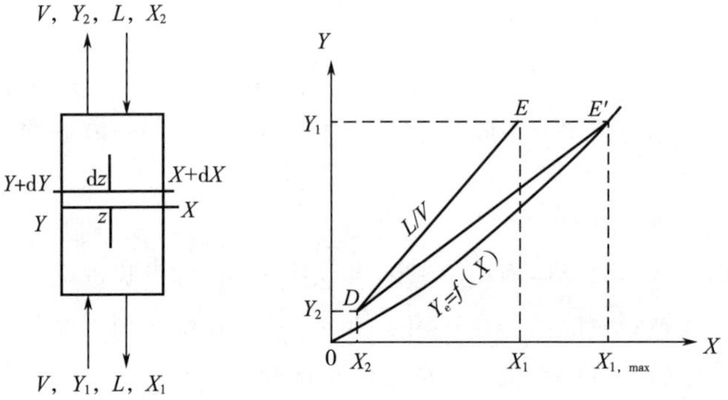

（1）物料衡算　　（2）操作曲线

图 8-6　逆流吸收塔的物料衡算

在操作中，惰性气相的流量保持不变，纯吸收剂的流量也保持不变。设：V 为惰性气体的摩尔流量，kmol/s；L 为纯吸收剂的摩尔流量，kmol/s；Y、Y_1、Y_2 分别为填料层内任意截面、底部和顶部的气相组成；X、X_1、X_2 分别为填料层内任意截面、底部和顶部的液相组成。取任意截面处的微分高度 dz，对此微分体积作溶质物料衡算，可得：

$$VdY = LdX \tag{8-91}$$

在稳定操作条件下，由底部至任一截面处进行积分，得：

$$V(Y_1 - Y) = L(X_1 - X) \tag{8-92}$$

或

$$Y = \frac{L}{V}X + \left(Y_1 - \frac{L}{V}X_1\right) = \frac{L}{V}(X - X_1) + Y_1 \tag{8-93}$$

此即气体吸收操作线方程，它表示吸收塔塔内任意截面处两相浓度之间的关系。由于 V 和 L 均为定值，故操作线为通过点（X_1，Y_1）的直线方程，其斜率为 L/V，称为液气比，反映了单位气体处理量所耗用的吸收剂量的大小。在图 8-6 中，DE 线即为操作线，而 $0E'$线则为平衡线。若系统符合亨利定律，则平衡线应为通过原点的直线。

若将微分式（8-91）从底部至顶部进行积分，则得全塔物料衡算式：

$$V（Y_1-Y_2）=L（X_1-X_2） \tag{8-94}$$

或
$$\frac{L}{V}=\frac{Y_1-Y_2}{X_1-X_2} \tag{8-95}$$

说明操作线也通过点（X_2，Y_2）。由此可见，将表示底部和顶部气液相浓度的两状态点（X_1，Y_1）、（X_2，Y_2）相连，即得气体吸收操作线。

（二）吸收剂用量的确定

吸收操作线仅取决于两相流体的流量以及吸收塔底部（或顶部）的两相流体组成，而与两相平衡关系、吸收塔的形式、相际接触情况及操作条件（温度、压强）等因素无关。

气液平衡线则与操作线不同，它是表示气液平衡关系的曲线，表明了吸收过程所能达到的极限。如图 8-7 所示，在液相浓度为 X 的截面上，气相浓度为 Y，而与液相成平衡的气相浓度为 Y_e。实际上吸收的推动力即为操作线与平衡线之间的距离 $\Delta Y=Y-Y_e$。

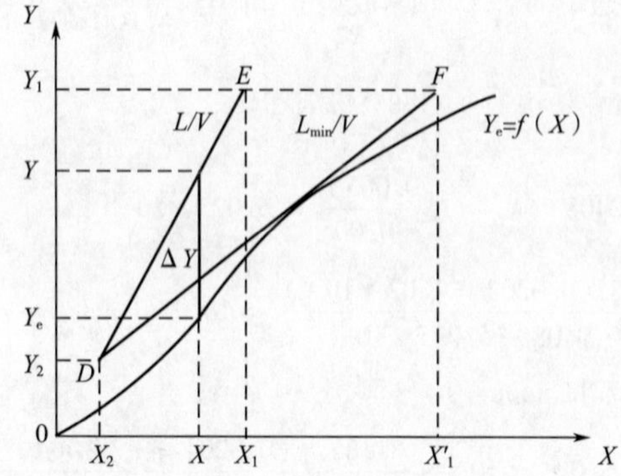

图 8-7　液气比的确定

通常在吸收操作中，气相进、出口浓度 Y_1、Y_2 和吸收剂进口组成 X_2 由生产任务和工艺要求所规定。在操作点 D 确定的条件下，E 点位置将随着操作线的斜率（L/V）而变化，换言之，E 点随吸收剂用量而变化。L 越小，底部排出液的浓度就越高，此时传质平均推动力 ΔY_m 或 ΔX_m 就相应降低，吸收就越困难，从而就需要有更长的两相接触时间和更高的传质设备。当 L 小到某一值时，操作线与平衡线相交（或相切），在交点或切点处传质推动力 $\Delta Y=0$、$\Delta X=0$，此处吸收操作停止。这时吸收剂的量最小，排出液的浓度最高，相应所需的传质设备高度为无穷大。

通常实际溶剂用量为最小用量的 1.2~2.0 倍，即：
$$L=(1.2\sim2.0)L_{min} \tag{8-96}$$

最小液气比可用图解法求出。如果平衡曲线符合图 8-6 所示的一般情况，则从水平线 $Y=Y_1$ 与平衡线的交点 E'可读出 $X_{1,max}$ 的数值，然后用下式计算最小液气比：
$$\left(\frac{L}{V}\right)_{min}=\frac{Y_1-Y_2}{X_{1,max}-X_2} \tag{8-97}$$

如果平衡线呈现如图 8-7 所示的形状，则应过点 D 做平衡线的切线，从水平线 $Y=Y_1$ 与此线的交点 F 读出其横坐标 X'_1，然后在式（8-97）中用 X'_1 代替 $X_{1,max}$，求得 $(L/V)_{min}$ 或 L_{min} 的值。

若平衡关系符合亨利定律，则可直接用 Y_1/m 代替 $X_{1,max}$ 算出最少吸收剂用量：

$$L_{min}=V\frac{Y_1-Y_2}{\frac{Y_1}{m}-X_2} \tag{8-98}$$

必须指出，为了保持填料表面能被液体充分润湿，还应考虑到单位塔截面积上的液体流量不应小于某一最低允许值。如果按式（8-96）算出的吸收剂用量不能满足充分润湿填料的起码要求，则应采用更大的液气比。

【例 8-5】 在逆流吸收塔中用洗油吸收空气中的己烷。入塔的混合空气流量为 $800m^3/h$，温度为 27℃，压强为 101.3kPa，其中含己烷 2%（摩尔分数，下同），要求除去 99.5%以上的己烷。入塔洗油中含己烷 0.005，取其用量为最小用量的 1.5 倍，操作条件下的平衡关系可表为 $Y_e=0.5X$。求洗油的用量和塔底吸收液的组成。

解： $Y_1=\frac{0.02}{1-0.02}=0.0204$，$Y_2=Y_1(1-0.995)=1.02\times10^{-4}$

$$V=\frac{800}{22.4}\times\frac{273}{273+27}\times(1-0.02)=31.85(\text{kmol/h})$$

$$X_{1e}=\frac{Y_1}{m}=\frac{0.0204}{0.5}=0.0408 \quad X_2=\frac{0.005}{1-0.005}=5.025\times10^{-3}$$

$$L_{min}=\frac{V(Y_1-Y_2)}{X_{1e}-X_2}=\frac{31.85(0.0204-1.02\times10^{-4})}{0.0408-5.025\times10^{-3}}=18.07(\text{kmol/h})$$

$L=1.5L_{min}=18.07\times1.5=27.11$（kmol/h）

$$X_1=X_2+\frac{V(Y_1-Y_2)}{L}=5.025\times10^{-3}+\frac{31.85\times(0.0204-1.02\times10^{-4})}{27.11}=0.0289$$

（三）填料层高度的计算

多数工业吸收操作中混合气体的溶质浓度均不高（如在体积分数 5%～10%以下），属于低浓度吸收，本节讨论的就是这种情形。

1. 填料层高度的基本计算式

填料层的高度必须保证系统有足够的气液接触面积，并能满足分离任务的需要。在填料吸收塔中，气、液相浓度沿塔高不断变化，前面介绍的传质速率方程式只能用于塔的某一横截面，不能直接用于全塔。

对如图 8-6 所示的稳态逆流吸收塔，其横截面积为 Ω，单位体积填料所提供的有效接触面积为 a。在与流动方向垂直的方向上，取一微元塔段 dz，其中的接触面积为 $a\Omega dz$。若该微元处的局部传质速率为 N_A，则单位时间内在此微元塔段内传递的溶质量为 $N_A a\Omega dz$。

以该微元段为系统作物料衡算，则传递的溶质量等于气相中溶质浓度的降低或液相中溶质浓度的增加，即：

$$VdY=N_A a\Omega dz \tag{8-99}$$

或

$$LdX=N_A a\Omega dz \tag{8-100}$$

将吸收速率方程式代入上两式，得：

$$VdY=K_Y a\Omega(Y-Y_e)dz \tag{8-101}$$

及

$$LdX=K_X a\Omega(X_e-X)dz \tag{8-102}$$

根据低浓度吸收的特点，传质系数 K_Y 和 K_X 变化较小，可视作常数。于是可将上两式沿塔高积分，得到：

$$Z = \frac{V}{K_{Y}a\Omega}\int_{Y_2}^{Y_1}\frac{dY}{Y - Y_e} \tag{8-103}$$

及

$$Z = \frac{L}{K_{X}a\Omega}\int_{X_2}^{X_1}\frac{dX}{X_e - X} \tag{8-104}$$

以上两式是低浓度吸收过程的基本方程式。

上两式中 a 称为有效比表面积，它总小于单位体积填料层中固体表面积（称为比表面积）。这是因为只有被流动的液体所覆盖的填料表面才能提供气、液接触的有效面积。所以 a 值不仅与填料的形状、尺寸及充填状况有关，而且受流体物性及流动状况的影响。a 的数值很难测定，故常将它与吸收系数的乘积视为一体，作为一个完整的物理量看待，这个乘积称为“体积吸收系数”。例如 $K_{Y}a$ 和 $K_{X}a$ 分别称为气相总体积吸收系数及液相总体积吸收系数，其单位均为 kmol/(m^3·s)。

2. 传质单元高度和传质单元数

式（8-103）及式（8-104）都是由两个数群相乘而成的，其中数群 $\frac{V}{K_{Y}a\Omega}$ 或 $\frac{L}{K_{X}a\Omega}$ 的单位为 m，可理解为由过程条件所决定的某种单元高度。$\frac{V}{K_{Y}a\Omega}$ 称为“气相总传质单元高度”，以 H_{OG} 表示，即：

$$H_{OG} = \frac{V}{K_{Y}a\Omega} \tag{8-105}$$

另一数群为一积分，积分得到一个量纲为一的数值，可认为它代表所需填料层高度 Z 相当于气相总传质单元高度 H_{OG} 的倍数，此倍数称为“气相总传质单元数”，以 N_{OG} 表示，即：

$$N_{OG} = \int_{Y_2}^{Y_1}\frac{dY}{Y - Y_e} \tag{8-106}$$

于是，式（8-103）可写成：

$$Z = H_{OG}N_{OG} \tag{8-107}$$

同理，式（8-104）可写成：

$$Z = H_{OL}N_{OL} \tag{8-108}$$

式中　H_{OL}——液相总传质单元高度，m；

　　　N_{OL}——液相总传质单元数。

若用气膜或液膜阻力表示吸收速率，可以写出如下通式，即：

填料层高度=传质单元高度×传质单元数

对于传质单元高度的物理意义，可通过如下分析加以理解。以气相总传质单元高度 H_{OG} 为例，假定某吸收过程所需的填料层高度恰好等于一个气相总传质单元高度，如图 8-8（1）所示，即：$Z=H_{OG}$。

由式（8-107）可知，此情况下：

$$N_{OG} = \int_{Y_2}^{Y_1}\frac{dY}{Y - Y_e} = 1$$

在整个填料层中，吸收推动力（$Y-Y_e$）虽是变量，但总可找到某一平均值（$Y-Y_e$）$_m$ 用来代替积分式中的（$Y-Y_e$）而不改变积分值，即：

$$N_{OG} = \int_{Y_2}^{Y_1}\frac{dY}{Y - Y_e} = \int_{Y_2}^{Y_1}\frac{dY}{(Y - Y_e)_m} = 1$$

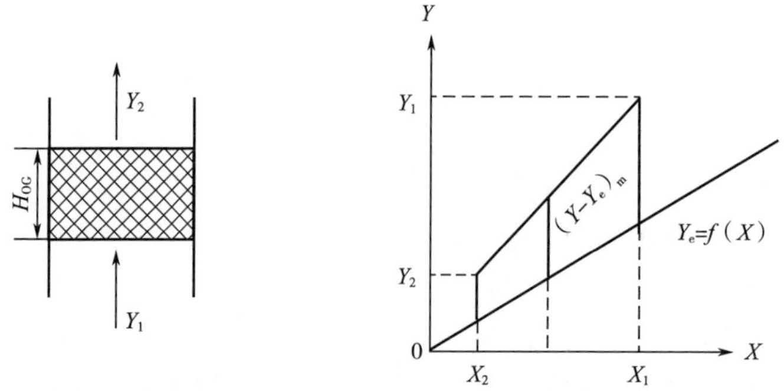

（1）单元高度　　（2）推动力

图 8-8　气相总传质单元高度

于是可将 $(Y-Y_e)_m$ 作为常数提到积分号之外，得出：

$$N_{OG}=\frac{1}{(Y-Y_e)_m}\int_{Y_2}^{Y_1}dY=\frac{Y_1-Y_2}{(Y-Y_e)_m}=1$$

即

$$(Y-Y_e)_m=Y_1-Y_2$$

由此可见，如果气体流经一段填料层后的浓度变化（Y_1-Y_2）恰好等于此段填料层内以气相浓度差表示的总推动力的平均值 $(Y-Y_e)_m$［图 8-8（2）］，那么这段填料层的高度就是一个气相总传质单元高度。

传质单元高度 H_{OG}、H_{OL} 的大小是由过程条件所决定的。因为：

$$H_{OG}=\frac{V}{K_Y a\Omega}$$

$$H_{OL}=\frac{L}{K_X a\Omega}$$

以上两式中，除去单位塔截面上气体和液体的摩尔流量 V/Ω、L/Ω 外，就是体积吸收系数 K_Ya、K_Xa，它反映了传质阻力的大小、填料性能的优劣及润湿情况的好坏。吸收过程的传质阻力越大，填料层的有效比表面越小，每个传质单元所相当的填料层高度就越大。

传质单元数 N_{OG}、N_{OL} 反映了吸收过程的难易程度。任务所要求的气体浓度变化越大，过程的平均推动力越小，则意味着过程难度越大，此时所需的传质单元数也就越大。

引入传质单元的概念不仅有助于分析和理解填料层高度的基本计算式，并且对于每种填料而言，传质单元高度的变化幅度并不大。若能从有关资料中查得或根据经验公式算出传质单元高度的数据，用来估算完成指定吸收任务所需的填料层高度就较方便。

3. 传质单元数的求法

下面介绍几种求传质单元数常用的方法。计算填料层高度时，可根据平衡关系的不同情况选择使用。

（1）图解积分法　图解积分法是直接根据定积分的几何意义引出的一种计算传质单元数的方法，它普遍适用于各种平衡关系，特别适用于平衡线为曲线的情况。

仍以气相总传质单元数 N_{OG} 的计算为例。由式（8-106）可以看到，被积函数 $\frac{1}{Y-Y_e}$ 中有 Y 与 Y_e 两个变量，其中 Y_e 与 X_e 间为相平衡关系，而任一横截面上的 X 与 Y 之间又存在着操作关系。所以只要有了相平衡方程及操作线方程，即有了 $Y-X$ 图上的平衡线及操作线，便可由

任一 Y 值求出相应截面上的推动力（$Y-Y_e$），继而求出 $\frac{1}{Y-Y_e}$ 的值。再将 $\frac{1}{Y-Y_e}$ 与 Y 的对应数值进行标绘，所得函数曲线与 $Y=Y_1$、$Y=Y_2$ 及 $\frac{1}{Y-Y_e}=0$ 三条直线之间所包围的面积，便是定积分 $\int_{Y_2}^{Y_1}\frac{dY}{Y-Y_e}$ 的值，也就是气相总传质单元数 N_{OG}（图 8-9）。

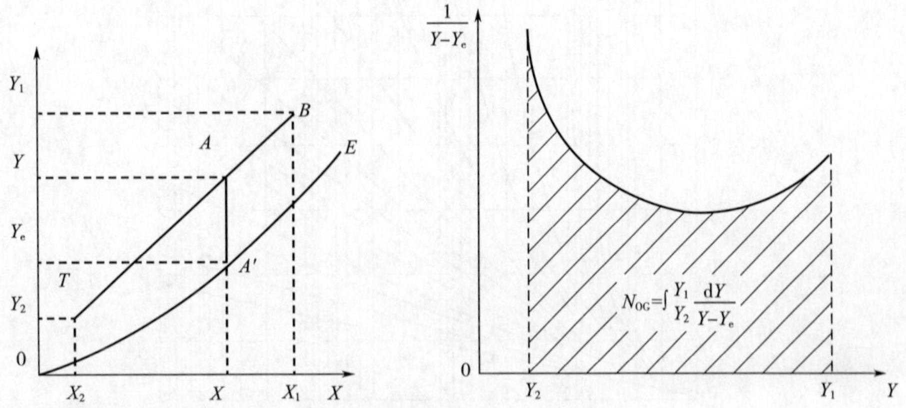

图 8-9 图解积分求 N_{OG}

若用图解积分法求液相总传质单元数 N_{OL} 或其他形式的传质单元数（如 N_G、N_L），其方法和步骤与此相同。

（2）脱吸因数法 对于相平衡关系服从亨利定律，即平衡线为一通过原点的直线这一简单情况，可将相平衡关系和操作线方程代入 $\int_{Y_2}^{Y_1}\frac{dY}{Y-Y_e}$ 中，然后直接积分。积分结果可整理为：

$$N_{OG}=\frac{1}{1-S}\ln\left[(1-S)\frac{Y_1-Y_{2e}}{Y_2-Y_{2e}}+S\right] \tag{8-109}$$

式中，$1/A=mV/L=S$，S 称为脱吸因数，A 称为吸收因数。

同理可以推出液相总传质单元数为：

$$N_{OL}=\frac{1}{1-A}\ln\left[(1-A)\frac{Y_1-Y_{2e}}{Y_1-Y_{1e}}+A\right] \tag{8-110}$$

此式多用于脱吸操作的计算。

由式（8-109）可以看出，N_{OG} 的数值与脱吸因数 S、$\frac{Y_1-Y_{2e}}{Y_2-Y_{2e}}$ 有关。为方便计算，以 S 为参数，$\frac{Y_1-Y_{2e}}{Y_2-Y_{2e}}$ 为横坐标，N_{OG} 为纵坐标，在半对数坐标上标绘式（8-109）的函数关系，得到图 8-10 所示的曲线。此图可方便地查出 N_{OG} 值。

讨论：$\frac{Y_1-Y_{2e}}{Y_2-Y_{2e}}$ 值的大小反映了溶质 A 吸收率的高低。当物系及气、液相进口浓度一定时，吸收率越高，Y_2 越小，$\frac{Y_1-Y_{2e}}{Y_2-Y_{2e}}$ 越大，则对应于一定 S 的 N_{OG} 就越大，所需填料层高度越高。当

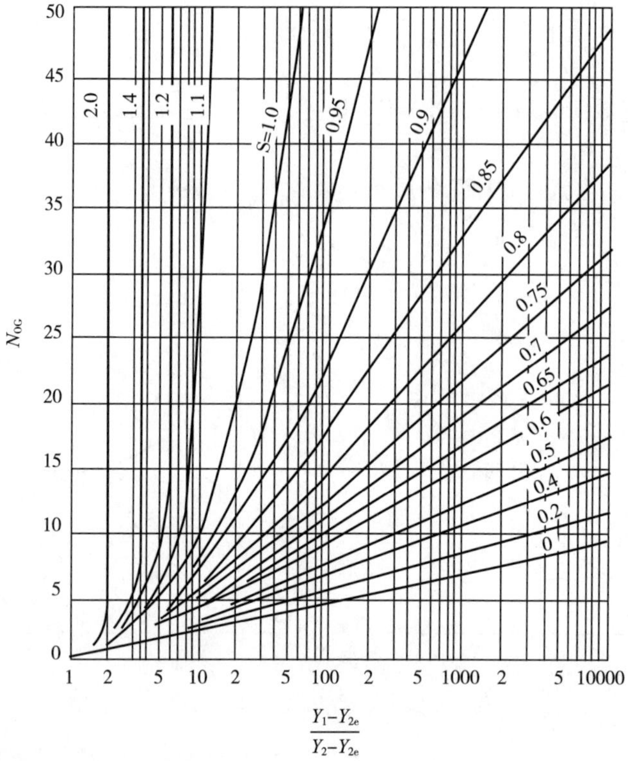

图 8-10 传质单元数关联图

$X_2=0$ 时，$\dfrac{Y_1-Y_{2e}}{Y_2-Y_{2e}}=\dfrac{Y_1}{Y_2}=\dfrac{1}{1-\eta}$。

参数 S 反映了吸收过程推动力的大小，其值为平衡线斜率与吸收操作线斜率的比值。当溶质的吸收率和气、液相进出口浓度一定时，S 越大，吸收操作线越靠近平衡线，则吸收过程的推动力越小，N_{OG} 值增大。反之，若 S 减小，则 N_{OG} 值必减小。

注意：当操作条件、体系一定时，S 减少，通常是靠增大吸收剂流量实现的，而吸收剂流量增大会使吸收操作费用及再生负荷加大，所以一般情况下，S 取 0.7~0.8 是经济合适的。

(3) 对数平均推动力法　对上述解析式再加以分析研究，还可获得由吸收塔顶、塔底两端面上的吸收推动力求算传质单元数的另一种解析式。

因为：
$$S=\frac{mV}{L}=\frac{Y_{1e}-Y_{2e}}{X_1-X_2}\cdot\frac{X_1-X_2}{Y_1-Y_2}=\frac{Y_{1e}-Y_{2e}}{Y_1-Y_2}$$

所以：
$$1-S=\frac{(Y_1-Y_{1e})-(Y_2-Y_{2e})}{Y_1-Y_2}=\frac{\Delta Y_1-\Delta Y_2}{Y_1-Y_2} \tag{8-111}$$

将此式代入式 (8-109)，得到：

$$N_{OG}=\frac{1}{\dfrac{\Delta Y_1-\Delta Y_2}{Y_1-Y_2}}\ln\left[\left(\frac{\Delta Y_1-\Delta Y_2}{Y_1-Y_2}\right)\frac{Y_1-Y_{2e}}{Y_2-Y_{2e}}+\frac{Y_{1e}-Y_{2e}}{Y_1-Y_2}\right]$$

$$=\frac{Y_1-Y_2}{\Delta Y_1-\Delta Y_2}\ln\left[\frac{(Y_1-Y_{1e})-(Y_2-Y_{2e})}{Y_1-Y_2}\times\frac{Y_1-Y_{2e}}{Y_2-Y_{2e}}+\frac{Y_{1e}-Y_{2e}}{Y_1-Y_2}\right]$$

由上式可以推得：
$$N_{OG}=\frac{Y_1-Y_2}{\Delta Y_1-\Delta Y_2}\ln\frac{\Delta Y_1}{\Delta Y_2} \tag{8-112}$$

或写成：
$$N_{OG}=\frac{Y_1-Y_2}{\dfrac{\Delta Y_1-\Delta Y_2}{\ln\dfrac{\Delta Y_1}{\Delta Y_2}}}=\frac{Y_1-Y_2}{\Delta Y_m} \tag{8-113}$$

式中
$$\Delta Y_m=\frac{\Delta Y_1-\Delta Y_2}{\ln\dfrac{\Delta Y_1}{\Delta Y_2}}=\frac{(Y_1-Y_{1e})-(Y_2-Y_{2e})}{\ln\dfrac{Y_1-Y_{1e}}{Y_2-Y_{2e}}} \tag{8-114}$$

ΔY_m 是塔顶与塔底两截面上吸收推动力 ΔY_1 与 ΔY_2 的对数平均值，称为对数平均推动力。同理，从式（8-110）出发可导出关于液相总传质单元数 N_{OL} 的相应解析式：
$$N_{OL}=\frac{X_1-X_2}{\Delta X_m} \tag{8-115}$$

式中
$$\Delta X_m=\frac{\Delta X_1-\Delta X_2}{\ln\dfrac{\Delta X_1}{\Delta X_2}}=\frac{(X_{1e}-X_1)-(X_{2e}-X_2)}{\ln\dfrac{X_{1e}-X_1}{X_{2e}-X_2}} \tag{8-116}$$

由式（8-113）及式（8-115）可知，传质单元数是全塔范围内某相浓度的变化与按该相浓度差计算的对数平均推动力的比值。当 $1/2<\Delta Y_1/\Delta Y_2<2$ 或 $1/2<\Delta X_1/\Delta X_2<2$ 时，相应的对数平均推动力也可用算术平均推动力代替而不会带来大的误差。

（4）近似图解法（Baker 法） 若平衡线为直线或弯曲不大时，可采用阶梯图解法估算传质单元数，其步骤如下：

①在 $X\sim Y$ 坐标中绘出平衡线与操作线，如图 8-11 所示。

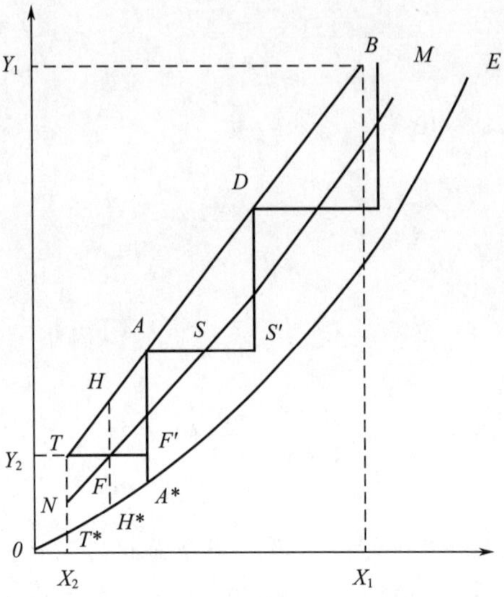

图 8-11 梯级图解法

②在平衡线与操作线之间作一系列竖直线 TT^*、AA^* 等，将这些线段的中点联成曲线 NM，NM 线称为平衡线与操作线垂线中点轨迹线。

③从代表塔顶状态的端点 T 开始作水平线与 NM 线交于点 F，延长 TF 到 F'，使 $TF=FF'$，过 F' 作垂线与操作线 BT 交于点 A，梯级 $TF'A$ 相应的气相组成 Y_2 到 Y_A 为一个气相总传质单元。

④从 A 点出发，重复③步骤作阶梯 $AS'D$，按此继续作阶梯直到达到或超过操作线上代表塔底状态的 B 点为止，所画出的梯级数为气相总传质单元数。

证明梯级 $TF'A$ 相应的气相组成 Y_2 到 Y_A 为一个气相总传质单元：

ΔTFH 与 $\Delta TF'A$ 相似，又 $TF=FF'$

所以 $F'A=2FH=HH^*$

因平衡线 T^*A^* 近似为直线，故 $HH^*=(TT^*+AA^*)/2$，即 HH^* 代表 T 和 A 两点平均气相总推动力 $(Y-Y_e)_m$。

又因 $F'A=(Y_A-Y_T)$，根据传质单元的意义，梯级 $TF'A$ 相应的气相组成 Y_2 到 Y_A 为一个气相总传质单元。

综上所述，传质单元数的不同求法各有其特点及适用场合。对于低浓度吸收，只要在过程所涉及的浓度范围内平衡线为直线，便可用吸收因数法或对数平均推动力法。二者实质是相同的，在应用条件上并无任何差别。当平衡线为曲线时，则宜用图解积分法。此法是求传质单元数最基本的普遍方法，它不仅适用于低浓度气体吸收的计算，而且适用于高浓度气体吸收及非等温吸收等复杂情况下传质单元数的计算。

【例 8-6】某油脂工厂用清水吸收空气中的丙酮。空气中含丙酮 1%（摩尔分数），要求回收率不低于 99%。若吸收剂用量为最小用量的 1.5 倍，操作条件下平衡关系为 $Y_e=2.5X$。试分别用对数平均推动力法和脱吸因数法计算总传质单元数。

解：①对数平均推动力法

$$y_1=0.01,\ Y_1=\frac{y_1}{1-y_1}=\frac{0.01}{1-0.01}=0.0101$$

$$Y_2=Y_1(1-\eta)=0.0101\times(1-0.99)=1.0\times10^{-4}$$

$$X_2=0,\quad \left(\frac{L}{V}\right)_{\min}=\frac{Y_1-Y_2}{\dfrac{Y_1}{m}-X_2}=m\frac{Y_1-Y_2}{Y_1}=m\eta=2.5\times0.99=2.475$$

$$\frac{L}{V}=1.5\left(\frac{L}{V}\right)_{\min}=1.5\times2.475=3.7125$$

由 $$\frac{L}{V}=\frac{Y_1-Y_2}{X_1-X_2}=\frac{0.0101-1.0\times10^{-4}}{X_1-0}=3.7125$$

得 $X_1=2.6936\times10^{-3}$

$Y_{1e}=mX_1=2.5\times2.6936\times10^{-3}=6.734\times10^{-3}$

$\Delta Y_1=Y_1-Y_{1e}=0.0101-6.734\times10^{-3}=3.366\times10^{-3}$

$Y_{2e}=mX_2=0$，$\Delta Y_2=Y_2-Y_{2e}=1.0\times10^{-4}$

$$\Delta Y_m=\frac{\Delta Y_1-\Delta Y_2}{\ln\dfrac{\Delta Y_1}{\Delta Y_2}}=\frac{3.366\times10^{-3}-1.0\times10^{-4}}{\ln\dfrac{3.366\times10^{-3}}{1.0\times10^{-4}}}=9.288\times10^{-4}$$

$$N_{OG}=\frac{Y_1-Y_2}{\Delta Y_m}=\frac{0.0101-1.0\times10^{-4}}{9.288\times10^{-4}}=10.77$$

②脱吸因数法

$S=mV/L=2.5/3.7125=0.6734$

$$N_{OG}=\frac{1}{1-S}\ln\left[(1-S)\frac{Y_1-Y_{2e}}{Y_2-Y_{2e}}+S\right]=\frac{1}{1-0.6734}\ln\left[(1-0.6734)\frac{0.0101-0}{1\times10^{-4}-0}+0.6734\right]=10.77$$

二者所得结果相同。

【例 8-7】在填料塔内用清水逆流吸收空气与氨混合气中的氨。单位塔截面积的混合气体质量流量为 $0.35\text{kg}/(\text{m}^2\cdot\text{s})$，进塔气体浓度 $Y_1=0.03$，回收率 $\eta=0.98$，平衡关系为 $Y_e=0.92X$，体积吸收系数为 $K_Ya=0.043\text{kmol}/(\text{m}^3\cdot\text{s})$，操作液气比为最小液气比的 1.2 倍。试求塔底液相浓度及填料层高度 Z。

解：① $Y_1=0.03$，$y_1=\dfrac{Y_1}{1+Y_1}=\dfrac{0.03}{1+0.03}=0.029$

进口气体摩尔质量 $M_m=29\times0.971+17\times0.029=28.652$

则混合气体摩尔量为　$0.35/28.652=0.0122$ [kmol/(m²·s)]

$V/\Omega=0.0122\times(1-0.029)=0.01185$ [kmol/(m²·s)]

$Y_2=Y_1(1-\eta)=0.03\times(1-0.98)=6.0\times10^{-4}$

$$X_2=0,\ \left(\frac{L}{V}\right)_{\min}=\frac{Y_1-Y_2}{\dfrac{Y_1}{m}-X_2}=m\frac{Y_1-Y_2}{Y_1}=m\eta$$

$$L/V=1.2(L/V)_{\min}=1.2m\eta=1.2\times0.92\times0.98=1.082$$

由于　$Y_1-Y_2=\dfrac{L(X_1-X_2)}{V}$

即　$0.03-6\times10^{-4}=1.082(X_1-0)$，$X_1=0.0272$

② $H_{OG}=\dfrac{V}{K_Ya\Omega}=\dfrac{0.01185}{0.043}=0.2756\ (m)$，$S=\dfrac{mV}{L}=\dfrac{0.92}{1.082}=0.85$

$$N_{OG}=\frac{1}{1-S}\ln\left[(1-S)\frac{Y_1-Y_{2e}}{Y_2-Y_{2e}}+S\right]=\frac{1}{1-0.85}\ln\left[(1-0.85)\frac{0.03}{6\times10^{-4}}+0.85\right]=14.15$$

$$Z=H_{OG}N_{OG}=0.2756\times14.15=3.9(m)$$

【例 8-8】 某厂拟从发酵产生的 CO_2 中回收乙醇，CO_2 气体流量为 100kmol/(m²·h)，含乙醇 $Y_1=0.01$（摩尔比，下同）。要求出塔废气中含乙醇 $Y_2\leqslant0.0001$。用清水作吸收剂，清水流量 70kmol/(m²·h)。已知平衡关系为 $Y_e=0.45X$，今有一填料塔，填料层高度为 6.5m，逆流操作，体积吸收系数 $K_Ya=170$kmol/(m³·h)。问此塔是否可用？若尾气流量加倍，而操作条件的变化是塔的操作弹性所允许的，所用填料特性 $K_Ya\propto u_{气}^{0.7}$，则此塔是否可用？

解： ① $X_2=0,\ \dfrac{L}{V}=\dfrac{70}{100}=0.7$

$$X_1=\frac{V(Y_1-Y_2)}{L}=\frac{100\times(0.01-0.0001)}{70}=0.014$$

$\Delta Y_1=Y_1-Y_{1e}=0.01-0.45\times0.014=0.0037$

$\Delta Y_2=Y_2-Y_{2e}=0.0001$

$$\Delta Y_m=\frac{\Delta Y_1-\Delta Y_2}{\ln\dfrac{\Delta Y_1}{\Delta Y_2}}=\frac{0.0037-0.0001}{\ln\dfrac{0.0037}{0.0001}}=9.97\times10^{-4}$$

$$N_{OG}=\frac{Y_1-Y_2}{\Delta Y_m}=\frac{0.01-0.0001}{9.97\times10^{-4}}=9.93$$

$$H_{OG}=\frac{V}{K_Ya\Omega}=\frac{100}{170}=0.588(m)$$

$Z=H_{OG}N_{OG}=0.588\times9.93=5.84\ (m)$，故能够满足生产要求。

②尾气流量加倍，但对乙醇回收的要求不变，故 $N_{OG}'=N_{OG}$

$$\frac{H'_{OG}}{H_{OG}}=\frac{V'}{V}\times\left(\frac{K_Ya}{K_Ya'}\right)^{0.7}=2^{0.3}$$

$Z'=2^{0.3}Z=2^{0.3}\times5.84=7.19(m)$，故不能再用。

三、脱吸

使溶解于液相的气体释放出来的操作称为脱吸或解吸。要达到脱吸的目的常采用如下方法。

1. 气提脱吸

气提脱吸法也称为载气脱吸法，其过程类似于逆流吸收，只是脱吸时溶质由液相传递到气相。吸收液从脱吸塔的塔顶喷淋而下，载气从脱吸塔底通入，自下而上流动，气、液两相在逆流接触的过程中，溶质将不断地由液相转移到气相。与逆流吸收塔相比，脱吸塔的塔顶为浓端，而塔底为稀端。气提脱吸所用的载气一般为不含（或含极少）溶质的惰性气体或溶剂蒸气，其作用在于提供与吸收液不相平衡的气相。根据分离工艺的特性和具体要求，可选用不同的载气。

（1）以空气、N_2、CO_2 作载气，又称为惰性气体气提　该法适用于脱除少量溶质以净化液体或使吸收剂再生为目的的脱吸。有时也用于溶质为可凝性气体的情况，通过冷凝分离可得到较为纯净的溶质组分。

（2）以水蒸气作载气，同时兼作加热热源的脱吸常称为气提　若溶质为不凝性气体，或溶质冷凝液不溶于水，则可通过蒸汽冷凝的方法获得纯度较高的溶质组分；若溶质冷凝液与水发生互溶，要想得到较为纯净的溶质组分，还应采用其他的分离方法，如精馏等。

（3）以吸收剂蒸气作为载气的脱吸　这种脱吸法与精馏塔提馏段的操作相同，因此也称提馏。脱吸后的贫液被脱吸塔底部的再沸器加热产生溶剂蒸气（作为脱吸载气），其在上升的过程中与沿塔而下的吸收液逆流接触，液相中的溶质将不断地被脱吸出来。该法多用于以水为溶剂的脱吸。

2. 减压脱吸

对于在加压情况下获得的吸收液，可采用一次或多次减压的方法，使溶质从吸收液中释放出来。溶质被脱吸的程度取决于脱吸操作的最终压力和温度。

3. 加热脱吸

一般而言，气体溶质的溶解度随温度的升高而降低，若将吸收液的温度升高，则必然有部分溶质从液相中释放出来。如采用“热力脱氧”法处理锅炉用水，就是通过加热使溶解氧从水中逸出。

4. 加热-减压脱吸

将吸收液加热升温之后再减压，即加热和减压结合，能显著提高脱吸推动力和溶质被脱吸的程度。

应予指出，在工程上很少采用单一的脱吸方式，往往是先升温再减压至常压，最后再采用气提法脱吸。

气提脱吸是吸收的逆过程，其操作方法通常是使溶液与惰性气体或蒸汽逆流接触。溶液自塔顶引入，在其下流过程中与来自塔底的惰性气体或蒸汽相遇，气体溶质逐渐从液相释出，于塔底收取较纯净的溶剂，而塔顶则得到所释出的溶质组分与惰性气体或蒸汽的混合物。一般来说，应用惰性气体的脱吸过程适用于溶剂的回收，不能直接得到纯净的溶质组分；应用蒸汽的脱吸过程，若原溶质组分不溶于水，则可用将塔顶所得混合气体冷凝并由凝液中分离出水层的办法，得到纯净的原溶质组分。用洗油吸收焦炉气中的芳烃后，即可用此法获取芳烃，并使溶剂洗油得到再生。

适用于吸收操作的设备同样适用于脱吸操作，前面所述关于吸收的理论与计算方法也适用于脱吸。但脱吸过程中，溶质组分在液相中的实际组成总是大于与气相成平衡的组成，因而脱吸过程的操作线总是位于平衡线的下方。换言之，脱吸过程的推动力应是吸收推动力的相反值。所以，只需将吸收速率方程中推动力（组成差）的前后项调换，所得计算公式便可用于脱吸。

例如，当平衡关系可用 $Y_e=mX+b$ 表达时，对于脱吸过程同样可由 $N_{OL}=\int_{X_2}^{X_1}\frac{dX}{X_e-X}$

推得该式，即 $N_{OL}=\frac{1}{1-A}\ln\left[(1-A)\frac{Y_1-Y_{1e}}{Y_1-Y_{1e}}+A\right]$

式中下标 1、2 仍分别代表塔底及塔顶两截面。但须注意，对于脱吸过程，塔底为稀端，而塔顶为浓端。实际计算中由于脱吸的溶质量以 LdX 表示较为方便，故式（8-110）用于脱吸过程。

第六节　其他类型吸收

前面讨论了低组成单组分的等温物理吸收的原理与计算。在此基础上，本节将对多组分吸收，化学吸收、非等温吸收概略介绍。

一、多组分吸收

在吸收过程中，气体混合物中有两个或两个以上组分被吸收剂吸收则称为多组分吸收过程。工业上遇到的吸收过程严格来说，均为多组分吸收，只是在实际过程中，有些组分的吸收量极小，可以忽略不计，而将其视为单组分吸收过程。与单组分吸收一样，多组分吸收同样要分为低浓度气体吸收和高浓度气体吸收。当气相中被吸收组分浓度之和低于10%时，可视为低浓度气体吸收过程，反之则视为高浓度气体吸收过程。对于多组分气体吸收过程，原则上与单组分气体吸收过程具有相同的计算方法，但是由于组分间的相互影响更趋复杂，多组分吸收的计算远较单组分的复杂。这主要因为在多组分吸收中，其他组分的存在使得各溶质在气，液两相中的平衡关系有所改变。但是，对于某些溶剂用量很大的低组成气体吸收，所得稀溶液的平衡关系可认为服从亨利定律，而且各组分的平衡关系互不影响，因而可分别对各溶质组分予以单独考虑。例如，对于混合气中溶质组分 i 可写出如下平衡关系，即：

$$Y_{ie}=m_iX_i \tag{8-117}$$

式中　X_i——液相中 i 组分的摩尔比；

Y_{ie}——与液相成平衡的气相中 i 组分的摩尔比；

m_i——溶质组分 i 的相平衡常数。

各溶质组分的相平衡常数 m 值互不相同，因此，每一溶质组分都有一条自己的平衡线。同时，在进出吸收设备的气体中，各组分的组成都不相同，因而每一溶质组分都有自己的操作线方程及一条相应的操作线。例如，对于溶质组分 i，可写出如下操作线方程式：

$$Y_i = \frac{L}{V}X_i + \left(Y_{i2} - \frac{L}{V}X_{i2}\right) \tag{8-118}$$

式中溶剂与惰性气体的摩尔流量之比$\left(液气比\frac{L}{V}\right)$为常数，所以，各溶质组分的操作线应具有相同的斜率，即各操作线相互平行。

在进行多组分吸收过程计算中，首先要根据工艺要求确定一个关键组分，然后按关键组分的吸收要求确定最小液气比和操作液气比以及溶剂用量。根据关键组分的分离要求，按与单组分吸收同样的方法确定所需要的填料层高度或理论级数。其他组分的吸收率和出塔组成则利用已经确定的填料层高度或理论级数进行操作型计算确定。

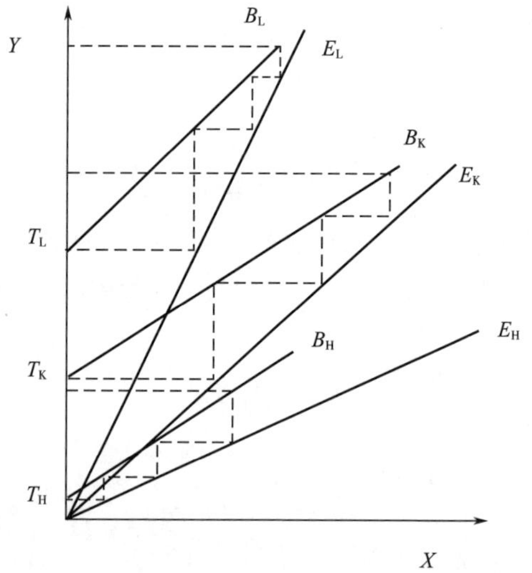

图 8-12　多组分吸收的操作线与平衡线

如图 8-12 所示，需要处理的气体混合物共有三个溶质 L、K、H，则具有三个相平衡线和三个操作线。从图示的情况看，在相同的液相浓度下，L 组分的气相平衡组成最大，为轻组分；H 组分的气相平衡组成最小，为重组分。若选择 K 组分为关键组分，则依据 K 组分的吸收要求确定适宜液气比，并做出 K 组分的操作线。于是可以利用图解法确定所需的理论级数或传质单元数。图中所示的情况需要三个理论级即可以达到规定的吸收要求。

其余组分则可以按照同样的液气比做出操作线，并用试差法确定其出塔浓度和吸收率。

二、化学吸收

在实际生产中，多数吸收过程都伴有化学反应。伴有显著化学反应的吸收过程称为化学吸收。例如用 NaOH 或 Na_2CO_3 等水溶液吸收 CO_2 或 SO_2、H_2S 以及用 H_2SO_4 吸收 NH_3 等，都属于化学吸收。

溶质首先由气相主体扩散至气、液界面，随后在由界面向液相主体扩散的过程中，与吸收剂或液相中的其他某种活泼组分发生化学反应。因此，溶质的组成沿扩散途径的变化情况不仅与其自身的扩散速率有关，而且与液相中活泼组分的反向扩散速率，化学反应速率以及反应产物的扩散速率等因素有关。这就使得化学吸收的速率关系十分复杂。总的说来，由于化学反应消耗了进入液相中的溶质，使溶质气体的有效溶解度增大而平衡分压降低，增大了吸收过程的推动力；同时，由于溶质在液膜内扩散中途即因化学反应而消耗，使传质阻力减小，吸收系数相应增大。所以，发生化学反应总会使吸收速率得到不同程度的提高，但提高的程度又依不同情况而有很大差异。

当液相中活泼组分的组成足够大，而且发生的是快速不可逆反应时，溶质组分进入液相后立即反应而被消耗掉，则界面上的溶质分压为零，吸收过程速率被气膜中的扩散阻力所控制，可按气膜控制的物理吸收计算。例如，H_2SO_4 吸收 NH_3 的过程即属此种情况。

当反应速率较低致使反应主要在液相主体中进行时，吸收过程中气、液两膜的扩散阻力均未有所变化，仅在液相主体中因化学反应而使溶质组成降低，过程的总推动力较单纯物理吸收的大。用 Na_2CO_3 水溶液吸收 CO_2 的过程即属此种情况。

当情况介于上述二者之间时的吸收速率计算，目前仍无可靠的一般方法，设计时往往依靠实测数据。

三、非等温吸收

前面讨论吸收塔的计算时，忽略了气，液两相在吸收过程中的温度变化。实际上，气体吸收过程往往伴随着热量的释出，原因主要是气体的溶解热，当有化学反应发生时，还将放出反应热。这些热效应使塔内液相温度随其组成的升高而升高，从而使平衡关系发生不利于吸收过程的变化。气体的溶解度变小，吸收推动力变小，因而将比等温吸收需要较大的液气比，或较高的填料层，或较多层数的理论塔板。只有当气相中溶质组成很低或溶解度很小，吸收剂用量相对很大，因而吸收的热效应与吸收剂的热容量相比甚小，不足以引起液相温度显著变化时，或者吸收设备散热良好，能够及时取走过程所释放的热量而维持液相温度大体不变时，才可按等温吸收处理，并按塔顶及塔底的平均温度确定平衡关系。

非等温吸收的一种近似处理方法，假定所有释出的热量都被液体吸收，即忽略气相的温度变化及其他热损失。据此可以推算出液体组成与温度的对应关系，从而得到变温情况下的平衡曲线。当然，这样的假定会导致对液体温升的估计偏高，因而算出的塔高数值也稍大些。

当吸收过程中液体温度升高较多时，若仍根据平均温度按等温吸收确定最小液气比及溶剂用量，将会带来大的误差。若吸收过程的热效应很大，必须设法排除热量，以控制吸收过程的温度，通常采取的措施有以下几种。

（1）在吸收塔内装置冷却元件　如板式塔可在塔板上安装冷却蛇管或在板间设置冷却器。

（2）引出吸收剂到外部进行冷却　填料塔不宜在塔内装置冷却元件，可将温度升高的吸收剂中途引出塔外，冷却后重新送入塔内继续进行吸收。

（3）采用边吸收边冷却的吸收装置　如 HCl 吸收，采用管壳式换热器形式的吸收设备，使吸收过程在管内进行的同时，向壳方不断通入冷却剂以移除大量溶解热。

（4）采用大的喷淋密度　使吸收过程释放的热量以显热的形式被大量吸收剂带走。

第七节　吸收系数

吸收系数与传热中的传热系数相似，是吸收计算中的重要参数。传质过程的影响因素十分复杂，致使从理论方程出发计算吸收系数变得十分困难。目前工业上确定吸收系数的途径有三条：实验测定、经验公式计算和量纲为一数群关联式计算。

一、实验测定吸收系数

在中试装置或与生产设备条件相似的装置上进行吸收实验，测定吸收系数，再用于放大计算，是最可靠的途径。测定在已知塔高的填料吸收塔中进行，操作条件应尽量接近生产条件，实验时测定气、液两相的流量和进、出口四个浓度中的三个，然后用全塔物料衡算计算另一个浓度，最后用下两式之一计算吸收系数：

$$K_Y a = \frac{V(Y_1 - Y_2)}{\Omega Z \Delta Y_m} \tag{8-119}$$

$$K_X a = \frac{L(X_1 - X_2)}{\Omega Z \Delta X_m} \tag{8-120}$$

测定可在全塔进行，也可在某一塔段进行，测定的吸收系数值代表测定范围内的平均值。

若需要测定膜系数，则总是选择气膜控制或液膜控制的情形，此时总吸收系数与膜系数近似相等。

二、经验公式计算吸收系数

应用经验公式时必须注意其适用范围，下面介绍几个典型的公式：

（1）以直径 12.5mm 的陶瓷环为填料在塔中用水吸收 NH_3，是气膜控制的典型实例。

$$k_G a = 6.07 \times 10^{-4} G^{0.9} W^{0.39} \tag{8-121}$$

式中 G、W——分别为气、液相的空塔质量速度，kg/(m^2·h)；

$k_G a$——气膜体积吸收系数，kmol/(m^3·h·kPa)。

（2）以直径 10~32mm 的陶瓷环为填料在塔中用水吸收 CO_2，是液膜控制的典型实例。

$$k_L a = 2.57 U^{0.96} \tag{8-122}$$

式中 U——液体的喷淋密度，m^3/(m^2·h)；

$k_L a$——液膜体积吸收系数，kmol/(m^3·h·kmol/m^3)。

此式的适用范围为：喷淋密度 3~20m^3/(m^2·h)，气相空塔质量速度 130~580kg/(m^2·h)，温度 21~27℃。

（3）以直径 25mm 的陶瓷环为填料在塔中用水吸收 SO_2，气膜和液膜阻力均有相当的比例。

$$k_G a = 9.81 \times 10^{-4} G^{0.7} W^{0.5} \tag{8-123}$$

$$k_L a = a W^{0.82} \tag{8-124}$$

式中 G、W、$k_G a$ 和 $k_L a$ 的意义和单位同上；a 为常数，其值见表 8-5。此式的适用范围为：气相空塔质量速度 320~4150kg/(m^2·h)，液相空塔质量速度 4400~585000kg/(m^2·h)。

表 8-5　　式（8-124）中的 a 值

项目	温度/℃				
	10	15	20	25	30
a/[kmol/（m^3·h·kPa）]	0.0093	0.0102	0.0116	0.0128	0.0143

三、量纲为一数群关联式计算吸收系数

无量纲数群关联式的优点是适用范围较广，但计算结果的准确性略差。关联式可以用量纲分析法获得，也可以根据传递类比的原理推导出，而其中常数和指数的确定则仍需通过实验。

传质过程中常用的无量纲数群如下：

（1）*Sh*（舍伍德）数　相当于传热中的 *Nu* 数，包含了传质系数。

气相 Sh 数的定义为：
$$Sh_G = k_G \frac{RTp_{BM}}{p} \frac{l}{D} \tag{8-125}$$

液相 Sh 数的定义为：
$$Sh_L = k_L \frac{c_{BM}}{c} \frac{l}{D} \tag{8-126}$$

（2）Re 数　同样是反映流动影响的无量纲数群。对于气体通过填料层的流动，Re 数的定义为：

$$Re_G = \frac{d_e u_0 \rho}{\mu} \tag{8-127}$$

其中 u_0 为流体通过填料层的实际速度，而一般计算和测定中用的是气体的空塔速度 u，如果将填料层看作空隙率 ε 均匀的床层，以 σ 为填料的比表面（m^2/m^3），则有：

$$u_0 = u/\varepsilon \tag{8-128}$$

而填料床层的当量直径为：
$$d_e = \frac{4\varepsilon}{\sigma} \tag{8-129}$$

将式（8-128）和式（8-129）代入式（8-127）得：

$$Re_G = \frac{4u\rho}{\sigma\mu} \tag{8-130}$$

同理，液相 Re 数的定义为：

$$Re_L = \frac{4u_L \rho_L}{\sigma\mu_L} \tag{8-131}$$

（3）Sc（施密特）数　相当于传热中的 Pr 数，是反映物性影响的无量纲数群，其定义为：

$$Sc = \frac{\mu}{\rho D} \tag{8-132}$$

（4）Ga（伽利略）数　反映液体在重力作用下沿填料表面向下流动时所受重力与黏性力之比，其定义为：

$$Ga = \frac{gl^3\rho^2}{\mu_L^2} \tag{8-133}$$

计算气膜吸收系数的关联式有：

$$Sh_G = a_1 Re_G^{a_2} Sc_G^{a_3} \tag{8-134}$$

此式系在湿壁塔中实验得到，其适用范围为：$Re_G = 2\times10^3 \sim 3.5\times10^4$，$Sc_G = 0.6 \sim 2.5$，$p = 10.1 \sim 303kPa$，此时 $a_1 = 0.023$，$a_2 = 0.83$，$a_3 = 0.44$，特征尺寸 l 为湿壁塔塔径。此式也可用于拉西环填料塔，此时 $a_1 = 0.066$，$a_2 = 0.8$，$a_3 = 0.33$，特征尺寸 l 为单个拉西环的外径。

计算液膜吸收系数的关联式有：

$$Sh_L = 0.00595 Re_L^{2/3} Sc_L^{1/3} Ga^{1/3} \tag{8-135}$$

特性尺寸为填料的直径。

第八节　填料塔

吸收设备的作用在于建立和不断更新两相接触表面，使之具有尽可能大的接触表面积和尽可能好的流体力学条件，以利于提高吸收速率，减小设备的尺寸。同时，气体通过设备的阻力

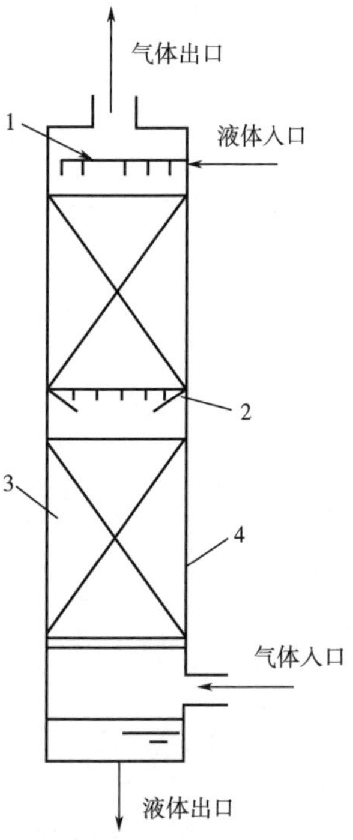

1—液体分布器；2—液体再分布器；3—填料；4—塔体。

图 8-13 填料塔的结构

要小，以节省动力消耗。对食品的吸收（或脱吸）而言，设备还必须能耐腐蚀并符合卫生要求。工业上广泛应用的吸收设备是填料塔。

一、填料塔的结构与填料

（一）填料塔的结构与操作

填料塔为一直立式圆筒，内有填料，乱堆或整砌在支承板上（图 8-13）。气体从底部送入，液体在塔顶经过分布器淋洒到填料层表面。液体在填料层中有倾向塔壁流动的趋势，故填料层较高时常将其分成数段，两段之间设液体再分布器。液体在填料表面分散成薄膜，经填料间的缝隙下流，也可能成液滴落下。填料层内气、液两相一般呈逆流接触，两相的组成沿塔高连续改变。

（二）填料类型

填料的作用是液相分散造型的支撑体，为气、液两相提供充分的接触面，并为强化其湍动程度创造条件，以利于传质。它们应能使气、液接触面大，性质系数高，同时通量大而阻力小，所以要求填料层空隙率高，比表面积大，表面润湿性能好，并且在结构上还要有利于两相密切接触，促进湍动。制造填料的材料又要有耐腐蚀性，并具有一定的机械强度，现将工业中一些常用填料的特点说明如下（图 8-14）。

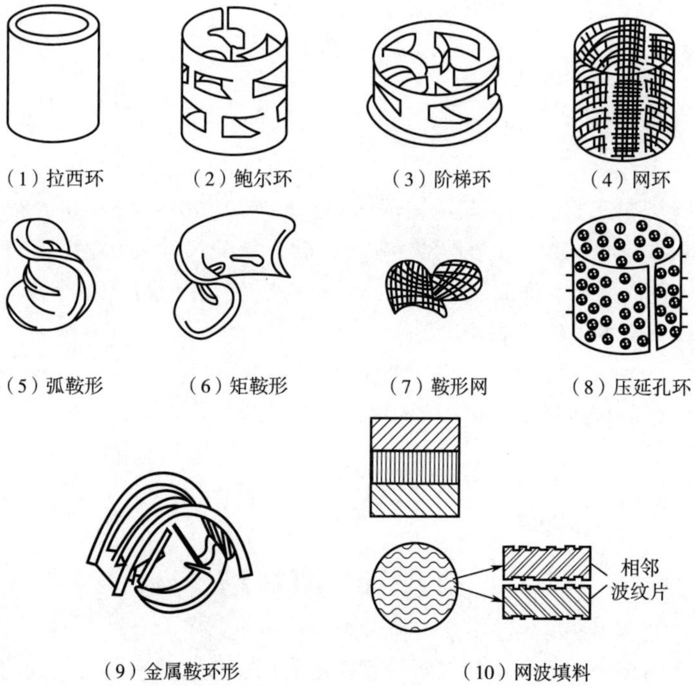

图 8-14 几种填料的形状

1. 拉西环

拉西环为高与直径相等的圆环，常用直径为25~75mm的陶瓷环，壁厚2.5~9.5mm。也有小至6mm、大至150mm的，但少用。若用金属环，则壁厚为0.8~1.6mm。填料多乱堆在塔内，称散装。直径大的可用整装，以降低阻力和减小液体流向塔壁的趋势。拉西环构造简单，但气体通过能力低，阻力也大，液体到达环内部比较困难，因而润湿不充分，传质效果差，故近年来使用渐少。但此种填料出现早，研究得充分，性能数据累积也丰富，故常用来作为比较其他填料性能优劣的标准。

2. 鲍尔环

鲍尔环的构造相当于在拉西环的壁面上开一排或两排方形孔，开孔时只断开四边形中的三条边，另一边保留，使原来的材料片呈舌状弯入环内，这些舌片在环中心几乎对接。填料的空隙率与比表面并未因而增加，但堆成层后，气、液流通舒畅，有利于气、液进入环内。因此，鲍尔环比之拉西环，其气体通过能力与体积传质系数都有显著提高，阻力也减少。

3. 阶梯环

阶梯环是一端有喇叭口的开孔环形填料，环高与直径之比略小于1，环内有筋，起加固与增大接触面的作用。喇叭口能防止填料并列靠紧，使空隙率提高，并使表面更易暴露。材料多为金属或塑料。

4. 弧鞍填料

弧鞍填料是出现较早的一种鞍形填料，形如马鞍，常用者大小25~50mm。弧鞍的表面不分内外，全部敞开，液体在两侧表面分布同样均匀。它的另一特点是堆放在塔内时，对塔壁侧压力比环形填料小。但由于两侧表面构形相同，堆放时填料容易叠合，减少了暴露的表面，最近已渐为改善的弧鞍即所谓矩鞍填料所代替。弧鞍填料多用陶瓷制造。

5. 矩鞍填料

矩鞍两侧表面不能叠合，且较耐压力，构形简单，加工比弧鞍方便，多用陶瓷制造。在各种陶瓷填料中，它的水力学性能和传质性能都较优越。

用金属制的矩鞍，于鞍的背部冲出两条狭带，弯成环形筋，筋上又冲出四个小爪弯入环内。它兼有鞍形填料液体分布均匀与开孔填料通量大，阻力小的优点，故又称鞍环或环矩鞍。

6. 波纹板及波纹网

波纹填料是一种整砌结构的新型高效填料。由许多片波纹薄板叠成，相邻两板反向靠叠，形成直径略小于塔径的圆饼，高40~60mm。若干薄饼再重叠，放入塔内，形成填料层。

波纹填料具有很大的比表面积，相邻两板的波纹相互垂直，使气、液两相不断改变方向，传质效率大为提高，气体流动阻力也小。但不适于处理黏度高、易聚合或有沉淀物的物料，成本也较高。

波纹填料有实体与网体两种。实体波纹填料又称板波纹填料，由陶瓷、金属或塑料制成。网体波纹填料由金属丝网制成，如 θ 网环。其比表面积可高达 $700m^2/m^3$，而气体的流动阻力很小。

（三）填料的特性

填料特性是表示填料性能的物理量，其中重要的有以下几种：

1. 比表面积

比表面积指单位体积填料的表面积，用 σ 表示，单位 m^2/m^3。比表面积大，则能提供的相接触面积大。同一种填料其尺寸越小，则比表面积越大。

2. 空隙率

空隙率为单位体积填料的空隙体积，用 ε 表示，无因次。空隙率大则气体通过时的阻力小，因而流量可以增大。

3. 填料因子

填料因子由前面两项组合而成，定义为 σ/ε^3，单位 1/m，是表示填料阻力及液泛条件的重要参数之一。按干填料算出的 σ/ε^3 值不能确切地表示填料淋湿后的水力学性能，故把在有液体淋洒的条件下实测的相应数值称为填料因子，以 ϕ 表示，单位也为 1/m。ϕ 值越小，则阻力越小，发生液泛时的气流速度高，水力学性能好。

表 8-6 列出几种常用填料的主要尺寸及其特性数据。

表 8-6 常用填料的特性

填料类别及名义尺寸/mm	实际尺寸/mm	σ/m^{-1}	ε	堆积密度/($kg\cdot m^{-3}$)	$(\sigma/\varepsilon^3)/m^{-1}$	ϕ/m^{-1}
陶瓷拉西环（散装）	高×厚					
16	16×2	305	0.73	730	784	940
25	25×2.5	190	0.78	505	400	450
40	40×4.5	126	0.75	577	305	350
50	50×4.5	93	0.81	457	177	205
陶瓷拉西环（整装）	高×厚					
50	50×4.5	124	0.72	673	339	—
80	80×9.5	102	0.57	962	564	—
100	100×13	65	0.72	930	172	—
钢拉西环（散装）	高×厚					
25	25×0.8	220	0.92	640	290	390
35	35×1	150	0.93	570	190	260
50	50×1	110	0.95	430	130	175
钢鲍尔环	高×厚					
25	25×0.6	209	0.94	480	252	160
38	38×0.8	150	0.95	379	152	92
50	50×0.9	110	0.95	355	120	66
塑料鲍尔环						
25	—	209	0.90	72.6	287	170
38	—	130	0.91	67.7	173	105
50	—	103	0.91	67.7	137	82

续表

填料类别及名义尺寸/mm	实际尺寸/mm	σ/m^{-1}	ε	堆积密度/($kg\cdot m^{-3}$)	$(\sigma/\varepsilon^3)/m^{-1}$	ϕ/m^{-1}
钢阶梯环	厚度					
No. 1	0. 55	230	0. 95	433	—	111
No. 2	0. 7	164	0. 95	400	—	72
No. 3	0. 9	105	0. 96	353	—	46
塑料阶梯环						
No. 1	—	197	0. 92	64	—	98
No. 2	—	118	0. 93	56	—	49
No. 3	—	79	0. 95	43	—	26
陶瓷弧鞍						
25	—	252	0. 96	725	—	360
38	—	164	0. 75	612	—	213
50	—	106	0. 72	645	—	148
陶瓷矩鞍	厚度					
25	3. 3	258	0. 755	548	—	320
38	5	197	0. 81	483	—	170
50	7	120	0. 79	532	—	130
钢环矩鞍						
25#	—	—	0. 967	—	—	135
40#	—	—	0. 973	—	—	89
50#	—	—	0. 978	—	—	59

注：阶梯环 No. 1、No. 2、No. 3 与钢环矩鞍 25#、40#、50#各大致相当于名义尺寸 25、38（或 40）、50mm。

（四）填料塔附件

填料塔内除充填填料外，还需安装一些必要的附件，主要有以下几种。

1. 填料支承板

填料支承板既要具备一定的机械强度以承受填料层及其上面所持液体的质量，又要留出一定空隙供气、液流通。一般要求支承板的自由截面积与塔截面积之比大于填料层的空隙率。

最简单的支承装置是用扁钢条制作的隔栅或开孔的金属板。栅的间隙或板的孔径如果过大，容易使填料落下，此时可于支承上先铺一层尺寸较大的同类填料。

2. 液体淋洒装置

液体淋洒不良就不能在填料表面散布均匀，甚至出现沟流现象，严重降低填料表面有效利用率。要做到液体开始分布良好，对于直径1m以内的塔，淋洒点按正方形排列时两点的间距应为8~15cm；对于直径大于1m的塔，淋洒点数大致可按$(5D)^2$设置。因液体在填料层中趋于流向塔壁，故淋洒到填料层顶部的液体，落到塔壁附近（距壁面为5%~10%塔径处）不得超过10%。

常用的淋洒装置有莲蓬式喷洒器、盘式分布器、溢流槽等。喷洒器在塔内可设一个或多个，器内的液体在压力作用下从许多小孔中喷出。盘式分布器为底部装有许多垂直短管的线盘，盘上的液体可通过短管口溢流而下。溢流槽为直接搁在填料层顶的若干线槽，槽的边沿有许多缺口，液体从缺口溢流到填料层顶。

3. 液体再分布器

液体再分布器的作用是将流到塔壁近旁的液体重新汇集并引向中央区域。乱堆的填料，实际上形成固定床，其中近器壁处的流动阻力较小，因此液体有趋向器壁流动的趋势。当填料层较高时，便应将塔分成几段，段与段之间设液体再分布器。最简单的形式为截锥式，如图8-15（1）所示。当需要分段卸出填料时，可采用如图8-15（2）的装置，在再分布器上安装支承板。

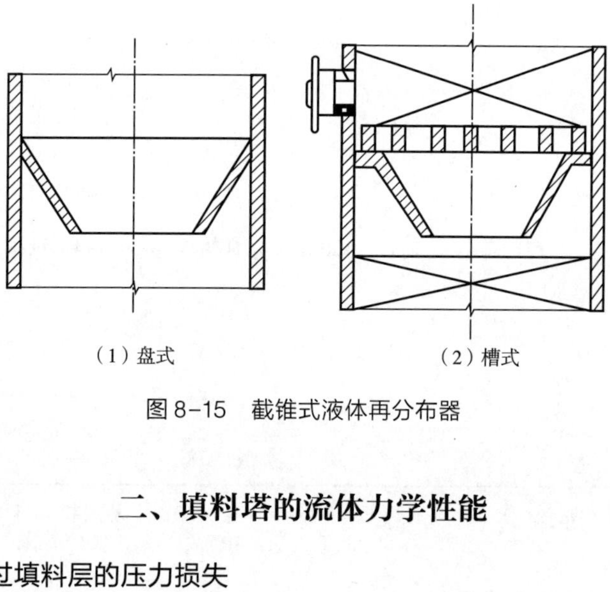

（1）盘式　　（2）槽式

图8-15　截锥式液体再分布器

二、填料塔的流体力学性能

（一）气体通过填料层的压力损失

压力损失是填料塔设计中的重要参数，一方面其大小决定了塔的动力消耗，另一方面选择合理的气速与确定塔径直接相关。为表达方便起见，气体的流速以其体积流量与塔截面积之比表示，称为空塔气速。液体流速也用同样方法表示，为喷淋密度，单位都是m/s或$m^3/(m^2 \cdot s)$。将不同喷淋密度下的单位高度填料层的压力损失$\Delta p/z$与空塔气速u间的实测数据标绘在双对数坐标纸上，即得如图8-16所示的曲线族。

当喷淋密度$L_0=0$即气体通过干填料层流动时，$\Delta p/z-u$关系为一直线，其斜率为1.8~2.0，与湍流时通过管道的压降-流速关系相仿。当喷淋密度$L_0 \neq 0$时，压力损失-流速关系变成折线，且存在两个转折点。下转折点称“载点”，上转折点称“泛点”。不同喷淋密度下的

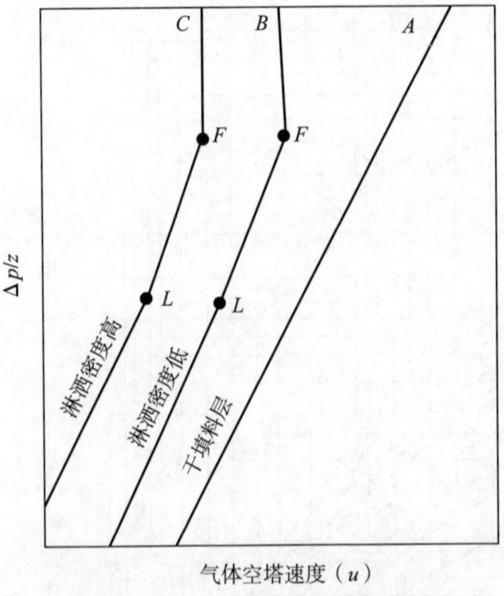

图 8-16　填料层的 Δp/z-u 关系

压力损失-流速关系曲线大致平行。

当气体速度在载点以下时，液体向下的流动与气速几乎无关，而由于填料表面液层的存在，使气体流动截面减小，压力损失增大，故曲线位于干填料层的压力损失-流速曲线上方。此时单位体积填料层持有的液体体积即持液量保持不变。随着气速的加大，当气速超过载点以后，气、液间的摩擦力开始阻碍液体下流，使持液量增加，称为“拦液”现象。拦液现象发生后，$\Delta p/z-u$ 关系曲线的斜率大于 2。

如果气速进一步增大，直至泛点气速，气量的增加使持液量很大，直至使液相成为连续相，气相成为分散相，气体以气泡形成穿过液层，气液接触的表面从填料表面转移到填料层的空隙中。气流把大量的液体带出塔顶，塔的操作极不稳定，甚至被完全破坏，这一现象称为液泛。在压力损失-气速关系曲线上，过泛点后压力损失迅速增大，甚至几乎成垂直线。

因此，泛点代表了填料塔操作时气速的上限。而载点虽具有气速下限的意义，但实际操作中此转折常不明显。通常填料塔的适宜操作气速均根据泛点气速确定，因而泛点气速的求取十分重要。

（二）泛点气速的确定

影响泛点气速的因素很多，如填料的特性、流体的物性、液气比等均对其有重要影响。

工程设计中广泛采用埃克特（Eckert）通用关联图来计算填料塔的压力损失和泛点气速。如图 8-17 所示，其横坐标为 $\dfrac{W_L}{W_V}\left(\dfrac{\rho_V}{\rho_L}\right)^{0.5}$，其中 W_L，W_V 分别为液相和气相的质量流量，kg/s；ρ_L、ρ_V 分别为两相的密度，kg/m^3。纵坐标为 $\dfrac{u^2\psi\phi\rho_V}{V\rho_L}\mu_L^{0.2}$，其中 ψ 为水密度与液体密度之比，ϕ 为填料因子，1/m；μ_L 为液体黏度，mPa·s；u 为空塔气速，m/s。

图 8-17 中最上方的三条线分别为弦栅填料、整装拉西环及散装（乱堆）填料的泛点线，与泛点线相对应的纵坐标中的气速即为泛点气速。由两相流量和密度可算出横坐标值，再根据横坐标值在泛点线上求得一点，由该点的纵坐标值即可求出泛点气速。操作气速通常取泛点气速的 50%～80%。确定了操作气速后，即可根据体积流量公式求出塔径。

图 8-17 还可用来求取气体通过填料层的压力损失。由两相流量和密度求得横坐标值，又由实际气速、流量和物性求得纵坐标值，由此两坐标值可确定图上的一点，再由图中的 $\Delta p/z$ 曲线族即可求出压力损失。

（三）润湿性能

填料塔中气液两相的传质是在填料表面流动的液膜上进行的，为使塔操作良好，必须使填料表面维持一定的液膜，即保持润湿。这样，塔内液体的喷淋密度不能低于某一极限值。此极限值称为最小喷淋密度，在最小喷淋密度下填料维持最小润湿速率，二者间的关系为：

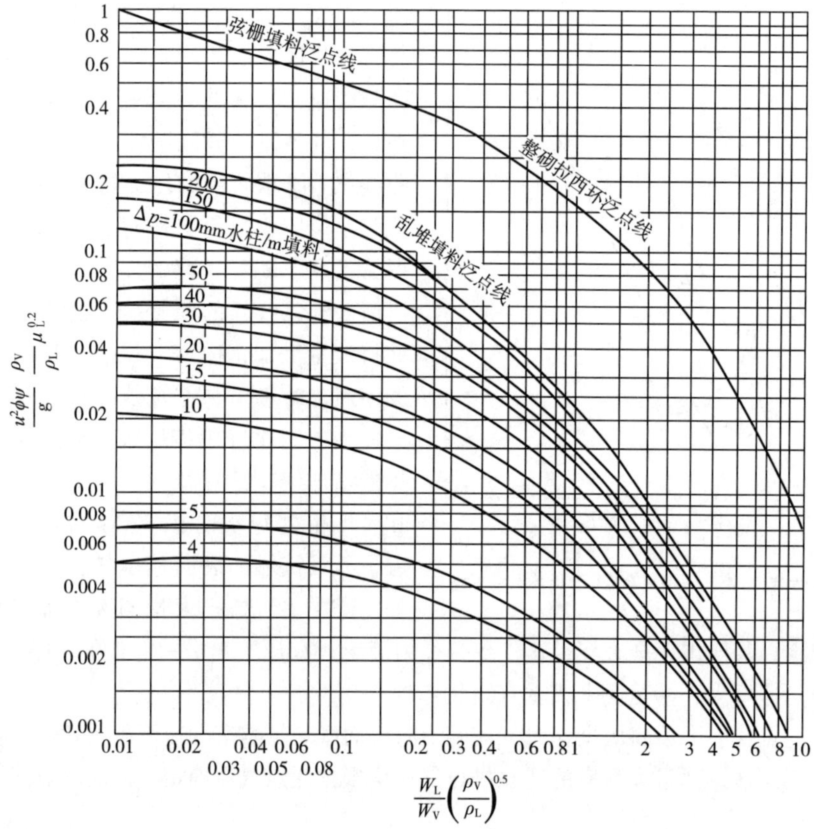

图 8-17　填料塔泛点、压力损失通用关联图

$$u_{min} = (L_w)_{min}\sigma \tag{8-136}$$

式中　σ——填料的比表面积，m^2/m^3；

$(L_w)_{min}$——最小润湿速率，$m^3/(m \cdot s)$；

u_{min}——最小喷淋密度，$m^3/(m^2 \cdot s)$。

润湿速率是喷淋密度与填料比表面积之比，又可理解为液体体积流量与填料周边长度之比。对直径不超过 75mm 的拉西环和其他填料，可取最小润湿速率为 $2.22\times10^{-5}m^3/(m \cdot s)$。对直径大于 75mm 的环形填料，应取最小润湿速率为 $3.33\times10^{-6}m^3/(m \cdot s)$。

有人提出按填料材质来确定最小润湿速率的方法，见表 8-7，可供参考。

表 8-7　　最小润湿速率的参考值

填料材质	最小润湿速率/ $[m^3/(m \cdot s)]$
未上釉的陶瓷	1.39×10^{-4}
氧化的金属	1.94×10^{-4}
经表面处理过的金属	2.78×10^{-4}
未处理过的光亮金属表面	8.33×10^{-4}
聚氯乙烯	9.72×10^{-4}
聚丙烯	1.11×10^{-3}

实际操作时采用的喷淋密度应大于最小喷淋密度。若喷淋密度过小，可采用液体再循环的方法加大液体流量，也可减小塔径，或适当增加填料层高度。

在液泛以前，即使喷淋密度已大于最小喷淋密度，填料表面也不可能全部润湿，故单位体积填料层的润湿面积常小于比表面积。

被润湿的表面并非都是有效传质表面。填料接触点处液体不流动，局部传质推动力就可能降为零，这部分表面就不起作用。只有填料表面被流动的液体润湿时方为有效传质。

第九节　案例分析：食品包装纸中二甲苯的迁移行为研究

一、案例介绍

在食品包装纸的生产过程中，需要加入各种各样的化学品，以改善食品包装纸的包装性能。研究发现，这些化学品会残留在纸张中，进而迁移到食品中，引起食品的污染，影响食品的卫生安全。研究食品包装纸中潜在的残留有机物传质到空气中的迁移行为，以预测化学残留物向食品迁移的能力，可判断在食品生产加工中包装内残留的有机物对食物本身品质的影响。

食品包装物质与食品间的迁移过程可以分为三种不同的类型：

（1）无论接触或是不接触食品，食品包装物质都没有迁移行为。

（2）不受食品影响的迁移行为　包装中污染物的分散系数越大则该物质与包装材料间的亲和力越差，也就说明该污染物更容易发生迁移。

（3）受食品影响的迁移行为　因为食品与包装材料间较强的相互作用以及包装与食品间较低的分配系数，所以这类迁移速度很快。

本案例研究有机模拟物从食品包装纸传质到空气中的迁移行为，并没有涉及食品物质的影响，故属于第二种类型的迁移行为。食品包装纸中有机模拟物迁移行为的热力学研究主要包括两部分内容：测定有机模拟物在食品包装纸或纸板与空气之间的分配系数，绘制有机模拟物的吸附等温线等。

二、案例分析

基于封闭空间样品瓶里不挥发混合物中挥发组分的气液气固平衡现象，可通过顶空气相色谱法和顶空萃取技术（图 8-18）来测定二甲苯迁移体积，根据公式计算出分配系数和迁移反应速率常数，得到二甲苯的吸附等温线。

首先，选择 5 组完全不同的参数用间接顶空气相色谱（HS-GC）方法测定同一种有机模拟物二甲苯的分配系数。实验结果见表 8-8。

表 8-8　　间接法测定不同条件下纸与空气间的分配系数

实验编号	实验参数			分配系数		
	V_S^1/cm^3	V_S^2/cm^3	$x=V_S^1/V_S^2$	T=40℃	T=70℃	T=100℃
1	0.1952	0.0976	2	-	160.5976	56.1799
2		0.0366	3	=	159.3309	1.43701
3		0.0488	4	146.7931	138.4958	23.8211
4		0.0244	8	409.209	64.994	-
5		0.0122	16	107.7695	=	=

注：-表示负值；=表示该条件没有做该体积比实验；上角标 1、2 表示放入不同体积纸样的吸附实验中密封小瓶的编号。

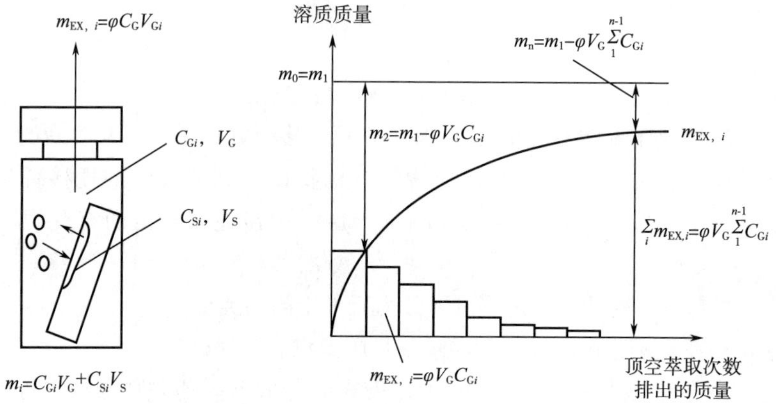

图 8-18　多次顶空萃取的原理图

接着，将纸杯剪成 0.2mm×2.5cm 的小条（尽量避开有印刷的地方），称取大约 1g 放入 22mL 的顶空瓶中，加入 10mL 蒸馏水，密封瓶子后放入全自动顶空进样设备。在设好的温度下晃动 30min，顶空样品用气相色谱-火焰离子化检测器（GC-FID）进行检测分析。

研究证实，纸杯中确有挥发性有机物迁移到空气中，而且随着温度升高，GC 检测峰越多、面积越大，即有机挥发物种类越多，迁移量越大。选择出峰时间较短、挥发性较强的一个显著峰进行检测。图 8-19 显示实验的峰面积随时间改变的原始数据图和经过处理后的动力学曲线。40℃时的平衡时间较长，在检测的时间范围内并未达到平衡，相邻的两个时间点总是有较大的峰面积差值，即纸样仍然发生脱附行为。

为计算 40℃条件下的反应速率常数，分别对不同温度下的动力学曲线的数据进行处理，得到不同温度下二甲苯迁移反应速率常数，40℃时通过对二甲苯脱附反应实验的数据进行分析处理作图。由图 8-20 可以看出，ln（ΔA）对 t 呈直线线性关系，并且 R^2=0.991 趋近于 1，因此可知，该反应是一元反应，反应速率常数即为该直线的斜率的相反数，即 k=0.0019。

根据阿伦尼乌斯（Arrhenius）方程：

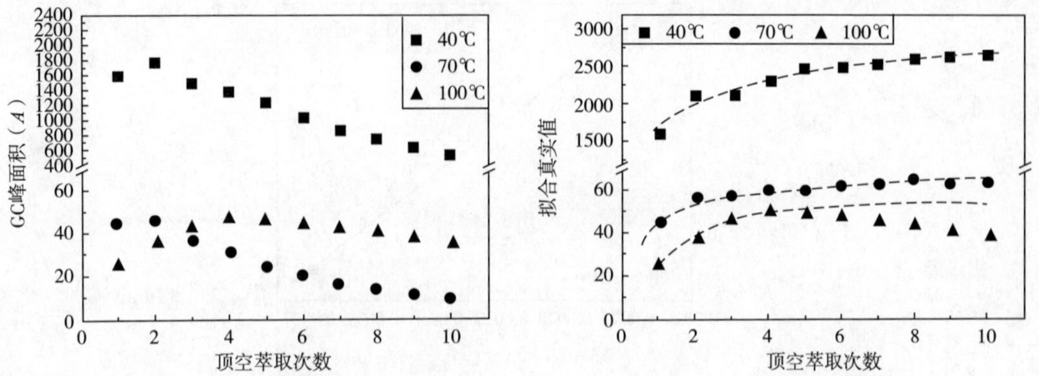

（1）GC峰面积　　（2）拟合真实值

图 8-19 二甲苯迁移及动力学曲线

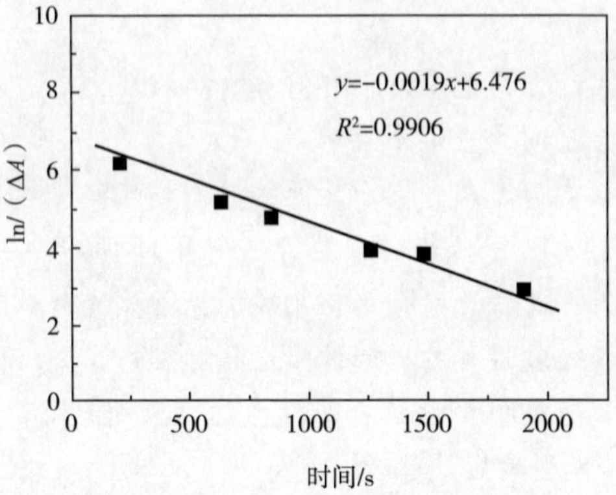

图 8-20 40℃时 ln（ΔA）随时间的变化

$$\frac{d(\ln k)}{dT}=\frac{E_a}{RT^2} \tag{8-137}$$

式中 k——温度为 T 时反应速率常数；

R——摩尔气体常数，J/（mol·K）；

E_a——表观活化能，简称为活化能，J/mol 或 kJ/mol。

由图 8-21 得出线性方程 $y=-1902.2x-0.278$，结合阿伦尼乌斯方程可知，该直线的斜率为 $-E/R$，代入方程中的数据可以算出：$E=15814.89$J/mol≈15.81kJ/mol。

三、案例总结

本案例对二甲苯从食品包装纸传质到空气中迁移行为的热力学和动力学进行研究。根据二甲苯从食品包装纸传质到空气中迁移行为的热力学，发现其具有较高的分配系数，且随着温度的升高，分配系数减小。包装纸的分配系数值越低，危害就越大，即食品包装纸越高温度下使用危害越大。研究二甲苯从食品包装纸传质到空气中迁移行为的动力学，得到不同温度下该迁移的反应速率常数以及活化能，证明二甲苯从食品包装纸传质到空气中的迁移属于一级反应。通过加工过程中的实例可以学习到食品包装传质过程中有机物的迁移原理，加深对于食品传质吸附知识的理解。

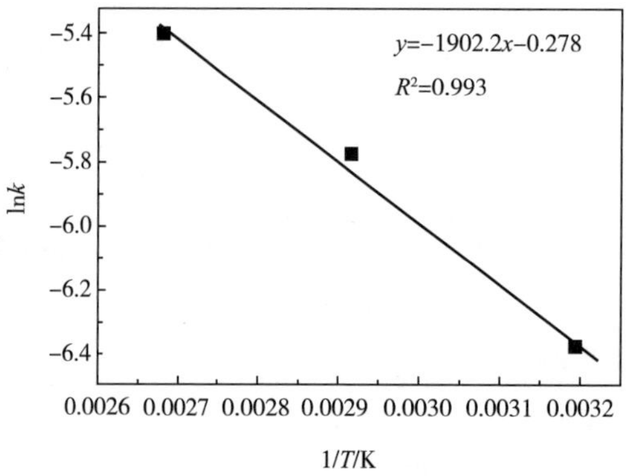

图 8-21 二甲苯脱附反应的 ln$k$-（1/T）图

思考题

1. 温度和压力对吸收过程的平衡关系有何影响？
2. 亨利定律为何具有不同的表达形式？
3. 摩尔比与摩尔分数有何不同，它们之间的关系如何？
4. 分子传质（扩散）与分子传热（导热）有何异同？
5. 在进行分子传质时，总体流动是如何形成的，总体流动对分子传质通量有何影响？
6. 讨论传质的机制、吸收过程的机制的意义是什么？
7. 双膜模型、溶质渗透模型和表面更新模型的要点是什么，各模型求得的传质系数与扩散系数有何关系，其模型参数是什么？
8. 吸收速率方程为何具有不同的表达形式？
9. 传质单元高度和传质单元数有何物理意义？评价填料性能的指标有哪些方面，开发新型填料应注意哪些问题？
10. 填料有哪些主要类型，各有什么特点，如何选择填料？
11. 填料塔的流体力学性能包括哪些方面，对填料塔的传质过程有何影响？

习题

1. 乙醇水溶液中含乙醇的质量分数为 30%，计算以摩尔分数表示的浓度。已知空气中 N_2 的体积分数为 79%，O_2 为 21%，计算以质量分数表示的 O_2 浓度以及空气的平均相对分子质量。

2. 一浅盘内有 4mm 厚的水，在 30℃ 气温下逐渐蒸发至大气中。设扩散通过一层厚 5mm 的静止空气膜层进行。在膜层外水蒸气的分压可视作零。扩散系数为 $2.73\times10^{-5}m^2/s$，大气压强为 101.3kPa，求蒸干水层所需时间。

3. 一盘内有 30℃ 的水，通过一层静止空气膜层逐渐蒸发至大气中。空气中的水蒸气分压为 30℃ 水的饱和蒸气压的 60%，水蒸气在空气中的扩散系数为 $2.73\times10^{-5}m^2/s$，大气压强为 100kPa。如果盘中的水每小时减少 1.4mm，求：①气相传质系数 k_G；②气膜的有效厚度。

4. 含 3%（体积分数）NH_3 的混合气体，在填料中为水所吸收。试求氨溶液的最大浓度。

塔内绝对压强为 2 atm。在操作条件下，气液平衡关系为：

$$p_e = 2000x$$

式中　p——气相中氨的分压，mmHg；

x——液相中氨的摩尔分数。

5. 测得当含 H_2 20%（体积分数）的气体混合物在 30℃ 和 10^5Pa 下与水接触达平衡时每 100kg 水溶解 3×10^{-2}g H_2，求亨利系数 E、相平衡常数 m 和溶解度常数 H。

6. 已知气液两相主体浓度分别为 $y=0.05$，$x=0.002$。在温度为 20℃、压强为 100kPa 时的平衡关系为 $Y_e=20X$，求分别用气、液相摩尔分数表示的总传质推动力。若压强提高到 200kPa，温度不变，问总传质推动力有何变化？

7. 已知某吸收系统的气液平衡关系符合亨利定律 $Y_e=mX$，$k_Y=1.39\times10^{-3}$kmol/(m^2·s)，$k_X=1.11\times10^{-2}$kmol/(m^2·s)。当 $m=1$ 与 $m=1000$ 时，分别求气相传质阻力在总阻力中所占的比例。

8. 在吸收塔内用水吸收混于空气中的甲醇，操作温度为 27℃，压强 101.3kPa。稳定操作状况下塔内某截面上的气相甲醇分压为 5kPa，液相中甲醇浓度为 2.11kmol/m^3。试算出该截面上的吸收速率。已知溶解度系数 $H=1.955$kmol/(m^3·kPa)，总吸收系数 $K_G=1.122\times10^{-5}$kmol/(m^2·s·kPa)。

9. 在某吸收塔中用清水处理含 SO_2 的混合气体。进塔气体中含 18%（质量分数）SO_2，其余为惰性气体。混合气的分子质量取为 28。吸收剂用量比最小用量大 65%，要求每小时从混合气中吸收 2000kg 的 SO_2。在操作条件下，气液平衡关系为 $Y_e=26.7X$。试计算每小时吸收剂用量为若干 m^3。

10. 一逆流解吸塔的进塔液体流量为 100kmol/h，含溶质 5%（摩尔比，下同）。要求解吸后液体含溶质 0.1%，进塔气体中不含溶质，出塔气体含溶质 1%。求所需的气体量。

11. 用纯水除去气体混合物中有害物质。若进口气体含 6%（摩尔比）的有害物质，要求吸收率为 90%，惰性气体和纯吸收剂的流率分别为 32kmol/(m^2·h) 和 24kmol/(m^2·h)，且液体流量是最小流量的 1.5 倍。如果该系统此时服从亨利定律并测得气相传质单元高度 $H_{OG}=0.471$m。该塔在常压下操作。试求出塔的液相浓度和塔高。

12. 今有连续式逆流操作的填料吸收塔，用清水吸收原料气中的甲醇。已知处理气量为 1000m^3/h，原料气中含甲醇 100g/m^3，吸收后水中含甲醇量等于与进料气体相平衡时浓度的 67%。设在标准状况下操作，吸收的平衡式取为 $Y_e=1.15X$，甲醇的回收率为 98%，$K_Y=0.5$kmol/(m^2·h)，塔内填料的有效表面积为 190m^2/m^3，塔内气体的空塔流速为 0.5m/s。试求：①水的用量；②塔径；③填料层高度。

13. 一逆流操作的吸收塔，填料层高度为 3m。操作压强为 101.3kPa，温度为 20℃，用清水吸收空气——A 混合气体中的 A 组分。混合气体流量为 20kmol/(m^2·h)，其中含 A6%（体积%），要求吸收率为 98%，清水流量为 40kmol/(m^2·h)。操作条件下的平衡关系为 $Y_e=0.8X$。试估算在塔径、吸收率及其他操作条件均不变时，操作压强增加一倍，此时所需的填料层高度将如何变化？

14. 用逆流操作的填料塔除去混合气体中的有害组分。惰性气体流量为 0.00703kmol/(m^2·s)，进气浓度 0.05（摩尔分数，下同），要求出口气体浓度 0.0005。平衡关系为 $Y_e=0.9X$。已知

$k_Y a \propto V^{0.7}$，$k_X a$ 与 V 无关。$k_X a = 0.85\text{kmol}/(\text{m}^3 \cdot \text{s})$，$K_Y a = 0.044\text{kmol}/(\text{m}^3 \cdot \text{s})$。求 $k_Y a$ 和 H_{OG}。若惰性气体流量增大 50%，问 $k_Y a$ 和 H_{OG} 变为多少？

15. 一个正在操作的逆流吸收塔，$Y_1 = 0.05$，$X_2 = 0.001$，$m = 2$，当 $V/L = 0.25$ 时 $Y_2 = 0.005$。若维持 Y_1、X_2 和 V/L 不变，L 降低 20%，设系统属气膜控制，$k_Y a \propto V^{0.7}$，问 Y_2 和 X_1 有何变化？

16. 某填料吸收塔，用清水吸收混合气体中有害组分。塔的填料层高度为 10m，平衡关系为 $Y_e = 1.5X$，正常情况下测得 $Y_1 = 0.02$，$Y_2 = 0.004$，$X_1 = 0.008$，求传质单元高度。今欲使 Y_2 减少到 0.002，液气比不变，计划将填料层高度增加，应增加多少？又若将加高部分改为另一个塔，另用等量的清水吸收，问排放浓度变为多少？

17. 有一吸收塔，填料层高度为 2.5m，可以从含 NH_3 6%（摩尔分数，下同）的空气中回收 97%的 NH_3。气体流率为 $620\text{kmol}/(\text{m}^2 \cdot \text{h})$，平衡关系为 $Y_e = 0.9X$。吸收剂为水，其流率为 $900\text{kmol}/(\text{m}^2 \cdot \text{h})$。若气体流率增加一倍，设体积吸收系数与 V 的 0.7 次方成正比，气体流率增加不会导致液泛，问：①若保持回收率不变，塔高变化多少？②若塔高不变，回收率变为多少？

本章主要符号说明

A：吸收因数
D：扩散系数（m^2/s）
E：亨利系数（Pa）
E：平衡常数（m^3/kg）
G_A：对流传质速率（kmol/s）
H：溶解度系数［$\text{kmol}/(\text{m}^3 \cdot \text{Pa})$］
H_{OG}：气相总传质单元高度（m）
H_{OL}：液相总传质单元高度（m）
J_A：以扩散速度表示的组分 A 的摩尔通量［$\text{kmol}/(\text{m}^2 \cdot \text{s})$］
K_G：气相总吸收系数［$\text{kmol}/(\text{m}^2 \cdot \text{s} \cdot \text{kPa})$］
L：长度（m）
K_L：液相总吸收系数［$\text{kmol}/(\text{m}^2 \cdot \text{s} \cdot \text{kmol}/\text{m}^3)$］或（m/s）
M：摩尔质量（kg/kmol）
K_X、K_Y：总吸收系数［$\text{kmol}/(\text{m}^2 \cdot \text{s})$］
N_A：吸收速率［$\text{kmol}/(\text{m}^2 \cdot \text{s})$］
L：纯吸收剂的摩尔流量（kmol/s）
S：脱吸因数
N_{OG}：气相总传质单元数
N_{OL}：液相总传质单元数
V：惰性气体的摩尔流量（kmol/s）
V：体积（m^3）
W：组分的质量比
X：液相中的摩尔比
Y：气相中的摩尔比
Z：床层高度（m）
a：单位体积填料的有效接触面积（m^2/m^3）
d：直径（m）
c：物质的量浓度（kmol/m^3）
p：压强（Pa）
k_G：气膜表面吸收系数［$\text{kmol}/(\text{m}^2 \cdot \text{s} \cdot \text{kPa})$］
u：速度（m/s）
k_L：液膜表面吸收系数［$\text{kmol}/(\text{m}^2 \cdot \text{s} \cdot \text{kmol}/\text{m}^3)$］或（m/s）
r：半径（m）
k_L：外扩散传质系数（m/s）
q_v：体积流量（m^3/s）
k_S：固体内扩散的传质系数［$\text{kg}/(\text{m}^2 \cdot \text{s})$］
m：相平衡常数
k_G^0：气膜对流传质系数［$\text{mol}/(\text{m}^2 \cdot \text{s} \cdot \text{Pa})$］
q_m：质量流量（kg/s）

k_L^0：液膜对流传质系数（m/s）

w_A：质量分数

x：液相中的摩尔分数

y：气相中的摩尔分数

z_G：气膜厚度（m）

ΔY_m：对数平均推动力

Ω：截面积（m^2）

τ：时间（s）

ε：床层空隙率

ν：运动黏度（m^2/s）

μ：黏度（Pa·s）

ρ：密度（kg/m^3）

Kn：纽特逊数（$Kn=l/d_p$）

Sc：施密特数

Nu：努塞尔特数

Pr：普兰德数

Re：雷诺数

参考文献

[1] McCabe W L, Smith J C, Harriott P. Unit operations of chemical engineering [M]. 6th ed. New York: McGraw-Hill, 2001.

[2] Toledo T R. Fundamental of food processing engineering [M]. Borlin: Springer Science Business Media, 2007.

[3] Triantafyllou V I, Akrida-Demertzi K, Demertzis P G. A study on the migration of organic pollutants from recycled paperboard packaging materials to solid food matrices [J]. Food Chemistry, 2006 (101): 1759-1768.

[4] 高福成. 食品工程原理 [M]. 北京：中国轻工业出版社，1998.

[5] 黄梦，苏丽媛，张丽红，等. 咖啡精油超临界 CO_2 萃取工艺优化及理化特性分析 [J]. 食品工业科技，2022，43（3）：145-154.

[6] 姜绍通，周先汉. 食品工程原理 [M]. 北京：化学工业出版社，2011.

[7] 李云飞，葛克山. 食品工程原理 [M]. 北京：中国农业大学出版社，2009.

[8] 刘伟民，赵杰文. 食品工程原理 [M]. 北京：中国轻工业出版社，2018.

[9] 吕树申，莫冬传，祁存谦. 化工原理 [M]. 北京：化学工业出版社，2022.

[10] 潘艳秋，吴雪梅. 化工原理 [M]. 北京：化学工业出版社，2017.

[11] 王志魁，向阳，王宇，等. 化工原理 [M]. 北京：化学工业出版社，2018.

[12] 夏青，贾绍义. 化工原理 [M]. 天津：天津大学出版社，2012.

[13] 杨祖荣，刘丽英，刘伟. 化工原理 [M]. 北京：化学工业出版社，2020.

[14] 姚玉英，陈常贵，柴诚敬. 化工原理 [M]. 天津：科学技术出版社，2010.

[15] 赵思明，熊善柏，林向东，等. 食品工程原理 [M]. 北京：科学出版社，2008.

第九章

CHAPTER 9

干燥

本章学习重点

通过本章的学习，学生需要了解干燥的意义及分类；掌握湿空气的焓湿图及其用法；掌握干燥系统的物料衡算与热量衡算、干燥过程的图解法；掌握干燥过程的传热传质以及干燥速率与干燥时间的计算。

课程思政点

第一节　概述

我国是一个农业生产及食品加工大国。2021 年，全国粮食总产量约为 6.8 亿 t。截至 2019 年底，我国食品工业生产总值为 8.09 亿元，占全国工业总产值的 8.20%，对全国工业增长贡献率为 7.7%。但由于我国产地交通不便和加工技术落后，我国粮食在产后环节损耗严重，尤其是在贮藏、运输和加工环节，每年损失量约 350 亿千克上下，造成巨大的经济损失。因此，针对农产品的采后干燥处理研究具有十分重要的意义。

干燥加工是大多数食品加工过程中不可缺少的操作单元，其目的主要是为了赋予食品贮藏性及输送性，赋予食品简便性，以及创造、开发新食品材料及新食品等。干燥是一种古老的操作，发展至今仍受到国内外科研人员的关注，也是农产品加工技术发展的研究热点。针对食品品种、形状及干燥需求的多样化，目前已开发出多种干燥技术与设备，在一定程度上满足了食品干燥需求，干燥工艺十分复杂，物料不同，对所需干燥产品的要求也就不同，干燥时间也会存在显著差异。另外，在干燥过程中不仅会发生物理变化（收缩、膨胀、结晶、变形和玻璃化转变等），也会发生化学变化，同时干燥过程中传热传质过程的变化，也值得进一步的研究。

无论是采取哪种干燥方式，将热量传递给食品并促使食品组织中水分向外迁移是食品干燥的基本过程。在此过程中既有热的传递也有质（即水分）的转移，因此，湿热传递是食品干燥研究的核心问题。

用加热的方法除去湿物料中的湿分以获得固体产品的单元操作称为干燥。

其中，干燥方法按加热方式可分为四大类。

（1）辐射干燥　热量通过电磁波的形式由辐射加热器传递给食品材料表面，再通过材料自身的热量传递，使内部的水分汽化，达到干燥的目的，如红外干燥。

（2）介电加热　在高频电场中，食品材料中的水分子处于高速旋转与振动，由此产生的热量使水分汽化，达到干燥的目的，如微波干燥。

（3）导热干燥　热量通过与食品物料接触的加热面直接导入，使材料中的水分汽化排除，达到干燥的目的。

（4）对流干燥　热量以对流的方式传递给湿物料，使食品材料中的水分汽化，汽化的水分又被空气带走以达到干燥的目的。如图 9-1 所示。

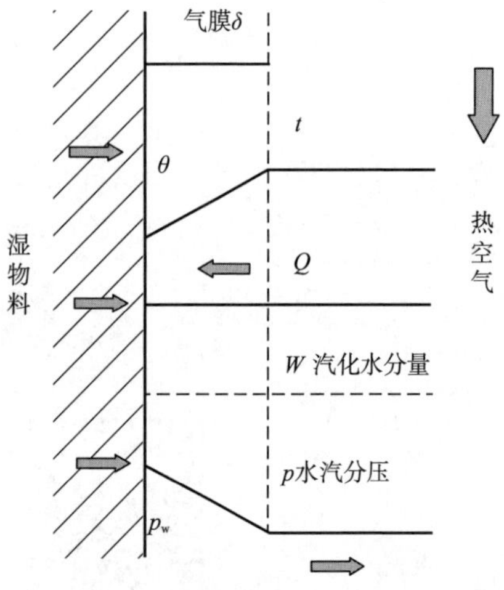

图 9-1　对流干燥过程示意图

干燥介质（热空气）将热量传给湿物料，热空气的温度（t）大于湿物料的温度（θ），物料表面水分汽化，并通过表面处气膜向热空气主体扩散；由于物料表面水分汽化，使物料内部与表面间产生水分差，热空气的水汽分压（p）小于湿物料表面水汽分压（p_w），致使水分由物料内部向表面进行扩散。

干燥操作包含传热过程和传质过程，热量总是由高温区向低温区传递，水分总是由高浓度（或高分压）区向低浓度（或低分压）区传递，物料表面的水分的分压必须大于干燥介质（空气）中水分的分压，此差值越大，推动力越大。干燥速率由传热速率和传质速率共同作用。

因此，干燥介质（空气）既是载热体又是载湿体。

第二节　湿空气的热力学性质

一、湿空气的性质

湿空气是干空气和水蒸气的混合物，在食品干燥过程中，湿空气起着传热与传质的作用，即湿空气将加热器提供的热量传输给食品，食品受热后蒸发出来的水分再由湿空气携带出去。湿空气的状态变化可以反映干燥过程中的量和质量传递状况，为此，我们首先需要了解描述湿空气性质的状态参数。

干燥过程中湿空气的水分含量是不断变化的，但绝干空气量没有变化，故为了计算方便，湿空气各种有关性质都是以 1kg 绝干空气为基准的。

（一）绝对湿度 ρ_s 和相对湿度 φ

绝对湿度为单位体积湿空气中水蒸气的含量，其值等于在水蒸气分压 p_v 下水蒸气的密度 ρ_v。对于不饱和湿空气，水蒸气的状态为过热状态，由理想气体方程得：

$$\rho_v = \frac{p_v}{R_v T} \tag{9-1}$$

式中　R_v ——水蒸气的气体常数，其值为气体常数 {8314.41 [$m^3 \cdot Pa/(kg \cdot K)$]} 与水蒸气的相对分子质量之比，即：

$$R_v = \frac{R}{M_v} = \frac{8314.41}{18.016} = 461.5 J/(kg \cdot K) \tag{9-2}$$

如果空气中水蒸气达到饱和，其饱和绝对湿度为：

$$\rho_v = \frac{p_s}{R_v T} \tag{9-3}$$

式中　p_s ——水蒸气饱和蒸气压，Pa。

在饱和状态下，空间内水蒸气分子的数目已经达到了极限，再增加就会使分子被挤压而液化，所以这时候的湿空气已不具备继续吸收水分的能力。为了衡量湿空气的不饱和程度，反映湿空气吸收水汽的能力，这里要引进“湿度比”的概念，也就是我们常说的相对湿度 φ，即湿空气中水蒸气分压与同温度下水的饱和蒸气压之比，其表达式为：

$$\varphi = \frac{\rho_v}{\rho_s} = \frac{p_v}{p_s} \tag{9-4}$$

其中，湿空气的 φ 值越小，吸收水汽的能力就越强。对于饱和湿空气，$p_v = p_s$，$\varphi = 1$（或 100%）。此时，饱和湿空气就不能用作干燥介质。对于绝干空气，$p_v = 0$，$\varphi = 0$，即湿空气中不含水分，而这时的空气具有最大的吸收水汽的能力。在实际情况中，ρ_s 和 p_s 是湿空气在相同温度下 ρ_v 和 p_v 的最大值。

（二）湿含量 H

湿含量又称湿度，为湿空气中水蒸气的质量（m_v）与绝干空气的质量（m_a）之比，也可以理解为单位质量（1kg）绝干空气中所容纳的水蒸气质量。

$$H = \frac{m_v}{m_a} = \frac{n_v M_v}{n_a M_a} = \frac{18.016}{28.959} \frac{p_v}{P - p_v} = 0.622 \frac{p_v}{P - p_v} \tag{9-5}$$

式中　H——湿含量也就是空气的湿度，kg 水蒸气/kg 绝干空气；

n——物质的量；

M——摩尔质量，kg/kmol；

P——湿空气总压，Pa 或 kPa。

当湿空气中的水蒸气分压等于该温度下的饱和蒸气压时，空气达到饱和，此时的湿度称为饱和湿度，用 H_s 表示，即：

$$H_s = 0.622 \frac{p_s}{P - p_s} \tag{9-6}$$

湿含量与相对湿度的关系可用下式表达：

$$H = 0.622 \frac{\varphi p_s}{P - \varphi p_s} \tag{9-7}$$

综合来看，由相对湿度可以判断该湿空气能否作为干燥介质，而湿度只表示湿空气中含水量的绝对值，不能反映湿空气的干燥能力。

（三）湿空气的湿比容 v_H

单位质量的物质所占有的体积称为比容，而湿空气的湿比容是指含有 1kg 绝干空气的湿空气所占有的体积（m^3/kg 绝干空气）。根据定义可写出：

v_H = 1kg 绝干空气的体积+H kg 水蒸气的体积：

$$v_H = \left(\frac{1}{29} + \frac{H}{18}\right) \times 22.4 \times \frac{t + 273}{273} \times \frac{P_0}{P} \tag{9-8}$$

或者写成：

$$v_H = (0.772 + 1.244H) \times \frac{t + 273}{273} \times \frac{P_0}{P} \tag{9-9}$$

式中 v_H——湿比容，m^3 湿空气/kg 绝干空气；

t——温度，℃；

P_0——标准大气压，Pa 或 kPa。对常压湿空气，$P_0/P = 1$。

（四）湿空气的比热容 c_H

比热容是指单位质量物体改变 1℃ 时吸收或释放的热量。而湿空气比热容则是湿空气中 1kg 绝干空气及其所带的 H kg 水蒸气的温度升高 1℃ 时所需吸收的热量，根据定义可写出：

$$c_H = c_a + Hc_v \tag{9-10}$$

式中 c_H——湿空气的比热容，kJ/（kg 绝干空气・℃）；

c_a——绝干空气的比热容，kJ/（kg 绝干空气・℃）；

c_v——水蒸气的比热容，kJ/（kg 水蒸气・℃）。

将绝干空气及水蒸气的平均比热容（0~120 ℃）代入可得：

$$c_H = 1.0 + 1.93H \tag{9-11}$$

（五）湿空气的热含量（焓）I

焓是单位质量的物质所含有的全部热能。湿空气的热含量 I 是指含单位质量绝干空气的湿空气的焓。在具体应用时，以 0℃ 为基温，规定 0℃ 的绝干空气和 0℃ 的液态水的焓值为零。

$$I = c_a t + (L_{v0} + c_v t)H = 1.01t + (2500 + 1.93t)H \tag{9-12}$$

式中 I——湿空气的焓，kJ/kg 绝干空气；

t——湿空气的温度，℃；

L_{v0}——0℃ 液态水的汽化潜热，kJ/kg。

（六）干球温度 t 和湿球温度 t_w

干球温度 t 是用一般温度计所测得的空气温度；湿球温度 t_w 是用湿球温度计所测得的空气温度，即在同等焓值空气状态下，空气中水蒸气达到饱和时的空气温度。其中，湿球温度计是将温度计的感温部分包以湿纱布，使其始终处于润湿状态所构成的温度计（图 9-2）。

假设湿纱布中水分的温度与空气的温度相同：

（1）由于湿纱布表面的水蒸气分压大于空气中水气分压，湿纱布中的水分向空气流中汽化和扩散。

（2）由于空气和水分之间没有温度差，所以水分汽化所需的潜热不可能来自空气，只能来自水分本身，从而使水的温度下降。

（3）当水的温度低于空气的干球温度时，热量将由空气传递给湿纱布中水分。

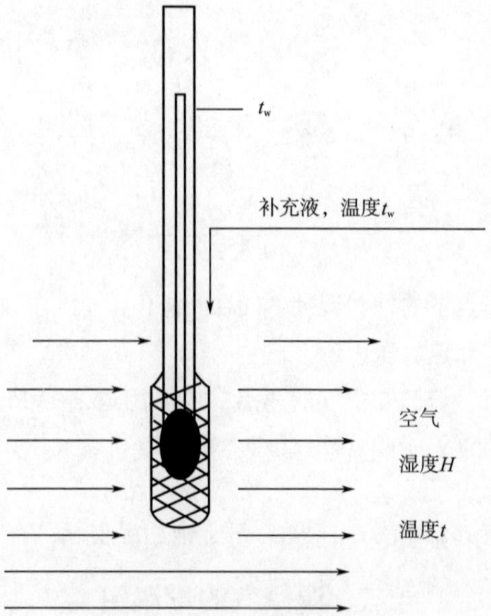

图 9-2　湿球温度的测量

（4）直到由空气至湿纱布的传热速率焓等于自湿纱布表面汽化水分所需的传热速率，从而达到平衡状态。

湿纱布中的水温就保持恒定，此时，湿球温度计所指示的平衡温度就是该空气的湿球温度。

传热达到平衡时，有：

$$Q = \alpha A(t - t_w) = k_H A(H_s - H)L_v \tag{9-13}$$

$$t_w = t - \frac{K_H L_v}{\alpha}(H_{s,t_w} - H) \tag{9-14}$$

式中　k_H——汽化系数，kg/(m²·s)；

L_v——水在 t_w 下的汽化潜热，kJ/kg；

α——对流传热系数，kW/(m²·℃)；

A——对流传热面积，m²；

H_{s,t_w}——湿球温度下空气的饱和湿度，kg/kg 绝干空气。

此外，通过干湿球的温度差，便可以推导出空气的湿度等参数。

（七）绝热饱和冷却温度 t_{as}

在一个绝热系统中，湿空气与液体接触足够长的时间达到平衡时，湿空气便达到饱和。此时气相和液相为同一温度。在达到平衡的过程中，气相显热的减少等于部分液体汽化所需的潜热，因而湿空气在饱和过程中的焓保持不变。此平衡温度称为绝热饱和温度 t_{as}，实验证明，对于湍流状态下的水蒸气-空气系统，湿球温度近似地等于绝热饱和温度，即：

$$t_w \approx t_{as}$$

（八）露点 t_d

湿空气的露点 t_d 是不饱和空气在其总压和湿度保持不变的情况下，被冷却降温达到饱和状态时的温度。若湿空气的温度降低到露点以下，则所含超过饱和部分的水蒸气将以液态水的形式凝结出来。

由于湿度不变，因此有：

$$H = H_{s,t_d} = 0.622\frac{p_v}{P-p_v} = 0.622\frac{p_{s,t_d}}{P-p_{s,t_d}} \tag{9-15}$$

$$p_{s,t_d} = \frac{H_{s,t_d}P}{0.622+H_{s,t_d}} \tag{9-16}$$

式中 H_{s,t_d}——湿空气在露点下的饱和湿度，kg/kg 绝干空气；

p_{s,t_d}——露点下的饱和蒸气压，Pa。

因此，在一定的总压下，若已知空气的露点，可以用式（9-15）算出空气的湿度；反之，若已知空气的湿度，可用式（9-16）算出露点下水的饱和蒸气压，再从水蒸气表中查出相应的温度，即为露点 t_d。

对于不饱和湿空气，有 $t>t_w$（或 t_{as}）$>t_d$；对于饱和湿空气，有 $t=t_w$（或 t_{as}）$=t_d$。

二、湿空气的焓湿图

由前面的计算公式可以看出，只要知道湿空气的两个相互独立的参数，湿空气的状态便能被确定，其他参数也就均可计算得出，但甚为烦琐。工程上将湿空气各参数间的关系标绘在坐标图上，只要知道湿空气任意两个独立参数，即可从图上查出其他参数，这样既避免了试差计算，在图上表示干燥过程中空气的状态变化又直观明了，便于分析。常用的图有湿度-焓（*H*-*I*）图、温度-湿度（*t*-*H*）图等，其中 *H*-*I* 图应用较为广泛，因此，本章介绍的是 *H*-*I* 图。

湿空气的 *H*-*I* 图如图 9-3 所示，该图用总压为 1.013×10^5Pa 的数据制得，并以 1kg 绝干空气为基准。若系统总压与常压相差较大，则不能应用此图。图中两个坐标轴的夹角是 135°，这样便于图中各曲线能够分散开，提高了查取数据的准确性。与此同时，为了便于读数并节省图的幅面，将斜轴（图中没有将斜轴全部画出）上的数值投影在水平辅助轴上。

湿空气的 *H*-*I* 图是由以下诸线组成的。

1. 等湿度线（等 *H* 线）群

等湿度线是一系列平行于纵轴的直线。图 9-3 中 *H* 的数值范围为 0~0.2kg/kg 绝干空气。

2. 等焓线（等 *I* 线）群

等焓线是一系列平行于斜轴的直线，图 9-3 中 *I* 的读数范围为 0~680kJ/kg 绝干空气。

3. 等干球温度线（等 *t* 线）群

等干球温度线是一系列向上倾斜但互不平行的直线群，数值 0~250℃。在一定温度 *t* 下，*H* 与 *I* 呈线性关系。而且等 *t* 线斜率是温度的函数，因此等温线是不平行的，温度越高，等温线的斜率越大。

4. 等相对湿度线（等 φ 线）群

当总压一定时，任意规定相对湿度值 φ，上式变为 *H* 与 p_s 的关系式，而 p_s 又是温度的函数。依此算出着干组 *H* 与 *t* 的对应关系，并标绘于 *H*-*I* 坐标图中，即为一条等 φ 线，取一系列的 φ 值，可得一系列等 φ 线。等相对湿度线是一系列向上倾斜弯曲的曲线群，图 9-3 中共有 11 条等线，由 $\varphi=5\%$ 到 $\varphi=100\%$。其中，$\varphi=100\%$ 的等线称为饱和空气线，该线上任一点均表示湿空气处于饱和状态，此时空气被水汽所饱和。

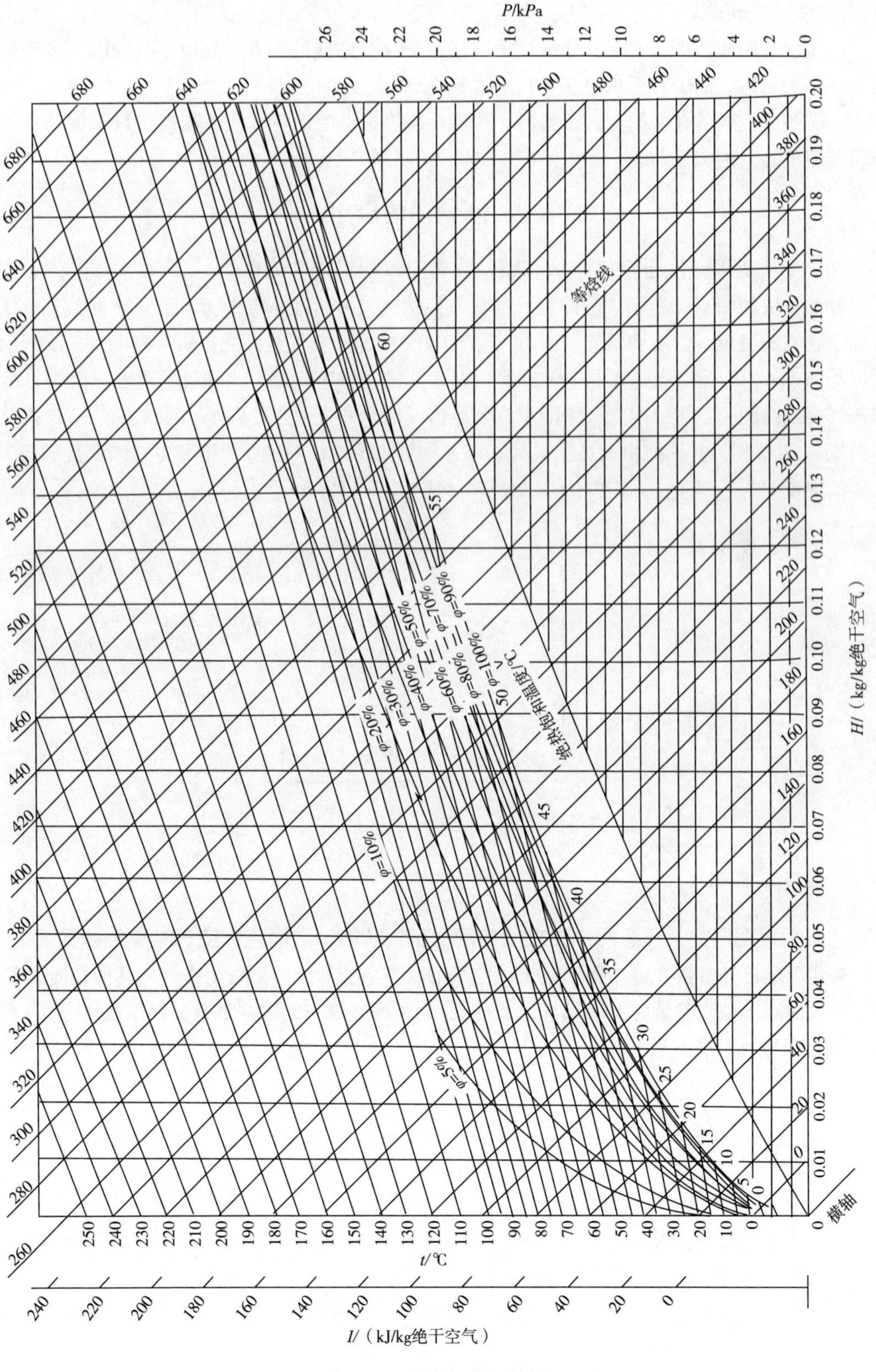
P/kPa
H/（kg/kg绝干空气）
等焓线
绝热饱和温度/℃
φ=5%
φ=10%
φ=20%
φ=30%
φ=40%
φ=50%
φ=60%
φ=70%
φ=80%
φ=90%
φ=100%
横轴
t/℃
I/（kJ/kg绝干空气）

图 9-3　湿空气的湿焓图

5. 水蒸气分压线

为了保持图面清晰，水蒸气分压线绘制在 $\varphi=100\%$ 曲线的下方，数值 0~18kPa，分压坐标则是在图的右边。图中右下角的一系列水平直线群，

在有些湿空气的性质图上，还给出比热容与湿度 H、绝干空气比体积与温度、饱和空气比体积与温度之间的关系曲线。

三、湿焓图的应用

（一）根据湿焓图上空气的状态点，查看空气的其他性能参数

具体方法如图 9-4 所示。已知空气的状态点为 A，由通过 A 点的等 t 线、等 H 线、等 I 线可确定 A 点的温度、湿度和焓。等 H 线与 $\varphi=100\%$ 的饱和空气线的交点所对应的等 t 线所示的温度为露点 t_d，因为露点是在湿空气湿度为 H 不变的条件下冷却至饱和时的温度。由等 H 线与水蒸气分压线的交点读出湿空气中的水汽分压值。对水蒸气-空气系统，湿球温度 t_w 与绝热饱和温度 t_{as} 近似相等，因此由通过空气状态点 A 的等 I 线与 $\varphi=100\%$ 的饱和空气线交点的等 t 线所示的温度即为 t_w 或 t_{as}。图中明显显示出对于不饱和空气，$t>t_w$ 或 $t_{as}>t_d$。

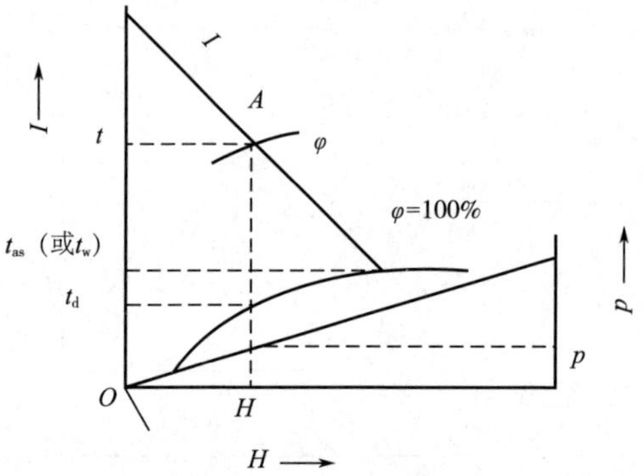

图 9-4　$H-I$ 图的应用

（二）根据湿空气任意两个独立参数确定空气状态，进而查询空气的其他参数

先用两个已知参数在 $H-I$ 图上确定该空气的状态点，然后即可查出空气的其他性质。若已知湿空气的两个独立参数为：$t-t_w$、$t-t_d$、$t-\varphi$，则可通过这三组独立参数，根据图 9-5（1）~（3）确定湿空气的状态点 A。

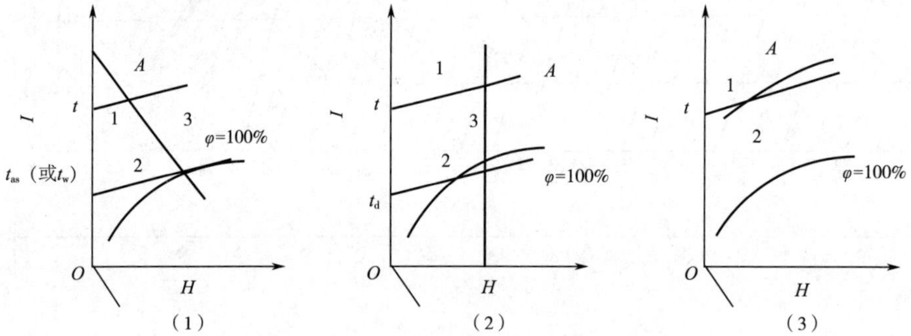

图 9-5　在 $H-I$ 图中确定湿空气的状态点

应注意，必须是两个相互独立的参数才能够确定空气的状态。而 t_d-H、p-H、t_d-p、t_w-I、t_{as}-I 等都不是相互独立的，它们不是在同一条等 H 线上就是在同一条等 I 线上，因此根据上述各组数据不能在 H-I 图上确定空气状态点。

（三）湿空气的基本状态变化过程

1. 间壁式加热和冷却（等湿加热或冷却）

特点：等湿过程，过程线为直线，加热时焓值增大，冷却时焓值则减小（图 9-6）。

2. 间壁式冷凝减湿过程（图 9-7）

（1）当湿空气被冷却至露点时，空气达到饱和状态，湿空气中的水蒸气就开始在冷却面上凝结出来。

（2）随着冷却过程的进行，水分也不断析出，而温度则不断降低，但空气始终维持在饱和状态。这时，过程线主要沿 $\varphi=100\%$ 线变化。

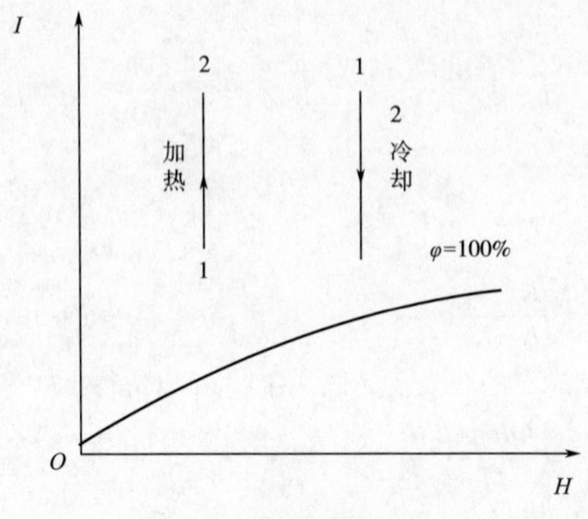

图 9-6　等湿加热或冷却

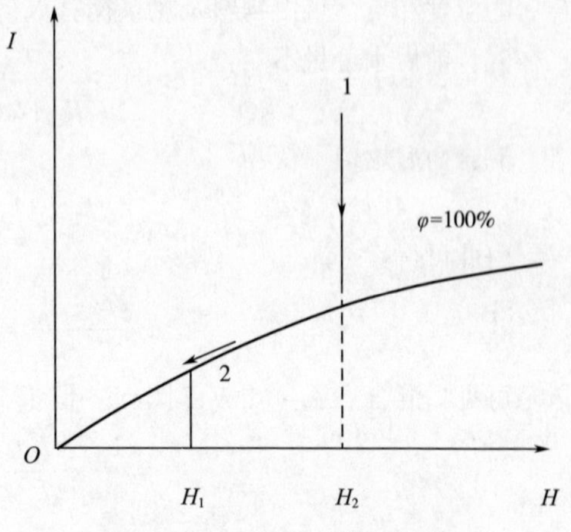

图 9-7　间壁式冷凝减湿过程

【例 9-1】 空气的温度为 30℃，露点温度为 12℃，问：①当冷却到 16 ℃时，相对湿度为多少？②有 600m³ 的空气，当温度从 30℃冷却到 2℃时，能失去多少千克水？

解：

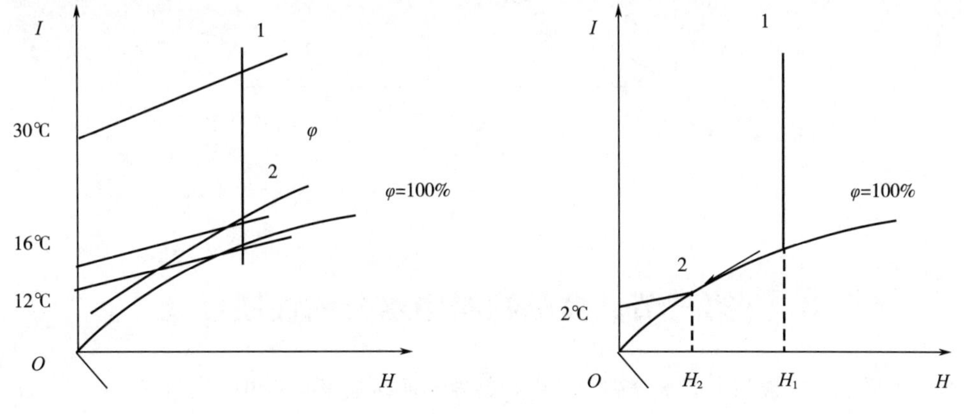

例 9-1 附图

①等湿冷却过程：见例 9-1 附图。首先确定新鲜空气的状态点（$H_1=0.0088$，$\varphi_1=33\%$），然后作等湿线与 $t=16℃$ 的等温线相交，可读得过此交点的 φ 值为 80%。

②冷凝减湿过程：见例 9-1 附图。先由等温线 $t=2℃$ 与 $\varphi=100\%$ 线的交点可读得 $H_2=0.0043$kg/kg 绝干空气。然后计算新鲜空气的湿比容以求绝干空气量 L。

$$L=\frac{V}{v_H}=\frac{600}{0.87}=690(\text{kg 绝干空气})$$

$$v_H=\left(\frac{1}{29}+\frac{0.0088}{18}\right)\times 22.4\times\frac{273+30}{273}=0.869(\text{m}^3/\text{kg 绝干空气})$$

除去的水分量：

$$W=L(H_1-H_2)=690\times(0.0088-0.0043)=3.11\ (\text{kg})$$

（四）不同状态湿空气的混合过程

设有两股空气，对应的绝干空气量为 L_1 和 L_2，对应的状态为（H_1，I_1）和（H_2，I_2），混合后的湿度和焓值可由物料及热量衡算求得。

混合前后水分量不变：

$$L_1H_1+L_2H_2=(L_1+L_2)H_m \tag{9-17}$$

混合前后焓值不变：

$$L_1I_1+L_2I_2=(L_1+L_2)I_m \tag{9-18}$$

由此可得：

$$\frac{H_2-H_m}{I_2-I_m}=\frac{H_m-H_1}{I_m-I_1}=\frac{H_2-H_1}{I_2-I_1} \tag{9-19}$$

可见，混合点 m（在 H-I 图上）位于 1、2 两状态点的联线上（图 9-8）。可以解得：

$$I_m=\frac{L_1I_1+L_2I_2}{L_1+L_2}\qquad H_m=\frac{L_1H_1+L_2H_2}{L_1+L_2}$$

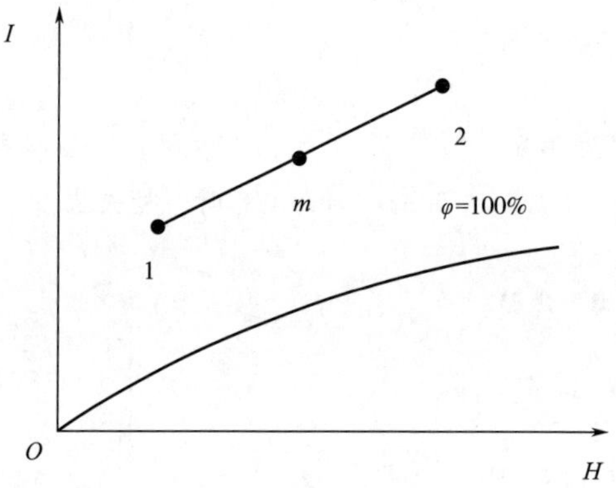

图 9-8 H-I 图

第三节 食品物料中水分的性质

由于干燥过程中被除去的水分必须先由物料内部迁移至表面，再由表面汽化而进入干燥介质，干燥速率不仅取决于湿空气的状态和流速，还与物料中所含水分的性质有关，水分在物料内部的扩散速率与物料结构以及物料中的水分性质有关。除去物料中水分的难易程度取决于物料与水分的结合方式，所以我们需要了解物料中水分的性质。

一、食品物料中水分的表示法

食品水分又称为食品含水率，以百分数或小数表示，水分的表达方式有湿基含水量和干基含水量两种。

1. 湿基含水量 w

湿物料中含有的水分质量与湿物料的总质量之比即为湿基含水量，用 w 表示，单位为 kg 水分/kg 湿料，即：

$$w = \frac{湿物料中水分质量}{湿物料的总质量} \tag{9-20}$$

2. 干基含水量 X

湿物料中含有的水分质量与绝干物料的质量之比为干基含水量，用 X 表示，单位为 kg 水分/kg 绝干料，即：

$$X = \frac{湿物料中水分质量}{湿物料中绝干物料质量} \tag{9-21}$$

在干燥过程中，绝干物料的质量是不会发生变化的，所以在与干燥相关的计算中采用干基含水量更为方便，二者之间的换算关系为：

$$w = \frac{X}{1+X} \tag{9-22}$$

$$X = \frac{w}{1-w} \tag{9-23}$$

二、食品物料中水分的存在形式

（一）平衡水分 X^* 及自由水分

当物料与一定状态的空气接触后，物料将释出或吸入水分，直到物料表面的水汽分压与空气中的水汽分压相等为止，此时物料的含水量称为物料在该空气状态下的平衡含水量，又称平衡湿含量或平衡水分，用 X^* 表示，单位为 kg 水分/kg 绝干料。

只要空气状态恒定，物料的平衡含水量不会因与空气接触时间的延长而改变，物料中的水分与空气中的水分处于动态平衡。平衡含水量是一定干燥条件下不能被除去的那部分水分，是物料在该条件下被干燥的极限。

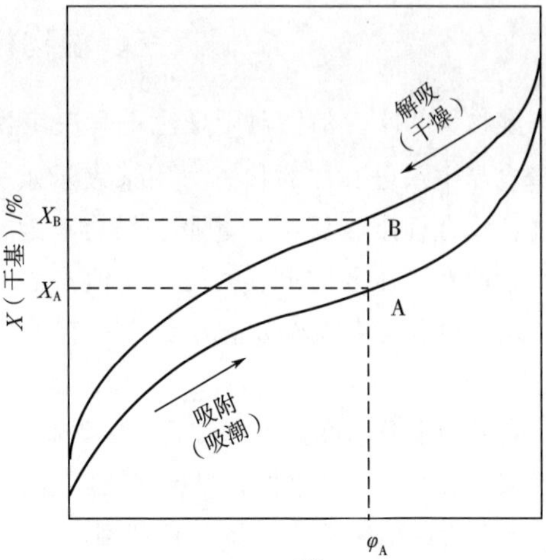

图 9-9　吸附等温线和解吸等温线

注：φ 为空气的相对湿度（温度恒定）。

在一定温度下，当物料被置于在相对湿度为 φ_A 的空气中时，湿含量低于 X_A 的物料是不能被干燥的，相反，物料将吸湿。干燥过程是一个解吸过程，也就是说当空气相对湿度为 φ_A 时，湿含

量高于 X_B 的物料才可以被干燥，如图 9-9 所示。

物料中超过 X^* 的那部分水分称为自由水分，这种水分可以用干燥方法除去。物料中平衡含水量与自由含水量的划分不仅与物料的性质有关，还与空气的状态有关。

（二）结合水分与非结合水分

物料中的水分还可根据其被脱除的难易程度分为结合水和非结合水。物料中吸附的水分和孔隙中的水分为非结合水，它与物料以机械力结合，一般结合力较弱，非结合水产生的蒸气压与同温度下纯水的饱和蒸气压相同，它的汽化与纯水表面的汽化相同，故极易用干燥方法除去。物料中细胞壁内的水分及小毛细管内的水分属于结合水，它与物料以化学力或物理化学力结合，结合力较强，其蒸气压低于同温度下纯水的饱和蒸气压，故较难于用干燥方法除去。

在恒定的温度下，物料的结合水与非结合水的划分只取决于物料本身的特性，而与空气状态无关。结合水与非结合水都难以用实验方法直接测得，但根据它们的特点，可将平衡曲线外延与空气相对湿度 100%线相交而获得。物料的总水分、平衡水分与自由水分、非结合水分与结合水分之间的关系如图 9-10 所示。

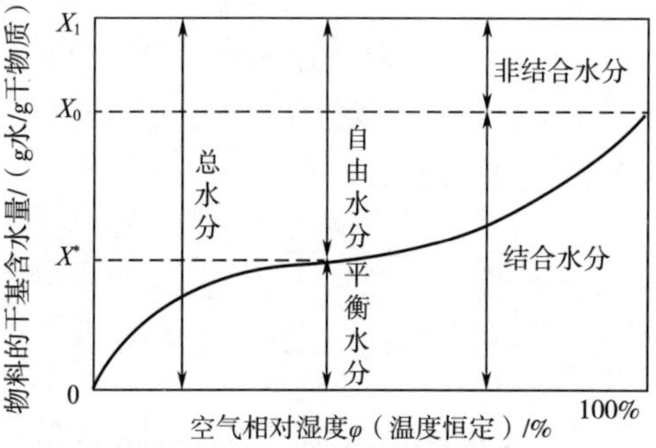

图 9-10　水分存在形式示意图

三、湿物料的水分活度 A_w

湿物料的水分活度对干燥速率有决定性作用，是湿物料干燥的重要因素。水分活度 A_w 是指食品中水分存在的状态，用来表示水分与食品的结合程度也就是所谓的游离程度。A_w 越高，结合程度越低；A_w 越低，结合程度越高。水分活度 A_w 通常以一定温度下食品物料表面水分的蒸气压与纯水蒸气压的比值来表示。而且，蒸气压不仅与温度有关，同时也与物料中水分的化学势与纯水化学势之差有关。对于纯水，活度 $A_w=1$；对于与物料相结合的水分，$A_w<1$。

食品的水分活度直接与食品的保藏性有关，如图 9-11 和图 9-12 所示。食品中的水分活度低于某一限度时，微生物就很难繁殖。通常情况下，当水分活度>0.95 时，微生物繁殖就会很快，若低于此值，则会明显受到抑制。实用上，一般假定水分活度≤0.75 时，可认为微生物的繁殖或其他生命活动几乎全部停止。

当湿物料与一定温度和湿度的空气相接触时，湿物料将排除水分或吸收水分。设空气的温度为 T℃，相对湿度为 φ，并假定其状态保持不变。湿物料与该空气充分接触后达到平衡，其温度也应为 T℃，且物料中水分蒸气压应等于空气中的水蒸气分压。因此，在达到平衡之后，物料中的水分活度应等于空气的相对湿度。

由此可知，当物料中的水分活度大于空气的相对湿度时，物料将失去水分，水分活度降低；反之，当物料中的水分活度小于空气的相对湿度时，物料将吸收水分，水分活度随之提高。所以，与一定状态的空气达到平衡时的物料，最终必定有一水分含量与之对应，这个水分称为平衡水分 M_e 或平衡湿度。在一定温度下，平衡水分与空气相对湿度的关系曲线称为吸附等温线。表 9-1 罗列出若干种食品的平衡水分。

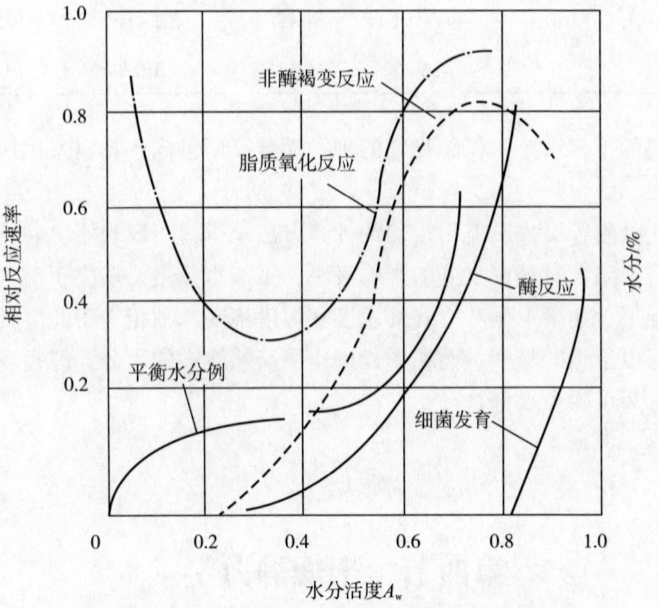

图 9-11　水分活度与食品生化反应速率关系

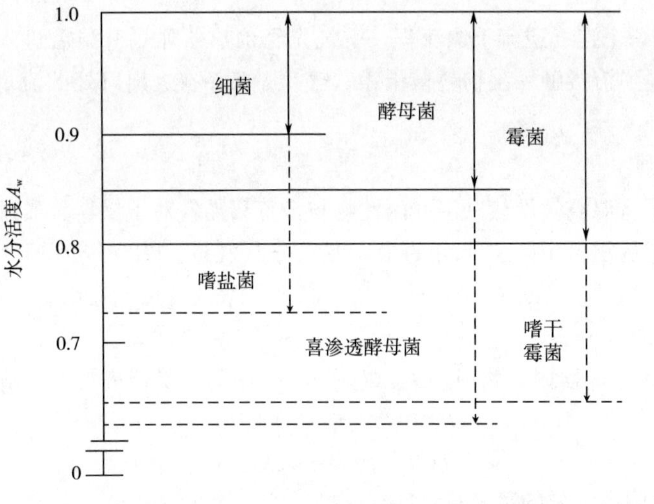

图 9-12　水分活度与微生物生长关系

表 9-1　　若干食品的平衡水分（湿基，25℃）

品种	空气相对湿度 φ/%						
	15	30	45	60	75	90	100
面粉	6.7	9.1	10.8	12.7	15.0	19.1	24.5
大米	6.6	9.2	11.3	13.4	15.6	18.8	—
玉米	6.4	8.4	10.5	12.9	14.8	19.1	23.8
大麦	6.0	8.4	10.0	12.1	14.4	19.5	26.8
燕麦	5.7	8.0	9.6	11.8	13.8	18.5	24.1

由此可见，物料的平衡水分不仅随物料的种类而异，而且同一物料又因所接触的空气性质的不同而有所差异。

由于多种原因，吸附等温线不能用精确的计算方法求得，一般采用实验测定的方法。实际上对大多数物料而言，温度对平衡水分的影响极小，平衡水分主要取决于空气的相对湿度。

在任何干燥情况下，如果干燥湿空气的温度和湿度不变，则相当于此空气状态下的物料平衡水分即为此物料可以干燥的限度。而在干燥操作中所能除去的水分，即是物料中所含大于平衡水分的水分，故称为可除去水分。

第四节　干燥静力学

一、干燥系统的物料衡算与热量衡算

图 9-13 所示是一个连续逆流干燥流程，空气先经预热器加热升温后进入干燥器，热空气在干燥器内与湿物料逆流接触，湿物料被干燥。气、固两相在进出口处的流量、含水量、温度及焓均标注于图中。

（一）物料衡算

由于预热器只是将湿空气加热升温，因此物料衡算只需针对干燥器，通过对干燥器的物料衡算，可以算出：①从物料中除去水分的量，即水分蒸发量；②空气消耗量；③干燥产品的流量。

1. 水分蒸发量 W

以 1s 为基准，设干燥器内无物料损失，对图 9-13 中的干燥器进行物料衡算得：

$$LH_1 + GX_1 = LH_2 + GX_2 \tag{9-24}$$

$$W = L(H_2 - H_1) = G(X_1 - X_2) \tag{9-25}$$

式中　W——单位时间内水分的蒸发量，kg/s；

G——单位时间内绝干物料的质量流量，kg 绝干料/s。

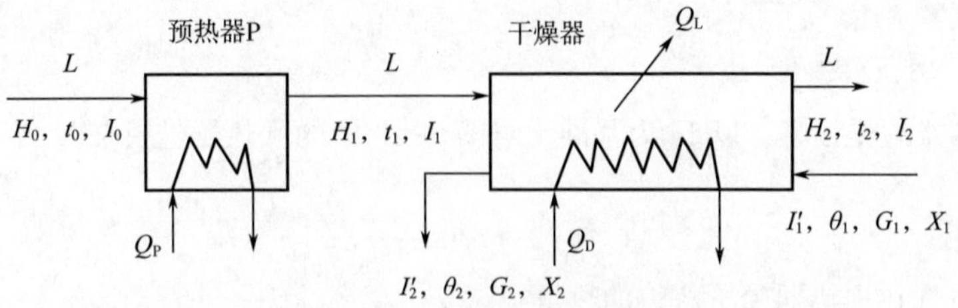

图 9-13 连续逆流干燥流程示意图

注：H_0、H_1、H_2—湿空气进入预热器、进入干燥器和离开干燥器时的湿度，kg/kg 绝干空气；

I_0、I_1、I_2—湿空气进入预热器、进入干燥器和离开干燥器时的焓，kJ/kg 绝干空气；

t_0、t_1、t_2—湿空气进入预热器、进入干燥器和离开干燥器时的温度，℃；

L—绝干空气的质量流量，kg 绝干空气/s；

Q_P—单位时间内预热器的加热量，kW；

G_1、G_2—湿物料进入和离开干燥器时的流量，kg 湿物料/s；

θ_1、θ_2—湿物料进入和离开干燥器时的温度，℃；

X_1、X_2—湿物料进入和离开干燥器时的干基含水量，kg 水分/kg 绝干料；

I'_1、I'_2—湿物料进入和离开干燥器时的焓，kJ/kg 绝干料；

Q_D—单位时间内向干燥器内补充的热量，kW；

Q_L—干燥器的热损失速率（若干燥器采用输送装置输送物料，则装置带出的热量也应计入热损失中），kW。

2. 空气消耗量 L

由式（9-25）得：

$$L = \frac{G(X_1 - X_2)}{H_2 - H_1} = \frac{W}{H_2 - H_1} \tag{9-26}$$

式中 L——单位时间内绝干空气的质量流量，kg 绝干空气/s。

式（9-26）的等号两侧均除以 W，得：

$$l = \frac{L}{W} = \frac{1}{H_2 - H_1} \tag{9-27}$$

式中 l——单位空气消耗量，kg 绝干空气/kg 水分，即每蒸发 1kg 水分所消耗的绝干空气量。

3. 干燥产品流量 G_2

由于假设干燥器内无物料损失，因此，进出干燥器的绝干物料量不变，即：

$$G = G_2(1 - w_2) = G_1(1 - w_1) \tag{9-28}$$

$$G_2 = \frac{G_1(1 - w_1)}{1 - w_2} = \frac{G_1(1 + X_2)}{1 + X_1} \tag{9-29}$$

式中 w_1——物料进入干燥器时的湿基含水量，kg 水/kg 湿物料；

w_2——物料离开干燥器时的湿基含水量，kg 水/kg 湿物料。

应注意区别 G_2 与 G 的不同之处，干燥产品 G_2 是指离开干燥器的物料的流量，其中包括绝干物料 G 以及仍然含有的少量水分，实际上就是含水分较少的湿物料。

（二）热量衡算

通过干燥系统的热量衡算，可以得到：①预热器消耗的热量；②向干燥器补充的热量；③干燥过程消耗的总热量。从而可以确定预热器的尺寸、加热介质用量、干燥器的传热面积与干燥系统热效率等。

1. 对预热器的热量衡算

若忽略预热器的热损失，以 1s 为基准，对图 9-13 中的预热器进行热量衡算，得预热器耗热量为：

$$Q_P = L(I_1 - I_0) \tag{9-30}$$

式中 Q_P——空气在预热器中所获得的热量，kW。

2. 对干燥器的热量衡算

同样以 1s 为基准，对干燥器进行热量衡算得：

$$Q_D = L(I_2 - I_1) + G(I'_2 - I'_1) + Q_L \tag{9-31}$$

式中 Q_D——向干燥器补充的热量，kW；

Q_L——干燥器的热损失，kW。

3. 对整个干燥系统的热量衡算

同样以 1s 为基准，对整个干燥系统进行热量衡算得：

$$Q = Q_P + Q_D = L(I_2 - I_0) + G(I'_2 - I'_1) + Q_L \tag{9-32}$$

式（9-32）也可由式（9-30）、式（9-31）相加得到，式（9-30）、式（9-31）与式（9-32）为连续干燥系统热量衡算的基本方程式。

$$\varepsilon = \frac{I_2 - I_1}{H_2 - H_1} \tag{9-33}$$

式中 ε——每汽化 1kg 水分，干燥器净收入的热量，kJ/kg 汽化水。

此干燥系统的物料衡算与热量衡算也同样适用于湿物料在常压热风干燥过程中的相关计算。

（三）干燥系统的热效率

热效率是指用于蒸发水分所需的热量与输入干燥系统的总热量之比，即：

$$\eta = \frac{Q_v}{Q} = \frac{Q_v}{Q_P + Q_D} \times 100\% = \frac{W(2500 + 1.93t_2 - 4.187\theta_1)}{Q_P + Q_D} \times 100\% \tag{9-34}$$

式中 Q_v——蒸发水分所需要的热量，kW。

若忽略湿物料中水分带入系统中的焓，即：

$$Q_v \approx W(2500 + 1.93t_2) \tag{9-35}$$

则干燥系统的热效率为：

$$\eta = \frac{W(2500 + 1.93t_2)}{Q} \times 100\% \tag{9-36}$$

至于理想干燥器，其热效率可以用下式表达：

$$\eta = \frac{t_1 - t_2}{t_1 - t_0} \times 100\% \tag{9-37}$$

干燥系统的热效率反映过程进行的能耗及热利用率，是干燥过程的重要经济指标。可通过以下措施降低干燥操作的能耗，提高干燥器的热效率：

1. 提高 H_2 而降低 t_2

提高 H_2 可降低空气用量，降低 t_2 可减少废气带走的热量。干燥器的主要热量消耗在蒸发水分的热量和废气带走的热量，后者占总热量的 20%~40%，有时甚至高达 60%，因此，降低 t_2 可有效提高干燥系统的热效率。但这样会降低干燥过程的传质、传热推动力，降低干燥速率。特别是对于吸水性物料的干燥，空气出口温度应高些，而湿度则应低些，即相对湿度要低些。在实际干燥操作中，一般空气离开干燥器的温度需比进入干燥器时的绝热饱和温度高 20~50℃，这样才能保证在干燥系统后面的设备内不致析出水滴，否则可能使干燥产品返潮，且易造成管路的堵塞和设备材料的腐蚀。

2. 提高空气入口温度 t_1

提高 t_1 可降低空气用量，从而降低废气带走的热量，提高干燥器的热效率。但对热敏性物料和易产生局部过热的干燥器，入口温度不能过高。在气流干燥器中，颗粒表面的蒸发温度比较低，因此，入口温度可高于产品变质温度。

3. 利用废气

利用废气来预热空气或物料，或采用废气部分循环操作，以回收被废气带走的热量，减少空气用量，可提高干燥操作的热效率。采用废气循环操作时空气进入干燥器的温度低，特别适合于热敏性物料，而且可利用低品位热源。

4. 采用二级干燥

乳粉的干燥，第一级采用喷雾干燥，获得湿含量为 0.06~0.07 的粉状产品；第二级采用体积较小的流化床干燥器，获得湿含量为 0.03 的产品。这样，可节省总能量的 80%。二级干燥可提高产品的质量并节能，尤其适用于热敏性物料。

5. 利用内换热器

在干燥系统内设置换热器称为内换热器，它可减少能量供给，降低空气用量，提高热效率。

此外，加强干燥设备和管路的保温，减少干燥系统的热损失；在前面的操作（如过滤、离心分离等）中尽量降低物料的含水量，降低干燥系统的蒸发负荷；对负压操作的干燥器加强设备密封，减少冷空气漏入系统等措施，也是提高干燥效率的重要途径。

【例 9-2】 在一等焓干燥器内将含水率为 24%（湿基）的物料干燥至 15.5%（湿基）。原料处理量为 4200kg/h，如果干燥空气从温度为 5℃、相对湿度为 60% 的环境状态下加热至 43℃，试确定风机的风量（m^3/h）和预热器加热量。假定从该物料中排出的废气相对湿度为 98%。

解： 该过程空气的状态变化如例 9-2 附图所示（0→1→2）。

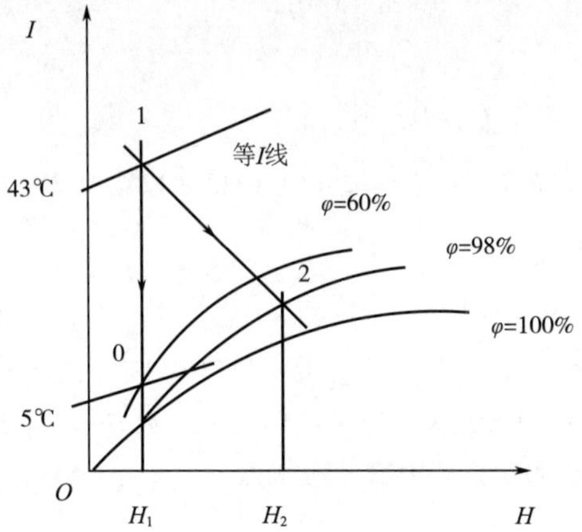

例 9-2 附图

①汽化的水分量 W

$$G=4200\times(1-0.24)=3192\ (\text{kg/h})$$

$$X_1=\frac{0.24}{1-0.24}=0.3158$$

$$X_2=\frac{0.155}{1-0.155}=0.1834$$

由例 9-2 附图可知：$H_0=0.0032$kg/kg 绝干空气，$I_0=13.0$kJ/kg 绝干空气；$H_1=0.0032$kg/kg 绝干空气，$I_1=51.0$kJ/kg 绝干空气；$H_2=0.013\ 1$kg/kg 绝干空气。

$$W=3192\times(0.3158-0.1854)=422.6(\text{kg/h})$$

新鲜空气体积流量 V，即风机的风量：

$$L=\frac{W}{H_2-H_1}=\frac{422.6}{0.0131-0.0032}=42687(\text{kg 绝干空气/h})$$

$$v_H=\left(\frac{1}{29}+\frac{0.0032}{18}\right)\times 22.4\times\frac{273+5}{273}=0.791(\text{m}^3/\text{kg 绝干空气})$$

$$V=Lv_H=42687\times 0.791=33765(\text{m}^3/\text{h})$$

②预热器加热量 Q_p

$$Q_P=L(I_1-I_0)=42687\times(51-13)=1622\times 10^3\text{kJ/h}=451(\text{kW})$$

【例 9-3】 某糖厂的回转干燥器的生产能力为 4030kg/h（以干燥产品计），湿糖水分 1.27%，于 31℃下进入干燥器。离开干燥器时水分为 0.18%（均为湿基），温度为 36℃，环境空气温度为 20℃，湿球温度 17℃，空气经预热至 97℃后进入干燥器。自干燥器排出的废气温度 40℃，其湿球温度为 32℃，已知产品的比热容为 1.26kJ/(kg·K)，试求：①干燥器的散热损失；②干燥器的热效率。

解：汽化的水分量 W：

$$W=G_2\frac{\omega_1-\omega_2}{1-\omega_1}=4030\times\frac{0.0127-0.0018}{1-0.0127}=44.5(\text{kg/h})$$

空气消耗量 L：查 $H-I$ 图，得 $H_0=H_1=0.011$kg/kg 绝干空气，$H_2=0.028$kg/kg 绝干空气，$I_0=49.4$kJ/kg 绝干空气，$I_1=125$kJ/kg 绝干空气，$I_2=113$kJ/kg 绝干空气。

$$L=\frac{W}{H_2-H_1}=\frac{44.5}{0.028-0.011}=2618(\text{kg 绝干空气/h})$$

①干燥器散热损失 Q_L

由 $L(I_2-I_1)=Q_D-\sum Q_L$，$Q_D=0$，则：

$$\sum Q_L=-L(I_2-I_1)=-2618\times(113-125)=31416(\text{kJ/h})$$

又 $\sum Q_L=G(I'_2-I'_1)+Q_{TR}+Q_L$

对回转筒干燥器，$Q_{TR}=0$，则：

$$Q_L=\sum Q_L-G(I'_2-I'_1)=\sum Q_L-[GC_{m2}(\theta_2-\theta_1)-4.187W\theta_1]$$
$$=31416-[4023\times 1.26\times(36-31)-4.187\times 44.5\times 31]=11847(\text{kJ/h})$$

其中，$G=4030\times(1-0.0018)=4023\ (\text{kg/h})$。

②干燥器热效率 η

$$\eta = \frac{W(2500 + 1.93t_2 - 4.187\theta_1)}{Q_P + Q_D} \times 100\%$$

$$= \frac{44.5 \times (2500 + 1.93 \times 40 - 4.187 \times 31)}{2618 \times (125 - 49.4) + 0} \times 100\% = 55.0\%$$

二、空气通过干燥器时的状态变化

在干燥器内，空气与物料间的热量传递和质量传递，还有外界与干燥器的热量交换（外界给干燥器补充热量或干燥器的热量损失）使得空气在干燥器内的状态变化比较复杂。空气离开干燥器的状态取决于空气在干燥器内所经历的过程。根据空气在干燥器内经历的状态变化，通常将干燥过程分为绝热干燥过程与非绝热干燥过程两大类。

以干燥器热量衡算式（9-31）作为分析干燥器内状态变化的基本方程。

（一）绝热干燥过程

绝热干燥过程又称等焓干燥过程，绝热干燥过程应满足以下条件：

（1）不向干燥器补充热量，即 $Q_D=0$。

（2）忽略干燥器向周围散失的热量，即 $Q_L=0$。

（3）物料进、出干燥器的焓相等，即 $I'_2=I'_1$。

将以上三项代入式（9-31），得：

$$I_1 = I_2$$

此时空气传给物料的热量全部用于水分汽化，汽化后的水分又将这部分热量以潜热的形式带回空气中，使得空气通过干燥器时焓恒定。在 $H-I$ 图上表示绝热干燥过程中空气状态的变化如图 9-14 所示。根据新鲜空气两个独立状态参数，如 t_0 及 H_0，在图上确定状态点 A 为进入预热器前空气状态点。空气在预热器内被加热到 t_1，而湿度没有变化，故从点 A 沿等 H 线上升与等 t 线 t_1 相交于 B 点，该点为离开预热器（即进入干燥器）时的空气状态点。由于空气在干燥器内经历等焓过程，即沿着过 B 点的等 I 线变化，故只要知道空气离开干燥器时的任一参数，比如温度 t_2，则过 B 点的等 I 线与温度为 t_2 的等 t 线的交点 C 即为空气出干燥器的状态点。

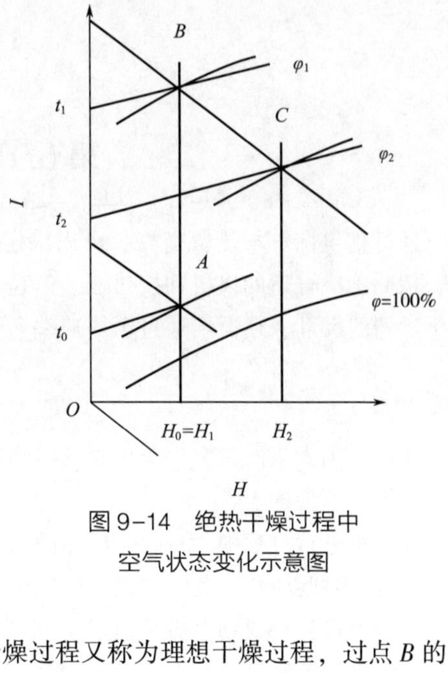

图 9-14　绝热干燥过程中空气状态变化示意图

当然，实际操作中很难保证绝热过程，故绝热干燥过程又称为理想干燥过程，过点 B 的等 I 线是理想干燥过程的操作线，相应的干燥器称为理想干燥器。

（二）非绝热干燥过程

非绝热干燥过程又称为非理想干燥过程或实际干燥过程。非绝热干燥过程根据空气焓的变化可能有以下几种情况。

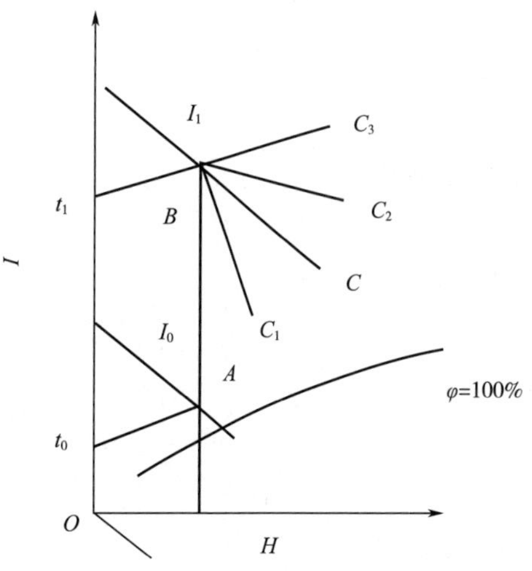

图 9-15　非绝热干燥过程中空气状态变化示意图

1. 干燥过程中空气焓值降低（$I_1>I_2$）

当 $Q_D - G(I'_2-I'_1) - Q_L < 0$，即对干燥器补充的热量小于干燥器的热损失与物料带出干燥器的热量之和时，空气离开干燥器的焓小于进入干燥器时的焓，如图 9-15 中 BC_1 线所示。

2. 干燥过程中空气焓值增大（$I_1<I_2$）

若向干燥器补充的热量大于损失的热量与加热物料消耗的热量之总和，空气经过干燥器后焓值增大，这时操作线在等 I 线 BC 的上方，如图 9-15 中 BC_2 线所示。

3. 干燥过程中空气经历等温过程

若向干燥器补充的热量足够多，恰好使干燥过程在等温下进行，即空气在干燥过程中维持恒定的温度 t_1，这时过程的操作线为过点 B 的等 t 线，如图 9-15 中 BC_3 线所示。

根据上述不同的过程，非绝热干燥过程中空气离开干燥器时的状态点需由物料衡算式和热量衡算式联立求解。

第五节　干燥动力学

通过物料衡算与热量衡算，可以确定干燥过程中水分蒸发量、空气消耗量和所需的加热量，依此选择合适的风机和换热器。但是物料在干燥器内停留多少时间才能达到预定的含水量及干燥器的尺寸，还需要通过干燥速率和干燥时间的计算来确定。

一、干燥过程曲线

实验中用大量的热空气与少量的湿物料接触，空气的温度、湿度、气速及流动方式都可以认为是恒定不变的。

在实验进行过程中，每隔一段时间测定物料的质量变化及物料的表面温度 θ，直到物料的质量不再随时间变化，此时物料与空气达到平衡，物料中所含水分即为该干燥条件下的平衡水分。然后再将物料放到电烘箱内烘干到恒重为止（控制烘箱内的温度低于物料的分解温度），即得绝干物料的质量。

根据上述实验数据可分别绘出物料干基含水量 X 与干燥时间 t 及物料表面温度 θ 与干燥时间 τ 的关系曲线，如图 9-16 所示，这两条曲线均称为干燥曲线。

从图 9-16 可看出，初始时，物料的含水量为 X_1，温度为 θ_1，对应于图中 A 点。干燥开始后，物料含水量及其表面温度均随时间而变化。在 AB 段内，物料含水量下降，表面温度升高，但变化都不大，$dX/d\tau$ 较小，AB 段称为预热段。预热段一般较短，到达 B 点时，物料表面温

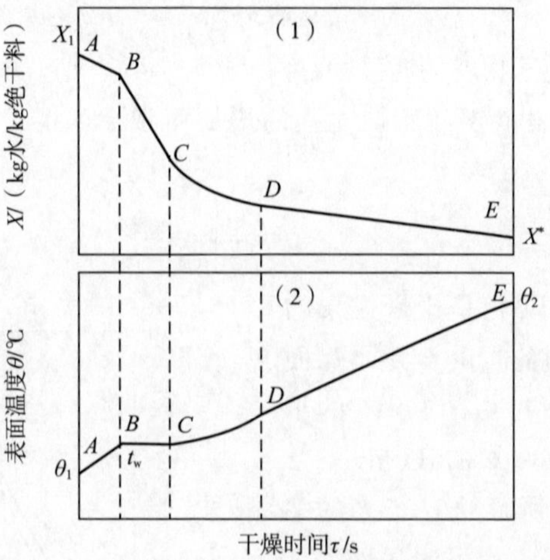

图 9-16　恒定干燥条件下某物料的干燥曲线

度升至 t_w，即空气状态的湿球温度。在其后的 BC 段中，X 与 τ 基本呈直线关系，$dX/d\tau$ 为常数，此阶段内，物料表面的温度 t_w 维持不变，空气传给物料的显热恰好等于水分从物料中汽化所需的潜热，这种平衡一直维持到 C 点，C 点之后，空气传给物料的热量仅有一部分用于汽化水分，另一部分被物料吸收，因此，进入 CD 段后，物料温度由 t_w 升高到 θ_2，该段斜率 $dX/d\tau$ 逐渐变小，直到物料中所含水分降至平衡含水量 X^*，$dX/d\tau$ 降为零，干燥过程结束。

值得注意的是，干燥实验的操作条件应与生产要求的条件相近似，使实验结果可以用于干燥器的设计与放大之中。

二、干燥速率曲线及干燥过程分析

影响干燥速率的主要因素（对对流干燥而言）如下所示：

（1）湿物料的性质与形状　包括物理结构、化学组成、形状大小、料层厚薄及水分结合方式。

（2）物料的湿度　物料的水分活度与湿度有关，因而影响干燥速率。

（3）物料的温度　温度与水分的蒸气压和扩散系数有关。

（4）干燥介质的状态　温度越高，相对湿度越低，干燥速率越大。

（5）干燥介质的流速　由边界层理论可知，流速越大，气膜越薄，干燥速率越大。

（6）介质与物料的接触状况　主要是指介质的流动方向。流动方向垂直于物料表面时，干燥速率最快。

干燥速率可定义为单位时间内、单位干燥面积上汽化的水分质量，即：

$$U = \frac{dW'}{Sd\tau} \tag{9-38}$$

式中　U——干燥速率，$kg/(m^2 \cdot s)$；

S——干燥面积，m^2；

W'——一批操作中汽化的水分质量，kg；

τ——干燥时间，s。

其中：

$$dW' = -G'dX \tag{9-39}$$

式中　G'——一批操作中绝干物料的质量，kg。

式（9-39）中的负号表示 X 随干燥时间的增加而减小。将式（9-39）代入式（9-38）中，得：

$$U = -\frac{G'dX}{Sd\tau} \tag{9-40}$$

式（9-38）和式（9-40）是干燥速率的微分表达式。其中绝干物料的质量 G' 及干燥面积 S 可由实验测得，$dX/d\tau$ 可由图 9-16 的干燥曲线得到。因此，从图 9-16 的 $dX/d\tau$ 与 X 的关系曲线，可得图 9-17 所示的 U 与 X 的关系曲线。从图中看出，干燥过程可明显地划分为两个阶段。ABC 段为干燥第一阶段，其中 AB 段为预热段，此段内干燥速率提高，物料温度升高，但变化都很小，预热段一般很短，通常纳入 BC 段内一起考虑；BC 段内干燥速率保持恒定，基本上不随物料含水量而变，故称为恒速干燥阶段。干燥的第二阶段如图中 CDE 所示，称为降速干燥阶段。在此阶段内干燥速率随物料含水量的减少而降低，直至 E 点，物料的含水量等于平衡含水量 X^*，干燥速率降为零，干燥过程停止。两个干燥阶段之间的交点 C 称为临界点，与点 C 对应的物料含水量称为临界含水量，以 X_C 表示，点 C 为恒速段的终点，降速段的起点，其干燥速率仍等于恒速阶段的干燥速率，以 U_C 表示。

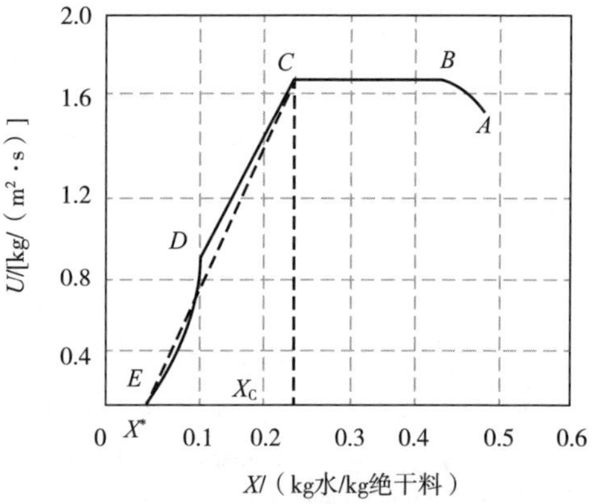

图 9-17　恒定干燥条件下干燥速率曲线

下面分别讨论恒速干燥阶段与降速干燥阶段中的干燥机制及影响因素。

（一）恒速干燥阶段

干燥过程中，湿物料内部的水分的汽化包括两个过程，即水分由湿物料内部向表面的传递过程和水分自物料表面汽化而进入气相的过程。在恒速干燥阶段，湿物料内部水分向表面传递的速率足够大，使物料表面始终维持充分润湿状态，从而维持恒定干燥速率。因此，恒速干燥阶段的干燥速率取决于物料表面水分的汽化速率，也即决定于干燥条件，与物料内部水分的状态无关，所以恒速干燥阶段又称为表面汽化控制阶段。一般来说此阶段汽化的水分为非结合水，与水从自由液面的汽化情况相同。

在恒定干燥条件下，恒速干燥阶段固体物料的表面充分润湿，其状况与湿球温度计的湿纱布表面的状况类似。物料表面的温度 θ 等于空气的湿球温度 t_w（假设湿物料受辐射传热的影响可忽略不计），物料表面的空气湿含量等于 t_w 下的饱和湿度 H_{s,t_w}，且空气传给湿物料的显热恰好等于水分汽化所需的汽化热，即：

$$dQ' = r_{t_w}dW' \tag{9-41}$$

式中　Q'——一批操作中恒速干燥阶段空气传给物料的热量，kJ。

其中空气与物料表面的对流传热速率为：

$$\frac{dQ'}{Sd\tau} = \alpha(t - t_w) \tag{9-42}$$

湿物料与空气的传质速率（即干燥速率）为：

$$U = \frac{\mathrm{d}W'}{S\mathrm{d}\tau} = k_{\mathrm{H}}(H_{s,t_w} - H) \tag{9-43}$$

将式（9-42）、式（9-43）代入式（9-41）中，并整理得：

$$U = \frac{\mathrm{d}W'}{S\mathrm{d}\tau} = \frac{\mathrm{d}Q'}{r_{t_w} S\mathrm{d}\tau}$$

$$U = k_{\mathrm{H}}(H_{s,t_w} - H) = \frac{\alpha}{r_{t_w}}(t - t_w) \tag{9-44}$$

由于干燥是在恒定的空气条件下进行的，故随空气条件而变的对流传热系数 α 和传质系数 k_{H} 值均保持恒定不变，而且 $(t - t_w)$ 及 $(H_{s,t_w} - H)$ 也为恒定值，因此，湿物料和空气间的传热速率及传质速率均保持不变，湿物料以恒定的速率 U 向空气中汽化水分。由式（9-44）看出，恒速干燥阶段的干燥速率 U 可通过对流传热系数 α 来计算。物料与干燥介质的接触方式对对流传热系数 α 的影响很大，下面给出几种情况下 α 的经验公式。

（1）空气平行流过静止物料层的表面

$$\alpha = 0.0204(L')^{0.8} \tag{9-45}$$

式中 α——对流传热系数，W/(m²·K)；

L'——湿空气的质量流速，kg/(m²·h)。

式（9-45）的应用条件为 L'=2450~29300kg/(m²·h)，空气的平均温度为45~150℃。

（2）空气垂直流过静止物料层的表面

$$\alpha = 1.17(L')^{0.37} \tag{9-46}$$

式（9-46）的应用条件为 L'=3900~19500kg/(m²·h)。

（3）气体与运动着的颗粒间的传热

$$\alpha = \frac{\lambda_g}{d_p}\left[2 + 0.54\left(\frac{d_p u_t}{\nu_g}\right)^{0.5}\right] \tag{9-47}$$

式中 d_p——颗粒的平均直径，m；

u_t——颗粒的沉降速度，m/s；

λ_g——空气的导热系数，W/(m·K)；

ν_g——空气的运动黏度，m/s。

由上述经验公式计算出对流传热系数 α，再由式（9-44）求出的干燥速率是近似的。但通过分析以上关联式，可以看出影响恒速干燥阶段干燥速率的因素有空气温度、湿度及流速。空气的流速越大、温度越高、湿度越低，则干燥速率越快，但温度过高、湿度过低，可能会因干燥速率太快而引起物料变形、开裂或表面硬化。此外，空气流速太大，还会产生气流夹带现象。所以，应视具体情况选择适宜的操作条件。

（二）降速干燥阶段

当湿物料中的含水量降到临界含水量 X_C 以后，便转入降速干燥阶段。此时水分自物料内部向表面迁移的速率小于物料表面水分汽化速率，物料表面不能维持充分润湿，部分表面变干，使得空气传给物料的热量无法全部用于汽化水分，有一部分用于加热物料，因此干燥速率逐渐减小，物料温度升高，当干燥过程进行到图9-17中的 D 点时，从点 D 开始，汽化面逐渐向物料内部移动，汽化所需的热量需通过已被干燥的固体层传递到汽化面，从物料中汽化出的水分也通过这层固体传递到空气主流中，这时干燥过程的传热、传质阻力增加，干燥速率比 *CD* 段下降得更快，直至到达 *E* 点，速率降至零，物料含水量为该空气状态下的平衡水分。

降速干燥阶段的干燥速率曲线的形状随物料内部的结构而异。对某些多孔性物料，降速干燥阶段曲线只有 *CD* 段；对某些无孔吸水性物料，干燥曲线没有等速干燥阶段，而降速干燥阶段只有类似 *DE* 段的曲线；也有些物料 *DE* 段的弯曲情况与图 9-17 中相反。

根据以上分析，降速干燥阶段的干燥速率取决于物料本身结构、形状和堆积厚度，而与干燥介质的状态关系不大。故降速干燥阶段又称为物料内部迁移控制阶段。

（三）临界含水量

临界点是恒速干燥阶段和降速干燥阶段的分界点，是干燥过程的一个重要参数。临界含水量与物料的性质（结构、厚度等）、干燥介质的状态（温度、湿度和流速）和干燥器的结构有关。无孔吸水性物料的临界含水量比多孔物料的大；在一定的干燥条件下，物料层越厚，X_C 值越大；干燥介质温度高、湿度低时，X_C 值较大，因为恒速干燥阶段干燥速率大，可能使物料表面板结，较早地进入降速干燥阶段；对物料有翻动或搅动的干燥器内的干燥，X_C 值较小。

临界含水量 X_C 值越大，转入降速干燥阶段越早，对于相同的干燥任务所需的干燥时间就越长，对干燥过程来说是很不利的。因此，了解影响 X_C 的因素，就可以控制干燥操作，例如，减低物料层的厚度，加强对物料的搅拌，以减小 X_C，同时又可增大干燥面积。如采用气流干燥器或流化床干燥器时，X_C 值均较小。

湿物料的临界含水量通常由实验测定，或查有关手册。表 9-2 列出某些物料的 X_C 值。

表 9-2　　某些物料的临界含水量

有机物料		无机物料		临界含水量 X_C/（kg 水分/kg 绝干料）
特征	实例	特征	实例	
很粗的纤维	未染过的羊毛	粗核无孔的物料，大至 50 目	石英	0.03~0.05
		晶体的、粒状的、孔隙欧较少的物料，粒度为 60~325 目	食盐、海沙、矿石	0.05~0.15
晶体的、粒状的、孔隙较少的物料	麸酸结晶	有孔的结晶物料	硝石、细沙、黏土、细泥	0.15~0.25
粗纤维的细粉	粗毛线、醋酸纤维、印刷纸、碳素颜料	细沉淀物、无定形和胶体状物料、粗无机颜料	碳酸钙、细陶土、普鲁士蓝	0.25~0.5
细纤维、无定形的和均匀状态的压紧物料	淀粉、纸浆、厚皮革	浆状、有机化合物的无机盐	碳酸钙、碳酸镁、二氧化钛、硬脂酸钙	0.5~1.0
分散的压紧物料、胶体状态和凝胶状态的物料	鞣制皮革、糊墙纸、动物胶	有机化合物的无机盐、触媒剂、吸附剂	硬脂酸锌、四氯化锡、硅胶、氢氧化铝	1.0~30.0

三、干燥时间的计算

（一）恒速干燥阶段

恒速干燥阶段的干燥时间可直接从图 9-16（1）查得。对于没有干燥曲线的物系，可采用如下方法计算。

因恒速干燥阶段的干燥速率等于临界干燥速率，故式（9-40）可以改写为：

$$d\tau = -\frac{GdX}{U_C S} \tag{9-40a}$$

从 $\tau = 0$、$X = X_1$ 到 $\tau = \tau_1$、$X = X_C$，积分式（9-40a）得：

$$\int_0^{\tau_1} d\tau = -\frac{G}{U_C S}\int_{X_1}^{X_C} dX$$

$$\tau_1 = \frac{G}{U_C S}(X_1 - X_C) \tag{9-48}$$

式中　τ_1——恒速阶段的干燥时间，s；

U_C——临界点处的干燥速率，kg/(m² · s)；

X_1——物料的初始含水量，kg 水分/kg 绝干料；

X_C——物料的临界含水量，即恒速干燥阶段终了时的含水量，kg 水分/kg 绝干料；

G/S——单位干燥面积上的绝干物料量，kg 绝干料/m²。

若缺乏 U_C 的数据，可将式（9-44）应用于临界点处，计算出 U_C，即：

$$U_C = \frac{\alpha}{r_{t_w}}(t - t_w) \tag{9-44a}$$

式中　t——恒定干燥条件下空气的平均温度，℃；

t_w——初始状态空气的湿球温度，℃。

r_{t_w}——温度为 t_w 时水的汽化潜热，kJ/kg。

对流传热系数 α 依物料与干燥介质的接触方式不同，可用式（9-45）~式（9-47）估算。

（二）降速干燥阶段

降速干燥阶段的干燥时间仍可采用式（9-40）计算，先将该式改为：

$$d\tau = -\frac{GdX}{US} \tag{9-40b}$$

从 $\tau = 0$、$X = X_C$ 到 $\tau = \tau_2$、$X = X_2$，积分式（9-40b）得：

$$\tau_2 = \int_0^{\tau_2} d\tau = -\frac{G}{S}\int_{X_C}^{X_2}\frac{dX}{U} \tag{9-49}$$

式中　τ_2——降速干燥阶段的干燥时间，s；

U——降速干燥阶段的瞬时干燥速率，kg/(m² · s)；

X_2——降速干燥阶段终了时物料的含水量，kg 水分/kg 绝干料。

计算式（9-49）中的积分项需要 U 与 X 的关系。若有 U 与 X 的函数关系式，则可代入式（9-49）直接积分求解。

若 U 随 X 呈线性变化，如图 9-18 所示，则根据降速干燥阶段干燥速率曲线过（X_C，U_C）、（X^*，0）两点，可确定其方程为：

$$U = k_X(X - X^*) \tag{9-50}$$

$$k_X = \frac{U_C}{X_C - X^*} \tag{9-51}$$

式中　k_X——降速干燥阶段干燥速率曲线的斜率，kg 绝干料/(m^2·s)。

将式（9-50）代入式（9-49）得：

$$\tau_2 = \int_0^{\tau_2} d\tau = \frac{G}{S}\int_{X_2}^{X_C} \frac{dX}{k_X(X - X^*)} \tag{9-52}$$

积分上式得：

$$\tau_2 = \frac{G}{Sk_X}\ln\frac{X_C - X^*}{X_2 - X^*} \tag{9-53}$$

$$\tau_2 = \frac{G}{S}\frac{X_C - X^*}{U_C}\ln\frac{X_C - X^*}{X_2 - X^*} \tag{9-53a}$$

当平衡含水量 X^* 非常低，或缺乏 X^* 的数据时，可忽略 X^*，即认为降速干燥阶段的干燥速率曲线为通过原点的直线，如图 9-20 中的虚线所示。$X^*=0$ 时，式（9-50）及式（9-53a）变为：

$$U = k_X X \tag{9-54}$$

$$\tau_2 = \frac{G}{S}\frac{X_C}{U_C}\ln\frac{X_C}{X_2} \tag{9-55}$$

【例 9-4】 在常压间歇式操作的厢式干燥器中干燥某种湿物料。每批操作处理湿基含水量为 20% 的湿物料 1000kg，物料提供的总干燥面积为 80m^2。操作属于恒定干燥过程。物料的临界含水量和平衡含水量分别为 0.10kg/kg 和 0.002kg/kg 绝干料。恒速阶段的干燥速率为 1kg/(m^2·h)，降速阶段的干燥速率与物料的湿度差成正比。要求把湿物料的含水量降至 0.01kg/kg 绝干料，每批操作装卸物料的时间为 15min。求：①每批除去的水分量；②每天（按 24h 计算）的干燥产品量。

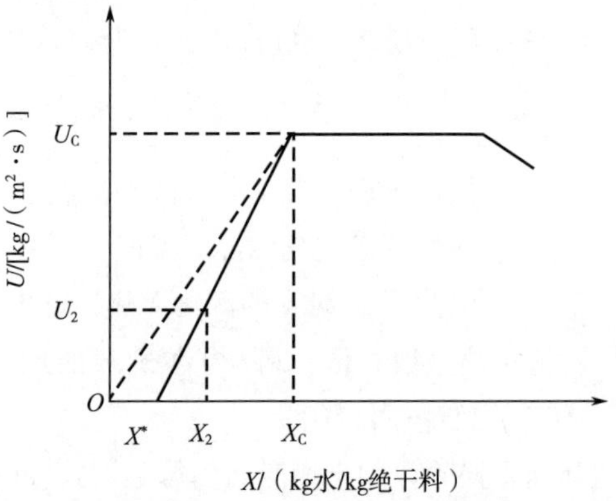

图 9-18　干燥速率曲线示意图

解：

①每批除去的水分量：$X_1 = 20/80 = 0.25$

绝干物料量：$G = 1000 \times 0.8 = 800$（kg）

每批除去的水分量：$W = G(X_1 - X_2) = 800 \times (0.25 - 0.01) = 192(\text{kg})$

恒速干燥所需时间：

$$\tau_1 = \frac{G(X_1 - X_C)}{SU_C} = \frac{800 \times (0.25 - 0.1)}{80 \times 1} = 1.5(\text{h})$$

降速干燥所需时间：

$$\tau_2 = \frac{G(X_C - X_p)}{SU_C}\ln\frac{X_p - X_p}{X_2 - X_p} = \frac{800 \times (0.1 - 0.002)}{80 \times 1}\ln\frac{0.1 - 0.002}{0.01 - 0.002} = 2.46(\text{h})$$

操作周期：$T=1.5+2.46+15/60=4.21$（h）

每批干燥产品量：$G_2=1000-192=808$（kg）

②每天（按24h计算）的干燥产品量：（24/4.21）×808=4606（kg/d）

第六节 案例分析：脉冲喷动微波真空干燥桔梗

一、案例介绍

水分蒸发是物料在干燥过程中的主要变化，同时物料中的水分状态和分布及其与微观结构的相互作用可以改变食品的机械和化学性质。为了检测水分的变化，人们开发了多种技术手段，如热干燥法、露点法、红外水分含量测定，以及蒸汽压力法、电湿度计法、溶剂萃取法、水分活度仪等测定水分存在状态。然而，这些方法通常只能获得单一的水分指标，低场核磁共振分析与成像技术（LF-NMR/MRI）则提供了获取食品中“水”的多种信息。该技术具有快速精确，对样品无损，操作限制较小且检测成本低等优势。此外，使用LF-NMR/MRI可在线监控，实时评估食品加工过程的变化，从而提供快速的过程分析，进行智能化控制。本案例以桔梗片的脉冲喷动微波真空干燥（Pulse Spouted Microwave Vacuum Drying，PSMVD）过程为例，应用LF-NMR/MRI技术研究物料在干燥过程中的水分迁移规律。

图9-19 PSMVD设备图

二、案例分析

（一）脉冲喷动微波真空干燥设备与干燥工艺参数

PSMVD设备（图9-19）主要由控制系统、真空系统、喷动系统、微波系统四部分组成。桔梗片脉冲喷动微波真空干燥工艺参数如表9-3所示。

表9-3 干燥工艺参数

实验条件	PSMVD（真空+微波+喷动）
真空度/Pa	-1000
微波功率/（W/g）	2.4
最高干燥温度/℃	60
喷动时间/s	10

（二）非恒定干燥条件下的干燥曲线

图9-20（1）为桔梗干燥时间与干基含水率的关系曲线——水分比变化曲线，可以看出，

桔梗切片的初始含水率为 3. 135g/g（*I*，干基含水量，d. b. ），经过 120min 的 PSMVD 加工处理后，最终含水率为 0. 062g/g（*V*，干基含水量，d. b. ）。干燥前期桔梗水分含量快速下降，随着干燥时间的延长含水率缓慢下降直至干燥结束。

图 9-20（2）为桔梗干燥速率变化曲线，可以看出，桔梗的整个 PSMVD 过程可以分为三个阶段：①预热阶段/升速干燥阶段；②第一降速干燥阶段；③第二降速干燥阶段。在升速干燥阶段中，水分的快速流失主要是来自物料表面多余水分的蒸发。随着干燥的继续，桔梗切片的微波吸收能力随着物料含水率的降低而减弱，且桔梗组织形成了相对致密的多孔网络结构，从而会降低桔梗中水分迁移速率，因此，干燥速率下降进入降速干燥阶段。

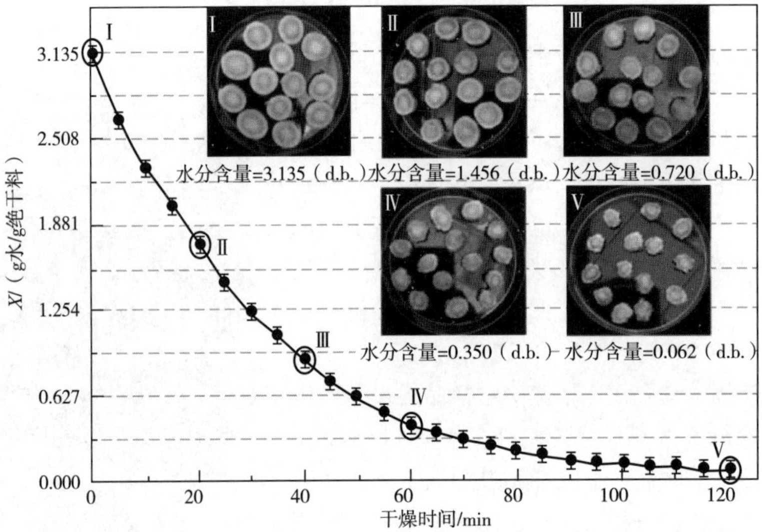

（1）水分变化曲线

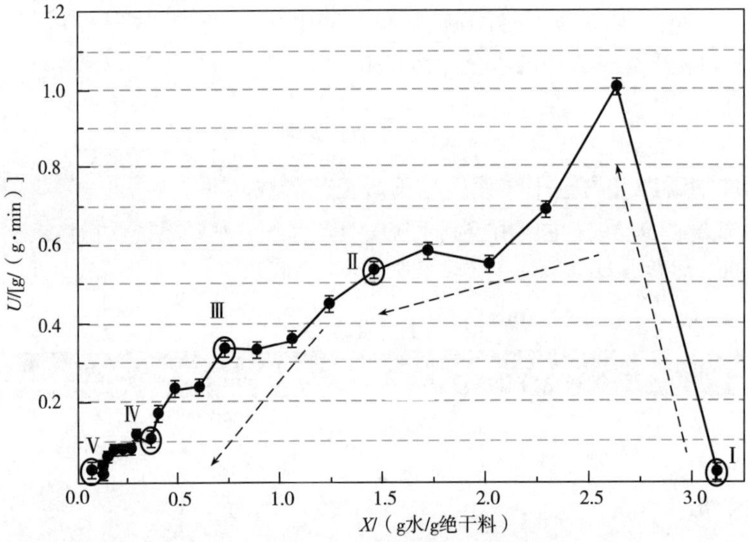

（2）干燥速率变化曲线

图 9-20　桔梗 PSMVD 过程中的水分比变化和干燥速率变化曲线

（三）物料干燥过程中的水分分布、存在形式及含量

选择上述不同干燥阶段的不同水分含量的桔梗样品即 3.135（Ⅰ）、1.456（Ⅱ）、0.720（Ⅲ）、0.350（Ⅳ）和 0.062（Ⅴ）g/g（干基含水量，d.b.），研究 PSMVD 过程中桔梗中水分分布、存在形式及含量。

磁共振成像（Magnetic Resonance Imaging，MRI）是一种准确、高效、无损的现代检测技术，其可以将物料中的氢（H）质子磁共振产生的信号通过空间编码技术转化为图像，反映物料干燥加工过程中的水分分布和结构变化，其中颜色条的不同颜色代表不同的质子密度，反映桔梗片中的水分分布，从蓝色到红色，表示质子密度由小到大，水分含量由低到高。图 9-21 为不同干燥阶段的桔梗样品的 MRI 图像，可以看出，随着干燥时间的延长，桔梗样品的红色和黄色区域逐渐减少，绿色和蓝色区域增加，说明干燥过程中水分在逐渐流失。同时，从桔梗切片的 MRI 图像可以直观地看到，新鲜桔梗样品中水分分布不均匀，水分多集中在桔梗片中心环状区域，由于水分含量多少可以影响到物料的微波吸收能力，因此可以推测新鲜桔梗片会存在微波吸收不均匀的情况。而通过 MRI 结果看出在 PSMVD 过程中桔梗样品的内外质子磁共振信号同时减弱，桔梗内外水分流失均匀，具有相似的微波吸收能力，因此说明脉冲喷动系统在干燥过程中可以提高物料受热均匀性，使水分分布更为均匀。

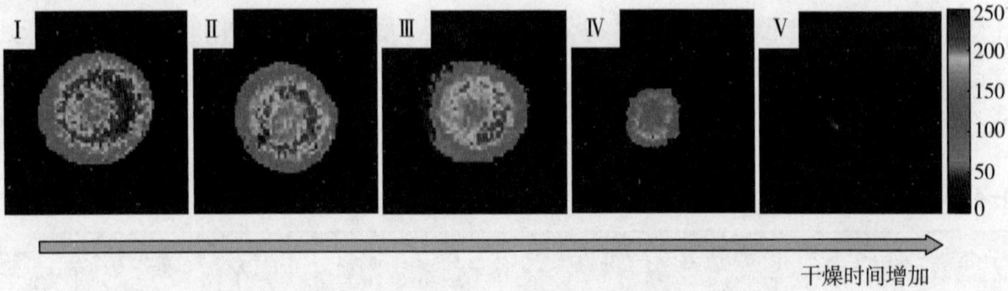

图 9-21　PSMVD 过程中桔梗样品的 MRI 图像

图 9-22 所示为 PSMVD 过程中五个干燥阶段桔梗样品横向弛豫时间（T_2）谱图，可以看出，第Ⅰ阶段的桔梗样品（即新鲜桔梗）的 T_2 谱图中共有三个弛豫峰，代表了水的三种不同状态，分别为化学结合水分（T_{21}，2.484ms）、物化结合水分（T_{22}，26.926ms）和非结合水分（T_{23}，234.726ms）。化学结合水分是物料中细胞壁内的水分、毛细管中的水分、结晶水等，不能用干燥方法除去；物化结合水分则是物料中渗透水分和结构水分等，与物料结合比较牢固，难于用干燥方法除去；非结合水分包括机械地附着物料表面的水分，如物料表面的吸附水分、较大孔隙中的水分等，极易用干燥方法除去。

在整个干燥过程中，桔梗样品的 T_2 信号幅度也随着干燥时间的延长而减小，将 T_{21}、T_{22} 和 T_{23} 峰的信号幅度分别标记为 A_{21}、A_{22} 和 A_{23}，表示物料中化学结合水分、物化结合水分和非结合水分含量，A_2 则为 A_{21}、A_{22} 和 A_{23} 的总和，表示物料总的水分含量，其结果如表 9-4 所示，可以看出，随着 PSMVD 由阶段Ⅰ进行到阶段Ⅴ，A_{23} 先快速减小，最后消失，且总的信号幅度 A_2 与 A_{23} 呈现出相同的变化趋势，说明桔梗在 PSMVD 过程中非结合水分的蒸发主导了整体水分的变化。而 A_{22} 从阶段Ⅰ到Ⅲ的过程中表现上升趋势，这可能是由于部分非结合水分转化为物化结合水分，而继续干燥至阶段Ⅴ，A_{22} 则逐渐减小直至消失。A_{22} 的最终消失可能是由于微

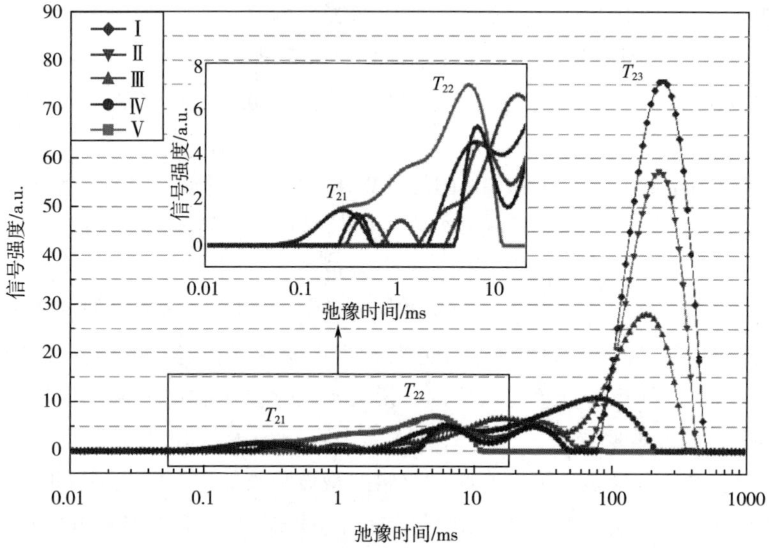

图 9-22　干燥过程桔梗样品 T_2 弛豫信号变化谱图

注：a. u. 为无量纲单位。

波真空干燥后期物料细胞膜损伤，使得物化结合水分与大分子相互作用转换为自由度更低的水即化学结合水分。但整个 PSMVD 过程中，A_{21} 的变化不大，且在干燥结束时桔梗样品中只余化学结合水分。

表 9-4　干燥过程桔梗样品 T_2 弛豫信号相对强度

干燥阶段	水分含量/d. b.	总信号/a. u.	非结合水分/a. u.	物化结合水分/a. u.	化学结合水分/a. u.
Ⅰ	3. 135	193823	191317	2275	229
Ⅱ	1. 456	126205	122285	3692	227
Ⅲ	0. 720	52911	48769	3925	216
Ⅳ	0. 350	6528	6055	581	222
Ⅴ	0. 062	230	—	—	230

注：a. u. 为无量纲单位；d. b. 为干基。

三、案例总结

随着干燥的进行，桔梗样品水分含量逐渐降低，干燥速率呈现三阶段变化：升速干燥阶段、降速干燥阶段、低速干燥阶段。低场核磁共振（LF-NMR）结果表明，干燥过程会改变桔梗样品中水分自由度，促使自由水和不易流动水之间的转化，且自由水的损失主导了桔梗样品在干燥过程中总的水分下降趋势，同时核磁共振成像（MRI）观察结果也显示在干燥过程中，桔梗样品内外水分去除均匀。

思考题

1. 在湿空气的焓湿图上确定湿球温度时，可以采用沿等焓线来确定的近似方法，试分析其中近似的原因。

2. 热风干燥时，对湿空气预热的目的是什么？

3. 某种物料的临界含水量与哪些因素有关，改变临界含水量对干燥过程有何影响？

4. 恒速干燥阶段与降速干燥阶段的干燥机制有什么不同？

习题

1. 湿空气在压力 101. 33kPa、温度 20℃下，湿含量为 0. 01kg/kg 干空气，试求：

①空气的相对湿度 φ_1；

②压力不变，将空气温度升高至 50℃时的相对湿度 φ_2；

③若温度仍为 20℃，将压力升高至 125kPa 时的相对湿度 φ_3；

④若温度仍为 20℃，压力升高至 250kPa，问 100m^3 原湿空气所冷凝的水分量。

2. 在常压干燥器内干燥某湿物料。将 500kg 的湿物料从最初含水量 20%降至 2%（均为湿基）。温度为 20℃，湿度为 0. 01kg 水/kg 绝干空气的空气经预热器升温至100℃后进入干燥器，废气温度为 60℃。假设该干燥过程为等焓过程。

已知焓的计算公式 $I=(1.01+1.88H)\ t+2490H$

湿空气比容计算公式：$\nu_H=(0.772+1.244H)\ (t+273)\ /273\times(1.0133\times105)\ /p$。

试计算：①水分的蒸发量（kg/h）；②完成上述干燥任务所需的湿空气量（m^3/h）；③空气经预热器获得的热量；④在湿焓图上，画出此过程。

3. 在连续式逆流干燥器中，用热空气干燥某种固体湿物料，已知空气状态为：进入干燥器时空气的湿含量为 0. 01kg/kg 绝干空气、焓为 120kJ/kg 绝干空气。离开干燥器时空气的温度为 38℃。物料状况为：进出干燥器时物料的含水量分别为 0. 04kg/kg 干物质和 0. 002kg/kg 干物质，进出口温度分别为 27℃和 63℃。处理干物质量为 450kg/h。干物质比热容为 1. 465kJ/(kg · ℃)。假设干燥器的热损失为 5kW，试求空气流量。

4. 在常压连续理想干燥器中，用通风机将空气送至预热器，经 120℃饱和蒸汽加热后进入干燥器。已知空气状态为：进预热器前湿空气中水蒸气分压为 1. 175kPa、温度为 15℃，进入干燥器时的温度为 90℃，离开干燥器时的温度为 50℃。物料状况为：进出干燥器时物料的干基水分分别为 0. 15kg/kg 干物质和 0. 01kg/kg 干物质。干燥器生产干燥产品的能力为 250kg/h，预热器的总传热系数为 50W/(m^2 · ℃)，试求通风机的送风量和预热器的传热面积。

5. 在逆流连续干燥器中，将某种物料由初始湿基含水量 3. 5%干燥至 0. 2%。物料进入干燥器时的温度为 24℃，离开干燥器时的温度为 40℃，干燥产品量为 0. 278kg/s。干物质的比热容为 1. 507kJ/(kg · ℃)。空气的初始温度为 25℃、湿含量为 0. 0095kg/kg 干空气，经预热器预热到 90℃后送入干燥器，离开干燥器时的温度为 35℃。试求空气消耗量、预热器的热功率和干燥器的热效率。假设热损失可以忽略不计。

6. 在一常压连续干燥器中，湿物料处理量为 0. 8kg/s，物料含水量由湿基 5%干燥至 1%。

空气初始温度为20℃、湿含量为0.05kg/kg干空气，空气离开干燥器时的温度为55℃。为了保证干燥产品的质量，要求进入干燥器的空气温度不得高于90℃。试求以下两种情况下所需的空气量（kg干空气/s）和热耗量（kW），设干燥过程为理想过程。

①将新鲜空气预热到90℃进入干燥器中进行干燥；

②采用废气循环，循环气中干空气量为干燥器出口废气中干空气量的2/3，混合气温度为90℃，进入干燥器干燥。

7. 干燥某食品材料，由实验测得其干燥特性为降速干燥特点，已知由初始湿基含水量68.7%降至46.2%所用的时间为5h，平衡含水量为0.17（干基）。今有一批该物料，其初始湿基含水量为70%，问在相同干燥条件下20h后物料的含水量是多少？

8. 常压下以温度为20℃，湿度0.01kg/kg绝干空气的新鲜空气为干燥介质，干燥某种湿物料。空气在预热到120℃后送入干燥器，离开干燥器时温度为60℃。湿度为0.0336kg/kg绝干空气，湿物料的含水量由20%干燥至5%，干燥后的产品量为60kg/h。试求：①湿空气的消耗量（kg湿空气/h）；②预热器消耗的热量；③在恒定干燥条件下对该物料测得干燥速率曲线如本题附图所示。已知恒速干燥段所用时间为1h，求干燥所需时间。如本题附图。

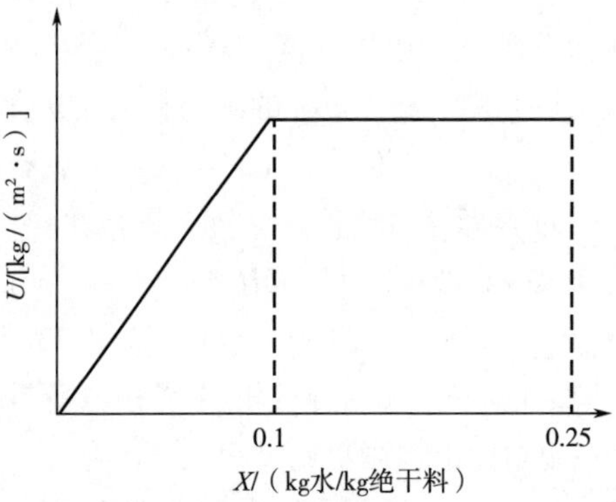

习题 8 附图

本章主要符号说明

A：对流传热面积（m²）

A_w：水分活度

c_a：绝干空气的比热容，[kJ/（kg绝干空气·℃）]

c_H：湿空气的比热容[kJ/（kg绝干空气·℃）]

c_v：水蒸气的比热容[kJ/（kg水蒸气·℃）]

d_p：颗粒的平均直径（m）

G：单位时间内绝干物料的质量流量（kg绝干料/s）

H：湿含量也就是空气的湿度（kg水蒸气/kg绝干空气）

H_s：饱和湿度

H_{s,t_d}：湿空气在露点下的饱和温度（kg/kg绝干空气）

H_{s,t_w}：湿球温度下空气的饱和湿度

I：湿空气的焓（kJ/kg绝干空气）

K_H：汽化系数[kg/（m²·s）]

k_H：以湿度差为推动力的传质系数[kg/（m²·s·ΔH）]

k_p：以水汽分压差为推动力的传质系数[kg/（m²·s·Δp）]

L：单位时间内绝干空气的质量流量（kg绝

干空气/s）

L_{v0}：0℃液态水的汽化潜热（kJ/kg）

L_v：水在 t_w 下的汽化潜热（kJ/kg）

l：单位空气消耗量（kg 绝干空气/kg 水分）

M：摩尔质量（kg/kmol）

m_a：湿空气中绝干空气的质量

m_v：湿空气中水蒸气的质量

N：物质的量

N_A：空气与水之间的质量传递速率［kg/（m^2·s）］

P：湿空气总压（Pa 或 kPa）

P_0：标准大气压（Pa 或 kPa）

p_v：水蒸气分压

p_s：水蒸气饱和蒸气压

p_{s,t_d}：露点下的饱和蒸气压（Pa）

Q_L：潜热传递速率（kW/m^2）

Q_S：显热传递速率（kW/m^2）

Q_v：蒸发水分所需要的热量（kW）

R_v：水蒸气的气体常数［461.5J/（kg·m^3）］

r：界面水温下水的汽化热（kJ/kg）

S：干燥面积（m^2）

t：温度（℃）

t_d：露点

t_w：湿球温度

U：干燥速率［kg/（m^2·s）］

U_C：临界点处的干燥速率

u_t：颗粒的沉降速度（m/s）

v_H：湿比容（m^3 湿空气/kg 绝干空气）

W：单位时间内水分的蒸发量（kg/s）

w：湿基含水量（kg 水分/kg 湿料）

X：干基含水量（kg 水分/kg 绝干料）

X_C：临界含水量

α：对流传热系数［kW/（m^2·℃）］

ε：每汽化 1kg 水分，干燥器净收入的热量（kJ/kg 汽化水）

η：热效率是指用于蒸发水分所需的热量与输入干燥系统的总热量之比

τ：干燥时间（s）

λ_g：空气的导热系数［W/（m·K）］

ν_g：空气的运动黏度（m/s）

ρ_s：绝对湿度

ρ_v：水蒸气的密度

φ：相对湿度

参考文献

［1］Liu Y Y，Sun W H，Li B Z，et al. Dehydration characteristics and evolution of physicochemical properties of *Platycodon grandiflorum*（Jacq. A. DC.）roots（PGR）during pulse-spouted microwave vacuum drying（PSMVD）［J］. Industrial Crops and Products，2022（177）：114449.

［2］柴诚敬，贾绍义 . 化工原理［M］. 北京：高等教育出版社，2018.

［3］李云飞，葛克山 . 食品工程原理［M］. 北京：中国农业大学出版社，2018.

［4］潘永康，王喜忠，刘相东 . 现代干燥技术［M］. 北京：化学工业出版社，2007.

第十章 蒸馏与精馏

CHAPTER 10

本章学习重点

通过本章的学习，了解蒸（精）馏的基本概念；理解蒸（精）馏原理；了解精馏装置的基本组成及各部分所起的作用；掌握逐板计算法及图解法求理论板数的方法；重点掌握双组分连续精馏塔的计算，并能熟练运用。

课程思政点

第一节 概述

蒸馏是分离液体混合物的典型单元操作，其是利用物系中各组分的挥发度不同的特性，通过加热完成气液两相物系实现分离的目的。例如，加热苯和甲苯的混合液，使之部分汽化，由于苯的沸点较甲苯低，及其挥发度较甲苯高，故苯较甲苯易于从液相中汽化出来。若将汽化的蒸气全部冷凝，即可得到苯组成高于原料的产品，从而使苯和甲苯得以分离。通常，将沸点低的组分称为易挥发组分，高的称为难挥发组分。

一、蒸馏分离的特点

通过蒸馏操作，可以直接获得所需要的组分（产品），不像吸收萃取等操作，还需要外加其他组分，并需进一步将所提取的组分与外加组分再行分离，因此一般蒸馏操作流程较为简单。

蒸馏分离应用较为广泛，历史悠久。不仅可分离液体混合物，而且可分离气体混合物。例如，可将空气等加压液化，建立气液两相系统，再用蒸馏方法使其分离；又如固体化合物，例如脂肪酸的混合物，可以加热使其融化并在减压下建立气液两相系统，也同样可用蒸馏方法分离。

在蒸馏的过程中，由于要产生大量的气相或液相，因此需消耗大量的能量。能耗的大小是决定是否能采用蒸馏分离的主要因素。此外，为建立气液系统，有时需要高压、真空、高温或低温等条件，这些条件带来的技术问题或困难，常是不宜采用蒸馏分离某些物系的原因。

二、蒸馏过程的分类

由于待分离混合物中各组分挥发度的差别、要求的分离程度、操作条件（压强和温度）等各有不同，因此蒸馏方法也有多种，其分类如下：

(1) 按照操作流程可分为间歇蒸馏和连续蒸馏　生产中多以连续蒸馏为主，间歇蒸馏主要应用于小规模生产或某些有特殊要求的场合。

(2) 按蒸馏方式可分为简单蒸馏、平衡蒸馏、精馏和特殊精馏等　当混合物中各组分的挥发度相差很大，且分离要求又不高时，可采用简单蒸馏和平衡蒸馏，它们是最简单的蒸馏方法。当混合物中各组分的挥发度相差不大，而又有较高的分离要求时，宜采用精馏。当混合物中各组分的挥发度差别很小或形成共沸液时，采用普通精馏方法达不到分离要求，则应采用特殊精馏，特殊精馏有萃取精馏和恒沸精馏等。工业生产中以精馏的应用最为广泛。

(3) 按操作压强可分为常压、减压和加压蒸馏　通常，对在常压下，沸点在室温至 150℃左右的混合液，可采用常压蒸馏。对在常压下沸点为室温的混合物，一般可加压提高其沸点，如常压下的气态混合物，则采用加压蒸馏。对在常压沸点或在较高温度下易发生分解，聚合等变质现象的混合物（成为热敏性物质），常采用减压蒸馏，以减低操作温度。

(4) 按待分离混合物中组分的数目可分为双组分精馏和多组分精馏　工业生产中以多组分精馏最为常见，但二者在精馏原理、计算原则等方面均无本质区别，只是处理多组分精馏过程更为复杂，因此常以双组分精馏为基础。

本章重点讨论常压下双组分连续精馏的原理和计算方法。

第二节　二元物系的汽液平衡

一、相率

相率是研究相平衡的基本规律。相率表示平衡无系统的自由度数、相数及独立组分数之间的关系。即：

$$F = C - \Phi + 2 \tag{10-1}$$

式中　F——自由度数；

C——独立组分数；

Φ——项数。

式（10-1）中的数字 2 表述外界只有温度和压强这两个条件可以影响物系的平衡状态。

对双组分的气液平衡，其中组分数为 2，故由相率可知该平衡系的自由度数为 2。由于气液平衡中可以变化的参数有四个，及温度 t，压强 p、一组分在液相和气相中的组分 x 和 y（另一组分的组成不独立），因此在 t、p、x 和 y 四个变量中，任意规定其中两个变量，此平衡物系的状态也就被唯一的确定了。又若再固定某个变量（例如压强，通常蒸馏可视为恒压下操作），则该物系仅有一个独立变量，其他变量都有它的函数。所以双组分的气液平衡可以用一

定压强下的 $t-x$（或 y）及 $x-y$ 的函数关系或相图表示。

气液平衡数据可由实验测定，也可由热力学公示计算得到。

二、双组分理想物系的气液平衡函数关系（气液相组成与平衡维度间的关系）

平衡关系是指溶液与其上方蒸汽达到相平衡时，气、液两相间组成的关系。它是分析蒸馏原理和进行蒸馏设备计算的依据。工业上进行分离的溶液多是多组分的，但双组分蒸馏的原理是多组分蒸馏的基础。其基本原理与计算方法均无本质区别，故本节先讨论双组分物系的平衡关系。

（一）理想溶液及拉乌尔定律

根据溶液间相同分子间和相异分子间作用力之异同，可分为非理想溶液和理想溶液。理想溶液的气液平衡关系遵循拉乌尔定律，即：

$$p_A = p_A^0 - x_A \quad (10-2)$$

$$p_B = p_B^0 x_B = p_B^0(1 - x_A) \quad (10-3)$$

式中　p——溶液上方组分的平衡分压，Pa；

p^0——纯组分的饱和蒸气压，Pa，由安托尼方程或手册查得；

x——组分的摩尔分数。

下标 A 表示易挥发组分，B 表示难挥发组分。

通常略去下标，以 x 表示液相中易挥发组分摩尔分数，（$1-x$）表示液相中难挥发组分摩尔分数；以 y 表示气相中易挥发组分摩尔分数，（$1-y$）表示气相中难挥发组分摩尔分数。

式（10-2）、式（10-3）表明在一定温度下，溶液上方蒸汽中任意组分的分压，等于此纯组分在该温度下的饱和蒸气压乘以它在溶液中的摩尔分数。

当溶液沸腾时，溶液上方蒸汽总压 P 等于双组分分压之和，即：

$$P = p_A + p_B = p_A^0 x_A + p_B^0(1 - x_A) \quad (10-4)$$

解得：

$$x_A = \frac{P - p_B^0}{p_A^0 - p_B^0} \quad (10-5)$$

式（10-5）表示气液平衡下液相组成与平衡温度间的关系，又称为泡点方程。

当系统总压 P 不大时，可认为气相是理想气体，服从道尔顿分压定律，即：

$$p_A = P y_A \quad (10-6)$$

于是，

$$y_A = \frac{p_A^0}{P} x_A \quad (10-7)$$

将式（10-5）代入式（10-7）可得：

$$y_A = \frac{p_A^0}{P} \frac{P - p_B^0}{p_A^0 - p_B^0} \quad (10-8)$$

式（10-8）表示气液平衡时气相组成与平衡温度的关系，又称为露点方程。

上两式即为双组分理想物系的气液平衡函数关系式。对任意的双组分理想溶液利用一定温度下纯组分的饱和蒸气压数据，即可求得平衡的气液相组成；反之，若已知一相组成，也可求得与之平衡的另一相组成和温度，一般需用试差法。

（二）用相对挥发度表示的气液平衡关系

在双组分蒸馏的分析和计算中，应用相对挥发度来表示气液平衡函数关系更为简便。蒸馏是利用混合液中各组分的挥发度差异达到分离的目的。通常，纯液体的挥发度通常用它的饱和蒸气压来表示，而溶液中各组分的蒸气压因受另一组分存在影响要比纯态时为低，故各组分的挥发度 ν 就用它在蒸气中的分压 p 和它在与气相平衡的液相中摩尔分数 x 之比表示，即：

$$\nu_A = \frac{p_A}{x_A} \tag{10-9}$$

$$\nu_B = \frac{p_B}{x_B} \tag{10-10}$$

式中　ν_A 和 ν_B——溶液中 A、B 双组分的挥发度。

对理想溶液，因符合拉乌尔定律，则有：

$$\nu_A = p_A^0 \tag{10-11}$$

$$\nu_B = p_B^0 \tag{10-12}$$

由此可知，溶液中组分的挥发度随温度变化，使用起来受限，因此引出相对挥发度的概念。

习惯上将溶液中易挥发组分的挥发度对难挥发组分的挥发度之比，称为相对挥发度，以 α 表示。即：

$$\alpha = \frac{\nu_A}{\nu_B} = \frac{\dfrac{p_A}{x_A}}{\dfrac{p_B}{x_B}} \tag{10-13}$$

当操作压强不大时，蒸气服从道尔顿分压定律，式（10-13）可以改写为：

$$\alpha = \frac{\dfrac{Py_A}{x_A}}{\dfrac{Py_B}{x_B}} = \frac{y_A x_B}{y_B x_A} \tag{10-14}$$

通常，将式（10-14）作为相对挥发度的定义式。相对挥发度的数值可由实验测得。对于理想溶液，则有：

$$\alpha = \frac{p_A^0}{p_B^0} \tag{10-15}$$

式（10-15）表明，在理想溶液中，相对挥发度等于同温度下纯组分 A 和纯组分 B 的饱和蒸气压之比。虽然纯组分饱和蒸气压 p_A^0 及 p_B^0 都随温度而变，但二者比值的变化通常不大，因此当温度变化不大时，可以认为 α 为常数，计算时可去操作温度范围内的平均值。

对于双组分溶液，当总压不高时，由于：

$$x_B = 1 - x_A,\ y_B = 1 - y_A \tag{10-16}$$

由式（10-12）可得：

$$\frac{y_A}{y_B} = \alpha\frac{x_A}{x_B} \text{或} \frac{y_A}{1-y_A} = \alpha\frac{x_A}{1-x_A} \tag{10-17}$$

由式（10-17）解出 y_A，略去下标解得：

$$y = \frac{\alpha x}{1+(\alpha-1)x} \tag{10-18}$$

若α为已知时，可利用式（10-18）求得x-y关系，故式（10-18）称为气-液平衡方程。

相对挥发度α值的大小可以用来判断某混合液是否能用蒸馏方法加以分离以及分离的难易程度。若$\alpha=1$，则$y=x$，即气相组成等于液相组成，此时不能用普通蒸馏方法分离；若$\alpha>1$，则$y>x$，α越大，y比x大得越多，分离越容易。

【例 10-1】 苯（A）与甲苯（B）的饱和蒸气压和温度的关系数据如例 10-1 附表 1 所示。试利用拉乌尔定律和相对挥发度，分别计算苯-甲苯混合液在总压 101.33kPa 下的气液平衡数据。该溶液可视为理想溶液。

例 10-1 附表 1　　苯（A）与甲苯（B）的饱和蒸气压和温度（80.1~110.6℃）的关系

温度/℃	p_A^0/kPa	p_B^0/kPa
80.1	101.33	40.0
85	116.9	46.0
90	135.5	54.0
95	155.7	63.3
100	79.2	74.3
105	204.2	86
110.6	240.0	101.33

解： 利用拉乌尔定律计算气液平衡数据不在某一温度下由例 10-1 附表 1 可查得该温度下纯组分苯与甲苯的饱和蒸气压p_A^0与p_B^0，由于总压$P=101.33$kPa，则应用式（10-5）求液相组成x，再应用式（10-7）求平衡的气相组成y。

以$t=95$℃为例，计算过程如下：

$$x_A = \frac{P - p_B^0}{p_A^0 - p_B^0} = \frac{101.33 - 63.3}{155.7 - 63.3} = 0.412$$

$$y_A = \frac{p_A^0}{P}x_A = \frac{155.7}{101.33} \times 0.412 = 0.633$$

其他温度下的计算结果列于例 10-1 附表 2 中。

例 10-1 附表 2　　液相（x）与气相（y）在其他温度下的计算结果

t/℃	x	y
80.1	1.000	1.000
85	0.780	0.900
90	0.581	0.777
95	0.412	0.633
100	0.258	0.456
105	0.130	0.262
110.6	0	0

（三）双组分理想溶液的气液平衡图

气液平衡用相图来表达比较直观、清晰，应用于双组分蒸馏中更为方便，而且影响蒸馏的因素可在相图上直接反映出来。蒸馏中常用的相图为恒压下的温度-组成图和气相、液相组成图。

1. 温度-组成（t-x-y）图

蒸馏多在一定外压下进行，且在操作过程中溶液温度随其组成而变，故恒压下的温度组成图对蒸馏过程的分析具有实际意义。

在总压下 10. 33kPa 下，苯-甲苯溶液的 t-x-y 关系如图 10-1 所示。以 t 为纵坐标，以液相组成 x 或气相组成 y 为横坐标（x、y 均指易挥发组分，且坐标值范围均为 0~1）。

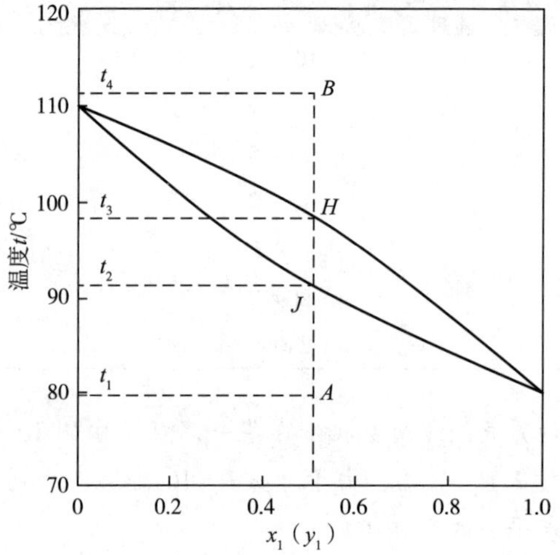

图 10-1　混合液的 t-x-y 图

图 10-1 中有两条曲线，下曲线为 t-x 线，表示平衡时液相组成与温度的关系，称为液相线或饱和液体线或泡点线；上曲线为 t-y 线，表示平衡时气相组成与温度的关系，称为气相线或饱和蒸汽线或露点线。两条曲线将整个 t-x-y 图分成三个区域，液相线以下代表尚未沸腾的液体，称为液相区；气相线以上代表过热的蒸气，称为过热蒸气区；被二曲线包围的部分代表气液同时存在，称为气、液共存区。

若将温度为 t_1、组成为 x_1 的溶液加热，当温度达到 t_2 时，溶液开始沸腾，产生第一个气泡，相应的温度称为泡点，故液相线又称泡点曲线。同样，若将温度为 t_4，组成为 y_1 的过热蒸汽冷却，当温度达到 t_3 时，混合气体开始冷凝产生第一个液滴，相应的温度称为露点，故气相线又称露点曲线。由图 10-1 可见，气液两相呈平衡状态时，气液两相的温度相同，但气相组成大于液相组成。若气液两相组成相同，则气相露点温度总是大于液相的泡点温度。

t-x-y 关系数据通常由实验测得，对理想溶液可用纯组分的饱和蒸气压数据按拉乌尔定律和道尔顿分压定律计算。

2. x-y 图

蒸馏计算中，经常要用液相组成 x 与气相组成 y 的相互关系绘成曲线，简称 x-y 图。图 10-2 为苯-甲苯混合液在 P=101. 33kPa 下的 x-y 图。图中以 x 为横坐标，y 为纵坐标，曲线表示液相组成与之平衡的气相组成间的关系。图中 D 点表示组成为 x_1 的液相与组成为 y_1 的气相互成平衡，图中对角线为参考线，方程为 $x=y$。对于多数溶液，达到平衡时，气相中易挥发组分的浓度总大于液相的，故其平衡线位于对角线上方，平衡线离对角线越远，表示该溶液越易分离。$x-y$ 图可以通过 $t-x-y$ 图作出。图 10-2 就是依据图 10-1 上相对应的 x 和 y 的数据绘制而成的。许多常见的双组分溶液在常压下实测出的 $x-y$ 平衡数据，需要时可从物理化学或化工手册中查取。

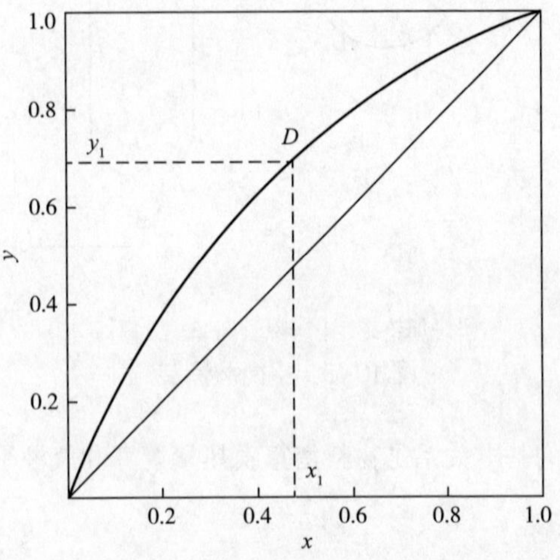

图 10-2　混合液的 x-y 图

应指出，上述的平衡曲线是在恒定压强下测得的。对同一物系而言，混合液的平衡温度越高，各组分间挥发度差异越小，即相对挥发度 α 越小，因此蒸馏压强越高，平衡温度随之升高，α 减小，分离变得越难，反之亦然。但实验也表明，在总压变化范围为 20%～30%，$x-y$ 平衡曲线变动不超过 2%，因此，虽然总压对 $t-x-y$ 关系的影响较大，但是在总压变化不大时，对 $x-y$ 关系的影响就没有那么大，可以忽略不计。

第三节　蒸馏与精馏原理

一、平衡蒸馏

平衡蒸馏（闪蒸）是一种单级蒸馏操作。当在单级釜内进行平衡蒸馏时，釜内液体混合物被部分汽化，并使气相与液相处于平衡状态，然后将气液两相分开。这种操作即可以间歇又可以连续方式进行。

食品生产中多采用图 10-3 所示的连续操作的平衡蒸馏装置。混合液先经加热器升温，是液体温度高于分离器压强下液体的泡点，然后通过减压阀使其降压后进入分离器中，此时过热的液体混合物即将被部分汽化，平衡的气液两相在分离器中得到分离。通常分离器又称为闪蒸罐（塔）。

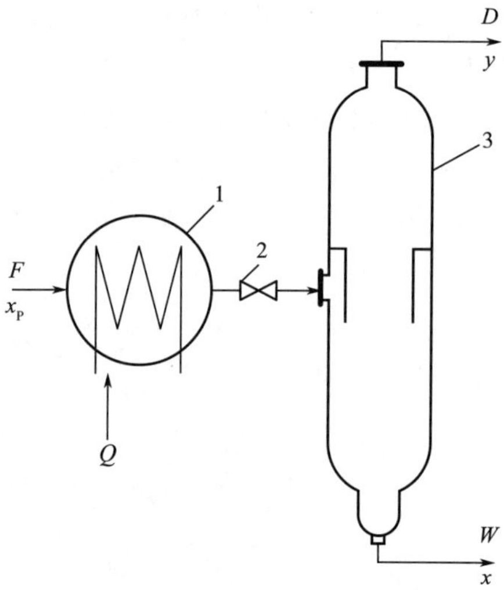

1—加热器；2—减压阀；3—分离器。

图 10-3　平衡蒸馏装置

平衡蒸馏计算所引用的基本关系是物料衡算，热量衡算和气液平衡关系。以双组分混合液的闪蒸为例分述如下。

（一）物料衡算

对图 10-3 所示的连续平衡蒸馏装置作物料衡算，可得：

总物料：
$$F = D + W \tag{10-19}$$

易挥发组分：
$$Fx_F = Dy + Wx \tag{10-20}$$

式中　F、D、W——分别为原料液、气相与液相产品流量，kmol/h 或 kmol/s；

x_F、y、x——分别为原料液、气相与液相产品的组成、摩尔分数。

联立式（10-19）和式（10-20），可得：

$$y = \left(1 - \frac{F}{D}\right) + \frac{F}{D}x_F \tag{10-21}$$

若令 $\frac{W}{F} = q$，则 $\frac{D}{F} = 1 - q$，代入上式可得：

$$y = \frac{q}{q-1}x - \frac{x_F}{q-1} \tag{10-22}$$

式（10-22）表示平衡蒸馏中气液相平衡组成的关系。式中 q 称为液化分率，因平衡蒸馏中 q 为恒定值，故式（10-22）为直线方程。在 x-y 图上，式（10-22）代表通过点（x_F，x_F）的直线，其斜率为 $\frac{q}{q-1}$。

（二）热量衡算

对图 10-3 所示的加热器作热量衡算，若加热器的热损失可忽略，则：

$$Q = Fc_p(T - t_F) \tag{10-23}$$

式中　Q——加热器的热负荷，kJ/h 或 kW；

F——原料液流量，kmol/h 或 kmol/s；

c_p——原料液平均比热容，kJ/(kmol·℃)；

t_F——原料液的温度，℃；

T——通过加热器后原料液的温度，℃。

原料液节流减压后进入分离器，此时物料放出的显热等于部分汽化所需的潜热，即：

$$Fc_p(T - t_e) = (1 - q)Fr \tag{10-24}$$

式中　t_e——分离器中的平衡温度，℃；

r——平均摩尔汽化潜热，kJ/kmol。

原料液离开加热器的温度可由上式求得，即：

$$T = t_e + (1 - q)\frac{r}{c_p} \tag{10-25}$$

（三）气液平衡关系

平衡蒸馏中，气液两相处于平衡状态，即两相温度相同，组成互为平衡。若为理想溶液，则有：

$$y = \frac{\alpha x}{1 + (\alpha - 1)x} \tag{10-18}$$

及

$$t_e = f(x) \tag{10-26}$$

应用上述三个基本关系，可解决闪蒸的各种计算问问题。例如，若已知原料液流量 F、组成 x_F、温度 t_F 及汽化率，则联立式（10-18）、式（10-22）和式（10-26），即可求得平衡的气液相组成及温度，图解计算方法见例 10-2。

对某双组分理想溶液进行常压闪蒸，已知 x_F 为 0.5（原料液中易挥发组分的摩尔分数），若要求汽化率为 60%，试求闪蒸后平衡的气液相组成及温度。

常压下该双组分理想溶液的 x-y 及 t_e-x 关系如例 10-2 附图所示。

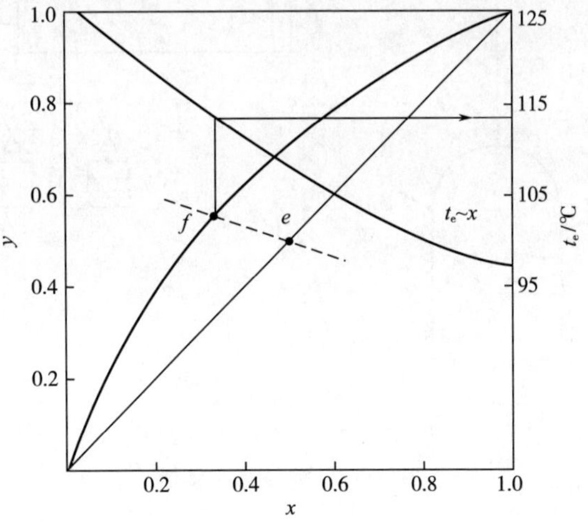

例 10-2 附图

【例 10-2】 对某两组分理想溶液进行常压闪蒸，已知 x_F 为 0.5（原料液中易挥发组分的摩尔分数），若要求汽化率为 60%，试求闪蒸后平衡的气液相组成及温度。常压下该两组分理想溶液的 x-y 及 t_e-x 关系如例 10-2 附图所示。

解：由题意知 $(1-q)=0.6$

所以，$q=0.4$，$\frac{q}{q-1}=-\frac{0.4}{0.6}=-0.667$

在例 10-2 附图（$x-y$ 图）中通过点 e（0.5，0.5）作斜率为-0.667 的直线 ef，由该直线与 $x-y$ 平衡曲线交点 f 的坐标，即可求得平衡的气液相组成，即：

$$x \approx 0.387,\ y \approx 0.575$$

再由例 10-2 附图中 t_e-x 曲线，从 $x=0.387$ 可求得平衡温度，即 $t_e=113℃$。

二、简单蒸馏

简单蒸馏又称微分蒸馏，也是一种单级蒸馏操作，常以间歇方式进行，简单蒸馏装置如图 10-4 所示。混合液在蒸馏釜 1 中受热后部分汽化，产生的蒸汽随即进入冷凝器 2 中冷凝，冷凝液不断流入接受器 3 中，作为馏出液产品。由于气相中组成 y 大于液相组成 x，因此随着过程的进行，釜中液相组成不断下降，使得与之平衡的气相组成（馏出液组成）也随之降低，而釜内液体的泡点逐渐升高。通常当馏出液平均组成或釜残液组成降至某规定值后，即停止蒸馏操作。在一批操作中，馏出液可分批收集，以分别得到不同组成的馏出液。简单蒸馏多用于混合液的初步分离。

简单蒸馏是非定态过程，虽然瞬间形成的蒸汽与液体可视为互相平衡，但形成的全部蒸汽并不与剩余的液体相平衡。因此简单蒸馏的计算应该作微分衡算。简单蒸馏计算的主要内容是根据原料液量和组成，确定馏出液与釜残液的量和组分间的关系。计算中需用的基本关系为物料衡算和气液平衡关系。

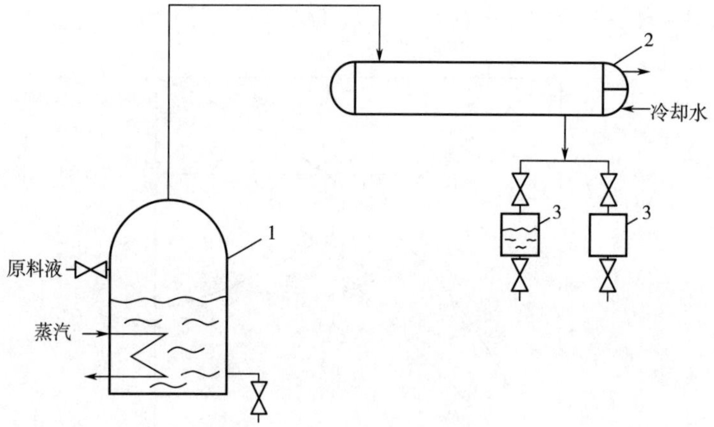

1—蒸馏釜；2—冷凝器；3—接收器。

图 10-4 简单蒸馏装置

假设简单蒸馏某瞬间釜液量为 L（kmol）、组成为 x，经微分时间 $d\tau$ 后，釜液量变为 $L+dL$、组成变为 $x+dx$，而蒸出的馏出液量为 dD、组成为 y，且 y 与 x 呈平衡关系。在 $d\tau$ 时间内作物料衡算，即：

总物料：

$$dD=-dL \tag{10-27}$$

易挥发组分：

$$Lx = (L + dL)(x + dx) + ydD \tag{10-28}$$

将式（10-27）代入式（10-28），展开式（10-28）并忽略 $dLdx$ 项，可得：

$$\frac{dL}{L} = \frac{dy}{y - x} \tag{10-29}$$

积分式（10-29），并取积分上、下限为：

$$L = F,\ x = x_1 \tag{10-30}$$

$$L=W,\ x=x_2 \tag{10-31}$$

则可得：

$$\ln\frac{F}{W} = \int_{x_1}^{x_1}\frac{dx}{y - x} \tag{10-32}$$

式（10-32）表示馏出液组成、釜残液组成与釜残液量（或馏出液量）之间的关系。式（10-33）中右边的积分项，可根据 x-y 平衡关系进行计算，一般有以下几种方法。

（1）若 x-y 平衡关系用曲线或表格表示时，则可应用图解积分法或数值积分。

（2）若蒸馏的溶液为理想溶液，平衡关系可用式（10-18）表示，则将此关系代入式（10-32）中，积分可得：

$$\ln\frac{F}{W} = \frac{1}{a - 1}\left[\ln\frac{x_1}{x_2} + \alpha\ln\frac{1 - x_2}{1 - x_1}\right] \tag{10-33}$$

（3）若在操作范围内，x-y 平衡关系为直线，即 $y=mx+b$，则将此关系代入式（10-32）中，积分可得：

$$\ln\frac{F}{W} = \frac{1}{m - 1}\ln\frac{(m - 1)x_1 + b}{(m - 1)x_2 + b} \tag{10-34}$$

若平衡线为通过原点的直线，即 $y=mx$，则上式可简化为：

$$\ln\frac{F}{W} = \frac{1}{m - 1}\ln\frac{x_1}{x_2} \tag{10-35}$$

馏出液的平均组成 $\bar{y}$（或 x_D，m）可通过一批操作的物料衡算求得，即：

总物料为：

$$D = F - W \tag{10-36}$$

易挥发组分为：

$$D\bar{y} = Fx_1 - Wx_2 \tag{10-37}$$

三、精馏原理和流程

（一）精馏过程原理和条件

上述的平衡蒸馏和简单蒸馏都是单级分离过程，即对混合液进行一次部分汽化，因此只能对混合液部分分离。精馏是多级分离过程，即同时进行多次部分汽化和部分冷凝的过程，因此可使混合液得到几乎完全的分离。精馏可视为多次蒸馏演变而来的。不管何种操作方式，混合液中组分挥发度差异是蒸馏分离的前提和依据。

1. 精馏原理

食品工业生产中采用多次部分汽化或多次部分冷凝，仍以苯-甲苯溶液的 t-x-y 图（图 10-5）进行分析。将组成为 x_F、温度低于泡点的该混合液加热到泡点以上，使其部分汽

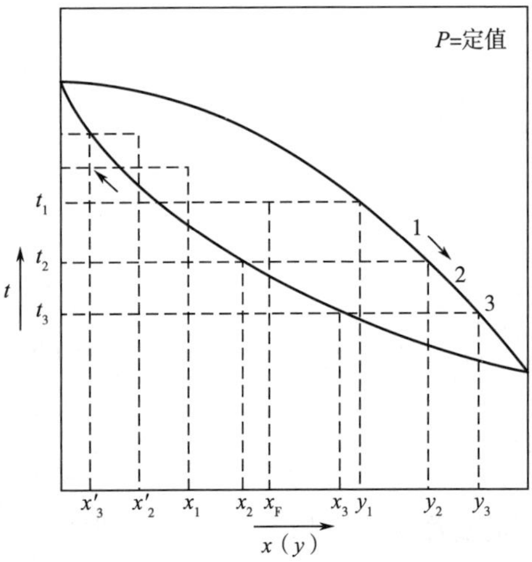

图 10-5 多次部分汽化和冷凝的 t-x-y 图

化，并将气相和液相分开，则所得气相组成为 y_1，液相组成为 x_1，且 $y_1>x_F>x$。若继续将组成为 y_1 的气相混合物进行部分冷凝，则可得到组成为 y_2 的气相和组成为 x_2 的液相。依此又将组成为 y_2 的气相进行部分冷凝，则可得到组成为 y_3 的气相和组成为 x_3 的液相，且 $y_3>y_2>y_1$。由此可见，气相混合物经多次部分冷凝后，在气相中可获得高纯度的易挥发组分。同时若将组成为 x_1 的液相进行部分汽化，则可得到组成为 x'_2 的液相和组成为 y'_2 的气相（图中未标出），若继续将组成为 x'_2 的液相进行部分汽化，则可得到组成为 x'_3 的液相和组成为 y'_3 的气相（图中未标出），且 $x'_3>x'_2>x_1$。由此可见，将液体混合物进行多次部分汽化，在液相中可获得高纯度的难挥发组分。依此类推，最终可以得到易挥发组成苯含量很低的液相，即可获得较纯净的甲苯。

如果将上述多次部分汽化、多次部分冷凝分别在若干个加热釜或若干个冷凝器内进行，一是蒸馏装置将非常庞大；二是能量消耗非常大。每一釜溶液部分汽化需消耗加热蒸汽，而每一釜部分冷凝需消耗冷却水，是否可以直接利用蒸汽放出的热加热溶液，或者说直接利用溶液冷凝蒸汽，这样一来，即节省了加热蒸汽又节省了冷却水，实现这种愿望的是精馏塔。

2. 精馏条件

食品工厂中精馏塔操作是在直立圆形的精馏塔内进行的，塔内装有若干层塔板或充填一定高度的填料。尽管塔板的型式和填料的种类很多，但是塔板上的液层和填料表面都是气液两相进行热交换和质交换的场所。图 10-6 所示为筛板塔中任意第 n 层板上的操作情况。塔板上开有许多小孔，由下一层板（如第 $n+1$ 层板）上升的蒸汽通过板上的小孔上升，而上一层板（如第$n-1$）上的液体通过溢流管下降到第 n 层板上，在第 n 层板上气液两相密切接触，进行热和质的交换。设进入第 n 层板的气相的组成和温度分别为 y_{n+1} 和 t_{n+1}，液相的组成和温度分别为 x_{n-1} 和 t_{n-1}，二者相互不平衡，即 $t_{n+1}>t_{n-1}$，$x_{n-1}>y_{n+1}$ 成平衡的液相组成 x'_{n+1}。因此组成为 y_{n+1} 的气相与组成 x_{n-1} 的液相在第 n 层板上接触时，由于存在温度差和浓度差（既具有传热、传质推动力），气相就要进行部分冷凝，使其中部分难挥发组分转入液相中；而气相冷凝时放出的潜热传给液相，使液相部分汽化，其中部分易挥发组分转入气相中。总的结果致使离开第 n 板的液相中易挥发组分的浓度较进入该板时减低，而离开的气相中易挥发组分浓度又较进入的增高，即 $x_n<x_{n-1}$，$y_n>y_{n+1}$。若气液两项在板上接触时间足够长，那么离开该板的气液两相互呈平衡，即 x_n 与 y_n 相互平衡。若离开该板的气液两相达到平衡状态，则将这种塔板称为理论板。精馏塔的每层板上都进行着上述相似的过程。因此，塔内只要有足够多的塔板层数，就可使混合液达到所要求的分离程度。

为实现上述的精馏分离操作，除了需要包括若干层塔板的精馏塔外，还必须从塔底引入上升蒸汽流和从塔顶引入下降液流（回流）。塔底上升蒸汽流和塔顶液体回流造成了塔内气、液两相，以保证精馏过程定态操作。通常原料从塔中间适当位置，即原料组成与该处的组成相近加入塔内，并与塔内气、液相混合。

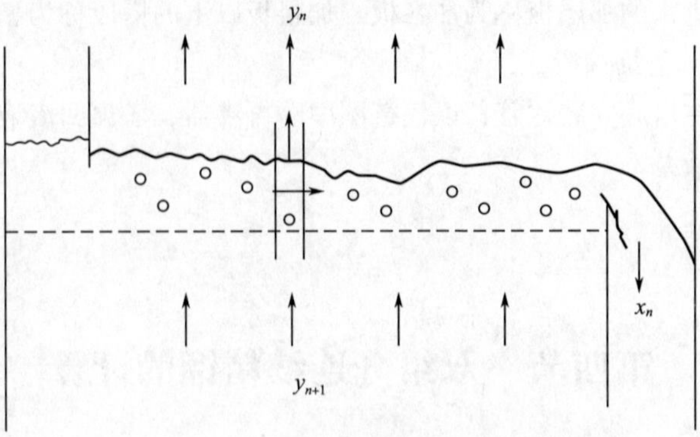

图 10-6　筛板的操作情况

（二）精馏操作流程

根据精馏原理可知，单有精馏塔还不能完成精馏操作，而必须同时有塔底再沸器和塔顶冷凝器，有时还要配原料液预热器、回流液泵等附属设备，才能实现整个操作。再沸器的作用是提供一定量的上升蒸汽流，冷凝器的作用是提供塔顶液相产品及保证有适宜的液相回流，因而使精馏能够连续稳定地进行。典型的连续精馏过程如图 10-7 所示，原料液经预热器加热到指定温度后，送入精馏塔的加料板，在加料板上与自塔上部下降的回流液体汇合后，逐板溢流，最后流入塔底再沸器中。在每层板上，回流液体与上升蒸汽互相接触，进行热和质的传递过程。操作时，连续地从再沸器取出部分液体作为塔底产品（釜残液），部分液体汽化，产生上升蒸汽，依次通过各层塔板。塔顶蒸汽进入冷凝器中被全部冷凝，并将部分冷凝液用泵送会塔顶作为回流液体，其余部分经冷却器后被送出作为塔顶产品（馏出液）。

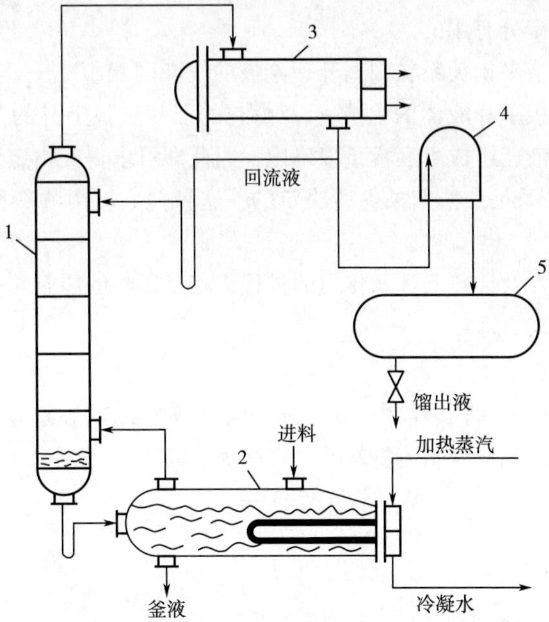

1—精馏塔；2—再沸器；3—全凝器；4—观察罩；5—贮槽。

图 10-7　精馏操作流程

通常，将原料液进入的那层板称为加料板，加料板以上的塔段称为精馏段，加料板以下的塔段（包括加料板）称为提馏段。

应予指出，有时在塔底安装蛇管，以代替图中的再沸器，塔顶回流液也可借重力作用直接流入塔内而省去回流液泵。

第四节　双组分连续精馏的计算

双组分连续精馏的工艺设计及计算主要内容：①确定产品的流量和组成；②确定精馏塔的类型，选择板式塔抑或填料塔。根据塔型，求算理论板层数或填料层高度；③确定塔高和塔径；④对板式塔，进行塔板结构尺寸的计算及塔板流体力学验算；对填料塔，确定填料类型及尺寸，并计算填料塔的流动阻力；⑤计算冷凝器和再沸器的热负荷，并确定二者的类型和尺寸。本节重点介绍前两项。

一、理论板的概念及恒摩尔流假定

在分析精馏原理时曾提及理论板的概念。所谓理论板是指离开这种板的气液两相互成平衡，而且塔板上的液相组成也可视为均匀的。例如，对任意层理论板 n 而言，离开该板的液相组成 x_n，与气相组成 y_n 符合平衡关系。实际上，由于塔板上气液间接触面积和接触时间是有限的，因此在任何型式的塔板上气液两相都难以达到平衡状态，也就是说理论板是不存在的。理论板仅作为衡量实际板分离效率的依据和标准，它是一种理想板。通常，在设计中先求得理论板层数，然后用塔板效率予以校正，即可求得实际板层数。总之，引入理论板的概念，对精馏过程的分析和计算是十分有用的。

若已知某系统的气液平衡关系，则离开理论板的气液两相组成 y_n 与 x_n 之间的关系即已确定。如能再知道由任意板下降液体的组成 x_n 及由它的下一层板上升的蒸汽组成 y_{n+1} 之间的关系，从而塔内各板的气液相组成可逐板予以确定，因此即可求得在指定分离要求下的理论板层数。而 y_{n+1} 与 x_n 间的关系是由精馏条件所决定的，这种关系可由物料衡算求得，并称之为操作关系。

由于精馏过程是既涉及传热又涉及传质的过程，相互影响的因素较多，为了简化计算。通常假定塔内为恒摩尔流动，即：

（一）恒摩尔气流

精馏操作时，在精馏塔的精馏段内，每层板的上升蒸汽摩尔流量都是相等的，在提馏段内也是如此，但两段的上升蒸汽摩尔流量却不一定相等。即：

$$V_1 = V_2 = V_3 = \cdots = V_n = V \tag{10-38}$$

$$V'_1 = V'_2 = V'_3 = \cdots = V'_n = V' \tag{10-39}$$

但 V 不一定等于 V'。

式中　V——精馏段中上升蒸汽摩尔流量，kmol/h；

V'——提馏段中上升蒸汽摩尔流量，kmol/h。

下标表示塔板序号。

（二）恒摩尔液流

精馏操作时，在塔的精馏段内，每层板下降的液体摩尔流量都是相等的，在提馏段内也是如此，但两段的液体摩尔流量却不一定相等。即：

$$L_1 = L_2 = L_3 = \cdots = L_n = L \tag{10-40}$$

$$L'_1 = L'_2 = L'_3 = \cdots = L'_n = L' \tag{10-41}$$

但 L 不一定等于 L'。

式中 L——精馏段中下降液体的摩尔流量，kmol/h；

L'——提馏段中下降液体的摩尔流量，kmol/h。

若在精馏塔塔板上气、液两相接触时有 $n$kmol 的蒸汽冷凝，相应就有 $n$kmol 的液体汽化，这样恒摩尔流的假定才能成立。为此，必须满足的条件是：①各组分的摩尔汽化热相等；②气液接触时因温度不同而交换的显热可以忽略；③塔设备保温良好，热损失可以忽略。

精馏操作时，恒摩尔流虽是一项假设，但某些系统能基本上符合上述条件，因此，可将这些系统在精馏塔内的气液两相视为恒摩尔流动。

二、物料衡算和操作线方程

（一）全塔物料衡算

通过全塔物料衡算，可以求出精馏产品的流量、组成和进料流量、组成之间的关系。

对图 10-8 所示的连续精馏塔作全塔物料衡算，并以单位时间为基准，即：

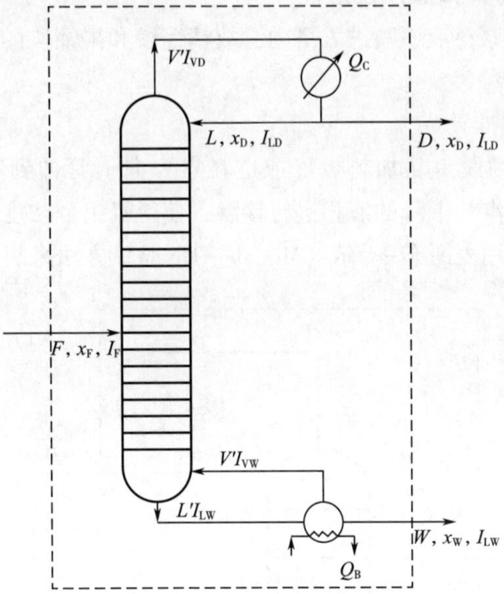

图 10-8 精馏塔的物料衡算

总物料：

$$F = D + W \tag{10-19}$$

易挥发组分：

$$Fx_F = Dx_D + Wx_W \tag{10-42}$$

式中 F——原料液流量，kmol/h；

D——塔顶产品（馏出液）流量，kmol/h；

W——塔底产品（釜残液）流量，kmol/h；

x_F——原料液中易挥发组分的摩尔分数；

x_D——馏出液中易挥发组分的摩尔分数；

x_W——釜残液中易挥发组分的摩尔分数。

从物料衡算计算式看，D、W 与 F 有关，采出率的计算：

$$\frac{D}{F}=\frac{x_F-x_W}{x_D-x_W}$$

$$\frac{W}{F}=\frac{x_D-x_F}{x_D-x_W}$$

$$\frac{D}{F}+\frac{W}{F}=1$$

在精馏计算中，分离程度除用两产品的摩尔分数表示外，有时还用回收率表示。

轻组分：

$$\eta_A=\frac{Dx_D}{Fx_F}\times 100\% \tag{10-43}$$

重组分：

$$\eta_B=\frac{W(1-x_W)}{F(1-x_F)}\times 100\% \tag{10-44}$$

（二）精馏段物料衡算和操作线方程

在连续精馏塔内，因原料液不断进入塔内，故精馏段和提馏段的操作关系是不相同的，应分别予以讨论。

1. 精馏段操作线方程推导

如图 10-9 所示，精馏段是从加料板（或进料点）向上延伸到塔顶的部分。在这个区域内，主要是通过上升的蒸汽与下降的液相进行接触，使得轻组分浓度增加，逐步达到塔顶产品的要求。其操作关系可以用麦凯布-提尔（McCabe-Thiele）方法来表示。

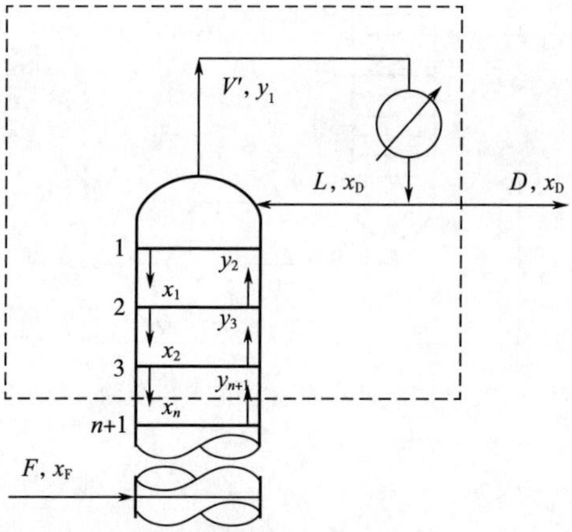

图 10-9　精馏段操作

衡算范围：如图 10-9 所示，虚线框内（包括精馏段内第 n 块塔板以上的塔段及全凝器）。

总物料衡算：

$$V = L + D \tag{10-45}$$

轻组分衡算：

$$Vy_{n+1} = Lx_n + Dx_D \tag{10-46}$$

式中　x_n——精馏段中第 n 层板下降液体中易挥发组分的摩尔分数；

y_{n+1}——精馏段中第 n+1 层板上升蒸汽中易挥发组分的摩尔分数。

将式（10-45）代入式（10-46），得：

$$y_{n+1} = \frac{L}{L+D}x_n + \frac{D}{L+D}x_D \tag{10-47}$$

令 $R = \frac{L}{D}$（R 即为回流比）

$$y_{n+1} = \frac{R}{R+1}x_n + \frac{1}{R+1}x_D \tag{10-48}$$

此式被称为精馏段操作线方程，表示精馏段内任意第 n 块塔板下降的液相组成 x_n 与相邻的下一块塔板 n+1 上升的气相组成 y_{n+1} 之间的关系，即操作过程中相邻两块塔板上升汽流与下降液流之间的浓度关系。

对于连续、稳定的生产过程，R 是一个定值，D、x_D 也应是定值，可见精馏段操作线是线性方程，若将操作线方程在 x-y 图上进行标绘，将是一条直线：

$y_{n+1} = \frac{R}{R+1}x_n + \frac{1}{R+1}x_D$，直线的斜率$\frac{R}{R+1}$，截距$\frac{1}{R+1}x_D$。

2. 精馏段操作线在 x-y 图上的作图

①将待分离的混合液的平衡关系曲线画在 x-y 图上，再画上对角线。

②设 $x = x_D$，根据 $y_{n+1} = \frac{R}{R+1}x_n + \frac{1}{R+1}x_D$，则 $y = x_D$，即 $x = y = x_D$，在 x-y 图上可找到对应点 a（x_D，x_D），此点将落在对角线上。

③再设 $x = 0$，根据操作线方程，此点为操作线的截距 $\frac{1}{R+1}x_D$，落在 y 轴上，如 b 点$\left(0,\ \frac{1}{R+1}x_D\right)$。

④连接 a、b 二点即为精馏段操作线。

（三）提馏段物料衡算和操作线方程

1. 提馏段操作线方程推导

如图 10-10 所示，提馏段是从加料板向下延伸到塔底的部分。在这个区域内，主要是通过下降的液相与上升的蒸汽进行接触，使得重组分浓度增加，逐步达到塔底产品的要求。其操作关系也可以用麦凯布-提尔方法来表示。

按图 10-10 虚线范围（包括提馏段第 m 层板以下塔段及再沸器）做物料衡算，以单位时间为基准，即：

衡算范围：虚线框内（包括提馏段内第 m 块板以下的塔段及再沸器）

总物料衡算：

$$L' = V' + W \tag{10-49}$$

易挥发组分：

$$L'x'_{m} = V'y'_{m} + 1 + Wx_{W} \tag{10-50}$$

式中　x'_m——提馏段第 m 层板下降液体中易挥发组分的摩尔分数；

y'_{m+1}——提馏段第 m+1 层板上升蒸汽中易挥发组分的摩尔分数。

用式（10-49）代入式（10-50），整理得：

$$y'_{m+1} = \frac{L'}{L' - W} x_m - \frac{w}{L' - W} x_W \tag{10-51}$$

此式被称为提馏段操作线方程，表达了提馏段内任意第 m 层塔板下降液流组成 x'_m 与其相邻的下层板（第 m+1 层）上升汽流组成 y'_{m+1} 间的关系（此关系属于操作过程中的关系，故称操作线方程）。对于连续、稳定的生产过程，x_W、W、L' 均为定值，故操作线方程为一线性方程，若将此提馏段操作线方程在 x–y 图上进行标绘，可得一条直线 $y'_{m+1} = \frac{L'}{L' - W} x_m - \frac{w}{L' - W} x_W$，直线的斜率为 $\frac{L'}{L'-W}$，截距为 $-\frac{w}{L' - W}$。

应予指出，提馏段的液体流量 L' 不如精馏段的回流液流量 L 那样容易求得，因为 L' 除与 L 有关外，还受进料量及进料热状况的影响。

2. 提馏段操作线在 x–y 图上的作图

如图 10-11 所示：

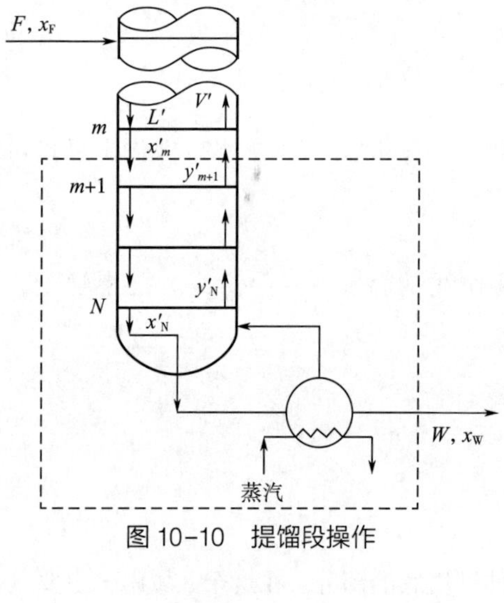

图 10-10　提馏段操作

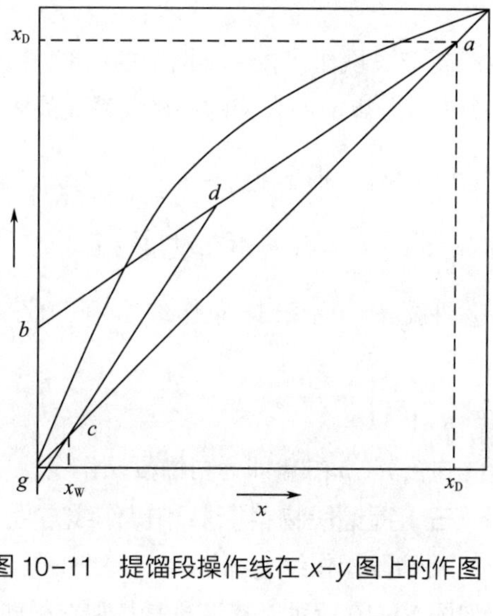

图 10-11　提馏段操作线在 x–y 图上的作图

①设 $x=x_W$，根据操作线方程则 $y=x_W$。即：$x=y$，因 x_W 已知，在 x–y 图上可找到一对应点 c（x_W，x_W），此点在对角线上。

②设 $x=0$，根据操作线方程，则 $y=-\frac{w}{L' - W} x_W$，为操作线的截距，此点在 y 轴上，如 g 点 $\left(0,\ -\frac{w}{L' - W} x_W\right)$。

③连接 c、g 二点，并延长与精馏段操作线 ab 相交于一点 d，即得提馏段操作线 cd。

第五节　进料状况的影响

一、精馏塔的进料热状况

在实际生产中，加入精馏塔中的原料液可能有五种热状况：①温度低于泡点的冷液体；②泡点下的饱和液体；③温度介于泡点和露点之间的气液混合物；④露点下的饱和蒸汽；⑤温度高于露点的过热蒸汽。

由于不同进料热状况的影响，使从加料板上升蒸汽量及下降液体量发生变化，也即上升到精馏段的蒸汽量及下降到提馏段的液体量发生了变化。

1. 冷液进料

进料入塔后首先要吸收部分热量使其温度达到泡点，此热量只能来自上升蒸汽的冷凝。提馏段内回流液流量 L' 包括三部分：①精馏段的回流液流量 L；②原料液流量 F；③为将原料液加热到板上温度，必然会有一部分自提馏段上升的蒸汽被冷凝下来，冷凝液量也成为 L' 的一部分。由于这部分蒸汽的冷凝，故上升到精馏段的蒸汽量 V 比提馏段的 V' 要少，其差额即为冷凝的蒸汽量。

2. 饱和液体进料

由于原料液的温度与板上液体的温度相近，料液进塔后与精馏段的下降液流汇合流入提馏段。作为提馏段的回流液，而两段的上升蒸汽流则相等，即：

$$L' = L + F, \quad V' = V \tag{10-52}$$

3. 汽、液混合物进料

料液入塔后饱和汽体进入精馏段，而饱和液体进入提馏段。即进料中液相部分成为 L' 的一部分，而蒸汽部分则成为 V 的一部分。

4. 饱和蒸汽进料

进料为露点温度，料液入塔后与加料板上上升的蒸汽汇合进入精馏段，变为 V 的一部分，而两段的液体流量则相等，即：

$$L = L', \quad V = V' + F \tag{10-53}$$

5. 过热蒸汽进料

此种情况下，料液还有部分显热可供塔内部分饱和液体汽化，料液入塔后不仅与加料板上上升的蒸汽汇合，还使精馏段下降的液流中部分汽化的蒸汽也汇入上升汽流中。因此精馏段上升蒸汽流量 V 包括以下三部分：提馏段上升蒸汽流量 V'；原料酒夜流量 F；为将进料温度降至板上温度，必然会有一部分来自精馏段的回流液体被汽化，汽化的蒸汽量也成为 V 中的一部分。由于这部分液体的汽化，故下降到提馏段中的液体量 L 将比精馏段的 L 少，其差额即为汽化的那部分液体量。

由上面分析可知，精馏塔中两段的气液摩尔流量之间的关系与进料的热状况有关，通用的定量关系可通过加料板上的物料衡算与热量衡算求得。

二、加料位置处的物料衡算和热量衡算

（一）热量衡算

对图 10-12 所示的加料板分别作总物料衡算及热量衡算，即：

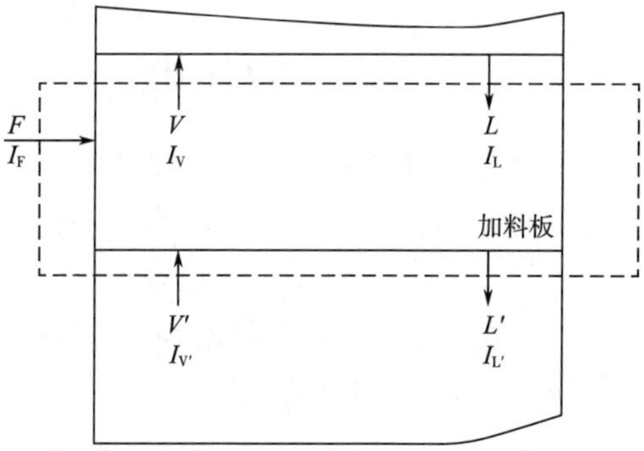

图 10-12 加料板上的热量衡算

总物料衡算：

$$F + L + V' = L' + V \tag{10-54}$$

总热量衡算：

$$FI_F + LI_L + V'I_{V'} = L'I_{L'} + VI_V + Q_L \tag{10-55}$$

式中 I_F——原料液的焓，kJ/kmol；

I_V、$I_{V'}$——分别为加料板上、下板处饱和液体的焓值，kJ/kmol；

I_L、$I_{L'}$——分别为加料板上、下板处饱和蒸汽的焓值，kJ/kmol。

由于塔中液体和蒸汽都呈饱和状态，且加料板上下处的温度及气液相组成各自都比较相近，故忽略相邻二塔间气、液各自的温度和浓度变化及热损，则有：

$$I_V \approx I_{V'}, \ I_L \approx I_{L'}, \ Q_L \approx 0$$

则

$$FI_F + V'I_V + LI_L = VI_V + L'I_L \tag{10-56}$$

整理得

$$(V - V') = FI_F - (L' - L)I_L \tag{10-57}$$

将式（10-54）代入上式，可得：

$$[F - (L' - L)]I_V = (L' - L)I_L \tag{10-58}$$

或

$$\frac{I_V - I_F}{I_V - I_L} = \frac{L' - L}{F} \tag{10-59}$$

令

$$q = \frac{I_V - I_F}{I_V - I_L} \approx \frac{\text{将 1kmol 进料变为饱和蒸汽所需的热量}}{\text{原料液的千摩尔汽化潜热}} \tag{10-60}$$

式中 $I_V - I_F$——将 1kmol 加料加热并汽化为饱和蒸汽所需热量，kJ/kmol；

$I_V - I_L$——加料由饱和液体变为饱和蒸汽所需的汽化潜热，kJ/kmol。

（二）q 值的意义

q 值大小反映了进料的热状况，称进料的热状况参数。

$$L' = L + qF \tag{10-61}$$

q 值为 1kmol 进料能使塔内液流量增加的千摩尔系数，而 $1-q$ 为 1kmol 进料能使塔内汽流量增加的千摩尔系数。将 $L' = L + qF$ 代入 $V - V' = F + (L - L')$。

根据总物料衡算：

$$V' = V - (1 - q)F \tag{10-62}$$

这样，将 L 与 L'，V 与 V'关联起来。

由式（10-61）还可从另一方面说明 q 的意义，即以 1kmol/h 进料为基准时，提馏段中的液体流量较精馏段中液体流量增大的 kmol/h 数，即为 q 值。对于饱和液体、气液混合物及饱和蒸汽三种进料而言，q 值就等于进料中的液相分率。

将式（10-61）代入式（10-51），则提馏段操作线方程可写为：

$$y'_{m+1} = \frac{L + qF}{L + qF - W} x'_m - \frac{W}{L + qF - W} x_W \tag{10-63}$$

对一定的操作条件而言，上式中的 L、F、W、x_W 及 q 为已知值或易于求算的值。该式的斜率 $\frac{L + qF}{L + qF - W}$ 和截距 $-\frac{W}{L + qF - W}$ 都与进料的热状况参数 q 相关。

（三）加料板位置及 q 线方程

上式与对角线方程联解，得到提馏段操作线与对角线的交点坐标（x_W，x_W），如图 10-13 上的点 c 所示。由于提馏段操作线截距的数值往往很小，交点 c 与代表截距的点可能离得很近，作图不易准确。若利用斜率 $\frac{L + qF}{L + qF - W}$ 作图，不仅较麻烦，且在图上不能直接反映出进料热状况的影响。故通常先找出提馏段操作线与精馏段操作线的交点，将点 c 与此交点相连即可得到提馏段操作线。两操作线的交点可由联解两操作线方程而得。

精馏段操作线方程和提馏段操作线方程可分别用式（10-46）和式（10-50）表示，因在交点处两式中的变量相同，故可略去式中变量的上下标，即：

$$\text{精馏段：} Vy = Lx + Dx_D \tag{10-64}$$

$$\text{提馏段：} V'y = L'x - Wx_W \tag{10-65}$$

两式相减，可得：

$$(V' - V)y = (L' - L)x - (Dx_D + Wx_W) \tag{10-66}$$

由式（10-42）、式（10-61）及式（10-62）代入式（10-37），并整理可得：

$$y = \frac{q}{q - 1}x - \frac{x_F}{q - 1} \tag{10-67}$$

式（10-67）称为 q 线方程或进料方程，为代表两操作线交点的轨迹方程。该式也是直线方程，其斜率为 $\frac{q}{q - 1}$，截距为 $\frac{x_F}{q - 1}$。

式（10-67）与对角线方程联立，解得交点坐标为（x_F，x_F），如图 10-13 上点 e 所示。再从点 e 作斜率为$\frac{q}{q-1}$的直线，如图上的 ef 线，该线与 ab 线交于点 d，点 d 即为两操作线的交点。联结 cd，cd 线即为提馏段操作线。

进料热状况对 q 线及操作线的影响进料热状况不同，q 值及 q 线的斜率也就不同，故 q 线与精馏段操作线的交点因进料热状况不同而变动，从而提馏段操作线的位置也就随之而变化。当进料组成、回流比及分离要求一定时，进料热状况对 q 线及操作线的影响如图 10-14 所示。不同的进料热状况对 q 值及 q 线的影响列于表 10-1 中。

表 10-1　　进料热状况对 q 值及 q 线的影响

料热状况	进料的焓值	q 值	q 线斜率
冷液进料	$i_F < i$	$q > 1$	+
饱和液进料	$i_F = i$	$q = 1$	∞
汽液混合进料	$I < i_F < i$	$0 < q < 1$	-
饱和蒸汽进料	$i_F = I$	$q = 0$	0
过热蒸汽进料	$i_F > I$	$q < 0$	+

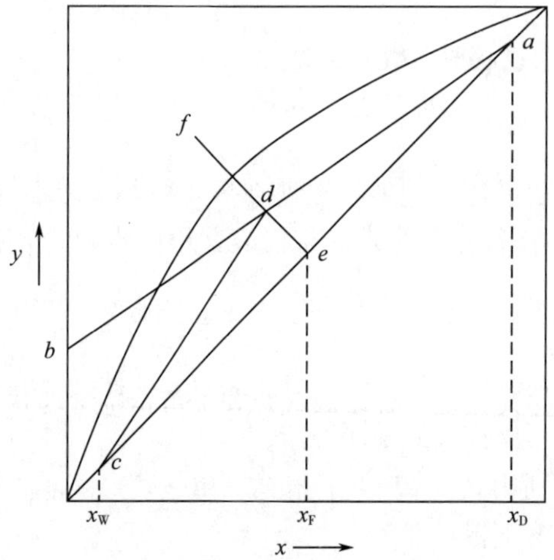

图 10-13　q 线和操作线的做法

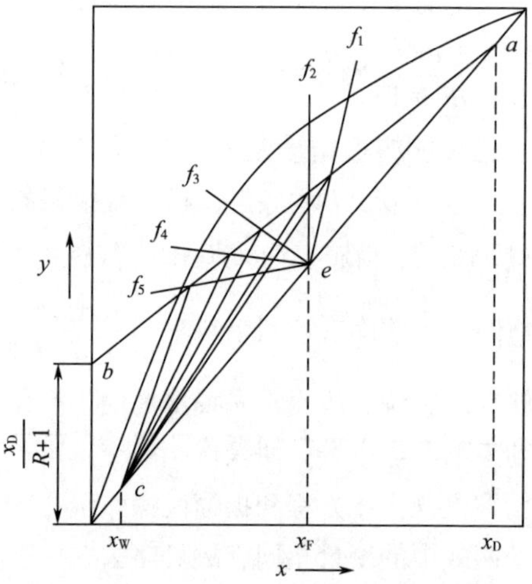

图 10-14　进料热状况对 q 线的影响

在精馏计算中确定提馏段操作线，一般是根据精馏段操作线与 q 线相交于一点 d，连接 c、d 确定的。

【例 10-3】 用一常压精馏塔分离含乙醇为 0.44（摩尔分数，下同）的乙醇-水混合溶液，料液流量 1000kmol/h，要求塔顶产品乙醇含量 0.97 以上，塔底产品乙醇含量小于 0.03，采用回流比 $R=3$，泡点进料。已知料液的泡点为 94℃，混合液的平均比热为 158.2kJ/(kmol·K)，汽化潜热为 33100kJ/kmol。求：①塔顶、塔釜产品流量及精馏段、提馏段的气、液量。②若进料状态改为 20℃冷液，问精馏段、提馏段的气液量各变为多少？

解： ① 由总物衡式（10-19）和轻组分衡算式（10-42），得：

$$D=\frac{x_F-x_W}{x_D-x_W}F=\frac{0.44-0.03}{0.96-0.03}\times 1000=441\ (\text{kmol/h})$$

$$W=F-D=1000-441=559\ (\text{kmol/h})$$

则精馏段气相流量：

$$V=(1+R)D=4\times441=1764\ (\text{kmol/h})$$

精馏段液相流量：

$$L=RD=3\times441=1323\ (\text{kmol/h})$$

而

$$q=1$$

提馏段气相流量：

$$V'=V-(1-q)F=V=1764\ (\text{kmol/h})$$

提馏段液相流量：

$$L'=L+qF=V+F=1323+1000=2323\ (\text{kmol/h})$$

②若进料状态改为20℃冷液，则由式（10-59）和式（10-60）可得：

$$q=1+\frac{c_p(t_b-t_F)}{r}=1+\frac{158.2\times(94-20)}{33100}=1.3537$$

$$V'=V-(1-q)F=1764-(1-1.3537)\times1000=2118(\text{kmol/h})$$

$$L'=L+qF=1323+1.3537\times1000=2677(\text{kmol/h})$$

V、L不变。

第六节　理论板计算

在精馏的过程中，蒸馏塔中塔板的主要作用：①提供气、液直接接触的场所，气液在塔板上直接接触，实现了气液间的传质和传热；②每块板起了一个增浓作用，下降液流中部分汽化，易挥发组分A由液相进入气相，上升气流中部分冷凝，难挥发组分B由气相进入液相。在理想的情况下，要达到蒸馏的理想状态，气、液必须在塔板上充分接触，实际生产中气液接触的时间是有限的，不可能达到充分接触。

一、理论板的确定

利用气液两相的平衡关系和操作关系（操作线方程式）可求出所需要的理论板数，其方法有逐板计算法和图解法，现分述如下。

（一）逐板计算法

用前述的相平衡方程和操作方程，逐板计算各块塔板的气、液相组成，从而求得所需的理论塔板数，这一方法，称为逐板计算法。通常从塔顶（也可从塔底）开始计算，具体步骤如下。

设塔顶为全凝器，泡点回流。从最上层第一块理论板上升的蒸汽进入冷凝器中全部被冷凝，所以馏出液的组成与第一板蒸汽的组成相等，即：

$$y_1=x_D \tag{10-68}$$

离开第一板的液体组成 x_1 应与 y_1 成平衡，可由相平衡方程式（10-18）求得。即：

$$y_1=\frac{\alpha x_1}{1+(\alpha-1)x_1} \tag{10-18}$$

由第二层理论板上升的蒸汽组成 y_2 与 x_1 的关系由精馏段操作线方程式决定，即：

$$y_2=\frac{R}{R+1}x_1+\frac{1}{R+1}x_D \tag{10-48}$$

x_2 与 y_2 平衡，即可用平衡方程由 y_2 求得 x_2，以及再用精馏段操作线方程，通过 x_2 求得 y_3，以此类推，当计算得 $x_n< x_q$（对饱和液体进料 $x_q=x_F$）时，说明该板（第 n 层）已是加料板，应属于提馏段。计算过程中每使用一次平衡关系，表示需要一层理论板，精馏段需要 $n-1$ 层理论板。

用同样方法，可求得提馏段所需的理论板数。所不同的是从加料板开始往下计算，改用提馏段操作线方程式。继续利用相平衡关系和提馏段操作线方程：

$$y'_2=\frac{L+qF}{L+qF-W}x'_2-\frac{W}{L+qF-W}x_W \tag{10-63}$$

一直计算到液相组成 $x_m<x_W$ 为止。对于间接加热的再沸器，离开它的气液两相达到平衡，相当于最后一块理论板。所以提馏段所需的理论板层数应为计算中使用平衡关系的次数减 1，即 $m-1$ 个。

用逐板法计算理论板数比较准确，并且同时能得出每块板上气液两相组成，但是这种方法显得比较烦琐，特别是在板数比较多的情况下，手算更有不便之处。当然，在计算机应用日趋广泛的情况下，逐板法的应用必将越来越广泛。用图解方法，可以使计算过程大为简化。

（二）图解法

图解法求理论板层数的基本原理与逐板计算法的完全相同，只不过是用平衡曲线和操作线分别代替平衡方程和操作线方程，用简便的图解法代替繁杂的计算而已。虽然图解法的准确性较差，但因其简便，目前在双组分精馏计算中仍被广泛采用。

1. 操作线的作法

如前所述，精馏段和提馏段操作线方程在 $x-y$ 图上均为直线。根据已知条件分别求出二线的截距和斜率，便可绘出这两条操作线。但实际作图还可简化，即是分别找出该两直线上的固定点，例如，操作线与对角线的交点及两操作线的交点等，然后由这些点及各线的截距或斜率就可以分别作出两条操作线。

（1）精馏段操作线的作法　若略去精馏段操作线方程式中变量的下标，则该式可写为：

$$y=\frac{R}{R+1}x_n+\frac{1}{R+1}x_D \tag{10-48}$$

对角线方程为：$y=x$。

上两式联立求解，可得到精馏段操作线与对角线的交点坐标（x_D，x_D），如图 10-13 中的点 a 所示。根据已知的 R 及 x_D，算出精馏段操作线的截距为 $\frac{1}{R+1}x_D$，依此值定出该线在 y 轴的截距，如图 10-13 上点 b 所示。直线 ab 即为精馏段操作线。当然也可以从点 a 作斜率为 $\frac{R}{R+1}$ 的直线 ab，得到精馏段操作线。

（2）提馏段操作线的作法　若略去提馏段操作线方程中变量的上下标，则提馏段方程式可写为：

$$y'_{m+1}=\frac{L+qF}{L+qF-W}x'_m-\frac{W}{L+qF-W}x_W \tag{10-63}$$

式（10-63）与对角线方程联解，得到提馏段操作线与对角线的交点坐标（x_W，x_W），如图 10-13 上的点 c 所示。由于提馏段操作线截距的数值往往很小，交点 c 与代表截距的点可能离得很近，作图不易准确。若利用斜率 $\frac{L+qF}{L+qF-W}$ 作图，不仅较麻烦，且在图上不能直接反映出进料热状况的影响。故通常先找出提馏段操作线与精馏段操作线的交点，将点 c 与此交点相连即可得到提馏段操作线。两操作线的交点可由联解两操作线方程而得。

2. 图解法

理论板层数的图解方法如图 10-15 所示，首先在 x-y 图上作平衡曲线和对角线，并依上述方法作精馏段操作线 ab、q 线 ef 和提馏段操作线 cd。然后从点 a 开始，在精馏段操作线与平衡线之间绘制水平线和铅垂线构成的梯级。当梯级跨过两操作线交点 d 点时，则改在提馏段操作线与平衡线之间绘梯级，直至梯级的铅垂线达到或越过点 c（x_W，x_W）为止。每一个梯级代表一层理论板。在图 10-15 中，梯级总数为 7，第 4 级跨过点 d，即第 4 级为加料板，故精馏段理论板层数为 3；因再沸器相当于一层理论板，故提馏段理论板层数为 3。该过程共需 6 层理论板（不包括再沸器）。应予指出，图解时也可从点 c 开始绘梯级，所得结果相同。这种图解理论板层数的方法称为麦克布-蒂利（McCabe-Thiele）法，简称 M-T 法。

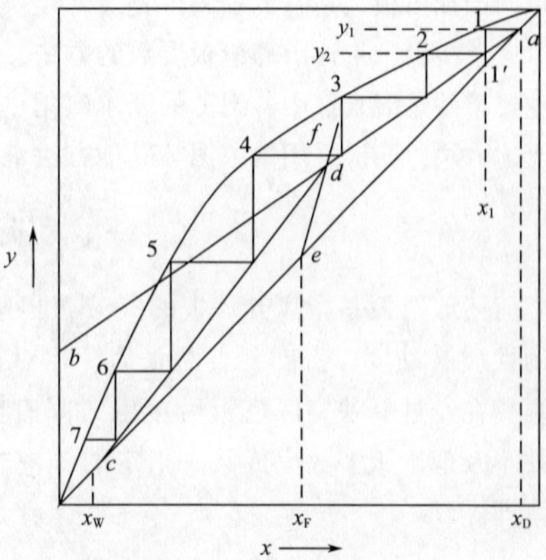

图 10-15　理论板层数的图解法

有时从塔顶出来的蒸汽先在分凝器中部分冷凝，冷凝液作为回流，未冷凝的蒸汽再用全凝器冷凝，凝液作为塔顶产品。因为离开分凝器的气相与液相可视为互相平衡，故分凝器也相当于一层理论板。此时精馏段的理论板层数应比相应的梯级数少一。

二、适宜的进料位置

如图 10-16 所示，精馏塔中适宜的进料位置选择需要经历三个阶段。每个阶段通过几何图形（主要是三角形和四边形）及其相互关系来表明最佳进料位置的确定步骤。

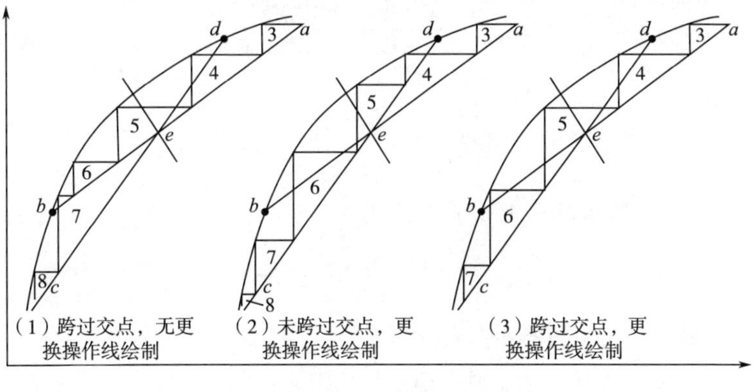

图 10-16　适宜的加料位置

如前所述，图解过程中当某梯级跨过两操作线交点时，应更换操作线。跨过交点的梯级即代表适宜的加料板（逐板计算时也相同），这是因为对一定的分离任务而言，如此作图所需的理论板层数为最少。

如图 10-16（1）所示，若梯级已跨过两操作线的交点 d，而仍在精馏段操作线和平衡线之间绘梯级，由于交点 d 以后精馏段操作线与平衡线之间的距离更为接近，故所需理论板层数增多。反之，如没有跨过交点而过早更换操作线，也同样会使理论板层数增加，如图 10-16（2）所示。由此可见，当梯级跨过两操作线交点后便更换操作线作图，如图 10-16（3）所示，所定出的加料板为适宜的加料位置。

应予指出，上述求理论板层数的方法，都是基于塔内恒摩尔流的假设。这个假设能够成立的主要条件是混合液中各组分的摩尔汽化热相等或相近。对偏离这个条件较远的物系就不能采用上述方法，而应采用焓浓图等其他方法求理论板层数。

三、实际塔板数的求取

前述理论板是指离开该板的气液两相达到平衡状态。实际上，由于各种因素影响，如物系的性质（黏度、密度、表面张力、相对挥发度等）、塔板结构、操作因素（液速等）；气液两相在经过一块实际塔板后接触时间有限往往不能达到平衡，即每块实际塔板的分离能力并不及理论板，故完成某一指定的分离任务，所需的塔板数（N_R）将比理论板数（N_T）多，即：

$$y_n - y_{n+1} < y_n^* - y_{n+1} \tag{10-69}$$

所以，

$$N_R > N_T \tag{10-70}$$

板效率反映实际塔板与理论塔板在增浓能力上的差异。

通常用板效率来表示理论板与实际板的差异，有总板效率、单板效率、湿板效率、点效率之分。下面介绍单板效率和总板效率。

板效率大小反映了塔板上气、液两相物质交换的程度。

（一）单板效率 E_m

表明一块实际塔板与理论塔板在增浓能力上的差异，它是以气相（或液相）经过实际塔板的组成变化值与经过理论板时的组成变化值之比表示。

以气相表示的第 n 块的单板效率 $E_{mv,n}$，则，

$$E_{mv,n} = \frac{\text{实际板的气相增浓值}}{\text{理论板的气相增浓值}} \tag{10-71}$$

即

$$E_{mv,n} = \frac{y_n - y_{n+1}}{y_n^* - y_{n+1}} \tag{10-72}$$

则以液相表示的第 n 块板的单板效率 $E_{ml,n}$ 为：

$$E_{ml,n} = \frac{x_{n-1} - x_n}{x_{n-1} - x_n^*} \tag{10-73}$$

式中　y_{n+1}、y_n——进入和离开 n 板的气相组成；

　　y_n^*——与板上液体组成 x 成平衡的气相组应；

x_{n-1}、x——进入和离开 n 板的液相组成；

x_n^* ——与 y_n 成平衡的液相组成。

（二）总板效率 ET

理论板数 N_T 与实际板数 N_R 之比称为总板效率 E_T，故有：

$$E_T = \frac{N_T}{N_R} \tag{10-74}$$

用图解法求得的总梯级数并不等于 N_T。再沸器一般视作一块理论板，应扣除。此外，若塔顶为分凝器，也是作为一块理论板，应扣除。

第七节　回流比的影响与选择

前已述及，回流是保证精馏塔连续稳定操作的必要条件之一，在向塔内提供一定数量液流的同时，向塔内提供了易挥发组分，维持塔内的稳定操作。且回流比是影响精馏操作费用和投资费用的重要因素。$R=\frac{L}{D}\rightarrow R\uparrow$，$L\uparrow\rightarrow D\downarrow$ 对生产不利；但 $R\uparrow\rightarrow$截距$\downarrow$，操作线往对角线上靠，每块塔板的增浓能力提高，达到相同的分离要求，所需的 N_T 减少，对生产有利。对于一定的分离任务（即 F，x_F，q，x_D，x_W 一定）而言，应选择适宜的回流比。

回流比有两个极限值，上限为全回流时的回流比，下限为最小回流比，实际回流比为介于两极限值之间的某适宜值。

一、全回流和最少理论板层数

若塔顶上升蒸汽经冷凝后，全部回流至塔内，这种方式称为全回流。此时，塔顶产品 $D=0$，通常 F 和 W 也均为零，既不向塔内进料，也不从塔内取出产品。全塔也就无精馏段和提馏段之区分，两段的操作线合二为一，全回流时的回流比：

$$R = \frac{L}{D} = \frac{L}{0} = \infty$$

因此，精馏段操作线的斜率 $\frac{R}{R+1}=1$，在 y 轴上的截距 $\frac{x_D}{R+1}=0$。此时在 x-y 图上操作线与对角线相重合，操作线方程式为 $y_{n+1}=x_n$。显然，此时操作线和平衡线的距离最远，因此达到给定分离程度所需的理论板层数为最少，以 N_{min} 表示。N 可在 x-y 图上的平衡线与对角线间直接图解求得，也可从芬斯克（Fenske）方程计算得到：

$$N_{min} + 1 = \frac{\lg\left[\left(\frac{x_D}{1-x_D}\right)\left(\frac{1-x_W}{x_W}\right)\right]}{\lg\alpha_m} \tag{10-75}$$

$$\alpha_m = \sqrt{\alpha_{顶} \times \alpha_{底}} \tag{10-76}$$

式中　N_{min}——全回流时最少理论板层数（不包括再沸器）；

α_m ——全塔平均相对挥发度，当 α 变化不大时，可取塔顶的 α 和塔底的 α 的几何平均值。

式（10-75）和式（10-76）称为芬斯克方程，用以计算全回流下采用全凝器时的最少理论板层数。将式中的 x_W 换成进料组成 x_F，a 取塔顶和进料的平均值，则该式也可用以计算精馏段的理论板层数，并可确定加料板位置。

应予指出，全回流是回流比的上限。由于在这种情况下得不到精馏产品，即生产能力为零，因此对正常生产无实际意义。但在工业生产中，有时也采用全回流，如开工试车时，目的是迅速地在各塔板上建立逐板增浓的液层，使操作更快地进入稳定操作，那么 R 最小能小到什么程度。

二、最小回流比

图 10-17 展示了精馏过程中确定最小回流比的示意方法。通过图 10-17 可以理解如何在理论上确定精馏塔的最小回流比，从而保证分离过程的经济性和有效性。

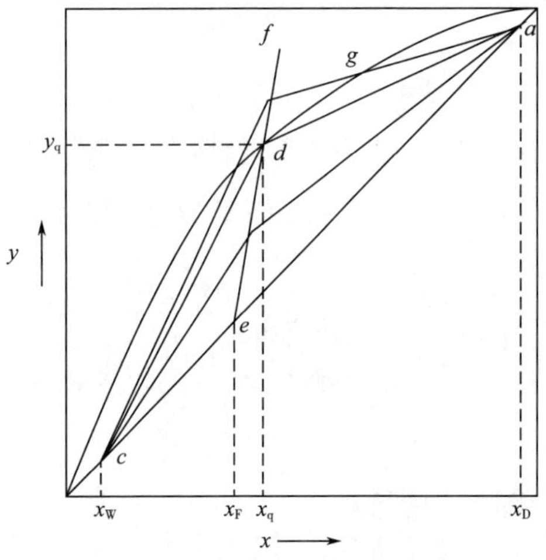

图 10-17　最小回流的确定

由图 10-17 可以看出，当回流从全回流逐渐减小时，精馏段操作线的截距随之逐渐增大，两操作线的位置将向平衡线靠近，因此为达到相同分离程度时所需理论板层数也逐渐增多。当回流比减小到使两操作线交点正好落在平衡曲线（如图 10-17 上点 d 所示）时，所需理论板层数就要无穷多。这是因为在点 d 前后各板之间（加料板上下区域）的气液两相组成基本上不发生变化，即无增浓作用，故这个区域称为的恒浓区（或称为夹紧区），点 d 称为夹紧点。此时若在平衡线和操作线之间绘梯级，就需要无限多梯级才能达到点 d，这种情况下的回流比称为最小回流比，以 R_{min} 表示。最小回流比是回流的下限。当回流比较 R_{min} 还要低时，操作线和 q 线的交点就落在平衡线之外，精馏操作无法完成。但若回流比较 R_{min} 稍高一点，就可以进行实际操作，不过所需塔板层数很多。

最小回流比的确定根据平衡线的情况与分离要求，有两种情况：

1. 平衡线上凸，无拐点

对于这种情况，夹点总是出现在两操作线与平衡线的共交点，即 d 点落在平衡线上。此时精馏段操作线的斜率为：

$$\frac{R_{min}}{R_{min}+1}=\frac{x_D-y_q}{x_D-x_q} \tag{10-77}$$

整理得：

$$R_{min}=\frac{x_D-y_q}{y_q-x_q} \tag{10-78}$$

式中　x_q 和 y_q——q 线与平衡线的交点坐标。

2. 平衡线上有下凹部分，有拐点

此时夹点可能在两操作线与平衡线共交前就出现。有两种可能出现的情况（图 10-18），

图 10-18（1）的夹点首先出现在精馏段操作线与平衡线相切的位置，所以应根据此时精馏段操作线的斜率求 R_{min}。图 10-18（2）的夹点则首先出现在提馏段操作线与平衡线相切的位置，所以应根据此时提馏段操作线的斜率求 R_{min}。

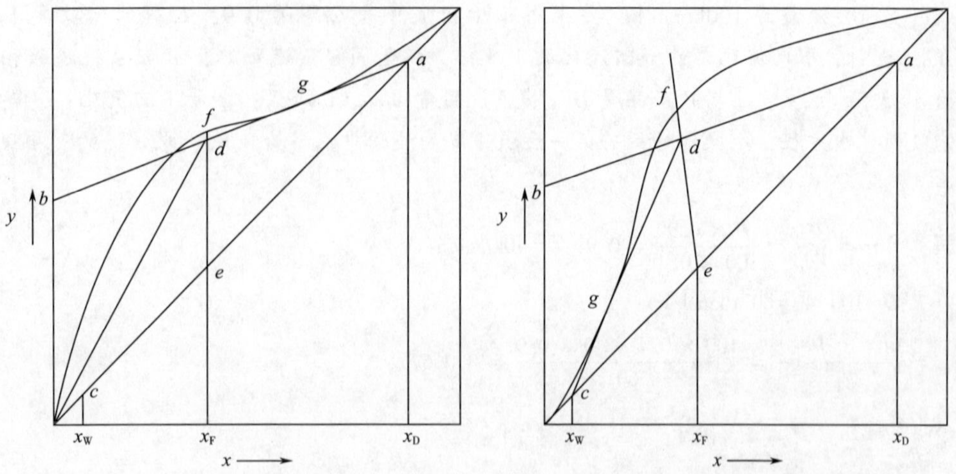

（1）夹点出现在精馏段　　（2）夹点出现在提馏段

图 10-18　非典型平衡曲线的 R_{min} 的确定

三、适宜回流比的选择

由上面讨论可以知道，对于一定的分离任务，若在全回流下操作，虽然所需理论板层数为最少，但是得不到产品；若在最小回流比下操作，则所需理论板层数为无限多。因此，实际回流比总是介于两种极限情况之间。适宜的回流比应通过经济衡算决定，即操作费用和设备折旧费用之和为最低时的回流比，是适宜的回流比。

精馏的操作费用，主要取决于再沸器中热蒸汽（或其他加热介质）消耗量及冷凝器冷却水（或其他冷却介质）的消耗量，而此两量均取决于塔内上升蒸汽量。因：

$$V = L + D = (R + 1)D \text{ 及 } V' = V + (q - 1)F$$

故当 F、q、D 一定时，上升蒸汽量 V 和 V' 与回流比 R 成正比。当 R 增大时，加热和冷却介质消耗量也随之增多，操作费用相应增加。

设备折旧费是指精馏塔、再沸器、冷凝器等设备费用乘折旧率。如果设备类型和材料已经选定，此项费用主要决定于设备的尺寸。当 $R=R_{min}$ 时，塔板层数 $N=\infty$，故设备费用为无限大。但 R 稍大于 R_{min} 后，塔板层数从无限多减至有限层数，故设备费急剧降低。当 R 继续增大时，塔板层数虽然仍可减少，但减少速率变得缓慢。另一方面由于 R 增大，上升蒸汽量也随之增加，从而使塔径、塔板面积、再沸器及冷凝器等的尺寸相应增大，因此 R 增至某一值后，设备费用反而上升。

在精馏设计中，一般并不进行详细的经济衡算，而是根据经验选取。通常，操作回流比可取为最小回流比的 1.1~2 倍，即：

$$R = (1.1 \sim 2)R_{min}$$

应予指出，上述考虑的是一般原则，实际回流比还应视具体情况选定。例如，共沸混合液应选用较大的回流比；又如，为了减少加热蒸汽消耗量，就应采用较小的回流比。

【例 10-4】 乙醇-水混合体系在一常压连续精馏塔进行分离。进料中乙醇含量为 0.4（摩尔分数，下同）流量为 100kmol/h，要求塔顶馏出液中含乙醇为 0.9，乙醇的回收率不低于 0.9。泡点进料，取回流比为最小回流比的 1.5 倍，塔釜间接蒸汽加热，且知系统统的相对挥发度为 $a=2.5$。试求：①塔顶产品量 D，塔底产品量 W 及组成 x_W；②最小回流比；③精馏段和提馏段操作线方程；④操作时，若第一块板下降的液体中乙醇为 0.82，求该板的气相默弗里板效率 E_{mv}。

解： ① $\eta = \dfrac{Dx_D}{Fx_F} = \dfrac{D \times 0.9}{100 \times 0.4} = 0.9$，$D=40\text{kmol/h}$

$W=F-D=100-40=60$（kmol/h）

$$x_W = \frac{(Fx_F - Dx_D)}{W} = \frac{100 \times 0.4 - 40 \times 0.9}{60} = 0.0667$$

② $\dfrac{R_{min}}{R_{min}+1} = \dfrac{x_D - y_q}{x_D - x_q}$，$q=1$，$x_q=x_F=0.4$

$$y_q = \frac{\alpha x_q}{1+(\alpha-1)x_q} = \frac{2.5 \times 0.4}{1+1.5 \times 0.4} = 0.625,\ R_{min} = 1.222$$

$R=1.5 \times 1.222=1.833$

③精馏段操作线

$$y = \frac{R}{1+R}x + \frac{x_D}{1+R} = \frac{1.833}{2.833}x + \frac{0.9}{2.833} = 0.6470x + 0.3177$$

提馏段操作线：

$$y = \frac{L'}{V'}x - \frac{W}{V'}x_W$$

$V = (1+R)D = 2.833 \times 40 = 113.32(\text{kmol/h})$

$L = RD = 1.833 \times 40 = 73.32(\text{kmol/h})$

$L' = L + qF = 73.32 + 1 \times 100 = 173.32(\text{kmol/h})$

$V' = V = 113.32\text{kmol/h}$

$$y = \frac{173.32}{113.32}x - \frac{60 \times 0.0667}{113.32} = 1.5295x - 0.0353$$

④ $E_{mv,1} = \dfrac{y_1 - y_2}{y_1^* - y_2}$，$y_1=x_D=0.9$。

$$y_1^* = \frac{\alpha x_1}{1+(\alpha-1)x_1} = \frac{2.5 \times 0.82}{1+1.5 \times 0.82} = 0.9193$$

$y_2=0.647x_1+0.3177=0.6470\times0.82+0.3177=0.8482$

$$E_{mv,1} = \frac{0.9-0.8482}{0.9193-0.8482} = 72.86\%$$

四、回流比对精馏操作的影响

实际工作中精馏操作的设备已经确定（指全塔的理论板数与加料位置已定，有时加料位置也可变动），通过确定一些必需的操作条件（如回流比、加料位置）的变化，预计精馏操作的结果（产品组成 x_D、x_W 和处理量 F）。计算中所用的基本关系式与上述设计型计算相同，但计算量常常较大，较为烦琐，下面以一分析题来说明。

【例 10-5】 一操作中的精馏塔，在下列变化条件下，试分析一些参数将如何变化？①若保持 F、x_F、q、D 不变，增大回流比 R，试分析 L、V、L'、V'、W、x_D、x_W 的变化趋势；②因进料预热器内加热蒸汽压力降低致使进料 q 值增大。若 F、x_F、R、D 不变，则 V、L'、V'、W、x_D、x_W 将如何变化？

解： ① 据题 F、x_F、D、N、N_1（精馏段理论板）、α 不变，R 增大，共已知 8 个条件，因此可分析 x_D、x_W 等的变化趋势。

L、V、L'、V'、W 变化趋势分析：

$$L = RD,\ V = (R + 1)D$$

因为 D 不变、R 增大，所以 L 增大、V 增大。

$$L' = L + qF,\ V' = V - (1 - q)F$$

因为 D 不变、R 增大，所以 L' 增大、V' 增大。

$$W = F - D$$

因为 F、D 不变，所以 W 不变。

x_D、x_W 变化趋势分析：利用 MT 图解法可分析 x_D、x_W 的变化趋势。

可先假设 x_D 不变，则 $x_W =（Fx_F - Dx_D）/W$ 也不变（因为 F、D、W、x_F 不变），结合 R 增大，作出新工况下的二操作线，可知要完成新工况下的分离任务所需的理论板数比原来的要少（记为 N 减小，原因操作线与平衡线之间区间增大），不能满足 N 不变这个限制条件，因此“x_D 不变”的假设并不成立，但已不难推知，若要满足 N 不变，必有 x_D 增大，又从物料衡算关系得 x_W 减小。

结论：x_D 增大、x_W 减小。

②本题 R 增大的代价是 V' 增大，即消耗蒸汽量增加，致使分离效果提高（x_D 增大、x_W 减小）。

L、V、L'、V'、W 分析：

$$L = RD,\ V = (R + 1)D$$

因为 D、R 不变，所以 L、V 不变。

$$L' = L + qF,\ V' = V - (1 - q)F$$

因为 q 增大、F 不变，所以 L'、V' 增大。

$$W = F - D$$

因为 F、D 不变，所以 W 不变。

$\frac{L}{V}$、$\frac{L'}{V'}$ 分析：

$$\frac{L}{V} = \frac{R}{R + 1}$$

因为 R 不变，所以$\frac{L}{V}$ 不变。

$$L' = V' + W, \ \frac{L'}{V'} = 1 + \frac{W}{V'}$$

因为 V'增大、W 不变，所以 $\frac{L'}{V'}$ 减小。

x_D、x_W 分析：先假设 x_D 减小，则由 $x_W = (Fx_F - Dx_D)/W$ 分析得 x_W 增大，精馏段斜率不变，则理论板数 N 减少，与题设不符；再假设 x_D 不变，则 x_W 也不变，精馏段斜率不变，则 N 减少，与题设也不符；由此推断应该只能是 x_D 增大，x_W 减小，可能使 N 不变。

结论：x_D 增大、x_W 减小。

本题说明在保证产品量不变的情况下，减少进料带入的热量，必然塔釜投入热量就要增加（V'增大），致使提馏段内 L'增大、V'增大，气液传质效果增强，分离效果提高。

第八节　连续精馏的热量衡算

对连续精馏装置进行热量衡算，可以求得冷凝器和再沸器的热负荷以及加热剂和冷却剂的消耗量。

一、全塔热量衡算

全塔热量衡算式为：

$$Q_B + Q_F = Q_D + Q_W + Q_C + Q_1 \tag{10-79}$$

式中　Q_B——再沸器的热负荷，kJ/h；

Q_F——进料带入的热量，kJ/h；

Q_D——塔顶产品带出的热量，kJ/h；

Q_W——塔底产品带出的热量，kJ/h；

Q_C——冷凝器的热负荷，kJ/h；

Q_1——设备的热损失，kJ/h。

二、塔顶冷却剂消耗量的计算

精馏塔顶排出的蒸汽 $V=(R+1)D$，在冷凝器（为全凝器）中冷凝为液体，放出热量、使冷却剂由温度 t_1 升为 t_2。若忽略热损失，则以冷凝器作热量衡算，以单位时间为基准，则可用下式计算：

$$Q_c = VI_{VD} - (LI_{LD} + DI_{LD}) \tag{10-80}$$

因

$$V = L + D = (R + 1)D$$

代入上式并整理得：

$$Q_c = D(R + 1)(I_{VD} - I_{LD}) = D(R + 1)r \tag{10-81}$$

式中　Q_c——冷凝器的热负荷，kJ/h；

I_{VD}——塔顶上升蒸汽的摩尔焓；kJ/kmol；

I_{LD}——回流液的摩尔焓，kJ/kmol；

r——饱和水蒸气的汽化潜热，kJ/kg。

故，冷却剂用量为：

$$G_c = \frac{Q_c}{c_p(t_2 - t_1)} \tag{10-82}$$

式中　G_c——冷却剂用量，kJ/h；

c_p——冷却剂的平均比热容，kJ/(kg · ℃)；

t_1、t_2——分别为冷却剂的进出口温度，℃。

三、塔底加热蒸汽消耗量的计算

对图 10-14 示沸器作热量衡算，以单位时间为基准，则：

$$Q_B = V'I_{VW} + WI_{LW} - L'I_{Lm} + Q_L \tag{10-83}$$

式中　Q_B——再沸器的热负荷，kJ/h；

Q_L——再沸器的热损失，kJ/h；

I_{VW}——再沸器中上升蒸汽的焓，kJ/kmol；

I_{LW}——釜残液的焓，kJ/kmol；

I_{Lm}——提馏段底层塔板下降液体的焓，kJ/kmol。

若近似取 $I_{LW}=I_{Lm}$，且因 $V'=L'-W$，则：

$$Q_B = V'(I_{VW} - I_{LW}) + Q_L \tag{10-84}$$

加热介质消耗量可用下式计算，即：

$$W_h = \frac{Q_B}{I_{B1} - I_{B2}} \tag{10-85}$$

式中　W_h——加热介质消耗量，kg/h；

I_{B1}，I_{B2}——分别为加热介质进出再沸器的焓，kJ/kg。

若饱和蒸汽加热，且冷凝液在饱和温度下排出，则加热蒸汽消耗量可按照下式计算，即：

$$W_h = \frac{Q_B}{r} \tag{10-86}$$

式中　r——饱和水蒸气的汽化潜热。

第九节　其他蒸馏方式

一、直接蒸汽加热蒸馏

精馏的热源通常为水蒸气，在塔釜间接加热釜液。若所分离的混合液由水和比水易挥发的组分所组成，则也可将加热蒸汽直接通入釜液而省去间接加热的再沸器。在大规模生产中，水蒸气蒸馏通常是利用水蒸气在无液态水存在的条件下，通过物层来实现。这种条件只能靠调节蒸馏温度和压强，使水蒸气的分压低于该温度下的饱和蒸气压时才能达到。

水蒸气蒸馏可采用间歇式和半连续式。间歇式是在蒸馏釜内进行，连续式是将物料由塔顶溅散而下，与向上流动的水蒸气逆流接触。直接蒸汽的用量，从蒸馏成本以及冷凝装置和冷却水方面来考虑是一个很重要的问题。

在食品工业上，水蒸气蒸馏主要用于食用油和奶油在真空下的脱臭，香精油从不挥发性化合物中的分离，以及油类从残留溶剂或挥发杂质中的提纯。许多食用油脂有天然存在的气味或贮藏和加工中所发生的气味。这种气味是因油脂中存在某些挥发性物质所需的挥发度较低，同时食用油在高温下又是热敏性的，所以食用油脂的水蒸气蒸馏脱臭常在真空条件下进行。一般蒸馏温度为 185~196℃，真空度约为 11.33kPa。

二、间歇精馏

间歇歇精馏又称分批精馏，其流程如前述的间歇精馏操作开始时，全部物料加入精馏釜中，再逐渐加热汽化，自塔顶引出的蒸气经冷凝后，一部分作为馏出液产品，另一部分作为回流送回塔内，待釜液组成降到规定值后，将其一次排出，然后进行下一批的精馏操作。因此，间歇精馏与连续精馏相比，具有以下特点：①间歇精馏为非定态过程。由于釜中液相的组成随精馏过程的进行而不断降低，因此塔内操作参数（如温度、组成）不仅随位置而变，也随时间而变化；②间歇精馏塔只有精馏段。

间歇精馏有两种基本操作方式：其一是馏出液组成恒定的间歇精馏操作，即馏出液组成保持恒定，而相应的回流比不断地增大；其二是回流比恒定的间歇精馏操作，即回流比保持恒定，而馏出液组成逐渐减小。实际生产中，有时可采用联合操作方式，即某一阶段（如操作初期）采用恒馏出液组成的操作，另一阶段（如操作后期）采用恒回流比下的操作。联合的方式可视具体情况而定。

应指出，食品生产中虽然以连续精馏为主，但是在某些场合却宜采用间歇精馏操作。例如：精馏的原料液是由分批生产得到的，这时分离过程也要分批进行；在实验室的精馏操作一般处理量较少，且原料的品种、组成及分离程度经常变化，采用间歇精馏，更为灵活方便；多组分混合液的初步分离，要求获得不同馏分（组成范围）的产品，这时也可采用间歇精馏。

三、恒沸精馏

若在双组分恒沸液中加入第三组分（称为夹带剂），该组分能与原料液中的一个或两个组分形成新的恒沸液，恒沸物从塔顶蒸出，塔底引出较纯产品，这种精馏操作称为恒沸精馏。

常压下普通精馏方法不能得到纯乙醇，最高只能得到 0.894（摩尔分数）恒沸组成的乙醇。若要制取纯乙醇，工业上常采用恒沸精馏，在原料液中加入适量的夹带剂——苯，苯与原料液形成新的三元非均相恒沸液（相应的恒沸点为 64.85℃，恒沸摩尔组成为苯 0.539、乙醇 0.228、水 0.233）。只要苯量适当，原料液中的水分可全部转移到三元恒沸液中，剩下的就几乎为纯的乙醇。

图 10-19 为分离乙醇—水混合液的恒沸精馏流程示意图。原料液与苯进入恒沸精馏塔 1 中，由于常压下此三元恒沸液的恒沸点 64.85℃，故其由塔顶蒸出，塔底产品为近于纯态的乙醇。塔顶蒸气进入冷凝器 4 中冷凝后，部分液相回流到塔 1，其余的进入分层器 5，在器内分

为轻重两层液体。轻相返回塔 1 作为补充回流。重相送入苯回收塔 2 的顶部，以回收其中的苯。塔 2 的蒸气由塔顶引出也进入冷凝器 4 中，塔 2 底部的产品为稀乙醇，被送到乙醇回收塔 3 中。塔 3 中塔顶产品为乙醇—水恒沸液，送回塔 1 作为原料，塔底产品几乎为纯水。在操作中苯是循环使用的，但因有损耗，故隔一段时间后需补充一定量的苯。

恒沸精馏可分离具有最低恒沸点的溶液、具有最高恒沸点的溶液以及挥发度相近的物系。恒沸精馏的流程取决于夹带剂与原有组分所形成的恒沸液的性质。

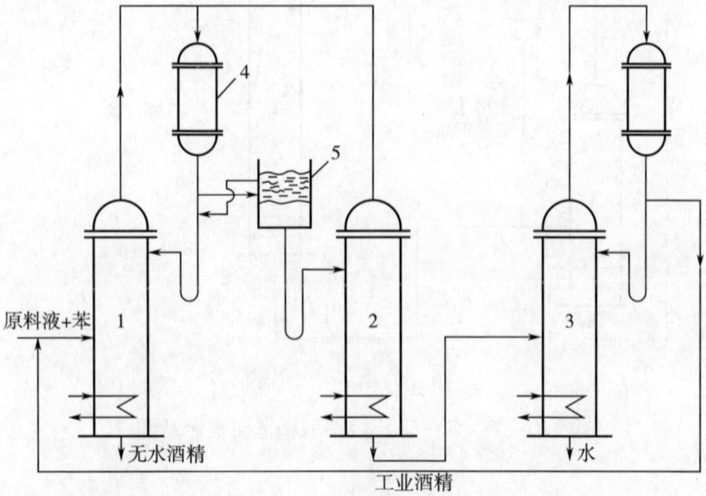

1—恒沸精馏塔；2—苯收塔；3—乙醇回收塔；4—全凝塔；5—分层器。

图 10-19　恒沸精馏流程示意图

四、萃取精馏

萃取精馏和恒沸精馏相似，也是向混合液中加入溶剂（又称萃取剂），以改变原有组分间的相对挥发度而得到分离。与恒沸精馏不同的是萃取剂不与原料液中任何组分形成恒沸物。而萃取剂与原溶液中任何一组分相比，都具有较高的沸点。它与原料中某个组分有较强的吸引力，可显著地降低该组分的蒸气压，从而加大了原料中双组分的相对挥发度，因此萃取精馏常用于分离各组分沸点（挥发度）差别很小的溶液。例如，在常压下苯的沸点为 80.1℃，环己烷的沸点为 80.73℃，若在苯—环己烷溶液中加入萃取剂糠醛，则溶液的相对挥发度会随着萃取剂量加大而显著的增高。

图 10-20 为分离苯—环己烷溶液的萃取精馏流程示意图。原料液进入萃取精馏塔 1 中萃取剂（糠醛）由塔 1 顶部加入，以便在每层极上都与苯相结合。塔顶蒸出的为环己烷蒸气。为回收微量的糠醛蒸气，在塔 1 上部设置回收段 2（若萃取剂沸点很高，也可以不设回收段）。塔底釜液为苯-糠醛混合液，再将其送入苯回收塔 3 中。由于常压下苯沸点为 80.1℃，糠醛的沸点为 161.7℃，故二者很容易分离。塔 3 中釜液为糠醛，可循环使用。在精馏过程中，萃取剂基本上不被汽化，也不与原料液形成恒沸液，这些都是有异于恒沸精馏的。

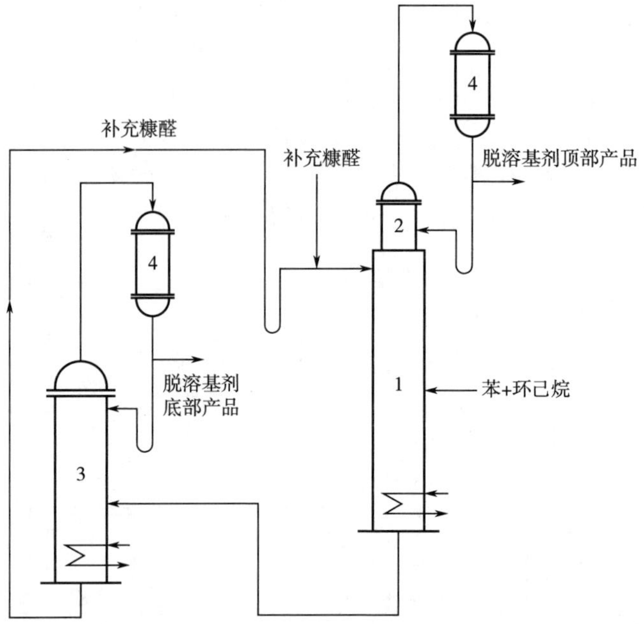

1—萃取精馏塔；2—萃取剂回收段；3—苯收塔；4—冷凝器。

图 10-20　苯—环己烷萃取精馏流程示意图

第十节　精馏与精馏设备

板式塔是分级接触式的气液传质设备。其主体为一圆筒形的壳体，内装有按一定间距放置的水平塔板，每一块塔板上有降液管、出口堰、板上小孔，有的还有进口堰。液体借重力作用由上层塔板经降液管流至下层塔板，横向流过塔板后又进入降液管。如此逐板流下，最终由塔底排出。气体由塔板上小孔靠压强差逐板向上流，最终由塔顶流出。因出口堰的存在使每一块板上有一定厚度的液层，这样气液在塔板上直接接触，进行传质、传热。因板式塔空塔速度较大，因而生产能力较大，塔板效率稳定，操作弹性大，且造价低，检修、清洗方便，故工业上广泛应用。

根据塔板结构特点，又可以分为泡罩塔、浮阀塔、筛板塔、穿流多孔板塔、舌形塔、浮动舌形塔和网孔板塔等多种。目前国内外主要使用的塔型是筛板塔和浮阀塔。而穿流多孔板塔又称为逆流塔板，板间不设降液管、气液两相同时由板上孔道逆向穿流而过。这种塔板结构简单，板面利用率高，但需要较高的气速才能维持板上液层，操作范围较窄。

一、塔板类型

按照塔内气液流动的方式，可将塔板分为错流塔板与逆流塔板两类。

（一）错流塔板

塔内气液两相成错流流动，即流体横向流过塔板，而气体垂直穿过液层，但对整个塔来说，两相基本上成逆流流动。错流塔板降液管的设置方式及堰高可以控制板上液体流径与液层厚度，以期获得较高的效率。但是降液管占去一部分塔板面积，影响塔的生产能力；而且，流体横过塔板时要克服各种阻力，因而使板上液层出现位差，此位差称之为液面落差。液面落差大时，能引起板上气体分布不均，降低分离效率。错流塔板广泛用于蒸馏、吸收等传质操作中。

（二）逆流塔板

逆流塔板也称穿流板，板间不设降液管，气液两相同时由板上孔道逆向穿流而过。栅板、淋降筛板等都属于逆流塔板。这种塔板结构简单，板面利用率也高，但需要较高的气速才能维持板上液层，操作范围较小，分离效率也低，工业上应用较少。

1. 泡罩塔

塔板上设有许多供蒸汽通过的升气管，其上覆以钟形泡罩，升气管与泡罩之间形成环形通道。泡罩周边开有很多称为齿缝的长孔，齿缝全部浸在板上液体中形成液封。操作时，气体沿升气管上升，经升气管与泡罩间的环隙，通过齿缝被分散成许多细小的气泡，气泡穿过液层使之成为泡沫层，以加大两相间的接触面积。流体由上层塔板降液管流到下层塔板的一侧，横过板上的泡罩后，开始分离所夹带的气泡，再越过溢流堰进入另一侧降液管，在管中气、液进一步分离，分离出的蒸汽返回塔板上方，流体流到下层塔板。一般小塔采用圆形降液管，大塔采用弓形降液管。

泡罩塔的优点是操作弹性大，塔板不易堵塞。但是结构复杂，造价高，气相压力损失大，生产能力一般不大。

2. 筛板塔

筛板是在带有降液管的塔板上钻有 3~8mm 直径的均布圆孔，液体流程与泡罩塔相同，蒸汽通过筛孔将板上液体吹成泡沫。筛板上设有突起的气液接触元件，因此板上液面落差很小，一般可以忽略不计，只有在塔径较大或液体流量较高时才考虑液面落差的影响。

筛板塔的优点是：结构简单，塔板的造价在板式塔中为最低，仅为泡罩塔的 20%~50%，生产能力和板效率比泡罩塔高，压强降小，液面落差也较小。缺点是操作弹性小，筛孔小时容易堵塞，近年来采用大孔径（孔径为 10~25mm）筛板，可避免堵塞，而且由于气速的提高，生产能力增大。

3. 浮阀塔

浮阀塔是 20 世纪 50 年代开发的一种较好的塔。在带有降液管的塔板上开有若干直径较大（标准孔径为 39mm）的均布圆孔，孔上覆以可在一定范围内自由活动的浮阀。浮阀形式很多，常用的有 F1 型、V-4 型、T 型浮阀。

操作时，液相流程和前面介绍的泡罩塔一样，气相经阀孔上升顶开阀片，穿过环形缝隙，再以水平方向吹入液层形成泡沫，随着气速的增减，浮阀能在相当宽的范围内稳定操作，因此目前获得较广泛的应用。

浮阀塔的优点为生产能力大，比泡罩塔大 20%~40%，与筛板塔相近；操作弹性大，由于阀盘可以自由升降以适应气量的变化，气缝速度近乎不变，能在较宽的范围内保持高的分离效率；同时浮阀塔塔板结构简单，安装容易，制造费用为泡罩塔板的 60%~80%，为筛板塔的 120%~130%。

4. 喷射型塔

筛板上气体通过筛孔及液层后，夹带着液滴垂直向上流动，并将部分液滴带至上层塔板，这种现象称为雾沫夹带。雾沫夹带的产生固然可增大气液两相的传质面积，但过量的雾沫夹带造成液相在塔板间返混，进而导致塔板效率严重下降。在浮阀塔板上，虽然气相从阀片下方以水平方向喷出，但阀与阀间的气流相互撞击，汇成较大的向上气流速度，也造成严重的雾沫夹带现象。此外，前述各类塔板上存在或低或高的液面落差，引起气体分布不均，不利于提高分离效率。基于这些缺点，开发出若干种喷射型塔板，在这类塔板上，气体喷出的方向与液体流动的方向一致或相反。充分利用气体的动能来促进两相间的接触，提高传质效果。气体不必再通过较深的液层，因而压强降显著减小，且因雾沫夹带量较小，故可采用较大的气速。

二、板式塔的流体力学性能

评价塔性能的主要指标为：生产能力、塔板效率、操作弹性、塔板压力损失，这些指标与塔板结构及塔内气液两相流动状况密切相关。对筛板塔和浮阀塔的生产实践和研究表明，从严重漏液到液泛的范围内，塔板上可能存在三种气液接触状况，鼓泡、泡沫、喷射。其中泡沫、喷射是良好的塔板工作状态。

（一）鼓泡状态

鼓泡状态发生在气体流速较低的区域，气体被分散成断续的气泡，气泡的表面积为两相间的传质面积。紧靠板面处还有一层清液层，随气速增大而减薄。在此接触状态下，湍动程度小，传质面积小，因而传质速度低，分离效率低。

（二）泡沫状态

随着气体流量增大，塔的空塔气速增加，两相接触状态由鼓泡状态转变为泡沫状态此时气泡已连成串，液体大多成膜状存在于气泡之间。泡沫剧烈湍动，气泡不断破裂和生成，为传质创造了良好条件，是工业塔板上重要的气液接触状态之一。

（三）喷射状态

在某适当的气体流量范围和合适的筛孔直径、开孔率下，筛孔或阀孔中吹出的高速气流使液体喷散成液滴，液体从连续相变为分散相，而气体变成了连续相。在这种状态下的两相间传质面积为液滴群表面积。液体流经一块塔板经受多次聚合和分散，为传质创造了良好条件，也是工业塔板上一种重要的气液接触状态。在此状态下，处理能力大日雾沫夹带较严重，对操作不利。为控制雾沫夹带，可适当增加板间距。

实际上，气液两相的负荷（即体积流量）有一定的限制范围。超出此范围，塔便不能正常操作，塔板上的不正常操作现象有以下几种。

（1）严重漏液　对板面上开有通气孔的塔，当上升气体流速减小，上升气体通过开孔外的阻力和克服液体表面张力所形成的压力损失不足以抵消塔板上液层的重力，液体会从塔板上开孔处往下漏，这种现象称为漏液。

造成漏液的主要原因是气速太小和板面上液面落差所引起的气流分布不均。气液两相逆流接触，少量的漏液是难免的，漏液量低于液体流量的10%应属正常操作范围。当液量超过液体流量的10%为严重漏液。严重漏液会使塔板上建立不起液层，从而导致板效率严重下降，在设计和操作时应特别注意防止。

（2）严重液沫夹带和气泡夹带　在气流上升穿过塔板上液层时，将板上液体带入上层塔板的现象称为液沫夹带。产生液沫夹带有两种情况：一种是上升的气流将较小的悬浮液滴带走，这主要由空塔速度过大导致的；另一种是由于气流通过塔板开孔的速度大，液滴被喷溅抛至上一层塔板而夹带。这主要与板间距离和板开孔处的孔速有关。这种液沫夹带往往占整个夹带量的大部分。

在一定结构的塔板上，由于液体流量过大，使溢流管内的液体的溢流速度过大，溢流管中液体所夹带的气泡来不及从管中脱出而被夹带到下一层塔板，这种现象称为气泡夹带。少量的液沫夹带及气泡夹带是不可避免的，规定每千克上升气体（或下降液体）夹带到上层塔板（或下层塔板）的液体量（或气体量）不超过 1kg。若超过此值为严重的液沫夹带（或气泡夹带），使板效率明显下降，严重时还会产生液泛。

（四）塔板的异常操作现象

（1）漏液　液体从小孔漏下，原因是气速太小和液面落差太大。工程上规定漏液不大于液体量的 10%。

（2）液沫夹带　液沫被上升气流夹带至上层塔板。原因是空塔气速较大和板间距较小。液沫夹带量 $e<0.1$kg（液）/kg（气）。

（3）泡沫夹带　气泡随着板上液流进入降液管，由于停留时间不够，而随液体进入下一层塔板。故停留时间应大于 5s。

（4）液泛　液体充满每块塔板之间的空间，阻碍了气体上升和液体下降，分夹带液泛和降液管液泛。

第十一节　案例分析：浓香型白酒蒸馏过程

一、案例介绍

浓香型白酒是中国传统酒类之一，其生产包括发酵、蒸馏和勾兑三个工艺环节，其中蒸馏过程主要目的是提取酒醅颗粒中的乙醇和风味物质，是制作浓香型白酒的关键步骤之一。蒸馏操作条件主要由人工操作经验控制，产率及品质波动较大，乙醇及风味物质提取率不高。浓香型白酒蒸馏过程有待研究的问题可归纳为：①加热蒸汽量及其对白酒产率与品质的影响；②设备内酒醅颗粒床的填装高度和密度问题。优化操作工艺、提高设备产能已成为白酒行业面临的重要课题。

蒸馏设备主要由蒸汽管、蒸汽锅炉、筛板、甑桶、甑盖、导酒蒸汽筒和冷凝器组成。蒸汽锅炉和甑桶之间采用填料密封，其他连接处均为水封；甑桶直径为 1000mm，筛板以上筒体高度为 1250mm（图 10-21）。

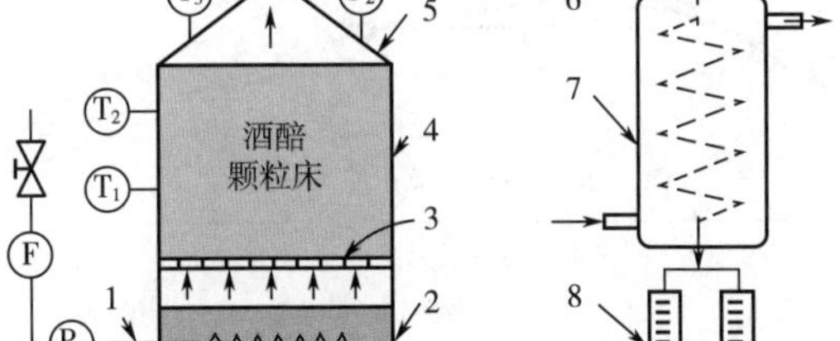

图 10-21　蒸馏设备图

浓香型白酒蒸馏工艺参数如表 10-2 所示：

表 10-2　　浓香型白酒蒸馏工艺参数

参数	实验条件
酒醅颗粒填装高度/mm	60~1250
酒醅颗粒填装密度/（kg/m^3）	389.7~557.6
二次加热蒸汽量/（kg/min）	1.20~3.30
食用酒精串蒸量/L	0~8

蒸馏操作主要包括以下几个过程：①装甑；②连接各蒸馏部件；③定量开启一次蒸汽；④量筒内收集不同蒸馏时段的冷凝液，直至结束。正品酒的产率和品质可以作为评价蒸馏效果的主要指标，其中，正品酒的酒度高于 45%vol，尾酒的酒度低于 45%vol。白酒中除乙醇和水以外的成分称为风味物质，主要包括醇溶性物质和水溶性物质。酒精度由乙醇浓度决定，品质主要由醇溶性物质决定。本案例以浓香型白酒蒸馏过程为例解析热力学和传递动力学规律。

二、案例分析

在中等规模实验装置上，对浓香型白酒蒸馏过程进行了系统实验研究。从热力学和传递动力学两方面考察分析加热蒸汽量、酒醅填装高度与密度对出酒产率与品质的影响，以及主要风味物质的馏出规律。

在酒醅填装高度 $H=1250$mm、填装密度 $\rho=390kg/m^3$ 条件下，当 q_m 为 1.60kg/min 时，正品酒回收率最高（6.76kg），正品酒的口感、气味和后味评分最高（图 10-22）。随着蒸馏过程的进行，乙醇和醇溶性物质的浓度逐渐降低，而水溶性物质的浓度则逐渐增加（图 10-23）。在加热蒸汽量 $q_m=160$kg/min、填装高度 $H=1250$mm 条件下，随着填装密度的增加，正品酒产量和口感、气味、后味等品质因子逐渐降低（图 10-24）。随着填装高度增加，正品酒的产率

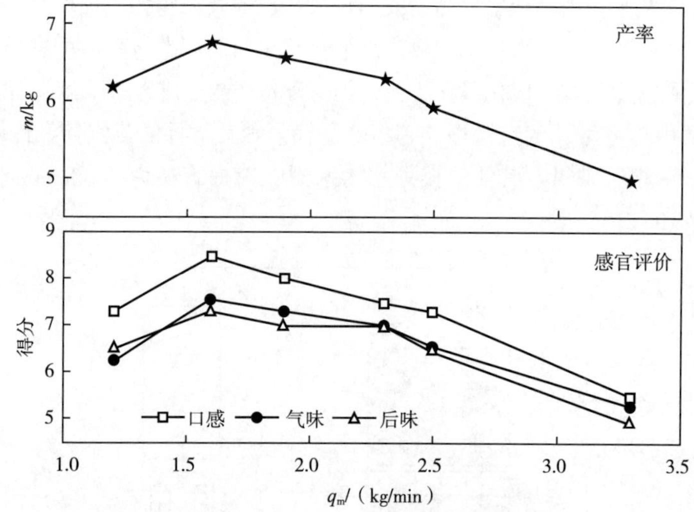

图 10-22　加热蒸汽量对正品酒产量和品质的影响

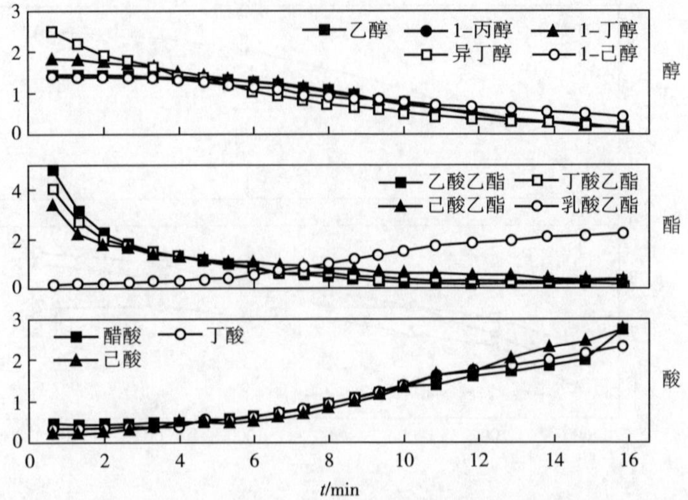

图 10-23　蒸馏过程中风味物质浓度的变化规律

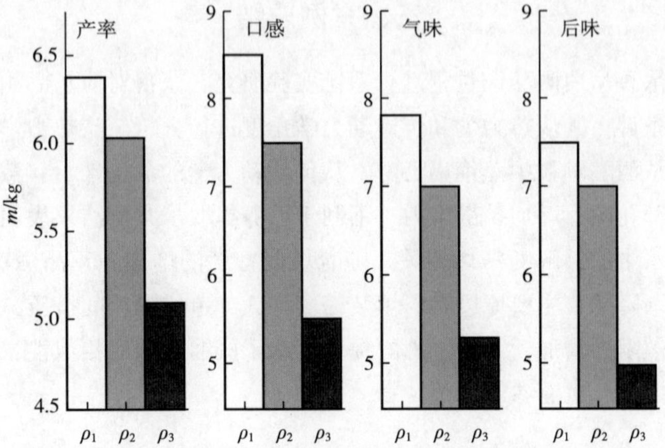

图 10-24　酒醅颗粒填装密度对正品酒产量和品质的影响

增加，正品酒的品质因子（口感、气味、后味）也逐步增加，但增加速度呈放缓趋势（图 10-25）。随着填装高度的增加，蒸汽流动路径延长，有利于富集乙醇，生成乙醇浓度大于 45%vol 的产品，但乙醇的富集也降低了颗粒内外乙醇浓度梯度和传质推动力，使正品酒的产率增长趋势逐渐放缓。

以上结果表明：①加热蒸汽量对正品酒产率和品质因素有显著影响，存在最佳加热蒸汽量，过低不足以形成乙醇充分蒸发条件，过高则导致酒醅糊化使组分扩散阻力增加；②风味物质的馏出规律与其在乙醇或水中的溶解性密切相关，随蒸馏过程进行，醇溶性物质浓度逐渐降低，水溶性物质浓度逐渐增加；③正品酒产量和感官品质随着填装密度增加而降低，分批逐层填装酒醅可形成疏松均匀的颗粒床层，有利于白酒蒸馏；④酒醅颗粒填装高度由 600mm 逐级增加到 1250mm，正品酒产率和品质逐级提高，表明现行蒸馏设备具有较大扩能潜力。

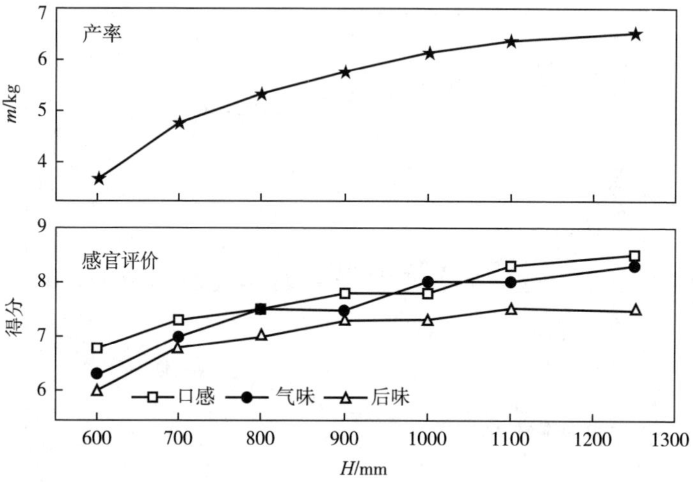

图 10-25 酒醅颗粒填装高度对正品酒产量和品质的影响

三、案例总结

该案例通过对浓香型白酒蒸馏过程进行系统实验研究，获得对应正品酒产量和品质的最佳加热蒸汽量及工艺条件，并从热力学和传递动力学角度进行分析。从热力学角度来看，较低的加热蒸汽量不足以从酒醅颗粒中蒸馏出乙醇。从传质动力学的角度来看，蒸汽流量过高会糊化颗粒，减少颗粒内部孔隙，增加扩散阻力，不利于乙醇提取。案例结果表明，风味物质的蒸馏规律与其在乙醇或水中的溶解度密切相关。随着填装密度的增加，正品酒产量和口感、气味、后味等品质因子逐渐降低，主要原因是：填装密度增大，造成颗粒间挤压，床层空隙率和传热传质面积降低，扩散阻力增加，不利于乙醇提取。基于蒸馏过程的相似性，该案例结果对其他香型白酒蒸馏过程的强化也有参考价值。

思考题

1. 相对挥发度的意义，以及对精馏分离的难易程度有什么关系？
2. 精馏设备包括哪几部分，各部分的作用是什么？
3. 说明参数 q 的意义，q 值的变化对操作线的影响？
4. 回流比的意义，当回流比变化时，对操作线的影响是什么？

习题

1. 已知酒精—水溶液的摩尔分数为 0.299，此时的相对挥发度为 3.05。试求与此液相组成平衡的蒸汽组成。

2. 在常压下将某二元混合液其易挥发组分为 0.5（摩尔分数，下同）分别进行闪蒸和简单蒸馏，要求液化率相为 1/3，试分别求出釜液和馏出液组成，假设在操作范围内气液平衡关系可表示为 $y=0.50x+0.5$。

3. 将 30%的酒精—水溶液进行精馏，流量是 20kmol/h，要求馏出液中酒精含量是 85%，残液中酒精含量不大于 3%（以上均为摩尔分数）。试求馏出液和残液的流量。

4. 用一连续精馏塔分离二元理想溶液，进料量为 100kmol/h，易挥发组分 $x_F=0.4$，泡点进料，塔顶产品 $x_D=0.96$；塔底釜液 $x_W=0.04$（皆为摩尔分数），操作回流比 $R=1.7$，该物系的平均相对挥发度 $a=2.5$，求：①塔顶和塔底的产品量（kmol/h）；②提馏段下降液体量（kmol/h）；③分别写出精馏段和提馏段的操作线方程。

5. 常压下连续精馏含乙醇 20% 和水 80% 的混合液。于 20℃ 下进料，每小时处理料液 3000kg，产品含乙醇不低于 92%，残液含乙醇 2%（以上均为质量分数），操作回流比为最小回流比的 1.8 倍。求：①每小时馏出液量和釜液量；②实际回流比。

本章主要符号说明

C：独立组分数

c_p：冷却剂的平均比热容［kJ/(kg·℃)］

D：气相产品流量（kmol/h 或 kmol/s）

D：塔顶产品（馏出液）流量（kmol/h）

$E_{mv,n}$：以气相表示的第 n 块塔板的单板效率

$E_{ml,n}$：以液相表示的第 n 块塔板的单板效率

E_T：总板效率

F：自由度数

F：原料液流量（kmol/h 或 kmol/s）

G_c：冷却剂用量（kJ/h）

I_{B1}，I_{B2}：分别为加热介质进出再沸器的焓（kJ/kg）

I_{LD}：回流液的摩尔焓（kJ/kmol）

I_{Lm}：提馏段底层塔板下降液体的焓（kJ/kmol）

I_{LW}：釜残液的焓（kJ/kmol）

I_{VD}：塔顶上升蒸汽的摩尔焓（kJ/kmol）

I_{VW}：再沸器中上升蒸汽的焓（kJ/kmol）

I_V-I_F：1kmol 加料加热并汽化为饱和蒸汽所需热量（kJ/kmol）

I_V-I_L：加料由饱和液体变为饱和蒸汽所需的汽化潜热（kJ/kmol）

L：简单蒸馏某瞬间釜液量（kmo1）

L：精馏段中下降液体的摩尔流量（kmol/h）

L'：提馏段中下降液体的摩尔流量（kmol/h）

N_R：实际所需塔板数

N_T：理论塔板数

N_{min}：全回流时最少理论板层数（不包括再沸器）

p：压强（Pa）

p^0：纯组分的饱和蒸气压（Pa，由安托尼方程或手册查得）

Q：加热器的热负荷（kJ/h 或 kW）

Q_B：再沸器的热负荷（kJ/h）

Q_C：冷凝器的热负荷（kJ/h）

Q_D：塔顶产品带出去的热量（kJ/h）

Q_F：进料代入的热量（kJ/h）

Q_1：设备的热损失（kJ/h）

Q_L：再沸器的热损失（kJ/h）

Q_W：塔底产品带出去的热量（kJ/h）

q：液化分率

q：1kmol 进料能使塔内液流量增加的千摩尔系数

$1-q$：1kmol 进料能使塔内汽流量增加的千摩尔系数

R：回流比

R_{min}：最小回流比

t：温度（℃）

t_1、t_2：冷却剂的进出口温度（℃）

ν_A：为溶液中 A 组分的挥发度

V：精馏段中上升蒸汽摩尔流量（kmol/h）

V'：提馏段中上升蒸汽摩尔流量（kmol/h）

W：液相产品流量（kmol/h 或 kmol/s）

W_h：加热介质消耗量（kg/h）

X：易挥发组分的摩尔分数

x_n^*：为与 y_n 成平衡的液相组成

y_n^*：为与板上液体组成 x 成平衡的气相组成

α：相对挥发度

α_m：全塔平均相对挥发度，当 α 变化不大时，可取塔顶的 α 和塔底的 α 的几何平均值

η：回收率

Φ：项数

参考文献

[1] 高福成，冯骉．食品工程原理［M］．北京：中国轻工业出版社，2003.

[2] 李海龙，黄卫星，沈才洪，等．浓香型白酒蒸馏过程实验研究［J］．高校化学工程学报，2011，25（5）：6.

[3] 李云飞，葛克山．食品工程原理［M］．3 版．北京：中国农业大学出版社，2014.

[4] 天津大学化工技术基础实验教研室．化工基础实验技术［M］．天津：天津大学出版社，1995.

[5] 姚玉英，黄凤廉，陈常贵，等．化工原理（上册）［M］．天津：天津大学出版社，1999.

[6] 张旭光．食品工程原理［M］．北京：中国轻工业出版社，2006.

CHAPTER 11

第十一章 浸出与萃取

本章学习重点

通过对浸出与萃取的学习，要求学生了解浸出的基本概念，掌握浸出级数的求取。了解萃取的基本概念，萃取体系相平衡及其操作原理，了解萃取剂的选择原则，掌握单级萃取过程的基本计算。

课程思政点

第一节 浸出

浸出指的是用化学溶剂从固体中提取可溶物质的过程。浸出用的化学溶剂称为浸出剂浸出后所得的溶液称为浸出液，剩余的固体称为残渣。浸出效果用浸出率表示，即固体中可溶性物质溶入浸出液中的百分率。湿法冶金中浸出的固体是矿石、精矿、焙砂或冰铜、烟尘、阳极泥等冶金中间产品。工业上常用的浸出剂是水、酸、碱及盐水溶液。低品位原料的浸出要消耗大量溶剂，浸出剂必须价廉并能经济地再生。

在食品工业中浸出尤为重要，因为食品工业的原料多呈固体状态，为了分离出其中的有用物质，或除去不需要的物质，多采用浸出操作。工业大规模上采用浸出操作的实例有油料种子和甜菜的浸出。此外，速溶咖啡、速溶茶、香料色素、植物蛋白、鱼油、肉汁和玉米淀粉等的制造都要应用浸出操作。由于食品原料的多样性，其组织和成分也极复杂，而且原料质量又受品种、成熟度、气候、产地及贮藏条件的影响。特别是生物体特有的蛋白质、碳水化合物、脂肪、有机酸、酶等更要受到上述因素的影响。因此，浸出操作的原理就难于用理论来描述，许多问题的解决主要还是依靠经验或半经验的方法。

为了提高浸出速率，常需对原料做预处理。例如，大豆浸出前经加热、压片处理；甜菜在浸出前先切丝等。预处理的目的主要有二：一是减小物料的几何尺寸，以减小扩散距离，增大固体的表面积；二是将具有半透膜性质的会阻碍组分扩散的细胞壁膜破坏。机械处理和加热是最常用的两种预处理方法。

在浸出操作中，两相的分离较为容易。两相间的接触面积主要取决于固体物料的几何尺寸，当物料的几何尺寸较小时，固然可以增加比表面积，减小扩散距离，但同时必须考虑到液体在固体物料间隙内的流动，以及固体物料本身的机械强度，这些都是浸出设备设计和操作中必须重视的因素。

一、浸出平衡的表示

（一）浸出体系组成的表示

与液-液萃取相似，浸出体系通常可简化为一个三元物系，即溶质 A、溶剂 S 和惰性固体 B。为表示系统的组成，可参照液-液萃取，用直角三角形相图表示。仍以三角形的三个顶点表示纯组分，三条边分别表示二元系统，特别是 *AS* 边上的一点代表由溶质 A 和溶剂 S 构成的溶液的组成。

在三角形内的一点 *M* 表示三元物系的组成。将 *M* 点和 *B* 点相连并延长，与 *AS* 边相交于一点，此点即代表了溶液的组成。因此，三元物系可视作由某一溶液和一定量的惰性固体混合而成。

（二）平衡关系的表示

溶质 A 分布在固、液两相中，在固相中的溶质浓度和在液相中的溶质浓度间必然存在一定的平衡关系。浸出系统的平衡关系甚为复杂，其机制尚未搞清，按溶质 A 和溶剂 S 之间的溶解情况，可分成三类：

（1）A 原来呈固态，则 A 在 S 中必有一饱和溶解度　设该饱和溶解度所代表的组成为图 11-1 中的 *G* 点，则 *BG* 线把相图分为两个区域，位于 *BG* 线下方的区域为不饱和区，A 与 S 量之比小于饱和溶解度，而位于 *BG* 线上方的区域则为饱和区。很明显，只有在不饱和区才能进行浸出。

（2）A 原来呈液态，且与 S 完全互溶　此时整个三角形均为不饱和区。

（3）A 原来呈液态，且与 S 部分互溶　此时相图上将出现两个不饱和区和一个饱和区。这是一种较复杂的情形。在实践中应避免，避免的方法是选择另一种溶剂。

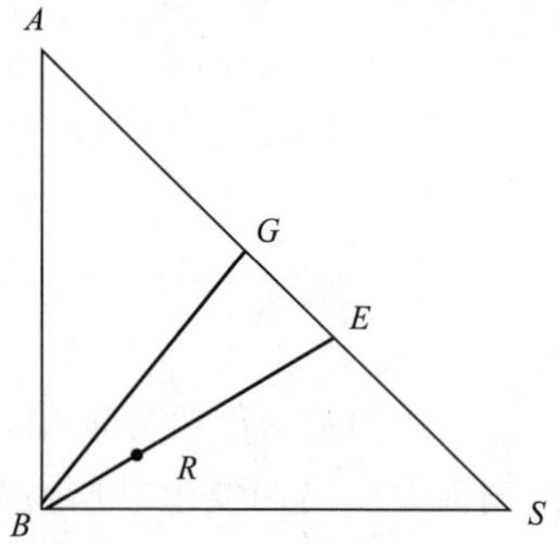

图 11-1　固-液系统在三角形相图上的表示

在浸出操作中可以假定固体 B 与溶质 A 之间无物理和化学作用，而且溶质 A 的量相对于溶剂 S 的量而言未达饱和溶解度。这样，当固体与溶剂经过充分长时间的接触后，溶质完全溶解，固体空隙中液体的浓度将等于固体周围液体的浓度，液体的组成将不再随接触时间延长而改变，即达到了平衡，这样的接触级称为理论级或称理想级。由此可见，在理论级中，液体浓度并未达到饱和溶解度，只是不再变化，这一点与液-液萃取是不同的。

浸出操作是在浸出器（或称萃取器）内进行的。固体物料与溶剂接触达一定时间后，由顶部排出的澄清液称为溢流，由底部排出的残渣称为底流。底流中除惰性固体之外，尚有固体内部的液体和外部的液体，所有随惰性固体一起排出的液体均被视为与固体依附在一起。如果此浸出器为一理论级，则底流液体中的溶质浓度必等于溢流中的溶质浓度。

如果固-液分离完全，则溢流中不含惰性固体。在三角形相图上，其组成点必位于 *AS* 边上，如图 11-1 中的 *E* 点。对于理论级，其底流可看作由一定量的惰性固体和夹带的与溢流同浓度的溶液混合而成，其组成点必位于 BE 联线上。设此点为 R，则 ER 就是平衡线或联结线。由杠杆规则知，点 E 及 R 的位置必满足如下的关系：

$$\overline{BR}/\overline{RE} = \text{惰性固体的持液量/惰性固体量} \qquad (11\text{-}1)$$

如果固-液分离不够完全，则溢流中将含少量惰性固体。在三角形相图上的组成点将比图 11-1 中的 E 点稍向内一些，而不在于 AS 边上。但如果是理论级，其平衡线仍与溢流组成点与 B 点的连线重合，式（11-1）仍成立。

二、浸出操作计算

（一）浸出操作方式

浸出操作通常采用三种基本方式，即单级间歇式、多级接触式和连续式。

单级间歇式操作使用简单的浸出罐，有每次都使用新鲜溶剂者，也有将浸出液从浓到稀分成若干组（一般 2~3 组）作为溶剂，按顺序分段进行浸出，最后阶段才使用新鲜溶剂。单级间歇式设备常用作中试或小规模生产。

多级接触式操作是将若干浸出罐组合成一定顺序，以逆流的方式使新鲜原料与最后的浓浸出液相接触，而大部分溶质已被浸出的物料则与新鲜溶剂相接触。这种操作法与上述单级间歇式的相同点是被浸出物料在浸出过程中并不移动，而仅溶剂作逆流的流动。不同点是单级操作将此多次接触作用分阶段在同一设备上进行，而多级接触则是同时在不同的设备内进行。在这种操作中，固体在级间并不移动，而溶剂则顺序流过各级，当最后一级浸出终了时，新鲜溶剂必须从此级截断，并改为逆流流入前一级。为此，不仅需要更多的浸出罐以供洗涤、卸料和装料等操作，还需安装溶液和溶剂的总管以改变流动的方向，达到每一阶段组合一定浸出罐以进行逆流操作的目的。

连续式浸出操作是原料和溶剂同时作连续的运动，不仅溶剂（或溶液）作连续流动，固体也作连续的移动。

（二）浸出操作的计算方法概述

浸出操作计算的目的主要是确定：①浸出所需的时间；②浸出器的大小；③溶剂的需要量；④浸出器的级数。

浸出所需的时间决定于浸出的速率。在浸出过程中，固体中残留的溶质量与浸出时间存在一定的函数关系。由于浸出机制的复杂性，这一关系常凭实际经验来确定，因此浸出所需的必要时间也常取决于实际经验。

浸出器的大小通常也凭经验确定。浸出器的总容积可取其等于原料混合物和溶液所占的容积，加上所有附属设备（如搅拌器、蛇管等）所占的容积，此外，尚需留出 30%的自由容积。

溶剂的需用量可根据物料浓度和分离要求，由物料衡算式求取。

在多级接触浸出中，浸出级数是重要的计算内容。多级浸出级数的计算建立在理论级数的基础之上。实际上由于接触时间不可能无限延长，惰性固体也不可能对浸出质毫无吸附作用，所以浸出也就不可能达到平衡。实际所需的级数 N_P 就要比理论级数 N_T 多。理论级数与实际级数之比，即为级效率。即：

$$\eta = N_T/N_P \qquad (11\text{-}2)$$

级效率 η 一般由经验确定。

理论级数的计算方法主要有两种：三角形相图法和代数计算法。

（三）单级浸出

单级浸出过程与单级萃取相似。被浸出的原料与溶剂混合，原料组成点 F 位于 AB 边上，混合物组成点 M 位于 SF 连线上，其位置由溶剂对原料量之比决定，经充分长时间接触达到平衡后，分成溢流和底流，其组成点分别为 E、R 点，如图 11-2 所示。E 和 R 点均位于过 M 点的平衡线上，即 BM 连线上，R 点的位置与固体的持液量有关。

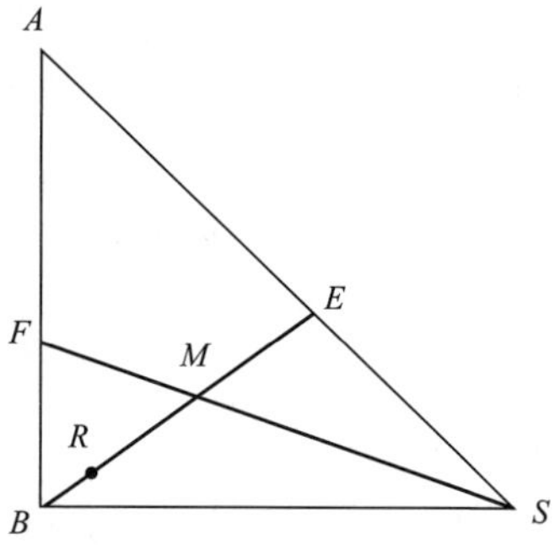

图 11-2　单级浸出

（四）多级逆流浸出

1. 多级逆流浸出的三角形图解法

工业浸出常常需要用多级才能完成，一般采用逆流浸出而不用错流浸出，因为错流浸出的溶剂用量多，浸出液的分离成本高。逆流浸出的流程如图 11-3 所示。所有物流均以总量表示，用 L_1'、L_2'、……表示各级底流的总流量，用 V_1、V_2、……表示各级溢流的总流量。

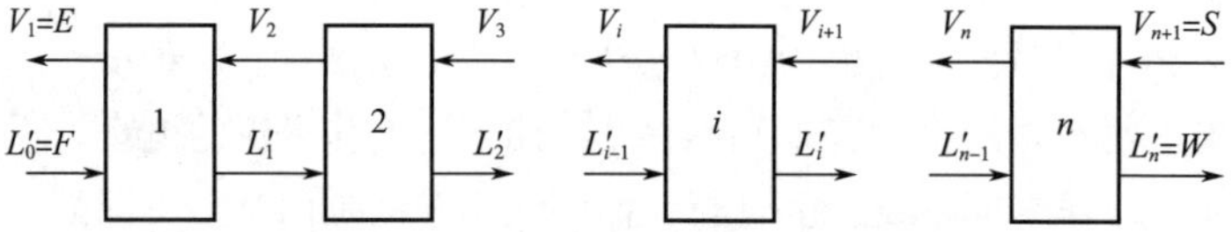

图 11-3　多级逆流浸出系统

设溢流中不含惰性固体，则溢流为溶质 A 和溶剂 S 的二元混合物，底流则为三元混合物。用 x'表示底流中组分的质量分率，y 表示溢流中组分的质量分率，则作原料和底流中惰性固体的物料衡算可得各级的惰性固体流量为：

$$Fx_{FB} = L'_1x'_{1B} = L'_2x'_{2B} = \cdots\cdots = L'_nx'_{nB} \tag{11-3}$$

设单位质量惰性固体所持有的溶液量为 K_i，则从第一级排出的底流 L'_1 中的溶液量为 $K_1L_1'x_{1B}'$，其所含的溶质 A 量则为 $y_{1A}\cdot K_1L_1'x_{1B}'$，故 L_1'中溶质 A 的分率为：

$$x'_{1A} = \frac{y_{1A}K_1L'_1x'_{1B}}{K_1L'_1x'_{1B} + L'_1x'_{1B}} = y_{1A}\frac{K_1}{1 + K_1} \tag{11-4}$$

同理，对 L_2'、L_3'等有：

$$x'_{2A} = y_{2A}\frac{K_2}{1 + K_2} \tag{11-5}$$

$$x'_{3A} = y_{3A}\frac{K_3}{1 + K_3} \tag{11-6}$$

……

$$x'_{iA} = y_{iA}\frac{K_i}{1 + K_i} \tag{11-7}$$

而 L_1'中惰性固体的质量分率则为：

$$x'_{1B} = \frac{L'_1x'_{1B}}{K_1L'_1x'_{1B} + L'_1x'_{1B}} = \frac{1}{1 + K_1} \tag{11-8}$$

同理，对 L_2'、L_3'等有：

$$x'_{2B}=\frac{1}{1+K_2} \tag{11-9}$$

$$x'_{iB}=\frac{1}{1+K_i} \tag{11-10}$$

恒底流的意义即为各级底流中惰性固体的持液量相等，故：

$$K_1=K_2=K_3=K \tag{11-11}$$

此时有：

$$x'_{1B}=x'_{2B}=\cdots\cdots=x'_B=\frac{1}{1+K} \tag{11-12}$$

$$\frac{x'_{1A}}{y_{1A}}=\frac{x'_{2A}}{y_{2A}}=\cdots\cdots=\frac{x'_A}{y_A}=\frac{K}{1+K} \tag{11-13}$$

由此可知，恒底流情况下 x'_B = 常数，从而 $x'_A+x'_S$ = 常数。换言之，底流组成在三角形相图上为一条平行于斜边的直线 mn。若将 B 和 mn 上任意一点 L' 相连并延长交斜边于 V，则点 V 分线段 BV 为 BL' 和 $L'V$ 两部分，线段 BL' 与 $L'V$ 的长度之比即为底流中溶液量与惰性固体量之比。由于底流中溶液的组成与溢流组成相同，故点 V 即代表溢流的组成，参阅图 11-4。

对变底流的情形，K 不等于常数，mn 也不是与 AS 边平行的直线。此时应当用实验方法求取各级的 K 值，连成底流曲线，如图 11-5 所示。

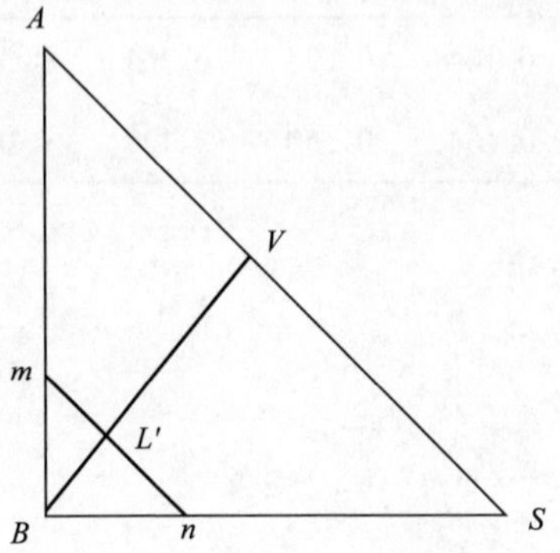

图 11-4　底流和溢流组成的表示

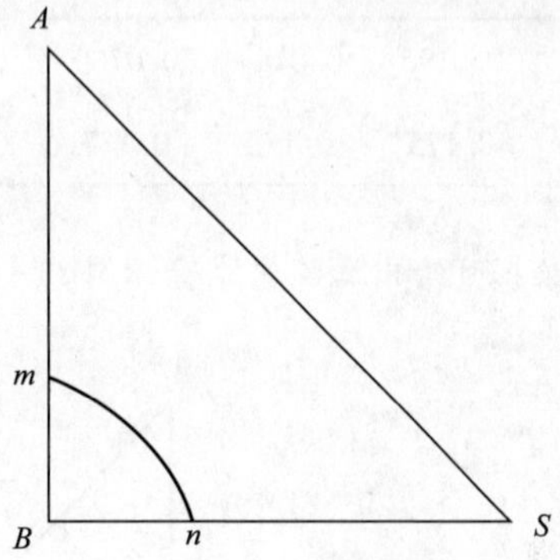

图 11-5　变底流曲线

多级逆流浸出在三角形相图上的表示方法见图 11-6。由各级的物料衡算得如下关系：

$$E-F=V_2-L'_1=V_3-L'_2=\cdots\cdots=S-W=\Delta=\text{常数} \tag{11-14}$$

Δ 点代表线段 EF，$V_2L'_1$，$V_3L'_2$ 和 SW 的共同外分点，即操作点。作图方法与多级逆流萃取相似，先根据总物料衡算确定 F、S、E、W 4 个点，然后连结 EF 和 SW，其延长线的交点即为操作点 Δ。然后联结 BW，延长得斜边上交点，将此交点和 Δ 点相连而成的直线与 mn 线相交于一点，再将此点和 B 相连并延长到斜边上得第二个交点。如此继续进行，直至斜边上交点跨过点 E 为止。也可采用相反的方法，从 BE 线开始求理论级数。

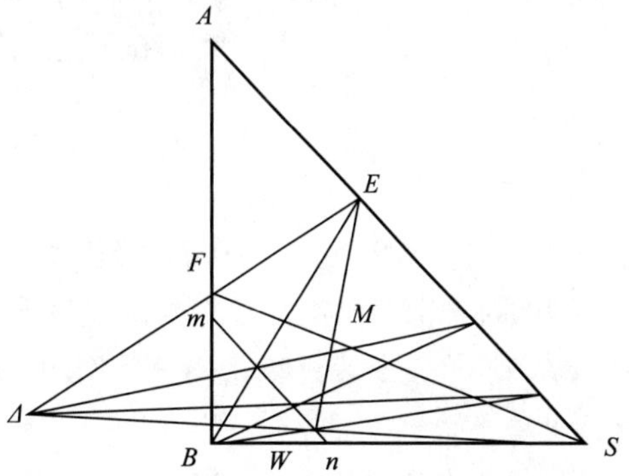

图 11-6　多级逆流浸出的三角形相图图解法

上述差点的关系式不仅对恒底流适用，对

变底流同样也适用。

【例 11-1】 用乙醚提取鱼肝中的鱼肝油，采用多级逆流浸出。经实验测定，粒状鱼肝所持的溶液量为溶液组成的函数，其数据见例 11-1 附表 1。已知新鲜鱼肝含油 25.7%，鱼肝油的回收率为 97%，最终浸出液含鱼肝油 70%，级效率为 70%。试求所需的浸出级数。

例 11-1 附表 1

y_A	0	0.1	0.2	0.3	0.4	0.5	0.6	0.672	0.765	0.81
K	0.205	0.242	0.286	0.339	0.405	0.489	0.600	0.650	0.700	0.720

解： ①计算底流曲线

$$x'_A = \frac{K}{1+K}y_A \qquad x'_B = \frac{1}{1+K}$$

$$x'_S = 1 - x'_A - x'_B = 1 - \frac{K}{1+K}y_A - \frac{1}{1+K} = \frac{K}{1+K}(1-y_A)$$

计算结果如例 11-1 附表 2 所示。

例 11-1 附表 2

x'_A	0	0.0195	0.0444	0.0760	0.115	0.164	0.224	0.264	0.325	0.338
x'_S	0.170	0.175	0.178	0.177	0.173	0.164	0.150	0.129	0.097	0.0795

按上述数据可绘出底流曲线，如例 11-1 附图所示。

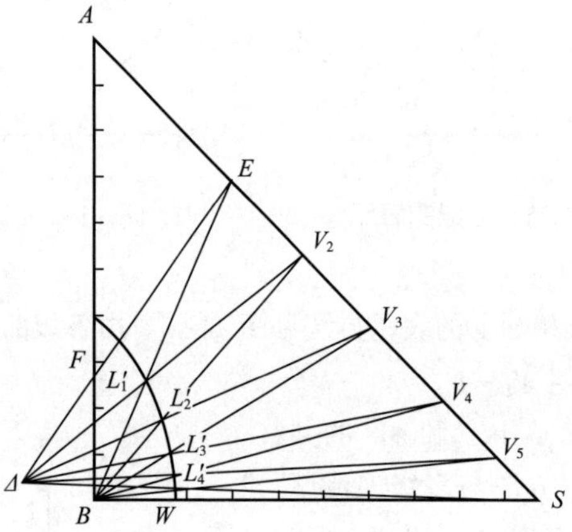

例 11-1 附图

②已知 $x'_{FA}=0.257$，$y_{EA}=0.7$，据此可作出 E、F 两点。

以 100kg 原料为基准，其中含鱼肝油量为 25.7kg，惰性固体量为 100-25.7=74.3（kg），最终浸出液中含油量为：25.7×0.97=24.9（kg）

浸出液量为：　　　　　E=24.9/0.7=35.6（kg）

浸出液中含溶剂量为：　35.6-24.9=10.7（kg）

设新鲜溶剂量为 S，S 分为两部分，一部分（10.8kg）进入浸出液，另一部分（S-10.8）kg

留在残渣中。残渣中的油量为：25.7×0.03=0.771（kg）

残渣总量为：　　$W=74.3+0.771+(S-10.8)=S+64.271$

故

$$x'_{WA}=\frac{0.771}{S+64.271}$$

$$x'_{WB}=\frac{74.3}{S+64.271}$$

由两式消去 S，得：$x'_{WA}/x'_{WB}=0.0104$

在三角形相图的 BA 边上，取 $x'=0.0104$ 的点，将此点与 S 点相连，连线与底流曲线的交点即为 W 点。

③连 EF 和 WS，分别延长，交于一点，即为 Δ 点。

作图得理论级数　　$N_T=5$

实际级数　　$N_p=N_T=5/0.7=7.15$

应取 8 级。

2. 多级逆流浸出的代数计算法

恒底流时溢流中无固体，固体全在底流中，则底流中固体量及溶液量均保持不变，即底流总量保持不变。根据总物料衡算可知，溢流量也保持不变。换言之，恒底流必然伴随恒溢流。此时理论浸出级数的计算可以用代数法。

对于如图 11-3 所示的 n 级浸出系统，设进入第一级的原料量为 F，各级的底流量以惰性固体所持的溶液量（即总量扣除惰性固体量）计为 L，以逆流方式进入末级的溶剂量为 S，逐级流动的溢流量为 V，则必有 $V=S$。

今取第 i 理论级分析，若以 y_i 表示离开第 i 级的溢流浓度（质量分数），x_i 表示离开第 i 级底流所持溶液的浓度。第 i 级的溶质衡算式为：

$$Vy_i+Lx_i=Vy_{i+1}+Lx_{i-1} \tag{11-15}$$

因为是理论级，故 $y_i=x_i$，$y_{i+1}=x_{i+1}$，并令：

$$a=V/L \tag{11-16}$$

恒底流时比值 a 为常数。式（11-15）变为：

$$x_{i-1}=(a+1)x_i-ax_{i+1} \tag{11-17}$$

对第 n 级（末级）：

$$x_{n-1}=(a+1)x_n-ax_{n+1} \tag{11-18}$$

对第 $n-1$ 级：

$$\begin{aligned}x_{n-2}&=(a+1)x_{n-1}-ax_n=(a+1)[(a+1)x_n-ax_{n+1}]-ax_n\\&=(a^2+a+1)x_n-a(a+1)x_{n+1}\end{aligned} \tag{11-19}$$

以此类推，对第二级：

$$\begin{aligned}x_1&=(a^{n-1}+a^{n-2}+\cdots\cdots+1)x_n-a(a^{n-2}+a^{n-1}+\cdots\cdots+1)x_{n+1}\\&=\frac{1-a^n}{1-a}x_n-a\frac{1-a^{n-1}}{1-a}x_{n+1}\end{aligned} \tag{11-20}$$

对第一级，由于溢流量 $E\neq V$，底流的溶液量也不等于原料中所含的溶液量，故不可应用通式。对全系统进行物料衡算，得：

$$Ey_E+Lx_n=Fx_F+Vy_{n+1} \tag{11-21}$$

这里 F 指进料中的溶液量，x_F 指进料中的溶液组成。第一级的溢流/底流比不同于其他各级，令：

$$a_1 = E/L \tag{11-22}$$

由于：

$$y_E = x_1 \tag{11-23}$$

故有：

$$a_1 L\left[\frac{1-a^n}{1-a}x_n - a\frac{1-a^{n-1}}{1-a}x_{n+1}\right] + Lx_n = Fx_F + Vy_{n+1} \tag{11-24}$$

整理得：

$$Lx_n\left(a_1\frac{1-a^n}{1-a}+1\right) - Vx_{n+1}\left(a_1\frac{1-a^{n-1}}{1-a}+1\right) = Fx_F \tag{11-25}$$

两端除以 Lx_n 后经整理而得：

$$\frac{1}{R} = \left(1 + a_1\frac{1-a^n}{1-a}\right) - \frac{y_{n+1}}{x_n}\left(a + a_1\frac{a-a^n}{1-a}\right) \tag{11-26}$$

如果加入末级的溶剂中不含溶质，即 $y_{n+1}=0$，则有：

$$\frac{1}{R} = 1 + a_1\frac{1-a^n}{1-a} \tag{11-27}$$

上两式中，$R=Lx_n/Fx_F$，其意义为残渣排走的溶质量与原料所含的溶质量之比，称为残留率或损失率；x_n 为残渣中溶液的浓度。

【例 11-2】设计一多级逆流浸出设备，以水为溶剂，每小时处理 4t 炒过的咖啡豆以制造速溶咖啡。咖啡中可溶物含量为 24%，含水量可忽略不计。离开浸出设备的浸出液中含可溶物 30%，要求浸出液中回收 95%的可溶物。试确定：①每小时产生的浸出液量；②每小时所耗的水量；③若级效率为 70%，每吨惰性固体持液 1.7t，求浸出级数。

解：据题意，浸出液中可溶物量为：4000×0.24×0.95=912（kg/h）

残渣中可溶物量为：4000×0.24×0.05=48（kg/h）

浸出液量：E=912/0.3=3040（kg/h）

底流中固体量：4000×0.76=3040（kg/h）

底流中溶液量：L=4000×0.76×1.7=5168（kg/h）

底流总量：3040+5168=8208（kg/h）

由总物料衡算：$S=V=E+W-F$=3040+8208−4000=7248（kg/h）

$a=V/L$=7248/5168=1.40

$a_1=E/L$=3040/5168=0.588

代入式（11-26）得：$1/0.05=1+0.588\times(1-1.4^{N_T})/(1-1.4)$

解得：N_T=7.827

实际级数：N_p=7.827/0.7=11.2　　取 12 级

三、浸出传质机制与速率

（一）浸出传质的特点

浸出的原料可以分为无机原料和有机原料两大类，而食品工业上遇到的一般是动植物原料，这类原料的浸出有以下特点。

(1) 它们是活的动植物细胞，其结构如图 11-7 所示。在细胞壁上有一层半透膜，阻止细胞内的物质向外渗透。如果被提取的物质位于细胞内部，例如从甜菜中提取糖时，糖即以溶液形式存在于细胞内的液泡中，则必须先将半透膜破坏，方能使细胞内的物质扩散出来，这就是预处理的作用。生产中常用的预处理方法除了机械破碎外，还有加热使蛋白质变性。

(2) 原料中可浸出物质的含量高，则浸出的推动力就大，浸出速度就快。应指出的是，在复杂体系如动植物性原料的浸出中，溶质一般并不是单一的某化学组分，而是所有可溶于溶剂中的组分。因此，溶剂的种类和温度等操作条件也可能改变推动力的大小。

(3) 在许多情况下，浸出过程的控制因素为溶质在固体物料内部的扩散。

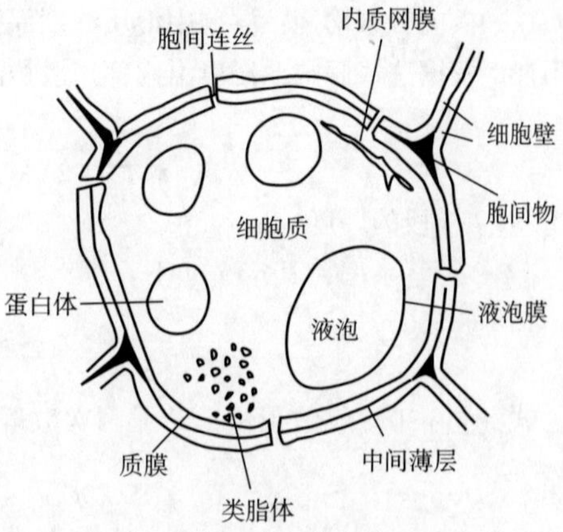

图 11-7 细胞的结构

(二) 传质方程

浸出过程也就是溶质 A 从固相向溶剂相的传递过程，一般认为包括以下三个步骤：

(1) 溶剂浸润，进入固体内，同时溶质溶解于溶剂中。

(2) 溶解的溶质从固体内部液体中扩散到固体表面。

(3) 溶质继续从固体表面通过液膜扩散，到达外部溶剂主体。

在通常的浸出条件下，第 (1) 步不是传质的控制因素，可以忽略。实际上，当原料为动、植物细胞这样的生物体时，溶质常常处于细胞内部的液体中，也就是说在浸出前固相内部已有一定量的液体存在。

若第 (3) 步为控制因素，则意味着浸出速率由溶质在固体表面的边界层中的扩散所决定，溶剂的流动状态将对浸出速率起重要的影响。

然而实践表明多数情况下第 (2) 步为控制因素，此时浸出速率主要由内部扩散所决定。内部扩散与许多因素有关。常把固体看成是一种多孔介质，在固体的微孔中存在溶液，把分子扩散理论应用于浸出操作的研究。

在浸出过程中，就每一片 (块) 固体而言，其内部的溶质浓度随浸出时间的延长而不断降低，故属于不稳定扩散过程，应该用菲克第二定律描述：

$$\frac{\partial q}{\partial \tau} = D_i\left(\frac{\partial^2 q}{\partial x^2} + \frac{\partial^2 q}{\partial y^2} + \frac{\partial^2 q}{\partial z^2}\right) \tag{11-28}$$

式中 q——固体内部溶质的浓度，kg 溶质/kg 固体；

D_i——溶质在固体内部的扩散系数，m^2/s；

τ——浸出时间，s。

式 (11-28) 仅在几何形状简单的几种情况下有解析解。

(三) 平板扩散模型

设固体为无限大平板，内部空隙均匀，厚度均匀，仅两面与溶剂接触，内部毛细管极细，因而不受外部流动的骚扰，此时式 (11-28) 简化为一维方程：

$$\frac{\partial q}{\partial \tau} = D_i \frac{\partial^2 q}{\partial x^2} \tag{11-29}$$

谢伍德和钮门作如下假定：扩散沿垂直于两平面的方向进行；平板厚度均匀，浸出开始时，溶质在平板内分布均匀；溶剂中溶质浓度保持不变；扩散系数保持不变；固体表面的扩散阻力忽略不计。根据这些假定，浸出由内部扩散控制。在上述条件下积分，其解为一无穷级数：

$$E=\frac{8}{\pi^2}\sum_{n=0}^{\infty}\frac{1}{(2n+1)^2}\exp\left(-\frac{D_i(2n+1)^2\pi^2\tau}{l^2}\right) \tag{11-30}$$

式中 l——板的厚度，m；

E——萃余率，其定义如下：

$$E=\frac{q-q_\infty}{q_0-q_\infty} \tag{11-31}$$

式（11-30）收敛很快，若无因次数群 $D_i\tau/l^2$ 充分大，则取第一项已足够精确：

$$E=\frac{8}{\pi^2}\exp\left(-\frac{\pi^2D_i\tau}{l^2}\right) \tag{11-32}$$

若将上述平板模型的结果用于正六面体，设三个方向的尺寸分别为 l_x、l_y、l_z，沿三个方向的扩散系数分别为 D_x、D_y、D_z，则按菲克定律有：

$$\frac{\partial \mathrm{d}q}{\partial \mathrm{d}\tau}=D_x\frac{\partial^2q}{\partial l_x^2}+D_y\frac{\partial^2q}{\partial l_y^2}+D_z\frac{\partial^2q}{\partial l_z^2} \tag{11-33}$$

设三个方向的萃余率分别为 E_x、E_y、E_z，而总萃余率 $E=E_xE_yE_z$，可得：

$$E\approx\left(\frac{8}{\pi^2}\right)^3\exp\left[-\pi^2\tau\left(\frac{D_x}{l_x^2}+\frac{D_y}{l_y^2}+\frac{D_z}{l_z^2}\right)\right] \tag{11-34}$$

为简化起见，令：

$$k=\pi^2\left(\frac{D_x}{l_x^2}+\frac{D_y}{l_y^2}+\frac{D_z}{l_z^2}\right) \tag{11-35}$$

则上式为：

$$E\approx\left(\frac{8}{\pi^2}\right)^3\exp(-k\tau) \tag{11-36}$$

（四）浸出速度

浸出速度可用单位时间内从单位浸出接触面积上浸出的溶质量来定义。以平板浸出为例，将式（11-28）两边对时间进行微分得：

$$-\frac{\mathrm{d}q}{\mathrm{d}\tau}=\frac{8D_i(q-q_\infty)}{l^2}\sum_{n=0}^{\infty}\exp\left[-\frac{D_i(2n+1)^2\pi^2\tau}{l^2}\right] \tag{11-37}$$

设 ρ_B 为单位体积固体片状物中惰性固体的质量，则 ρ_Bq 为单位体积固体片状物中溶质的质量。同时，此片状物的比表面积为 $2/l$。据此，将上式两边乘以 $\rho_Bl/2$，其左边即为浸出速度，即：

$$-\frac{\mathrm{d}m}{A\mathrm{d}\tau}=\frac{4\rho_BD_i(q-q_\infty)}{l}\sum_{n=0}^{\infty}\exp\left[-\frac{D_i(2n+1)^2\pi^2\tau}{l^2}\right] \tag{11-38}$$

式中 m——惰性固体中溶质质量，kg；

A——浸出接触面积，m^2。

式（11-38）表示浸出速率随时间 τ 的变化规律。

此外，也可将式（11-30）与式（11-38）结合消去 τ 后得到浸出速率随残留量 q 而变化的规律。将两式相除得：

$$-\frac{\mathrm{d}m}{A\mathrm{d}\tau}=\frac{\pi^2\rho_BD_i(q-q_\infty)}{2l}\times\frac{\sum_{n=0}^{\infty}\exp\left[-(2n+1)^2\frac{\pi^2D_i\tau}{l^2}\right]}{\sum_{n=0}^{\infty}\frac{1}{(2n+1)}\exp\left[-(2n+1)\frac{\pi^2D_i^2\tau}{l^2}\right]} \tag{11-39}$$

当浸出时间相当长时，上式右边第二个分式因子趋于 1，于是有：

$$-\frac{dm}{Ad\tau}=\frac{\pi^2\rho_B D_i}{2l}(q-q_\infty) \tag{11-40}$$

或以残留量 q 表示得：

$$-\frac{dq}{d\tau}=\frac{\pi^2 D_i}{l^2}(q-q_\infty)=k_S(q-q_\infty) \tag{11-41}$$

方程为速率=推动力/阻力的常见形式。

以上讨论的是浸出操作由内部扩散控制的场合。在一定的条件下，当内部扩散速率很快，外部扩散阻力成为有一定影响的因素时，则必须计及外部的阻力。从溶剂相一侧考虑，浸出速率式可写成：

$$-\frac{dm}{Ad\tau}=k_L(\rho_i-\rho) \tag{11-42}$$

在搅拌容器内进行浸出时，液相表面传质系数 k_L 受搅拌影响，可用如下特征数关联式来计算：

$$\frac{d^2N\rho}{\mu}<6700\text{ 时}:\frac{k_L d}{D_e}=2.7\times10^{-5}\left(\frac{d^2N\rho}{\mu}\right)^{1.4}\left(\frac{\mu}{\rho D_e}\right)^{0.5} \tag{11-43}$$

$$\frac{d^2N\rho}{\mu}>6700\text{ 时}:\frac{k_L d}{D_e}=0.16\left(\frac{d^2N\rho}{\mu}\right)^{0.62}\left(\frac{\mu}{\rho D_e}\right)^{0.5} \tag{11-44}$$

式中　N——搅拌器转速，1/s；

ρ——液体密度，kg/m³；

D_e——液相中外扩散系数，m²/s；

D——容器直径，m；

μ——液体黏度，Pa·s。

【例 11-3】 将棉籽压成厚度为 0.406mm 的薄片后，以足量的己烷为溶剂，在 60℃ 下进行棉籽油的浸出实验，得到的数据如例 11-3 附表 1 所示。根据以上数据，试求浸出速度式及浸出时间为 150min 时的浸出速度。

例 11-3 附表 1

项目	浸出时间 τ/min					
	20	40	60	80	100	120
残油量 q/(kg 油/kg 干固体)	0.041	0.029	0.024	0.021	0.019	0.018

解：根据式（11-31）和式（11-32）得：

$$\frac{q-q_\infty}{q_0-q_\infty}\approx\frac{8}{\pi^2}\exp\left(-\frac{\pi^2 D\tau}{l^2}\right)$$

因溶剂为足量，故可认为 q_0=常数。又因 q_∞、l、D 均为常数，将上式两边微分得：

$$\frac{dq}{d\tau}=Be^{-k\tau}\quad\text{或}\quad\frac{\Delta q}{\Delta\tau}=Be^{-k\bar{\tau}}$$

计算结果见例 11-3 附表 2，绘在双对数坐标纸上见例 11-3 附图。

例 11-3 附表 2

浸出时间 τ/min	q/（kg 油/kg 干固体）	$\bar{\tau}$/min	Δq/（kg 油/kg 干固体）	$\Delta\tau$/min	$\Delta q/\Delta\tau$/[kg 油/（kg 干固体·min）]
20	0.041	—	—	—	—
40	0.029	30	0.012	20	0.00060
60	0.024	50	0.005	20	0.00025
80	0.021	70	0.003	20	0.00015
100	0.019	90	0.002	20	0.00010
120	0.018	110	0.001	20	0.00005

用线性回归法求得截距：

$$B = 1.2 \times 10^3$$

斜率：

$$k = 2.303 \times 0.0123 = 0.0283$$

从而得浸出速度式：

$$-\mathrm{d}q/\mathrm{d}\tau = 0.0012\exp(-0.0283\tau)$$

代入 $\tau = 150$min 得所求的浸出速度为：

$$0.0012\exp(-0.0283\times150) = 1.72\times10^{-5}$$

（kg 油/kg 干固体·min）

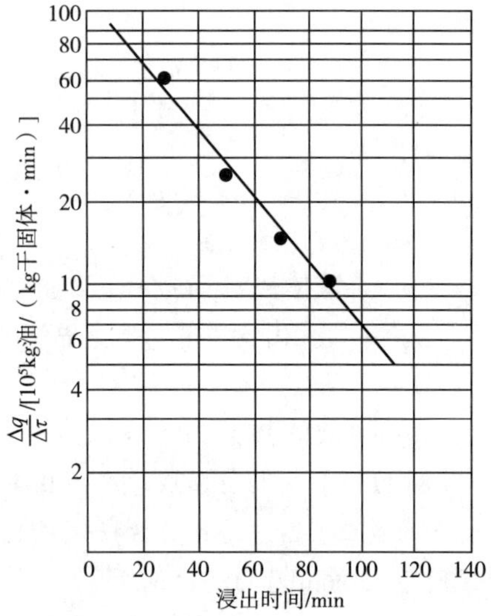

例 11-3 附图

四、浸出设备

浸出操作通常有三种基本方式：单级接触式、多级接触式和连续接触式。多级接触式操作可视作若干个单级的串联，从而实现连续操作。连续接触式操作一般指原料和溶剂作连续逆流流动或移动，而如何实现固体物料的移动，则为关键。就物料和溶剂间的接触情况而言，又有浸泡式、渗滤式和二者结合的接触方式之分。

（一）浸出罐

浸出罐又称固定床浸出器，早年曾用于甜菜的浸出，现多用于从树皮中浸出单宁酸，从树皮和种子中浸出药物，以及咖啡豆、油料种子和茶叶的浸出等。这种设备一般是间歇操作的，图 11-8 为典型浸出罐的结构。罐主体为一圆筒形容器，底部装有假底以支持固体物料，溶剂则均匀地喷淋于固体物料床层上，整个浸出罐的结构类似于一填料塔。下部装有可开启的封盖。当浸出结束以后，打开封盖，可将物料排出。有时为增强浸出效果，还将下部排出的浸出液循环到上部。有的浸出罐下部装有加热系统，用以将挥发性溶剂蒸发，等于同时实现了溶剂回收。

（二）立式浸泡式浸出器

立式浸泡式浸出器又称塔式浸出器，图 11-9 为其结构示意图。浸出器由呈 U 形布置的三

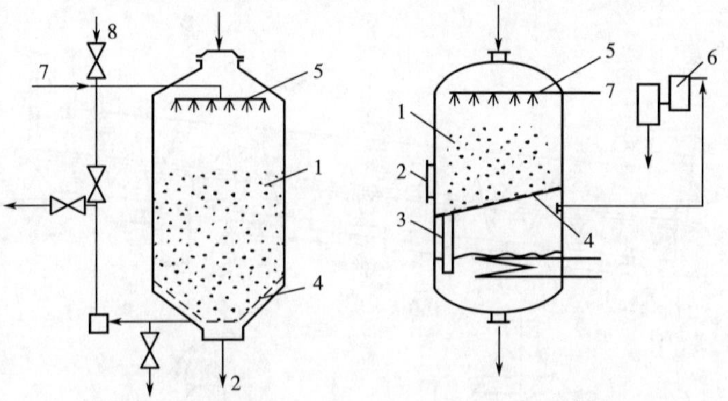

（1）密闭浸取器　　（2）溶剂再循环浸取器

1—物料；2—固体卸出口；3—溶液下降管；4—假底；5—溶剂再分配器；
6—冷凝器；7—新鲜溶剂进口；8—洗液进口。

图 11-8　浸出罐

个螺旋输送器组成，由螺旋输送器实现物料的移动。物料在较低的塔的上方加入，被输送到下部，在水平方向移动一段距离后，再由另一垂直螺旋输送到较高的塔的上部排出。溶剂与物料成逆流流动。在浸出器内，物料浸没于溶剂中，故它属于浸泡式浸出设备。这类设备的优点是占地面积较小。油脂和制糖工业均有采用此类设备的实例。

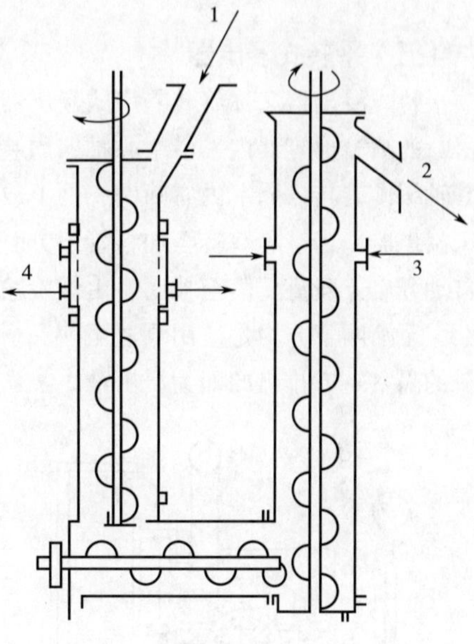

1—原料；2—残渣；3—溶剂；4—浸出液。

图 11-9　立式浸泡式浸出器

（三）卧式浸泡式浸出器

卧式浸泡式浸出器与立式浸泡式浸出器的不同在于它的螺旋输送器是水平放置的。典型的实例是糖厂的 DDS 浸出器，如图 11-10 所示。它用一双螺旋输送器来实现物料的移动。浸出器本身略带倾斜，与地面成 8°角，溶剂则借重力向下流动，双螺旋器有特殊的结构，使得每旋转一周时物料只前进 1~3 个螺距而非 1 个螺距。器身本身带夹套，便于加热，以维持一定的浸出温度。甜菜由较低的一端加入，被输送到较高的尾端后由一废粕轮排出。在操作时，须使浸出器中充满物料和溶剂。

（四）立式渗滤式浸出器

如图 11-11 所示，实质上为一斗式提升机，在垂直安置的输送带上有若干个料斗，物料被置于料斗内，料斗底部有孔，可让溶液穿流而过。新鲜物料在右侧顶部加入，到达左侧顶部后料斗即翻转，将浸出后的物料卸出。溶剂则从左侧顶部加入，借重力作用渗滤而下，在左侧与物料呈逆流接触。在底部得到中间混合液，用泵送至右侧上方，同样渗滤而下，但在右侧与物料呈并流接触，在右侧底部得到浓的溶液。

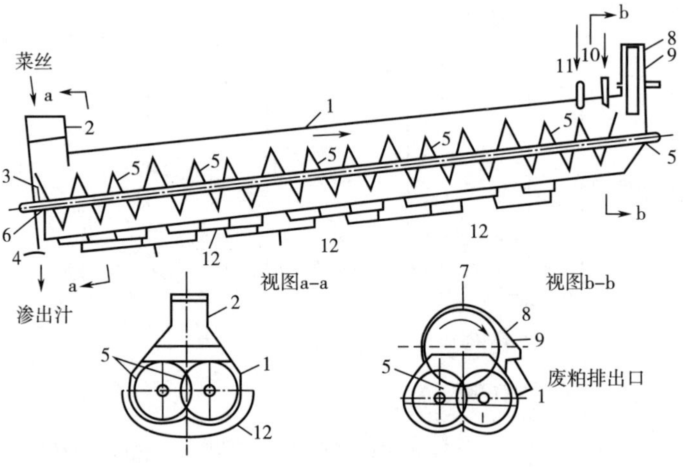

1—外壳；2—进菜斗；3—箅子；4—提汁管；5—螺旋；6—密封填料函；7—连轴节；
8—废粕轮；9—废粕轮外壳；10—水入口；11—压粕水入口；12—加热室。

图 11–10　卧式浸泡式浸出器（DDS 浸出器）

（五）平转式浸出器

平转式浸出器又称旋转隔室式浸出器，也是渗滤式浸出器的一种，如图 11–12 所示。它是在密封的圆筒形容器内，沿中心轴四周装置若干块隔板，形成若干个隔室。圆筒形容器本身绕中心轴缓慢旋转。隔室内有筛网，网上放物料。隔室底部可开启。实际上每一隔室相当于一固定床浸出器，当空隔室转至加料管下方时，即将原料加入于筛网上，当旋转将近一周时，隔室底自动开启，残渣下落至器底，由螺旋输送器排出。在残渣快排出前加入新鲜溶剂，喷淋于床层上，至筛网下方均是。用泵送至前一个隔室的上方再作喷淋，这样形成逆流接触。在刚加入原料的隔室下方排出的即为浸出液。

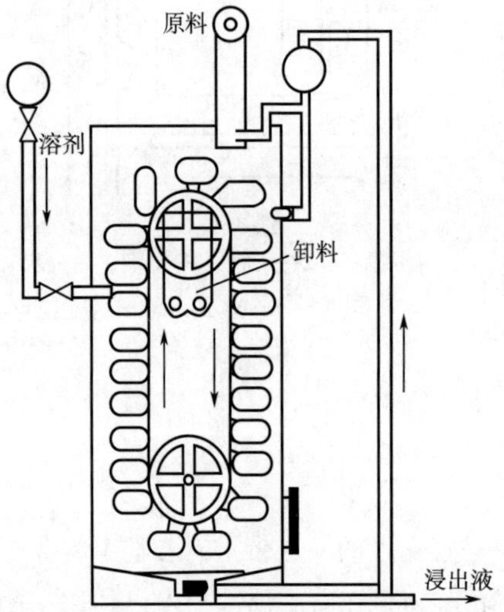

图 11–11　立式渗滤式浸出器

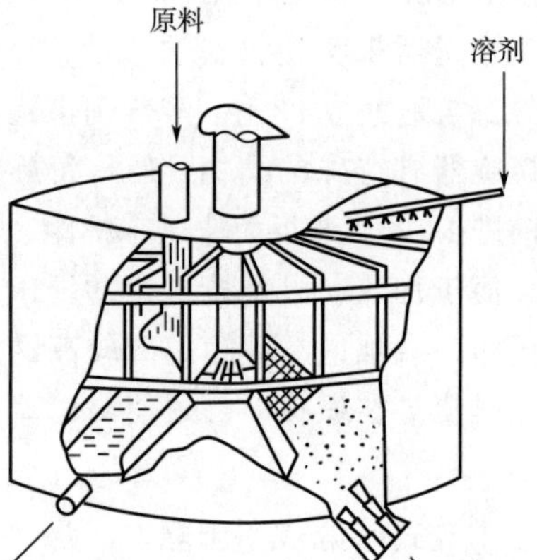

图 11–12　平转式浸出器

（六）搅拌式浸出器

将固体先粉碎成200目左右的细颗粒（粒径0.074mm），在有溶剂存在时，略作搅拌就可使它处于悬浮状态。接触一定时间后，再用一固液分离设备将固体颗粒分离出来，这样就构成了一级浸出。图11-13为用增稠器作为固-液分离设备的三级逆流浸出示意图。新鲜溶剂加在第一级中，固体物料则加在最末一级。物料与来自前一级的液体相互接触，然后进入增稠器。在增稠器内分离，器底耙子将固体物料卸出，因固体仍含有相当量的液体，实际上为浆状，故可用泵打入下一级。为使接触更充分，可在两个增稠器之间安装一混合器。

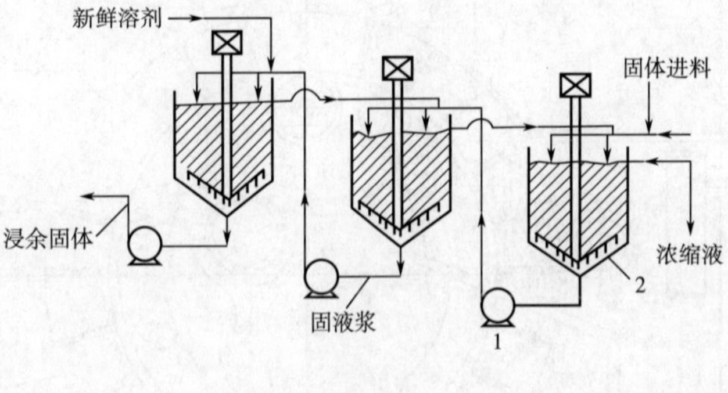

1—泵；2—耙。

图11-13　搅拌式浸出器

（七）转筒式浸出器

转筒式浸出器是一种在甜菜糖厂应用较广的浸出器，称为RT渗出器。其结构如图11-14所示，主体为一卧式圆筒形容器，内壁上焊钢板，成为双头螺旋，当圆筒缓慢旋转时，物料即被从一端输送到另一端，汁则成逆向流动。设计者在隔板的形状方面做了精心研究，使物料和汁的流动较符合浸出的要求。这种浸出器的浸出效率较高，操作弹性大。缺点是充填系数低，圆筒内大部分空间未被利用，而且占地面积大。

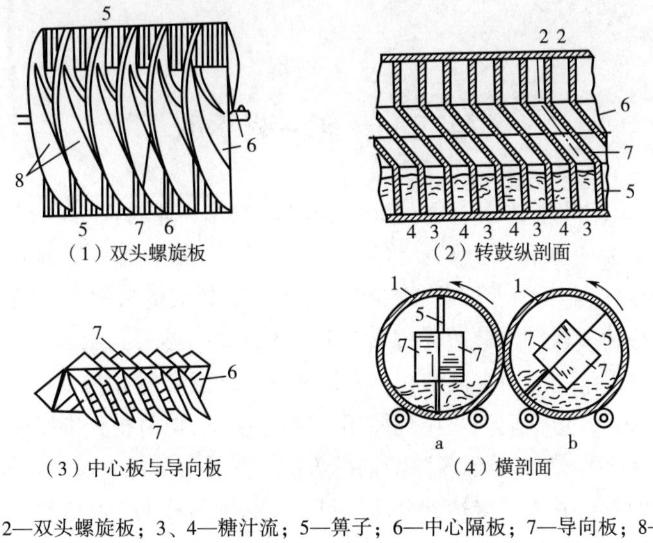

1—外壳；2—双头螺旋板；3、4—糖汁流；5—箅子；6—中心隔板；7—导向板；8—栅隔板。

图11-14　转筒式浸出器

（八）立式环式浸出器

立式环式浸出器的原理与平转式浸出器相同，唯将圆环直立，而隔板也相应地做成筛状，如图 11-15 所示。其中最上部的几个隔室并没有起浸出作用，而是将物料进一步沥干。这种设备与平转式浸出器相比，占地面积较小。

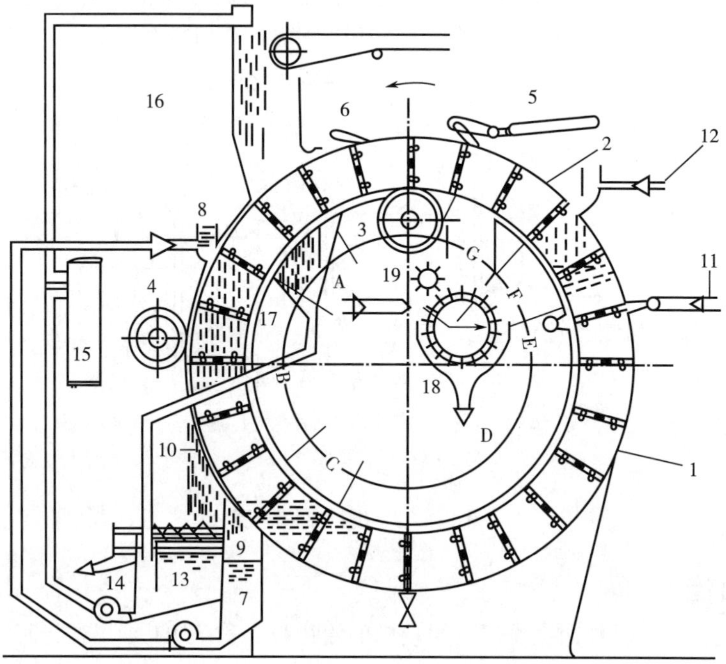

1—外壳；2—圆环；3—托轮；4—平衡辊；5—液压传动器；6—棘轮；7—暂贮箱；8—喷嘴；9—溢流口；10—出汁口；11—脱水汁；12—渗渍水；13—热裂汁贮箱；14—泵；15—加热器；16—蔗丝入口；17—受汁槽；18—预压机；19—压榨辊；A—第一热裂区；B—第二热裂区；C、D、E、F—浸渍区；G—滤水区。

图 11-15 立式环式浸出器

第二节 液-液萃取

液-液萃取是分离均相液体混合物的又一种单元操作。原料液中含有溶质 A 和原溶剂 B（B 也称为稀释剂），为使 A 和 B 分离，将某种选定的、与原溶剂不相溶或互溶度很低的溶剂（称为萃取剂）S 加入混合液中，溶质 A 在溶剂 S 中应有较大的溶解度，而 B 与 S 的互溶度则越小越好。经过充分的接触后，溶质 A 即转移到溶剂 S 中。然后利用 B 和 S 的密度差将两相分开，得到两个液相：以溶剂 S 为主的液相称萃取相 E，以原溶剂 B 为主的液相称萃余相 R。萃取相中的溶质需要分离，溶剂应回收循环使用，因此将 E、R 两相分别脱除溶剂，得到的两相分别称为萃取液 E′和萃余液 R′，而脱除溶剂的方法一般是用蒸馏、蒸发等操作。

由上可知，萃取操作并未直接达到分离的目的，必须与蒸馏、吸收等操作组合，方能完成分离任务。这样，萃取的费用应包括：

（1）萃取设备的投资和运转费用。

（2）溶剂的损耗。

（3）萃取后分离回收设备的投资和运转费用（包括能耗）。

相比之下，多数情况下萃取不如蒸馏经济。但在下列情况下萃取操作显示出其经济上和技术上的优越性：沸点十分接近的混合物的分离、恒沸液的分离、热敏性物料的分离等。

液-液萃取在食品工业上主要用于提取与大量其他物质混杂在一起的少量挥发性较小的物质。同时，因液-液萃取可在低温下进行，故特别适用于热敏性物料的提取，如维生素、生物碱或色素的提取，油脂的精炼等。

一、液-液萃取相平衡过程与三元相图

液-液萃取涉及互不相溶的两个液相，被萃取的溶质从一相转移到另一相中，故属于传质过程。萃取的基本依据是溶质 A 在溶剂 S 和稀释剂 B 中的溶解度差异，即 A 在萃取相和萃余相中的分配。因此，分配平衡（或称溶解平衡）是分析萃取过程的基础。

（一）组成在三角形相图上的表示

萃取过程至少涉及三个组分，一般用三角形相图表示三组分混合物的组成。常用的是等边三角形或等腰直角三角形相图，其中以直角三角形最为简便，如图 11-16 所示。一般用质量分数表示组成，也可用摩尔分数。在三角形相图中，三个顶点分别表示三种纯组分。任一边上的某一点则表示一个二元混合物。一般以 B 为原点，S 和 A 的浓度沿轴的正向增加，与常用的直角坐标一致。如 *AB* 边上的 *E* 点表示 A、B 二元混合物，其中 A 占 40%，B 则占 60%。三角形内的某一点代表一个三元混合物。如在图 11-17 所示的直角三角形相图中，*M* 点代表一个三元混合物，其中含 S30%，含 A30%，则含 B 必为 1-30%-30%=40%。读法是先在两直角边上分别读 A 和 S 的组成，B 的组成则用 $x_A+x_B+x_S=1$ 关系式求得。

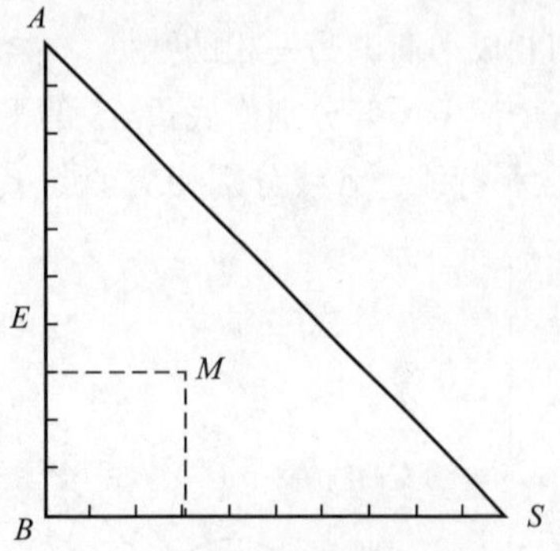

图 11-16　组成在三角形相图上的表示

另一种表示组成的方法是用 x-y 坐标系，其中 x 为萃余相中溶质 A 的质量分数，y 为萃取相中溶质 A 的质量分数。对于 B 和 S 互不相溶的体系，还常用 X-Y 坐标系，其中 X 为萃余相中溶质 A 与原溶剂 B 的质量比，Y 为萃取相中溶质 A 与溶剂 S 的质量比。

（二）液-液相平衡关系在三角形相图上的表示

根据各组分的互溶性，可将三元物系分为三种情况：

（1）溶质 A 可溶解于 B 和 S 中，但 B 与 S 完全不互溶。

（2）溶质 A 可溶解于 B 和 S 中，B 与 S 则部分互溶，形成一对平衡液相。

（3）组分 A、B 可完全互溶，但 B 和 S 形成一对以上平衡液相。

其中第（3）种情况会给萃取操作带来诸多不便，是应避免的。第（1）种情况属于理想的情形，但较少见。生产实践中广泛遇到的是第（2）种情况。

1. 溶解度曲线和联结线

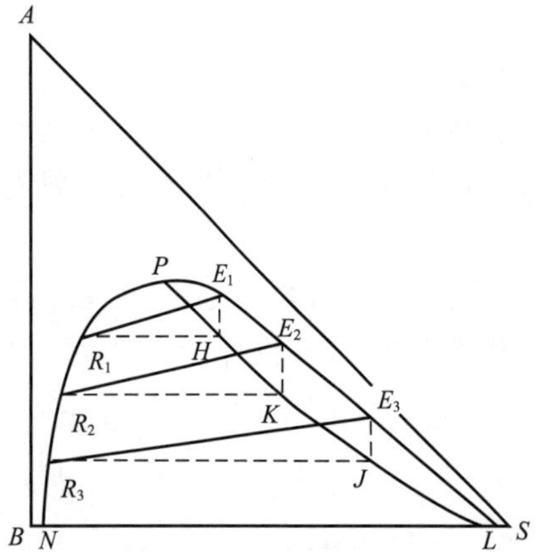

图 11-17 溶解度曲线和联结线

在一定温度下，B 和 S 为部分互溶，这两相的组成如图 11-17 中 N、L 两点所示。对于由 A、B、S 三元组成的体系，当静置相当长的时间以后，即分成两个平衡的液相，其组成由图中的 R、E 两点表示，称为共轭液相。三元体系的初始组成不同，共轭液相的组成也不相同。将一系列代表共轭液相组成的点连起来，成为一条曲线，即为在实验温度下该三元物系的溶解度曲线，而连接一对共轭液相组成点的直线称为联结线或平衡线。

溶解度曲线将三角形内部分为两个区域。曲线以内的区域为两相区，以外的区域为单相区。平衡时三元物系的组成点位于两相区内时，该物系就分成两个共轭液相。显然，萃取操作只能在两相区进行。

一定温度下同一物系的联结线倾斜方向一般是一致的，但联结线互不平行。少数情况下联结线的倾斜方向会改变。

2. 辅助曲线和临界混溶点

一定温度下，三元物系的溶解度曲线和联结线是根据实验数据来标绘的，使用时若要求与已知相成平衡的另一相的数据，常借助辅助曲线（也称共轭曲线）。如图 11-17，通过已知点 R_1、R_2、……等分别作底边 BS 的平行线，再通过相应联结线上 E_1、E_2、……等分别作直角边 AB 的平行线，各线分别相交于点 J、K、……，联结这些交点所得的曲线即为辅助曲线。辅助曲线与溶解度曲线的交点 P，表明通过该点的联结线为无限短，相当于这一系统的临界状态，称点 P 为临界混溶点。由于联结线通常都具有一定的斜率，因而临界混溶点一般不在溶解度曲线的顶点。

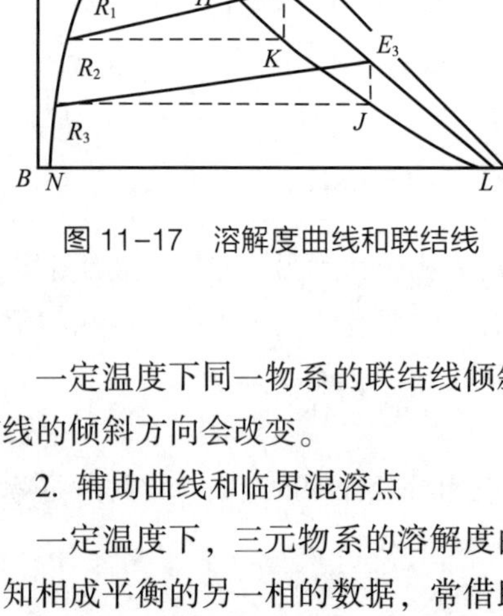

图 11-18 分配曲线

（三）分配曲线、分配系数和选择性系数

相平衡关系也可以在 x-y 直角坐标中表示。在 x-y 直角坐标中，用 x_A 表示萃余相的组成，y_A 表示萃取相的组成，三角形相图中的一条平衡线在直角坐标中就成为一个点，把这些点联结起来，就成为一条曲线，称为分配曲线，如图 11-18 所示。临界混溶点的位置则位于 $y=x$ 直线上。

在一定温度下，当三元混合液的两个液相达到平衡时，溶质 A 在 E 相与 R 相中的组成之比称为分配系数，以 k_A 表示，即：

$$k_A = y_A/x_A \tag{11-45}$$

同样，对于组分 B 也可写出：

$$k_B = y_B/x_B \tag{11-46}$$

式中 y_A、y_B——组分 A、B 在萃取相 E 中的质量分数；

x_A、x_B——组分 A、B 在萃余相 R 中的质量分数。

分配系数表达了某一组分在两个平衡液相中的分配关系。不同物系具有不同的分配系数值，同一物系，k_A 值随温度而变。在恒定温度下的 k_A 值可近似视作常数。

选择性是指萃取剂 S 对原料液两个组分溶解能力的差异。若 S 对溶质 A 的溶解能力比对稀释剂 B 的溶解能力大得多，即萃取相中 y_A 比 y_B 大得多，萃余相中 x_B 比 x_A 大得多，那么这种萃取剂的选择性就好。萃取剂的选择性好坏可用选择性系数来衡量，即：

$$\beta = \frac{y_A}{y_B} \times \frac{x_B}{x_A} = \frac{k_A}{k_B} \tag{11-47}$$

选择性系数类似于蒸馏中的相对挥发度。一般情况下，B 在萃余相中浓度总是比在萃取相中的高，即 $x_B/y_B>1$，所以萃取操作中 β 值均应大于 1。β 值越大越有利于组分的分离；若 $\beta=1$ 时，则有 $y_B/y_A=x_B/x_A$ 或 $k_A=k_B$，萃取相和萃余相在脱溶剂 S 后将具有相同的组成，且等于原料液组成，故无分离能力，说明所选择的溶剂是不适宜的。萃取剂的选择性高，对于一定的分离任务，可减少萃取剂用量，降低回收溶剂的能量消耗，并且可获得高纯度产品。若 $\beta<1$，萃取还是可以进行的，但将非常困难，说明溶剂的选择不当。

（四）温度对相平衡关系的影响

一般来说，物系的温度升高，溶质在溶剂中的溶解度加大，即互溶度增加，使两相区的面积减小。反之温度降低使两相区面积增大。因而，温度明显地影响溶解度曲线的形状、联结线的斜率和两相区的面积。从而影响分配系数及选择性系数。图 11-19 表示了有一对组分互溶物系，在三个温度（$T_1<T_2<T_3$）下的溶解度曲线和联结线。

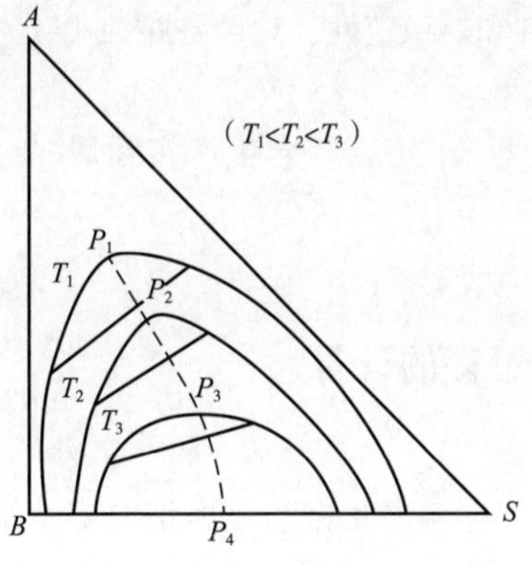

图 11-19 温度对溶解度的影响

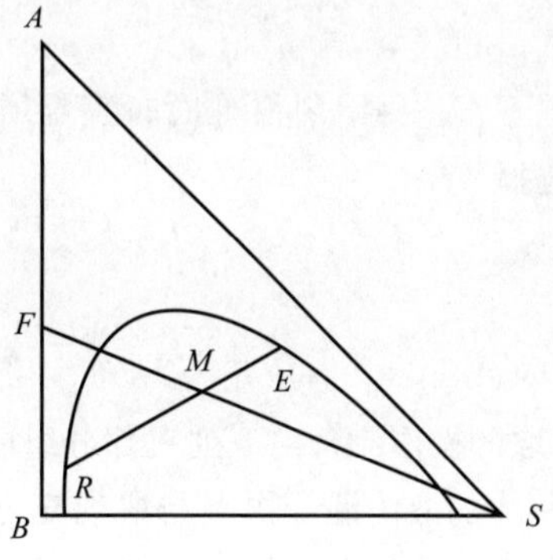

图 11-20 杠杆规则的应用

（五）杠杆规则

共轭相 E 和 R 的量，可以从相图中求取。如图 11-20 所示，设三角形相图内任一点 M 表示 E 相和 R 相混合后混合液的总组成，M 点称为和点，而 E 点和 R 点则称为差点。且 E、M、R 三点在一条直线上，各液相的质量间的关系可用杠杆规则来描述，即 E 相和 R 相的质量比为：

$$\frac{E}{R} = \frac{\overline{MR}}{\overline{ME}} \tag{11-48}$$

若上述三元混合物（M点）是由一双组分（A和B）混合物（F点）与组分S混合而成，则此双组分混合物的质量与组分S的质量之比应为：

$$\frac{S}{F}=\frac{\overline{MF}}{\overline{MS}} \tag{11-49}$$

（六）萃取剂的选择

萃取剂的选择是萃取操作的关键，它对萃取产品的产量、质量和过程的经济性产生直接的影响。一般而言，应从以下方面考虑。

1. 萃取剂的选择性

前已述及，选择性好坏或选择性系数越大，对萃取越有利。

2. 萃取剂S与稀释剂B的互溶度

组分B和S的互溶度越小，则两相区面积越大，可能得到的萃取液的浓度越高，越有利于萃取分离。

3. 萃取剂回收的难易与经济性

萃取剂的回收常采用蒸馏，其难易直接影响萃取操作的费用，在很大程度上决定萃取过程的经济性。故要求萃取剂S与原料液中组分的相对挥发度要大，不应形成恒沸物。若所选溶剂是物系中挥发度大者，则溶剂S的汽化热要小。

4. 萃取剂的其他物性

所选萃取剂与原料液应有较大的密度差。在萃取过程中密度差大的，两相可迅速分离，从而可提高设备的生产能力。另外，两液相的界面张力对分离效果也有重要影响。界面张力较大者有利于分层，界面张力小的有利混合，易形成乳化，分离困难，故界面张力要适当。此外，萃取剂应具有较低黏度和凝固点，具有化学稳定性和热稳定性，对设备腐蚀小，来源方便，价格低等。

一般情况下，一种溶剂很难同时满足所有要求，一定要结合生产实际情况，抓住主要矛盾，合理地选择。

二、液-液萃取过程的计算

液-液萃取的操作流程由下列三部分组成：

（1）被萃取的液体混合物中与溶剂充分混合，在两液相密切接触情况下，使溶质从被处理的液体混合物中溶入溶剂中。

（2）萃取结束后，将过程中形成的萃取相和萃余相借助分离器将其分开。

（3）萃取相经溶剂回收器回收溶剂，循环使用。必要时，也可将萃余相进行溶剂回收。

其中液-液两相接触传质过程的方式可分为分级式接触和连续式接触两类。现主要讨论分级式接触萃取过程的计算（连续式接触的计算与吸收塔填料层高度计算相类似）。

在分级式接触萃取过程计算中，无论是单级萃取操作还是多级萃取操作，均假设各级为理论级（又称理想级），即离开每级的E相和R相互为平衡。萃取操作中的理论级概念和蒸馏中的理论板相当。一个实际级的分离能力达不到一个理论级，二者的差异用级效率校正。

（一）单级萃取

单级萃取的过程比较简单。将一定量的溶剂加入料液中，充分混合，经一定时间后，体系分成两相，然后将它们分离，分别得到萃取相和萃余相。

操作可以连续进行，也可以间歇进行，间歇操作时，各股物料的量以质量表示；连续操作时，以质量流量表示。为简便起见，以 y 表示萃取相中溶质 A 的浓度，x 表示萃余相中溶质 A 的浓度。

进行萃取操作时，原料液 F 为被萃取的混合液，组成点为图 11-21 中 F 点。萃取时加溶剂 S 于原料液中，表示总组成的 M 点可根据原料液和溶剂的量按杠杆规则确定。

由于 M 点位于两相区内，故当原料液和溶剂充分混合并静置后，可使之分为两液相 E 和 R，两相互成平衡，E 和 R 两点可根据通过 M 点及辅助曲线、溶解度曲线来确定。

若将萃取相和萃余相中的溶剂分别加以回收，则当完全脱除溶剂 S 之后，可在 AB 边上分别得到含两组分的萃取液 E' 和萃余液 R'。由图可见，组分 A 和组分 B 得到了一定的分离。

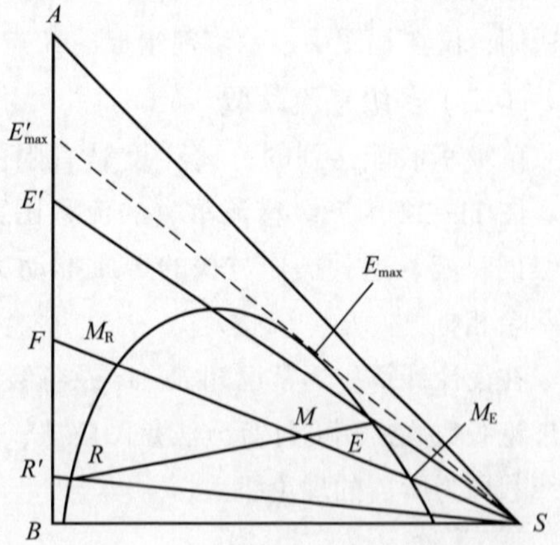

图 11-21　单级萃取的图解法

一般地，料液量 F 及其组成 x_F 和物系的相平衡数据为已知，且规定了萃余相的浓度 x，要求的是溶剂用量、萃取相的量和组成及萃余相的量。这些可通过物料衡算进行计算，萃取计算中常用的方法是图解法。

如图 11-21 所示，先根据料液组成和所要达到的萃余相组成确定 F 和 R 点，过 R 点作联结线，得与之平衡的萃取相组成点 E。连结 F 和 S，与联结线交于点 M。最后连接 SR、SE，并分别延长交 AB 边于 R' 和 E'。从 R'、E' 点可读出萃余液、萃取液的组成，从 E 点可读出萃取相的组成，从 M 点可得到和点的组成。

作总物料衡算，得：

$$F+S=E+R=M \tag{11-50}$$

由杠杆规则可求得各流股的量：

$$S=\frac{\overline{MF}}{\overline{MS}}F \tag{11-51}$$

$$E=\frac{\overline{MR}}{\overline{ER}}M \tag{11-52}$$

$$E'=\frac{\overline{R'F}}{\overline{R'E'}}F \tag{11-53}$$

也可结合溶质物料衡算进行计算：

$$Fx_F=Ey_E+Rx_R=E'y_{E'}+R'x_{R'}=Mx_M \tag{11-54}$$

故有：

$$E=\frac{x_M-x_R}{y_E-x_R}M \tag{11-55}$$

$$E' = \frac{x_F - x_{R'}}{y_{E'} - x_{R'}}F \tag{11-56}$$

若从 S 点作溶解度曲线的切线，此切线与 AB 边相交于 E'_{max} 点。此 E'_{max} 点即为在一定操作条件下所获得的含组分 A 最高的萃取液的组成点。

在实际生产中，由于溶剂循环使用，其中会含有少量的 A 和 B。此时计算的原则和方法仍然适用，仅在相图中表示溶剂组成的 S' 点位置略向三角形内移动一点而已。

（二）多级错流萃取

单级萃取能达到的分离程度是有限的。若要求的分离程度较高，可以采用多级错流萃取。图 11-22 为三级错流萃取的流程图，操作时每级都加入新鲜溶剂，前级的萃余相作为后级的料液。这种操作方式的传质推动力大，只要级数足够多，最终可得到溶质组成很低的萃余相。

在设计计算中通常已知 F、x_F 及各级萃取剂的用量 S，规定最终萃余相的组成 x_n，要求计算理论级数。常用的计算方法是图解法，见图 11-23。实际上是单级萃取图解的多次重复，联结线数即为所需的理论级数。

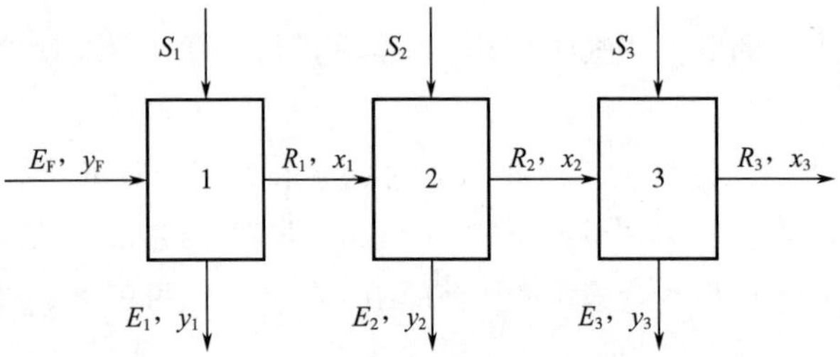

图 11-22　三级错流萃取流程

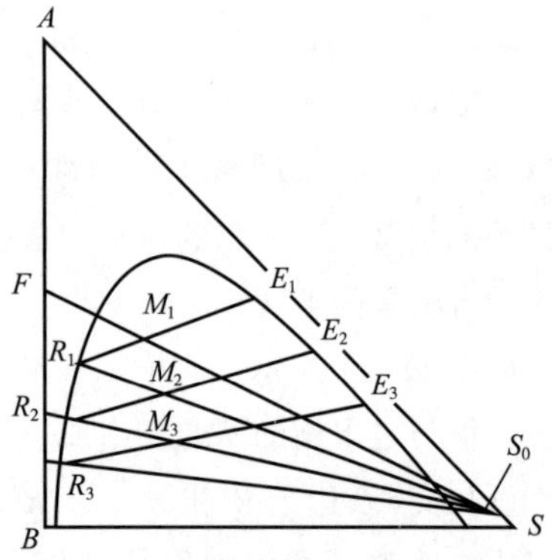

图 11-23　三级错流萃取的三角形相图图解法

总溶剂用量为各级溶剂用量之和，各级溶剂用量可以相等也可以不等，但对完成一定分离任务而言，只有各级溶剂用量相等时所需的溶剂用量才为最少。

【例 11-4】 25℃时丙酮-水-三氯乙烷系统的溶解度和联结线数据见例 11-4 附表 1、附表 2。今以三氯乙烷为萃取剂在三级错流萃取装置中萃取丙酮，料液量为 500kg/h，其中含丙酮 40%（质量分数，下同），各级溶剂用量相等，均为料液量的 50%。试求丙酮的回收率。

例 11-4 附表 1　　溶解度数据

三氯乙烷	水	丙酮	三氯乙烷	水	丙酮
99.89	0.11	0	38.31	6.84	54.85
94.73	0.26	5.01	31.67	9.78	58.55
90.11	0.36	9.53	24.04	15.37	60.59
79.58	0.76	19.66	15.39	26.28	58.33

续表

三氯乙烷	水	丙酮	三氯乙烷	水	丙酮
70.36	1.43	28.21	9.63	35.38	54.99
64.17	1.87	33.96	4.35	48.47	47.18
60.06	2.11	37.83	2.18	55.97	41.85
54.88	2.98	42.14	1.02	71.80	27.18
48.78	4.01	47.21	0.44	99.56	0

例 11-4 附表 2　　联结线数据

水相中丙酮	5.96	10.0	14.0	19.1	21.0	27.0	35.0
三氯乙烷相中丙酮	8.75	15.0	21.0	27.7	32.0	40.5	48.0

解： 由题中给的数据在等腰直角三角形相图上作溶解度曲线和辅助线（例 11-4 附图）。

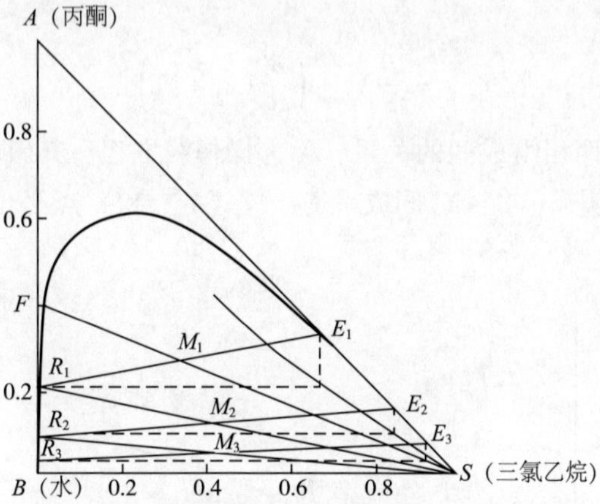

例 11-4 附图

各级加入的溶剂量为 $S=0.5F=0.5\times500=250$（kg/h），由 F 和 S 的量用杠杆规则定出代表混合液组成的 M_1 点。用试差法作过 M_1 点的联结线，从而求出 R_1、E_1 的量。由杠杆规则：

$$M_1 = F + S = 500 + 250 = 750(\text{kg/h})$$

$$R_1 = \frac{\overline{E_1M_1}}{\overline{E_1R_1}}M_1 = \frac{33}{67}\times 750 = 369.4(\text{kg/h})$$

重复以上计算步骤，得：

$$M_2 = R_1 + S = 369.4 + 250 = 619.4(\text{kg/h})$$

$$R_2 = \frac{\overline{E_2M_2}}{\overline{E_2R_2}}M_2 = \frac{43}{83}\times 619.4 = 321(\text{kg/h})$$

同理　$M_3=321+250=571$（kg/h）

$R_3=571\times48/92=298$（kg/h）　　由图读得　$x_3=3.5\%$

故丙酮的回收率： $\eta_A = \frac{Fx_F - R_3x_3}{Fx_F} = \frac{500 \times 0.4 - 298 \times 0.035}{500 \times 0.4} = 0.948$

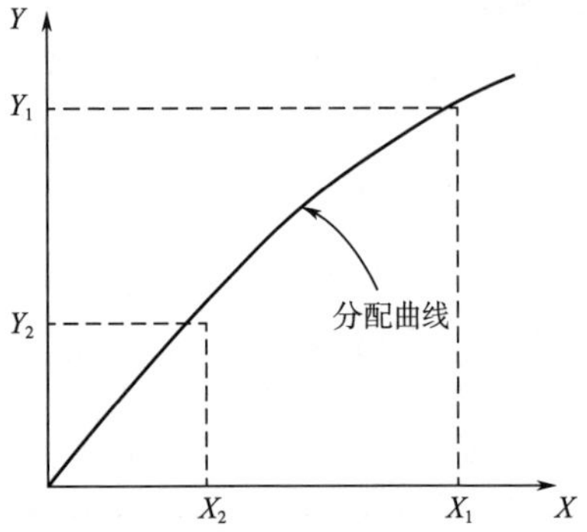

图 11-24 Y-X 坐标中的分配曲线

如果萃取剂 S 与稀释剂 B 互不相溶，则用直角坐标图进行计算更为方便。

设每一级加入的溶剂量相等，则各级萃取相中 S 的量和萃余相中 B 的量均为常数。萃取相只含 A、S 两种组分，萃余相只含 A、B 两种组分，此时可仿照吸收中的组成表示方法用质量比 Y（kgA/kgS）和 X（kgA/kgB）分别表示两相的浓度，而在 Y-X 坐标图上的平衡关系称为分配曲线，参见图 11-24。

对图 11-24 中第一级作 A 的衡算得：

$$BX_F + SY_S = BX_1 + SY_1$$

整理得：

$$Y_1 = -\frac{B}{S}X_1 + \left(\frac{B}{S}X_F + Y_S\right) \tag{11-57}$$

同理，对第 n 级有：

$$Y_n = -\frac{B}{S}X_n + \left(\frac{B}{S}X_{n-1} + Y_S\right) \tag{11-58}$$

上式为离开任一级的两相组成间的关系，称为操作线方程。其斜率 $-B/S$ 为常数，且过点（X_{n-1}，Y_S）。又由理论级假设，$Y_n \sim X_n$ 间成平衡，故（X_n，Y_n）点必位于分配曲线上，由此可得到图解步骤如下（图 11-25）：

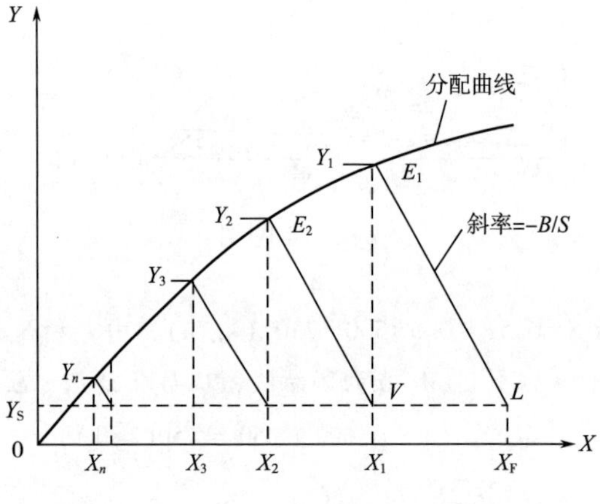

图 11-25 多级错流萃取的 Y-X 图图解法

（1）在直角坐标上作出分配曲线。

（2）据 X_F 和 Y_S 定出 L 点，从 L 点出发作斜率为 $-B/S$ 的直线即操作线，交分配曲线于 V，该点坐标即为（X_1，Y_1）。

（3）过 L 作垂直线与 $Y=Y_S$ 水平线交于 V 点，过 V 点作斜率 $-B/S$ 的直线，为第二级操作线，交分配曲线于 E_2。

（4）依此类推，直至萃余相组成 X_n 等于或低于指定值为止，操作线的数目即为理论级数。

若溶剂中不含溶质，则 $Y_S=0$，L、V 等点均在 X 轴上。若各级溶剂用量不等。则各操作线不平行，可逐级由溶剂量作操作线方程，其余作法相同。

（三）多级逆流萃取

多级错流萃取的缺点是溶剂耗用量大，且各级萃取相浓度不等，给下一步的分离带来困难，多级逆流萃取可以克服这两个缺点。

多级逆流接触萃取操作一般是连续的，其分离效率高，溶剂用量较少，故在工业中得到广泛的应用，如图 11-26 所示。

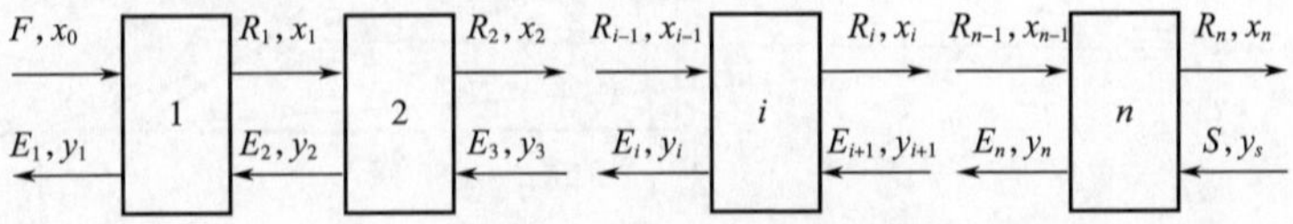

图 11-26 多级逆流萃取流程

在多级逆流萃取操作中，原料液的流量 F 和组成 x_F，最终萃余相中溶质组成 x_n 均由工艺条件规定，萃取剂的用量 S 和组成 y_S 由经济权衡而选定，要求计算萃取所需的理论级数和离开任一级各股物料流的量和组成。

在第一级与第 n 级之间作总物料衡算得：

$$F+S=R_n+E_1 \tag{11-59}$$

对第一级作总物料衡算得：

$$F+E_2=R_1+E_1 \quad 即 \quad F-E_1=R_1-E_2 \tag{11-60}$$

对第二级作总物料衡算得：

$$R_1+E_3=R_2+E_2 \quad 即 \quad R_1-E_2=R_2-E_3 \tag{11-61}$$

依次类推，对第 n 级作总物料衡算：

$$R_{n-1}+S=R_n+E_n \quad 即 \quad R_{n-1}-E_n=R_n-S \tag{11-62}$$

由上面各式可得出：

$$F-E_1=R_1-E_2=\cdots\cdots=R_i-E_{i+1}=\cdots\cdots=R_{n-1}-E_n=\Delta \tag{11-63}$$

式（11-63）表明离开任意级的萃余相 R_i 与进入该级的萃取相 E_{i+1} 流量之差 Δ 为常数。Δ 可视为通过每一级的“净流量”，其是虚拟量，其组成也可在三角形相图上用点 Δ 表示。Δ 点为各操作线的共有点，称为操作点。显然，Δ 点分别为 F 与 E_1、R_1 与 E_2、R_2 与 E_3、……、R_{n-1} 与 E_n、R_n 与 S 诸流股的差点，故可任意延长两操作线，其交点即为 Δ 点。通常由 FE_1 与 SR_n 的延长线交点来确定 Δ 点的位置。

由此得图解方法如下（图 11-27）：

（1）根据工艺要求选择合适的萃取剂，确定适宜的操作条件。根据操作条件下的平衡数据在三角形坐标图上绘出溶解度曲线和辅助曲线。

（2）根据原料和萃取剂的组成在图上定出 F 和 S 两点位置（图中是采用纯溶剂），再由溶剂比 S/F 在 FS 连线上定出点 M 的位置。

（3）由规定的最终萃余相组成 x_n 在相图上确定 R_n 点，联点 R_n、M 并延长 R_nM 与溶解度曲线交于 E_1 点，此点即为离开第一级的萃取相组成点。

（4）连 FE_1 与 R_nS，分别延长交于一点，即 Δ 点。

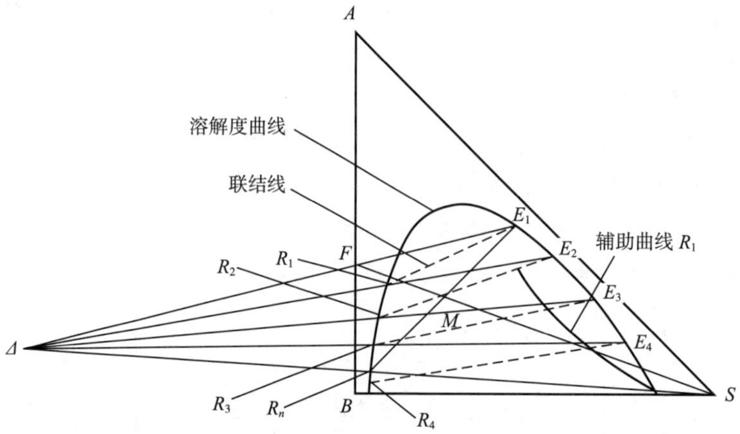

图 11-27 多级逆流萃取的三角形相图图解法

(5) 作过 E_1 的平衡线，得与之平衡的 R_1 点。

(6) 连 ΔR_1，延长交溶解度曲线于 E_2。

(7) 作过 E_2 的平衡线，得 R_2 点。

(8) 重复 (5) ~ (6) 步骤，直至萃余相组成等于或低于 x_n 为止。由此得理论级数。

根据杠杆规则，可以计算最终萃取相及萃余相的流量。

Δ 点的位置与联结线斜率，料液流量 F 和组成 x_F，萃取剂用量 S 及组成 y_S，最终萃余相组成 x_n 等因素有关。

多级萃取操作与吸收操作有最小液气比一样，也有一个最小溶剂比和最小溶剂用量 S_{min}。S_{min} 是溶剂用量的最低极限值，操作时如果所用的萃取剂量小于 S_{min}，则无论用多少理论级也达不到规定的萃取要求。实际所用的萃取剂用量必须大于最小溶剂用量。溶剂用量少，所需理论级数多，设备费用大；反之溶剂用量大，所需理论级数少，萃取设备费用低，但溶剂回收设备大，回收溶剂所消耗的热量多，操作费用高。所以，需要根据萃取和溶剂回收两部分的设备费和操作费进行经济核算，以确定适宜的萃取剂用量。

由三角形相图看出，S_s/F 值越小，操作线和联结线的斜率越接近，所需的理论级数越多，当萃取剂的用量减小至 S_{min} 时，将会出现某一操作线和联结线相重合的情况，此时所需的理论级数为无穷多，S_{min} 的值可由杠杆规则求得。

【例 11-5】 用纯溶剂 S 在多级逆流萃取装置中处理含溶质 A 30%的料液，要求最终萃余相中溶质组成不超过 7%，溶剂比为 0.35，求所需的理论级数和最终萃取液的组成，操作条件下的溶解度曲线和辅助曲线如例 11-5 附图所示。

解： ①由 x_F 在三角形相图上定出 F 点，连 FS，由溶剂比在 FS 线上定出和点 M。

②由 $x_n=0.07$ 在图上定出 R_n 点，连 R_nM 并延长交溶解度曲线于 E_1。

③连 E_1F 和 SR_n，延长交于 Δ，为操作点。

④利用辅助线由 E_1 求得 R_1 点，连 ΔR_1 延长交溶解度曲线于 E_2。

⑤重复以上步骤直至 R_5 点处 $x_5=0.05<0.07$，即用 5 个理论级可满足分离要求。

⑥连 E_1S 延长交 AB 边上 E_1'，读得最终萃取液组成为 $x_1'=0.87$。

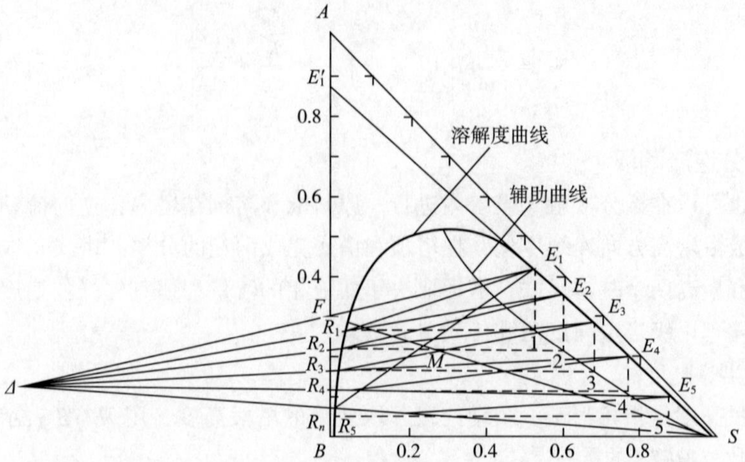

例 11-5 附图

当 B 和 S 完全不互溶时，多级逆流萃取的计算与脱吸十分相似，在图 11-28 中的第一级至第 i 级之间对溶质 A 作衡算得：

$$BX_F + SY_{i+1} = SY_1 + BX_i \tag{11-64}$$

$$Y_{i+1} = \frac{B}{S}X_i + \left(Y_1 - \frac{B}{S}X_F\right) \tag{11-65}$$

这就是多级逆流萃取的操作线方程。操作线是一条直线，斜率为 B/S。两端点为（X_F，Y_1）和（X_n，Y_S）。若 $Y_S=0$，则下端点为（X_n，0），由此得图解法：

（1）在 Y-X 图上作出分配曲线。

（2）作操作线，由于 X_F、Y_S 为已知，Y_1 或 X_n 由分离要求规定其中之一，另一组成可由总物料衡算萃取，故可作出 J（X_F、Y_1）和 D（X_n、Y_S）两点，连两点得操作线。

（3）自 J 点起在平衡线和操作线间作梯级，梯级数即为理论级数。

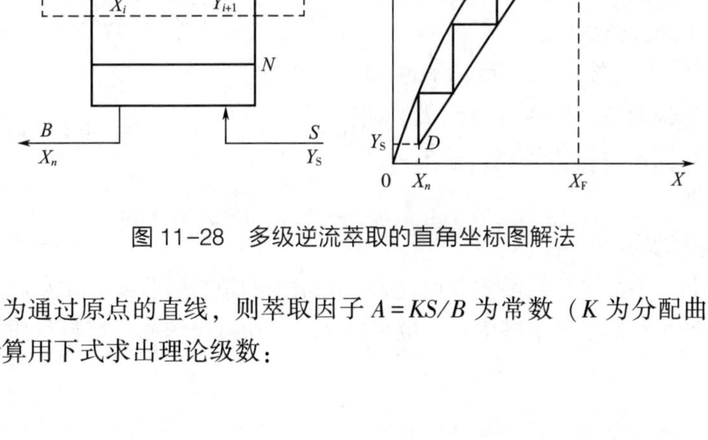

图 11-28　多级逆流萃取的直角坐标图解法

若分配曲线为通过原点的直线，则萃取因子 $A=KS/B$ 为常数（K 为分配曲线的斜率）。可仿照脱吸过程计算用下式求出理论级数：

$$N_{\mathrm{T}} = \frac{1}{\ln A}\ln\left[\left(1-\frac{1}{A}\right)\frac{X_{\mathrm{F}}-\frac{Y_{\mathrm{S}}}{K}}{X_{n}-\frac{Y_{\mathrm{S}}}{K}}+\frac{1}{A}\right] \tag{11-66}$$

（四）微分逆流萃取

逆流萃取也可以在微分接触式设备内进行。原料液和溶剂在塔内作逆向流动，同时进行传质，两相的组成沿塔高方向连续变化，在塔顶和塔底完成两相的分离。塔式萃取设备计算的目的是确定塔径和塔高两个基本尺寸。塔径取决于两液相的流量和适宜的操作速度。而塔高的计算有两种方法：理论级当量高度法和传质单元法。

1. 理论级当量高度法

理论级当量高度是指相当于一个理论级萃取效果的塔段高度，用 *HETS* 表示。这样，塔高就等于理论级数与 *HETS* 的乘积。

HETS 是衡量传质效率的指标，其值与设备型式、物系性质和操作条件有关，一般用实验测定，也可参考文献中的关联式。

2. 传质单元法

塔高也可以用传质单元高度和传质单元数的乘积来计算。传质单元数反映萃取的分离要求，可用图解积分等方法计算。传质单元高度反映传质的难易程度，用实验测定或用关联式计算。

三、液-液萃取设备

萃取操作是两液相间的传质，由于两相间密度差和黏度均较小，故两相的混合和分离均比气-液两相传质困难得多。设备特性也和气-液传质设备有较大的差异。目前工业上采用的萃取设备已超过 30 种，下面仅介绍几种典型设备。

（一）混合-澄清槽

混合-澄清槽是最早使用，且目前仍广泛用于工业生产的一种分级接触式萃取设备。由混合槽和澄清槽两部分组成，如图 11-29 所示。

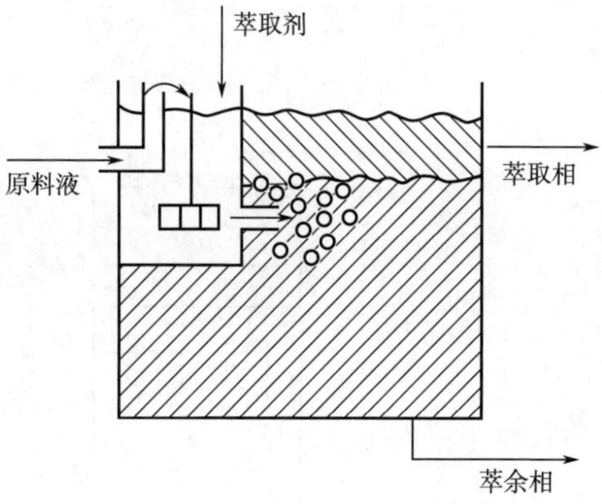

图 11-29　混合-澄清槽

混合槽中通常安装搅拌装置，目的是使两相充分混合，以利于传质。然后在澄清槽中进行分离，对易于澄清的混合液，可以利用两相密度差进行重力沉降分离。

混合澄清槽的传质效率高，可达 80% 以上，操作方便，结构简单，但占地面积大，能耗高，设备投资和操作费用均较高，近年来已逐渐被萃取塔取代。

（二）填料萃取塔

填料萃取塔是典型的微分接触式萃取设备，其结构与填料吸收塔大体相同，如图 11-30 所示。操作时，连续相充满于整个塔中，分散相以液滴状通过连续相。填料材质的选择，应能被连续相润湿而不被分散相润湿，以利于液滴的生成和稳定。在诸填料中，陶瓷易被水润湿，塑料和石墨易被有机相润湿，金属材料则需由实验测定，填料尺寸应小于塔径的1/8～1/10。

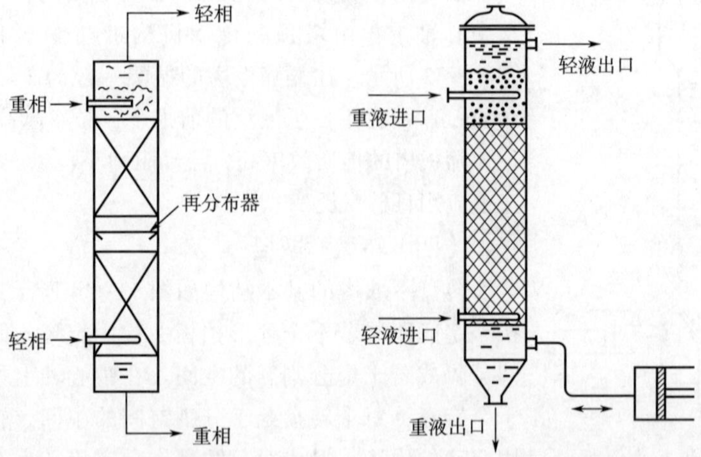

（1）普通填料塔　　（2）脉冲填料塔

图11-30　填料萃取塔

在普通填料塔内，两相靠密度差逆向流动，相对速度较小，界面湍动程度较低，从而限制了传质速率的进一步提高。为增加湍动程度，向填料提供外加的脉冲能量，就成为脉冲填料塔，如图11-30（2）所示。提供脉冲的方法，一般用往复泵，也可用压缩空气。

（三）筛板萃取塔

筛板萃取塔也是常用的液-液传质设备之一。筛孔直径比气-液传质的筛板孔径小，一般为3～6mm，孔距为孔径的3～4倍，板间距为150～600mm。其结构如图11-31所示。

用于萃取的筛板塔与用于蒸馏的筛板塔结构相似。两相流动情况也是宏观上为逆流流动，而在每块塔板上为错流流动。轻液可以是分散相，也可以是连续相。在筛板塔内分散相流体多次分散和凝聚，筛板的存在又抑制了塔内的轴向返混，传质效率是比较高的，因而得到了广泛的应用。

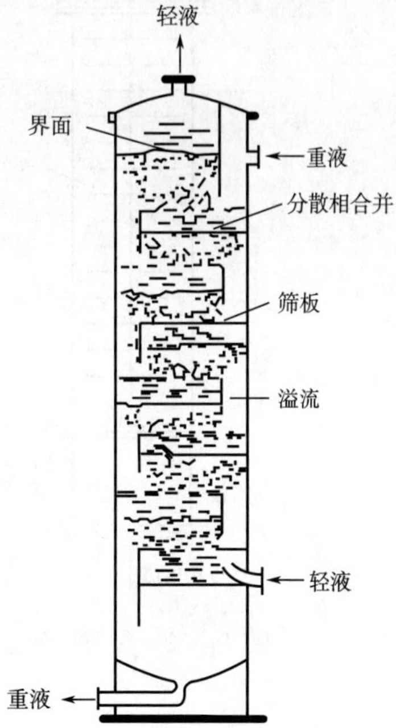

图11-31　筛板萃取塔

脉冲筛板塔的原理与脉冲填料塔相同，如图11-32所示。产生脉冲的方法也有往复泵、隔膜泵、压缩空气等。脉冲振幅范围为9～50mm，频率为30～200min^{-1}。与气-液系统中用的筛板塔不同之处在于它没有溢流管。操作时，轻、重液相均穿过筛板面作逆流流动，分散相在筛板之间不分层。在塔的顶端和底部有较大的空间，以利于相间分离。

脉冲筛板塔的效率与脉动的振幅和频率密切相关。在一定范围内，增加脉动的强度有助于提高塔效率。但是脉动太激烈会导致严重的轴向混合，反而降低传质效率。脉

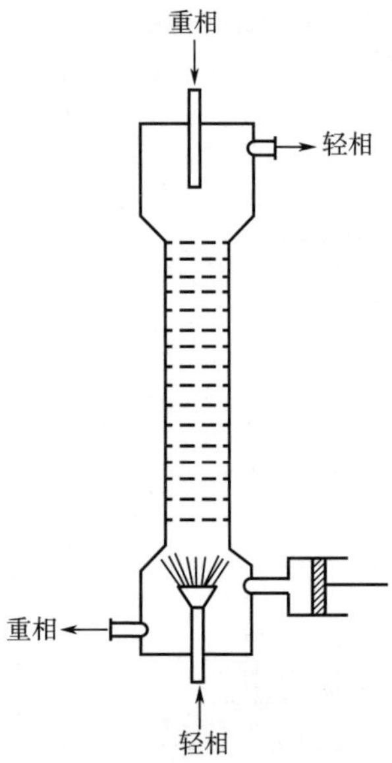

图 11-32　脉冲筛板塔

冲筛板塔是一种效率很高的萃取设备，但其允许通过能力较小，限制了它的应用。

往复筛板塔的原理与脉冲筛板塔相同，唯它将筛板固定在中心轴上，由塔顶的传动机构带动作上下往复运动，如图 11-33 所示。往复筛板塔的振幅一般为 3～5mm，频率可达 $1000min^{-1}$。在不发生液泛的前提下，频率越高，塔效率越高。往复筛板塔的传质效率高，流动阻力小，生产能力大，故在生产上应用日益广泛。

（四）转盘萃取塔

转盘萃取塔的基本结构如图 11-34 所示。在塔体内壁面按一定间距装若干个环形挡板，称固定环。固定环把塔内空间分隔成若干个分割开的空间。在中心轴上按同样间距装若干个转盘，每个转盘处于分割空间的中间。转盘的直径小于固定环的内径。操作时，转盘作高速旋转，对液体产生强烈的搅拌作用，增加了相际接触和液体湍动，固定环则可抑制返混。

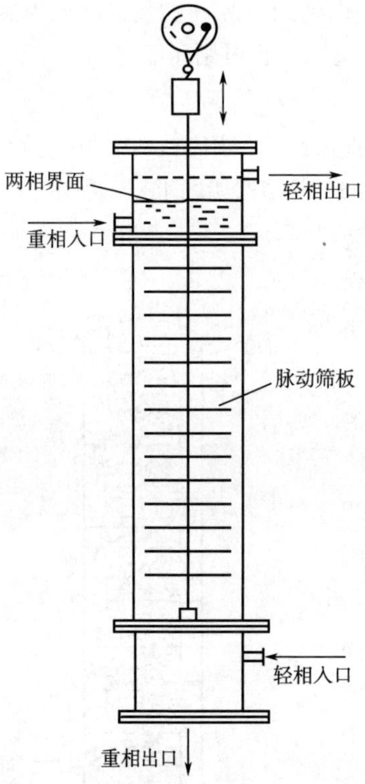

图 11-33　往复筛板塔

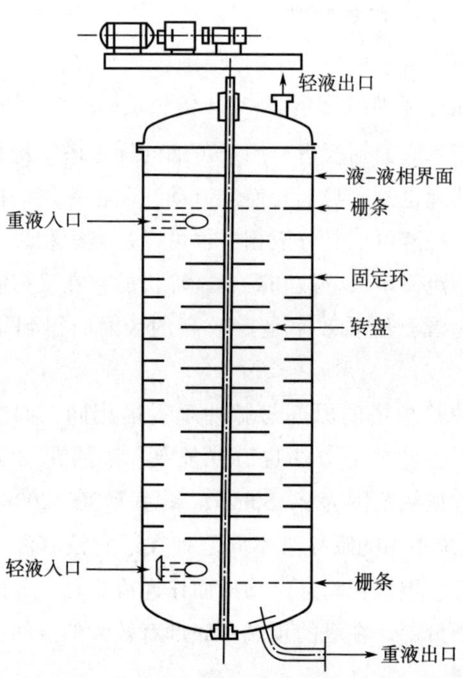

图 11-34　转盘萃取塔

转盘塔结构简单，生产能力大，传质效率高，操作弹性大，故在工业中应用较广泛。近年来，在普通转盘塔的基础上，又开发了偏心转盘塔，转轴偏心安置，塔内不对称地设垂直挡板，分成混合区和澄清区。混合区内用水平挡板分割成许多小室，每个小室内的转盘起混合搅拌作用。

（五）离心萃取器

离心萃取器是利用离心力使两相快速混合和分层的设备。它有多种型式，图 11-35 是其中的一种，称 POD 离心萃取器，属于卧式微分接触设备。在外壳内有一螺旋形转子，转速高达 2000~5000r/min。轻相由外圈引入，重相由中心引入。在离心力作用下，重相由中心向外流，轻相由外圈向中部流，两相成逆向流动。最终，重相由螺旋最外层流出，轻相从中部流出。这种设备适于处理两相密度差很小，或易乳化的体系。

POD 离心萃取器的优点是结构紧凑，传质效率高，其理论级数可达 3~12，适用于两相密度差小，易乳化，难分相的物系。但它的结构复杂，制造成本高，操作费用较高。

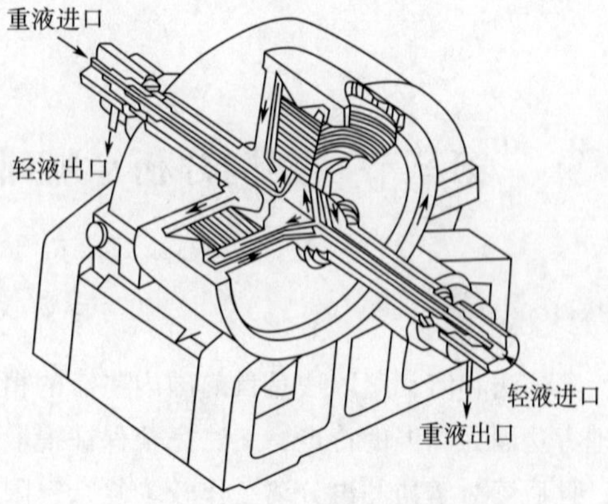

图 11-35 POD 离心萃取器

（六）萃取设备的特性与选择

萃取设备的种类较多，各有其特点。对于一特定的萃取过程，应从以下几个方面考虑，选择合适的设备：

（1）所需的理论级数　若理论级数不太多，则各种设备都是可以的。若级数较多，则可选择外加能量的设备，如往复筛板塔、转盘塔等。

（2）生产能力　各种设备的生产能力是不同的，如填料塔、脉冲塔的生产能力较小，混合澄清槽、筛板塔、离心萃取器的生产能力较大。

（3）物系的性质　对两相密度差较小，表面张力较大的物系，宜选用有外加能量的设备。

（4）其他　如物系的稳定性、起泡性、生产环境（厂房大小、能源供应等）均应考虑。

表 11-1 归纳了常见的一些萃取塔的适应性能，可供参考。

表 11-1　萃取设备的选择

项目		喷洒塔	填料塔	筛板塔	转盘塔	往复筛板塔 振动筛板塔	离心 萃取器	混合 澄清槽
工艺条件	理论级数多	×	△	△	○	○	△	△
	处理量大	×	×	△	○	×	△	○
物系性质	两相流比大	×	×	×	△	△	○	○
	密度差小	×	×	×	△	△	○	○
	黏度高	×	×	×	△	△	○	○
	表面张力大	×	×	×	△	△	○	△
	腐蚀性强	○	○		△	△	×	×
	含固体悬浮物	○	×	×	○	△	×	△

续表

项目		喷洒塔	填料塔	筛板塔	转盘塔	往复筛板塔 振动筛板塔	离心 萃取器	混合 澄清槽
设备费用	制造成本	○	△	△	△	△	×	△
	操作费用	○	○		△	△	×	×
	维修费用	○	○		△	△	×	△
安装场地	面积有限	○	○	○	○	○	○	×
	高度有限	×	×	×	△	△	○	○

注：○—适用；△—可以；×—不适用。

第三节 案例分析：咖啡精油超临界 CO_2 萃取工艺

一、案例介绍

蒸馏法和溶剂萃取法是目前国内主流的精油分离提纯方法。其中，蒸馏法最为常见，但该处理方法因为高温的特点，无法完全保证提取物的纯度和成分；溶液萃取法则由于使用有机溶剂，且后续对溶质的再分离工作较为复杂，限制了该方法的进一步发展。

使用 CO_2 超临界流体萃取植物原料，可在提取出芳香物质的同时，通过降低 CO_2 的压力使气体自然扩散，进而得到完全没有溶剂残留的精油。因此，该方法较易萃取出纯度极高的所需酯类、大分子等成分。超临界 CO_2 萃取过程中，物质在超临界流体中的溶解度受温度和压力的影响非常大。在超临界状态下将超临界流体与待分离的物质接触，使其有选择性地把沸点大小、极性高低和分子质量大小有差异的成分依次萃取出来，就能达到分离提纯的目的。此案例以云南保山小粒咖啡豆为对象，通过采用超临界 CO_2 萃取工艺提取生、熟咖啡精油，并测定其理化指标；通过气相色谱-氢火焰离子化检测器（GC-FID）分析生、熟咖啡精油的脂肪酸组成，并对萃取结果进行分析和工艺条件优化。

二、案例分析

该咖啡精油超临界 CO_2 萃取工艺优化方案如下：

使用设备：超临界萃取设备（图 11-36）、高速万能粉碎机、GC-FID、毛细管柱（10m×0.1mm×0.1μm）。

工艺步骤：生咖啡豆→烘焙成熟咖啡豆→粉碎过筛→超临界 CO_2 萃取→减压分离→咖啡精油。

熟咖啡预处理：将生咖啡豆在 240℃ 烤箱中，烘焙 13min，取出待温度降至室温。咖啡豆用高速万能粉碎机粉碎，过不同筛。称取一定质量粉碎过筛的咖啡粉，装入萃取釜，通过控制萃取工艺条件使其保持恒定，如 CO_2 流量 25kg/h、分离釜压力 8MPa、温度 25℃，当达到预定值时开始计时，保证一定的萃取时间，停机，开萃取器的出口阀，开始取样，以咖啡精油萃取得率为指标。本案例采用的超临界 CO_2 萃取咖啡精油的其他工艺条件为：萃取压力 25MPa、萃取温度 54℃、萃取时间 150min。

图 11-36 超临界萃取设备图

（一）咖啡豆主要营养成分测定结果

生、熟咖啡豆的营养成分测定结果见表 11-2。由表 11-2 可知，几乎所有营养成分均为生咖啡高于熟咖啡，包括水分、粗脂肪、膳食纤维、水浸出物、咖啡因及总糖的测定结果；粗蛋白在焙烤前后无明显差异，但是灰分的含量熟咖啡高于生咖啡。焙烤对咖啡豆营养成分影响最大的是水分，其次是粗脂肪、总糖、咖啡因和水浸出物。在焙烤后，熟咖啡的灰分含量为 4.12g/100g，与生咖啡相比，高出了 4.30%（$P<0.05$）。

表 11-2 云南保山小粒咖啡豆营养成分分析结果

检测项目	生咖啡	熟咖啡
水分/（g/100g）	$8.90±0.29^a$	$1.89±0.11^b$
粗蛋白/（g/100g）	$17.02±1.40^a$	$17.02±1.47^a$
粗脂肪/（g/100g）	$3.84±0.37^a$	$1.12±0.10^b$
膳食纤维/%	$28.43±1.80^a$	$23.55±1.00^b$
灰分/（g/100g）	$3.95±0.40^a$	$4.12±0.75^a$
水浸出物/%	$34.47±2.74^a$	$25.28±1.50^b$
咖啡因/（mg/kg）	$1.32×10^4±157.16^a$	$1.30×10^4±37.86^b$
总糖/（g/100g）	$8.36±0.37^a$	$5.70±0.37^b$

注：同行不同字母表示差异显著（$P<0.05$）；除水分外，其他含量以干基进行计算。

（二） GC-FID 测定咖啡精油脂肪酸结果分析

GC-FID 测定结果显示：在生、熟咖啡精油组中分别检测到 15 和 16 种脂肪酸，包括 11 种饱和脂肪酸（SFA）、2 种单不饱和脂肪酸（MUFA）、3 种多不饱和脂肪酸（PUFA）。生咖啡组的总脂肪酸含量最高，为 599.78μg/mg，比熟咖啡组高出 32.81%。与生咖啡相比，熟咖啡的 SFA、MUFA 和 PUFA 含量分别降低了 22.22%、25.73% 和 27.10%。SFA、MUFA 和 PUFA 在生咖啡精油组中，分别占总脂肪酸含量的 46.54%、8.79% 和 44.67%；在熟咖啡组中，分别占总脂肪酸含量的 48.08%、8.67% 和 43.25%。就脂肪酸总含量而言，焙烤使总脂肪酸含量降低，两组间存在显著差异。

三、案例总结

本案例利用超临界 CO_2 萃取方法从咖啡豆中萃取咖啡精油，最佳工艺条件为萃取压力 25MPa、萃取温度 54℃、萃取时间 150min，在该工艺条件下咖啡精油萃取得率为 13.98%。烘焙处理与否对咖啡精油各常规理化指标无显著差异，且产品均符合国家标准要求。通过 GC-FID 分别检测到 15 和 16 种脂肪酸，其中亚油酸、棕榈酸、硬脂酸和油酸等为主要脂肪酸，烘焙对咖啡豆脂肪酸组成存在一定差异的影响，即通过萃取工艺优化可在一定程度上改变咖啡豆组分组成，从而影响其营养价值和风味口感。该案例帮助读者对萃取技术中超临界 CO_2 萃取工艺的具体实施方法建立基础概念。

思考题

1. 浸出能完成何种加工操作？
2. 浸出的一般过程是什么？
3. 浸出速率的影响因素有哪些？
4. 萃取的目的是什么？原理是什么？
5. 萃取溶剂的必要条件是什么？
6. 萃取过程与吸收过程的主要差别有哪些？
7. 什么情况下选择萃取分离而不选择精馏？
8. 什么是临界混溶点？是否在溶解度曲线的最高点？
9. 分散相的选择应考虑哪些因素？

习题

1. 某甜菜制糖厂，以水为溶剂每小时处理 50t 甜菜片，甜菜含糖 12%，甜菜渣 40%，出口溶液含糖 15%，设浸出系统中，每一个浸出器内，溶液与甜菜片有充分时间达到平衡，而且每 1t 甜菜渣含溶液 3t，今拟回收甜菜片中含糖的 97%，问此系统需几个浸出器？

2. 在逆流设备中，将含油 20%（质量）的油籽进行浸出，离开末级的溢流含油量为 50%，从此溶液中回收得油 90%。若用某新鲜溶剂来浸出油籽，同时在底流中每 1kg 不溶性固体持有 0.5kg 溶液，试问在恒底流操作下所需的理论级数是多少（用三角形相图解）？

3. 在多级逆流接触设备中，以汽油为溶剂进行大豆浸出操作，以生产豆油。若大豆最初含油量为 18%，最后浸出液含油 40%，且原料中全部含油有 90% 被抽出，试计算必需的级数。假设在第一级混合器中，大豆所含之油全被溶出，又设每级均达平衡，且每级沉降分离的底流豆渣中持有相当一半固体量的溶液。

4. 洗涤是一种与浸出相类似的操作，它们主要的区别在于，洗涤中的惰性固体是有价值的物质，而溶剂多半是水，今有 50kg 新鲜的酪朊凝乳，当沉淀和沥水后，发现持有 60% 的溶液，且此溶液中含有 4.5% 乳糖，然后凝乳以水多次洗涤，除去大部分乳糖，若洗涤共进行 3 次，每次洗涤水用量为 90L，试计算干燥后酪朊的残糖量，若采用一次洗涤法，要达到同样的残糖量，问要用多少洗涤水？假定每次洗涤和沥水后，凝乳的持水量均为 66%。

5. 棕榈仁含油 50%，对 1t 原料使用 1t 乙烷进行逆流接触浸出，假设残渣中油和溶剂的量与全量之比为常数 0.5。试问：①为了使油的浓度减少到 1%（干基），必需的理论级数是多少；②其他条件不变，若 1t 棕榈仁使用 2t 溶剂，需理论级多少；③1t 原料仍使用 1t 溶剂，但残渣经压榨，且其组成点是溶液 25%，脱油干固体 75% 所代表的线，若达到同样的要求，求所需的级数。

6. 在 30℃ 时测得丙酮（A）-醋酸乙酯（B）-水（S）的平衡数据如本题附表所示（均以质量分数表示）。①在直角三角形坐标图上绘出溶解度曲线及辅助曲线；②已知混合液是由醋酸乙酯（B）20kg，丙酮（A）10kg，水（S）10kg 组成，求两共轭相的组成及量。

习题 6 附表

醋酸乙酯（萃余相）			水相（萃取相）		
丙酮/%	醋酸乙酯/%	水/%	丙酮/%	醋酸乙酯/%	水/%
0	96.5	3.5	0	7.4	92.6
4.8	91.0	4.2	3.2	8.4	88.5
9.4	85.6	5.0	6.0	8.0	86.0
13.5	80.5	6.0	9.5	8.3	82.2
16.6	77.2	6.2	12.8	9.2	78.0
20.0	73.0	7.0	14.8	9.8	75.4
22.4	70.0	7.6	17.5	10.2	72.3
27.8	62.0	10.2	21.2	11.8	67.0
32.6	51.0	13.4	26.4	15.0	58.6

7. 在上题的物系中，若：①当萃余相中 $x_A=20\%$时，求分配系数 k_A 和选择性系数β；②于 100kg 含 35%丙酮的原料中加入多少水才能使混合液开始分层；③要使②项的原料液处于两相区，最多能加入多少水；④由 12kg 醋酸乙酯和 8kg 水所构成的混合液中，尚需加入多少丙酮即可使此三元混合液成为均匀相混合液。

8. 在 25℃下用甲基异丁基甲酮（MIBK）从含丙酮 35%（质量分数）的水溶液中萃取丙酮，原料液的流量为 1500kg/h，溶解度和联结线数据见本题附表 1、附表 2。试求：①当要求在单级萃取装置中获得最大组成的萃取液时，萃取剂的用量为多少；②若将①求得的萃取剂用量分作二等分进行多级错流萃取，试求最终萃余相的流量和组成；③比较①和②两种操作方式中丙酮的回收率。

习题 8 附表 1　　溶解度曲线数据（质量分数）

丙酮（A）	水（B）	MIBK（S）	丙酮（A）	水（B）	MIBK（S）
0	2.2	97.8	48.4	18.8	32.8
4.6	2.3	93.1	48.5	24.1	27.4
18.9	3.9	77.2	46.6	32.8	20.6
24.4	4.6	71.0	42.6	45.0	12.4
28.9	5.5	65.6	30.9	64.1	5.0
37.6	7.8	54.6	20.9	75.9	3.2
43.2	10.7	46.1	3.7	94.2	2.1
47.0	14.8	38.2	0	98.0	2.0

习题 8 附表 2　　　　联结线数据（丙酮的质量分数）

水层	MIBK 层	水层	MIBK 层
5.58	10.66	29.5	40.0
11.83	18.0	32.0	42.5
15.35	25.5	36.0	45.5
20.6	30.5	38.0	47.0
23.8	35.3	41.5	48.0

9. 含 15%（质量分数）的醋酸水溶液，其量为 1200kg，在 25℃下用纯乙醚进行两级错流萃取，加入单级的乙醚量和该级处理之质量比为 1.5。试求各级萃取相和第二级萃余相的量，当蒸出乙醚后，求各级萃取液和第二级萃余液的组成。25℃下水-醋酸-乙醚系统的平衡数据如本题附表所示。

习题 9 附表

水层			乙醚层		
水	醋酸	乙醚	水	醋酸	乙醚
93.0	0	6.7	2.3	0	97.7
88.0	5.1	6.9	3.6	3.8	92.6
84.0	8.8	7.2	5.0	7.3	87.3
78.2	13.8	8.0	7.2	12.5	80.3
72.1	18.4	9.5	10.4	18.1	71.5
65.0	23.1	11.9	15.1	23.6	61.3
55.7	27.9	16.4	23.6	28.7	47.7

10. 含 35%（质量分数）的醋酸水溶液，其量为 1200kg/h，用纯乙醚作萃取剂在 25℃下进行多级逆流萃取，萃取剂量为 2000kg/h，要求最终萃余相中醋酸组成不大于 7%，试用三角形坐标求出所需理论板数。平衡数据见上题。

本章主要符号说明

$A=KS/B$：萃取因子

A：面积（m^2）

B：原溶剂或惰性固体的量或流量（kg 或 kg/s）

D：直径（m）

E：萃取相或最终溢流的量或流量（kg 或 kg/s）

F：原料液流量（mol/s）

H：摩尔比焓（kJ/kmol）

N：传质通量［kg/（m^2·s）］

K：单位质量惰性固体所持有的溶液量

R：半径（m）

L：底流量中的溶液量（kg/s）

L'：底流的总流量（kg/s）

R：萃余相或最终底流的量或流量（kg 或 kg/s）

T：热力学温度（K）

S：溶剂的量或流量（kg 或 kg/s）

a：溢流/底流比

c：浓度（mol/m^3）

d：容器直径（m）

k：分配系数

τ：时间（s）

m：质量（kg）

u：速度（m/s）

q：固体内部溶质的浓度（kg 溶质/kg 惰性固体）

t：温度（℃或 K）

x：萃余相或底流的质量分数

y：萃取相或溢流的质量分数

β：选择性系数

N：搅拌器转速（1/s）

η：级效率

μ：黏度（Pa·s）

ρ：密度（kg/m^3）

参考文献

[1] McCabe W L，Smith J C，Harriott P. Unit operations of chemical engineering [M]. 6th ed. New York：McGraw-Hill，2001.

[2] Toledo T R. Fundamental of food processing engineering [M]. Berlin：Springer Science Business Media，2007.

[3] 高福成．食品工程原理 [M]. 北京：中国轻工业出版社，1998.

[4] 黄梦，苏丽媛，张丽红，等．咖啡精油超临界 CO_2 萃取工艺优化及理化特性分析 [J]. 食品工业科技，2022，43（3）：145-154.

[5] 姜绍通，周先汉．食品工程原理 [M]. 北京：化学工业出版社，2011.

[6] 李云飞，葛克山．食品工程原理 [M]. 北京：中国农业大学出版社，2009.

[7] 刘伟民，赵杰文．食品工程原理 [M]. 北京：中国轻工业出版社，2018.

[8] 吕树申，莫冬传，祁存谦．化工原理 [M]. 北京：化学工业出版社，2022.

[9] 潘艳秋，吴雪梅．化工原理 [M]. 北京：化学工业出版社，2017.

[10] 王志魁，向阳，王宇，等．化工原理 [M]. 北京：化学工业出版社，2018.

[11] 夏青，贾绍义．化工原理 [M]. 天津：天津大学出版社，2012.

[12] 杨祖荣，刘丽英，刘伟．化工原理 [M]. 北京：化学工业出版社，2020.

[13] 姚玉英，陈常贵，柴诚敬．化工原理 [M]. 天津：科学技术出版社，2010.

[14] 赵思明，熊善柏，林向东，等．食品工程原理 [M]. 北京：科学出版社，2008.

CHAPTER 12

第十二章

吸附与离子交换

本章学习重点

通过本章的学习，学生需要掌握物吸附及离子交换的概念。掌握吸附与离子交换的过程和原理。了解吸附及离子交换的操作计算及设备。

课程思政点

第一节 概述

当流体与多孔固体接触时，流体中某一组分或多个组分在固体表面处产生积蓄，此现象称为吸附。吸附操作是通过多孔固体物质与某一混合组分体系（气体或液体）接触，有选择地使体系中的一种或多种组分附着于固体表面，从而实现特定组分分离的操作过程。

固体物质表面对气体或液体分子的吸着现象称为吸附，其中固体物质称为吸附剂，被吸附物质称为吸附质。

吸附属于一种传质过程，物质内部的分子和周围分子有互相吸引的引力，但物质表面的分子，其中相对物质外部的作用力没有充分发挥，所以液体或固体物质的表面可以吸附其他的液体或气体，尤其是表面面积很大的情况下，这种吸附力能产生很大的作用，所以工业上经常利用大面积的物质进行吸附。吸附分离操作的应用范围很广，既可以对气体或液体混合物中的某些组分进行大吸附量分离，也可以去除混合物中的痕量杂质。例如：动植物油的脱臭、糖液的脱色，都是应用吸附进行分离的实例。糖厂在清净工艺中利用新生碳酸钙吸附糖汁中的杂质，提高糖汁的纯度，从而生产白糖，则是应用吸附的大型工业实践。近年来，吸附的应用日益广泛，用净水器中的活性炭除去水中的异味和微量杂质，用大孔径吸附树脂分离精制甜菊苷，都是吸附在工业上应用的实例。

离子交换是溶液中的离子与某种离子交换剂上的离子进行交换的作用或现象，是借助于固体离子交换剂中的离子与稀溶液中的离子进行交换，以达到提取或去除溶液中某些离子的目的，是一种属于传质分离过程的单元操作。离子交换是可逆的等当量交换反应。离子交换树脂充夹在阴阳离子交换膜之间形成单个处理单元，并构成淡水室。离子交换速度随树脂交联度的增大而降低，随颗粒的减小而增大。离子交换是一种液固相反应过程，必然涉及物质在液相和固相中的扩散过程。

第二节　吸附

一、吸附的基本概念

（一）吸附的原理

吸附过程是使流动相与多孔固体颗粒接触，使流动相中一种或多种组分被吸附于固体颗粒表面，以达到分离的过程，属于传质分离过程的一种。在吸附过程中，固体颗粒称为吸附剂，被吸附在固体颗粒表面上的物质则称吸附质。多孔介质的比表面积常达 $500 \sim 1000m^2/g$。流动相可以是气体或液体，而气体吸附在食品工业中应用较少，故本节主要讨论液体吸附。

吸附过程多发生在多孔介质的孔壁或粒子内部的特定部位，分离的机制是不同分子间在相对分子质量、分子形状或分子极性方面的差别使某些分子比其他分子更牢固地依附在壁上，在许多情况下可以达到相当完全的分离。

在气-固吸附中，从空气和其他气体的混合物中吸附气体时，一般空气不被吸附。而在液-固吸附中，通常溶剂本身也被吸附。在电解质溶液中还可能吸附离子，因此，液体吸附远比气体吸附复杂。

由于电场的作用，离子很容易被带异性电荷的吸附剂所吸附，这种吸附称为极性吸附。在极性吸附中，吸附剂与溶液之间还发生离子交换，称为交换吸附，这些现象使溶液中的吸附过程变得十分复杂。

固体物质表面之所以有吸附能力，是由于处在相界面上的分子受到的吸引力不平衡所致，这一不平衡使表面分子具有与内部分子不同的性质。内部分子所受的分子吸力在各方向上是相等的，而表面分子所受的吸力不相等。如果吸力的合力指向相的内部，则相表面便表现出收缩的能力，能够吸附与它接触的另一相中的分子。这种由分子间的引力引起的吸附称为物理吸附。由于分子间的引力又称范德华力，故物理吸附又称范德华吸附。

物理吸附可以在吸附剂的表面形成单分子或多分子的吸附质层。由于吸附剂与吸附质之间不发生化学反应，因此物理吸附无选择性。除表面的状况外，吸附剂本身的性质不起作用。物理吸附过程很快，相际平衡在瞬间完成。吸附时放出热量，称为吸附热，其数量级与凝固热相同，一般不大。在物理吸附中，吸附极易从固体表面解吸（特别是在升温时），而不改变原来的性状。因此，物理吸附一般是可逆的。

如果吸附剂与吸附质之间发生某种作用，生成某种结合物，就称为化学吸附，或活性吸附。化学吸附生成的结合物是一种表面吸附物，仍留在晶格上。化学吸附时，吸附质在吸附剂表面形成一单分子薄层，吸附进行得很慢，达到平衡所需的时间很长。化学吸附发生需要活化能，即以温度、光的作用为活化条件。化学吸附的吸附热比物理吸附大得多，接近一般化学反应热。化学吸附有选择性，结合物的结合力强，解吸过程相当困难，一般是不可逆的。本节只讨论物理吸附。

（二）吸附剂

吸附过程是一种表面过程，为了增大吸附容量，作为吸附剂的固体颗粒要具有很大的比表面积。因此，常用具有多孔结构的固体颗粒来作为吸附剂。工业上常用的吸附剂有两大类，一类是将天然矿物适当加工后制得的，如活性白土、硅藻土、凹凸棒等；另一类是人工合成的，如活性炭、硅胶、分子筛、吸附树脂等。前者价廉易得，一般不回收；后者性能好，常常要求回收。下面分别介绍它们的结构和性能。

1. 硅胶

硅胶（$SiO_2 \cdot nH_2O$）是一种具有微孔结构的固体颗粒。用酸处理硅酸钠的水溶液，生成凝胶，再经水洗、干燥，便制成硅胶。控制制造过程的条件，可以得到结构不同的产品，具有不同的比表面积、堆积密度、孔径等吸附性能。硅胶是一种极性吸附剂，常用作气体或液体的干燥脱水。

硅胶按孔径可分为：孔径为 1~2nm 的细孔硅胶、孔径为 2~4nm 的中孔硅胶、孔径为 4~5nm 的粗孔硅胶和孔径超过 10nm 的特粗孔硅胶。

2. 活性氧化铝

活性氧化铝（$Al_2O_3 \cdot nH_2O$）是氧化铝的水合物，又称活性矾土，是由氧化铝加热脱水制得的一种具有吸附和催化性能的多孔大表面吸附剂。天然活性氧化铝由铝土矿加热脱水制成。通过控制氢氧化铝晶粒尺寸和堆积配位数可以控制氧化铝的孔容、孔径和表面积。氧化铝按晶型可分为 α、γ、θ、δ、η、χ、κ、和 ρ 共 8 种。通常所说的“活性氧化铝”是指 γ-Al_2O_3 或是 γ、χ 和 η 三种氧化铝的混合物。作为一种多孔性的吸附剂，它不仅具有相当大的比表面积（$200 \sim 400m^2/g$），而且具有很高的机械强度和物化稳定性，且耐高温、抗腐蚀，但不宜在强酸、强碱条件下使用。

3. 活性炭

活性炭由有机物质（如木、煤、果核、果壳等）经炭化和活化制得。活化的方法有两种，一种是在 900℃ 下用水蒸气或空气活化，这样制得的活性炭多用于气体吸附；另一种是用 $ZnCl_2$ 等药剂活化，这样制得的活性炭多用于溶液的脱色精制。由于活性炭的强吸附能力及其表面有足够的化学稳定性和良好的机械强度，使它在化工、国防、环保、食品工业得到广泛的应用。

活性炭比表面积巨大，可达 $1200 \sim 1600m^2/g$，按外形分类有粒状活性炭和粉状活性炭两类。活性炭是一种非极性吸附剂。

4. 硅藻土

硅藻土是由统称为硅藻的单细胞藻类死亡以后的硅酸盐遗骸形成的，其本质是含水的无定形 SiO_2，并含有少量 Fe_2O_3、MgO、Al_2O_3 及有机杂质，外观一般呈浅黄色或浅灰色，优质的呈白色，质软，多孔而轻。硅藻土的多孔结构使它成为一种良好吸附剂，在食品、化工生产中常用来作助滤剂及脱色剂。

5. 各种活性土

白土、酸性白土、铁钒土等统称为活性土，由天然矿物在 80～110℃ 下用硫酸活化制得。实际上活化前的矿物本来就具有脱色能力，经活化后吸附能力大为提高，常用于油脂的脱色。

6. 分子筛

分子筛是一种人工合成的高效选择性吸附剂，主要用于干燥、纯化和分离气体或液体混合物。分子筛是以 SiO_2 和 Al_2O_3 为主要成分的结晶铝硅酸盐，其晶体中有许多一定大小的空穴，空穴之间有许多直径相同的孔（又称“窗口”）相连。由于分子筛能将比其孔径小的分子吸附到空穴内部，而把比孔径大的分子排斥在其空穴外面，起到筛分分子的作用，所以得名分子筛。分子筛的组成物质有 Na_2O、Al_2O_3、SiO_2，因三者含量的比例不同，故有不同类型的分子筛。

分子筛具有高效吸附特性，同时还具有选择性吸附能力，它可以根据分子大小不同和形状不同进行选择性吸附，也可以根据分子极性、不饱和度和极化率不同进行选择性吸附。正是由于分子筛对气体的吸附有高度的选择性，所以它是分离混合物的理想吸附剂。

7. 吸附树脂

吸附树脂是高分子物质如纤维素、淀粉、木质素、甲壳素等经交联反应，引进官能团制得的，其性能由孔径、骨架结构、官能团性质等因素决定，是一类性能优良的吸附剂，目前的主要缺点是价格高。

工业上对吸附剂的要求主要是吸附量（单位质量吸附剂所能吸附的物质量）和吸附选择性两条，具体的物理化学性质中最重要的是比表面积，其次是松密度、平均孔径等，表 12-1 列出了常用吸附剂的性能。

表 12-1　常用吸附剂的性能

吸附剂	松密度/（kg/m^3）	相对密度	比表面积/（m^2/g）	平均孔径/（$10^{-10}m$）	再生温度/℃
活性炭	400～540	0.7～0.9	500～800	12～32	105～120
硅胶	610～780	0.7～1.3	600	10～40	150～180
活性氧化铝	750～850	1.5～1.7	200～350	40～100	170～300
活性铁钒土	800～950	1.5～1.7	150～230	33～43	180～300
骨炭	660	1.5	110	51	550～600
分子筛	700	1.1	500～750	4.5	150～300

二、吸附分离理论

（一）吸附平衡

一定条件下，流体（气体或液体）与吸附剂接触，流体中的吸附质被吸附剂吸附，经足够长时间后，吸附质在两相中的含量不再改变，即吸附质在流体和吸附剂上的分配达到一种动态平衡，称为吸附平衡。平衡时吸附质在两相中的浓度间存在一定关系，即平衡关系。等温下的吸附平衡关系称为吸附等温线。当流体中吸附质的浓度高于平衡浓度时，吸附质将被吸附；

反之，流体中吸附质浓度低于平衡浓度时，吸附剂上已吸附的吸附质将解吸进入流体相，直到达到新的吸附平衡。吸附平衡关系决定着吸附过程的方向和极限，是吸附过程的基本依据。

1. 气-固吸附等温线

不同吸附体系的吸附等温线形状很不一样。当外界条件（温度、压强）固定时，吸附剂和吸附质分子的特性是影响界面吸附的根本因素。由于吸附剂和吸附质品种繁多，因此吸附行为也十分复杂，下面列举一些基本的气-固吸附规律：

（1）极性吸附剂易于吸附极性吸附质，非极性吸附剂易于吸附非极性吸附质。

（2）吸附质分子的结构越复杂，沸点越高，则越容易被吸附。

（3）酸性吸附剂易吸附碱性吸附质，反之亦然。

（4）吸附剂的孔隙大小不仅影响吸附速率，而且直接影响吸附量的大小。

对于单组分气体在固体上的吸附，朗格谬尔（Langmuir）提出了著名的吸附理论，其主要假设为：①固体表面均匀；②吸附质在固体上形成单分子层；③吸附质分子间无相互作用。在这些假设下，吸附等温线方程为：

$$\frac{q_e}{q_m} = \frac{Kp}{1 + Kp} \tag{12-1}$$

式中　q_e——平衡吸附量，kg 吸附质/kg 吸附剂；

q_m——固体表面满覆盖时的最大吸附量，kg 吸附质/kg 吸附剂；

K——吸附平衡常数；

p——平衡压强，Pa。

实验表明，Langmuir 方程只适用于比较简单的单组分吸附。

在某些情况下，吸附是多分子层的，如果将上述第（2）条假设改为吸附可以是多分子层，但层间的分子力为范德华力，并进一步假设第一层的吸附热为物理吸附热，第二层以上为液化热，则可导出 BET 方程：

$$\frac{q_e}{q_m} = \frac{bp}{(p^0 - p)[1 + (b - 1)p/p^0]} \tag{12-2}$$

式中　q_m——第一层满覆盖时的吸附量，kg 吸附质/kg 吸附剂；

p^0——实验温度下的饱和蒸气压，Pa。

BET 方程的使用范围比 Langmuir 方程宽一些，但仍不能包括所有的情况。

2. 液-固吸附等温线

液-固吸附的机制更复杂，其吸附理论的研究仍处于初始阶段。与气-固吸附不同的是，溶剂也被吸附。因此要考虑三种作用力：界面上固体与溶质之间的作用力、固体与溶剂之间的作用力及在溶液中溶质与溶剂之间的作用力。在固体和溶液接触当中，溶液中的吸附是溶质和溶剂分子争夺表面的净结果，若固体表面上的溶质浓度比溶液内部的大，就是正吸附，否则就是负吸附。

影响液-固吸附的因素有温度、溶液的浓度和吸附剂的结构性能。此外，溶质和溶剂的性质对吸附也产生影响，如果溶液中的溶质为电解质，与溶质为非电解质的吸附机制就完全不同。一般而言，溶质的溶解度越小，吸附量越大；温度越高，吸附量越小。

以液相的浓度 c 为横坐标，吸附量 q 为纵坐标，在平衡情况下作吸附等温线，其形状有如图 12-1 所示的几种情况。

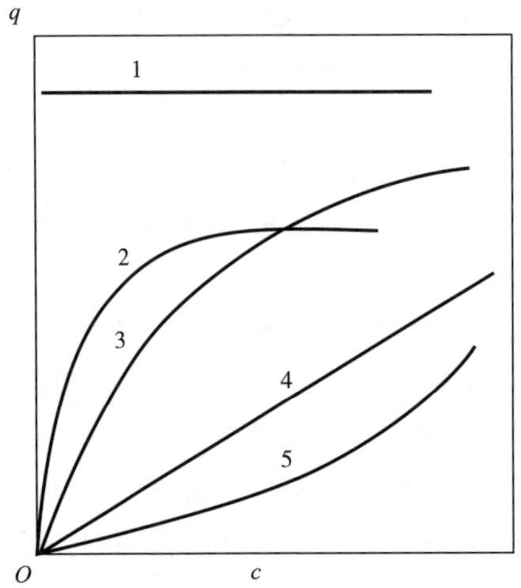

图 12-1 吸附等温线

在稀溶液中，可以仿照亨利定律，认为平衡时两相浓度间为线性关系，如图中的直线 4，其吸附平衡关系为：

$$q_e = Ec \tag{12-3}$$

式中 E——平衡常数，m^3/kg 吸附剂；

c——液相浓度，kg 吸附质/m^3。

图 12-1 中的曲线 3 称为促进吸附，可以在较低的液相浓度下得到较高的吸附量，实际上就是 Langmuir 方程：

$$q_e/q_m = Kc/(1+Kc) \tag{12-4}$$

当 $Kc \gg 1$ 时，吸附等温线的形状即图中的曲线 2，称为强烈促进吸附，可以用弗罗因德利希（Freundlich）方程描述：

$$q_e = Ec^{1/n} \tag{12-5}$$

n 的值与温度有关，一般当 n 在 2~10 时，吸附易于进行；而当 $n<0.5$ 时，吸附有困难。式（12-5）在双对数坐标中为一直线，可据此求常数 E 和 n。

强烈促进吸附的极端例子是不可逆吸附，即图 12-1 中的曲线 1，吸附等温线几乎为一水平线。

当 $K \ll 1$ 时，吸附等温线几乎为一直线，即为线性吸附。

图 12-1 中的曲线 5 为非促进吸附，比较少见。

吸附是一放热过程，但在液体吸附中，吸附热的释放一般并不能显著改变体系的温度，因此可以作等温吸附处理。

（二）吸附速率

如果不涉及吸附过程的分子动力学原理，可以认为吸附过程按如图 12-2 所示的三步进行：

（1）吸附质通过扩散传递到吸附剂颗粒的外表面，简称外扩散。

（2）吸附质从吸附剂颗粒的外表面通过颗粒上的微孔进入颗粒内部表面，简称内扩散。

（3）在吸附剂颗粒内表面上的吸附质被吸附。

在物理吸附过程中，在固体颗粒表面上的吸附过程很快，阻力甚小，吸附速率一般由前面两步所决定。

在大多数情况下，内扩散的速率较外扩散慢，吸附过程为内扩散控制。也有的情况下，外扩散速率比内扩散速率慢得多，吸附速度由外扩散速率决定，称为外扩散控制。

大多数液体吸附属内部扩散控制。

由于吸附过程的复杂性，以上理论只能作定性分析，难以用作定量计算。吸附设备的设计多凭经验或在相似条件下做实验的结果而定。

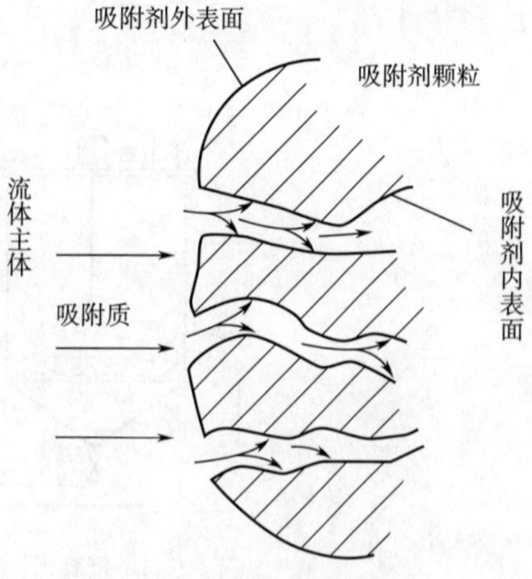

图 12-2　吸附机制

三、吸附设备

（一）吸附的操作方式

吸附分离过程一般包括三个步骤：

（1）使溶液与吸附剂接触，完成吸附过程。

（2）将吸附后的溶液与吸附剂分开。

（3）进行吸附剂的再生或更换吸附剂。

吸附剂的再生实际上是解吸过程。

液体吸附的方法有两种，第一种又称接触过滤法。在搅拌容器内使吸附剂和溶液均匀混合，促使吸附的进行。然后用过滤方法使吸附后的溶液与吸附剂分离。第二种即微分接触法，又称渗滤法。溶液在重力或加压作用下流过吸附剂床层。生产中选用何法取决于温度、固液比及操作是否方便。

吸附剂的选择首先根据溶液而定。吸附剂因具特制的表面，或适用于水溶液，或适用于有机溶液。在选择吸附剂时，除考虑吸附能力外，对吸附剂使用后的持液量，用接触过滤法时的过滤速率，用渗滤法时的操作压力损失等均应加以考虑。根据经济价值，吸附剂使用后有的直接废弃，有的则经洗涤后用热处理活化再生，循环使用。不过通常吸附剂不宜多次再生。

根据待分离物系中各组分的性质和过程的分离要求（如纯度、回收率、能耗等），在选择适当的吸附剂和解吸剂基础上，采用相应的工艺过程和设备。

（二）接触过滤吸附设备

整套设备包括混合桶、料泵、压滤机和贮桶，如图 12-3 所示。

在混合桶中要求吸附剂颗粒悬浮，与液体充分接触。为减少内扩散阻力，增大固液接触表面，一般使用细颗粒的吸附剂，要求通过 200 目或更细的筛，并在桶内维持良好的搅拌。物料在桶中的停留时间取决于物系达到平衡的快慢。

操作温度越高，液体黏度越低，扩散速度越快，对增加吸附速率是有利的。另一方面，温度高时对吸附平衡不利。但吸附速率的增加通常可抵消对平衡的不良影响。

这种设备常用于液体吸附，如油脂的脱色。吸附后的吸附剂一般不再回收，因为一方面吸附质为大分子物质，脱吸比较困难；另一方面吸附剂价廉易得，不必要回收。

（三）固定床吸附设备

逆流微分式接触从理论上说是最经济的选择，但在具体实现方面有相当的困难，工业上应用较多的是固定床吸附设备。如图 12-4，吸附柱柱身为圆筒形，吸附剂从上端孔口装入，下

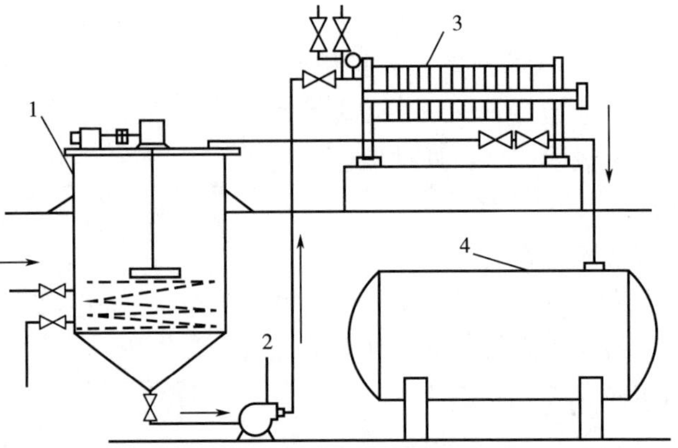

1—混合桶；2—料泵；3—压滤机；4—贮桶。

图 12-3 接触过滤吸附设备

方用上覆金属筛网或滤布的栅条支撑。待吸附的溶液从上方加入，吸附后的溶液从下方排出，进入过滤器，滤去吸附剂细粒。当吸附剂被饱和后，从下方的卸出口将其排出，再重新装填，开始下一个循环。

这种设备中，实际上吸附为不稳定过程，吸附只在床层的一部分区域内进行。其余部分，或者已达到平衡，或者尚未开始吸附，这一吸附正在进行的区域称为吸附区（或吸附带）。它在床层内是逐渐移动的，在其前端吸附刚刚开始，在其吸附已达饱和。而在吸附区内，吸附剂的吸附量以及溶液的浓度随位置而变化，如图 12-5 所示。随着吸附区逐渐向出口端移动，吸附区内吸附量分布曲线和浓度分布曲线一般作平行移动。当吸附区前端到达床层出口端时，流出的溶液中出现未被吸附的吸附质，此时称为转效点，或透过点。

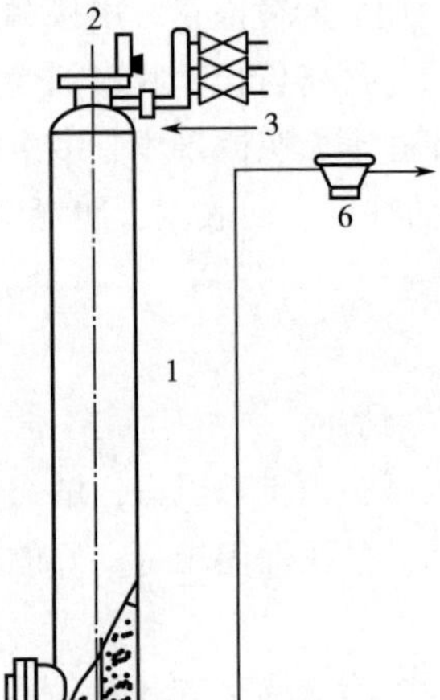

1—吸附柱；2—吸附剂入口；3—溶液入口；
4—支承；5—吸附剂卸出口；6—过滤器。

图 12-4 固定床吸附设备

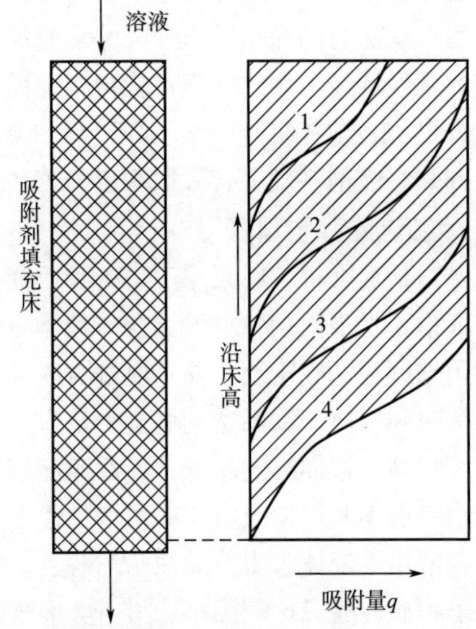

图 12-5 吸附透过曲线

尽管严格而言固定床吸附过程属非稳定过程，但从溶液流动角度看仍具有稳定操作的一些特点，故有半连续操作之称，在计算上仍可采用传质单元法。

饱和的吸附剂需要再生（脱吸），为使吸附操作连续进行，可以用两个吸附器轮换操作。如果体系吸附速率较慢，溶液达到透过点时，很大一部分吸附剂未达饱和，利用率很低，可以将两个或两个以上吸附器串联使用，构成串联流程。如果要求处理的流体量很大时，也可以采用并联流程。

（四）移动床吸附设备

从理论上看，使吸附剂与溶液成逆向流动的移动床有显著的优点，但实际上要使固体颗粒均匀移动、连续进出和循环输送，技术上有不少困难。

1. 流化床吸附

解决固体颗粒输送困难的办法之一是采用流态化技术。如果是气-固吸附，则可以利用被吸附的气体将吸附剂颗粒流态化，图 12-6 即为流化床-移动床组合吸附装置。装置的吸附段相当于一段多层筛板塔，气体通过筛孔向上流动，在吸附的同时将吸附剂颗粒流态化。流化的粒子通过板上的降液管向下流，在装置的下段于自下而上流动的蒸汽逆流接触，进行解吸。解吸后的颗粒用携带气体提升到装置顶部，重新开始吸附操作。

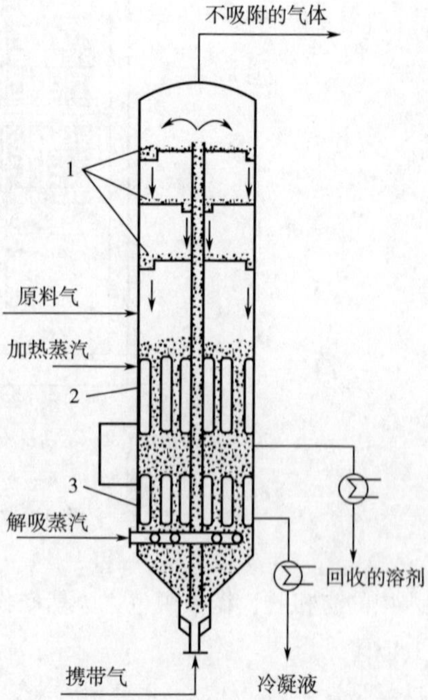

1—吸附层；2—加热管；3—解吸管。

图 12-6　流化床-移动床组合吸附装置

已有将此技术成功地用于生产的实例。然而在实践中发现吸附剂粒子在流动过程中易磨损和破碎，造成损失。此外，液-固流态化的成本相对高一些。所以，这一技术未被广泛采用。

2. 模拟移动床吸附

近年来有一些公司开发了一种模拟流动床装置，如图 12-7 所示。将吸附剂仍做成垂直的固定床，分成若干小段，均匀分布于一圆周上。每段的上下端设接口，接口与一分配头相连，类似于转筒式连续过滤机的分配头。当接口与料液管，产品管分别连接时，即为吸附过程；当接口与再生剂连接时，即为再生过程。由旋转阀或分配头控制接口位置的移动。这样就把许多个固定床模拟成移动床，实现了连续操作。

四、吸附树脂在食品工业中的有效应用

吸附树脂是以吸附为特点，具有多孔立体结构的树脂吸附剂。它是在离子交换树脂的基础上发展起来的一种新型树脂，是一种多孔性的、交联度高的高分子共聚物，又称高分子吸附剂。由二乙烯苯等单体，在甲苯等有机溶剂存在下，通过悬浮共聚法制得的鱼籽样的小圆球，具有较大的比表面积和适当的孔径，可从气相或溶液中吸附某些物质。其特点是容易再生，可以反复使用。如配合阴、阳离子交换树脂，可以达到极高的分离净化水平。吸附树脂可用于除

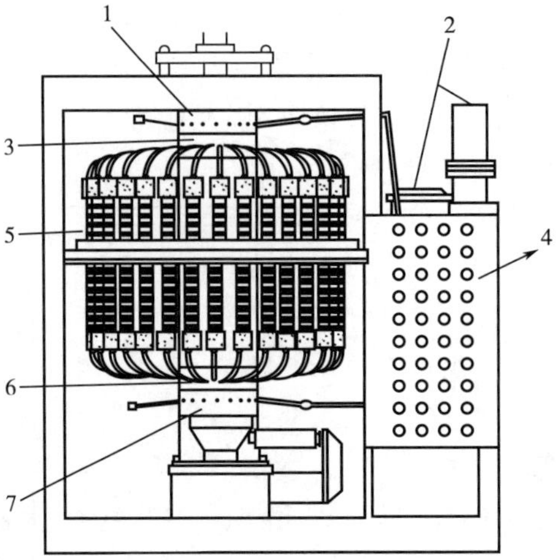

1—20 个上部槽口；2—驱动机构；3—上部分分配器（或阀门）；4—配管分布板；
5—30 个吸附剂柱；6—下部分分配器（或阀门）；7—20 个下部槽口。
图 12-7　模拟移动床吸附装置

去废水中的有机物，糖液脱色，天然产物和生化制品的分离与精制等。

1. 味精

味精是常用调味佳品，主要由玉米发酵液经微生物作用而制得。发酵时得到含谷氨酸 2%～5%的原液，可采用离子交换树脂法提取，当 pH 等于 5 时用磺酸型强酸离子树脂进行动态提取，谷氨酸回收率为 80%～90%。研究发现，由丙烯腈、丁二烯与二乙烯苯发生共聚反应，用汽油做致孔剂制得的大孔离子树脂，可使用二百多次，而且洗脱峰也比较集中。

2. 天然甜味剂的提取

我国传统甘草所含的甘草酸是重要甜味剂，可应用于食品及制药工业。甘草经水提取、酸析、醇提取后得到含 40%甘草酸的粗品。粗品溶于水后通过装有吸附树脂的交换柱，甘草酸被树脂吸附，然后用乙醇洗脱，在经蒸发浓缩，可得 91%含量的甘草酸精品。在国际上还普遍使用阴阳离子交换树脂、吸附树脂及螯合树脂由甜叶菊提取液中提取甜菊苷。

3. 氨基酸、蛋白质的分离提纯

根据氨基酸等电点的不同，选择适当的 pH，可用离子交换树脂（多用强酸阳离子树脂将它们分离。蛋白质由氨基酸组成，也可根据等电点的不同用离子交换树脂分离。

第三节　离子交换

在溶液中进行吸附时，不仅可以吸附中性分子，还可以吸附离子，被吸附的离子如果与吸附剂中的可交换离子进行交换，发生离子间的交换反应，则称为离子交换过程。离子交换过程在许多方面与吸附过程相似，可看作是一种特殊的吸附过程。

自从 20 世纪 30 年代人们合成了离子交换树脂以来，离子交换的应用发展很快。目前在食品工业中有以下几方面的应用：

（1）工艺用水（如果汁、啤酒等工业）的制备、锅炉给水的软化、纯水的制备，统称为水处理。

（2）制品的提纯精制，如蔗糖、葡萄糖、甜菊苷以及甘油、柠檬酸的精制等。

（3）制品的分离，主要用于蛋白质、氨基酸、核酸、维生素等的分离。

一、离子交换的基本概念

（一）离子交换反应

离子交换是利用离子交换剂进行分离的过程。离子交换剂是一种带有可交换离子的不溶性固体。带有可交换的阳离子的交换剂称为阳离子交换剂，带有可交换的阴离子的交换剂称为阴离子交换剂。从结构上看，离子交换剂由一个固定的极大的带电基团和另一个可置换的离子组成，习惯上用 R 表示极大的基团或骨架。典型的阳离子交换反应为：

$$Ca^{2+}+Na_2R \rightleftharpoons CaR+2Na^+$$

典型的阴离子交换反应为：

$$SO_4^{2-}+RCl_2 \rightleftharpoons RSO_4+2Cl^-$$

离子交换是可逆过程。离子交换的逆反应称为再生，实际上再生也是离子交换反应。利用这一特性，离子交换剂可重复多次使用。

离子交换与一般的吸附过程最大的不同之处为：它是一个化学计量过程。

（二）离子交换树脂

离子交换剂分有机和无机两大类。无机离子交换剂的典型代表是沸石。有机离子交换剂又分碳质和有机合成离子交换剂两种。碳质离子交换剂主要是磺化煤，有机合成离子交换剂又称离子交换树脂，是应用最广泛的离子交换剂。

离子交换树脂是一种带有活性基团的不溶性高分子化合物，由本体和活性基团两部分组成。交换剂本体是高分子化合物和交联剂组成的高分子共聚物，其中交联剂的作用主要是使高分子化合物成为固体，并使其具有网状结构。活性基团是联结在网状结构骨架上的官能团，活性基团上带有可游离的离子，正是游离的离子与溶液中的同种电荷离子发生交换。习惯上将与被交换的离子同种电荷的离子称为反离子，如活性基团—SO_3H，其中 H^+是可游离的阳离子，即反离子，而—SO_3—则和交换剂本体联结在一起。若用 R 表示交换剂本体，那么这种离子交换树脂可用 RSO_3H 表示，其中只有 H^+才可以游离，参与交换。离子交换实际上是反离子的交换。

按活性基团的性质，离子交换树脂分为阳离子交换树脂和阴离子交换树脂两大类。每一类中又分为强型和弱型两种。

1. 阳离子交换树脂

阳离子交换树脂的活性基团是酸性基团，反离子为阳离子，故可以与溶液中的阳离子发生交换。按活性基团酸性的强弱分强酸性和弱酸性阳离子交换树脂两种。

带有磺酸基活性基团的交换树脂是强酸性阳离子交换树脂。交换剂本体最常见者为苯乙烯-二乙烯苯的共聚体。磺酸基的酸性相当于 H_2SO_4、HCl 等无机酸。这种树脂对酸、碱及各种溶剂都较稳定，可以在 pH = 12 的强碱溶液中工作。

带有羧酸基、酚基活性基团的交换树脂是弱酸性阳离子交换树脂，其中用得较多的是含羧酸基的树脂。这种树脂在水中的解离能力较低，因而交换速度慢，交换能力弱，只能用于中性和碱性介质中。因此，这种树脂不能将中性盐分开，与 Cl^-、SO_4^{2-} 等离子不起反应，而仅与 HCO_3^- 等盐类反应。它的优点是本体能结合较多的羧酸基团，故交换容量大，而且容易再生，再生效率高，再生剂耗量少，较为经济。

2. 阴离子交换树脂

阴离子交换树脂的活性基团为碱性基团，反离子为阴离子，也有强碱性和弱碱性阴离子交换树脂两种。

带季胺基的交换树脂为强碱性阴离子交换树脂，其碱性相当于一般的季胺碱。在酸性、中性、碱性介质中都可应用。

带伯胺仲胺等活性基团的交换树脂属弱碱性阴离子交换树脂。它们只能与强酸离子如 SO_4^{2-}、Cl^-等交换。对水溶液的 pH 也有严格的要求，只能用于中性和酸性介质中。它们与弱酸性阳离子交换树脂一样具有交换容量大，再生容易的优点。

根据树脂的物理结构，离子交换树脂又分为凝胶型和大孔型两类。凝胶型树脂为外观透明的均相高分子凝胶结构，没有毛细孔，通道是分子链间的间隙，称为凝胶孔，孔径在 3nm 以下。大孔型树脂具有与一般吸附剂一样的毛细孔，孔径从几 μm 至几千 μm，这类树脂的孔隙结构较稳定。

3. 离子交换树脂的性能

从外观看，离子交换树脂是透明的物质，其颜色有白、黑、黄等数种。一般而言，颜色对性能的影响不大。树脂一般为球形，球状树脂的比表面积大，利于交换，形成的床层填充状况好，流量均匀，液体通过树脂床的压力损失也小。

离子交换树脂可看成是具有不溶性基团的多价酸或碱，它具有一般酸、碱反应的性质，有进行离子交换、催化和形成络盐的作用。阳离子交换树脂带的活性基团是酸性的，故树脂有酸的性质。各种活性基团的酸性强弱次序如下：

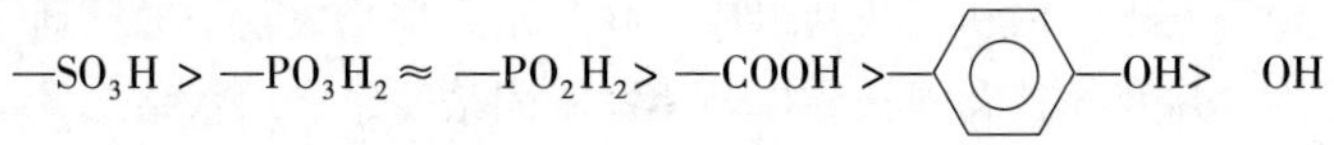

类似地，阴离子交换树脂的碱性强弱次序为：

$$\equiv NOH > \begin{cases} —NH_2 \\ =NH \\ \equiv N \end{cases}$$

根据离子交换反应，溶液中反离子浓度的增加会影响交换反应的平衡。换言之，降低溶液的 pH 会抑制阳离子交换树脂活性基团的解离；提高 pH 会抑制阴离子交换树脂活性基团的解离。这种抑制作用对酸（碱）性强的树脂影响较小，对酸（碱）性弱的树脂影响较大。

离子交换树脂的物理化学性质中较重要的有以下一些性质：

（1）交联度　树脂的骨架用交联剂联成一个巨大且可以与热固性塑料相比拟的分子网，这种交联的程度称交联度。交联度用合成时所用单体中交联剂的质量分数来表示，是树脂的商品规格之一。

交联度与许多物理化学性质有关。一般交联度大的树脂空隙率小，含水率低，密度大，选择性好，机械强度高，稳定性好，但交换速度慢，交换容量小。

（2）粒度　树脂粒度一般为 16~50 目，即直径 0.3~1.2mm。粒度与离子交换速度、树脂床中流速分布的均匀性、液体流动时的压力损失及反洗时树脂的流失等均有关。

（3）含水率　树脂的含水率可以间接地反映交联度的大小。树脂含水率是在树脂充分膨胀情况下测定的，一般为50%左右。

（4）密度　树脂在水中充分膨胀以后树脂本身的密度称为湿真密度，它对交换反洗强度的大小和混合床再生前分层的好坏影响很大。一般阳离子交换树脂的湿真密度为1300kg/m^3左右，阴离子交换树脂的湿真密度为1100kg/m^3左右。

湿树脂的质量与床层体积之比称为树脂的视密度或松密度，它也就是树脂的装载密度，可用以计算装填交换柱所需树脂的量。阳离子交换树脂的视密度为700~850kg/m^3，阴离子交换树脂的视密度为600~750kg/m^3。

（5）溶胀性　离子交换树脂在水中由于溶剂化作用而体积增大，称为溶胀。溶胀率通常按干树脂所吸取的水的百分率表示，它与含水率有一定的关联。

（6）交换选择性　同一种树脂对溶液中各种不同离子的交换优先次序不同，这就是树脂的交换选择性。交换选择性与溶液的温度、离子浓度密切相关。在常温、低浓度下，阳离子交换树脂对金属离子的选择性规律是：离子价越高，被交换的能力越强；碱金属和碱土金属的原子序数越大，被交换的能力越强。上述规律可以写成：

$$Fe^{3+}>Al^{3+}>Ca^{2+}>Mg^{2+}>K^{+}>Na^{+}>Li^{+}$$

这一规律对H^+离子有特殊性，它被交换的性质与活性基团酸性的强弱有关。

阴离子交换树脂的选择性规律是：

$$PO_4^{3-}>SO_4^{2-}>NO_3^{-}>Cl^{-}>HCO_3^{-}>HSiO_3^{-}$$

同样，OH^-离子也有特殊性。

（7）交换容量　离子交换树脂的交换容量指其交换能力的大小，用单位质量干树脂或单位体积湿树脂所能交换的一价离子的量表示，有3种定义：

①理论交换容量：指树脂活性基团中所有可交换离子全部被交换时的交换容量，也就是交换基团的总量，可以用滴定法测定。例如，以苯乙烯-二乙烯苯聚合物为骨架的树脂，当所有的苯基上均连接磺酸基时，理论交换容量为5.4mmol/g H^+。

②工作交换容量：指实际工作时的交换容量，它与交换条件有关，但总小于理论交换容量。离子浓度、交换速度、树脂层的高度、树脂粒度、活性基团形式等均影响工作交换容量。

③有效交换容量或再生交换容量：指再生后树脂的交换容量，它也小于理论交换容量。

二、离子交换理论

（一）离子交换平衡

离子交换过程是树脂上可交换离子与溶液中同性电荷离子起置换反应的过程。这是一个可逆过程，当达到平衡时，各离子浓度在树脂相和溶液相中存在一分配。这一分配由树脂对各种离子亲和力的大小以及其他许多因素决定，一般而言与下列因素有关：

1. 交换离子的性质

在稀溶液中，离子电荷越大，树脂吸附该离子的能力就越强。例如，二价离子比一价离子更易被吸附。大离子被吸附的能力较强，但交换容量低。蛋白质则不能通过树脂结构，仅被吸附在树脂表面。水合能力大的离子，其吸附能力也强。

2. 树脂的性质

树脂的性质即树脂的交换选择性，树脂的交联度对选择性也有显著影响。

3. 溶液的性质

溶液的性质主要是溶液中交换离子总浓度和非交换离子或溶质的性质等。

离子交换达到平衡后，溶液中离子浓度和树脂中离子浓度均不再变化。若以 c'表示液相中离子浓度（mol/m^3），q'表示树脂中离子浓度（mol/kg）；则 c'和 q'之间存在一定关系。由于液相中总的离子浓度 c_0'和离子交换树脂的交换容量 q_0'均为一常数，因此习惯上以量纲为一浓度表示两相中的浓度：

$$x = c'/c_0' \tag{12-6}$$

$$y = q'/q_0' \tag{12-7}$$

在一定实验条件下测定数据，以 y 对 x 作图，得到的曲线称为离子交换等温线，其意义与吸附等温线相似。

若 A、B 两种离子在液相中的浓度分别为 x_A 和 x_B，在树脂相中浓度分别为 y_A 和 y_B，则定义：

$$K_{AB} = \frac{y_A}{y_B}\frac{x_B}{x_A} \tag{12-8}$$

K_{AB} 为选择性系数，它表示了树脂对两种离子的相对亲和力，并决定了分离的难易程度。

当溶液中存在多种离子时，为比较各离子间的相对选择性，就要用一种特定的离子作为比较基准。例如，酚醛树脂以铵离子为基准对一系列阳离子的选择性大小次序和苯乙烯磺酸型树脂以 H^+离子为基准对阳离子的选择性大小次序见表 12-2。

表 12-2　树脂对阳离子的选择性系数

酚醛树脂		苯乙烯磺化树脂	
$Li^+—NH_4^+$	0.40	$Na^+—H^+$	1.33
$H^+—NH_4^+$	0.47	$NH_4^+—H^+$	1.56
$Na^+—NH_4^+$	0.67	$Ag^+—H^+$	5.4
$K^+—NH_4^+$	1.0	$Ti^+—H^+$	5.3
$Rb^+—NH_4^+$	1.7		
$Cs^+—NH_4^+$	2.4		
$Ag^+—NH_4^+$	3.2		
$Ti^+—NH_4^+$	10		

有许多理论可借以推断离子交换平衡。例如吸附平衡理论、顿南（Donnan）膜理论和质量作用定律等。下面介绍以顿南膜理论推断的离子交换平衡。

假设有一强酸树脂浸没在 NaCl 溶液中，树脂活性基团上的 H^+离子将解离，水分将扩散进入树脂中，Na^+和 Cl^-离子也将扩散进入树脂。当达到平衡时，Na^+离子和 H^+离子在两相间存在一定的分配关系。顿南理论认为，平衡的条件是任一离子在两相中的化学势相等，这一平衡即被称为顿南膜平衡。某离子 i 的化学势可写成：

$$\mu_i = \mu_i^{0} + RT\ln a_i \tag{12-9}$$

式中 μ_i^0——参考态的化学势，J/mol；

R——通用气体常数，J/(mol · K)；

T——热力学温度，K；

a_i——活度，kmol/m³。

由于树脂和溶液均应保持电中性，由上式可得：

$$(a_{Na^+})_R \cdot (a_{Cl^-})_R = (a_{Na^+})_L (a_{Cl^-})_L \tag{12-10}$$

$$(a_{H^+})_R (a_{Cl^-})_R = (a_{H^+})_L (a_{Cl^-})_L \tag{12-11}$$

故有：

$$\frac{(a_{Na^+})_R (a_{H^+})_L}{(a_{H^+})_R (a_{Na^+})_L} = 1 \tag{12-12}$$

下标 R 表示树脂，L 表示溶液。

上式表示，在平衡状态下，两相中两种阳离子的活度比相等，这一关系仅适用于树脂交联度不高而溶液浓度较低的情形。

活度与浓度间关系为：

$$a_i = \gamma_i c_i' \tag{12-13}$$

式中 γ_i——活度因子（又称活度系数）。将此关系代入式（12-12）中，并令：

$$\frac{(\gamma_{H^+})_R (\gamma_{Na^+})_L}{(\gamma_{Na^+})_R (\gamma_{H^+})_L} = K_{AB} \tag{12-14}$$

即得到：

$$\frac{(c'_{Na^+})_R (c'_{H^+})_L}{(c'_{H^+})_R (c'_{Na^+})_L} = K_{AB} \tag{12-15}$$

而树脂相中浓度可用 q' 表示，再将上式左边的分子、分母同时除以 q_0'、c_0'，就得到：

$$K_{AB} = \frac{y_{Na^+}}{y_{H^+}} \frac{x_{H^+}}{x_{Na^+}} \tag{12-16}$$

与式（12-12）完全相同。在只有两种反离子的情形，因：

$$y_{Na^+} + y_{H^+} = 1 \tag{12-17}$$

$$x_{Na^+} + x_{H^+} = 1 \tag{12-18}$$

故有：

$$\frac{y}{1-y} = K_{AB} \frac{x}{1-x} \tag{12-19}$$

这就是离子交换等温线方程，注意此式仅适用于等价离子交换。对于不等价离子交换，例如二价离子和一价离子的交换，据同样原理得：

$$\frac{y}{(1-y)^2} = \frac{K_{AB} q_0' \rho_a}{c_0'} \frac{x}{(1-x)^2} \tag{12-20}$$

此时选择性还与 q_0'、c_0'有关。

（二）离子交换过程机制

离子交换过程的机制与吸附过程的机制有相似之处，也有其本身的特点。吸附过程包含三步，而离子交换过程则包含五步，它们依次为：

（1）交换离子 A 从溶液主体中扩散到树脂表面。

（2）交换离子 A 从外表面经颗粒中的微孔扩散到活性基团上。

(3) 交换离子A在活性基团上发生交换反应、置换B(反离子)。

(4) 被交换下来的反离子B从树脂内经微孔扩散到外表面。

(5) 反离子B从外表面扩散到溶液主体。

上述各步骤均会影响离子交换的速率，但实际上只有最慢的一步或几步才是控制总速率的因素。一般而言，交换反应是很快的，所以整个交换过程的快慢取决于其余四步。

离子交换动力学问题之一在于找出在什么条件下是内扩散控制，什么条件下是外扩散控制。实验结果表明，一般情况下稀溶液中交换为外部扩散控制，浓溶液中交换为内部扩散控制，理由是外部扩散速率与反离子浓度有关。溶液中反离子浓度越高，外扩散速率就越高。但内部扩散速率则几乎不受反离子浓度影响。因此，在浓溶液中易发生内部扩散控制。离子交换动力学的主要特征之一，就是在低浓度范围内，增加浓度可以提高交换速率，直至达到某一极限浓度，此后再提高浓度也不再对交换速率产生影响。

流体力学条件对离子交换速率的影响与此类似。增强树脂和液体间的相对运动，可提高外扩散速率，但内扩散速率则不受影响。因此，任何离子交换系统，如果不在内部扩散控制范围内，则增加两相相对运动可以强化交换速率。但这种强化达到一定限度后过程就可能转为内部扩散控制。此时若继续增加相对运动，就无助于交换速率的提高。

树脂直径也影响交换速率。直径增大时，内、外扩散速率都将下降，但外扩散速率与树脂直径的一次方成反比，而内扩散速率则与树脂直径的平方成反比。所以，大颗粒树脂利于内部扩散控制，小颗粒树脂利于外部扩散控制。

可以用海尔弗里奇(Helfferich)准则判别控制步骤：

内扩散控制：

$$\frac{c'_{\mathrm{R}}\overline{D}\delta_{\mathrm{L}}}{c'Dr_0}\left(5+\frac{2}{K_{\mathrm{AB}}}\right)\ll 1 \tag{12-21}$$

外扩散控制：

$$\frac{c'_{\mathrm{R}}\overline{D}\delta_{\mathrm{L}}}{c'Dr_0}\left(5+\frac{2}{K_{\mathrm{AB}}}\right)\gg 1 \tag{12-22}$$

式中 c'_{R}——活性基团在离子交换树脂中的浓度，它等于其物质的量浓度($\mathrm{mol/m^3}$)乘以离子价数；

δ_{L}——液膜厚度，一般为$10^{-5}\sim10^{-4}$m；

$\overline{D}$——颗粒内离子的有效相互扩散系数，$\mathrm{m^2/s}$；

D——溶液中离子的相互扩散系数，$\mathrm{m^2/s}$；

r_0——颗粒半径，m。

在上面的准则中$\overline{D}$和D可由A、B离子的自扩散系数求其调和平均值，如：

$$\overline{D}=\frac{\overline{D}_{\mathrm{A}}-\overline{D}_{\mathrm{B}}(z_{\mathrm{A}}+z_{\mathrm{B}})}{z_{\mathrm{A}}\overline{D}_{\mathrm{A}}+z_{\mathrm{B}}\overline{D}_{\mathrm{B}}} \tag{12-23}$$

式中 z_{A}、z_{B}——分别为两种离子的价数。

δ_{L}可用下列经验式估算：

$$\delta_{\mathrm{L}}=\frac{0.2r_0}{1+70ur_0} \tag{12-24}$$

式中　u——流体的空床速度，m/s。

（三）离子交换速率

1. 外扩散速率

离子交换外扩散速率式与吸附的外扩散速率式相似。所不同的是，吸附属吸附质的单向扩散，离子交换如为等价交换，则为两离子的等离子逆向扩散。对离子 A，可沿用吸附中相应的速率式：

$$\rho_a \frac{dq'}{d\tau} = k_L a(c' - c'_i) \tag{12-25}$$

或

$$\frac{dq'}{d\tau} = k_L S(c' - c'_i) \tag{12-26}$$

式中　S——单位质量树脂的表面积，m^2。

固定床离子交换的 $k_L a$ 值可用下式计算：

$$Sh = 1.17Re^{0.585}Sc^{1/3} \tag{12-27}$$

式中　$Sh = \frac{k_L a d_p}{u}$——溶液在交换柱中传质的 Sh 数；

$Re = \frac{d_p u \rho}{\mu}$——溶液在交换柱中流动的 Re 数；

$Sc = \frac{\mu}{\rho D}$——溶液的 Sc 数，表示物性对传质的影响。

对低浓度水溶液中的离子交换，Sc、ρ、μ 大体为常数，故有：

$$k_L \propto u^{0.585} \tag{12-28}$$

2. 内扩散速率

在多孔性颗粒内，具有大量毛细孔，孔内充满液体，离子在孔内扩散，决定扩散速率的是毛细孔内扩散系数 $\overline{D}$，一般 $\overline{D}$ 比液体中扩散系数 D 小得多，$\overline{D}/D$ 在 0.1~0.2 范围内。$\overline{D}$ 依树脂种类和交联度而异，随离子水化半径的增大而减小，又随离子电荷的增加而下降。

参照吸附的相应公式，内扩散速率为：

$$\rho_a \frac{dq}{d\tau} = k_S a(q'_i - q_i) \tag{12-29}$$

或

$$\frac{dq}{d\tau} = k_S S(q'_i - q_i) \tag{12-30}$$

若颗粒为直径 d_p 的圆球，树脂相内浓度分布为线性，$q' \sim c'$ 平衡线的斜率为 E_m，则由几何关系得：

$$S = 6/d_p \rho_a \tag{12-31}$$

且有：

$$k_S = \frac{2\pi^2 \overline{D}}{3E_m d_p} \tag{12-32}$$

可见 $k_S S$ 与 d_p^2 成反比。为减小内扩散阻力，减小颗粒直径是有效的方法。

式（12-32）也可以用来计算 k_S：

$$k_S \approx \frac{10\overline{D}}{E_m d_p} \tag{12-33}$$

3. 总传质速率和总传质系数

以 y、x 代替 q'、c' 表示浓度，式（12-26）和式（12-30）分别变为：

$$\frac{dy}{d\tau}=\frac{c'_0}{q'_0}k_L S(x-x_i) \tag{12-34}$$

$$\frac{dy}{d\tau}=k_S S(y_i-y) \tag{12-35}$$

设：①等单价交换；②两相浓度分布为直线；③界面上为平衡，则得：

$$\frac{dy}{d\tau}=\frac{x-x_e}{\frac{q'_0}{c'_0}\frac{1}{k_L S}+\frac{1}{E_m}\frac{1}{k_S S}}=\frac{x-x_e}{\frac{q'_0}{c'_0}\frac{1}{K_L S}} \tag{12-36}$$

而

$$\frac{1}{K_L S}=\frac{1}{k_L S}+\frac{c'_0}{q'_0}\frac{1}{E_m k_S S} \tag{12-37}$$

式中 E_m——$y \sim x$ 平衡线的斜率；

K_L——液相总传质系数，m/s。

当溶液总浓度 c'_0 趋于 0 时，$K_L S$ 趋于 $k_L S$，即稀溶液离子交换为外部扩散控制。

4. 影响离子交换速率的因素

（1）颗粒大小　离子交换树脂颗粒越小，越有利提高离子在树脂内、外部扩散的速度。

（2）交联度　使各个单体交联而形成树脂交聚物的物质称交聚剂，树脂中含交聚剂的质量百分数称交联度。交联度越小，离子交换树脂间空隙越大，越易膨胀，使得离子在树脂内部扩散越容易，交换速度越快。

（3）温度　提高溶液温度能提高扩散系数，加快离子扩散。

（4）离子化合价　离子在树脂中扩散时，和树脂骨架间存在库伦引力。离子化合价越高，库伦引力越大，内扩散速度越小。根据研究者提供的结论：阳离子增加一个电荷，其内扩散速度约减慢为原来的 1/10。

（5）离子大小　小离子的扩散速度较快，而大分子由于与树脂骨架发生碰撞，使骨架变形，降低了扩散速度。工业上利用这种现象发展出了分子筛。

（6）搅拌速度　在交换过程中搅拌，可加快扩散，但不会影响内扩散。

（7）溶液浓度　随溶液浓度增大，离子交换速度变快。但当溶液浓度增大到某一数值后，离子交换增速开始逐渐趋缓。

三、离子交换操作与设备

（一）交换柱内的操作循环

离子交换操作通常在交换柱内进行，目前用得最多的是固定床操作。溶液由上而下通过树脂床，进床溶液称流入液，出床的溶液称流出液。离子交换循环主要包括两个步骤，第一步为交换阶段或“吸附”阶段，第二步为再生或淋洗阶段。再生是将交换柱恢复到交换前的状态，即除去所吸附的离子。

1. 交换阶段

以离子交换制取纯水为例。当水中只含一种盐类（如 $CaCl_2$）时，水中钙离子先和上层树脂层进行交换。此时交换柱内只有一定厚度的树脂层在进行交换，情况与吸附相似，此层称为交换区。交换区的高度取决于原水的含盐量和水通过树脂层的流速，一般为 100~150mm。随着过程的继续进行，交换区逐渐向下推移。一般而言，交换区是较窄的，交换区的浓度变化是很快的，交换区向下移动的速度则比液体流速小得多。当交换区的下缘抵达树脂层底部时，从底部出来的流出液中就含有未交换的钙离子，此时称系统到达漏点。为了保证流出液的质量，一般不等出现漏点即停止工作，而在下部留有一定厚度的保护层。当交换区移动进入保护层时，交换柱就停止工作而进行再生。

固定床高度 Z 和离子交换区移动速度 u_G 的计算与吸附类似，即：

$$Z = \frac{q_V}{K_L a\Omega\left(1 + \frac{\varepsilon}{\rho_a E_m}\right)}\int_{c'_1}^{c'_2}\frac{dc'}{c' - c'_e} = H_{OL}N_{OL} \tag{12-38}$$

$$u_G = \frac{u_L c'_2}{\rho_a q'_2 + \varepsilon c'_2} = \frac{u_L}{\rho_a E_m + \varepsilon} \tag{12-39}$$

移动床也有类似的公式。

通常在实用上交换区高度的定义是：在此区域内溶液浓度从 $95\% c'_2$ 降至 $5\% c'_2$。

根据上述原理，离子交换有两种不同类型的操作：一是提纯，它包括一种或一种以上溶质与溶剂的分离；二是色层分离，它包括两种以上溶质的相互分离。

2. 再生阶段

交换柱内树脂失效后，在再生之前必须进行短时间的强烈反洗。反洗的主要目的是：①松动压紧的树脂层，使床层膨胀，利于下一步树脂的再生；②清除截留在树脂层内的悬浮物和有机杂质以提高流速，降低压损，充分发挥树脂的交换容量；③如果是混合床，反洗兼有使阴、阳交换树脂分层的作用；④冲走细小的树脂细粉，以免影响水流畅通。

树脂床层经反洗后即可进行再生（或淋洗），再生方法主要有酸碱再生法及电解再生法两种。酸碱再生法的原理是将一定浓度的酸、碱溶液加入失效的树脂，利用酸、碱中的 H^+ 或 OH^- 离子，将饱和树脂中所吸附的阳离子或阴离子置换下来，这种酸、碱溶液通常称为再生剂。酸碱再生法是目前应用最广泛的一种方法。电解再生法的原理与上法基本相同，不同的是利用电场作用将水解离为 H^+ 和 OH^- 以代替酸、碱的 H^+ 和 OH^-。

再生过程实质上是交换过程的逆过程。由于过程中各种因素的影响，完全恢复树脂的交换容量是不可能的。因此，树脂再生后，交换容量都会降低。影响树脂再生程度的因素很多，例如树脂的种类、再生剂的种类、浓度、耗量、流速、温度等，其中以再生剂耗量的影响最为重要。再生剂的耗量是指一定体积（或质量）失效树脂的交换容量恢复到一定程度时所消耗的再生剂的总量，通常用 kmol/L 或 kmol/kg 为单位来表示。由于离子反应具有可逆性，从理论上说，所消耗的再生剂量（mol）只要与吸附离子量（mol）相等，树脂便可完全再生，这个耗量称为理论消耗量。但实际上，由于许多原因，再生剂消耗量要比理论耗量大好几倍。主要原因是：①交换离子和被交换离子活性上的差异；②交换反应的可逆性；③再生剂在溶液中不能全部解离；④再生方法不当。

经再生后的树脂层，以洗涤水进行正洗，排出树脂层中残留的再生剂后，交换操作循环即行结束，树脂就可供下一循环使用。

（二）离子交换操作计算

以离子交换法制取软化水为例。计算主要包括：①交换柱的大小；②树脂用量；③交换柱工作周期；④反洗和正洗的洗涤水用量；⑤再生剂的耗量。

原水中的杂质主要包括三类：

①悬浮物质：用沉降、过滤等方法去除。

②胶体物质：用混凝、澄清等方法去除。

③溶解物质（离子）：用离子交换、电渗析等方法去除。

影响水质的主要成分是原水的硬度和碱度：

①硬度：水中离子沉淀肥皂的能力。硬脂酸钠（肥皂）$+Ca^{2+}$（或 Mg^{2+}）→硬脂酸钙或镁。

②碱度：水中离子（OH^-、HCO_3^-、CO_3^{2-}）与 H^+ 结合的能力。硬度的单位：mol/m^3；也常用德国度（°d）表示，1L 水中含有 10mgCaO 为 1°d。其中 $1mol/m^3=2.80°d$。

1. 交换柱的直径和高度

（1）交换柱直径

$$A=\frac{q_V}{nu_L} \tag{12-40}$$

$$\therefore D_c=\sqrt{\frac{4A}{\pi}} \tag{12-41}$$

式中 q_V——水处理量，m^3/s；

u_L——交换柱空床流速（滤水速度），m/s；

n——交换柱数目，（取各交换柱直径相等）；

D_c——交换柱直径，m；

A——交换柱截面积，m^2。

滤水速度 u_L 的范围参见表 12-3。

表 12-3 交换柱滤水速度范围

项目	原水硬度/（mol/m^3）			
	1~2	2~3	3~6	>6
$u_L/(10^{-3}m/s)$	6.95~8.34	5.55~6.95	4.17~5.55	2.78~4.17

直径算出后，就可选用直径比较接近的定型交换柱。

（2）交换柱高度

$$H=H_1+H_2=H_1(1+e) \tag{12-42}$$

式中 H_1——树脂床层高度，m；一般 H_1 的最小值取 0.6m，常用的是 1.2~1.8m；

e——树脂反洗膨胀率，即树脂层反洗增加高度与原树脂层高度之比称为反洗膨胀率，一般 $e=(30\%\sim50\%)H_1$。

交换树脂的有效高度还应考虑树脂保护层高度，故交换柱高度多用 1.8~3.0m。

2. 树脂用量、正洗水用量和时间

（1）单根树脂柱树脂用量

$$m=\rho_a V=\rho_a AH_1 \tag{12-43}$$

式中 ρ_a——树脂的装载密度，kg/m^3。

（2）正洗水量和时间

$$V_w = a_w V = a_w A H_1 \tag{12-44}$$

式中　a_w——单位体积树脂的正洗水耗用量，m^3/m^3（表 12-4）。

表 12-4　　正洗水耗用量

项目	树脂牌号						
	701#	704#	711#	717#	732#	强酸 1#	强碱 201#
$a_w/(m^3/m^3)$	10~15	10~15	12~16	12~16	5~8	5~20	~10

为了节约再生剂用量，保持再生效果，一般分两段正洗，第一阶段采用的流速为：$u_1 = 9\times10^{-4} \sim 1.4\times10^{-3}$m/s，洗涤时间为 15min，耗水量为 V_{w1}。

第二阶段采用与交换操作相同的 u_L，则第二阶段的洗涤时间为：

$$\tau_2 = \frac{V_w - V_{w1}}{A u_L} \tag{12-45}$$

3. 树脂的工作交换容量和有效工作容量

树脂的工作容量需根据全交换容量计算，全交换容量 q'_T 可以由产品说明中查得，其值是在特定实验条件下得到的，所以使用时须根据具体工作条件确定，工作交换容量 q'_0 有些也会在产品说明中查得，也可按下式计算，即：

$$q'_0 = \beta q'_T \tag{12-46}$$

若按湿树脂计则公式为：

$$q'_{0h} = \beta q'_{Th} \tag{12-47}$$

式中　β——校正系数，一般可取 0.7。也可按下式计算：

阳离子交换树脂：

$$\beta = 0.7 + 0.001T_0 + 0.05(\mathrm{pH} - 7) - 150 d_p \lg H_0 \tag{12-48}$$

阴离子交换树脂：

$$\beta = 0.7 + 0.001T_0 - 0.1\mathrm{pH}_1 + 0.1\lg c_{A0} - 0.15 d_p \tag{12-49}$$

式中　T——原水温度，℃；

pH——原水 pH；

pH_1——第一级阳离子交换柱出水的 pH，一般为 3~4；

d_P——树脂颗粒的平均直径，m；

H_0——原水硬度，°d；

c_{A0}——水中总阴离子浓度，mol/m^3。

树脂的有效工作容量 q'_{eh} 计算式为：

$$q'_{eh} = q'_{0h} - 0.5\alpha_w c_{iw} \tag{12-50}$$

式中　c_{iw}——正洗水中阳离子（或阴离子）的浓度，mol/m^3。

当用弱碱性阴离子交换树脂或用纯水正洗阴离子交换树脂时：

$$q'_{eh} = q'_{0h} \tag{12-51}$$

4. 交换柱工作时间和反洗水的用量

通过物料衡算可得交换柱工作时间为：

$$\frac{q_V}{n}\tau c'_0 = q'_{0h}V$$

故

$$\tau = \frac{Vq'_{0h}}{\frac{q_V}{n}c'_0} \tag{12-52}$$

式中 c'_0——对阳柱为阳离子总浓度减去 Na^+、K^+后的浓度；对阴柱为阴离子总浓度；

n——交换柱数目。

交换柱的反洗水量为：

$$V_R = u_R A \tau_R \tag{12-53}$$

式中 u_R——反洗水流速，一般为 0.003~0.004m/s；

τ_R——反洗时间，一般为 10~20min。

5. 再生剂用量

$$m_1 = \frac{Vq'_0 B}{z}(\text{kg}) \tag{12-54}$$

式中 B——再生系数，为在再生剂实际用量超过理论用量的倍数，选择依据为再生剂的种类、浓度、出水水质要求以及原水水质，一般取 2.0~5.0；

Z——再生剂的离子价数。

【例 12-1】 有一强酸氢离子交换树脂的固定床，床高为 0.5m，空隙率为 0.35，床层截面积为 $6.2\times10^{-4}m^2$，树脂粒度为 7×10^{-4}m。今有浓度 c'_0为 $10mol/m^3$ 的 NaCl 溶液从床顶进入，流量为 0.0062kg/s，液体密度为 $1000kg/m^3$。树脂的交换容量 $\rho_a q'_0 = 2.01\times10^3 mol/m^3$，$Na^+$—$a^+$系统交换区内平均传质系数 $k_L a = 0.86\ (100u_L)^{0.5}s^{-1}$。已知 $K_{AB} = 1.58$，试计算：①交换区的高度；②交换区的移动速度；③固定床可能的最长操作时间。

解： ① $y = \frac{q'}{q'_0} = \frac{K_{AB}x}{1+(K_{AB}-1)x} = \frac{K_{AB}c'_e}{c'_0+(K_{AB}-1)c'_e}$

又，操作线方程为： $q'/q_0' = c'/c'_0$

两式联立消去 q'/q'_0：

$$c'_e = \frac{c'_0 c'}{K_{AB}c'_0 - (K_{AB}-1)c'} = \frac{10c'}{1.58\times10 - 0.58c'} = \frac{10c'}{15.8 - 0.58c'}$$

$$N_{OL} = \int_{0.5}^{9.5}\frac{dc'}{c'-c'_e} = \int_{0.5}^{9.5}\frac{15.8-0.58c'}{5.8c'-0.58c'^2}dc' = \int_{0.5}^{9.5}\frac{2.72}{c'}dc' + \int_{0.5}^{9.5}\frac{1}{5.8-0.58c'}dc' = 13.1$$

体积流量： $q_V = q_m/r = 0.0062/1000 = 6.2\times10^{-6}\ (m^3/s)$

$$u_L = \frac{q_V}{\Omega} = \frac{6.2\times10^{-6}}{6.2\times10^{-4}} = 0.01(m/s)$$

$$K_L a = 0.86\times(100u_L)^{0.5} = 0.86\times1^{0.5} = 0.86\ (s^{-1})$$

$$H_{OL} = \frac{q_V}{K_L a\Omega} = \frac{u_L}{K_L a} = \frac{0.01}{0.86} = 0.0116(m)$$

$$Z = H_{OL}N_{OL} = 0.0116\times13.1 = 0.152\ (m)$$

② $u_G = \frac{u_L c'_0}{\rho_a q'_0 + \varepsilon c'_0} = \frac{0.01\times10}{2.01\times10^3 + 0.35\times10} = 4.97\times10^{-5}(m/s)$

③ $\tau=\frac{H}{u_G}=\frac{0.5}{4.97\times10^{-5}}=1.006\times10^4(s)=2.79(h)$

【例 12-2】 用一阳离子交换柱处理原水，树脂为强酸 1#阳离子树脂，水的处理量为 $6m^3/h$。原水中 K^+、Na^+的总浓度为 $0.42mol/m^3$，阳离子总浓度为 $5.77mol/m^3$，硬度为 15°d。pH=7.3，温度为 17℃。交换柱用 HCl 再生，再生后用原水正洗，拟用 2 台交换柱。试计算：①每台交换柱的直径和高度；②每台交换柱的树脂用量；③树脂的有效工作交换容量；④交换柱操作时间。

解：①交换柱的高度和直径

原水硬度：15°d=15/2.8=5.36（mol/m^3）

选 $u_L=5.5\times10^{-3}$（m/s）

则交换柱直径为：
$$A=\frac{6/3600}{2\times5.5\times10^{-3}}=0.152(m^2)$$

$$D_C=\sqrt{\frac{4\times0.152}{\pi}}=0.440(m)$$

树脂层高度取 $H_1=1.5m$，$e=0.5$，则交换柱高度为：$H=H_1(1+e)=1.5(1+0.5)=2.25$（m）

故，取 $H=2.25$（m）。

②交换柱所需树脂量

由相关资料可知，强酸 1#树脂　$\rho_a=780kg/m^3$

故树脂用量为：$m=\rho_a AH_1=780\times\frac{\pi}{4}\times0.44^2\times1.5=177.81(kg)$

③有效工作交换容量

查有关资料，强酸 1#树脂的全交换容量最小值为 $q'_T=4.5mol/kg$，设湿树脂含水率为 50%（体积分数），则：$q'_{Th}=4.5\times780\times0.5=1755$（$mol/m^3$）

又查得：$d_p=7.6\times10^{-4}m$

$$\beta=0.7+0.001T_0+0.05(pH-7)-150d_p\lg H_0$$
$$=0.7+0.001\times17+0.05\times(7.3-7)-150\times7.6\times10^{-4}\lg15=0.598$$

则工作交换容量

$$q'_{0h}=\beta q'_{Th}=0.598\times1755=1049.5(mol/m^3)$$

查表 12-4，取 $a_w=12$，

$$c_{iw}=5.77mol/m^3$$

则有效工作量：

$$q'_{eh}=q'_{0h}-0.5\alpha_w c_{iw}=1050-0.5\times12\times5.77=1015(mol/m^3)$$

④交换柱操作时间

$$c'_0=5.77-0.42=5.35\ (mol/m^3)$$

操作时间：

$$\tau=\frac{Vq'_{0h}}{\frac{q_V}{n}c'_0}=\frac{\left(\frac{\pi}{4}\times0.44^2\times1.5\right)\times1050}{\frac{6}{3600\times2}\times5.35}=5.37\times10^4(s)=14.9(h)$$

（三）固定床离子交换装置

工业上离子交换操作可分为固定床式、半连续移动床式和流动床式操作。

固定床离子交换柱内的树脂是处于静止状态，而被处理的溶液则在交换柱内不断流动。固定床离子交换方式由于设备简单，管理方便，仍是目前食品工业上占优势的离子交换法，广泛用于食品工业用水的处理、溶液的精制、溶液中有用成分的回收等。固定床法的缺点是：树脂交换容量利用率低，再生费用大。另外，流速提高时溶液流动损失增加很快，不利于提高流速和生产能力。

固定床交换柱可分阳离子交换柱、阴离子交换柱及混合离子交换柱。后者是将阳、阴两种离子交换树脂按一定比例混合后充填而成的交换柱，俗称混合床。

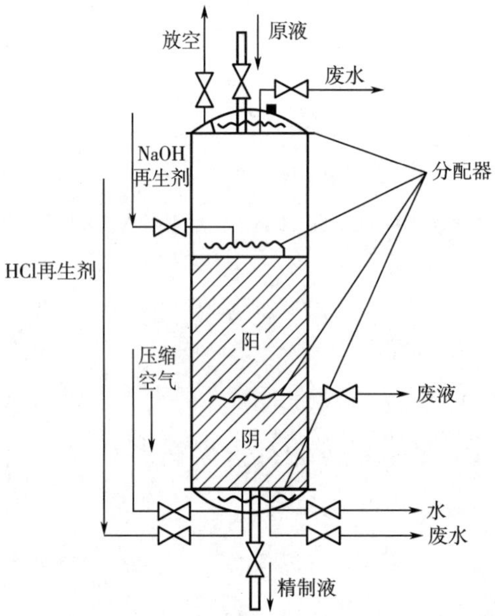

图 12-8　混合床蔗糖脱盐系统

在食品工业中，混合床式离子交换装置有用于糖液的脱盐精制，除去其中含有的阳、阴离子等杂质，见图 12-8。混合床式装置具有设备少、装置集中、便于操作等优点。缺点是树脂交换容量利用率低，树脂磨损率大，在柱内分层再生时，操作要求较严密。

固定床系统除上述单床式外，还有将阳、阴交换柱串联使用者，称为复床系统，或将复床和混合床串联使用者，称为复-混床系统。

（四）半连续移动床离子交换装置

图 12-9 所示为这种装置的一例，适用于水的软化。它的基本原理是：将树脂输送到不同的设备中分别完成交换、再生及清洗等过程，即交换、再生及清洗同时在不同设备内进行。交换柱经过充分交换的一部分树脂层，在选定的交换周期里，从交换柱下部排出，移到再生柱进行再生，再生好的树脂借水压输送到清洗柱进行清洗，洗净后再返回交换柱上部，补充到交换柱内。

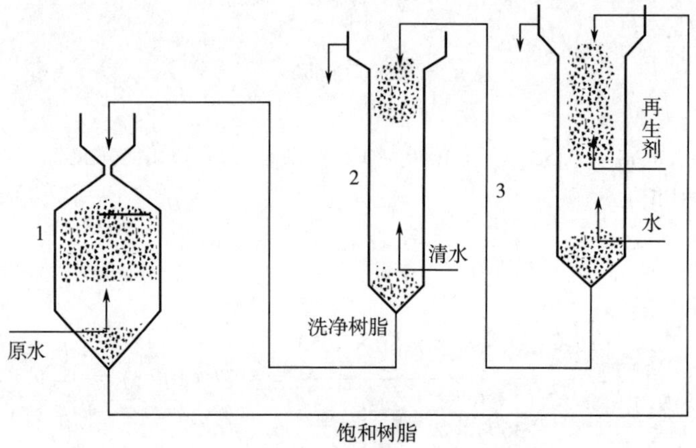

1—交换柱；2—清洗柱；3—再生柱。

图 12-9　半连续移动床水处理装置

移动床用于水处理时的主要优点是生产相同水量所需树脂体积仅为固定床的1/2~2/3，从而节约了投资，再生剂利用率及树脂饱和程度高，因而再生剂用量少，处理水的纯度高，质量均匀。其缺点是设备数量较多，管理较为复杂。

（五）流动床离子交换装置

流动床离子交换装置是连续逆流式的交换装置，其特点是交换的进行是完全连续的。装置中的树脂和被处理的液体以及再生均完全处于流动的状态。

图12-10为一种用于水处理的压力式流动床离子交换装置。

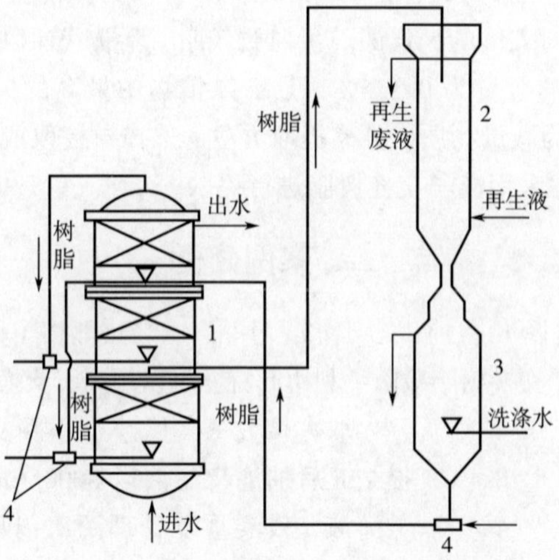

1—交换塔；2—再生塔；3—洗涤塔；4—喷射塔。

图12-10　压力式流动床水处理装置

压力式流动床交换装置由交换柱和再生清洗柱组成。交换柱为三室式，每室树脂与水成顺流，而对整个交换柱来说则为逆流。再生和洗涤共用一柱，水、再生液与树脂均成逆流。从树脂层看，装置内的树脂在不断地运动，但它又在装置内形成稳定的交换层，具有固定床离子交换的作用。另外，树脂在装置内与水顺流呈沸腾状，又有沸腾式离子交换的作用。这种装置的主要优点是：能连续生产，效率高，装置小，树脂利用率高。缺点是树脂磨损较大。

四、离子交换在食品工业中的应用

离子交换技术广泛应用于食品饮料业、湿法冶金、金属加工、化工及石油化工、制药、制糖和甜味剂、地下水和饮用水、核子工业、软化及工业用水、半导体、电力工程，以及许多其他行业。最常见的应用：采用阳离子交换树脂，如Na^+型阳离子交换剂进行糖汁的提纯；从发酵液中提取抗生素；从矿物浸出液中提取铀和稀有金属；制备高纯度水的电力工程、电子业和核子工业；使用不溶于水的聚合物或矿物作为离子交换之技术广泛应用于硬水软化、水净化等。此原理也广泛应用于家庭之中（洗涤剂、滤水器）用于生产软水，其运作方式是将水中的Ca^{2+}或Mg^{2+}替换成Na^+或H^+（可见硬水软化）。

第四节　案例分析：离子交换法提取大枣中环磷酸腺苷（cAMP）

一、案例介绍

环磷酸腺苷（cAMP）被称为人体的“第二信使”，作为激活蛋白激酶，可放大激素的作用信号和控制遗传信息，对人体的糖代谢、蛋白质代谢、脂肪代谢以及动物的生产性能都起着调控作用。大枣中 cAMP 的含量为 0.125%，是已知植物中最高的，是其他生药的 1000 倍左右。然而在大枣中 cAMP 为微量物质，分离提取方法的选择对提取成本和效率影响很大。根据 cAMP 的分子结构，可考虑采用离子交换树脂进行提取。

二、案例分析

cAMP 具有环状结构（图 12-11），溶于水，对酸、碱、热都相当稳定。cAMP 的磷酸基是一个一元弱酸，可以被阴离子交换树脂吸附。利用此特性可以用离子交换法提取高纯度的 cAMP。

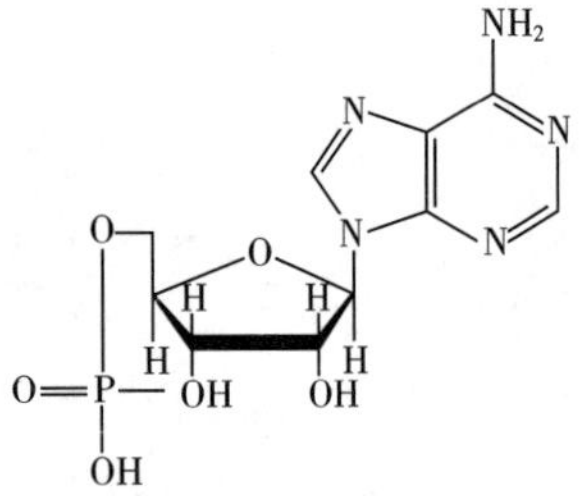

图 12-11　环磷酸腺苷结构式

取去核大枣，捣碎成小颗粒状，在水中 60℃ 恒温浸提 12h 后抽滤，滤液以 8000r/min 离心分离 15min，提取上清液，残渣重复处理两次，收集所得上清液并进行浓缩。选择对 cAMP 吸附量较大的 D13 OH^- 型树脂用于大枣中 cAMP 的提取。采用酸碱滴定法确立大枣水提液中 cAMP 离子交换最佳 pH，结果显示在 pH 7.0 附近，cAMP 分子荷负电，为离子交换最佳 pH，cAMP 为弱酸，表面带有负电荷，在 pH 7.0 的中性环境下可与带有正电荷的 D13 型阴离子交换树脂结合。

树脂平衡吸附量计算公式：

$$q_e = \frac{(c_0 - c_e)V}{m} \tag{12-55}$$

式中　V——溶液的体积，mL；

c_0——溶液中 cAMP 初始浓度，mg/mL；

c_e——平衡后的溶液中 cAMP 的浓度，mg/mL；

m——树脂的质量，g；

q_e——树脂在 c_e 浓度下达到平衡时的吸附量，mg/mg 湿树脂。

搭建动态离子交换实验装置，如图 12-12 所示，考察在不同的吸附条件、洗脱剂和洗脱条件下树脂对大枣水溶液中 cAMP 提取率的影响。结果表明在较低的吸附流速下，cAMP 充分与树脂亲和中心结合，因而有较高的吸附量。HCl 水溶液具有较强的离子强度，可以使 cAMP 与树脂解离，从而达到洗脱的目的。HCl 浓度越高，离子强度越高，洗脱得到的 cAMP 回收率越高，但其纯度越低。通过对洗脱剂的优化发现以 0.05mol/L HCl 作为洗脱剂，1.5mL/min 流速下进行洗脱可达到较理想的 cAMP 回收率。

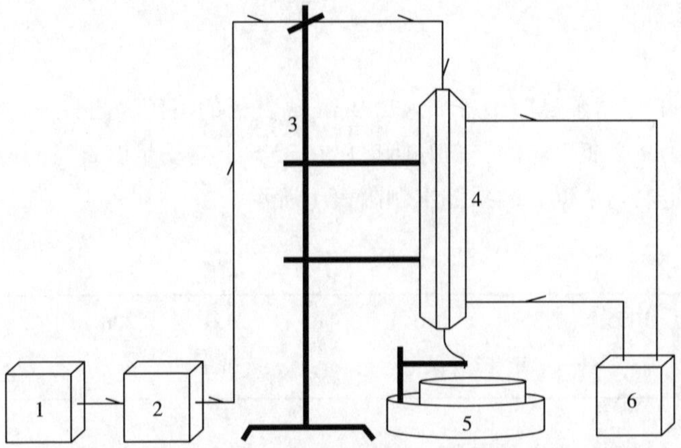

1—水槽；2—恒流泵；3—铁架台；4—玻璃夹套离子交换柱；5—自动部分收集器；6—超级恒温水浴器。

图 12-12 离子交换实验装置示意图

在大枣中，cAMP 的含量为 0.125%，通过离子交换法提取大枣中 cAMP，提取率达 65%，纯度达 37.5%。

三、案例总结

环磷酸腺苷 cAMP 是人体内重要的生理活性物质。大枣中 cAMP 的含量是已知植物中最高的，但其在大枣中的绝对含量低。因此，如何低成本、高回收率地从大枣中富集提取 cAMP 是亟待解决的难题。本案例根据 cAMP 分子带磷酸基团、为一元弱酸、在一定 pH 条件下带电荷的特性，选择通过离子交换法对大枣中 cAMP 进行提取。首先，大枣以小颗粒状经过捣碎、浸提、离心，得到 cAMP 水溶液；然后，确立大枣水提液 cAMP 离子交换最佳 pH，选取不同型号阴离子交换树脂，考察在不同的吸附条件、洗脱剂和洗脱条件下树脂对大枣水溶液中 cAMP 提取率的影响；最后开发离子交换法提取 cAMP 的工艺。

思考题

1. 什么是吸附现象？吸附分离的基本原理是什么？
2. 有哪几种常用的吸附剂？各有什么特点？什么是分子筛？
3. 工业吸附对吸附剂有哪些基本要求？
4. 有利的吸附等温线有什么特点？
5. 吸附床中的传质扩散可分为哪几种方式？
6. 离子交换在食品工程领域有哪些应用？
7. 离子交换树脂的结构特点是什么？
8. 离子交换剂的分类有哪些？
9. 影响离子交换树脂选择性的因素有哪些？
10. 哪些因素影响离子交换速度？
11. 如何判断离子交换速度的控制步骤？

习题

1. 在9个500mL三角形烧瓶中各加入250mL含农药的溶液，再往其中8个瓶中加入不同量的粉末活性炭，第9个瓶为空的，盖好瓶口后在25℃下摇动足够长时间以达吸附平衡，然后分离出上清液，测定农药浓度，结果如本题附表1所示：

习题1附表1

活性炭加入量/mg	1005	835	640	411	391	298	290	253	0
农药浓度/（μg/L）	58.2	87.3	116.4	300	407	786	902	2940	5150

试计算弗罗因德利希公式中的参数。

2. 在80℃用活性炭处理含原糖48%（质量分数）的溶液，使其脱色，由实验测得平衡数据如本题附表2所示：

习题1附表2

活性炭用量/（kg活性炭/kg糖）	0	0.005	0.01	0.015	0.02	0.03
脱色百分率/%	0	47	70	83	90	95

原糖液的色素浓度可定为20，要求脱色后残留色素定为原始含量的2.5%。试计算：①弗罗因德利希公式中的参数；②若用单级操作，则若处理1000kg溶液需用多少活性炭；③若用两级错流操作，则每处理1000kg溶液需用活性炭的最小量是多少；④若用两级逆流操作，则每处理1000kg溶液需用多少活性炭。

3. 用粒度为0.76mm的732#阳离子树脂处理质量分数为30%的$CaCl_2$溶液，流量为$3m^3/h$，pH为7.1，处理温度25℃。交换柱用HCl溶液再生，再生后用原水正洗，拟用2台交换柱，试求：①每台交换柱的直径和高度；②每台交换柱的树脂量；③树脂的有效工作容量；④交换柱的操作时间。

4. 用粒径为0.8mm的701#弱碱性阴离子交换柱去除水中的阳离子，原水中阴离子总浓度为$5.8mol/m^3$，pH=3，水的处理量为$6m^3/h$。当采用柱径为0.32m两台交换柱常温处理时，试求：①每台交换柱的阴离子树脂用量；②采用纯水正洗的水量；③有效工作交换容量；④每台交换柱的工作时间，设树脂含水率50%。

本章主要符号说明

E：平衡常数（m^3/kg吸附剂）

c：液相浓度（kg吸附质/m^3）

μ_i^0：参考态的化学势（J/mol）

R：通用气体常数［J/(mol·K)］

T：热力学温度（K）

a_i：活度（$kmol/m^3$）

c'_R：活性基团在离子交换树脂中的浓度，它等于其物质的量浓度（mol/m^3）乘以离子价数

δ_L：液膜厚度，一般为10^{-5}~10^{-4}m

$\overline{D}$：颗粒内离子的有效相互扩散系数（m^2/s）

D：溶液中离子的相互扩散系数（m^2/s）

r_0：颗粒半径（m）

q_e：平衡吸附量（kg 吸附质/kg 吸附剂）
K：吸附平衡常数
q_m：固体表面满覆盖时的最大吸附量（kg 吸附质/kg 吸附剂）
p：平衡压强（Pa）
p^0：实验温度下的饱和蒸气压（Pa）
c'：液相中离子浓度（mol/m^3）
q'：树脂中离子浓度（mol/kg）
μ_i^0：参考态的化学势（J/mol）
γ_i：活度因子（又称活度系数）
c'_R：活性基团在离子交换树脂中的浓度，它等于其物质的量浓度（mol/m^3）乘以离子价数
q'_0：离子交换树脂的交换容量（mol/kg）
Z：离子价数
q_V：体积流量（m^3/s）
q_m：质量流量（kg/s）
u：速度（m/s）
w_A：质量分数
x：液相中的摩尔分数
y：气相中的摩尔分数
ω：截面积（m^2）
a：分离系数
δ：单位固形物量的活性炭用量（kg 活性炭/kg 固形物）
ε：床层空隙率
μ：黏度（Pa·s）
μ_i：离子 i 的化学势（J/mol）
ν：运动黏度（m^2/s）
τ：时间（s）

参考文献

[1] McCabe W L, Smith J C, Harriott P. Unit operations of chemical engineering [M]. 6th ed. New York: McGraw-Hill, 2001.

[2] Toledo T R. Fundamental of food processing engineering [M]. Berlin: Springer Science Business Media, 2007.

[3] 陈炜瑶，吴国权，李彬，等．高效阴离子交换-积分脉冲法检测氨基寡糖素农药中游离氨基葡萄糖 [J]. 农药学学报，2022，24（3）：655-658.

[4] 高福成．食品工程原理 [M]. 北京：中国轻工业出版社，1998.

[5] 胡志鹏．壳寡糖的研究进展 [J]. 中国生化药物杂志，2003（4）：210-212.

[6] 姜绍通，周先汉．食品工程原理 [M]. 北京：化学工业出版社，2011.

[7] 李娟，朱捷，李春红，等．氨基寡糖素的高效阴离子交换-脉冲安培检测法 [J]. 现代农业科技，2015（21）：295-296，298.

[8] 李云飞，葛克山．食品工程原理 [M]. 北京：中国农业大学出版社，2009.

[9] 刘伟民，赵杰文．食品工程原理 [M]. 北京：中国轻工业出版社，2018.

[10] 吕树申，莫冬传，祁存谦．化工原理 [M]. 北京：化学工业出版社，2022.

[11] 潘艳秋，吴雪梅．化工原理 [M]. 北京：化学工业出版社，2017.

[12] 王志魁，向阳，王宇，等．化工原理 [M]. 北京：化学工业出版社，2018.

[13] 夏青，贾绍义．化工原理 [M]. 天津：天津大学出版社，2012.

[14] 夏泉鸣，周洋，赵黎明，等．离子交换法提取大枣中环磷酸腺苷（cAMP）的工艺研究 [J]. 生物技术进展，2012，2（4）：288-292.

[15] 杨祖荣，刘丽英，刘伟．化工原理 [M]. 北京：化学工业出版社，2020.

[16] 姚玉英，陈常贵，柴诚敬．化工原理 [M]. 天津：科学技术出版社，2010.

[17] 赵思明，熊善柏，林向东，等．食品工程原理 [M]. 北京：科学出版社，2008.

CHAPTER 13

第十三章 膜分离

本章学习重点

了解膜分离的基本原理、各种膜分离的传质机制和分离特性；了解膜种类、材料及膜组件的构成；掌握膜的结构特性，掌握膜分离过程中浓差极化与膜污染的消除方法；重点掌握各种膜技术应用、设计与计算方法、应用特点及影响膜透过通量的因素。

课程思政点

膜分离（Membrane Separation）技术是利用具有一定选择性透过特性的过滤介质，依靠其两侧存在的能量差作为推动力，利用混合物中各组分在过滤介质中迁移速率的不同来实现物质的分离与纯化的单元操作。膜分离过程均为物理过程，兼有分离、浓缩和纯化的多种功能，具有高效、节能、环保、分子级过滤、过程简单、易于控制等特征。

膜分离技术起源较早，1748 年阿贝·诺伦特（Abbe Nollet）首次进行猪膀胱渗透分离实验，发现水会自发地扩散穿过猪膀胱进入酒精中，但这一现象并未引起人们的重视。直到 1854 年格雷姆（Graham）发现了透析现象，1856 年马图奇（Matteucei）和西玛（Cima）观察到天然膜是各向异性的这一特征后，人们才开始重视膜的研究。近代工业膜分离技术的应用始于 20 世纪 30 年代，德国建立了世界上首家生产微滤膜的工厂，用于过滤微生物和其他微粒。20 世纪 60 年代后，非对称性膜制造技术取得长足的进步，特别是反渗透膜和超滤膜进入实用阶段，膜分离技术迅速发展。目前膜分离技术已经广泛应用于轻工食品、生物医药、海水淡化、环保、化工、冶金、能源、水处理等各个领域，已成为当今分离科学中的最重要手段之一。

第一节 概述

膜分离技术包含着非常丰富的内容，分类方法多样。一般按所选膜的孔径、传质推动力和传递机制进行分类，常用的主要膜分离过程包括微滤（Microfiltration，MF）、超滤（Ultrafiltration，UF）、纳滤（Nanofiltration，NF）、反渗透（Reverse Osmosis，RO）、透析（Dialysis，DS）、电渗析（Electrodialysis，ED）、渗透汽化（Pervaporation，PV）、膜蒸馏（Membrane Distillation）和气体分离（Gas Separation，GS）等。根据推动力本质的不同，上述膜分离过程又可以分为四类：①以静压力差为推动力的过程；②以浓度差为推动力的过程；③以蒸气分压差为推动力的过程；④以电位差为推动力的过程，如表 13-1 所示。

表 13-1　　膜分离过程的分类和应用范围

膜分离法	传质推动力	孔径大小	传递机制	应用举例
微滤（MF）Ⅰ	压力差（0.05~0.5MPa）	0.1 ~10μm	筛分	除菌，回收菌，分离病毒
超滤（UF）Ⅰ	压力差（0.1~1.0MPa）	1~100nm；相对分子质量 10^3~10^6	筛分	蛋白质、多肽和多糖的回收和浓缩
反渗透（RO）Ⅰ	压力差（1.0~10MPa）	0.1~1nm	筛分、溶解-扩散	盐、氨基酸、糖的浓缩、淡水制造
纳滤（NF）Ⅰ	压力差（0.5~1.5MPa）	1~2nm；相对分子质量 150~1000	溶解-扩散、Donnan 效应	氨基酸和多价离子的回收和浓缩
透析（DS）Ⅱ	浓度差	1~3nm	筛分	脱盐、除变性剂
气体分离（GS）Ⅰ、Ⅱ	压力差（1~10 MPa）、浓度差	无孔	气体与膜的亲和作用	气调保鲜
渗透蒸发（PV）Ⅲ	蒸气分压差	无孔	溶质与膜的亲和作用	有机溶剂与水的分离，乙醇分离
膜蒸馏（MD）Ⅲ	蒸气分压差	无孔	水蒸气和膜的亲和作用	高纯水生产、溶液脱水浓缩和挥发性有机溶剂的分离
电渗析（ED）Ⅳ	电位差	相对分子质量<200	荷电、筛分	脱盐，氨基酸和有机酸分离

注：Ⅰ表示以静压力差为推动力的过程；Ⅱ表示以浓度差为推动力的过程；Ⅲ表示以蒸气分压差为推动力的过程；Ⅳ表示以电位差为推动力的过程。

第二节　膜及膜组件

一、膜的性能要求

膜分离技术主要依靠驱动力和分离膜，其中分离膜更是膜分离技术的核心。衡量一种膜是否有工业化应用价值，主要考虑以下方面：

（1）高的分离系数和渗透系数。

（2）足够的机械强度和柔韧性，同时又要求过滤阻力小。

（3）适用的 pH 和温度范围广；较强的抗物理、化学和微生物侵蚀的性能；耐高温灭菌，耐酸碱清洗剂，稳定性高，使用寿命长。

（4）通过清洗，恢复通过性能好。

（5）制备方便，成本合理，便于工业化生产。

二、膜的材料

（一）天然高分子材料

纤维素衍生物，如醋酸纤维、硝酸纤维和再生纤维。醋酸纤维素有一定的亲水性，透过速度大，阻盐能力最强，常用三醋酸纤维素制成，用于反渗透膜，也可作超滤膜和微滤膜；再生纤维素可用于制造透析膜和微滤膜。但这类膜材料的最高使用温度仅为 45~50℃，最适操作 pH 范围仅为 4~6，不能超过 2~8 以外的范围（因为在高酸性下会使分子中糖苷键水解，而在碱性下，会脱去乙酰基）；易与氯作用，造成膜的使用寿命降低（使用时游离氯含量应<0.1mg/L，短期接触可耐氯 10mg/L）。同时，由于纤维素骨架易受细菌侵袭，因而难以贮存。

（二）合成高分子材料

种类较多，如聚砜、聚酰胺、聚酰亚胺、聚丙烯腈、聚烯类和含氟聚合物。聚砜膜稳定性好，但憎水性强。耐高温，使用温度一般为 75℃，有一些可以高达 125℃；使用 pH 范围宽，可以使用的范围为 1~13；耐氯性能好，一般在短期清洗时，对氯的耐受量可高达 200mg/L，长期贮存时，耐受量达 50mg/L；孔径范围宽，截留相对分子质量 1000~500000 的范围，符合于超滤膜的要求。但聚砜的耐压差，压力极限在 0.5~1.0MPa，所以不能制成反渗透膜。

聚偏氟乙烯（PVDF）目前是使用最广泛的超滤膜材料。PVDF 的分子链间排列紧密，有较强的氢键，且含氟量较高，具有优良的化学稳定性、热稳定性、耐辐射性和耐热性。PVDF 材质的化学稳定性最为优异，耐受氧化剂（次氯酸钠等）的能力是聚醚砜、聚砜等材料的 10 倍以上。在水处理中，微生物和有机物污染往往是造成超滤不可逆污堵的主要原因，而氧化剂清洗则是恢复通量最有效的手段，此时聚偏氟乙烯（PVDF）材质体现了其优越性。

（三）无机材料

陶瓷、微孔玻璃、不锈钢和碳素等。目前有孔径>0.1μm 微滤膜和截留分子质量>10000u 的超滤膜，其中以陶瓷材料的微滤膜最常用。多孔陶瓷膜主要利用氧化铝、硅胶、氧化锆和钛等陶瓷微粒烧结而成，截面的膜厚方向上孔道结构不对称。这类膜材料优点是机械强度高、耐高温、耐化学试剂和有机溶剂。缺点是膜的均匀度差，且很难制成较小孔径。

（四）复合材料

复合材料如将含水金属氧化物（氧化锆）等胶体微粒或聚丙烯酸等沉淀在陶瓷管的多孔介质表面形成膜，其中沉淀层起筛分作用。此类膜的通透性大，通过改变 pH 容易形成和去除沉淀层，清洗容易。但这类膜材料稳定性相对较差。

三、膜的性能

膜的分离透过性包括分离效率、渗透通量（或膜通量）和通量衰减系数三个方面。

（一）分离效率

对于不同的膜分离过程和分离对象可以用不同的表示方法。对于溶液脱盐或除去混合液中的微粒和高分子物质等可以用表观截留率 R 和实际截留率 R_0 表示。

$$R = 1 - \frac{c_p}{c_b} \tag{13-1}$$

$$R_0 = 1 - \frac{c_m}{c_b} \tag{13-2}$$

式中　c_b、c_p、c_m——分别为料液、透过液、膜表面上溶质的浓度，kg/m^3。

（二）渗透通量

膜的渗透通量又称膜通量，指单位时间内通过单位膜面积的透过液量表示，通常用 J 表示，单位为 kg/（m^2·s），工程上也常用 L/（m^2·h）。

（三）通量衰减系数

由于浓差极化、膜压实及膜污染等原因，膜的渗透通量将随过滤时间的延长而减少。渗透通量与时间的关系可以用下式来表示：

$$J_\theta = J_0\theta^m \tag{13-3}$$

式中　J_0——初始时刻的渗透通量，kg/（m^2·s）；

J_θ——时间 θ 的渗透通量，kg/（m^2·s）；

θ——时间，s；

m——衰减系数。

注：由于膜具有选择性，所以运行一段时间以后，膜的高压侧表面上溶质逐渐积累，当其浓度增大到超过溶液主体中溶质的浓度时，就形成了膜表面与溶液主体的浓度梯度，引起溶质从膜表面向溶液主体的扩散，这一现象称为浓差极化现象。

四、膜的结构特性

（一）孔道结构

膜的孔道结构因膜材料和制造方法而异，对膜的渗透通量、耐污染能力等操作性能具有重要影响。早期的膜多为对称膜（Symmetric Membrane），即膜截面的膜厚方向上孔道结构均匀。然而，对称膜的传质阻力大，膜通量低，并且容易污染，清洗困难。20 世纪 60 年代开发的不对称膜解决了上述对称膜的弊端，从而开创了膜分离技术发展的新篇章。如图 13-1 所示，目前超滤、微滤膜几乎全部采用不对称膜。

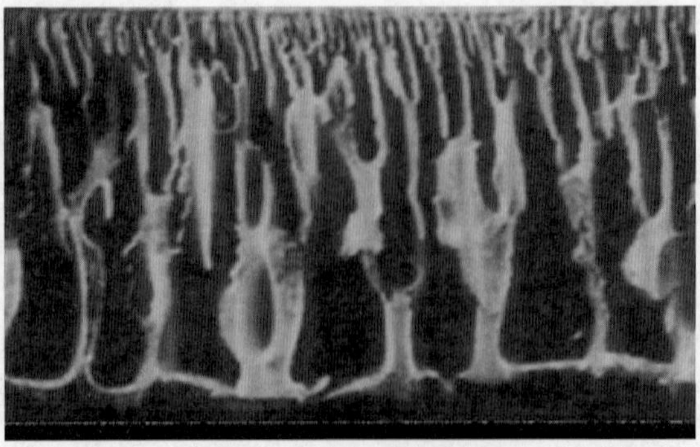

图 13-1　不对称膜结构

（二）膜的孔道分布

膜的孔道特性包括孔径、孔径分布和孔隙率。超滤和微滤膜的孔径、孔径分布和孔隙率可通过电子显微镜直接观察。此外，微滤膜的最大孔径还可通过泡点法（Bubble Point Method）测量，即在膜表面覆盖一层水，用水湿润膜孔，从下面通入空气，当压力升高到有稳定气泡冒出时称为泡点，此时的压力称为泡点压力。基于空气压力克服表面张力将水从膜孔毛细管中推出的动量平衡，可得到计算最大孔径的公式——式（13-4）。

$$d_{max} = \frac{4\sigma\cos\theta}{p_b} \tag{13-4}$$

式中　d_{max}——最大孔径，m；

σ——水的表面张力，N/m；

θ——水与膜面的接触角度；

p_b——泡点压力，Pa。

因为亲水膜可被水完全润湿，故亲水膜的 $\theta \approx 0$，$\cos\theta \approx 1$，所以：

$$d_{max} = \frac{4\delta}{p_b} \tag{13-5}$$

除核孔微滤膜的孔径比较均一外，其他膜的孔径均有较大的分布范围，图 13-2 为超滤膜孔径分布之一。

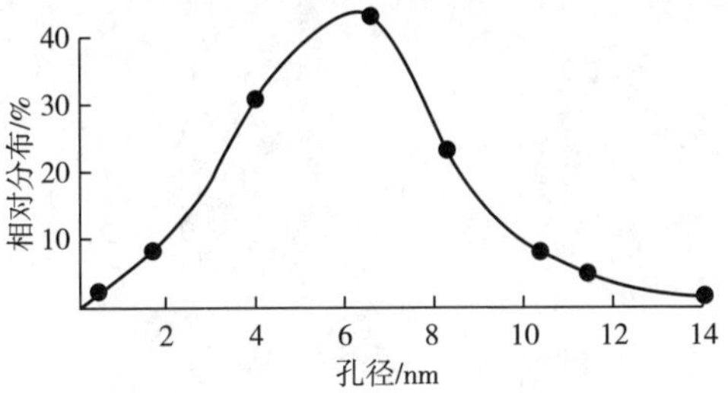

图 13-2　Millipore 公司 PTGC 超滤膜的孔径分布

五、膜组件

由膜、固定膜的支撑体、间隔物（Spacer）以及收纳这些部件的容器构成的一个单元（Unit）称为膜组件（Membrane Module）或膜装置。膜组件的结构根据膜的形式而异，目前市售商品膜组件主要有管式、平板式、螺旋卷式和中空纤维（毛细管）式等四种，其中管式和中空纤维式膜组件根据操作方式不同，又分为内压式和外压式。

（一）管式膜组件

管式膜是将膜固定在内径 10~25mm，长约 3m 的圆管状多孔支撑体（支撑体的结构一般为多孔的不锈钢、陶瓷或塑料罐）上，10～20根管式膜并联，管式膜直径通常为6～24mm（图13-3），或用管线串联，收纳在筒状容器内即构成管式膜组件。原料一般是流经膜管中心，而渗透物通过多孔支撑管流入膜组件外壳，得到渗透液，其他浓缩液通过管式膜流出，即达到了膜分离作用。管式膜组件的优点：内径较大，结构简单，适合处理悬浮物含量较高的料液，分离操作完成后的清洗比较容易，最大的优势在于有效地控制浓差极化。但是管式膜组件单位体积的过滤表面积（即比表面积）在各种膜组件中是最小的。

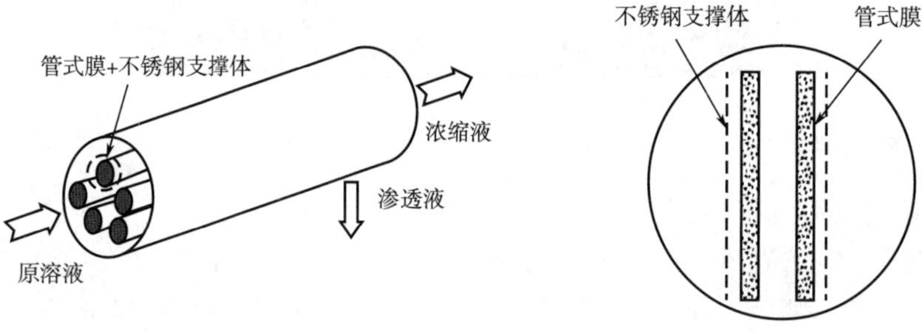

（1）管式膜组件　　（2）管式膜放大图

图13-3　管式膜示意图

（二）中空纤维（毛细管）式膜组件

中空纤维或毛细管膜组件由数百至数万根中空纤维膜固定在圆管形容器内构成，如图13-4所示，其最大的特点就是有极高的膜填充密度。严格地讲，内径为40～80μm的膜称为中空纤维膜，而内径为0.25～2.5mm的膜称为毛细管膜。由于两种膜组件的结构基本相同，故一般将这两种膜装置统称为中空纤维膜组件。毛细管膜的耐压能力在1.0MPa以下，主要用于超滤和微滤；中空纤维膜的耐压能力较高，常用于反渗透。在多数应用情况下，被分离的混合物流经中空纤维膜的外侧，而渗透物则从纤维管内流出，即多数情况下使用外压式过滤。其主要原因是外压过滤的膜面积大，单位面积的污染负荷小；而内压式过滤透膜面积小，单位面积的污染负荷大。外压膜具有较大的过滤空间（是内压膜2倍左右），更高的抗污染性能，如图13-5所示。

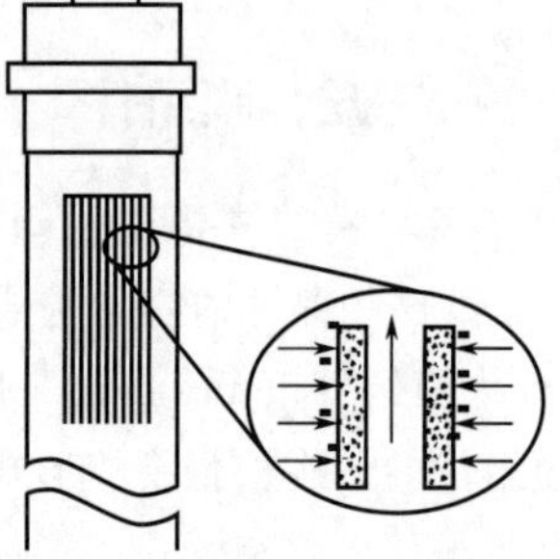

图13-4　中空纤维膜组件

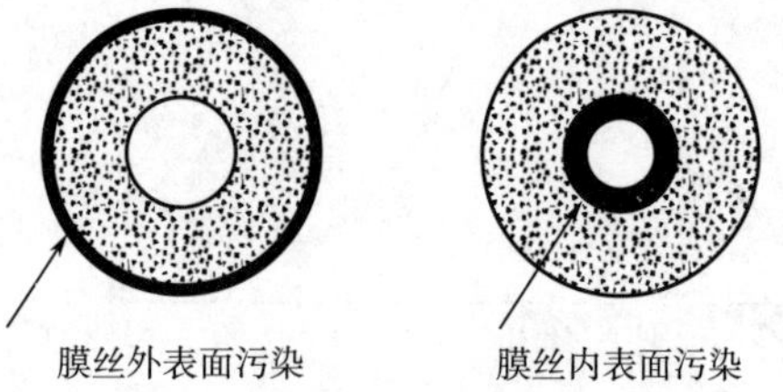

图13-5　膜运行过程中污染示意图

（三）平板式膜组件

平板式膜组件与板式换热器或加压叶滤机相似，有多枚圆形或长方形平板膜以1mm左右的间隔重叠加工而成，膜间衬设多孔薄膜，供料液或滤液流动。平板式膜组件比管式膜组件比表面积大很多。在实验室中，经常使用将一张平板膜固定在容器底部的搅拌槽式过滤器。另外一种形式是板框式膜堆，它是由两张膜一组构成夹层结构，两张膜的原料侧相对，由此构成原料腔室和渗透液腔室。在原料腔室和渗透液腔室中安装适当的间隔器。采用密封环和两个端板将一系列这样的膜组安装在一起以满足一定的膜面积要求，这便构成板框式膜堆。为减少沟流即防止流体集中于某一特定流道，膜组件中设计了挡板，如图 13-6 所示。平板式膜组件的突出优点是，每两片膜之间的渗透液都是被单独引出来的，因此，可以通过关闭各个膜组件来消除操作中的故障，而不必使整个膜组件停止运转。缺点是在平板式膜组件中需要个别密封的数目太多，另外内部压力损失也相对较高（取决于流体转折流动的情况）。

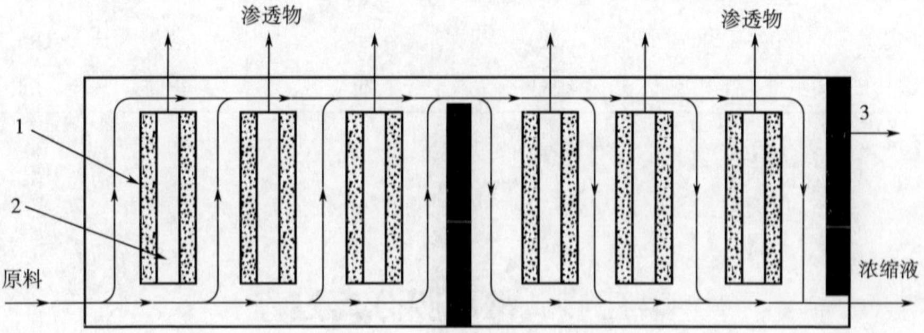

1—膜；2—渗透物通道；3—挡板。

图 13-6　平板式膜组件流道示意图

（四）螺旋卷绕式膜组件

螺旋卷式膜组件如图 13-7 所示。在卷绕式膜组件中，一个（或者多个）膜袋与由塑料制成的隔网配套，按螺旋形式围着渗透液收集管卷绕。膜袋是由两层膜构成的，每两层膜之间设有多孔的塑料网状织物（渗透液隔网）。膜袋有三面是封闭的，第四面（即敞开的那一面）接到带有孔的渗透液收集管上。原料溶液从端面进入，按轴向流过膜组件，而渗透液在多孔支撑层中按螺旋形式流进收集管。要说明的是，原料液侧隔网并不只是起着使膜之间保持一定间隔的作用，至少还对物料交换过程有着重要的促进作用（在流动速度相对较低的情况下可控制浓差极化影响）。

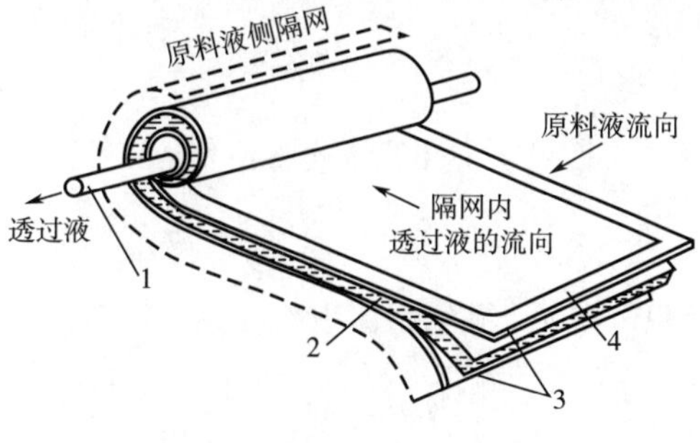

1—透过液收集管；2—渗透液隔网；3—膜；4—多孔支撑层。

图 13-7　卷绕式膜组件的构造示意图

螺旋卷式膜组件的比表面积大，结构简单，价格较便宜。但缺点是处理悬浮物浓度较高的料液时容易发生堵塞现象。

各种膜组件的特性和应用范围的比较如表 13-2 所示。

表 13-2　　各种膜组件的特性和应用范围

膜组件	比表面积/(m^2/m^3)	设备费	操作费	膜面吸附层得控制	应用
管式	20~30	极高	高	很容易	UF、MF
平板式	400~600	高	低	容易	UF、MF、PV
螺旋卷式	800~1000	低	低	难	RO、UF、MF
毛细管式	600~1200	低	低	容易	UF、MF、PV
中空纤维式	$\sim 10^5$	很低	低	很难	RO、DS

第三节　常用膜分离过程

一、超滤

（一）超滤原理

超滤是利用膜的筛分性质，以压力差为传质驱动力。超滤膜具有明显的孔道结构，主要用于截留高分子溶质和固体颗粒。超滤膜主要用于分离不含不溶性固形物成分的料液，其中分子质量较小的溶质和水分透过膜，而分子质量较大的溶质被截留。超滤过程中，膜两侧渗透压差较小，所以操作压力一般为 0.1~1MPa。

（二）超滤传递

在卷式或管式超滤和微滤过程中，流体在膜孔道内层流动。假设孔道为圆柱形，孔径均匀，则膜通量可用根据动量衡算推导的哈根-泊肃叶（Hagen-Poiseuille）方程，牛顿型流体通过圆直管作稳定层流时 ΔP-u 的关系为：

$$\Delta P = \frac{32ul\mu}{d^2} \tag{13-6}$$

将此式用于膜孔内的流动，通过一个孔的流速为：

$$u = \frac{d^2 \Delta P}{32\delta\mu} \tag{13-7}$$

设膜面积为 S，在此面积内有 n 个孔，则体积流量为：

$$q_v = \frac{\pi und^2}{4} \tag{13-8}$$

开孔率为：

$$\varepsilon = \frac{\pi nd^2}{4S} \tag{13-9}$$

体积通量为：

$$J = \frac{q_v}{S} = u\varepsilon \tag{13-10}$$

所以：

$$J = \frac{d^2 \varepsilon \Delta P}{32\delta\mu} = \frac{K_1 \Delta P}{\mu} \tag{13-11}$$

式中　d——膜孔直径，m；

e——膜的开孔率；

μ——料液的黏度，Pa · s；

q_v——通过膜孔道的体积流量，m^3/s；

δ——膜层厚度，m。

该式最重要的特征是 J 与 ΔP 成正比，J 与 $1/\mu$ 成正比。其中的比例常数只由膜的特性决定，可以用水做实验测定从图 13-8 可以看出，渗透通量与压差几乎成正比，与式（13-11）较吻合，然而流速对通量几乎无影响，说明浓差极化的影响很小。

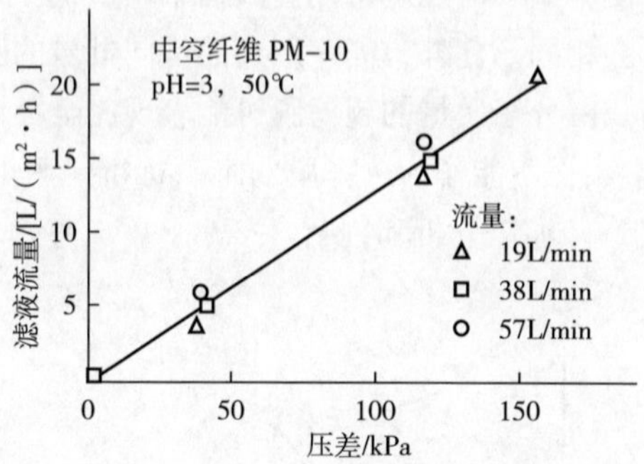

图 13-8　超滤操作压差与膜通量之间的关系

【例 13-1】 对 XM100A 超滤膜进行测定，测定其平均孔径为 1.75×10^{-8}m，每平方厘米上有孔 3×10^9 个，皮层厚 0.2μm。试估算膜的开孔率及在 100kPa 压差、20℃下的水通量。

解：①膜的开孔率

$$\varepsilon = \frac{\pi n d^2}{4S} = \frac{3.14 \times 3 \times 10^9 \times (1.75 \times 10^{-8})^2}{4 \times 1 \times 10^{-4}} = 7.21 \times 10^{-3}$$

②水通量

$$J = \frac{d^2 \varepsilon \Delta P}{32\delta\mu} = \frac{(1.75 \times 10^{-8})^2 \times 7.21 \times 10^{-3} \times 1 \times 10^5}{32 \times 0.2 \times 10^{-6} \times 1 \times 10^{-3}} = 3.45 \times 10^{-5} [m^3/(m^2 \cdot s)]$$

（三）超滤膜的分子截留作用

通过测定分子质量不同的球形蛋白质或水溶性聚合物的截留率，可获得膜的截留率与溶质分子质量之间关系的曲线，即截留曲线，如图 13-9 所示。

一般将在截留曲线上截留率为 0.90（90%）的溶质分子质量定义为膜的截留分子质量（Molecular Weight Cut-Off，MWCO）。

在理想的情况下，超滤膜的截留曲线应为通过横坐标 MWCO 的一条垂直线，分子质量小于 MWCO 的溶质截留率为 0，大于 MWCO 的溶质截留率为 1。但实际上，膜孔径均有一定的分布范围如图 13-9 所示，孔径分布范围较小则截留曲线较陡直，反之则斜坦。相对而言，孔径

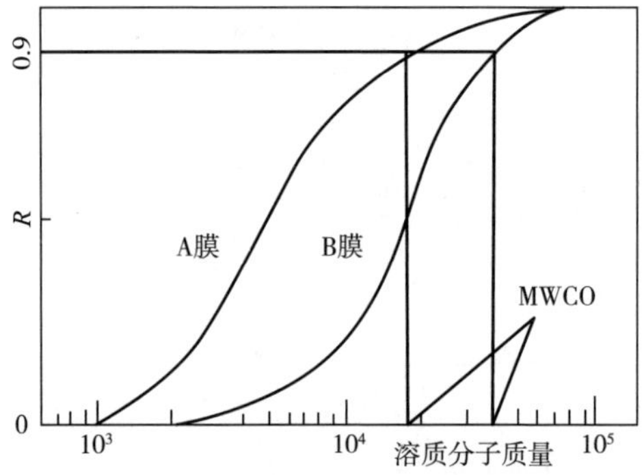

图 13-9 截留曲线与截留分子质量

的截留曲线更陡，即孔径分布范围更小，如图 13-10 中 A 线所示，相对于分布更广的 B 线来说，A 线则有更加优良的性能，特别是在膜污染后膜性能的恢复及膜的衰减速度方面。

生产膜的厂商不同，截留率曲线的锐度不同。因此不同厂商生产的两种 MWCO 相同的膜，对某一溶质的截留率可能不会相同。此外，同一厂商的不同批号的膜，对同一溶质的截留情况也可能不一样。所以，相同截留分子质量的超滤膜可能表现完全不同的截留曲线。因此，MWCO 只是表征膜特性的一个参数，不能作为选择膜的唯一标准。膜的优劣从多方面（如孔径分布、透过通量、耐污染程度等）加以分析和判断。

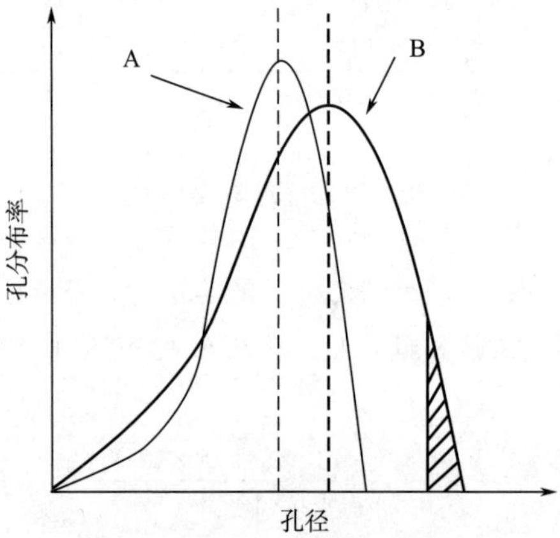

图 13-10 膜孔径与分布

在现实膜浓缩应用中，需要对超滤膜进行选择，其中最为重要的是对 MWCO 进行选择，只要确定了 MWCO 的大小，就可以选择合适的超滤膜。在选择时，应考虑以下两个因素：①膜分子质量的选择曲线；②使用一段时间后（一年左右），膜孔开始变大，分选曲线向右漂移情况。膜 MWCO 选择的常用因数如下：

$$X = \frac{\text{欲浓缩物质平均分子质量}}{\text{滤膜截留分子质量}} \tag{13-12}$$

处理时，X 一般取 3~6，当处理物料价值很高时，即希望 100%回收时，应尽量选用 $X=6$。

【例 13-2】 选择回收清蛋白滤膜的 MWCO 时，清蛋白平均分子质量为 67000u，取 $X=6$，则膜 MWCO=67000/6=10000u，所以目前世界上大部分著名的清蛋白生产厂家，如 Baxter、Armour、Miles 等选用 Pall 公司的超滤膜，所选用的 MWCO＝10000u。

（四）浓度极化模型

浓差极化模型的要点是在膜分离操作中，溶质均被透过液传送到膜表面上，不能完全透过膜的溶质受到膜的截留作用，在膜表面附近浓度升高，如图 13-11 所示。这种在膜表面附近浓度高于主体浓度，出现逆浓度梯度，从而导致有效透过通量下降的现象称为浓度极化或浓差极化（Concentration Polarization）。

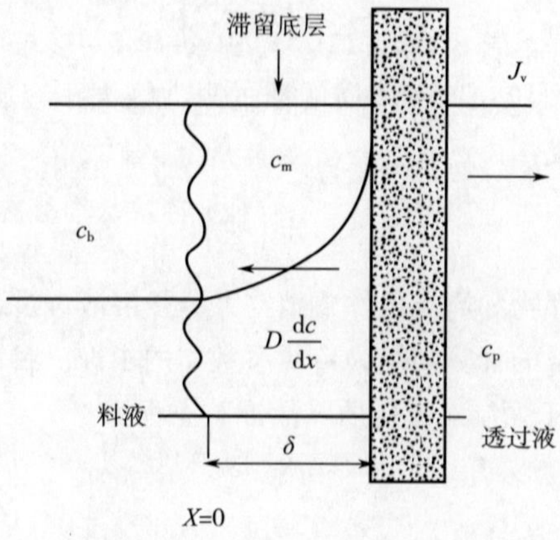

图 13-11　浓差极化模型

当膜表面浓度超过溶质的溶解度时，溶质会析出，形成凝胶层，这种现象称为凝胶极化（Gel-Polarization）。当分离含有菌体、细胞或其他固形物成分的料液时，会在膜表面形成凝胶层。

凝胶层的形成对透过产生附加的传质阻力，因此透过通量一般表示为：

$$J_v = \frac{\Delta P - \Delta\pi}{\mu(R_m + R_g)} \tag{13-13}$$

其中，R_m 和 R_g 分别为膜和凝胶层的阻力。若凝胶层仅由高分子物质或固形成分构成，式（13-13）中的渗透压差 $\Delta\pi$ 可忽略不计，因此：

$$J_v = \frac{\Delta P}{\mu(R_m + R_g)} \tag{13-14}$$

下面讨论图 13-11 所示的浓度极化模型。在稳定操作条件下，溶质的透过质量通量与滞留底层内向膜面传送溶质的通量和向主体溶液反扩散之间达到物料平衡，即：

$$J_v c_p = J_v c - B\frac{dc}{dx} \tag{13-15}$$

边界条件为：

$$c=c_b,\ x=0 \tag{13-16}$$
$$c=c_m,\ x=\delta$$

利用上述边界条件积分式，可得下式：

$$J_v = k\ln\left(\frac{c_m - c_p}{c_b - c_p}\right) \tag{13-17}$$

式（13-17）是生物料液透过通量的浓度极化模型方程。

式中　B——溶质的扩散系数，m/s；

x——虚拟滞流底层厚度，m；

c_m——膜表面浓度，mol/L；

c_b——主体料液浓度，mol/L；

c_p——透过液浓度，mol/L；

k——传质系数，$k=B/\delta$。

当压力很高时，溶质在膜表面凝胶极化层，此时式（13-17）变为：

$$J_v = k\ln\left(\frac{c_g - c_p}{c_b - c_p}\right) \quad (13-18)$$

c_g 为凝胶层浓度。形成凝胶层时，溶质的透过阻力极大，透过液浓度 c_p 很小，可忽略不计，故式（13-18）可改写成：

$$J_v = k\ln\left(\frac{c_g}{c_b}\right) \quad (13-19)$$

式（13-19）是菌体悬浮物和高压条件下生物大分子溶液透过通量的凝胶极化模型方程。

式（13-18）将滤液通量的计算归结为传质系数 k 的求取。目前最常用的计算方法是采用准数方程。超滤中的传质属于强制对流传质，故准数方程为：

$$Sh = A_1 Re^{B1} Sc^{B2} \quad (13-20)$$

$Re<1800$ 时为层流：

$$Sh = 1.86\ (ReScd_h/l)^{0.33} \quad (13-21)$$

$Re>4000$ 时为湍流：

长流道 $$Sh = 0.023Re^{0.8}Sc^{0.33} \quad (13-22)$$

短流道 管式膜 $$Sh = 0.276Re^{0.58}\ (Scd_h/l)^{0.33} \quad (13-23)$$

板式膜 $$Sh = 0.44Re^{0.58}\ (Scd_h/l)^{0.33} \quad (13-24)$$

式中 Sh——*Sherwood* 数 $=kd_h/D$，其意义为对流传质与分子扩散传质之比，或流道尺寸与边界层厚度之比；

Re——*Reynold* 数 $=ud_h\rho/\mu_s$，表示惯性力与黏性力之比；

Sc——*Schmidt* 数 $=\rho\mu_s/D$，它反映了物性的影响，表示动量传递与质量传递之比；

d_h——水力直径，m；

l——通道长度，m；

u——平均流速，m/s；

μ_s——动力黏度，mPa·s。

浓差极化-凝胶层模型是目前在超滤中广泛使用的模型，它能很好地解释主体浓度、流体力学条件对通量的影响，以及通量随压力增大而出现极限值等现象。但存在两方面缺陷：①在凝胶层形成后，通量和膜种类无关；②凝胶层浓度应为常数。这两方面都与实际不符。事实上，不同膜的通量可以相差很多倍，而凝胶层浓度对一定溶质来说也不为常数，而和膜的种类、主体浓度和料液速度等有关。对 PEG 等亲水性物质，求得的凝胶层浓度非常低，为 5.3%，而对某些物质则超过 100%，这显然是不合理的。

（五）超滤的应用

如图 13-12 所示，纯水生产时，关闭阀门 2、4、6、8、9，打开阀门 1、3、5、7、10、11，使经过砂粒和活性炭过滤的纯水流入，当水完全灌满了微滤（MF）膜后，立即关闭阀门 5，则经过外压式微滤过滤后，纯水汇集到微滤膜的中间流向到超滤膜中（此时通过阀门 7 流入）进行内压式过滤，通过控制阀门 11（注意：一定要控制阀门 11 的打开程度，如果阀门关的过小，则压力会超过膜的最大承受压力；如果开的过大，则产生不了理想的压力，达不到过滤的效果），使压力表读数为 0.1MPa 即可，不同的膜压力调节大小不一样，应由厂家来提供。超滤膜过滤方式一般由内压式和外压式两种，其示意图如 13-13 所示。

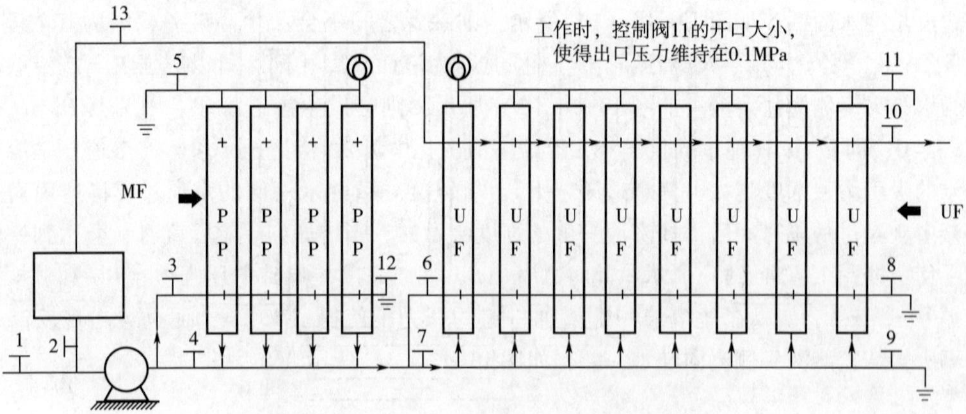

图 13-12　微滤、超滤在纯水生产中的应用

注：图中箭头方向表示纯水的流动方向，其中精滤（MF）为外压式，超滤（UF）为内压式。

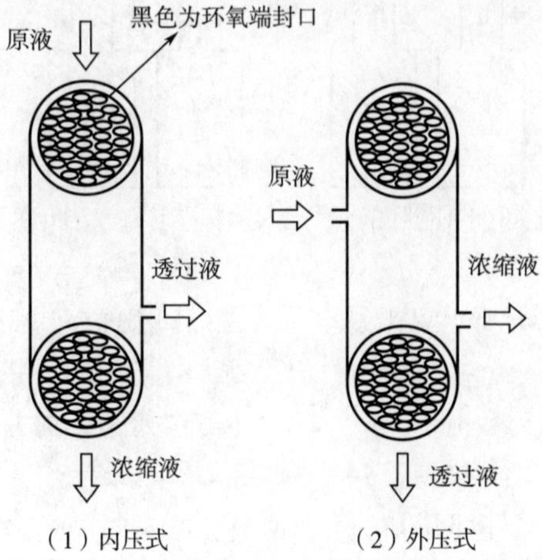

图 13-13　内压式和外压式过滤结构示意图

超滤主要是利用孔径为 0.001~0.02μm 的超滤膜来过滤含大分子物质和微细离子的，可以截留蛋白质等大分子物质、更能截留比蛋白质分子更大的如微生物和细微颗粒。

采用超滤膜分离后的溶液能够极大程度上除去微生物。一般来说，狭义细菌的直径约 0.5μm，长度 0.5~5μm。如大肠杆菌其细胞长度约 2μm，放线菌和蓝细菌的直径为 3~10μm。值得特别关注的是一些致病菌，如大肠杆菌的直径为 0.5~3μm；金黄色葡萄球菌的直径为 0.8μm 左右；白色念珠菌细胞比葡萄球菌大 5~6 倍，直径为 4~5μm；绿脓杆菌直径为 1.5~3.0μm；沙门菌为 0.6~3μm；李斯特菌直径为 0.5~2.0μm；另外一些真核微生物的直径就更大，如酿酒酵母菌的细胞大小为（2.5~10）μm×（4.5~21）μm、霉菌的直径为 3~10μm。所以从理论上来讲，超滤膜几乎能够100%地除去微生物，特别是对致病菌的清除。

二、反渗透

（一）反渗透原理

反渗透是典型的压力差为推动力的膜分离过程。从图13-14中的（1）、（2）、（3）、（4）中可以看出渗透以及反渗透现象。当一个容器中间用反渗透膜隔住中间，如果一边是纯水，另外一边也是纯水的话，如图13-14（1）所示，则二者之间不会产生高度差，因为其浓度 $c_1=c_2$，那么电化学势 $\mu_1=\mu_2$，渗透压 $\pi_1=\pi_2$，同时因为液面高度相同，所以压强 $P_1=P_2$。然而若一侧为水，另一侧为盐溶液，如图13-14（2）所示，则会发生渗透现象。因为其 $P_1=P_2$；浓度 $c_2>c_1=0$，即 $\mu_1>\mu_2$（纯水的化学势大于盐溶液的化学势），渗透压 $\pi_1<\pi_2$（渗透压是溶质微粒对水的吸引力，浓度越大，其渗透压越大），所以会导致纯水一侧的水通过反渗透膜而进入盐溶液中，经过一段时间后，盐溶液一侧的高度会增加。当增加到一定程度时，会达到一定的动态平衡，即图13-14（3）所示，此时 $\Delta P=\Delta\pi$，液面高度差导致的压强差（P_2-P_1）= 渗透压力差（$\pi_2-\pi_1$）。如果在盐溶液一侧增加一定的压力，使得 $\Delta P>\Delta\pi$，那么会出现反渗透现象，即水会从盐溶液一侧流向纯水一侧，如图13-14（4）所示。

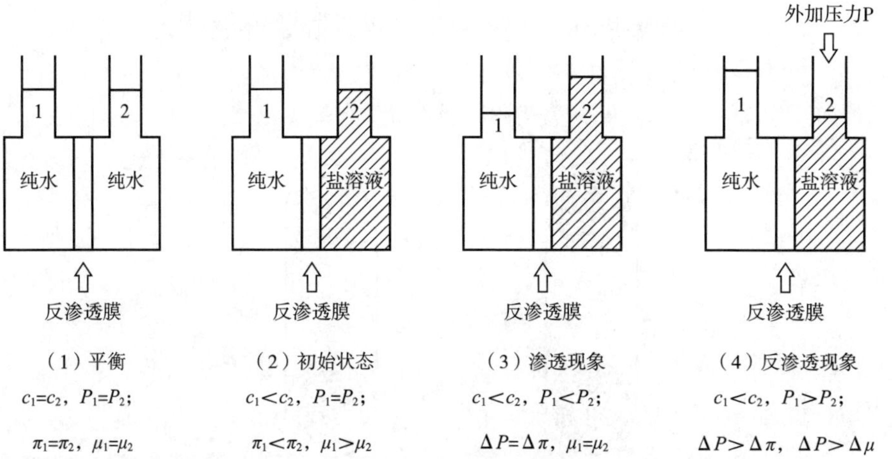

图13-14 渗透与反渗透现象

（二）反渗透的传递过程

根据化学热力学的基本理论可以推导出理想稀溶液的渗透压公式：

$$\pi = RT\sum c_{si} \tag{13-25}$$

式中 c_{si}——溶液中溶质 i 的摩尔浓度，mol/L。

该式称为理想溶液渗透压的Van't Hoff公式。

从式（13-25）可以看出，溶质浓度越高，渗透压越大。如果欲使2侧溶液中的溶剂（水）透过1侧，在2侧所施加的压力必须远大于此渗透压，这种操作称为反渗透［图13-14（4）］。一般反渗透的操作压力为渗透压的几倍到几十倍，达到几十个大气压。

【例13-3】 试用稀溶液Van't Hoff公式计算25℃下含NaCl 3.5%的海水的渗透压（理想状态，不考虑其他盐分的影响），由于NaCl质量分数很小，所以假设溶液的体积为水的体积，同

时假设水的密度为 $1000kg/m^3$。

解：海水中的 NaCl 可认为完全解离为 Na^+和 Cl^-，即形成渗透压的离子浓度为 NaCl 浓度的两倍。

海水中的 NaCl 浓度：

$$c_{NaCl} = \frac{n_{NaCl}}{V_{水}} = \frac{m_{NaCl}}{M_{NaCl}} \cdot \frac{\rho_{水}}{m_{水}} = \frac{3.5}{58.5} \times \frac{1000}{100-3.5} = 0.620(mol/L)$$

海水的渗透压：

$$\pi = RT\sum c_{si} = RT(c_{Na^+} + c_{Cl^-}) = 8.314\times10^3 \times (273+25) \times (0.620+0.620) = 3.072(MPa)$$

RO 膜无明显的孔道结构和性质，其透过机制尚不十分清楚。目前有优先吸附、毛细管流动理论和溶解-扩散理论，其中以溶解-扩散模型最为简单实用。该模型假设溶剂或溶质首先溶解在膜中，然后溶质和水在化学势的推动下，在膜内扩散通过 RO 膜，最后溶质和水在膜的下游侧解吸。

溶质和水在膜中的溶解度可以是不同的，在膜内的扩散速率也可以是不同的，这样就会产生分离的效果。对于水的扩散，引用 Fick 第一定律：

$$J_w = \frac{-D_w dc_w}{dz} \tag{13-26}$$

假设水在膜内的溶解服从亨利（Herry）定律，根据化学位和活度的关系，在等温情况下，可推得其质量流量 J_w：

$$J_w = \frac{D_w c_w V_w}{RT\delta}(\Delta P - \Delta\pi) = A(\Delta P - \Delta\pi)\ [kg/(m^2 \cdot s)] \tag{13-27}$$

式中　A——溶剂透过系数，它只与膜的特性和温度有关。

这个公式中的（ΔP-$\Delta\pi$）可视作为有效压差。同理，其体积流量为 J_v：

$$J_v = L_p(\Delta p - \Delta\pi)\ [m^3/(m^2 \cdot s)] \tag{13-28}$$

式中　L_p——溶剂透过系数。

类似地，对于溶质的渗透有：

$$J_s = B(c_1 - c_2) = B\Delta c\ [kg/(m^2 \cdot s)] \tag{13-29}$$

式中　B——溶质的扩散系数，B 只与溶质的性质、膜材料的性质和膜的结构有关，与压力的相关性不大；

c_1、c_2——溶质的质量浓度，kg/m^3；

Δc——膜两侧溶液中溶质的浓度差，kg/m^3。

溶解-扩散模型并不限制于在反渗透中应用，它的意义要广泛的多。图 13-15 为用醋酸纤维素膜对橙汁进行反渗透浓缩时的渗透通量与压差间的关系，它与式（13-27）较符合。

实际上，所有的膜都存在着溶质通过的现象，不可能将溶质 100%地除去。一般性能较好的膜的脱盐率在 97%以上，较差的也有 90%左右。溶解-扩散模型比较适用于均质膜中的扩散过程，是目前较为流行的模型之一。它不仅可用于反渗透，也可用于其他均质膜分离过程，其缺点是未考虑膜材料和膜结构对扩散的影响。

J_s 和 J_w 的关系可以由稳定时溶质的物料衡算得到。由渗透过膜的渗透液（溶液）体积相等作为衡算的基准，即假设单位时间、单位面积上流过的渗透体积量（m^3）相等：

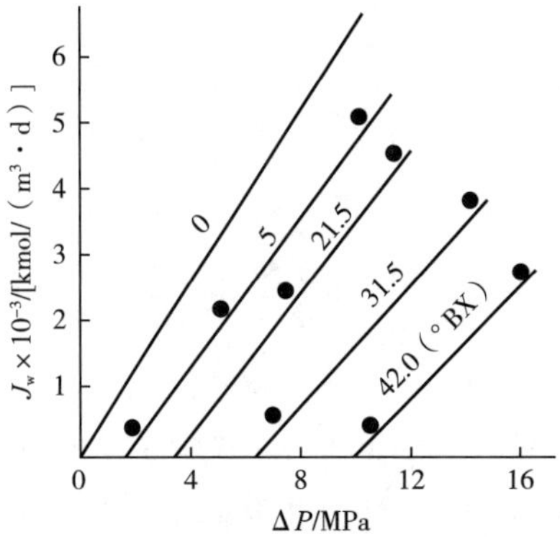

图 13-15　醋酸纤维素膜对橙汁进行反渗透浓缩时的渗透通量与压差间的关系

$$V = \frac{J_s}{c_2} = \frac{J_w}{c_{w2}} \tag{13-30}$$

即

$$J_s = J_w \frac{c_2}{c_{w2}} \tag{13-31}$$

式中　V——透过液体积，m^3；

c_{w2}——溶剂在透过液中的浓度，kg/m^3；如果透过液较稀，c_{w2} 近似为溶剂的密度，特别是对于分离率较高（$R>0.9$）的膜，c_{w2} 更接近于溶剂的密度。

将式（13-27）和式（13-29）代入式（13-31）中：

$$B(c_1 - c_2) = A(\Delta P - \Delta\pi)\frac{c_2}{c_{w2}} \tag{13-32}$$

$$1 - \frac{c_2}{c_1} = \frac{A}{Bc_{w2}}(\Delta P - \Delta\pi)\frac{c_2}{c_1} \tag{13-33}$$

令

$$F = \frac{A}{Bc_{w2}} \tag{13-34}$$

转换后得分离率 R 为：

$$R = 1 - \frac{c_2}{c_1} = \frac{F(\Delta P - \Delta\pi)}{1 + F(\Delta P - \Delta\pi)} \tag{13-35}$$

其中，F 的单位为 Pa^{-1}，可由实验测定。R 值越大，反渗透对溶剂和溶质的分离效果越好。

【例 13-4】 反渗透实验中，原液为 25℃ 的 NaCl 水溶液，浓度为 $3.5kg/m^3$，密度为 $999.5kg/m^3$，渗透压为 280kPa，反渗透压差为 3.0MPa。所得透过液密度为 $997kg/m^3$，渗透压为 8.10kPa。渗透率常数 $A=3.5\times10^{-9}kg/(Pa\cdot m^2\cdot s)$，$B=2.5\times10^{-7}m/s$。求水和 NaCl 透过膜的速率，溶质分离率和透过液的浓度。

解：①溶剂水的透过膜速率

$$J_w = A(\Delta P - \Delta\pi)$$

$$A=3.5\times10^{-9}\ [kg/(Pa\cdot m^2\cdot s)];\ \Delta P=3.0\times10^6\ (Pa)$$

$$\Delta\pi=0.28\times10^6-0.0081\times10^6=0.272\times10^6\ (Pa)$$

$$J_w=3.5\times10^{-9}\times(3.0-0.272)\times10^6=9.548\ [kg/(m^2\cdot s)]$$

②溶质的分离率

$$R = 1 - \frac{c_2}{c_1} = \frac{F(\Delta P - \Delta\pi)}{1 + F(\Delta P - \Delta\pi)}$$

$$c_{w2} \approx \rho = 997\ (\text{kg/m}^3)\ (\text{透过液密度})$$

$$F = \frac{A}{Bc_{w2}} = 1.4 \times 10^{-5}\ (\text{Pa}^{-1})$$

$$R = 1 - \frac{c_2}{c_1} = \frac{F(\Delta P - \Delta\pi)}{1 + F(\Delta P - \Delta\pi)} = \frac{1.4 \times 10^{-5} \times 2.728 \times 10^6}{1 + 1.4 \times 10^{-5} \times 2.728 \times 10^6} = 0.974$$

③透过液的浓度

$$R = 1 - \frac{c_2}{c_1} = 0.974$$

已知：$c_1 = 3.5\ (\text{kg/m}^3)$

$$c_2 = 0.091\ (\text{kg/m}^3)$$

④溶质的透过速率

$$J_s = B(c_s - c) = B\Delta c_2$$

$$\Delta c_2 = (c_1 - c_2) = 3.409\ (\text{kg/m}^3)$$

$$J_s = \text{B}\Delta c_2 = 2.5 \times 10^{-7} \times 3.409 = 8.52 \times 10^{-7}\ [\text{kg/(m}^2 \cdot \text{s)}]$$

从式（13-27）和式（13-28）还可以看出，随着压力升高，溶剂的体积通量线性增大，而溶质的质量通量与压力无关。所以，透过液中溶质浓度比（c_{2P}）随压力升高而降低。

$$c_{2p} = \frac{J_s}{J_v} = \frac{B\Delta c_2}{L_p(\Delta P - \delta\Delta\pi)} \tag{13-36}$$

因此，提高反渗透操作压力有利于实现溶质的高度浓缩。

上述溶解-扩散模型比较适用于无机盐的反渗透过程，但对于有机溶质，式（13-27）和式（13-28）用下述较一般的形式表达：

$$J_v = L_p(\Delta P - \delta\Delta\pi) \tag{13-37}$$

$$J_s = c_2(1 - \delta)J_v + B\Delta c_2 \tag{13-38}$$

其中，δ 为膜对有机溶质的反射系数（Reflection Coefficient），$0<\delta<1$，与膜的种类有关。$\delta=1$ 时称为理想反射（Prefect Reflection），膜对溶质的截留作用最强，此时上述各式分别与溶解-扩散模型推导的结果相同；$\delta=0$ 时溶剂的透过量不受渗透压的影响，与压差成正比，溶质也具有较大的透过通量。

与超滤一样，反渗透也存在浓差极化，而且渗透压的影响不容忽视。浓差极化现象是反渗透过程中必须加以考虑的。其数学处理与描述传质控制区的超滤的处理方法相同，计算滤液通量的公式为式（13-18）。关于传质系数 k 的计算，与超滤过程采用的特征数关联式相同，然而反渗透一般用于截留小分子盐类，而不是易于形成凝胶层的亲水高分子，因此在膜表面不会形成凝胶层。但膜表面上的溶质浓度 c_g 往往不是常数。

（三）反渗透的应用

乳清中含有高营养价值的蛋白质、乳糖、脂肪及矿物质。为了从低分子质量组分中分离出蛋白质，通常采用超滤和反渗透处理，如图 13-16 所示。

三、纳滤

纳滤是利用孔径为 1nm 的纳滤膜来进行分离的膜分离过程。从孔径上看，纳滤处于超滤与

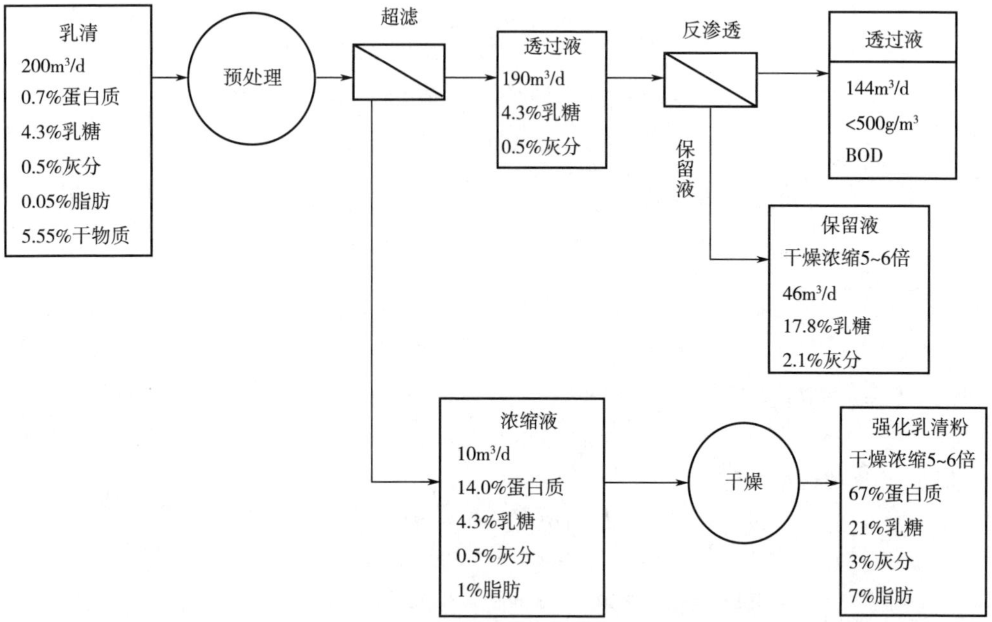

图 13-16 乳清分离过程中超滤、反渗透的应用

反渗透之间，从操作压力上来看，也是处于超滤和反渗透之间，其操作压力为 0.5~1.5MPa，所以又被称为“低压反渗透”。从截留的分子质量来看，纳滤截留物质的分子质量大小在 150~1000u，而分子质量在这个范围的物质在食品工业中又扮演着非常重要的角色，如糖类、氨基酸、有机酸、抗生素等。当然，纳滤膜与超滤膜和反渗透膜的不同在于大多数纳滤膜带有电荷，对与其相同电荷的离子或者价位更高的离子有更大的截留率，所以当需要对低浓度的二价离子和分子质量 150~1000u 的溶质进行截留时，选择纳滤比使用反渗透更经济。由于纳滤独特的功能使其在食品工业有着更为广阔的前景，现已经广泛地运用到低聚糖的分离、氨基酸的分离、乳制品的浓缩等。

（一）纳滤的分离原理

纳滤的分离原理一般认为是溶解-扩散理论和道南（Donnan）效应。溶解-扩散原理：渗透物在高压侧吸附和溶解于膜中，然后在化学位差的推动下溶剂以分子扩散透过膜，最后溶剂在膜的透过液侧表面解吸；Donnan 平衡模型：将荷电基团的膜置于含盐溶剂中，溶液中的反离子（所带电荷与膜内固定电荷相反的离子）在膜内大于其在主体溶液的浓度，而同离子（所带电荷与膜内固定电荷相同）在膜内的浓度则低于其在主体溶液中的浓度。由此形成的 Donnan 电位差阻止了同离子从主体溶液向膜内的扩散，为了保持电中性，反离子也被膜截留。大多数膜内的荷电基团为带负电的磺酸根和羧酸根，所以大部分纳滤膜内固定电荷为负电，其分离原理图如 13-17 所示。

（二）纳滤的传递

纳滤膜对极性小分子有机物的选择性截留是基于溶质的尺寸和电荷。溶质的传递可以理解为以下两步：第一步，根据离子所带电荷选择性地吸附在膜的表面；第二步，在扩散、对流、电泳移动性的共同作用下传递通过膜。

纳滤膜的特性如下：

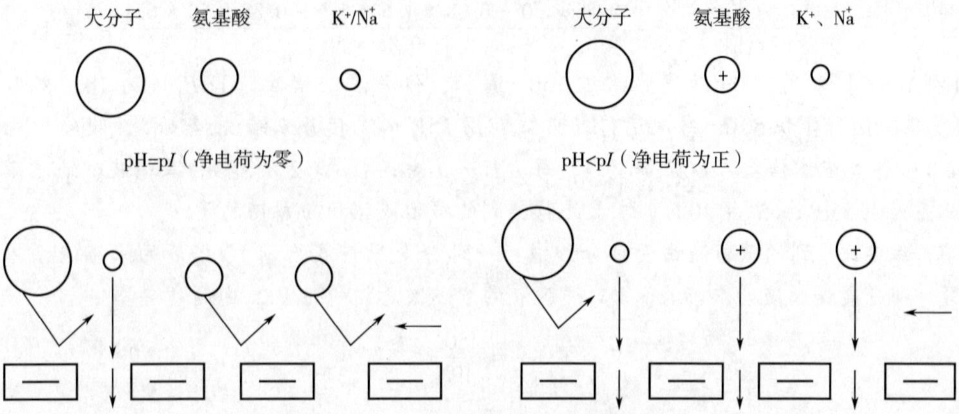

图 13-17　纳滤膜分离氨基酸原理图

（1）对不同价态离子截留效果不同　对单价离子的截留率低，对二价和多价离子的截留率明显高于单价离子。

对阴离子的截留率按下列顺序递增：NO_3^-、Cl^-、OH^-、SO_4^{2-}、CO_3^{2-}；

对阳离子的截留率按下列顺序递增：H^+、Na^+、K^+、Mg^{2+}、Ca^{2+}、Cu^{2+}。

（2）对离子截留受共离子影响　在分离同种离子时，共离子价数相等，共离子半径越大，膜对该离子的截留率越大，共离子价数越大，膜对该离子的截留率越高。

（三）纳滤的应用

1. 氨基酸多肽的分离、纯化及浓缩

氨基酸是两性物质，分子中既有正电荷基团，又有负电荷基团，不同的氨基酸有不同的等电点。所以，通过改变 pH 的大小，可以改变氨基酸的带电性，而带电性的改变可以让分子质量相近而等电点相差较大的氨基酸进行分离，如图 13-16 所示。如天冬氨酸、异亮氨酸、鸟氨酸的分子质量分别是 133、131、132u，几乎相同，但是等电点时的 pH 分别为 2.8、5.9、9.7，相差较大，荷电纳滤膜对氨基酸的截留率的大小是 pH 的函数，如在 5.0 时，对天冬氨酸的截留率为 40%，而对异亮氨酸和鸟氨酸的截留率小于 10%。

2. 乳制品的浓缩

牛乳超滤透过液（MUP）和乳清是干酪生产的主要副产品。两种液体的 COD 高达 60000mg/L，必须处理后才能排放。另外，这些废液中含有高浓度蛋白质和乳糖，可用于幼儿食品、熟食和冰淇淋等的制作，但其中含有的矿物质影响口味。对纳滤膜和反渗透膜处理脱脂牛乳的实验结果表明，使用反渗透膜浓缩处理的乳液，由于盐类和乳糖都被浓缩，咸味和甜味都被增强，所以使乳的总体评价降低。而使用纳滤膜，选择适当的浓缩比进行处理，使得脱脂乳具有盐类平衡的良好风味。

【例 13-5】采用 10ku 超滤膜澄清果汁 50L，原液可溶性固形物含量为 8.8%，每有 10L 果汁透过，损失 10%，最终截留液量为 5.6L，截留液可溶性固形物含量是原液的 1.6 倍，超滤膜运行跨膜压差为 0.6MPa，温度 35℃。求此时果汁的体积浓缩倍数（*VCF*）与可溶性固形物的保留率。

解：

$$VCF = \frac{V_0}{V_0 - V_p} = \frac{50}{50 - (50 - 5.6 - 50 \times 0.1)} = 4.7$$

$$\frac{M_0 - M_S}{M_0} = \frac{c_0V_0 - c_jV_j - c_sV_s}{c_0V_0} = \frac{0.88 \times 50 - 0.88 \times 1.6 \times 5.6 - 0.88 \times 50 \times 0.1}{0.88 \times 50} = 72.1\%$$

【例 13-6】 采用 300u 纳滤膜浓缩 150L 寡糖，体积浓缩倍数（VCF_1）为 10，初始浓度 40g/L，单次运行体积 50L，每次运行结束立即用 15L 水洗膜并浓缩洗膜液，洗膜液中糖浓度为 15g/L，体积浓缩倍数（VCF_2）为 4，每运行一次大约损失 12%体积的寡糖液，纳滤膜运行跨膜压差为 1.5MPa，温度 40℃。求最终收集到的截留液体积与寡糖总量。

解： 最终收集到的截留液由两部分组成，一部分是原料液浓缩 10 倍后的浓缩液，体积为 V_1，另一部分是洗膜液的浓缩液，3 次洗膜液的浓缩液总体积为 V_2。由题意得：

$$V_1 = \frac{V_0}{VCF_1} = \frac{150}{10} = 15(\text{L})$$

$$V_2 = \frac{V_3}{VCF_2} = \frac{15 \times 3}{4} = 11.3(\text{L})$$

故收集到的总截留液：$V_3 = V_1 + V_2$

$$V_3 = V_1 + V_2 = 15 + 11.3 = 26.3(\text{L})$$

获得的寡糖总量 M_T 由原料液中的总糖含量 M_0 去除浓缩阶段和洗膜过程的损失量 M_1 和 M_2，即：

$$M_T = M_0 - M_1 - M_2 = 40 \times 150 - 40 \times 0.12 \times 150 - 15 \times 0.12 \times 45 = 5.2(\text{kg})$$

四、电渗析

（一）电渗析过程的原理

电渗析是基于离子交换膜对阴、阳离子的选择性，在直流电场的作用下使阴、阳离子分别透过相应的膜以达到分离目的的一种分离方法。目前已在海水淡化、苦咸水淡化和超纯水制备上得到极大的利用。电渗析要具备两个基本条件：一是直流电的电势差；二是具有选择性透过的离子交换膜。阳离子交换膜，是用于交换阳离子，即只允许阳离子通过，其结构为阴离子固定基团+阳离子交换基团；而阴离子交换膜，用于交换阴离子，只有阴离子可以通过，其结构为阳离子固定基团+阴离子交换基团，如图 13-18 所示。

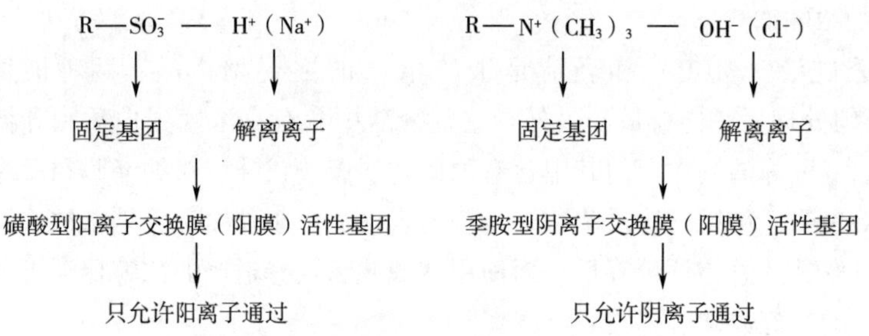

图 13-18 离子交换膜的结构及性能

利用电渗析过程进行盐水脱盐的过程原理如图 13-19 所示。当盐水用电渗析器进行脱盐时，将电渗析器接通电源，盐水开始导电，盐水中的离子在直流电场的作用下而发生迁移，阳离子向负极移动，阴离子向正极移动。由于电渗析器两级交替排列多组的阳、阴离子交换膜，而阳膜只允许阳离子通过，阴膜只允许阴离子通过，即Ⅰ、Ⅲ区的盐离子含量增加（一是自身区域内的盐离子不能通过离子交换膜；二是通过离子交换膜而引入了新的盐离子，且也不能排出，从而导致盐离子含量增加)，所以排出的水是浓盐水；Ⅱ区的盐离子含量减少（其主要是由于自身区域的盐离子通过离子交换膜而排出膜外)，所以排出的水是淡水。

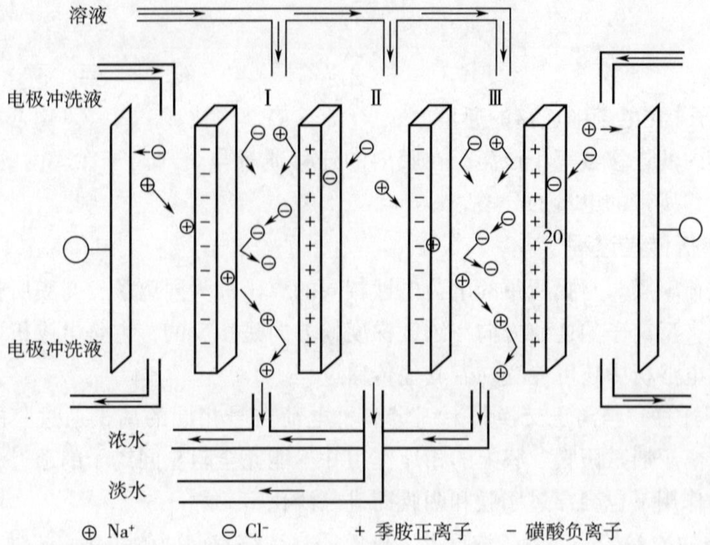

图 13-19　离子交换膜的选择性

（二）电渗析基本概念

1. 法拉第定律

法拉第定律是电化学中的基本定律，内容如下：

（1）电流通过电解质溶液时，在电极上参与反应的物质的量正比于电流和通电时间，即正比于通过溶液的电量。

（2）每通过 96500 库仑（C）的电量，在任一电极上发生得（失）1mol 电子的反应，参与此反应的物质的量为 1mol。

将 $F=96500\text{C/mol}$ 称为法拉第常数，表示为 1mol 电子的电量。

2. 离子的迁移

电解质溶液中的离子在电场力的推动下移动。在一维情形下，可以用类似于菲克定律的一阶微分方程来描述离子 i 在电场力推动下的迁移速度：

$$u_i = -\frac{K_i \mathrm{d}E}{\mathrm{d}x} \tag{13-39}$$

式中　$\frac{\mathrm{d}E}{\mathrm{d}x}$——电位梯度。

当 $\frac{\mathrm{d}E}{\mathrm{d}x}=1\text{V/cm}$ 时，某离子在一定溶剂中的迁移速度称为该离子的淌度。淌度并不等于式（13-39）中的 K_i，而是等于 K_i 除以离子价数 Z_i 的商：

$$m_i = \frac{K_i}{Z_i} \tag{13-40}$$

离子淌度和扩散系数间的关系可用能斯特-爱因斯坦方程描述：

$$m_i = \frac{D_i F Z_i}{RT} \quad (13-41)$$

3. 迁移数

某离子 i 在溶液中的迁移数定义为该离子传递的电流与总电流之比：

$$t_i = \frac{J_i Z_i}{\sum J_i Z_i} \quad (13-42)$$

式中　J_i——离子 i 在电场中迁移的通量，mol/(m^2·s)。

某离子在膜内的迁移数等于该离子在膜内的迁移通量与全部离子在膜内的迁移通量之比，也等于该离子迁移所带的电量的分率。

（三）电渗析传递过程

电渗析膜是荷电膜。与膜所带的电荷电性相同的离子称为同离子，与膜所带的电荷相反的离子称为反离子。反离子的迁移方向与浓度梯度的方向是相反的，它是电渗析中的主要传递过程。除此之外，电渗析中还可能存在着其他传递过程。

（1）同离子迁移　与离子交换膜上固定离子电荷符号相同的离子通过膜的传递。即阳离子通过阴膜，阴离子通过阳膜。膜上的相斥作用并不能完全阻止同离子的透过，浓缩室中的阴阳离子在电场的作用下也会穿过阳膜和阴膜而进入淡化室。

（2）电解质的浓差扩散　由于浓度差，电解质自浓缩室向两侧淡化室扩散。

（3）水的渗透　在渗透压的作用下，溶剂（水）从淡化室向浓缩室渗透。

（4）水的电渗透　由于离子的水合作用，在反离子迁移和同离子迁移的同时都会携带一定数量的水分子一起迁移。

（5）水的电解　当发生浓差极化时，水电解产生 H^+ 和 OH^- 也可通过膜。

（四）电渗析的理论

1. 索纳尔（Sollner）双电层（Electric Double Layer）理论

双电层指固定基团的离子+周围带相反电荷的离子层。

溶液中带正电荷的阳离子在电场作用下作定向运动时能穿过带负电荷的阳膜，但被带正电荷的阴膜排斥。同样溶液中带负电荷的阴离子，能穿过带正电荷的阴膜，而被带负电荷的阳膜所排斥，这就是双电层理论。

该机制不足之处是解释不了同名离子的迁移现象，即在某些情况下阴离子也能透过阳离子交换膜，阳离子也能透过阴离子交换膜的现象。

2. 道南（Donnan）平衡理论

Donnan 平衡理论指可扩散离子（能透过半透膜的离子）在半透膜两侧或膜内外不相等的现象，是由于膜带有不可扩散离子。

首先在盐水溶液当中，离子交换膜上的离子进行解离（解离成不可迁移的固定离子如磺酸根离子、季胺离子和能透过半透膜的盐离子如 Na^+ 和 Cl^-），然后盐离子在膜内外扩散，同时电解质中的盐离子与离子交换膜电离出来的盐离子进行交换，达成动态平衡，最后通过膜（膜内外化学势相等，但是由于不可迁移的离子存在，使得离子的分布不均，而造成同名离子的迁移）。

由 Donnan 定律可以知道，阳离子交换膜中的阳离子浓度要大于电解质中阳离子浓度；同理，在阴离子交换膜中阴离子浓度要大于电解质中阴离子的浓度。该理论较好地解释了阴离子也能通过阳膜，阳离子也能通过阴膜。

（五）电渗析中的浓差极化

电渗析过程中的浓差极化不同于超滤或反渗透，其是电流密度超过在界面上进行稳定传质的电流密度时在界面上发生的，产生的条件是迁移离子在膜表面上的浓度接近耗竭，故称为耗竭极化。

该电解质 A^+B^- 溶液流经阴膜隔开的电渗析器两室，膜两侧的浓度分布如图 13-20 所示。BC 和 XY 为扩散层厚度，B^- 离子从左向右通过溶液边界层的电迁移通量为：

$$J_{-e} = \frac{t_- i}{FZ} \tag{13-43}$$

在膜内的电迁移通量为：

$$\overline{J_{-e}} = \frac{\overline{t_-} i}{FZ} \tag{13-44}$$

阳离子通过溶液边界层的电迁移通量为：

$$J_{+e} = \frac{t_+ i}{FZ} \tag{13-45}$$

在膜内的电迁移通量为：

$$\overline{J_{+e}} = \frac{\overline{t_+} i}{FZ} \tag{13-46}$$

由于 $\overline{t_-} > t_-$，$\overline{t_+} > t_+$，所以左侧 B^- 离子的浓度是低的，右侧 A^+ 离子的浓度则是高的。这样，左侧溶液中 B^- 将向扩散层（耗竭层）扩散，右侧溶液中 A^+ 将从扩散层（富集层）向溶液扩散。为保持电中性，A^+ 或 B^- 离子也同时扩散，形成膜两侧的浓度边界层。

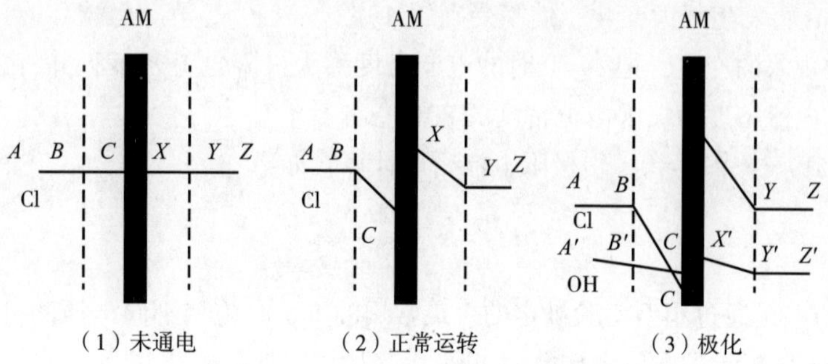

图 13-20 电渗析过程中的浓差极化

湍流主体中无浓度梯度和速度梯度。湍流边界层分子扩散不起显著作用。层流内层中分子扩散传递的动量大于湍流脉动所传递的动量。但由于液体的扩散系数比运动黏度小 1000 倍，湍流脉动的传质量仍远大于分子扩散的传质量。但在最靠近膜表面的扩散层，分子扩散占主导地位。当 $Re \gg 1$，$Sc \gg 1$ 时，传质阻力几乎全集中在扩散层内。无论如何加强湍流，分子扩散层始终存在。

可以证明，扩散层中浓度分布为线性。扩散层内离子的扩散通量为：

$$J_{+d} = -\frac{D\mathrm{d}c_+}{\mathrm{d}x} \tag{13-47}$$

$$J_{-d} = -\frac{D\mathrm{d}c_{-}}{\mathrm{d}x} \tag{13-48}$$

在稳定情况下，溶液内由于电迁移作用通过边界层的离子通量与由于浓度梯度通过边界层的扩散通量之和应等于离子通过膜的通量，也就是总的离子通量，故：

$$\overline{t_{-}}\frac{i}{ZF} = t_{-}\frac{i}{ZF} - D\frac{\mathrm{d}c_{-}}{\mathrm{d}x} \tag{13-49}$$

设溶液中 A^{+}、B^{-}浓度为 c_0，膜表面上浓度为 c_1，左侧扩散层厚 δ，由于浓度分布为线性，故：

$$\frac{\mathrm{d}c_{-}}{\mathrm{d}x} = \frac{c_0 - c_1}{\delta} \tag{13-50}$$

代入式（13-49）：

$$c_1 = c_0 - (\overline{t_{-}} - t_{-})\frac{i\delta}{ZDF} \tag{13-51}$$

从式（13-51）可以看出，i 越大，c_1 越小。当电流很大时，c_1 将趋于零。此时将没有足够的离子来传递电流，在膜界面处将产生水分子的解离，产生 H^{+}和 OH^{-}来传递电流，使膜两侧 pH 发生很大的变化，这是一种极端情况，称为“极化”，它不同于超滤和反渗透中的“浓差极化”。这一极化现象对电渗析不利，表现在：

（1）H^{+}将通过阳膜，另一侧 OH^{-}将通过阴膜进入浓室，冲淡了浓室，降低了分离效率；

（2）阳膜处将有 OH^{-}积累，使膜表面呈碱性。当溶液中存在 Ca^{2+}、Mg^{2+}等离子时将形成沉淀。

（3）极化时膜电阻、溶液电阻将大大增加，使操作电压增加或电流下降，从而降低了分离效率。

（4）溶液 pH 将发生很大变化，使膜受到腐蚀。

为避免极化现象的产生，把 $c_1=0$ 时的电流密度称为极限电流密度，并将它作为操作的极限。一般取操作电流密度为极限电流密度的 80%左右。

在式（13-51）中令 $c_1=0$，得极限电流密度计算式如下：

$$i_{\lim} = \frac{ZFDc_0}{(\overline{t_{-}} - t_{-})\delta} \tag{13-52}$$

在实践中，$i_{\lim}$ 是通过小型实验确定的。最常用的方法是施加不同电压测电流，然后以 V/i 对 $1/i$ 作图，图上转折点的数值求倒数，可得 $i_{\lim}$（图 13-21）。

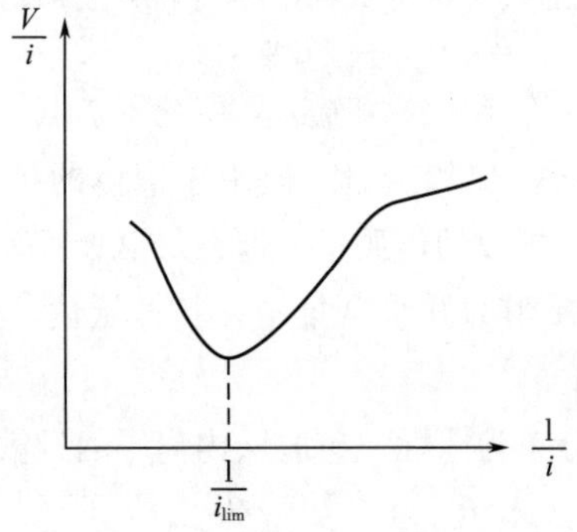

图 13-21　极限电流密度的确定

根据式（13-52），可以找出影响 i_{lim} 的因素：

（1）c_0 越高，i_{lim} 越高　此处 c_0 是淡化室内的溶液主体浓度。在膜对数很高，脱盐率高时，c_0 的值不高，这就导致 i_{lim} 的降低。从（13-51）可以看出，要达到100%的脱盐率是不可能的。如果工艺上要求很高的脱盐率，宜用多级操作。

（2）扩散系数较高时，i_{lim} 也很高　在不影响物料稳定性和膜的耐受力的前提下，提高操作温度是有利的。

（3）可以用减少 δ 的方法来增加 i_{lim}，这实际上是流体力学问题，应当设法减少边界层的厚度，办法是增加湍流。但同时应考虑到湍流程度增加后摩擦阻力也会大大增加。

（4）膜的性质的影响体现在迁移数上，实验指出膜的性质对 i_{lim} 影响不大。

（5）温度的升高不仅使扩散系数增加，还使黏度下降，使湍流程度增加，同时使溶液的电阻下降，这些都对电渗析有利。

（六）电渗析膜面积计算

离子实际迁移量与由法拉第定律求得的理论迁移量之间是有区别的，二者的偏离程度用电流效率衡量，即：

$$\eta = \frac{q_v(c_1 - c_2)F}{nI} \tag{13-53}$$

式中　q_v——处理量，m^3/s；

c_1，c_2——原料液和淡液的浓度，mol/m^3；

n——膜对数；

I——电流，A。

总的脱盐量为：

$$G = q_v(c_1 - c_2) \tag{13-54}$$

每平方米每对膜的脱盐量为：

$$\frac{i\eta}{F} \tag{13-55}$$

设膜的面积利用率为 β，则每种膜的面积为：

$$S = \frac{q_v(c_1 - c_2)F}{i\eta\beta} \tag{13-56}$$

设每张膜的面积为 S_B，则膜的张数为：

$$N = \frac{S}{S_B} \tag{13-57}$$

因有两种膜，故膜总面积为 $2S$。

（七）电渗析的应用

电渗析在食品工业中的应用非常广泛，主要有乳清脱盐、提高葡萄酒的质量、果汁脱酸、蛋白质溶液脱盐、从发酵液中分离有机酸、从发酵液中分离氨基酸。

乳清液位鲜牛乳分出奶油和制取干酪后的剩余物，含有较高的盐分，以前一直当作废液排放掉。不仅严重污染了环境，而且还造成了很大的浪费，后来许多国家把乳清液在经浓缩喷雾干燥后制成含盐的乳清粉，但终因高盐含量而使得其应用受到很大的限制，一般仅作动物饲料之用。有学者采用国产的SHD-01型电渗析器，间歇式循环操作，物料垂直流向，膜总有效面积 $6m^2$/台，共有50个脱盐室（一张阳膜和一张阴膜组成脱盐室）。结果如图13-22所示，乳清粉的灰分为 2.24%，符合国家小于 3.0%的要求，同时其他组分的改变不影响产品的特性。脱盐后的乳清粉可用于婴儿食品，其经济附加值得到极大的提升。

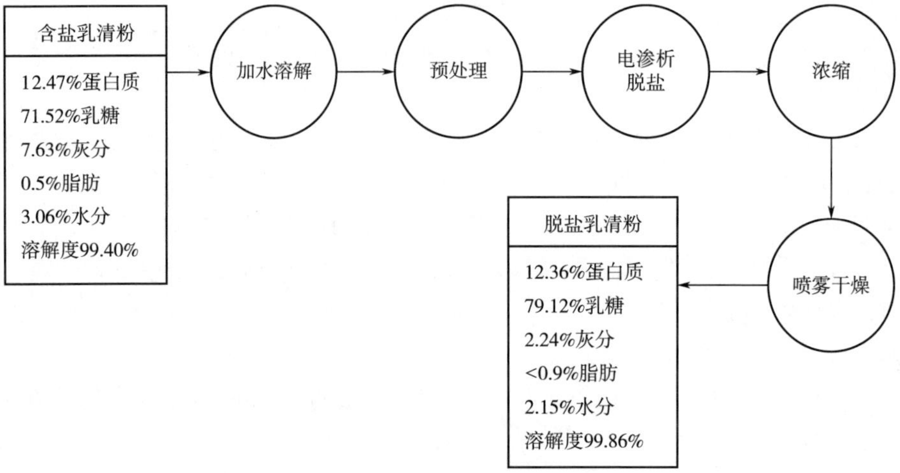

图 13-22 乳清粉脱盐过程中电渗析的应用

五、渗透汽化

（一）渗透汽化原理

渗透汽化的原理是在渗透汽化膜（疏水膜）的一侧通入料液，另外一侧（透过侧）抽真空或通入惰性气体，使两侧产生溶质分压差。在分压差的作用下，料液中的溶质溶于膜内，扩散通过膜，在透过侧发生汽化，汽化的溶质被膜装置内外设置的冷凝器回收。因此渗透汽化根据溶质透过膜的速度不同，使混合物得到分离。膜与溶质的相互作用决定溶质的渗透速度，根据相似相溶的原理，疏水性较大的溶质易溶于疏水膜，因此渗透速度高，在透过一侧得到浓缩。汽化所需用的潜热用外部热源供给。

与前述的反渗透相比，渗透汽化过程中的溶质发生相变，即透过侧的溶质（如啤酒的发酵，透过侧的溶质为乙醇），通过抽真空，使其发生相变，或者通入惰性气体，使透过侧的溶质以气态状态存在，因此消除了渗透压的作用，从而使渗透汽化在较低的压力下进行，适于高浓度混合物的分类。渗透汽化法利用溶质之间膜透过性的差别，特别适用于共沸物和挥发度相差较小的双组分溶液的分离。

（二）渗透汽化传递

渗透汽化是兼有传热和传质的过程，通常用溶解-扩散模型来描述通过膜的传递，整个传递过程由五步组成：

（1）组分从料液主体通过边界层传递，达到膜表面。

（2）组分在膜表面被吸附，可以认为是膜与液体混合物接触后发生溶解或膜发生溶胀，各组分在液体和膜之间进行分配。各组分对膜可以有不同的溶解度，从而产生了选择性吸附。

（3）组分在膜内向下游侧扩散，这是分子扩散。

（4）组分达到下游侧后，在下游侧解吸。

(5) 组分离开下游侧排出。

以上各步中，最慢的一步为控制因素。第（4）步解吸的速率很快，其阻力可忽略不计，因为抽真空或加载惰性气体，使得第（5）步的速度也很快。阻力最大及传递速度最慢的还是第（2）、(3) 步，目前的研究也主要集中在这里。目前常用的渗透汽化膜有多孔聚乙烯膜、聚丙烯膜、含氟多孔膜和硅橡胶膜等。

（三）渗透汽化的应用

如图 13-23 所示，用硅橡胶膜生物反应器（SMBR）实验研究了发酵-渗透汽化的耦合性能。发酵微生物采用酿酒活性干酵母，所用的碳源为工业级葡萄糖。间歇发酵过程由于产物抑制作用在乙醇浓度达到 90g/L 时就趋于停滞，而经耦合渗透汽化膜分离后，发酵罐内的乙醇浓度迅速降低并维持在 40g/L，且发酵在此浓度下可以连续稳定地进行。在 SMBR 运行达到稳态后，乙醇的体积产率为 1.5g/（L·h）。

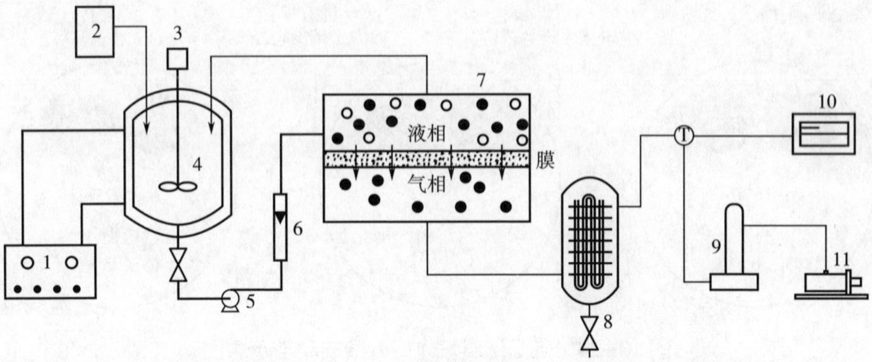

1—控温装置（水浴循环，37℃）；2—加料槽；3—电动搅拌器；4—发酵罐；5—恒流泵；6—转子流量计；7—渗透汽化膜组件；8—冷凝器；9—干燥器和缓冲罐；10—真空计；11—油泵。

图 13-23 乙醇发酵与渗透汽化在硅橡胶膜生物反应器中的耦合强化

六、气体分离膜

（一）气体分离膜原理

气体分离膜又称为致密膜，其结构较为致密。其分离原理与渗透汽化原理相似，二者都是采用致密膜，膜无明显的孔隙。对组分的分离都是利用其选择透过性的不同而进行。气体分离的特点是分离系数较高，但渗透系数较低。制膜的材料主要有硅橡胶膜，适用于气体分离和渗透蒸发。

（二）气体分离膜应用

气体分离膜目前在食品工业中，主要用于果蔬的气调保鲜。果蔬气调保鲜就是利用具有一定透气性的包装材料对果蔬产品进行密封包装，通过果蔬自身的呼吸作用和包装材料的透气选择性，在包装内形成低 O_2 含量、高 CO_2 含量的气体环境，抑制果蔬的呼吸作用，并在贮藏、销售中能较长时间维持包装内动态平衡的气体组成，从而达到延长果蔬保鲜的目的。目前广泛采用硅窗气调贮藏的技术，使果蔬的薄膜封闭贮藏寿命得到延长。

硅橡胶是一种有机硅高分子聚合物，它是由有取代基的硅氧烷单体聚合而成，以硅氧键相连形成柔软易曲的长链，长链之间以弱的电性松散地交联在一起。这种结构使硅橡胶具有特殊的透气性能，它的薄膜对 CO_2 和 O_2 的渗透系数比聚乙烯膜大 200～300 倍，比聚氯乙烯膜大得更多。而且，硅橡胶还具有高选择性的透气性能，它对 CO_2、O_2 和 N_2 的透性比为 12∶2∶1，对乙烯和一些芳香物质也有较大的透性。

利用硅橡胶特有的性能，在较厚的塑料薄膜做成的袋上嵌上一定面积的硅橡胶薄膜，这样就成为一个有气体交换窗的包装袋，袋内的果蔬进行呼吸作用释放出的 CO_2 通过气窗透出袋外，而消耗的 O_2 则由大气通过气窗进入袋内而得到补充。由于硅橡胶具有较大的 CO_2 与 O_2 的透性比，并且袋内的 CO_2 透出量是与袋内 CO_2 浓度成正比关系。因此贮藏一定时间之后，袋内的 CO_2 含量和 O_2 含量就会自然调节在一定范围之内。法国研制并已在市场上出售的 AC500 及 AC1000 型贮藏袋，用来贮藏苹果和梨，根据贮藏温度适当调整数量后，即可使袋内原有的空气逐步调整，从而获得 3%O_2、5%CO_2 和 92% N_2 的气体环境，如图 13-24 所示。

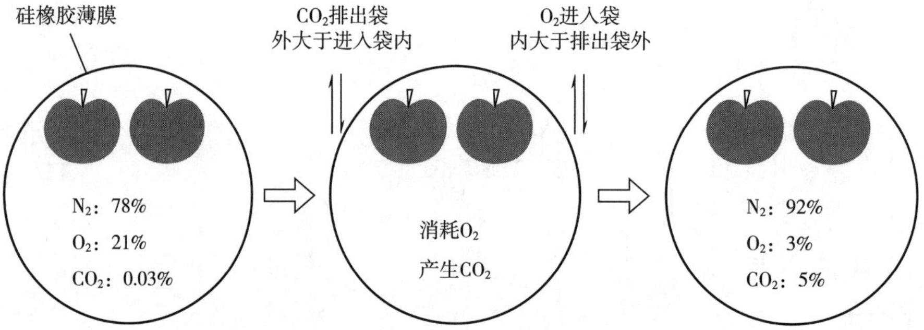

图 13-24　硅窗法对气体的分离的动态示意图

第四节　影响膜透过通量的因素

一、操作形式

传统的过滤操作主要用滤布为过滤介质，采用终端过滤（Dead-End Filtration）形式回收或除去悬浮物，料液流向与膜面垂直，膜表面的滤饼阻力大，透过通量很低。由于新型膜材料和膜组件的研究开发，目前的超滤和微滤操作主要采用错流过滤（Cross-Flow Filtration，CFF）形式。错流过滤操作中，料液的流动方向与膜面平行，流动的剪切作用可大大减轻浓度极化现象或凝胶层厚度，使透过通量维持在较高水平。

二、流速

流速对透过通量的影响反映在式（13-18）或式（13-20）中的传质系数上。已有很多经验关联式描述传质系数与流速的关系，传质系数随流速的增大而提高。因此，流速增大，透过通量也增大。

三、压力

图 13-25 为 J_v 与压力 ΔP 的关系。当压力较小时，膜面上尚未形成浓度极化层，J_v 与 ΔP 成正比，此时，J_v 与 ΔP 的关系符合式（13-13）（其中 $R_g=0$）；当 ΔP 逐渐增大时，膜面上出现浓度极化现象，J_v 的增长速率减慢，此时 J_v 可用式（13-17）表达；当 ΔP 继续增大，出现凝胶层时，由于凝胶层厚度随压力增大而增大，所以 J_v 不再随 ΔP 增大，此时的 J_v 为此流速下的极限值（J_{lim}），用式（13-19）表示。另外，J_{lim} 随料液浓度增大而降低，随流速（搅拌速度）提高而增大。

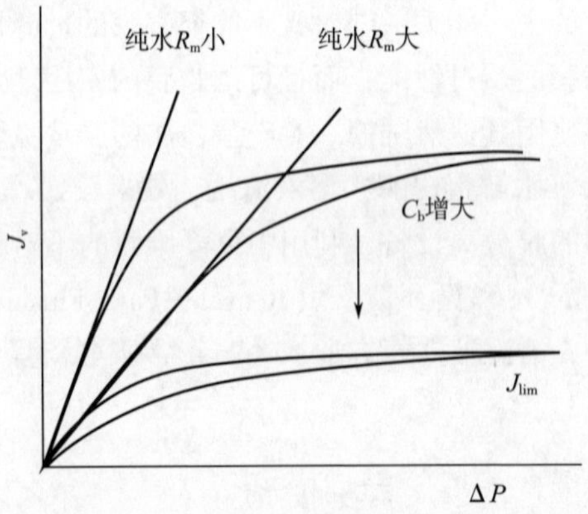

图 13-25　透过通量与 ΔP 关系

四、料液浓度

从式（13-17）可知，c_b 与 c_g 相等时，$J_v=0$。因此，利用式（13-19）和稳定条件下 J_v 与 c_b 的关系数据，可推算溶质形成凝胶层得浓度 c_g 值。当料液中含有多种蛋白质时，由于与单组分时相比，总蛋白质度升高，因此透过通量下降。从另一个角度看，由于其他蛋白质的共存使蛋白质的截留率上升，而代入 $\varphi=c_p/c_m$ 和式（13-1）后，式（13-17）可改写为：

$$J_v = k\ln\left[\left(\frac{1-\varphi}{\varphi}\right)\left(\frac{1-R}{R}\right)\right] \tag{13-58}$$

因此，截留率上升，透过通量下降，J_v 与 ln［（1-R）/R］呈线性关系。

第五节　膜的污染与清洗

膜分离过程中遇到的最大问题是膜污染（Membrane Fouling），膜污染的主要原因来自以下几方面：

（1）凝胶极化引起的凝胶层，阻力为 R_g。

（2）溶质在膜表面的吸附层，阻力为 R_{as}。

（3）膜孔堵塞，阻力为 R_p。

(4) 膜孔内的溶质吸附，阻力为 R_{ap}。

因此，透过通量方程式（13-13）变为：

$$J_v = \frac{\Delta P - \Delta \pi}{\mu R_t} \tag{13-59}$$

$$R_t = R_g + R_{as} + R_p + R_{ap} \tag{13-60}$$

可见，膜污染不仅造成透过通量的大幅度下降，而且影响目标产物的回收率。为保证膜分离操作高效稳定地进行，必须对膜进行定期清洗，除去膜表面及膜孔内的污染物，恢复膜的透过性能。膜的清洗一般选用水、盐溶液、稀酸、稀碱、表面活性剂、络合剂、氧化剂和酶溶液等清洁剂。具体采用何种清洗剂要根据膜的性质（耐化学试剂的特性）和污染的性质而定，即使用的清洗剂要具有良好的去污能力，同时又不能损害膜的过滤性能。因此，选择合适的清洗剂和清洗方法不仅能提高膜的透过性能，而且可延长膜的使用寿命。如果用清水清洗就可恢复膜的透过性能，则不需要使用其他清洗剂。对于蛋白质的严重吸附所引起的膜污染，用蛋白酶（如胃蛋白酶、胰蛋白酶等水解蛋白酶）溶液清洗，效果较好。

中空纤维膜组件式常用的膜分离设备，利用中空纤维膜的不对称性和膜组件的结构特点经常采用反冲洗（Black Flushing）和循环清洗（Recycle-Fash Flushing）。反洗的具体操作方法是，对于内压式纤维膜组件，清洗液从壳方通入，与正常膜分离操作［图 13-26（1）］时的透过方向相反［图 13-26（3）］。

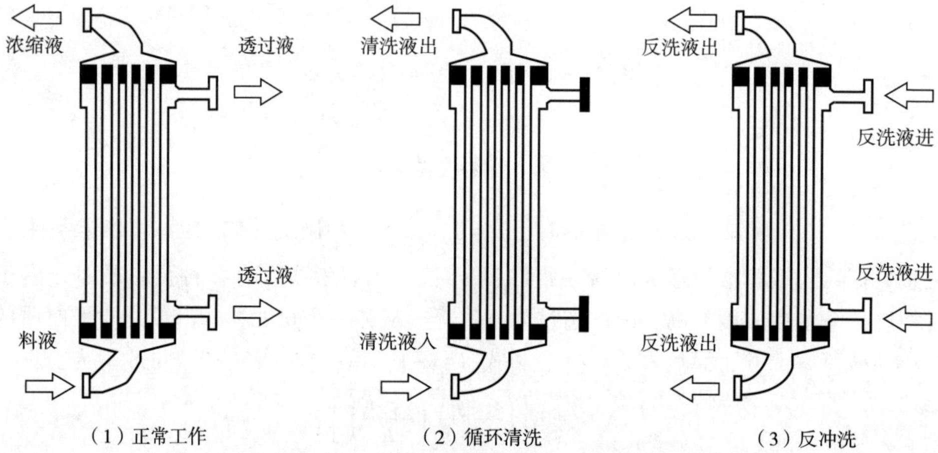

图 13-26 中空纤维膜常见工作形式

反洗操作中清洗液充膜孔较大的一侧透向膜孔较小的一侧，可除去堵塞膜孔的微粒。将透过液出口密封，可进行循环清洗［图 13-26（2）］。一次循环清洗操作可清洗组件的 1/2，将组件倒置可清洗另一半，一般反复顺倒两次，即可使透过通量恢复到原通量的 90%以上。图 13-27 是清洗操作对透过通量影响示意图，一般反洗操作适合回收高价蛋白质产物，而循环清洗适合处理含细胞或固体颗粒的料液。

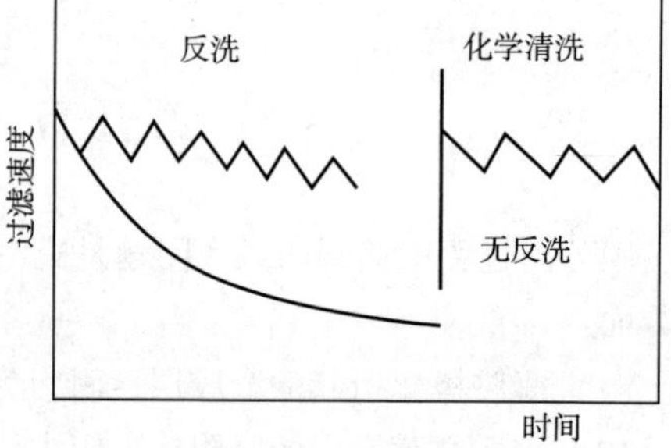

图 13-27 清洗操作对提高透过通量的效果

第六节　案例分析：利用纳滤膜技术分离秸秆类生物质发酵液中的糖和乳酸

一、案例介绍

乳酸（Lactic Acid，LA），又称 α-羟基丙酸，是自然界中最为广泛存在的羟基酸，具有 L-乳酸（右旋）和 D-乳酸（左旋）两种构型的对映异构体，广泛应用于食品、医药、化妆品、饲料及纺织等行业。生物发酵法是乳酸主流生产工艺，以农作物秸秆等非粮生物质为原料发酵生产 L-乳酸是工业生物技术领域极具挑战性和代表性的技术。然而，以秸秆为原料的 L-乳酸发酵液中残糖浓度较高，且目标产物乳酸（M=90.08u）与残糖（木糖 M=150.13u、葡萄糖 M=180.16u）之间分子质量差异不大，利用传统纯化工艺无法有效去除发酵乳酸中的残糖。

二、案例分析

纳滤分离技术是一种适用于小分子物质（150~1000u）分离的工业化技术。乳酸和五碳以上单糖都是分子质量在纳滤范围内的小分子物质，且纳滤分离的作用机制主要包括筛分效应和道南（Donnan）效应，可实现不同尺寸大小物质以及电中性物质与荷电物质的分离。纳滤技术可实现 L-乳酸发酵液中 L-乳酸和残糖（木糖、葡萄糖）的高效分离。根据目标产物乳酸与残糖之间分子质量的差异，选择截留分子质量范围（MWCO）为 150~300u 的纳滤膜进行了糖-酸分离（表 13-3）。

表 13-3　　纳滤膜的主要参数

参数	对应值	参数	对应值
结构	卷式	纯水渗透系数/［L/（m^2·h·MPa）］	83.7*
膜材料	聚酰胺	最大耐受压力/MPa	4.14
有效膜面积/m^2	0.38	最高耐受温度/℃	50
截留分子质量/u	150~300（168*）	pH 范围	2~9
$MgSO_4$ 截留率/%	98		

注：* 表示此参数经实验测得，其余的数据由厂家提供。

按照秸秆发酵液中 L-乳酸和残糖的组成及比例，配制模拟糖-酸溶液，研究不同条件下 L-乳酸和葡萄糖、木糖配制液的纳滤分离效果和分离特性，并进行实际料液验证，纳滤实验装置如图 13-28 所示。研究了温度（25~40℃）、跨膜压差（0.5~1.7MPa）、pH（2~5）、离子强度（0~0.1M K_2SO_4）及糖和酸的浓度配比等因素对截留率、分离因子和膜通量的影响。结果表明：在 pH=2.00、压力 1.7MPa、温度 25℃条件下，糖和乳酸的分离效果最好，木糖与乳酸以及葡萄糖与乳酸的分离因子分别达到 8.1 和 18.8。pH 对糖的截留效果具有显著影响，1.4MPa 压力下，pH 由 2.00 增至 5.03，木糖截留率即从 88.9%减小至 25.8%，葡萄糖截留率从90.6%减小至45.5%。纳滤过程中，温度越低，跨膜压差越大，pH越低，离子强度越小，都有利于提高残糖截留率和扩大分离因子。

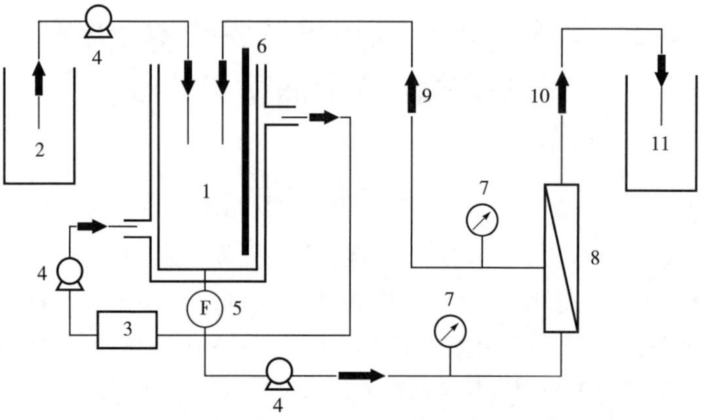

1—原料罐；2—渗滤补水罐；3—循环水浴；4—泵；5—流量计；6—温度计；7—压力表；
8—纳滤膜；9—截留液；10—透过液；11—产物接收罐。

图13-28　纳滤实验装置图

其中关键参数计算表达式如下：

（1）膜通量

$$J_v = \frac{V_p}{S \times t} \tag{13-61}$$

式中　J_v——膜通量，L/（m·h）；

t——单次测定时间，h；

V_p——测定时间内收集透过液的体积，L；

S——有效膜面积，m^2。

（2）截留率

$$R_{obs} = \left(1 - \frac{c_p}{c_f}\right) \times 100\% \tag{13-62}$$

式中　R_{obs}——表观截留率，%；

c_p——透过液中溶质浓度，g/L；

c_f——原料液中溶质浓度，g/L。

（3）分离因子

分离因子（Separation Factor，SF）是最直观表示两种物质分离程度差异的参数。分离因子大于1，表示二者可以实现分离，分离因子越大表明分离效果越好。

$$SF_{A/B} = \frac{1-R_A}{1-R_B} \tag{13-63}$$

式中　$SF_{A/B}$——溶质A（透过的溶质）相对于B（截留的溶质）的分离因子；

R_A——溶质A的表观截留率，%；

R_B——溶质B的表观截留率，%。

基于秸秆发酵液中残糖浓度较高的特点，应用糖-酸分离三级纳滤工艺，在最佳纳滤操作条件下，可逐级充分截留残糖且收集乳酸，实现秸秆发酵液中糖-酸的有效分离，经三级纳滤可实现L-乳酸在糖和酸总质量中占比由92.43%升至99.74%，同时可达到较好的脱色、脱盐效果（图13-29）。

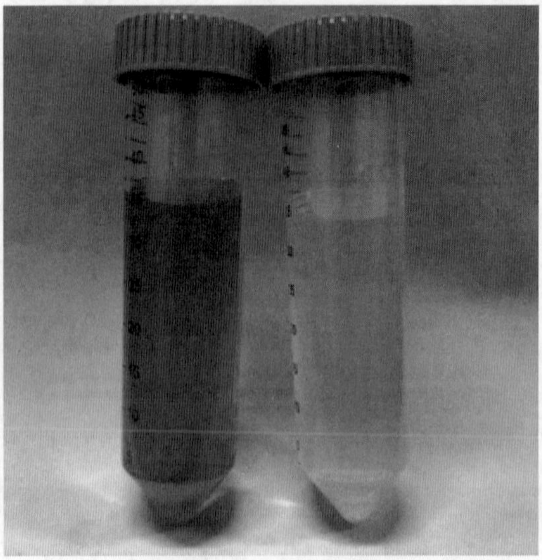

图13-29 纳滤前（左）、后（右）料液对比

三、案例总结

以秸秆为原料的L-乳酸发酵液中残糖浓度较高，乳酸与残糖（木糖、葡萄糖）之间分子质量差异较小，但乳酸为电解质，木糖、葡萄糖是中性物质，可基于纳滤分离的筛分效应和Donnan效应，采用纳滤分离技术来分离乳酸和残糖。首先筛选适用于乳酸-糖分离的纳滤膜，然后通过实验设计系统地分析纳滤分离条件各变量对L-乳酸和残糖分离的显著性和敏感性影响，如考察温度、跨膜压差、pH、离子强度以及糖和酸的浓度比例等参数对截留率、分离因子和膜通量的影响，获得其对应的最优分离条件。最后，根据优化的纳滤条件，开发乳酸-糖的纳滤分离工艺。

思考题

1. 传统发酵过程中，常常由于产物的增加而导致发酵速度减慢，试通过膜分离技术从理论上提出可行的方案解决此类问题。

2. 试述超滤分离技术在酶制剂工业中的应用。

3. 分别举例说明反渗透技术和纳滤技术在果汁加工中的应用，并比较两种技术之间的差异。

4. 请设计一个用于阿洛酮糖去除硼砂的电渗析分离技术方案。

5. 请简述膜的清洗方法有哪些，并阐述膜的清洗步骤。

习题

1. 某球蛋白的相对分子质量为100000，欲对该球蛋白完全截留的话，应选择超滤膜截留分子质量（MWCO）为多少？

2. 反渗透实验中，原液为25℃的NaCl水溶液，浓度为3.8kg/m^3，密度为999.2kg/m^3，渗透压为320kPa，反渗透压差为3.0MPa。所得透过液密度为998kg/m^3，渗透压为10.50kPa。

已知膜的分离率为0.95，渗透率常数$A=3.0\times10^{-9}$kg/（Pa·m^2·s）。求水和NaCl透过膜的速率，溶质渗透率常数和透过液的浓度。

3. 有某糖汁反渗透实验装置。糖汁的平均浓度为11.5%。采用的实验压力为50kg/cm^2。测得渗透通量为3.2mL/（cm^2·h），透过水溶质含量为0.33%，试计算反渗透膜的透过系数以及截留率。

4. 在50℃下超滤牛乳，物性常数为：$r=1030$kg/m^3，$m=0.8$mPa·s，$D=7\times10^{-7}$cm^2/s。牛乳含蛋白质$c_B=3.1\%$（kg/m^3），c_G值为22%（kg/m^3）。滤液中蛋白质含量可忽略不计。已知超滤过程为传质控制。试根据下列数据计算中空纤维和管式膜组件的通量。

项目	直径 d_h/cm	长度 l/cm	纤维根数或管数	流速 u_0/ms^{-1}	压差 ΔP/MPa
中空纤维	0.11	63.5	660	1	0.9
圆管	1.25	240	18	2	2

5. 用连续电渗析器处理含盐13mol/m^{3}的原水。电渗析器具有60对膜，隔板尺寸为800mm×1600mm，膜的有效面积系数为73%，操作电压为150V，电流17A，原水处理量为3.1t/h，经处理后水的含盐量为3mol/m^3。试计算：①电流密度；②电流效率；③单位耗电量。

本章主要符号说明

A：纯水的渗透系数［kg/(m^2·s·Pa)］
B：溶质的渗透系数（m/s）
π：渗透压（Pa）
J_w：溶剂扩散通量［kg/(m^2·s)］
R：分离率
Σ：水的表面张力
J_v：溶质扩散通量［m^3/(m^2·s)］
c：浓度（mol/L）
J_s：溶质扩散通量［m^3/(m^2·s)］
d_{max}：最大孔径（m）
V：为透过液体积（m^3）
δ：膜对有机溶质的反射系数
ε：开孔率
R_t：总阻力（1/m）
d_h：水力直径（m）
u：平均流速（m/s）
μ_s：动力黏度（mPa·s）
q_v：处理量（m^3/s）
I：电流（A）

参考文献

［1］Bédas M，Tanguy G，Dolivet A，et al. Nanofiltration of lactic acid whey prior to spray drying：Scaling up to a semi-industrial scale [J]. LWT-Food Sci Technol, 2017, 79 (4): 355-360.

[2] Lei Y, Zhen Q, Chen Q, et al. Insights into the nanofiltration separation mechanism of monosaccharides by molecular dynamics simulation [J]. Separation and Purification Technology, 2018, 205: 48-57.

[3] Ong Y K, Shi G M, Le N L, et al. Recent membrane development for pervaporation processes [J]. Progress in Polymer Science, 2016, 57: 1-31.

[4] 陈倩倩，邱勇隽，夏泉鸣，等．特定聚合度区间壳寡糖的膜分离制备技术［J］. 食品工业科技，2019，40（22）：7.

[5] 冯骉．食品工程原理［M］. 北京：中国轻工业出版社，2018.

[6] 高福成，王海鸥，郑建仙，等．现代食品工程高新技术［M］. 中国轻工业出版社，2007.

[7] 高孔荣，黄惠华，梁照为．食品分离技术［M］. 广州：华南理工大学出版社，1998.

[8] 葛目荣，徐莉，曾宪友，等．纳滤理论的研究进展［J］. 流体机械，2005，33：35-39.

[9] 李云飞，葛克山．食品工程原理［M］. 北京：中国农业大学出版社，2018.

[10] 骆青虎．以 UF-NF 为核心的集成工艺处理微污染苦咸水［D］. 兰州：兰州交通大学，2019.

[11] 裴倩茹，朱本忠，田慧琴，等．气体成分对黄瓜低温贮藏冷害的影响［J］. 食品工业科技，2014（3）：105-108.

[12] 苏仪，罗建泉，杭晓风，等．纳滤技术在生物分离中的应用［J］. 生物产业技术，2010，2：48-52.

[13] 伍勇，肖泽仪，黄卫星，等．乙醇发酵与渗透汽化在硅橡胶膜生物反应器中的耦合强化［J］. 高校化学工程学报，2004，4（18）：241-245.

[14] 王镜岩，朱圣庚，徐长法．生物化学［M］. 北京：高等教育出版社，2017.

[15] 熊能，陈涛，孙自立，等．电渗析技术在氨基酸分离中的应用进展与趋势［J］. 食品与发酵工业，2019，45（16）：7.

[16] 尤玉如．国产电渗析设备乳清粉脱盐的试验研究［J］. 中国乳品工业，1991，19（5）：201-206.

[17] 曾庆孝．食品加工与保藏原理［M］. 北京：化学工业出版社，2015.

[18] 赵黎明，刘少伟，申雅维．膜分离技术在食品发酵工业中的应用［M］. 北京：中国纺织出版社，2011.

[19] 赵思明．食品工程原理［M］. 北京：科学出版社，2016.

[20] 郭佩，赵黎明，刘鲁杰，等．利用纳滤膜技术分离秸秆发酵液中糖和乳酸的研究［J］. 膜科学与技术，2023，43（3）：104-115.

附录

APPENDIX

常见物质物性参数及设备规格参数

1. 水的物理性质

温度/℃	饱和蒸气压/kPa	ρ/(kg/m³)	焓/(kJ/kg)	c_p/[kJ/(kg·℃)]	热导率 $\lambda\times10^2$ [W/(m·℃)]	黏度 $\mu\times10^5$/(Pa·s)	体积膨胀系数 $\beta\times10^4$ 1/℃	表面张力 $\sigma\times10^3$/(N/m)
0	0.6082	999.9	0	4.212	55.13	179.21	−0.63	75.6
10	1.2262	999.7	42.04	4.191	57.45	130.77	0.70	74.1
20	2.3346	998.2	83.90	4.183	59.89	100.50	1.82	72.6
30	4.2474	995.7	125.69	4.174	61.76	80.07	3.21	71.2
40	7.3766	992.2	167.51	4.174	63.38	65.60	3.87	69.6
50	12.34	988.1	209.30	4.174	64.78	54.94	4.49	67.7
60	19.923	983.2	251.12	4.178	65.94	46.88	5.11	66.2
70	31.164	977.8	292.99	4.187	66.76	40.61	5.70	64.3
80	47.379	971.8	334.94	4.195	67.45	35.65	6.32	62.6
90	70.136	965.3	376.98	4.208	68.14	31.65	6.95	60.7
100	101.33	958.4	419.10	4.220	68.27	28.38	7.52	58.8
110	143.31	951.0	461.34	4.238	68.50	25.89	8.08	56.9
120	198.64	943.1	503.67	4.260	68.62	23.73	8.64	54.8
130	270.25	934.8	546.38	4.266	68.62	21.77	9.17	52.8
140	361.47	926.1	589.08	4.287	68.50	20.10	9.72	50.7
150	476.24	917.0	632.20	4.312	68.38	18.63	10.3	48.6
160	618.28	907.4	675.33	4.346	68.27	17.36	10.7	46.6
170	792.59	897.3	719.29	4.379	67.92	16.28	11.3	44.3
180	1003.5	886.9	763.25	4.417	67.45	15.30	11.9	42.3
190	1255.6	876.0	807.63	4.460	66.99	14.42	12.6	40.0
200	1554.7	863.0	852.43	4.505	66.29	13.63	13.3	37.7

2. 饱和水蒸气(温度基准)

温度/℃	绝压/kPa	ρ/(kg/m^3)	焓(液)/(kJ/kg)	焓(汽)/(kJ/kg)	汽化热/(kJ/kg)
0	0.61	0.00484	0	2491.1	2491.1
5	0.8730	0.00680	20.94	2500.8	2479.89
10	1.2262	0.00940	41.87	2510.4	2468.5
15	1.7068	0.01283	62.80	2520.5	2457.7
20	2.3346	0.01719	83.74	2530.1	2446.3
25	3.1684	0.02304	104.67	2539.7	2435.0
30	4.2274	0.03036	125.60	2549.3	2423.7
35	5.6207	0.03960	146.54	2559.0	2412.4
40	7.3766	0.05114	167.47	2568.6	2401.1
45	9.5837	0.06543	188.41	2577.8	2389.4
50	12.340	0.0830	209.34	2587.4	2378.1
55	15.743	0.1043	230.27	2596.7	2366.4
60	19.923	0.1301	251.21	2606.3	2355.1
65	25.014	0.1611	272.14	2615.5	2343.4
70	31.164	0.1979	293.08	2624.3	2331.2
75	38.551	0.2416	314.01	2633.5	2319.5
80	47.379	0.2929	334.94	2642.3	2307.8
85	57.875	0.3531	355.88	2651.1	2295.2
90	70.136	0.4229	376.81	2659.9	2283.1
95	84.556	0.5039	397.75	2668.7	2270.9
100	101.33	0.5970	418.68	2677.0	2258.4
105	120.85	0.7036	440.03	2685.0	2245.4
110	143.31	0.8254	460.97	2693.4	2232.0
115	169.11	0.9635	482.32	2701.3	2219.0
120	198.64	1.1199	503.67	2708.9	2205.2
125	232.19	1.296	525.02	2716.4	2191.8
130	270.25	1.494	546.38	2723.9	2177.6
135	313.11	1.715	567.73	2731.0	2163.3
140	361.47	1.962	589.08	2737.7	2148.7
145	415.72	2.238	610.85	2744.4	2134.0
150	476.24	2.543	632.21	2750.7	2118.5
160	618.28	3.252	675.75	2762.9	2087.1
170	792.59	4.113	719.29	2773.3	2054.0
180	1003.5	5.145	763.25	2782.5	2019.3
190	1255.6	6.378	807.64	2790.1	1982.4
200	1554.77	7.840	852.01	2795.5	1943.5
210	1917.72	9.567	897.23	2799.3	1902.5
220	2320.88	11.60	942.45	2801.0	1858.5
230	2798.59	13.98	988.50	2800.1	1811.6
240	3347.91	16.76	1034.56	2796.8	1761.8
250	3977.67	20.01	1081.45	2790.1	1708.6
260	4693.75	23.82	1128.76	2780.9	1651.7
270	5503.99	28.27	1176.91	2768.3	1591.4
280	6417.24	33.47	1225.48	2752.0	1526.5
290	7443.29	39.60	1274.46	2732.3	1457.4
300	8592.94	46.93	1325.54	2708.0	1382.5
310	9877.96	55.59	1378.71	2680.0	1301.3
320	11300.3	65.95	1436.07	2648.2	1212.1
330	12879.6	78.53	1446.78	2610.5	1116.2
340	14615.8	93.98	1562.93	2568.6	1005.7
350	16538.5	113.2	1636.20	2516.7	880.5
360	18667.1	139.6	1729.15	2442.6	713.0
370	21040.9	171.0	1888.25	2301.9	411.1
374	22070.9	322.6	2098.0	2098.0	0

3. 某些液体的重要物理性质(20℃,101.33kPa)

名称	分子式	ρ/(kg/m³)	沸点/℃	汽化热/kJ/kg(沸点)	c_p/[kJ/(kg·℃)]	黏度/(mPa·s)	热导率[W/(m·℃)]	体积膨胀系数 β×10⁴/(1/℃)	表面张力 σ×10³/(N/m)
水	H_2O	998	100	2258	4.183	1.005	0.599	1.82	72.8
氯化钠盐水(25%)	—	1186 (25℃)	107	—	3.39	2.3	0.57 (30℃)	(4.4)	—
氯化钙盐水(25%)	—	1228	107	—	2.89	2.5	0.57	(3.4)	—
硫酸	H_2SO_4	1831	340 (分解)	—	1.47 (98%)	—	0.38	5.7	—
硝酸	HNO_3	1513	86	481.1	—	1.17 (10℃)	—	—	—
盐酸(30%)	HCl	1149	—	—	2.55	2 (31.5%)	0.42	12.1	—
二硫化碳	CS_2	1262	46.3	352	1.005	0.38	0.16	15.9	32
戊烷	C_5H_{12}	626	36.07	357.4	2.24	0.229	0.113	—	16.2
己烷	C_6H_{14}	659	68.74	335.1	2.31 (15.6℃)	0.313	0.119	—	18.2
三氯甲烷	$CHCl_3$	1489	61.2	253.7	0.992	0.58	0.138	12.6	28.5 (10℃)
四氯化碳	CCl_4	1594	76.8	195	0.850	1.0	0.12	—	26.8
1,2-二氯乙烷	$C_2H_4Cl_2$	1253	83.6	324	1.260	0.83	0.14 (50℃)	—	30.8
苯	C_6H_6	879	80.10	393.9	1.704	0.737	0.148	12.4	28.6
甲苯	C_7H_8	867	110.63	363	1.70	0.675	0.138	10.9	27.9
苯酚	C_6H_6O	1050 (50℃)	181.8 (熔点 40.9)	511	—	3.4 (50℃)	—	—	—
甲醇	CH_4O	791	64.7	1101	2.48	0.6	0.212	12.2	22.6
乙醇	C_3H_6O	789	78.3	846	2.39	1.15	0.172	11.6	22.8
乙醇(95%)	—	804	78.2	—	—	1.4	—	—	—
甘油	$C_3H_9O_4$	1261	290 (分解)	—	—	1499	0.59	5.3	63
乙醚	$(C_2H_5)_2O$	714	34.6	360	2.34	0.24	0.14	16.3	18
乙醛	C_2H_4O	783 (18℃)	20.2	574	1.9	1.3 (18℃)	—	—	21.2
糠醛	$C_5H_4O_2$	1160	161.7	452	1.6	1.15 (50℃)	—	—	43.5
丙酮	C_3H_6O	792	56.2	523	2.35	0.32	0.17	—	23.7
甲酸	HCOOH	1220	100.7	494	2.17	1.9	0.26	—	27.8
醋酸	$C_2H_4O_2$	1049	118.1	406	1.99	1.3	0.17	10.7	23.9
醋酸乙酯	$C_4H_8O_2$	901	77.1	368	1.92	0.48	0.14 (10℃)	—	—

4. 某些气体的物理性质(20℃,101.33kPa)

名称	分子式	ρ/(kg/m³)	c_p/[kJ/(kg·℃)]	μ×10⁵/(mPa·s)	沸点/℃	汽化热/(kJ/kg)	临界温度/℃	临界压强/kPa	热导率/[W/(m·℃)]
空气	—	1. 293	1. 009	1. 73	−195	197	−140. 7	3768. 4	0. 0244
氧	O_2	1. 429	0. 653	2. 03	−132. 98	213	−118. 82	5036. 6	0. 0240
氮	N_2	1. 251	0. 745	1. 70	−195. 78	199. 2	−147. 13	3392. 5	0. 0228
氢	H_2	0. 0899	10. 13	0. 842	−252. 75	454. 2	−239. 9	1296. 6	0. 163
氦	He	0. 1785	3. 18	1. 88	−268. 95	19. 5	−267. 96	228. 94	0. 144
氩	Ar	1. 7820	0. 322	2. 09	−185. 87	163	−122. 44	4862. 4	0. 0173
氯	Cl_2	3. 217	0. 355	1. 29 (16℃)	−33. 8	305	+144. 0	7708. 9	0. 0072
氨	NH_3	0. 771	0. 67	0. 918	−33. 4	1373	+132. 4	11295	0. 0215
一氧化碳	CO	1. 250	0. 754	1. 66	−191. 48	211	−140. 2	3497. 9	0. 0226
二氧化碳	CO_2	1. 976	0. 653	1. 37	−78. 2	574	+31. 1	7384. 8	0. 0137
二氧化硫	SO_2	2. 927	0. 502	1. 17	−10. 8	394	+157. 5	7879. 1	0. 0077
二氧化氮	NO_2	—	0. 615	—	+21. 2	712	+158. 2	10130	0. 0400
硫化氢	H_2S	1. 539	0. 804	1. 166	−60. 2	548	+100. 4	19136	0. 0131
甲烷	CH_4	0. 717	1. 70	1. 03	−161. 58	511	−82. 15	4619. 3	0. 0300
乙烷	C_2H_6	1. 357	1. 44	0. 850	−88. 50	486	+32. 1	4948. 5	0. 0180
丙烷	C_3H_8	2. 020	1. 65	0. 795 (18℃)	−42. 1	427	+95. 6	4355. 9	0. 0148
正丁烷	C_4H_{10}	2. 673	1. 73	0. 810	−0. 5	386	+152	3798. 8	0. 0135
正戊烷	C_5H_{12}	—	1. 57	0. 874	−36. 08	151	+197. 1	3342. 9	0. 0128
乙烯	C_2H_4	1. 261	1. 222	0. 985	−103. 7	481	+9. 7	5135. 9	0. 0164
丙烯	C_3H_6	1. 914	1. 436	0. 835 (20℃)	−47. 7	440	+91. 4	4599. 0	—
乙炔	C_2H_2	1. 717	1. 352	0. 935	−83. 66 (升华)	829	+35. 7	6240. 0	0. 0184
氯甲烷	CH_3Cl	2. 308	0. 582	0. 989	−24. 1	406	+148	6685. 8	0. 0085
苯	C_6H_6	—	1. 139	0. 72	+80. 2	394	+288. 5	4832. 0	0. 0088

5. 干空气的物理性质

温度 t/℃	密度 ρ/(kg/m³)	比热容 c_p/[kJ/(kg·℃)]	热导率 $\lambda\times10^2$/[W/(m·℃)]	黏度 $\mu\times10^5$/(Pa·s)	温度 t/℃	密度 ρ/(kg/m³)	比热容 c_p/[kJ/(kg·℃)]	热导率 $\lambda\times10^2$/[W/(m·℃)]	黏度 $\mu\times10^5$/(Pa·s)
-50	1.584	1.013	2.035	1.46	80	1.000	1.009	3.047	2.11
-40	1.515	1.013	2.117	1.52	90	0.972	1.009	3.128	2.15
-30	1.453	1.013	2.198	1.57	100	0.946	1.009	3.210	2.19
-20	1.395	1.009	2.279	1.62	120	0.898	1.009	3.338	2.29
-10	1.342	1.009	2.360	1.67	140	0.854	1.013	3.489	2.37
0	1.293	1.005	2.442	1.72	160	0.815	1.017	3.640	2.45
10	1.247	1.005	2.512	1.77	180	0.779	1.022	3.780	2.53
20	1.205	1.005	2.593	1.81	200	0.746	1.026	3.931	2.60
30	1.165	1.005	2.675	1.86	250	0.674	1.038	4.228	2.74
40	1.128	1.005	2.756	1.91	300	0.615	1.048	4.605	2.97
50	1.093	1.005	2.826	1.96	350	0.566	1.059	4.908	3.14
60	1.060	1.005	2.896	2.01	400	0.524	1.068	5.210	3.31
70	1.029	1.009	2.966	2.06					

6. 黏度

（1）液体黏度共线图

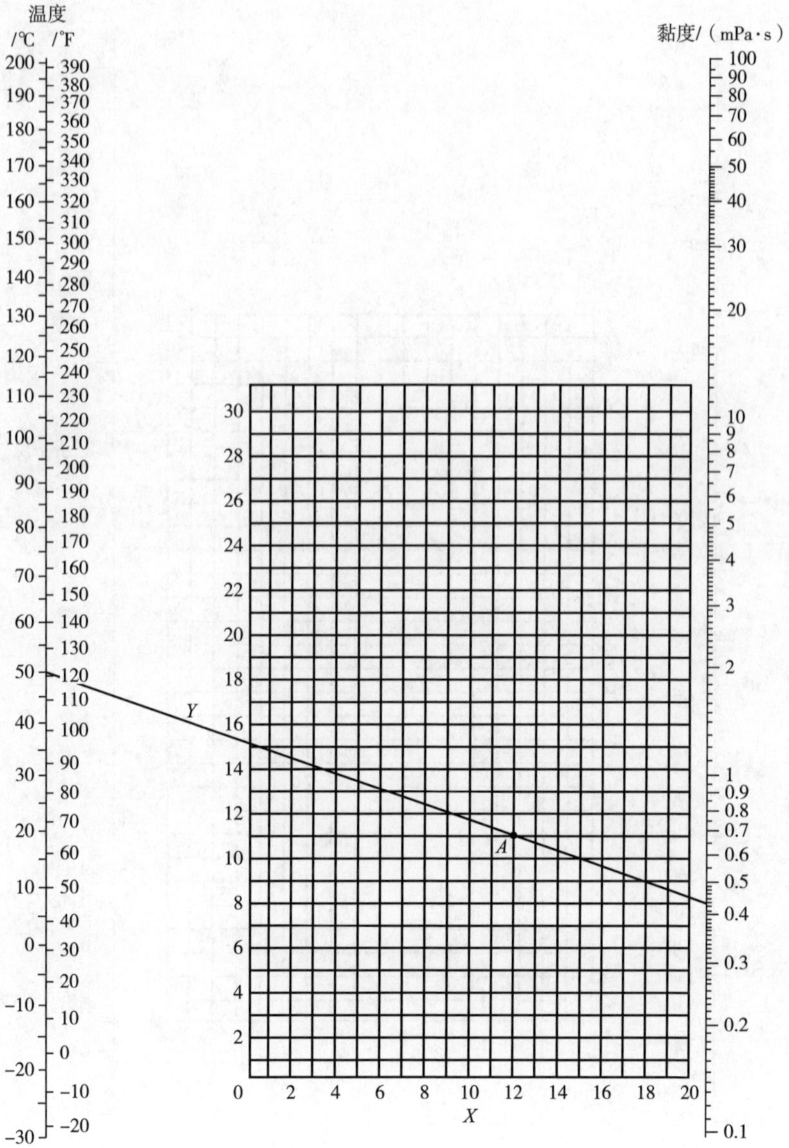

（2）气体黏度共线图

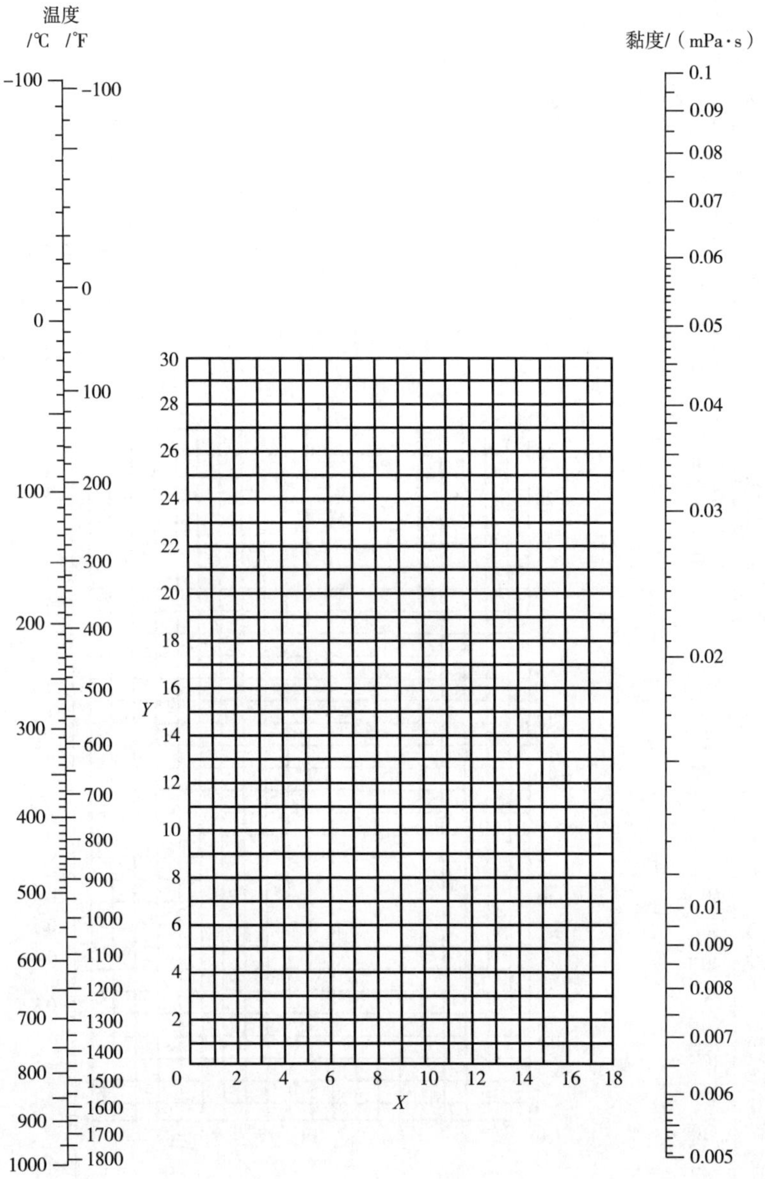
温度
/℃ /℉
-100
0
100
200
300
400
500
600
700
800
900
1000
-100
0
100
200
300
400
500
600
700
800
900
1000
1100
1200
1300
1400
1500
1600
1700
1800
Y
X
0 2 4 6 8 10 12 14 16 18
2 4 6 8 10 12 14 16 18 20 22 24 26 28 30
黏度/（mPa·s）
0.1
0.09
0.08
0.07
0.06
0.05
0.04
0.03
0.02
0.01
0.009
0.008
0.007
0.006
0.005

（3）液体黏度共线图坐标值

序号	名称	X	Y	序号	名称	X	Y	序号	名称	X	Y	序号	名称	X	Y
1	水	10.2	13.0	16	硝酸 60%	10.8	17.0	31	乙苯	13.2	11.5	46	甘油 50%	6.9	19.6
2	NaCl 25%	10.2	16.6	17	盐酸 31.5%	13.0	16.6	32	氯苯	12.3	12.4	47	乙醚	14.5	5.3
3	$CaCl_2$ 25%	6.6	15.9	18	50%NaOH	3.2	25.8	33	硝基苯	10.6	16.2	48	乙醛	15.2	14.8
4	氨	12.6	2.0	19	戊烷	14.9	5.2	34	苯胺	8.1	18.7	49	丙酮	14.5	7.2
5	氨水 26%	10.1	13.9	20	己烷	14.7	7.0	35	酚	6.9	20.8	50	甲酸	10.7	15.8
6	二氧化碳	11.6	0.3	21	庚烷	14.1	8.4	36	联苯	12.0	18.3	51	乙酸 100%	12.1	14.2
7	二氧化硫	15.2	7.1	22	辛烷	13.7	10.0	37	萘	7.9	18.1	52	乙酸 70%	9.5	17.0
8	二硫化碳	16.1	7.5	23	$CHCl_3$	14.4	10.2	38	甲醇 100%	12.4	10.5	53	乙酸酐	12.7	12.8
9	溴	14.2	13.2	24	CCl_4	12.7	13.1	39	甲醇 90%	12.3	11.8	54	乙酸乙酯	13.7	9.1
10	汞	18.4	16.4	25	二氯乙烷	13.2	12.2	40	甲醇 40%	7.8	15.5	55	乙酸戊酯	11.8	12.5
11	硫酸 110%	7.2	27.4	26	苯	12.5	10.9	41	乙醇 100%	10.5	13.8	56	氟利昂 11	14.4	9.0
12	硫酸 100%	8.0	25.1	27	甲苯	13.7	10.4	42	乙醇 95%	9.8	14.3	57	氟利昂 12	16.8	5.6
13	硫酸 98%	7.0	24.8	28	邻二甲苯	13.5	12.1	43	乙醇 40%	6.5	16.6	58	氟利昂 21	15.7	7.5
14	硫酸 60%	10.2	21.3	29	间二甲苯	13.9	10.6	44	乙二醇	6.0	23.6	59	氟利昂 22	17.2	4.7
15	硝酸 95%	12.8	13.8	30	对二甲苯	13.9	10.9	45	甘油 100%	2.0	30.0	60	煤油	10.2	16.9

（4）气体黏度共线图坐标值

序号	名称	X	Y	序号	名称	X	Y	序号	名称	X	Y	序号	名称	X	Y
1	空气	11.0	20.0	11	SO_2	9.6	17.0	21	乙炔	9.8	14.9	31	乙醇	9.2	14.2
2	O_2	11.0	21.3	12	CS_2	8.0	16.0	22	丙烷	9.7	12.9	32	丙醇	8.4	13.4
3	N_2	10.6	20.0	13	N_2O	8.8	19.0	23	丙烯	9.0	13.8	33	乙酸	7.7	14.3
4	H_2	11.2	12.4	14	NO	10.9	20.5	24	丁烯	9.2	13.7	34	丙酮	8.9	13.0
5	$3H_2+1N_2$	11.2	17.2	15	氟	7.3	23.8	25	戊烷	7.0	12.8	35	乙醚	8.9	13.0
6	水蒸气	8.0	16.0	16	氯	9.0	18.4	26	己烷	8.6	11.8	36	乙酸乙酯	8.5	13.2
7	CO_2	9.5	18.7	17	氯化氢	8.8	18.7	27	三氯甲烷	8.9	15.7	37	氟利昂 11	10.6	15.1
8	CO	11.0	20.0	18	甲烷	9.9	15.5	28	苯	8.5	13.2	38	氟利昂 12	11.1	16.0
9	NH_3	8.4	16.0	19	乙烷	9.1	14.5	29	甲苯	8.6	12.4	39	氟利昂 21	10.8	15.3
10	H_2S	8.6	18.0	20	乙烯	9.5	15.1	30	甲醇	8.5	15.6	40	氟利昂 22	10.1	17.0

7. 热导率

(1) 固体热导率

①常用金属在不同温度下的热导率　　单位：W/（m·℃）

材料	温度/℃				
	0	100	200	300	400
铝	227.95	227.95	227.95	227.95	227.95
铜	383.79	379.14	372.16	367.51	362.86
铁	73.27	67.45	61.64	54.66	48.85
铅	35.12	33.38	31.40	29.77	—
镁	172.12	167.47	162.82	158.17	—
镍	93.04	82.57	73.27	63.97	59.31
银	414.03	409.38	373.32	361.69	359.37
锌	112.81	109.90	105.83	101.18	93.04
碳钢	52.34	48.85	44.19	41.87	34.89
不锈钢	16.28	17.45	17.45	18.49	—

②常用非金属的热导率

材料	温度/℃	热导率/[W/（m·℃）]	材料	温度/℃	热导率/[W/（m·℃）]
软木	30	0.04303	泡沫玻璃	-15	0.004885
玻璃棉	—	0.03489~0.06978		-80	0.003489
保温灰	—	0.06978	泡沫塑料	—	0.04652
锯屑	20	0.04652~0.05815	硬橡胶	0	0.1500
棉花	100	0.06978	泥土	20	0.6978~0.9304
厚纸	20	0.1396~0.3489	冰	0	2.326
玻璃	30	1.0932	软橡胶	—	0.1291~0.1593
	-20	0.7560	云母	50	0.4303
聚苯乙烯泡沫	25	0.04187	搪瓷	—	0.8723~1.163
	-150	0.001745	耐火砖	230	0.8723
酚醛加玻璃纤维	—	0.2593		1200	1.6398
酚醛加石棉纤维	—	0.2942	混凝土	—	1.2793
聚酯加玻璃纤维	—	0.2594	绒毛毡	—	0.0465
85%氧化镁粉	0~100	0.06978	聚氯乙烯	—	0.1163~0.1745
聚四氟乙烯	—	0.2419	聚碳酸酯	—	0.1907
木材（横向）	—	0.1396~0.1745	聚乙烯	—	0.3291
木材（纵向）	—	0.3838	石墨	—	139.56

（2）某些液体的热导率

液体	温度/℃	热导率/[W/(m·℃)]	液体	温度/℃	热导率/[W/(m·℃)]	液体	温度/℃	热导率/[W/(m·℃)]	液体	温度/℃	热导率/[W/(m·℃)]
醋酸 50%	20	0. 35	正己醇	30	0. 164	苯	30	0. 159	氯甲烷	-15	0. 192
丙酮	30	0. 177		75	0. 156		60	0. 151		30	0. 154
	75	0. 161	异戊烷	30	0. 152	正丁醇	30	0. 168	硝基苯	30	0. 164
丙烯醇	25~30	0. 180		75	0. 151		75	0. 164		100	0. 152
氨水溶液	20	0. 45	水银	28	0. 36	异丁醇	10	0. 157	硝基甲苯	30	0. 216
	60	0. 50	盐酸 12. 5%	32	0. 52	氯化钙盐水 30%	30	0. 55		60	0. 208
正戊烷	30	0. 163	25%	32	0. 48	15%	30	0. 59	石油	20	0. 180
	100	0. 154	38%	32	0. 44	二硫化碳	30	0. 161	蓖麻油	0	0. 173
苯胺	0~20	0. 173	甲醇 80%	20	0. 267		75	0. 152		20	0. 168
乙酸乙酯	20	0. 175	60%	20	0. 329	四氯化碳	0	0. 185	橄榄油	100	0. 164
乙醇 80%	20	0. 237	40%	20	0. 405		68	0. 163	硫酸 90%	30	0. 36
60%	20	0. 305	20%	20	0. 492	三氯甲烷	30	0. 138	60%	30	0. 43
40%	20	0. 388	100%	20	0. 197	甘油 100%	20	0. 274	30%	30	0. 52
20%	20	0. 486	氯化钾 15%	32	0. 58	80%	20	0. 327	二氧化硫	15	0. 22
100%	50	0. 151	30%	32	0. 56	60%	20	0. 381		30	0. 192
乙苯	30	0. 149	氢氧化钾 21%	32	0. 58	40%	20	0. 448	甲苯	30	0. 149
	60	0. 142	42	32	0. 55	20%	20	0. 481		75	0. 145
乙醚	30	0. 133	二甲苯 邻位	20	0. 155	100%	100	0. 284	氨	25~30	0. 50
	75	0. 135	对位	20	0. 155	正己烷	30	0. 138	汽油	30	0. 135
松节油	15	0128	间位	20	0. 155		60	0. 135	氯苯	10	0. 144

(3) 气体热导率共线图和气体热导率共线图坐标值(常压)

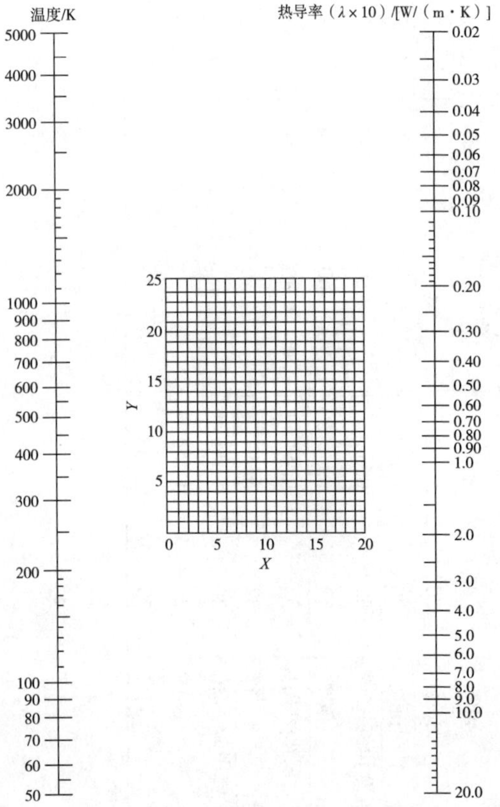

气体	温度范围/K	X	Y
乙炔	200~600	7.5	13.5
空气	50~250	12.4	13.9
空气	250~1000	14.7	15.0
空气	1000~1500	17.1	14.5
氨	200~900	8.5	12.6
氩	50~250	12.5	16.5
氩	250~5000	15.4	18.1
苯	250~600	2.8	14.2
三氟化硼	250~400	12.4	16.4
溴	250~350	10.1	23.6
正丁烷	250~500	5.6	14.1
异丁烷	250~500	5.7	14.0
二氧化碳	200~700	8.7	15.5
二氧化碳	700~1200	13.3	15.4
氧化碳	80~300	12.3	14.2
四氯化碳	250~500	9.4	21.0
氯	200~700	10.8	20.1
氕	50~100	12.7	17.3
丙酮	250~500	3.7	14.8
乙烷	200~1000	5.4	12.6
乙醇	250~350	2.0	13.0
乙醇	350~500	7.7	15.2
乙醚	250~500	5.3	14.1
乙烯	200~450	3.9	12.3
氟	80~600	12.3	13.8
氟利昂-11	250~500	7.5	19.0
氟利昂-12	250~500	6.8	17.5
氟利昂-13	250~500	7.5	16.5
氟利昂-21	250~450	6.2	17.5
氟利昂-22	250~500	6.5	18.6
氟利昂-113	250~400	4.7	17.0
氦	50~500	17.0	2.5
氦	500~5000	15.0	3.0
正庚烷	250~600	4.0	14.8
正庚烷	600~1000	6.9	14.9
正己烷	250~1000	3.7	14.0
氢	50~250	13.2	1.2
氢	250~1000	15.7	1.3
氢	1000~2000	13.7	2.7
氯化氢	200~700	12.2	18.5
氪	100~700	13.7	21.8
甲烷	100~300	11.2	11.7
甲烷	300~1000	8.5	11.0
甲醇	300~500	5.0	14.3
氯甲烷	250~700	4.7	15.7
氖	50~250	15.2	10.2
氖	250~5000	17.2	11.0
氧化氮	100~1000	13.2	14.8
氮	50~250	12.5	14.0
氮	250~1500	15.8	15.3
氮	1500~3000	12.5	16.5
一氧化二氮	200~500	8.4	15.0
一氧化二氮	500~1000	11.5	15.5
氧	50~300	12.2	13.8
氧	300~1500	14.5	14.8
戊烷	250~500	5.0	14.1
丙烷	200~300	2.7	12.0
丙烷	300~500	6.3	13.7
二氧化硫	250~900	9.2	18.5
甲苯	250~600	6.4	14.8
氙	600~800	18.7	13.8

8. 比热容

（1）液体比热容共线图和液体比热容共线图的编号

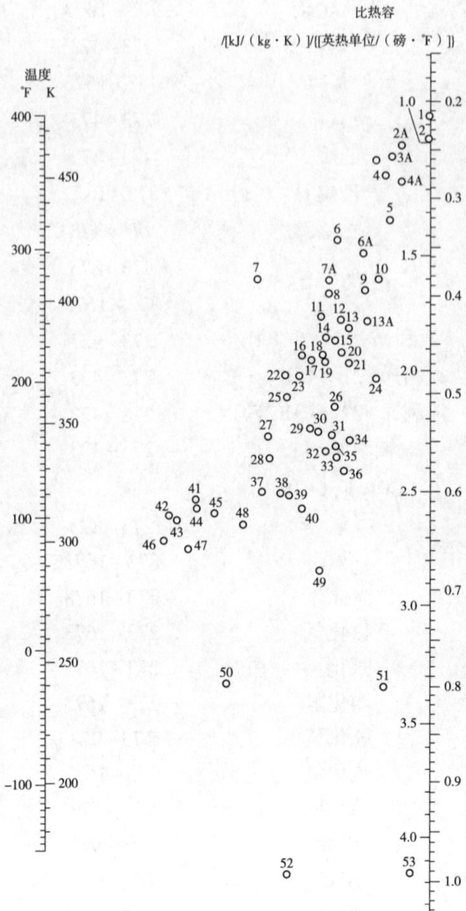

号数	液体	范围温度/℃	号数	液体	范围温度/℃
49	$CaCl_2$ 盐水 25%	-40~20	10	苯甲基氯	-30~30
51	NaCl 盐水 25%	-40~20	6A	二氯乙烷	-30~60
16	联苯醚	0~200	5	二氯甲烷	-30~50
16	联苯-联苯醚	0~200	15	联苯	80~120
42	乙醇 100%	30~80	22	二苯甲烷	80~100
46	95%	20~80	24	乙酸乙酯	-50~25
50	50%	20~80	25	乙苯	0~100
2A	氟利昂-11（CCl_3F）	-20~70	1	溴乙烷	5~25
6	氟利昂-12（CCl_2F_2）	-40~15	13	氯乙烷	-80~40
4A	氟利昂-21（$CHCl_2F$）	-20~70	36	乙醚	-100~25
7A	氟利昂-22（$CHClF_2$）	-20~60	7	碘乙烷	0~100
3A	氟利昂-113（$CCl_2F-CClF_2$）	-20~70	39	乙二醇	-40~200
48	盐酸 30%	20~100	38	甘油	-40~20
9	硫酸 98%	10~45	28	庚烷	0~60
29	醋酸 100%	0~80	35	己烷	-80~20
19	二甲苯（邻位）	0~100	41	异戊醇	-20~50
18	二甲苯（间位）	0~100	43	异丁醇	0~100
17	二甲苯（对位）	0~100	47	异丙醇	-20~50
26	乙酸戊酯	0~100	31	异丙醚	-80~20
2	二硫化碳	-100~25	40	甲醇	-40~20
3	四氯化碳	10~60	13A	氯甲烷	-80~20
3	过氯乙烯	-30~140	14	萘	90~200
52	氨	-70~50	12	硝基苯	0~100
37	戊醇	-50~25	34	壬烷	-50~125
30	苯胺	0~130	33	辛烷	-50~25
23	苯	10~80	45	丙醇	-20~100
23	甲苯	0~60	32	丙酮	20~50
27	苯甲醇	-20~30	20	吡啶	-51~25
8	氯苯	0~100	11	二氧化硫	-20~100
4	三氯甲烷	0~50	44	丁醇	0~100
21	癸烷	-80~25	53	水	-10~200

（2）气体比热容共线图和液体比热容共线图的编号

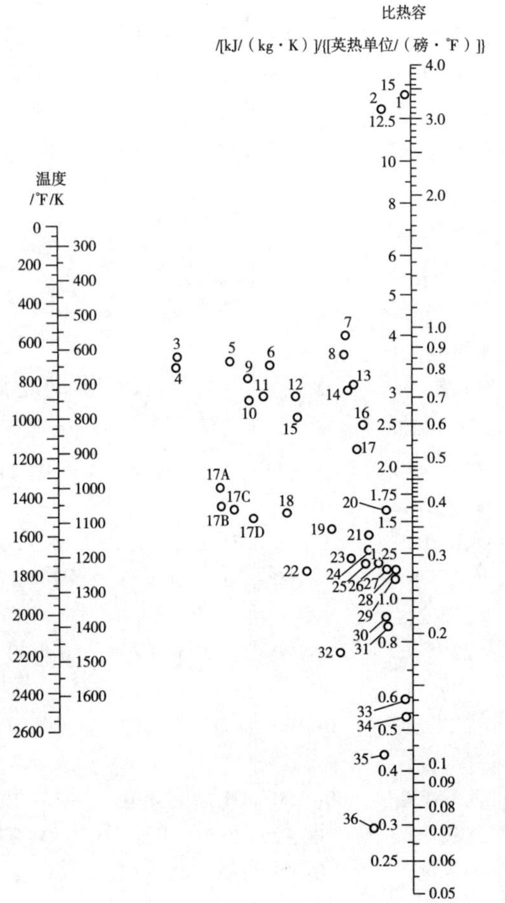

号数	气体	温度范围/K
10	乙炔	273～473
15	乙炔	473～673
16	乙炔	673～1673
27	空气	273～1673
12	氨	273～873
14	氨	873～1673
18	二氧化碳	273～673
24	二氧化碳	673～1673
26	一氧化碳	273～1673
32	氯	273～473
34	氯	473～1673
3	乙烷	273～473
9	乙烷	473～873
8	乙烷	873～1673
4	乙烯	273～473
11	乙烯	473～873
13	乙烯	873～1673
17B	氟利昂-11（CCl_3F）	273～423
17C	氟利昂-21（$CHCl_2F$）	273～423
17A	氟利昂-22（$CHClF_2$）	278～423
17D	氟利昂-113（$CCl_2F-CClF_2$）	273～423
1	氢	273～873
2	氢	873～1673
35	溴化氢	273～1673
30	氯化氢	273～1673
20	氟化氢	273～1673
36	碘化氢	273～1673
19	硫化氢	273～973
21	硫化氢	973～1673
5	甲烷	273～573
6	甲烷	573～973
7	甲烷	973～1673
25	一氧化氮	273～973
28	一氧化氮	973～1673
26	氮	273～1673
23	氧	273～773
29	氧	773～1673
33	硫	573～1673
22	二氧化硫	273～673
31	二氧化硫	673～1673
17	水	273～1673

9. 表面张力

（1）某些无机水溶液的表面张力（mN/m）和某些有机液体的表面张力共线图

溶质	温度/℃	浓度/%（质量分数）			
		5	10	20	50
H_2SO_4	18	—	74. 1	75. 2	77. 3
HNO_3	20	—	72. 7	71. 1	65. 4
NaOH	20	74. 6	77. 3	85. 8	—
NaCl	18	74. 0	75. 5	—	—
Na_2SO_4	18	73. 8	75. 2	—	—
Na_2SO_4	18	73. 8	75. 2	—	—
$NaNO_3$	30	72. 1	72. 8	74. 4	79. 8
KCl	18	73. 6	74. 8	77. 3	—
KNO_3	18	73. 0	73. 6	75. 0	—
K_2CO_3	10	75. 8	77. 0	79. 2	106. 4
NH_4OH	18	66. 5	63. 5	59. 3	—
NH_4Cl	18	73. 3	74. 5	—	—
NH_4NO_3	100	59. 2	60. 1	61. 6	67. 5
$MgCl_2$	18	73. 8	—	—	—
$CaCl_2$	18	73. 7	—	—	—

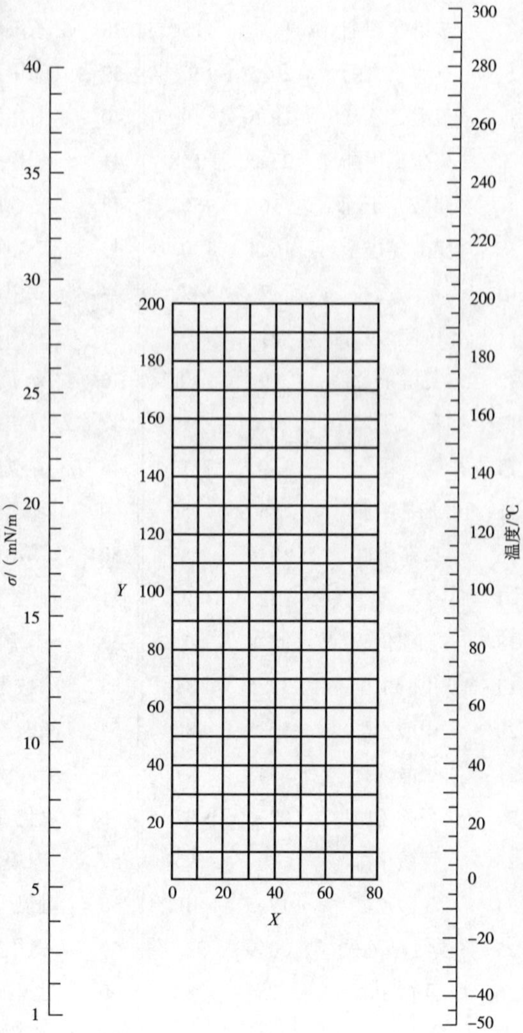

（2）液体表面张力共线图坐标值

序号	名称	X	Y	序号	名称	X	Y	序号	名称	X	Y
1	环氧乙烷	42	83	35	六氢吡啶	24.7	120	69	乙胺	11.2	83
2	1，3，5-三甲苯	17	119.8	36	乙硫醇	35	81	70	乙醇	10	97
3	对异丙基甲苯	12.8	121.2	37	乙醛肟	23.5	127	71	乙醚	27.5	64
4	苯甲酸乙酯	14.8	151	38	乙酰胺	17	192.5	72	乙醛	33	78
5	草酸乙二酯	20.5	130.8	39	间甲酚	13	161.2	73	甲醇	17	93
6	硫酸二乙酯	19.5	139.5	40	对甲酚	11.5	160.5	74	丙胺	25.5	87.2
7	硫酸二甲酯	23.5	158	41	邻甲酚	20	161	75	丙酮	28	91
8	醋酸异丁酯	16	97.2	42	三乙胺	20.1	83.9	76	丁酮	23.6	97
9	醋酸异戊酯	16.4	130.1	43	三甲胺	21	57.6	77	丁醇	9.6	107.5
10	苯二乙胺	17	142.6	44	二甲胺	16	66	78	丁酸	14.5	115
11	乙酰醋酸乙酯	21	132	45	异丙醇	12	111.5	79	氯仿	32	101.3
12	二乙醇缩乙醛	19	88	46	异丁醇	5	103	80	丙醇	8.2	105.2
13	间二甲苯	20.5	118	47	异丁酸	14.8	107.4	81	丙酸	17	112
14	对二甲苯	19	117	48	异戊醇	6	106.8	82	氯苯	23.5	132.5
15	苯基甲胺	25	156	49	环己烷	42	86.7	83	萘	22.5	165
16	苯骈吡啶	19.5	183	50	苯乙酮	18	163	84	苯胺	22.9	171.8
17	1，2-二氯乙烷	32	122	51	苯乙醚	20	134.2	85	苯酚	20	168
18	二硫化碳	35.8	117.2	52	苯甲醚	24.4	138.9	86	氨	56.2	63.5
19	甲酸甲酯	38.5	88	53	醋酸甲酯	34	90	87	苯	30	110
20	甲酸乙酯	30.5	88.8	54	醋酸乙酯	27.5	92.4	88	氯	45.5	59.2
21	甲酸丙酯	24	97	55	醋酸丙酯	23	97	89	己烷	22.7	72.2
22	丙酸乙酯	22.6	97	56	氧化亚氮	62.5	0.5	90	甲苯	24	113
23	丙酸甲酯	29	95	57	二甲醚	44	37	91	甲胺	42	58
24	丁酸乙酯	17.5	102	58	对氯甲苯	18.7	134	92	辛烷	17.7	90
25	异丁酸乙酯	20.9	93.7	59	氯甲烷	45.8	53.2	93	吡啶	34	138.2
26	丁酸甲酯	25	88	60	对氯溴苯	14	162	94	丙腈	23	108.6
27	异丁酸甲酯	24	93.8	61	氰化氢	30.6	66	95	丁腈	20.3	113
28	二乙基酮	20	101	62	硝基乙烷	25.4	126.1	96	乙腈	33.5	111
29	四氯化碳	26	104.5	63	硝基甲烷	30	139	97	苯腈	19.5	159
30	亚硝酰氯	38.5	93	64	溴乙烷	31.6	90.2	98	溴苯	23.5	145.5
31	三苯甲烷	12.5	182.7	65	碘乙烷	28	113.2	99	醋酸	17.1	116.5
32	三氯乙醛	30	113	66	茴香脑	13	158.1	100	噻吩	35	121
33	三聚乙醛	22.3	103.8	67	醋酸酐	25	129				
34	苯二甲胺	20	149	68	乙苯	22	118				

10. 沸点

（1）无机物水溶液的沸点

溶液	温度/℃											
	101	102	103	104	105	107	110	115	120	125	140	160
	溶液浓度/%（质量分数）											
$CaCl_2$	5.66	10.31	14.16	17.36	20.00	24.24	29.33	35.68	40.83	45.80	57.89	68.94
KOH	4.49	8.51	11.96	14.82	17.01	20.88	25.65	31.97	36.51	40.23	48.05	54.89
KCl	8.42	14.31	18.96	23.02	26.57	32.62			（近于 108.5℃）			
K_2CO_3	10.31	18.37	24.20	28.57	32.24	37.69	43.97	50.86	56.04	60.40	66.94	
KNO_3	13.19	23.66	32.23	39.20	45.10	54.65	65.34	79.53				
$MgCl_2$	4.67	8.42	11.66	14.31	16.59	20.23	24.41	29.48	33.07	36.02	38.61	
$MgSO_4$	14.31	22.78	28.31	32.23	35.32	42.86		（近于 108℃）				
NaOH	4.12	7.40	10.15	12.51	14.53	18.32	23.08	26.21	33.77	37.58	48.32	60.13
NaCl	6.19	11.03	14.67	17.69	20.32	25.09	28.92					
$NaNO_3$	8.26	15.61	21.87	27.58	32.45	40.77	49.87	60.94	68.94			
Na_2SO_4	15.26	24.81	30.73	31.83	（近于 103.2℃）							
Na_2CO_3	9.42	17.22	23.72	29.18	33.66							
$CuSO_4$	26.94	39.98	40.83	44.47	45.12		（近于 104.2℃）					
$ZnSO_4$	20.00	31.22	37.89	42.92	46.15							
NH_4NO_3	9.09	16.66	23.08	29.08	34.21	42.52	51.92	63.24	71.26	77.11	87.09	93.20
NH_4Cl	6.10	11.35	15.96	19.80	22.89	28.37	35.98	46.94				
$(NH_4)_2SO_4$	13.31	23.41	30.65	36.71	41.79	49.73	49.77	53.55		（近于 108.2℃）		

注：括号内的指饱和溶液的沸点。

（2）常压下溶液的沸点升高与浓度关系

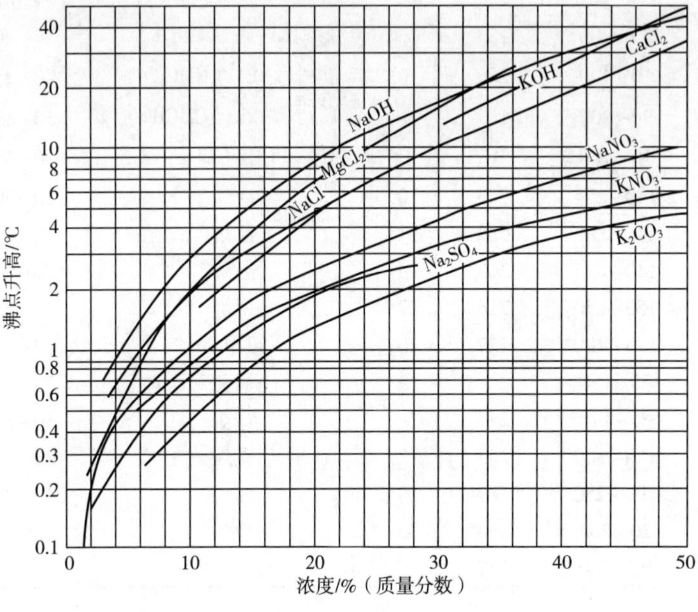

11. 液体汽化热共线图

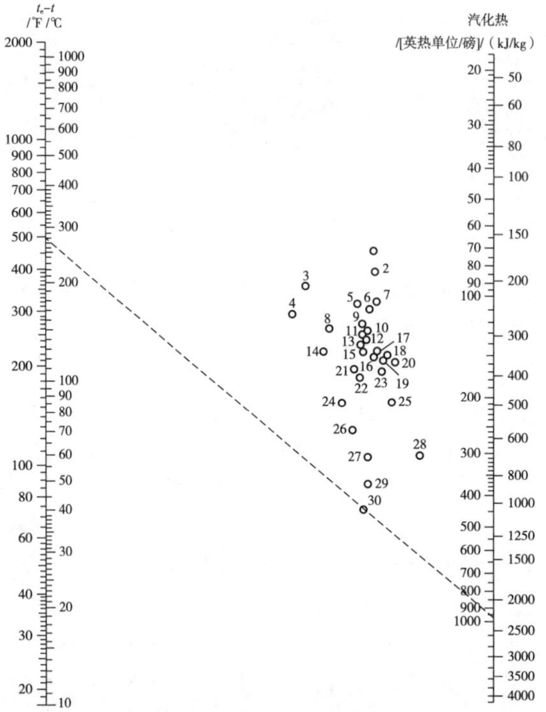

汽化热共线图的序号

序号	化合物	范围（t_c-t）/℃	临界温度 t_c/℃	序号	化合物	范围（t_c-t）/℃	临界温度 t_c/℃
18	醋酸	100~225	321	13	乙醚	10~400	194
22	丙酮	120~210	235	2	氟利昂-11（CCl_3F）	70~250	198
29	氨	50~200	133	2	氟利昂-12（CCl_2F_2）	40~200	111
13	苯	10~400	289	5	氟利昂-21（$CHCl_2F$）	70~250	178
16	丁烷	90~200	153	6	氟利昂-22（$CHClF_2$）	50~170	96
21	二氧化碳	10~100	31	1	氟利昂-113（$CCl_2F-CClF_2$）	90~250	214
4	二硫化碳	140~275	273	10	庚烷	20~300	267
2	四氯化碳	30~250	283	11	己烷	50~225	235
7	三氯甲烷	140~275	263	15	异丁烷	80~200	134
8	二氯甲烷	150~250	216	27	甲醇	40~250	240
3	联苯	175~400	527	20	氯甲烷	70~250	143
25	乙烷	25~150	32	19	一氧化氮	25~150	36
26	乙醇	20~140	243	9	辛烷	30~300	296
28	乙醇	140~300	243	12	戊烷	20~200	197
17	氯乙烷	100~250	187	23	丙烷	40~200	96
24	丙醇	20~200	264	30	水	100~500	374
14	二氧化硫	90~160	157				

12. 固体物性参数

(1) 密度、热导率、比热容

名称	ρ / (kg/m³)	λ / [W/(m·K)]	c_p/ [kJ/(kg·K)]
(1) 金属			
钢	7850	45.4	0.46
不锈钢	7900	17.4	0.50
铸铁	7220	62.8	0.50
铜	8800	383.8	0.406
青铜	8000	64.0	0.381
黄铜	8600	85.5	0.38
铝	2670	203.5	0.92
镍	9000	58.2	0.46
铅	11400	34.9	0.130
(2) 塑料			
酚醛	1250~1300	0.13~0.26	1.3~1.7
脲醛	1400~1500	0.30	1.3~1.7
聚氯乙烯	1380~1400	0.16	1.84
聚苯乙烯	1050~1070	0.08	1.34
低压聚乙烯	940	0.29	2.55
高压聚乙烯	920	0.26	2.22
有机玻璃	1180~1190	0.14~0.20	
(3) 建筑材料、绝热材料、耐酸材料及其他			
干砂	1500~1700	0.45~058	0.75 (-20~20℃)
黏土	1600~1800	0.47~0.53	
锅炉炉渣	700~1100	0.19~0.30	
黏土砖	1600~1900	0.47~0.67	0.92
耐火砖	1840	1.0 (800~1100℃)	0.96~1.00
绝热砖 (多孔)	600~1400	0.16~0.37	
混凝土	2000~2400	1.3~1.55	0.84
松木	500~600	0.07~0.10	272 (0~100℃)
软木	100~300	0.041~0.064	0.96
石棉板	700	0.12	0.816
石棉水泥板	1600~1900	0.35	
玻璃	2500	0.74	0.67
耐酸陶瓷制品	2200~2300	0.9~1.0	0.75~0.80
耐酸砖和板	2100~2400		
耐酸搪瓷	2300~2700	0.99~1.05	0.84~1.26
橡胶	1200	0.16	1.38
冰	900	2.3	2.11

（2）温度、黑度

材料名称	温度/℃	ε
表面被磨光的铝	225~575	0.039~0.057
表面不磨光的铝	26	0.055
表面被磨光的铁	425~1020	0.144~0.377
用金刚砂冷加工后的铁	20	0.242
氧化后的铁	100	0.736
氧化后表面光滑的铁	125~525	0.78~0.82
未经加工处理的铸铁	925~1115	0.87~0.95
表面被磨光的铸铁件	770~1040	0.52~0.56
经过研磨后的钢板	940~1100	0.55~0.61
表面上有一层有光泽的氧化物的钢板	25	0.82
经过刮面加工的生铁	830~990	0.60~0.70
氧化铁	500~1200	0.85~0.95
无光泽的黄铜板	50~360	0.22
氧化铜	800~1100	0.66~0.84
铬	100~1000	0.08~0.26
有光泽的镀锌铁板	28	0.228
已经氧化的灰色镀锌铁板	24	0.276
石棉纸板	24	0.96
石棉纸	40~370	0.93~0.945
水	0~100	0.95~0.963
石膏	20	0.903
表面粗糙、基本完整的红砖	20	0.93
表面粗糙没有上过釉的硅砖	100	0.80
表面粗糙上过釉的硅砖	1100	0.85
上过釉的黏土耐火砖	1100	0.75
耐火砖	—	0.8~0.9
涂在铁板上的光泽的黑漆	25	0.875
无光泽的黑漆	40~95	0.96~0.98
白漆	40~95	0.80~0.95
平整的玻璃	22	0.937
烟尘，发光的煤尘	95~270	0.952
上过釉的瓷器	22	0.924

13. 食品物性数据

(1) 一些食品的热导率

食品	λ/[W/(m·K)]	食品	λ/[W/(m·K)]	食品	λ/[W/(m·K)]	食品	λ/[W/(m·K)]
苹果汁	0.559	梨汁	0.550	蜂蜜	0.502	鲜鱼	0.431
苹果酱	0.692	花生油	0.168	黄油	0.197	猪肉	1.298
胡萝卜	1.263	草莓	1.125	炼乳	0.536	香肠	0.410
人造黄油	0.233	葡萄	0.398	乳粉	0.419	火鸡	1.088
浓缩牛乳	0.505	橘子	1.296	蛋类	0.291	牛肉	0.556
脱脂牛乳	0.538	南瓜	0.502	小麦	0.163		
小牛肉	0.891	燕麦	0.064	马铃薯	1.090		

(2) 一些食品的定压比热容

食品名称	含水量 ω/%	c_{pi}/[kJ/(kg·K)]	食品名称	含水量 ω/%	c_{pi}/[kJ/(kg·K)]
肉汤	—	3.098	鲜蘑菇	90	3.936
豌豆汤	—	4.103	干蘑菇	30	2.345
马铃薯汤	88	3.956	洋葱	80~90	3.601~3.984
油炸鱼	60	3.015	荷兰芹	65~95	3.182~3.894
植物油	—	1.465~1.884	干豌豆	14	1.842
可可	—	1.842	马铃薯	75	3.517
脱脂牛乳	91	3.999	菠菜	85~90	3.852
面包	44~45	2.784	鲜浆果	84~90	3.726~4.103
炼乳	60~70	3.266	鲜水果	75~92	3.350~3.768
面粉	12~13.5	1.842	干水果	30	2.094
通心粉	12~13.5	1.842	肥牛肉	51	2.889
麦片粥	—	3.224~3.768	瘦牛肉	72	3.433
大米	10.5~13.5	1.800	鹅	52	2.931
蛋白	87	3.852	肾	—	3.601
蛋黄	48	2.805	羊肉	90	3.894
洋蓟	90	3.894	鲜腊肠	72	3.433
大葱	92	3.978	小牛排	72	3.433
小扁豆	12	1.842	鹿肉	70	3.391

（3）各种食品的冰点

名称	含水量 ω /%	冰点 t_i /℃	名称	含水量 ω /%	冰点 t_i /℃	名称	含水量 ω /%	冰点 t_i /℃
牛肉	72	-2.7~-1.7	桃子	86.9	-1.5	芹菜	94	-1.2
猪肉	35~72	-2.7~-1.7	梨	83	-2	黄瓜	96.4	-0.8
羊肉	60~70	-1.7	菠萝	85.3	-1.2	韭菜	88.2	-1.4
家禽	74	-1.7	李子	86	-2.2	洋葱	87.5	-1
鲜鱼	73	-2~-1	杨梅	90	-1.3	马铃薯	77.8	-1.8
对虾	76	-2.0	西瓜	92.1	-1.6	南瓜	90.5	-1
牛乳	87	-2.8	甜瓜	92.7	-1.7	萝卜	93.6	-2.2
胡萝卜	83	-1.7	椰子	83	-2.8	菠菜	93.7	-0.9
青豌豆	74	-1.1	柠檬	89	-2.1	番茄	94	-0.9
卷心菜	91	-0.5	橘子	90	-2.2	芦笋	93	-2.2
龙须菜	94	-2	苹果	85	-2	樱桃	82	-4.5
青刀豆	88.9	-1.3	杏子	85.4	-2	蘑菇	91.1	-1.8
茄子	92.7	-1.6~-0.9	甜菜	72	-2	香蕉	75	-1.7
青椒	92.4	-1.9~-1.1	柑橘	86	-2.2	蛋	70	-2.2
甜玉米	73.9	-1.7~-1.1	葡萄	82	-4			
草莓	90.0	-1.17	兔肉	60	-1.7			

（4）糖溶液物性经验拟合公式

①密度（kg/m^3）

$$\rho = 1005.6 - 0.2473t + 3.726x - 2.0315\times10^{-3}t^2 - 1.8453\times10^{-3}tx + 0.01809x^2$$

②常压下沸点升高（℃）

$$\Delta = \exp(-2.9954 + 0.10877x - 1.0813\times10^{-3}x^2 + 6.7381\times10^{-3}x^3$$

③热导率［W/（m·K）］

$$\lambda = 0.56817 + 1.6544\times10^{-3}t - 3.1275\times10^{-3}x - 6.8327\times10^{-6}tx - 4.2345\times10^{-6}t^2 + 2.3545\times10^{-7}x^2$$

④比热容［kJ/（kg·K）］

$$c_p = 4.186 + 2.681\times10^{-5}t - 0.02509x + 7.357\times10^{-5}tx - 1.564\times10^{-7}t^2 - 4.136\times10^{-7}x^2 \quad (5)$$

⑤表面张力（N/m）

$$\sigma = 72.673 + 0.03693x + 3.5223\times10^{-3}x^2 - 4.1485\times10^{-5}x^3 + 1.0032\times10^{-9}x^4$$

（以上各式温度 t 单位均为℃；x 为糖的质量分数，%）

（5）冷冻盐水的物性

①$CaCl_2$ 溶液

浓度 w/%	相对密度	冻结温度 t_i/℃	c_p（0℃）/［kJ/（kg·K）］	黏度 μ /（mPa·s）				
				-30℃	-20℃	-10℃	0℃	20℃
0.1	1.00	0.0	4.199	—	—	—	1.77	1.03
20.9	1.19	-19.2	3.043	—	—	—	3.28	2.00
21.9	1.20	-21.2	3.001	—	8.61	—	3.44	2.11
22.8	1.21	-23.2	2.964	—	9.02	—	3.62	2.23
23.8	1.22	-25.7	2.930	—	9.48	—	3.82	2.35
24.7	1.23	-28.3	2.897	—	10.00	—	4.02	2.48
25.7	1.24	-31.2	2.867	14.81	10.57	—	4.26	2.63
26.6	1.25	-34.6	2.838	15.89	11.17	—	4.52	2.78
27.5	1.26	-38.6	2.809	17.17	11.85	—	4.81	2.93
28.4	1.27	-43.6	2.780	19.03	12.69	—	5.12	3.14
29.4	1.28	-50.1	2.754	21.29	13.79	—	5.49	3.40
29.9	1.286	-55.0	2.738	22.56	14.39	—	5.69	3.52

②NaCl 溶液

浓度 w/%	相对密度	冻结温度 t_i/℃	c_p（0℃）/［kJ/（kg·K）］	黏度 μ /（mPa·s）				
				-30℃	-20℃	-10℃	0℃	20℃
0.1	1.00	0.0	4.190	—	—	—	1.77	1.03
13.6	1.10	-9.8	3.587	—	—	—	2.15	1.23
14.9	1.11	-11.0	3.550	—	—	3.35	2.24	1.27
16.2	1.12	-12.2	3.512	—	—	3.49	2.32	1.31
17.5	1.13	-13.6	3.474	—	—	3.68	2.43	1.37
18.8	1.14	-15.1	3.441	—	—	3.87	2.56	1.43
20.0	1.15	-16.6	3.407	—	—	4.08	2.69	1.49
21.2	1.16	-18.2	3.374	—	—	4.31	2.83	1.55
22.4	1.17	-20.0	3.340	—	6.87	4.51	2.96	1.62
23.1	1.175	-21.2	3.324	—	7.04	4.71	3.04	1.67

（6）某些食品的堆密度

物料	堆密度 ρ_b/（kg/m³）	物料	堆密度 ρ_b/（kg/m³）	物料	堆密度 ρ_b/（kg/m³）
辣椒	200~300	桃子	590~690	花生豆	500~630
茄子	330~430	蘑菇	450~500	大豆	700~770
番茄	580~630	刀豆	640~650	蚕豆	670~800
洋葱	490~520	豌豆	700~770	马铃薯	650~750
胡萝卜	560~590	玉米	680~770	地瓜	640
甜菜	600~770	面粉	700		

14. 常见流体的污垢热阻

流体	污垢热阻 R/[（m·K）/kW]	流体	污垢热阻 R/[（m·K）/kW]
水（1m/s，大于50℃）		溶剂蒸气	0.14
蒸馏水	0.09	水蒸气	
海水	0.09	优质（不含油）	0.052
清净的河水	0.21	劣质（不含油）	0.09
未处理的凉水塔用水	0.58	往复机排出	0.176
已处理的凉水塔用水	0.26	液体	
已处理的锅炉用水	0.26	处理过的盐水	0.264
硬水、井水	0.58	有机物	0.176
气体		燃料油	1.056
空气	0.26~0.53	焦油	1.76

15. 泵规格（摘录）

型号	流量/（m³/h）	扬程/m	转速/（r/min）	汽蚀余量/m	效率/%	功率/kW		质量/kg	外形尺寸（长×宽×高）/m
						轴功率	配带功率		
IS50-32-125	7.5 12.5 15	20	2900	2.0	6.0	1.13	2.2	33	465× 190× 252
	3.75 6.3 7.5	5	1450	2.0	54	0.16	0.55	55	465× 195× 252

续表

型号	流量/（m³/h）	扬程/m	转速/（r/min）	汽蚀余量/m	效率/%	功率/kW		质量/kg	外形尺寸（长×宽×高）/m
						轴功率	配带功率		
IS50-32-160	7.5								465×
	12.5	32	2900	2.0	54	2.02	3	42	240×
	15								292
	3.75								465×
	6.3	8	1450	2.0	48	0.28	0.55	42	240×
	7.5								292
IS50-32-200	7.5	525		2.0	33	0.41			465×
	12.5	50	2900	2.0	42	0.51	0.75	49	240×
	15	48		2.5	44	0.56			340
	3.75	13.1		2.0	38	2.62			465×
	6.3	12.5	1450	2.0	48	3.54	5.5	49	240×
	7.5	12		2.5	51	3.84			340
IS50-32-250	7.5	82		2.0	28.5	5.67			600×
	12.5	80	2900	2.0	38	7.16	11	78	320×
	15	78.5		2.5	41	7.83			405
	3.75	20.5		2.0	23	0.91			600×
	6.3	20	1450	2.0	32	1.07	15	78	320×
	7.5	19.5		2.5	35	1.14			405
IS65-50-125	15								465×
	25	20	2900	2.0	64	1.97	3	33	210×
	30								252
	7.5								465×
	12.5	5	1450	2.0	64	0.27	0.55	33	210×
	15								252
IS65-50-160	15	35		2.0	54	2.65			465×
	25	32	2900	2.0	65	3.35	5.5	42	240×
	30	30		2.5	66	3.71			292
	7.5	8.8		2.0	50	0.36			465×
	12.5	8.0	1450	2.0	60	0.45	0.75	42	240×
	15	7.2		2.5	60	0.49			292

续表

型号	流量/（m³/h）	扬程/m	转速/（r/min）	汽蚀余量/m	效率/%	功率/kW 轴功率	功率/kW 配带功率	质量/kg	外形尺寸（长×宽×高）/m
IS65-40-200	15	53	2900	2.0	49	4.42	7.5	50	485×
	25	50		2.0	60	5.67			265×
	30	47		2.5	61	6.29			340
	7.5	13.2	1450	2.0	43	0.63	1.1	50	485×
	12.5	12.5		2.0	55	0.77			265×
	15	11.8		2.5	57	0.85			340
IS65-40-250	15								600×
	25	80	2900	2.0	53	10.3	15	88	320×
	30								405
	7.5								600×
	12.5	80	1450	2.0	48	1.42	2.2	88	320×
	15								405
IS65-40-315	15	127	2900	2.5	28	18.5	30	105	625×
	25	125		2.5	40	21.3			345×
	30	123		3.0	44	22.8			450
	7.5	32	1450	2.5	25	2.63	4	105	625×
	12.5	32		2.5	37	2.94			345×
	15	31.7		3.0	41	3.16			450
IS80-65-125	30	22.5	2900	3.0	64	2.87	5.5	37	485×
	50	20		3.0	75	2.63			240×
	60	18		3.5	74	3.93			292
	15	5.6	1450	2.5	55	0.42	0.75	37	485×
	25	5		2.5	71	0.48			240×
	30	4.6		3.0	72	0.51			292
IS80-65-160	30	36	2900	2.5	61	4.82	7.5	45	485×
	50	32		2.5	73	5.97			265×
	60	29		3.0	72	6.59			340
	15	9	1450	2.5	55	0.67	1.5	45	485×
	25	8		2.5	69	0.75			265×
	30	7.2		3.0	68	0.86			340

续表

型号	流量/(m^3/h)	扬程/m	转速/(r/min)	汽蚀余量/m	效率/%	功率/kW		质量/kg	外形尺寸（长×宽×高）/m
						轴功率	配带功率		
IS80-50-200	30	53	2900	2.5	55	7.87	15	52	485×
	50	50		2.5	69	9.87			265×
	60	47		3.0	71	10.8			340
	15	13.2	1450	2.5	51	1.06	2.25	52	485×
	25	12.5		2.5	65	1.31			265×
	30	11.8		3.0	67	1.44			340
IS80-50-250	30	84	2900	2.5	52	13.2	22	93	625×
	50	80		2.5	63	17.3			320×
	60	75		3.0	64	19.2			405
	15	21	1450	2.5	49	1.75	3	93	625×
	25	20		2.5	60	2.27			320×
	30	18.8		3.0	61	2.52			405
IS80-50-315	30	128	2900	2.5	41	25.5	37	110	625×
	50	125		2.5	54	31.5			320×
	60	123		3.0	57	35.3			505
	15	32.5	1450	2.5	39	3.4	5.5	110	625×
	25	32		2.5	52	4.19			320×
	30	31.5		3.0	56	4.6			505
IS100-50-125	60	24	2900	4.0	67	5.86	11	42	485×
	100	20		4.5	78	7.00			280×
	120	16.5		5.0	74	7.28			340
	30	6	1450	2.5	64	0.77	1.5	42	485×
	50	5		2.5	75	0.91			280×
	60	4		3.0	71	0.92			340
IS100-80-160	60	36	2900	3.5	70	8.42	15	67	600×
	100	32		4.0	78	11.2			280×
	120	28		5.0	75	12.2			360
	30	9.2	1450	2.0	67	1.12	2.2	67	600×
	50	8.0		2.5	75	1.45			280×
	60	6.8		3.5	71	1.57			360

16. 管子规格

(1) 水煤气输送钢管

公称直径 DN/mm	外径/mm	最小公称壁厚 t/mm	壁厚 t 允许偏差/mm	公称直径 DN/mm	外径/mm	最小公称壁厚/mm	壁厚 t 允许偏差/mm
6	10.2	2	±10%t	50	60.3	3	±10%t
8	13.5	2	±10%t	65	76.1	3	±10%t
10	17.2	2.2	±10%t	80	88.9	3.25	±10%t
15	21.3	2.2	±10%t	100	114.3	3.25	±10%t
20	26.9	2.2	±10%t	125	139.7	3.5	±10%t
25	33.7	2.5	±10%t	150	165.1	3	±10%t
32	42.4	2.5	±10%t	200	219.1	3	±10%t
40	48.3	2.75	±10%t				

资料来源：摘自《低压流体输送用焊接钢管》(GB/T 3091—2015)，《焊接钢管尺寸及单位长度重量》(GB/T 21835—2008) 通用系列。

(2) 无缝钢管规格简表

①普通无缝钢管

外径/mm	壁厚/mm		外径/mm	壁厚/mm		外径/mm	壁厚/mm	
	从	到		从	到		从	到
6	0.25	2	17	0.25	5	34	0.4	8
7	0.25	2.5	18	0.25	5	35	0.4	8
8	0.25	2.5	19	0.25	6	38	0.4	10
9	0.25	2.8	20	0.25	6	40	0.4	10
10	0.25	3.5	21	0.4	6	42	1	10
11	0.25	3.5	22	0.4	6	45	1	12
12	0.25	4	25	0.4	7	48	1	12
13	0.25	4	27	0.4	7	51	1	12
13.5	0.25	4	28	0.4	7	54	1	14
14	0.25	4	30	0.4	8	57	1	14
16	0.25	5	32	0.4	8			

资料来源：摘自《无缝钢管尺寸、外形、重量及允许偏差》(GB/T 17395—2008)，表中所列为部分规格，外径 57~1016mm 请查国家标准。

②精细无缝钢管

外径/mm	壁厚/mm 从	壁厚/mm 到	外径/mm	壁厚/mm 从	壁厚/mm 到	外径/mm	壁厚/mm 从	壁厚/mm 到
4	0.5	1.2	18	0.5	4.5	38	0.5	10
5	0.5	1.2	20	0.5	5	40	0.5	10
6	0.5	2	22	0.5	5	42	0.8	10
8	0.5	2.5	25	0.5	6	45	0.8	12.5
10	0.5	2	28	0.5	8	48	0.8	12.5
12	0.5	3	30	0.5	8	50	0.8	12.5
12.7	0.5	3	32	0.5	8	55	0.8	14
14	0.5	3.5	35	0.5	8	63	0.8	16
16	0.5	4						

资料来源：摘自 GB/T 17395—2008，表中所列为部分规格，外径 63~260mm 请查国家标准。

③不锈钢无缝钢管

外径/mm	壁厚/mm 从	壁厚/mm 到	外径/mm	壁厚/mm 从	壁厚/mm 到	外径/mm	壁厚/mm 从	壁厚/mm 到
6	0.5	1.2	19	0.5	4.5	40	1.0	6.5
7	0.5	1.2	20	0.5	4.5	42（42.4）	1.0	7.5
8	0.5	1.2	21（21.3）	0.5	5.0	45（44.5）	1.0	8.5
9	0.5	1.2	22	0.5	5.0	48（48.3）	1.0	8.5
10（10.2）	0.5	2.0	24	0.5	5.0	51	1.0	9.0
12	0.5	2.0	25.4	1.0	6.0	54	1.6	10
12.7	0.5	3.2	27（26.9）	1.0	6.0	57	1.6	10
13（13.5）	0.5	3.2	30	1.0	6.5	60（60.3）	1.6	10
14	0.5	3.5	32（31.8）	1.0	6.5	64（63.5）	1.6	10
16	0.5	4.0	34（33.7）	1.0	6.5	68	1.6	12
17（17.2）	0.5	4.0	35	1.0	6.5	70	1.6	12
18	0.5	4.5	38	1.0	6.5	73	1.6	12

资料来源：摘自《流体输送用不锈钢无缝钢管》（GB/T 14976—2012）、GB/T 17395—2008，表中所列为部分规格，外径 76~406mm 请查国家标。

注：括号内为相应的英制单位。

(3) 有机玻璃离子交换柱规格

序号	直径/mm	有效高度/mm	壁厚/mm	序号	直径/mm	有效高度/mm	壁厚/mm
1	500	2500	12	15	250	1500	8
2	500	2000	14	16	235	2000	12
3	500	2000	12	17	220	1500	10
4	430	2000	14	18	200	1800	10
5	385	2000	14	19	200	1500	5
6	325	1700	12	20	200	1500	6
7	325	1500	10	21	200	1100	10
8	320	1700	10	22	170	1500	5
9	307	1500	10	23	164	1000	5
10	300	2000	8	24	150	1500	6
11	300	1500	10	25	120	930	10
12	300	1500	8	26	100	1000	4
13	280	1700	10	27	100	1000	5
14	262	2000	6	28	75	800	7

17. 气液平衡数据（常压）

(1) 乙醇-水溶液

液体组成		蒸汽组成		液体组成		蒸汽组成	
质量/%	摩尔/%	质量/%	摩尔/%	质量/%	摩尔/%	质量/%	摩尔/%
0.01	0.004	0.13	0.053	20.00	8.92	65.0	42.09
0.03	0.0117	0.39	0.153	24.00	11.00	68.0	45.41
0.04	0.0157	0.52	0.204	29.00	13.77	70.8	48.68
0.05	0.0196	0.65	0.255	34.00	16.77	72.9	51.27
0.06	0.0235	0.78	0.307	39.00	20.00	74.3	53.09
0.07	0.0274	0.91	0.358	45.00	24.25	75.9	55.22
0.08	0.0313	1.04	0.410	52.00	29.80	77.5	57.41
0.09	0.0352	1.17	0.461	57.00	34.16	78.7	59.10
0.10	0.04	1.3	0.51	63.00	40.00	80.3	61.44
0.15	0.055	1.95	0.77	67.00	44.27	81.3	62.98
0.20	0.08	2.6	1.03	71.00	48.92	82.4	64.70
0.30	0.12	3.8	1.57	75.00	54.00	83.8	66.92
0.40	0.16	4.9	1.98	78.00	58.11	84.9	68.76
0.50	0.19	6.1	2.48	81.00	62.52	86.3	71.10
0.60	0.23	7.1	2.90	84.00	67.27	87.7	73.61
0.70	0.27	8.1	3.33	86.00	70.63	88.9	75.82

续表

液体组成		蒸汽组成		液体组成		蒸汽组成	
质量/%	摩尔/%	质量/%	摩尔/%	质量/%	摩尔/%	质量/%	摩尔/%
0.80	0.31	9.0	3.725	88.00	74.15	90.1	78.00
0.90	0.35	9.9	4.12	89.00	75.99	90.7	79.26
1.00	0.39	10.75	4.51	90.00	77.88	91.3	80.42
2.00	0.79	19.7	8.76	91.00	79.82	92.0	81.83
3.00	1.19	27.2	12.75	92.00	81.82	92.7	83.25
4.00	1.61	33.3	16.34	93.00	83.87	93.4	84.91
7.00	2.86	44.6	23.96	94.00	85.97	94.2	86.40
10.00	4.16	52.2	29.92	95.00	88.15	95.05	88.25
13.00	5.51	57.4	34.51	95.57	89.41	95.57	89.41
16.00	6.86	61.1	38.06				

（2）水-醋酸平衡数据

水摩尔分数		温度/℃	水摩尔分数		温度/℃
液相	气相		液相	气相	
0.0	0.0	118.2	0.833	0.886	101.3
0.270	0.394	108.2	0.886	0.919	100.9
0.455	0.565	105.3	0.930	0.950	100.5
0.588	0.707	103.8	0.968	0.977	100.2
0.690	0.709	102.8	1.00	1.00	100.0
0.769	0.845	101.9			

（3）甲醇-水物系相平衡数据

甲醇摩尔分数		温度/℃	甲醇摩尔分数		温度/℃
液相	气相		液相	气相	
0.0531	0.2834	92.9	0.2909	0.6801	77.8
0.0767	0.4001	90.3	0.3333	0.6918	76.7
0.0926	0.4353	88.9	0.3513	0.7347	76.2
0.1257	0.4831	86.6	0.4620	0.7756	73.8
0.1315	0.5455	85.0	0.5292	0.7971	72.7
0.1674	0.5585	83.2	0.5937	0.8183	71.3
0.1818	0.5775	82.3	0.6849	0.8492	70.0
0.2083	0.6273	81.6	0.7701	0.8962	68.0
0.2319	0.6485	80.2	0.8741	0.9194	66.9
0.2818	0.6775	78.0			

18. 旋风分离机的生产能力

（1）CTL/A 型旋风分离器

单位：m^3/h

型号	圆筒直径 D/mm	入口气速 u_i/（m/s）		
		12	15	18
		压力损失 Δp/Pa		
		755	1187	1707
CTL-A-1.5	150	170	210	200
CTL-A-2.0	200	300	370	440
CTL-A-2.5	250	400	580	690
CTL-A-3.0	300	670	830	1000
CTL-A-3.5	350	910	1140	1360
CTL-A-4.0	400	1180	1480	1780
CTL-A-4.5	450	1500	1870	2250
CTL-A-5.0	500	1860	2320	2780
CTL-A-5.5	550	2240	2800	3360
CTL-A-6.0	600	2670	3340	4000
CTL-A-6.5	650	3130	3920	4700
CTL-A-7.0	700	3630	4540	5440
CTL-A-7.5	750	4170	5210	6250
CTL-A-8.0	800	4750	5940	7130

（2）CLP/B 型旋风分离器

单位：m^3/h

型号	圆筒直径 D/mm	入口气速 u_i/（m/s）		
		12	16	20
		压力损失 Δp/Pa		
		412	687	1128
CLP/B-3.0	300	700	930	1160
CLP/B-4.2	420	1350	1800	2250
CLP/B-5.4	540	2200	2950	3700
CLP/B-7.0	700	3800	5100	6350
CLP/B-8.2	820	5200	6900	8650
CLP/B-9.4	940	6800	9000	11300
CLP/B-10.6	1060	8550	11400	14300

（3）扩散式旋风分离器

单位：m^3/h

型号	圆筒直径 D/mm	入口气速 u_i/（m/s）			
		14	16	18	20
		压力损失 Δp/Pa			
		785	1030	1324	1570
1	250	820	920	1050	1170
2	300	1170	1330	1500	1670
3	370	1790	2000	2210	2500
4	455	2620	3000	3380	3760
5	525	3500	4000	4500	5000
6	585	4380	5000	5630	6250
7	645	5250	6000	6750	7500
8	695	6130	7000	7870	8740

19. 国内常用筛筛目

目数	筛孔尺寸/mm	目数	筛孔尺寸/mm	目数	筛孔尺寸/mm	目数	筛孔尺寸/mm
8	2.5	32	0.56	75	0.200	190	0.080
10	2.00	35	0.50	80	0.180	200	0.071
12	1.60	40	0.45	90	0.160	240	0.063
16	1.25	45	0.40	100	0.154	260	0.056
18	1.00	50	0.335	110	0.140	300	0.050
20	0.900	55	0.315	120	0.125	320	0.045
24	0.800	60	0.28	130	0.112	360	0.040
26	0.700	65	0.25	150	0.100		
28	0.63	70	0.224	160	0.090		

20. 扩散系数

（1）一些物质在 H_2、CO_2、空气中的扩散系数 $D\times10^4$/（m^2/s）（0℃，101.3kPa）

物质名称	H_2	CO_2	空气
H_2	—	0.550	0.611
O_2	0.697	0.139	0.178
N_2	0.674	—	0.202
CO	0.651	0.137	0.202
CO_2	0.550	—	0.138
SO_2	0.479	—	0.103
CS_2	0.3689	0.063	0.0892
H_2O	0.7516	0.1387	0.220

续表

物质名称	H_2	CO_2	空气
空气	0. 611	0. 138	—
HCl	—	—	0. 156
SO_3	—	—	0. 102
Cl_2	—	—	0. 108
NH_3	—	—	0. 198
Br_2	0. 563	0. 0363	0. 086
I_2	—	—	0. 097
HCN	—	—	0. 133
H_2S	—	—	0. 151
CH_4	0. 625	0. 153	0. 223
C_2H_4	0. 505	0. 096	0. 152
C_6H_6	0. 294	0. 0527	0. 0751
甲醇	0. 5001	0. 0880	0. 1325
乙醇	0. 378	0. 0685	0. 1016
乙醚	0. 296	0. 0552	0. 0775

（2）一些物质在水溶液中的扩散系数（0℃，101.3kPa）

溶质	浓度/（mol/L）	温度/℃	扩散系数 $D\times10^9$/（m^2/s）	溶质	浓度/（mol/L）	温度/℃	扩散系数 $D\times10^9$/（m^2/s）
HCl	9	0	2.7	NH_3	0.7	5	1.24
	7	0	2.4		1.0	8	1.36
	4	0	2.1		饱和	8	1.08
	3	0	2.0		饱和	10	1.14
	2	0	1.8		1.0	15	1.77
	0.4	0	1.6		饱和	15	1.26
	0.6	5	2.4			20	2.04
	1.3	5	19	C_2H_2	0	20	1.80
	0.4	5	1.8	Br_2	0	20	1.29
	9	10	3.3	CO	0	20	1.90
	6.5	10	3.0	C_2H_4	0	20	1.59
	2.5	10	2.5	H_2	0	20	5.94
	0.8	10	2.2	HCN	0	20	1.66
	0.5	10	2.1	H_2S	0	20	1.63
	2.5	15	2.9	CH_4	0	20	2.06
	3.2	19	4.5	N_2	0	20	1.90
	1.0	19	3.0	O_2	0	20	2.08
	0.3	19	2.7	SO_2	0	20	1.47
	0.1	19	2.5	Cl_2	0.138	10	0.91
	0	20	2.8		0.128	13	0.98
CO_2	0	10	1.46		0.11	18.3	1.21
	0	15	1.60		0.104	20	1.22
	0	18	1.71±0.03		0.099	22.4	1.32
	0	20	1.77		0.092	25	1.42
NH_3	0.686	4	1.22		0.083	30	1.62
	3.5	5	1.24		0.07	35	1.8

21. 亨利常数

气体	温度/℃															
	0	5	10	15	20	25	30	35	40	45	50	60	70	80	90	100
	$E\times10^{-3}$/MPa															
H_2	5.87	6.16	6.44	6.70	6.92	7.16	7.38	7.52	7.61	7.70	7.75	7.75	7.71	7.65	7.61	7.55
N_2	5.36	6.05	6.77	7.48	8.14	8.76	9.36	9.98	10.5	11.0	11.4	12.2	12.7	12.8	12.8	12.8
空气	4.38	4.94	5.56	6.15	6.73	7.29	7.81	8.34	8.81	9.23	9.58	10.2	10.6	10.8	10.9	10.8
CO	3.57	4.01	4.48	4.95	5.43	5.87	6.28	6.68	7.05	7.38	7.71	8.32	8.56	8.56	8.57	8.57
O_2	2.58	2.95	3.31	3.69	4.06	4.44	4.81	5.14	5.42	5.70	5.96	6.37	6.72	6.96	7.08	7.10
CH_4	2.27	2.62	3.01	3.41	3.81	4.18	4.55	4.92	5.27	5.58	5.85	6.34	6.75	6.91	7.01	7.10
NO	1.71	1.96	1.96	2.45	2.67	2.91	3.14	3.35	3.57	3.77	3.95	4.23	4.34	4.54	4.58	4.60
C_2H_6	1.27	1.91	1.57	2.90	2.66	3.06	3.47	3.88	4.28	4.69	5.07	5.72	6.31	6.70	6.96	7.01
	$E\times10^{-2}$/MPa															
C_2H_4	5.59	6.61	7.78	9.07	10.3	11.5	12.9	—	—	—	—	—	—	—	—	—
N_2O	—	1.19	1.43	1.68	2.01	2.28	2.62	3.06	—	—	—	—	—	—	—	—
CO_2	0.737	0.887	1.05	1.24	1.44	1.66	1.88	2.12	2.36	2.60	2.87	3.45	—	—	—	—
C_2H_2	0.729	0.85	0.97	1.09	1.23	1.35	1.48	—	—	—	—	—	—	—	—	—
Cl_2	0.271	0.334	0.399	0.461	0.537	0.604	0.67	0.739	0.80	0.86	0.90	0.97	0.99	0.97	0.96	—
H_2S	0.271	0.319	0.372	0.418	0.489	0.552	0.617	0.685	0.755	0.825	0.895	1.04	1.21	1.37	1.46	1.062
	E/MPa															
Br_2	2.16	2.79	3.71	4.72	6.01	7.47	9.17	11.04	13.47	16.0	19.4	25.4	32.5	40.9	—	—
SO_2	1.67	2.02	2.45	2.94	3.55	4.13	4.85	5.67	6.60	7.63	8.71	11.1	13.9	17.0	20.1	—